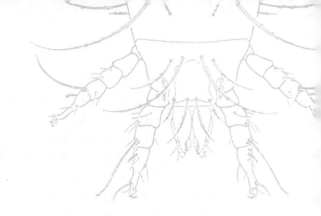

粉螨与过敏性疾病

主编　李朝品　叶向光

中国科学技术大学出版社

<h1 style="text-align:center">内 容 简 介</h1>

本书简明扼要地介绍了粉螨与过敏性疾病的知识。全书共分为8章:粉螨概述,介绍了粉螨的一般知识;粉螨主要种类,简述了常见的粉螨种类;粉螨过敏原,叙述了粉螨过敏原的来源与分布等;粉螨过敏原的致敏机制,阐述了粉螨过敏的致敏、发敏和效应三个过程;常见粉螨过敏性疾病,讨论了与粉螨密切相关的主要过敏性疾病的病因、发病机制、临床表现、诊断及鉴别诊断、预防和治疗等;粉螨过敏性疾病的实验室诊断,介绍了实验室诊断的原理与方法;粉螨过敏性疾病的流行病学,归纳了常见粉螨过敏性疾病的流行现状和流行因素;粉螨过敏性疾病的防治,总结了粉螨过敏性疾病的治疗原则和防治措施。

本书适合从事临床医学、预防医学、流行病学、传染病学、生物学、农学等专业的高校师生、科技工作者以及海关检验检疫、疾病预防控制和虫媒病防治等专业技术人员参考使用。

图书在版编目(CIP)数据

粉螨与过敏性疾病/李朝品,叶向光主编. —合肥:中国科学技术大学出版社,2020.11
ISBN 978-7-312-05056-5

Ⅰ.粉… Ⅱ.①李… ②叶… Ⅲ.粉螨—关系—变态反应病—研究 Ⅳ.①Q969.91 ②R593.1

中国版本图书馆CIP数据核字(2020)第207049号

粉螨与过敏性疾病

FENMAN YU GUOMINXING JIBING

出版	中国科学技术大学出版社
	安徽省合肥市金寨路96号,230026
	http://press.ustc.edu.cn
	https://zgkxjsdxcbs.tmall.com
印刷	安徽省瑞隆印务有限公司
发行	中国科学技术大学出版社
经销	全国新华书店
开本	787 mm×1092 mm 1/16
印张	22.75
插页	9
字数	596千
版次	2020年11月第1版
印次	2020年11月第1次印刷
定价	118.00元

粉螨与过敏性疾病

编委会

主　编

李朝品　叶向光

副主编

李小宁　杨庆贵　许礼发　慈　超　黄月娥

编　委

王少圣
皖南医学院

王赛寒
中华人民共和国合肥海关

王慧勇
淮北职业技术学院

石　泉
中华人民共和国合肥海关

叶向光
中华人民共和国合肥海关

朱小丽
皖南医学院弋矶山医院

刘小绿
中华人民共和国合肥海关

刘继鑫
齐齐哈尔医学院

许礼发
安徽理工大学

许　佳
中华人民共和国合肥海关

李小宁
皖南医学院弋矶山医院

李朝品
安徽理工大学／皖南医学院

杨庆贵
中华人民共和国南京海关

吴　伟
北京大学医学部

张晓丽
哈尔滨医科大学

张　浩
齐齐哈尔医学院

张唯哲
哈尔滨医科大学

陈敬涛
皖南医学院弋矶山医院

赵金红
皖南医学院

柴　强
皖南医学院

郭　伟
皖南医学院

陶　宁
中华人民共和国合肥海关

陶　莉
南京中医药大学

黄月娥
皖南医学院

蒋　峰
皖南医学院

湛孝东
皖南医学院

慈　超
皖南医学院弋矶山医院

前　言

　　粉螨是蜱螨家族的重要成员,迄今全球记述的粉螨约27科、430属,计1400余种,其中,我国约有150种。粉螨孳生不仅会污染环境和蛀蚀储藏物,有些种类还能引起人体疾病,如粉螨过敏和粉螨非特异侵染人体。粉螨过敏发生在世界各地,累及各国人群的健康,据不完全统计,目前全球粉螨过敏者约有3亿,预计到2025年,与粉螨相关的过敏性疾病患者还将增加1亿。因此,粉螨过敏已成为严重的全球公共卫生问题之一。

　　人类对粉螨的认知由来已久,早在1735年,瑞典学者Linnaeus(林奈)在 *Systema Nature*(第1版)中就使用了属名 *Acarus*(粉螨属)。1758年,他记述了 *Carpoglyphus lactis*(甜果螨)和 *Acarus siro*(粗脚粉螨),在第10版中又记述了30种蜱螨。尽管如此,大多数人至今对粉螨的生物学特性及其对人类的危害尚不甚了解。为普及粉螨与过敏性疾病的基础知识,提高人们防制粉螨和预防粉螨过敏的认知,我们编写了《粉螨与过敏性疾病》这本专业性和普及性兼顾的读物。本书简明扼要地介绍了粉螨与过敏性疾病的知识。全书共分为8章:第一章为粉螨概述,介绍了粉螨的一般知识;第二章为粉螨主要种类,简述了常见的粉螨螨种;第三章为粉螨过敏原,叙述了粉螨过敏原的来源与分布等;第四章为粉螨过敏原的致敏机制,阐述了粉螨过敏的致敏、发敏和效应三个过程;第五章为常见粉螨过敏性疾病,讨论了与粉螨密切相关的主要过敏性疾病的病因、发病机制、临床表现、诊断及鉴别诊断、预防和治疗等;第六章为粉螨过敏性疾病的实验室诊断,介绍了实验室诊断的原理与方法;第七章为粉螨过敏性疾病的流行病学,归纳了常见粉螨过敏性疾病的流行现状和流行因素;第八章为粉螨过敏性疾病的防治,总结了粉螨过敏性疾病的治疗原则和防治措施。尽管粉螨诱发的过敏性疾病种类较多,但限于篇幅,本书只介绍常见的粉螨过敏性疾病,少见或罕见的粉螨过敏性疾病则未纳入。

　　本书主要基于各位作者的工作经验总结,并参考国内外有关论文和专著编撰而成,是全体作者共同的劳动成果,更是本领域专家学者长期辛勤劳动的结晶。为了提高编写质量,统一全书风格,本书在编写过程中,编委会成员先后在合肥召开了3次编写会议。各位作者在繁忙的工作中拨冗临会,对本书的编写提纲进行了讨论,确定了本书的编写内容,落实了各编者的编写任务。同时,全体作者承诺对各自编写的内容全权负责。

　　在本书编写之前,编委会征求了同行专家和学者的意见,并得到了他们的关心、支持和帮助,他们对本书的编写提出了许多宝贵的意见和建议,在此一并表示衷心的感谢。

　　作者在本书的编写过程中,主要参考了《蜱螨学》(李隆术、李云瑞编著)、《蜱螨与人类疾病》(孟阳春、李朝品、梁国光主编)、《中国仓储螨类》(陆联高编著)、《哮喘病学》(李明华、殷凯生、蔡映云主编)、《人体寄生虫学》(第4版,吴观陵主编)、《医学蜱螨学》(李朝品主编)、《中国粉螨概论》(李朝品、沈兆鹏主编)、《贮藏食物与房舍的螨类》(忻介六、沈兆鹏译著)、*The Mites of Stored Food and Houses*(Hughes A M 编)和 *Allergens and Allergen Immunotherapy*(Lockey R F, Bukantz S C, Ledford D K 编)等专著和论文,在此一并表示衷心的感谢。

　　全书插图由李朝品负责绘制或改编,部分自绘,部分参照Hughes A M、沈兆鹏、温挺桓、张智强和梁来荣等专家教授的插图改编或仿绘,谨此对他们深表感谢。

　　在书稿编写的过程中,张唯哲、黄月娥、湛孝东、慈超、李小宁、许礼发、王赛寒、陶宁等专家教授分别对不同章节进行了统筹和审校,陶宁同志在繁忙的工作中还担任本书的编写秘书,做了许多具体的工作,对上述专家教授付出的辛勤劳动深表谢意。限于作者的学术水平和工作经验,疏漏之处在所难免,在此,我们恳请广大读者批评指正,以便再版时修订。

李朝品

2020年1月于淮南

目　　录

第一章　粉螨概述

　　粉螨是一类营自由生活的小型节肢动物,隶属于真螨目(Acariformes)、粉螨亚目(Acaridida),是蜱螨家族中的主要成员。粉螨体躯分为颚体(gnathosoma)和躯体(idiosoma)(图1.1)。颚体上着生螯肢(chelicera)和须肢(palpus)。螯肢由定趾和动趾组成,呈钳状,两侧扁平,内缘常具有刺或齿;须肢小,1~2节,紧贴于颚体。粉螨体软,无气门,极少有气管,躯体多呈卵圆形,体壁薄而呈半透明,颜色各异,从乳白色至棕褐色,前足体背面具背板,表皮柔软,或光滑,或粗糙,或具细纹。躯体腹面两侧具足4对,常有单爪,或爪退化由扩展的盘状爪垫所覆盖。足基节与腹面愈合,前足体近后缘处无假气门器。雄螨多具阳茎和肛门吸盘,足Ⅳ跗节背面具跗节吸盘一对;雌螨有产卵孔,无肛门吸盘及跗节吸盘。粉螨躯体背面、腹面、足上着生各种刚毛,毛的长短和形状及排列方式因种而异。躯体上的刚毛有长、短、粗、细、栉状、羽状、棒状等形状;足上的刚毛,特别是足Ⅰ跗节上的刚毛更是错综复杂。对于某一种粉螨而言,躯体和足Ⅰ跗节上的刚毛是固定不变的,可作为粉螨鉴定、分类的重要依据。

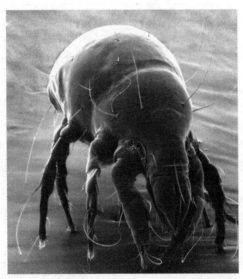

图1.1　**粗脚粉螨(*Acarus siro*)(♂)成螨扫描电镜图(Griffiths, 1982)**

　　粉螨个体微小,生境广泛,凡有人类生活的地方都有它们的踪迹。粉螨食性复杂,在温湿度适宜且食物充足的环境中可大量繁殖,完成一个世代所需的时间因种类、环境和气候条件而异,其中环境因子(如温度、湿度)是重要的影响因素。粉螨生活史通常包括卵(egg)、幼螨(larva)、第一若螨(protonymph)、第三若螨(tritonymph)和成螨(adult)等发育期。在发育至第一若螨、第三若螨和成螨之前,各有一短暂的静息期(quiescent stage),即幼螨静息期(quiescent stage of larva)、第一若螨静息期(quiescent stage of protonymph)和第三若螨静息期(quiescent stage of tritonymph),蜕皮之后进入下一个发育期。当遇到恶劣环境或杀螨剂胁迫时,第一若螨可变为休眠体(hypopus),休眠体即所谓第二若螨(deutonymph);若环境条件改善,则休眠体复苏,变为第三若螨。正是这种特殊的生活史类型,使得粉螨能抵抗不良环境而大量繁殖。

粉螨属无气门螯肢类变温动物,嗜湿怕干,具负趋光性,常孳生在潮湿隐蔽的环境中。粉螨维持正常生存发育的温度一般在8～40 ℃范围内,否则会导致其死亡;孳生环境温度的变化可直接影响其体温,甚至影响其生长发育,因此粉螨在孳生物中的孳生密度会因温度的起伏而发生明显的季节变化(季节消长)。环境湿度是粉螨获取水分的重要来源,其生长发育和繁殖的环境湿度多在60%～80%范围。粉螨通常畏光,光照能够影响到大多数粉螨的活动。粉螨无气门,由体壁进行氧气和二氧化碳的交换。

粉螨常见于全球各地的房舍和储藏物中,广泛地孳生于粮食、食物、中药材、衣物、家具和室内尘土里,是现代屋宇生态系统中的主要成员。目前记述的粉螨大多对人类具有过敏原性,且不同螨种之间具有交叉过敏原,特应性人群接触粉螨过敏原可诱发过敏,临床上表现为过敏性哮喘、过敏性鼻炎、过敏性皮炎等。Fernández-Caldas(2007)报道将近20种螨可导致人体过敏反应。沈莲等(2010)对家庭致敏螨类进行了综合报道。综合以往文献将粉螨主要的致敏螨种列于表1.1。

表1.1 粉螨主要的致敏螨种

科名	属名	种名
粉螨科 Acaridae	粉螨属 *Acarus*	粗脚粉螨 *A. siro*(Linnaeus,1758)
		小粗脚粉螨 *A. farris*(Oudemans,1905)
	食酪螨属 *Tyrophagus*	腐食酪螨 *T. putrescentiae*(Schrank,1781)
		长食酪螨 *T. longior*(Gervais,1844)
	食粉螨属 *Aleuroglyphus*	椭圆食粉螨 *A. ovatus*(Troupeau,1878)
	嗜木螨属 *Caloglyphus*	伯氏嗜木螨 *C. berlesei*(Michael,1903)
	根螨属 *Rhizoglyphus*	罗宾根螨 *R. robini*(Claparède,1869)
	狭螨属 *Thyreophagus*	食虫狭螨 *T. entomophagus*(Laboulbene,1852)
	皱皮螨属 *Suidasia*	纳氏皱皮螨 *S. nesbitti*(Hughes,1948)
		棉兰皱皮螨 *S. medanensis*(Oudemans,1924)
脂螨科 Lardoglyphidae	脂螨属 *Lardoglyphus*	扎氏脂螨 *L. zacheri*(Oudemans,1927)
		河野脂螨 *L. konoi*(Sasa & Asanuma,1951)
食甜螨科 Glycyphagidae	食甜螨属 *Glycyphagus*	家食甜螨 *G. domesticus*(De Geer,1778)
		隆头食甜螨 *G. ornatus*(Kramer,1881)
		隐秘食甜螨 *G. privatus*(Oudemans,1903)
	嗜鳞螨属 *Lepidoglyphus*	害嗜鳞螨 *L. destructor*(Schrank,1781)
		米氏嗜鳞螨 *L. michaeli*(Oudemans,1903)
	澳食甜螨属 *Austroglycyphagus*	膝澳食甜螨 *A. geniculatus*(Vitzthum,1919)
	无爪螨属 *Blomia*	弗氏无爪螨 *B. freemani*(Hughes,1948)
		热带无爪螨 *B. tropicalis*(Van Bronswijk, De Cock & Oshima,1973)
	栉毛螨属 *Ctenoglyphus*	羽栉毛螨 *C. plumiger*(Koch,1835)

续表

科名	属名	种名
	脊足螨属 *Gohieria*	棕脊足螨 *G. fuscus* (Oudemans, 1902)
嗜渣螨科 Chortoglyphidae	嗜渣螨属 *Chortoglyphus*	拱殖嗜渣螨 *C. arcuatus* (Troupeau, 1879)
果螨科 Carpoglyphidae	果螨属 *Carpoglyphus*	甜果螨 *C. lactis* (Linnaeus, 1758)
麦食螨科 Pyroglyphidae	麦食螨属 *Pyroglyphus*	非洲麦食螨 *P. africanus* (Hughes, 1954)
	嗜霉螨属 *Euroglyphus*	梅氏嗜霉螨 *E. maynei* (Cooreman, 1950)
		长嗜霉螨 *E. longior* (Trouessart, 1897)
	尘螨属 *Dermatophagoides*	粉尘螨 *D. farinae* (Hughes, 1961)
		屋尘螨 *D. pteronyssinus* (Trouessart, 1897)
		小角尘螨 *D. microceras* (Griffiths & Cunmngton, 1971)
薄口螨科 Histiostomodae	薄口螨属 *Histiostoma*	速生薄口螨 *H. feroniarum* (Dufour, 1839)

第一节 分　类

　　蜱螨工作者每年都还在不断发现蜱螨的新种,蜱螨分类研究仍处在"百家争鸣"的状态。目前蜱螨分类在目一级使用的系统和术语尚不统一,科一级的分类问题则更多,至于种名就更加混乱。各个学者因采用的标本和研究方法不同,研究结论也不尽相同。随着研究工作的不断进展,同一学者的分类结论也在不断修正。

　　研究蜱螨分类的学者众多,历史上曾产生重要影响的分类系统主要有 Baker 等(1958)、Hughes(1976)、Krantz(1978)和 Evans(1992)的系统。

　　Baker 等(1958)将所有蜱螨归为蜱螨目(Acarina),下设5亚目:爪须亚目(Onychopalpida)、中气门亚目(Mesostigmata)、蜱亚目(Ixodides)、绒螨亚目(Trombidiformes)和疥螨亚目(Sarcoptiformes)。疥螨亚目(Sarcoptiformes)又分成甲螨总股(Oribatei)和粉螨总股(Acaridides)。

　　Krantz(1970)先是将蜱螨目提升为亚纲,下设3目7亚目69总科。其中的无气门亚目(Acaridida)又分为粉螨总股(Acaridides)和瘙螨总股(Psoroptides)。粉螨总股下设3个总科,分别为粉螨总科(Acaroidea)、食菌螨总科(Anoetoidea)和寄甲螨总科(Canestrinioidea)。Krantz(1978)后来又将蜱螨亚纲(Acari)分为2目7亚目,即寄螨目(Parasitiformes)和真螨目(Acariformes),其中寄螨目包括4亚目:节腹螨亚目(Opilioacarida)、巨螨亚目(Holothyrida)、革螨亚目(Gamasida)和蜱亚目(Ixodida)。真螨目(Acariformes)包括3亚目:辐螨亚目(Actinedida)、粉螨亚目(Acaridida)和甲螨亚目(Oribatida)。Krantz 和 Walter(2009)把蜱螨亚纲重新分为2个总目(下设125总科,540科),即寄螨总目(Parasitiformes)和真螨总目(Acariformes),其中寄螨总目包括4个目:节腹螨目(Opilioacarida)、巨螨目(Holothyrida)、蜱目(Ixodida)和中气门目(Mesostigmata)。真螨总目包括2个目:绒螨目(Trombidiformes)和疥螨目(Sarcoptiformes)。以前的粉螨亚目(Acaridida)被降格为甲螨总股(Desmonomatides 也可写作 Desmonomata)下的无气门股(Astigmatina)。该无气门股下分10个总科、76个科,包括两个主要类群:粉螨(Acaridia)和疥螨(Psoroptidia)。

Evans(1992)沿用Krantz蜱螨亚纲的概念,在该亚纲下设3总目7目:节腹螨总目(Opil-ioacariformes)、寄螨总目(Parasitiformes)和真螨总目(Acariformes)。其中真螨总目下设绒螨目(Trombidiformes)、粉螨目(Acaridida)和甲螨目(Oribatida)。

Hughes(1948)在 *The Mites Associated with Stored Food Products*(《储藏农产品中的螨类》)一书中将螨类分为疥螨亚目(Sarcoptiformes)、恙螨亚目(Trombidiformes)和寄生螨亚目(Parasitiformes)。Hughes(1961)在 *The Mites of Stored Food*(《储藏食物的螨类》)一书中将粉螨总股内设5个总科:虱螯螨总科(Pediculocheloidea)、鳌螨总科(Listrophoroidea)、尤因螨总科(Ewingoidea)、食菌螨总科(Anoetoidea)和粉螨总科(Acaroidea)。在这个分类系统中,前4个总科均只有1个科,即虱螯螨科(Pediculochelidae)、鳌螨科(Listrophoridae)、尤因螨科(Ewingidae)、食菌螨科(Anoetidae)。而粉螨总科下设13个科,其中除粉螨科(Acaridae)和表皮螨科(Epidermoptidae)外,其余的均为寄生性粉螨,宿主为哺乳类、鸟类和昆虫。所以粉螨总科中与农牧业及储藏物有关系的仅有粉螨科和表皮螨科2个科。Hughes(1976)在 *The Mites of Stored Food and Houses*(《储藏食物与房舍的螨类》)一书中将原属粉螨总股的类群提升为无气门目(Astigmata)或称粉螨目(Acaridida)。在该目下设粉螨科(Acaridea)、食甜螨科(Glycyphagidae)、果螨科(Carpoglyphidae)、嗜渣螨科(Chortoglyphidae)、麦食螨科(Pyroglyphidae)和薄口螨科(Histiostomidae)。此外还对他在1961年提出的粉螨总科的分类意见做了很大的修正,即将原来的食甜螨亚科提升为食甜螨科,将原属于食甜螨亚科的嗜渣螨属和果螨属分别提升为嗜渣螨科和果螨科,把原属食甜螨亚科脊足螨属(*Gohieria*)的棕脊足螨(*G. fusca*)列为食甜螨科的钳爪螨亚科,把原来属于表皮螨科的螨类归类为麦食螨科。

粉螨是蜱螨家族的主要成员,分类紧紧伴随整个蜱螨的分类进程。因此本书采用的分类体系仍沿用蜱螨亚纲(Acari)、真螨目(Acariformes)、粉螨亚目(Acaridida)或称无气门亚目(Astigmata)的分类体系。并在该亚目下设7个科,即:粉螨科(Acaridae)、脂螨科(Lardoglyphidae)、食甜螨科(Glycyphagidae)、嗜渣螨科(Chortoglyphidae)、果螨科(Carpoglyphidae)、麦食螨科(Pyroglyphidae)和薄口螨科(Histiostomidae)。粉螨(Acaridida)成螨分科检索表见表1.2。

表1.2　粉螨成螨分科检索表

1. 无顶毛,皮纹粗、肋状,第一感棒(ω_1)位于足Ⅰ跗节顶端···
···麦食螨科(Pyroglyphidae)

有顶毛,皮纹光滑或不为肋状,ω_1在足Ⅰ跗节基部···2

2. 须肢末节扁平,螯肢定趾退化,生殖孔横裂,腹面有2对几丁质环···
···薄口螨科(Histiostomidae)

须肢末节不扁平,螯肢钳状,生殖孔纵裂,腹面无角质环···3

3. 雌螨足Ⅰ~Ⅳ跗节爪分两叉,雄螨足Ⅲ跗节末端有两突起···
···脂螨科(Lardoglyphidae)

雌螨足Ⅰ~Ⅳ跗节单爪或缺如···4

4. 躯体背面有背沟,足跗节有爪,爪由两骨片与跗节相连,爪垫肉质;雄螨末体腹面有肛吸盘,足Ⅳ跗节
有吸盘···粉螨科(Acaridae)

躯体背面无背沟,足跗节无两骨片,有时有两个细腱;雄螨末体腹面无肛吸盘,足Ⅳ跗节无吸盘

粉螨各科的形态特征及其鉴别要点见图1.2～图1.8。

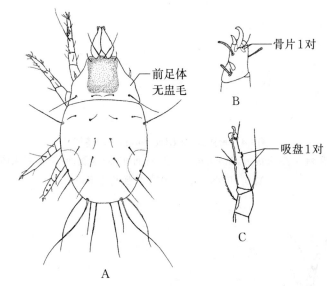

图1.2 粉螨科(Acaridae)特征

A. 椭圆食粉螨(*Aleuroglyphus ovatus*)背面;B. 粉螨科足Ⅰ跗节;C. 雄性粉螨足Ⅳ

(A. 仿沈兆鹏;B,C. 仿张智强和梁来荣)

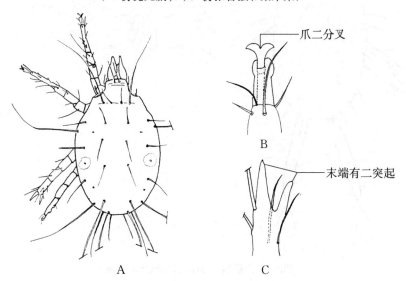

图1.3 脂螨科(Lardoglyphidae)特征

A. 扎氏脂螨(*Lardoglyphus zacheri*)(♂)背面;B. 雌螨足Ⅰ～Ⅳ跗节;C. 雄螨足Ⅲ跗节端部

(A. 仿Hughes;B,C. 仿张智强和梁来荣)

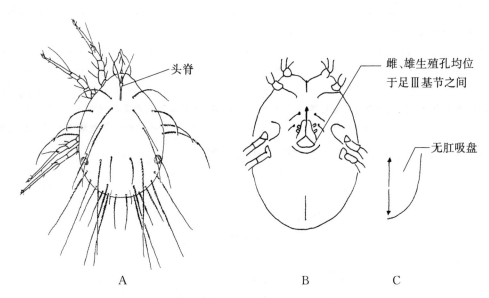

图1.4　食甜螨科（Glycyphagidae）特征

A. 家食甜螨（*Glycyphagus domesticus*）（♂）背面；B. 雌螨腹面；C. 雄螨末体腹面

（A. 仿Hughes；B,C. 仿张智强和梁来荣）

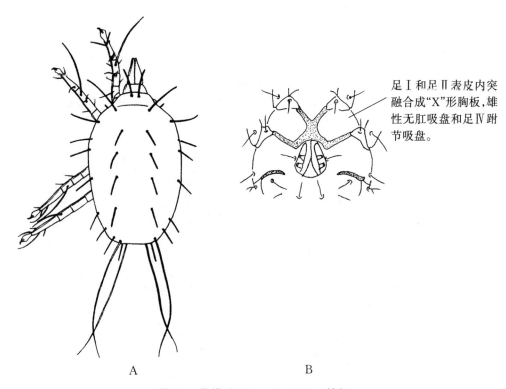

图1.5　果螨科（Carpoglyphidae）特征

A. 甜果螨（*Carpoglyphus lactis*）（♀）背面；B. 前半体腹面

（A. 仿Hughes；B. 仿张智强和梁来荣）

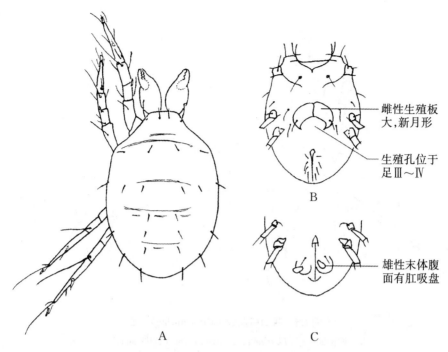

图1.6 嗜渣螨科(Chortoglyphidae)特征

A. 拱殖嗜渣螨(*Chortoglyphus arcuatus*)(♀)背面;B. 雌螨腹面;C. 雄螨末体腹面

(A. 仿沈兆鹏;B,C. 仿张智强和梁来荣)

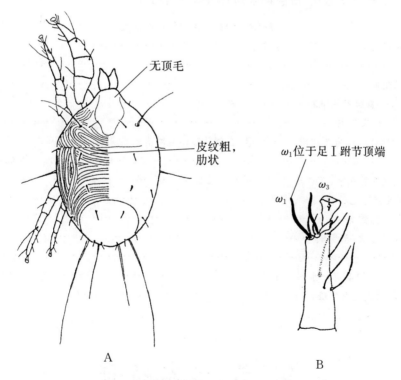

图1.7 麦食螨科(Pyroglyphidae)特征

A. 粉尘螨(*Dermatophayoides farinae*)(♂)背面;B. 足Ⅰ跗节

(A,B. 仿Hughes)

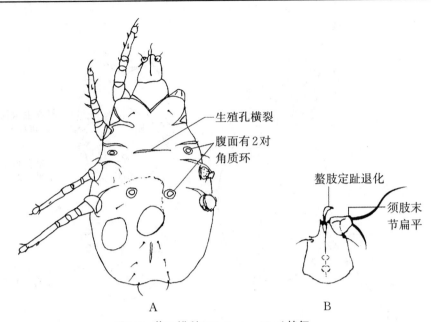

图1.8 薄口螨科(Histiostomidae)特征

A. 速生薄口螨(*Histiostoma feroniarum*)(♀)腹面;B. 颚体

(A,B. 仿Hughes)

粉螨完成一代须历经卵、幼螨、第一若螨(前若螨)、第二若螨(休眠体)、第三若螨(后若螨)和成螨。其生活史各期(静息期未列)检索表见表1.3。

表1.3 粉螨生活史各期检索表

1. 退化的附肢或有或无,并常包裹在第一若螨的表皮中·····················

···不活动休眠体或第二若螨

  具发达的附肢···2

2. 有3对足,有时有基节杆···幼螨

  有4对足,无基节杆···3

3. 螯肢和须肢退化为叉状附肢,无口器,在躯体腹面后端有吸盘集合·········

···活动休眠体或第二若螨

  螯肢和须肢发育正常,有口器,躯体腹面后端无吸盘····························4

4. 有1对生殖感觉器和1条痕迹状的生殖孔·····························第一若螨

  有2对生殖感觉器···5

5. 生殖孔痕迹状,无生殖褶···第三若螨

  有生殖褶··6

6. 生殖褶短。阳茎有一系列几丁质支架支持·····························雄螨

  生殖褶通常较长,或生殖孔由1或2块板蔽盖,通往交配囊的孔位于体躯后端···············雌螨

(李朝品)

第二节 形态特征

粉螨多呈椭圆形,体长120~500μm,乳白色或黄棕色。体躯以围颚沟(circumcapitular

suture)为界分为颚体(gnathosoma)和躯体(idiosoma)两部分(图1.9)。颚体位于螨体前部，躯体骨化程度不高，背面着生刚毛、腹面有足4对，雌雄异体，生殖孔位于躯体腹面。按其发育可分为成螨、卵、幼螨、第一若螨(前若螨)、第二若螨(休眠体)、第三若螨(后若螨)等阶段。

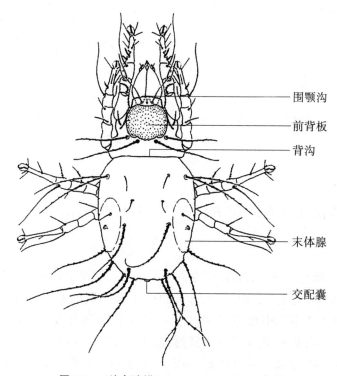

图1.9 一种食酪螨(*Tyrophagus* sp.)(♀)背面

体壁薄，无气门，无盅毛(假气门器)；足跗节端部的爪间突呈爪状或吸盘状。

一、成螨

(一) 颚体

粉螨的颚体位于躯体前端，由一对螯肢、一对须肢及口下板组成。螯肢位于颚体背面，两侧为须肢，下面为口下板。颚体由关节膜与躯体相连，故活动自如并可部分缩进到躯体内。活螨的颚体和躯体常保持一定的角度。螯肢两侧扁平，后面的部分较大，构成一个大的基区，基区向前延伸的部分为定趾(fixed digit)，与其关联的是动趾(movable digit)，两者构成剪刀状结构，能在垂直面活动，其内缘常具有刺或锯齿。在定趾的内面为一锥形距(conical spur)，上面为上颚刺(mandibular spine)。螯肢定趾的下方为上唇，为一中空结构，形成口器的盖。上唇向后延伸到体躯内，成为一块板，其侧壁与颚体腹面部分一起延长，开咽肌由此发源。粉螨的须肢及口下板构成颚体的腹面，主要由须肢的愈合基节组成，向前形成一对内叶(磨叶)，外面有一对由2节组成的须肢。须肢为一扁平结构，其基部有一条刚毛和一个偏心的圆柱体，这可能是第3节的痕迹或是一个感觉器官。然而有些螨类，口器可由于某种特殊的生活方式而有些变异(图1.10)。

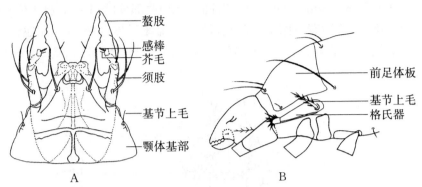

图1.10 食甜螨属（*Glycyphagus*）颚体腹面和粉螨前侧面
A.食甜螨属颚体腹面；B.粉螨前侧面

（二）刚毛

粉螨躯体的背面、腹面都着生各种刚毛，毛的形状和排列方式因种属而不同，是分类的重要依据。

1. 背毛

粉螨的背毛长短不一、形状多样，但在同一类群中，其背毛的排列位置和形状是固定的（图1.11）。前足体有4对刚毛，即顶内毛（*vi*）、顶外毛（*ve*）、胛内毛（*sci*）和胛外毛（*sce*）。顶内毛（*vi*）位于前足体的前背面中央，并在颚体上方向前延伸；顶外毛（*ve*）位于螯肢两侧或稍后的位置；胛内毛（*sci*）和胛外毛（*sce*）排成横列，位于前足体背面后缘。这些刚毛的位置、形状、长短及是否缺如等，是粉螨亚目分类鉴定的重要依据。如粉尘螨和屋尘螨的雌雄体均无顶毛；食甜螨属的前足体背面中线前端有一狭长的头脊，顶内毛（*vi*）在头脊上着生的位置是该属分种的依据。后足体和末体构成后半体。在后半体前侧缘的足Ⅱ、Ⅲ间，有1~3对肩毛，依位置分为肩内毛（*hi*）、肩外毛（*he*）和肩腹毛（*hv*）。中线两侧有4对背毛，排列成2纵列，从前至后分别为第一背毛（d_1）、第二背毛（d_2）、第三背毛（d_3）、第四背毛（d_4）。躯体两侧有2对侧毛，依位置分为前侧毛（*la*）、后侧毛（*lp*），前侧毛位于侧腹腺开口之前。在后背缘，生有1对或2对骶毛，即骶内毛（*sai*）和骶外毛（*sae*）。这些刚毛的长度和形态是分类鉴别的重要依据（图1.12）。

图1.11 粉螨刚毛类型
A.光滑或简单；B.稍有栉齿；C.栉齿状；D.双栉齿状；E.缘缨状；
F.叶状或镰状；G.吸盘状；H.匙状；I.刺状

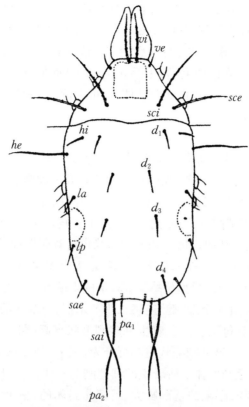

图1.12 粗脚粉螨(*Acarus siro*)背部刚毛

vi:顶内毛;*ve*:顶外毛;*sci*:胛内毛;*sce*:胛外毛;*hi*:肩内毛;*he*:肩外毛;*la*:前侧毛;*lp*:后侧毛;

$d_1 \sim d_4$:背毛;*sai*:骶内毛;*sae*:骶外毛;pa_1,pa_2:肛后毛

2. 腹毛

粉螨躯体腹面的刚毛较少,构造也较简单。在足Ⅰ、Ⅲ基节上有1对基节毛(*cx*)。在生殖孔周围有3对生殖毛(*g*),根据其位置分为前、中、后生殖毛(g_1,g_2,g_3或*f*、*h*、*i*)。肛门周围有刚毛两群,即肛前毛(*pra*)和3对肛后毛($pa_1 \sim pa_3$),有时这两群肛毛可连在一起称为肛毛。基节毛和生殖毛的数目和位置是固定的。肛毛的数目和位置在种间及性别之间变异很大。如粗脚粉螨雌螨肛门纵裂,周围有5对肛毛($a_1 \sim a_5$),后侧有2对肛后毛(pa_1、pa_2)。雄螨肛吸盘前方有1对肛前毛(*pra*),其后有肛后毛($pa_1 \sim pa_3$)(图1.13)。雄螨生殖孔外表有1对生殖瓣及2对生殖盘,中央有阳茎(penis);雌螨相应处是一产卵孔,中央纵裂,两侧具2对生殖盘,外覆生殖瓣。雌螨的生殖毛与雄螨相同,但在近躯体后缘有一小的隔腔,即交配囊(bursa copulatrix)。在有些粉螨前足体的前侧缘,足Ⅰ基节前方,可向前形成一个薄膜状的骨质板(呈角状突起)——格氏器(Grandjean's organ)。格氏器基部有一侧

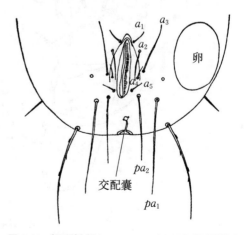

图1.13 粗脚粉螨(*Acarus siro*)(♀)肛门区刚毛

$a_1 \sim a_5$:肛毛;pa_1,pa_2:肛后毛

骨片,向前伸展,弯曲地围绕在足Ⅰ基部。侧骨片的后缘为基节上凹陷(或称假气门),凹陷上着生有基节上毛(scx),又称为伪气门刚毛(ps),基节上毛可以是简单的杆状,如伯氏嗜木螨;也可有分枝,如食甜螨。许多螨类在侧骨片后端和邻近基节上毛(scx)处有一裂缝或细孔,可能是表皮下方腺体的开口。在前侧毛(la)和后侧毛(lp)之间的躯体边缘有侧腹腺,其在各发育阶段都有,侧腹腺中含有折射率高的无色液体,也可为黄色、棕色或红色。

(三) 足

粉螨(除幼螨外)有足4对。所有的足都用于爬行,第1对足还可用以取食。前2对足向前,后2对足向后。每足由基节、转节、腿(股)节、膝节、胫节和跗节组成,其中基部节或基节已与体躯腹面愈合而不能活动,其余5节均可活动。基节的前缘变硬并向内部突出而形成表皮内突,足和颚体的肌肉附着在表皮内突上,足Ⅰ表皮内突在中线处愈合成胸板,而足Ⅱ~Ⅳ的表皮内突则常是分开的。每一基节的后缘也可骨化形成基节内突,可与相邻的表皮内突相愈合。跗节末端为爪,可在2块骨片间转动,基部被柔软的端跗节包围,如根螨属。在脂螨科脂螨属,雌螨的爪分叉,异型雄螨第3对足的末端有2个大刺;在食甜螨科,爪常附着在柔软的前跗节的顶端,由2个细"腱"连接在跗节末端;根螨属的爪可以在2块骨片中间转动,基部被柔软的前跗节包围。足上着生许多刚毛状突起(图1.14),在跗节上的数目最多,并从足Ⅰ~Ⅳ逐渐减少。这些刚毛状突起可分为3种:真刚毛(true setae)、感棒(solenidia)、芥毛(famulus)。真刚毛与躯体上所着生的其他刚毛一样,由辐几丁质组成芯,外面包有附加层,附加层上有梳状物;刚毛的基部膨大,且多是封闭的,整个结构着生在表皮的小孔中。感棒(ω)是一薄的几丁质管,基部不膨大,末端有开口;感棒不会有栉齿,但由于有裂缝状的凹陷,故可有条纹。芥毛(ε)一般很微小,仅在第1对足的跗节上有,常为圆锥形,着生在

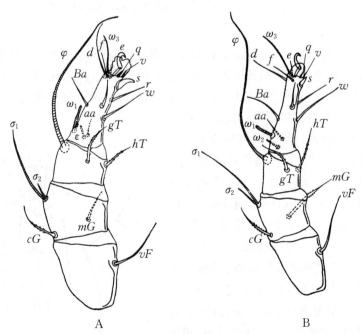

图1.14 雌螨足Ⅰ刚毛

A. 粗脚粉螨(*Acarus siro*);B. 小粗脚粉螨(*Acarus farris*)

$\omega_1, \omega_2, \omega_3, \varphi, \sigma_1, \sigma_2$:感棒;$Ba, d, e, f, r, w, q, v, s, \varepsilon, aa, gT, hT, cG, mG, vF$:刚毛

一个凹陷上;芥毛芯子中空,含有原生质,总与第一感棒(ω_1)接近。

在粉螨亚目中,足上刚毛和感棒的排列形式及数目基本相同。某些刚毛或感棒缺如或移位,此可作为分类鉴别的重要依据,甚至在同一种类的两性间也有差异,如拱殖嗜渣螨,足Ⅰ跗节上缺少 ε;在无爪螨属中,足Ⅰ膝节上仅有1条管毛;在麦食螨科中,足Ⅰ跗节上的 ω_1 从跗节基部的正常位置移位到前跗节的基部等。粉螨科螨类足的刚毛变异不大,但在食甜螨科螨类足的刚毛变异很大。如嗜鳞螨属,足的每一跗节均被有毛的亚跗鳞片(ρ)包围;米氏嗜鳞螨的足Ⅲ膝节上的腹面刚毛(nG)膨大成栉状鳞片;棕背足螨的膝节和胫节上有明显的脊条;雄性隆头食甜螨的足Ⅰ、Ⅱ胫节上有1条胫节毛(hT)呈梳状,雌螨足Ⅰ、Ⅱ胫节上的 hT 为正常刚毛。在同一类群中,足的刚毛、感棒的数目及排列非常固定,因此,足的毛序是粉螨亚目螨类分类鉴别的重要依据。

粉螨以足Ⅰ跗节上的刚毛和感棒最为复杂,但其着生位置和排列程序是有规则的。我国较普遍的椭圆食粉螨躯体和足上的刚毛齐全,故在叙述结构时通常以此螨作为我国粉螨的代表。该螨足Ⅰ跗节上的刚毛分为3群:基部群、中部群和端部群。

足Ⅰ的端跗节基部有呈圆周形排列的8条刚毛,以左足为例:第一背端毛(d)位于中间,正中端毛(f)和第二背端毛(e)分别位于 d 的右、左两侧;p、q、u、v 和 s 着生在腹面,并呈短刺状,内腹端刺(q、v)位于 s 的右侧,外腹端刺(p、u)位于 s 的左侧,腹端刺(s)位于中间。所有足的跗节都有这些刚毛和刺。感棒(ω_3)仅存在于足Ⅰ跗节上,它呈圆柱状,位于该节背面端部,并在最后一个若螨期开始出现。足Ⅰ跗节的中部有轮状排列的刚毛4条,背中毛(Ba)位于背面,腹中毛(w)位于腹面,正中毛(m)和侧中毛(r)各位于左面和右面。足Ⅱ跗节同样有这些刚毛,但在足Ⅲ和足Ⅳ跗节仅有2条刚毛,即 r 和 w。跗节基部群有刚毛和感棒4条,第一感棒(ω_1)着生在背面,为棒状感觉毛,在各发育期的足Ⅰ、Ⅱ跗节上均有,足Ⅱ跗节的 ω_1 比足Ⅰ跗节第一跗节感棒 ω_1 长;在幼螨期,ω_1 尤显长。在足Ⅰ跗节上,芥毛(ε)为小刺状,常紧靠感棒 ω_1。第二跗节感棒(ω_2)较小,位于较后的位置,在第一若螨期开始出现,其与亚基侧毛(aa)仅在足Ⅰ跗节上才有。

鞭状感棒(φ)也叫背胫刺或胫节感棒,着生在除足Ⅳ胫节以外所有的胫节背面,在生活史各发育阶段都有。足Ⅰ、Ⅱ胫节腹面有2条胫节毛,gT 位于侧面,hT 位于腹面;在足Ⅲ、Ⅳ胫节上只有1条胫节毛(hT)。足Ⅰ膝节背面有2条感棒,即 σ_1 和 σ_2,着生在同一个凹陷上;而足Ⅱ、Ⅲ膝节上仅有1条感棒。在足Ⅰ、Ⅱ膝节上有2条膝节毛,即 cG 和 mG,而足Ⅲ膝节上仅有1条刚毛 nG。在足Ⅳ膝节上,刚毛和感棒都缺如。足Ⅰ、Ⅱ和Ⅲ腿节的腹面均有1条腿节毛(vF)。足Ⅰ、Ⅱ和Ⅲ转节的腹面均有1条转节毛(sR)。

粉螨足上的刚毛和感棒的作用不甚明了,有些学者认为它们是感觉器官。鞭状感带(φ)在足Ⅰ和足Ⅱ上非常显著,向前直伸,似有触觉器官的作用。

(四)生殖孔

粉螨雌雄两性的生殖孔位于体躯腹面,在足Ⅱ~Ⅳ的基节之间。生殖孔被1对分叉的生殖褶遮盖,其内侧是1对粗直管状结构的生殖"吸盘"(GS)或生殖感觉器。无爪螨属有一个附加的不成对的生殖褶,从后面覆盖生殖孔。雌螨的生殖孔是一条纵向的(多数为自由生活螨类)或是横向的(多数为寄生螨类)裂缝,较大,能使多卵黄的卵排出。麦食螨科螨类雌性的生殖孔呈内翻的U形,有一块骨化了的生殖板。食甜螨属雌螨的生殖孔的前缘有一块新月状的细小的前骨片;雌性生殖孔的前缘也可与胸板相愈合,如甜果螨属;也可与围绕在

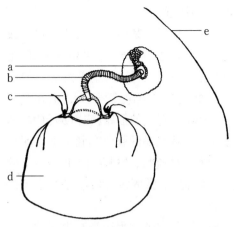

图1.15　粗脚粉螨(*Acarus siro*)(♀)
交配囊和受精囊

a:交配囊孔;b:交配囊管;c:输卵管;
d:受精囊;e:体躯后缘

输卵管孔周围的围生殖环相愈合,如脊足螨属。雌螨体躯末端有交配囊,通常是一个圆形的孔。在内部交配囊通到受精囊(receptaculum seminis),受精囊与卵巢相通(图1.15)。

雄螨输精管的末端为一几丁质的管子(阳茎),其着生在结构复杂的支架上,支架上附有使阳茎活动的肌肉(图1.16)。生殖孔的前端有一块上孔板支持。雄螨有特殊的交配器,可是位于肛门两侧的1对交尾吸盘或肛门吸盘(*AS*);或位于足Ⅳ跗节的1对小吸盘;或仅在足Ⅰ和足Ⅱ跗节上有1个吸盘。食甜螨科的雄螨常缺少肛门吸盘和跗节吸盘,但隆头食甜螨足Ⅰ、Ⅱ的形状变异,有辅助交配的作用。许多寄生性螨类足Ⅲ、Ⅳ的变异也起着同样的作用。

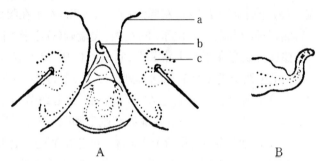

图1.16　腐食酪螨(*Tyrophagus putrescentiae*)(♂)生殖器
A. 外生殖器区;B. 阳茎侧面观
a:生殖瓣;b:阳茎;c:生殖突

二、幼螨

幼螨与以后各发育期相比体形较小,约为成螨的1/2或更小。有足3对,无生殖器,无生殖吸盘和生殖刚毛等构造。粉螨科幼螨腹面足Ⅱ基节前有一对茎状突出物,称为胸柄基节杆(coxal rods,*CR*),为幼螨期所特有。各足由5节构成,与成螨相同。跗节上刚毛的排列规律,爪垫及爪的形状等已具备种类鉴定意义。但在幼螨足Ⅰ~Ⅲ转节上无刚毛,而第三若螨和成螨的足Ⅰ、Ⅱ、Ⅳ转节上有1根刚毛,足Ⅲ转节无刚毛(图1.17)。

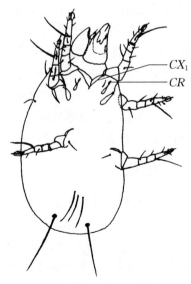

图1.17　棉兰皱皮螨(*Suidasia medanensis*)幼螨腹侧面
CX₁:基节区;*CR*:基节杆

三、若螨

(一) 第一若螨

又称前若螨,其体形较幼螨稍大,但较第三若螨小。此期粉螨有足4对。胸柄基节杆(CR)消失。与幼螨一样,足Ⅰ~Ⅲ转节上无刚毛,此特征可与第三若螨相鉴别。此外,该期粉螨腹面中央有生殖器原基,腹面正中有1纵沟,两侧各有1个椭圆形生殖吸盘。1对生殖刚毛位于纵沟两侧。此特征可与第三若螨和成螨相鉴别(图1.18)。

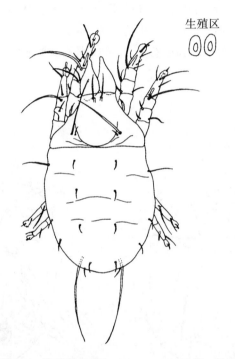

图1.18 纳氏皱皮螨(*Suidasia nesbitti*)第一若螨

(二) 第二若螨(休眠体)

位于第一若螨和第三若螨之间,可有第二若螨(deutonymph)或称休眠体(hypopus)。在粉螨的生活史中,这是一个特殊的发育期。休眠体不进食,是一种适于传播及抵抗不良环境的原始形式,对粉螨的发育和繁殖起到促进作用。休眠体只在一些细微的地方与成螨相似。相近亲缘关系的螨类,常可有相同的休眠体。休眠体有两种:一是活动休眠体(active hypopus),能自由活动,适于抱握其他节肢动物和哺乳动物;二是不活动休眠体(inert hypopus),几乎完全不能活动,常在第一若螨的皮壳中,消极地等待较好生活条件的到来。这两种休眠体的区分不严格,结构上能互相转化。

活动休眠体为黄色或棕色,并有坚硬的表皮。躯体圆形或卵圆形,背腹扁平,腹面凹而背面凸,这种形态利于休眠体紧紧地贴附在其他节肢动物身上。躯体背面完全被前足体和后主背板所蔽盖。无口器,颚体已退化成为一个不成对的板状物,前缘呈双叶状,每叶各有1

条鞭状毛。躯体腹面的基节板很明显,其前缘和后缘分别与表皮内突和基节内突相连。后足体有一很明显吸盘板,是重要的吸附结构。活动休眠体的吸盘板多孔,吸盘位置向前突出。这些吸盘中央有2个吸盘最明显,其在休眠体吸附寄主体时起主要作用。中央吸盘前方有2个较小的吸盘(I、K),常有辐射状的条纹;中央吸盘之后,有4个较小的吸盘(A、B、C、D),这4个吸盘旁边,各有一个透明区(E、F、G、H),可能为退化的吸盘。吸盘板前方,有一发育不全的生殖孔,两侧有1对吸盘和1对生殖毛,在中央吸盘之间有肛门孔。钳爪螨的吸盘被1对内面坚硬的活动褶所替代,其覆盖在2对有横纹的抱握器上,可像钳子一样握住毛发。活动休眠体的前2对足较后2对足发达,后2对足几乎完全隐蔽在躯体下方,有些可弯向颚体,如薄口螨。有些种类足Ⅰ、Ⅱ可在空中做搜寻动作,躯体由后2对足和吸盘板所支撑。足上的毛序与其他各发育阶段不同,包括刚毛形状的变化及一些刚毛和感棒的膨大和萎缩。如足Ⅰ~Ⅲ跗节常有膨大而呈叶状的刚毛,或其顶端扩大成小吸盘(图1.19)且具有部分吸附装置的作用;足Ⅳ跗节末端可有1~2条长刚毛以抱握昆虫。

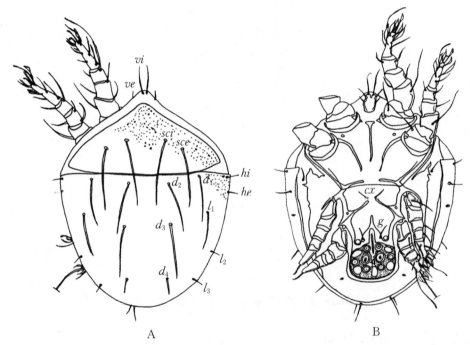

图1.19　粗脚粉螨(*Acarus siro*)休眠体

A. 背面;B. 腹面

$vi,ve,sce,sci,d_1\sim d_4,he,hi,l_1\sim l_3$:躯体的刚毛;$g$:生殖毛;$cx$:基节毛

只有少数粉螨可形成不活动休眠体,如家食甜螨的休眠体是由一个卵圆形的囊状物组成的,其包裹在第一若螨的干燥皮壳中,在休眠体内部,肌肉和消化系统退化为无结构的团块,只有神经系统保持其原状。

(三) 第三若螨

第三若螨又称后若螨,体型较成螨小。第三若螨除生殖器尚未完全发育成熟外,其他结构与成螨相似。第三若螨生殖孔与第一若螨相似,为痕迹状,但生殖吸盘增加为2对、生殖刚毛3对。后若螨足上的毛序与成螨相同,足Ⅰ~Ⅲ转节上各有刚毛1根,足Ⅳ

则无(图1.20)。

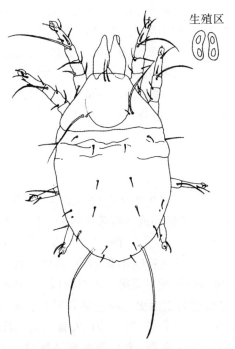

图1.20 纳氏皱皮螨(*Suidasia nesbitti*)第三若螨

（张浩）

第三节 生 物 学

粉螨常孳生在阴暗潮湿的地方,多为陆生生物,除少数种类营寄生生活外,多数种类营自生生活。营寄生生活的种类多寄生于动植物体内或体表;营自生生活的种类多为腐食性、菌食性或植食性。腐食性粉螨以腐烂的植物碎片、苔藓等为食,参与自然界的物质循环;菌食性粉螨常取食各种真菌、藻类、细菌等,是为害食用菌等菇类的重要害螨;植食性粉螨多以谷物、干果、中药材等为食,可严重污染和危害储藏物、中药材等物品。关于寄生性螨类,若其寄生于农业害虫,则可抑制害虫而对农业生产有利;若寄生于益虫,则对农业生产有害。尤为重要的是,某些种类粉螨可侵犯人和动物身体,其排泄物、分泌物和皮蜕等可对人、畜造成危害,引起人体螨病及相关螨性过敏性疾病。因此,了解粉螨的生物学特征对粉螨的有效防制具有重要意义。

一、生活史

粉螨的生活史是指其完成一代生长、发育及繁殖的全过程,包括胚胎发育和胚后发育两个阶段。胚胎发育阶段在卵内完成,自卵受精后开始至卵孵化出幼螨为止;胚后发育阶段从卵孵化出幼螨开始直至其发育为成熟的成螨。

螨类的一个新个体(卵或幼螨)从离开母体至发育为性成熟成体的个体发育周期称为一

代或一个世代。若为卵胎生种类的粉螨,其一个世代从幼螨(或是若螨、休眠体、成螨)自母体产出开始至子代再次生殖为止。螨类完成一个世代所需的时间因螨种、孳生环境和所处气候条件而异,其中温度、湿度等环境因子是重要的影响因素。同一螨种,在我国温度较高的南方完成一个世代所需的时间较短,每年发生的代数较多;而在温度较低的北方完成一个世代所需的时间较长,每年发生的代数较少。与此同时,因南方气候温暖,使得粉螨的发生期和产卵期长,世代重叠现象明显,较难分清每一世代的界线;而北方气候寒冷,使得粉螨的发生期和产卵期短,发生代数少,容易划分其世代界线。

二、发育

粉螨的个体发育期因种而异,营自生生活的粉螨多数为卵生,其生活史包括卵、幼螨、第一若螨、第二若螨(休眠体)、第三若螨和成螨等阶段(图1.21)。休眠体在环境条件不利于其孳生时转化而成,有时可完全消失。在进入第一若螨、第三若螨和成螨之前各有一静息期,蜕皮后变为下一个发育时期。静息期粉螨不食不动,其典型特征是足向躯体收缩、口器退化、躯体膨大呈囊状。有些种类的雄螨可无第二若螨阶段,直接从第一若螨变为成螨。阎孝玉等(1992)研究发现椭圆食粉螨的生活史阶段包括卵、幼螨、第一若螨、第三若螨以及成螨等发育时期,它在由幼螨发育为第一若螨,第一若螨发育为第三若螨以及第三若螨发育为成螨之前,均有一不食不动的短暂静息期,未见该螨有休眠体。张继祖等(1997)在温度为12.7~32.7 ℃、相对湿度大于90%的条件下,对福建嗜木螨(*Caloglyphus fujiannensis*)雌雄螨

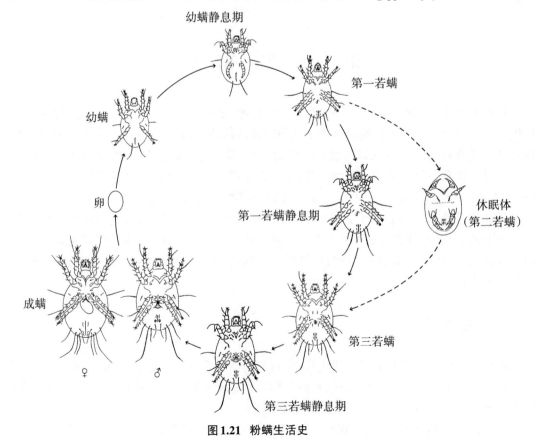

图1.21 粉螨生活史

生活史分别进行研究后发现,在不良环境条件下该螨会产生休眠体。沈兆鹏(1979)研究发现,甜果螨(*Carpoglyphidae lactis*)在不良环境下也会产生休眠体。

粉螨产下的卵多聚集成堆,偶有孤立的小堆,少数种类的卵在雌螨体内可发育至幼螨或第一若螨后产出。卵产出后的发育期所需时间,受外界环境条件影响较大,一般来说,温度25℃、相对湿度80%左右为粉螨卵孵化的适宜条件。卵孵化时,卵壳裂开,孵出幼螨。幼螨有3对足,这是与其他发育时期的主要区别。幼螨出壳后即可取食,但其活动迟缓。经过一段活动时期,幼螨寻找适宜的隐蔽场所,进入静息期。静息期幼螨的特征是3对足向躯体收缩,据此易与幼螨相区别。幼螨经过第一静息期,约经24小时蜕皮成为第一若螨。蜕皮时,常由第二和第三对足之间的背面表皮作横向裂开,前2对足先伸出,然后整个螨体从裂缝处蜕出,成为具有4对足的第一若螨。蜕皮时间一般为1~5分钟。第一若螨与第三若螨之间的短暂静息期为第二静息期(第一若螨静息期),第一若螨经过约24小时的静息期,蜕皮后变为第三若螨。第三若螨经一段时间的活动期,再经过约24小时的第三静息期(第三若螨静息期),蜕皮后变为成螨。若螨和成螨均有4对足,它们外部形态相似,但成螨有生殖器,易与若螨相区别。粉螨的第一若螨和第三若螨,可根据其生殖感觉器的数量加以区别。成螨有雌螨和雄螨之分,雄螨又可分为常型雄螨和异型雄螨两型。粉螨从卵孵化至成螨,雄螨个体的发育过程一般要比雌螨个体快0.5~2天。

粉螨各期的发育时间因螨种、生境不同而异。罗冬梅(2007)在16~32℃范围内5个恒温条件下饲养观察60只椭圆食粉螨各螨态的发育历期,结果见表1.4。该试验表明:在温度为16~32℃范围内,椭圆食粉螨的生命活动能正常进行。不同温度下完成一代的时间各不相同,32℃时的发育历期为14.70天,较16℃时的80.80天缩短了近4~5倍。在同一温度下各螨态发育历期也略有差别。在24℃时,卵期、幼螨期、第一若螨期、第三若螨期分别为6.34天、6.48天、6.09天、4.60天。总体上看,椭圆食粉螨全世代和各螨态的发育历期表现为随温度升高而缩短,其发育速率随温度的升高而增加,但其变化的幅度随温度上升有变小的趋势。

表1.4 不同温度下椭圆食粉螨的发育历期(d,M±SE)

发育阶段	温度(℃)				
	16	20	24	28	32
卵期	16.96±0.29	8.88±0.27	6.34±0.07	4.69±0.10	3.54±0.07
幼螨期	21.34±1.30	7.69±0.24	6.48±0.25	3.41±0.19	2.75±0.13
第一静息期	4.65±0.12	2.36±0.08	1.27±0.06	0.94±0.04	0.70±0.05
第一若螨期	16.45±1.08	7.52±0.25	6.09±0.41	3.00±0.16	2.88±0.12
第二静息期	4.24±0.08	2.27±0.10	1.34±0.08	0.89±0.05	0.67±0.06
第三若螨期	16.23±1.00	8.22±0.57	4.60±0.18	4.00±0.55	3.33±0.17
第三静息期	4.33±0.09	2.25±0.09	1.37±0.08	1.03±0.05	0.67±0.06
总未成熟期	80.80±1.76	39.13±1.15	27.73±0.63	17.91±0.54	14.70±0.34

引自:罗冬梅.2007.椭圆食粉螨种群生态学研究.

三、休眠体

有些种类的粉螨在遇到不良环境条件时,会出现休眠体期。休眠体期是螨类生活史中抵御不良环境并借助携播者进行传播的一个特殊发育阶段,是粉螨发育过程中的一个异型发育状态。休眠体对低温、干燥、饥饿及杀虫剂等有很强的抵抗力,是加强螨种延续和传播的一种特殊形式。当遇到不良环境时,在第一若螨之后即可出现随时间推移体色由浅变深,体躯逐渐萎缩而变成圆形或卵圆形,表皮骨化变硬,颚体退化,取食器官消失,在末体区形成一个发达的吸盘板等变化,形成休眠体以抵抗恶劣环境。等到环境条件适宜时,便开始发育为第三若螨。

一些粉螨存在休眠体,如甜果螨、粗脚粉螨、小粗脚粉螨、嗜木螨、静粉螨等在进入第一若螨、第三若螨和成螨之前有一短暂的静息期,在第一若螨和第三若螨之间,可以有第二若螨,即休眠体。休眠体有活动休眠体(active hypopus)和不活动休眠体(inert hypopus)两类。大部分休眠体能自由活动,为活动休眠体,其吸盘板适合于吸附或抱握在其他动物的身体上(Hughes,1976;李隆术和李云瑞,1988),钳爪螨亚科(Labidophorinae)螨类休眠体还能形成由抱握器和盖在抱握器上一对坚硬活动褶所组成的结构,以便牢牢握住携播者的皮毛。可形成活动休眠体的粉螨有粗脚粉螨、小粗脚粉螨、嗜木螨等。罗冬梅(2007)报道,静粉螨及食甜螨属(*Glycyphagus*)等少数螨类可形成不活动休眠体,其身体被包围在第一若螨的皮壳中,几乎完全不活动。

(一) 形成休眠体的粉螨类群及其分类学意义

形成休眠体的常见粉螨类群有粉螨科(Acaridae)、果螨科(Carpoglyphidae)、嗜渣螨科(Chortoglyphidae)、食甜螨科(Glycyphagidae)、薄口螨科(Histiostomidae)等。其中,食甜螨科和粉螨科中多数种类都能形成休眠体且常发生在屋尘和储藏物中,是生产和生活中危害较大的类群。

还有一些粉螨类群因只有休眠体而未发现成螨,其种类是以休眠体为模式标本而建立的。因此,休眠体在分类学上具有重要意义,如粉螨科、薄口螨科的部分螨种常以休眠体作为其种属分类的依据。

(二) 休眠体的生物学意义

休眠体既是粉螨抵御不良环境条件而赖以生存的一种形式,又是其传播方式之一。为保持种群的繁衍扩散,粉螨可通过形成休眠体无需进食而赖以生存,并利用风、水、其他动物以及人类的活动等外界力量来进行传播。粉螨的休眠体腹面末端常有吸盘,可以此附着在工具、食品、哺乳动物、鸟类、昆虫及其他小型节肢动物等身上以利传播,甚至可附着于尘土颗粒上借助气流来传播。如吸腐薄口螨的休眠体常附着于鞘翅目甲虫、蝇类及多足纲动物身上,伴随这些动物的活动而传播;罗宾根螨(*Rhizoglyphus robini*)等粉螨休眠体与粪蝇、麦蝇、种蝇、食蚜蝇等双翅目昆虫携播者以及其他小型昆虫有相同的生活环境和同步生活史,其休眠体更容易传播(Zakhvatkin,1941)。

食根嗜木螨(*Sancassania rhizoglyphoides*)和菌食嗜菌螨(*Mycetoglyphus fungivorus*)的休眠体能借助蚂蚁的活动而传播,前者还可借助鼩鼱(*Sorex araneus*)和普通田鼠(*Microtus arvalis*)进行活动传播。有些粉螨的休眠体在形成后会立刻转移到携播者身上,如扎氏脂螨饥饿后形成大量休眠体,可迅速附着在白腹皮蠹(*Dermestes maculatus*)幼虫身上,并经常附着在关节膜的光滑面上(Hughes,1956);除附着于白腹皮蠹身上外,河野脂螨还经常附着在肉食皮蠹(*Dermestes carnivorous*)身上。害嗜鳞螨和家食甜螨常于饲料稻草、房屋地板碎屑、仓库储藏物中产生不活动休眠体(Sinha,1968)。在环境条件不适宜其生存时,这些螨类的不活动休眠体开始产生,其中的一部分可以借助人为清扫、运输等方式而实现被动扩散,其余大部分不活动休眠体仍停留在原地等待适宜其生存的环境,待适宜的生存环境到来后继续发育。如食甜螨科休眠体耐受低温的能力很强,有些种类可以在-5℃条件下存活1年以上。休眠体对粉螨的发育和繁殖起到了积极作用。

(三)休眠体的形成和解除机制

有关粉螨休眠体的生物学研究很多,但是对其形成和解除机制仍观点不一。关于休眠体的形成原因,目前研究表明其主要是由内部因素、外部因素、内部与外部因素共同作用引起的。

1. 内部因素

粉螨的遗传因素以及内部器官分化和神经系统的生理作用对休眠体的形成均有很大影响。一些粉螨形成休眠体主要是由其遗传因素决定的,个体基因的差异会造成表现型的不同,如粗脚粉螨容易形成休眠体是因为其存在不同的基因压力;而害嗜鳞螨经过一定时期的环境选择,其休眠体的产生可由20%~30%逐渐增加到80%~90%。Hughes等(1939)认为,家食甜螨约有半数的第一若螨要经过休眠体状态,这可能与其内部器官的分化有关。Hughes(1964)的研究结果表明,分泌系统对休眠体的形成起一定的调节作用。能正常蜕皮而直接发育为第三若螨的第一若螨,其背中部神经细胞中的颗粒会消失,同时其唾液腺细胞中这些颗粒也会变得极少;而在易形成休眠体的品系中,第一若螨神经细胞中虽然也缺少这些颗粒,但其唾液腺细胞里仍有这些颗粒。因此,Hughes(1964)认为在形成第一若螨最初的20~30小时中,其第一若螨遇到饥饿会形成休眠体的命运就已经定了,这些神经细胞颗粒的多少直接与其休眠体的形成有关。

2. 外部因素

温湿度、营养、种群密度、食物的性质(pH、质量、成分、种类、比例)以及废物的积聚等外部因素均是诱导粉螨形成休眠体的重要因素,其中以食物的性质最为重要。当粗脚粉螨遇到含水量低的食物和低湿空气时,为适应不良环境,第一若螨蜕皮,形成休眠体。Matsumoto(1978)的研究结果表明,在温度25℃、相对湿度85%条件下向饲养河野脂螨的酵母中分别加入奶酪、明胶、蛋清、豆粉等物质,均可导致螨的种群密度降低,其形成的休眠体数比单独用酵母饲养显著增多。对于整个粉螨种群来说,过高的种群密度会造成不利的环境条件,引起种群迁移或形成休眠体;这也是粉螨自我调节密度,减少种内竞争,延缓种群增长,防止种群崩溃的有效形式。Hughes(1964)和Griffiths(1966)研究发现,维生素B和麦角甾醇等合成激素所必需的物质能促使螨类休眠体的形成(Hughes,1964;Griffiths,1966),但进一步研究发现,维生素B的数量不是决定休眠体形成的关键营养因素,而其基础营养的比例和有效形式才是引起休眠体形成的重要因素(Corente and Knülle,2003;Griffiths,1969)。Woording(1969)观察比较了培养管隔离饲养罗宾根螨的结果,当该螨卵、幼螨或第一若螨数量少于20只时,不会形成休眠体;而在大量培养时,有1%~2%的个体能形成休眠体。陆云华(2002a,2002b)研究发现螨类生长发育需要适宜的温度、湿度条件,温度过高或过低、湿度过低等都会促使休眠体的形成。Matsumoto(1993)试验研究证明,河野脂螨在温度30℃、相对湿度96％条件下很容易形成休眠体。Ehrnsberger等(2000)也发现,在不良的温湿度条件下伯氏嗜木螨会产生大量的休眠体。

3. 内部与外部因素共同作用

Chmielewski(1977)提出休眠体的形成以遗传基因为基础,并与生态因子密切相关。Knülle(1987)研究发现,食物因子能影响休眠体的形成,基因型不同的个体对食物的质量反应大不相同。从自然选择和进化的角度来看,基因和环境的变化使粉螨生活周期发生了改变,从而逐渐演化出了休眠体这种特殊形式(Knülle,1991)。Knülle及其合作者对害嗜鳞螨休眠体进行多年系统性研究后提出基因和环境相互作用、共同影响的观点。Knülle(2003)指出,螨类会通过遗传多态现象来适应突变或致命的环境条件,当栖息地过分的拥挤或营养恶化会使螨类逃离,为形成休眠体的基因表达做好准备。基因与生态因子的相互作用导致"直接发育螨、活动休眠体、不活动休眠体"3种状态螨类的比例发生变化。

同样,关于休眠体的解除也与遗传和环境因素有关。当环境条件适宜时,休眠体会蜕去硬壳,发育成第三若螨,进而发育为成螨。休眠体蜕皮需要适宜的水分和温湿度条件,不同螨类所需条件也有所差异。速生薄口螨休眠体与含有水分的菌丝接触,2~3天后就能蜕皮;伯氏嗜木螨休眠体在温度15℃以上、相对湿度高于97％的条件下会蜕皮;罗宾根螨蜕皮需要较高的温湿度,在24℃条件下,相对湿度低于93％时其休眠体不会蜕皮,如果条件合适,其休眠体可以全部解除(Capuas,1983)。此外,某些螨的休眠体蜕皮时还需要特殊的饲料和营养,同时也受携播者和孳生小生境的影响。

张曼丽(2008)研究了环境因子对刺足根螨休眠体形成和解除的影响,结果表明:温度、湿度、营养、密度和农药都对休眠体的生长发育有不同程度的影响,进一步比较温度、湿度和密度三种因子,证明湿度是影响刺足根螨休眠体形成的关键因子。关于粉螨休眠体产生和解除的具体原因尚在研究之中,相信随着科学技术的发展,其研究工作将会进一步深入,休眠体的形成和解除理论也会不断完善,并进一步明确其具体机制。

四、繁殖

成螨期是粉螨繁殖后代的关键阶段,自第三若螨蜕皮变为成螨至交配、产卵,常有一定的间隔期。由第三若螨蜕皮到第一次交配的间隔时间称为交配前期,大多数粉螨的交配前期很短。孙庆田(2002)研究发现,粗脚粉螨在温度25~28℃条件下,其交配前期为1~3天。自后若螨蜕皮至第一次产卵的间隔时间称为产卵前期,粉螨的产卵前期常受温度的影响较大。产卵前期短的为0.5天,长的可达2~3天,在温度较低时甚至可长于20天。

(一) 生殖

大多数粉螨营两性生殖(gamogenesis),有些种类可行孤雌生殖(parthenogenesis)和卵胎生(ovoviviparity)。① 两性生殖:粉螨雌雄异体,其主要生殖方式为两性生殖。两性生殖需经雌雄交配,卵受精后才能发育。受精卵发育而成的个体,具有雌雄两种性别,通常雌性的比例较大。有些种类的粉螨有两种类型的雄螨,二者均能与雌螨交配。② 孤雌生殖:不经交配的雌螨也能产卵繁殖后代,这种生殖方式称为孤雌生殖。孤雌生殖是粉螨适应周围环境的结果,可确保其大量繁殖,常有两种类型:一是在雄螨很少或尚未发现雄螨的螨类中,未受精卵发育成雌螨,称为产雌单性生殖(thelyotoky);二是在雄螨常见的螨类中,未受精卵只能发育成雄螨,称为产雄单性生殖(arrhenotoky)。由产雄单性生殖所产生的雄螨,还可与母代交配,产下受精卵,使群体恢复正常性比。如粗脚粉螨的繁殖方式既可为两性生殖,也可为孤雌生殖。③ 卵胎生:有些螨类的卵在母体中便已完成了胚胎发育,其从母体产下的不是卵而是幼螨,有时甚至是若螨、休眠体或成螨,螨类的这种生殖方式称为卵胎生。卵胎生与哺乳动物真正的胎生完全不同,卵胎生的螨类其胚胎发育所需营养由卵黄供给,而哺乳动物所需的营养则是通过胎盘自母体直接获得。

(二) 交配

营两性生殖的粉螨,通常雄螨较雌螨蜕皮早。有些螨类的雄螨,甚至还能帮助雌螨蜕皮。当第三若螨尚处于静息期时,雄螨已完成蜕皮,并在性外激素的诱使下,伺伏在即将蜕皮的雌螨周围,一旦雌螨完成蜕皮,立即与之进行交配。大多数粉螨是以直接方式进行交配,雄螨阳茎直接将精子导入雌螨的受精囊内与雌螨进行交配,完成受精过程。张琦(1978)对腐食酪螨生活史进行研究发现,腐食酪螨新脱出的成螨经短时静伏后便开始爬动,一旦二者肢体偶然接触,彼此就急速躲开,经短时间适应之后,雄螨爬向雌螨,在接近雌螨螨体末端处,以其足Ⅰ、Ⅱ轻轻拨动雌螨螨体末端刚毛,进而雄螨爬至雌螨背上,螨体后端接触,雄螨以螨体末端腹面压在雌螨螨体末端背面上,雌、雄螨头端远离,处于相反的方向,雄螨以肛吸盘及足Ⅳ跗节吸盘吸附于雌螨螨体上,雄螨阳茎恰好与雌螨交配囊相接,常见雌螨拖着雄螨走动。水芋根螨交配时,雌、雄螨排成近直线状,当雄螨追逐到雌螨时,用足Ⅰ将雌螨拖住并爬至其背上,再缓慢地倒转躯体成相反方向,用足Ⅳ将雌螨的末体紧紧夹住进行交配。在交配过程中,螨体可以活动、取食,但以雌螨活动为主,一旦遇惊扰或有外物阻拦,大多立即停止交配。

多数雌雄粉螨可多次交配,交配时间长短不一,一般为10～60分钟。沈兆鹏(1993)研究发现纳氏皱皮螨雄螨有发达的跗节吸盘,可顺利地用其足Ⅳ跗节吸盘吸住雌螨的末体进行交配,且可多次交配。张琦(1978)观察腐食酪螨也可进行多次交配,其初次交配时间长达2小时左右,而再次交配时间较首次为短(表1.5)。

表1.5 腐食酪螨成螨交配时间(15～18℃)

组别		交配开始时间	交配结束时间	总计(分钟)
初次交配	1	12时45分	14时24分	99
	2	19时10分	21时10分	120
	3	16时10分	17时55分	105
	4	14时20分	16时30分	130
	5	13时0分	15时25分	145
非初次交配	1	13时10分	13时18分	8
	2	13时45分	14时06分	20
	3	13时10分	13时30分	20
	4	20时40分	21时05分	25
	5	11时0分	11时50分	50

引自:张琦.1978.腐食酪螨生活史的观察.

(三) 产卵

在室内饲养条件下,雌螨多于交配后1～3天开始产卵,且多将卵产于离食物近且湿度较高的地方。粉螨产下的卵可呈单粒、块状或小堆状排列,其产卵期持续时间及产卵量也因种而异,如:① 腐食酪螨可交配多次,产卵多次。在温度25 ℃下,平均产卵时间为19.61天,单雌日均产卵量为21.87个。多数卵聚集呈堆状,也有少数呈散产状态。张琦(1978)对腐食酪螨雌螨产卵进行观察,发现其产卵日数可持续9～20天,每日产卵数2～9个,一只雌螨可产卵39～99个。② 纳氏皱皮螨也可多次交配,于交配后1～3天开始产卵。每只雌螨产卵数量不等,平均为25个,产卵期可持续4～6天(沈兆鹏,1988)。③ 椭圆食粉螨以面粉作饲料,在温度25 ℃,相对湿度75%的条件下,可多次交配,并于交配后1～3天开始产卵,持续产卵4～6天。一只雌螨可产卵33～78个,平均为55.5个。④ 林文剑(1992)观察了热带食酪螨的产卵情况,雌螨可多次交配,交配后1天即可产卵。在温度30 ℃、相对湿度80%的条件下,卵粒零散分布在饲育器小室内,每只雌螨共产卵51～75个,平均为64个。⑤ 伯氏嗜木螨产卵时间可持续4～8天,昼夜均可产卵,最高日单雌产卵量为27个,产卵持续期内偶有间隔1天不产卵现象,其单雌产卵量6～93个,平均48.1个。产卵为单产或聚产,聚产的每个卵块含卵2～12个不等,排列整齐或呈不整齐的堆状,产卵开始后3～6天达高峰,在产卵期间,仍可多次进行交配。福建嗜木螨在室温25 ℃时,雌螨一次产卵可持续1天至数天不等,单个卵块的卵数可多达100余个。

各种粉螨产卵量的大小,除因螨种而异外,还受到温湿度、食物、光照、雨量、灌溉等环境条件的影响。孙庆田等(2002)对粗脚粉螨的生活史进行研究,发现该螨生长发育的最适温度为25～28 ℃。在此条件下,雌螨蜕皮成熟后1～3天交配,交配后2～3天开始产卵。在相对湿度85%的条件下,其产卵量取决于雌螨的生活状态、温度、食料的种类和质量。当温度为24～26 ℃时,每只雌螨1天产卵10～15个;当温度低于8 ℃或高于30 ℃时,其产卵受到抑制,甚至停止产卵。以面粉为食的粗脚粉螨,每只雌螨的产卵量为45～50个;以碎米为食的粗脚粉螨,每只雌螨的产卵量增加到68～75个,最高可达96个。

(四) 寿命

粉螨的雄螨寿命一般比雌螨短,多数雄螨于交配之后即死亡。在室温条件下,雌螨寿命为100～150天,雄螨为60～80天。粉螨的寿命除由其自身遗传因素决定外,其孳生环境、温湿度以及饲料的营养成分等也是重要影响因素。刘婷等(2007)对腐食酪螨的生殖进行研究后发现,随着温度的升高腐食酪螨平均寿命变短,其50%雌螨的死亡时间随温度的升高逐渐缩短,12.5 ℃时的寿命最长,为126.35天;30 ℃时的寿命最短,为22.0天。

(五) 性二型和多型现象

同一种生物(有时是同一个个体)内出现二种相异性状的现象称为性二型现象。粉螨通常有明显的性二型现象,其雌螨一般较雄螨大。但粗脚粉螨的雄螨足Ⅰ股节腹面有一距状突起,膝节增大,使其足Ⅰ显著粗大,与雌螨足Ⅰ的大小差异明显。

粉螨亚目的部分螨种有多型现象,在根螨属、嗜木螨属和士维螨属中均存在此现象,有时甚至可发现四种类型的雄螨:① 同型雄螨,螨体的形状和背毛的长短很像未孕的雌螨。

② 二型雄螨,其螨体和刚毛均较长。③ 异型雄螨,与同型雄螨相似,但足Ⅲ变形。④ 多型雄螨,螨体形状与二型雄螨相同,但足Ⅲ变形。

(六) 越冬、越夏和滞育

多数粉螨以雌成螨越冬,也有的以雄成螨、若螨或卵越冬。越冬雌螨的抗寒性和抗水性很强,其抗寒性与湿度密切相关,当其孳生环境湿度低时,即使温度不低,也能造成大量死亡,这与低湿时越冬雌螨体内水分不断蒸发致其脱水有关。越冬雌螨在水中存活时间约为100小时。枯枝落叶、杂草、各种植物和水体等均是粉螨常见的越冬场所。如粗脚粉螨的雌螨可以在仓储物内、仓库尘埃中、缝隙等处越冬;刺足根螨以成螨在土壤中越冬,其在腐烂的鳞茎残瓣中最多见,也有的在储藏鳞茎残瓣内越冬。

螨类常通过在泥块或树干上产下抗热卵或越夏卵来越夏。有些粉螨孳生在低矮的植物上或接近地面的位置,这种地方在冬季比较温暖,但在夏季则特别炎热且干燥,就需要通过抗热卵或越夏卵等方式来适应不利环境。生活在离地面较高树木中的粉螨可在叶片中找寻适宜的避热场所,也产抗热卵,在夏季不孵化。在落叶树上栖息的粉螨,夏季可在树皮或树枝上产卵,经过夏季的炎热和冬季的寒冷后,到第二年春季才开始孵化。

滞育(diapause)是粉螨为适应不良环境,而停止活动的一种保障螨种延续的生存状态,一般分为专性滞育与兼性滞育两种。专性滞育往往是在诱发因子较为长期作用下在特定的敏感期内才能形成的,其体内脂肪和糖等的生理累积,含水量及呼吸强度的下降,行为与体色的改变以及抗性的增强等已充分准备。一旦粉螨进入专性滞育之后,即使恢复对其生长发育良好的条件也不会解除,必须经过一定的高温、低温或施加某种化学作用后才能解除。兼性滞育也称为休眠(dormancy),是在不良因子作用下,立即停止生长,而不受龄期的限制,其在生理上一般缺乏准备,一旦不良因子消除,滞育便会随之解除,迅速恢复生长发育。粉螨的滞育可发生于多个发育阶段,包括卵期滞育、雌螨滞育等。雌螨在有利条件下,产不滞育卵,但受恶劣气候等不利条件影响时可全部转换为产滞育卵。有些粉螨多个发育期均能发生滞育,如害嗜鳞螨和粗脚粉螨在低温干燥的不良环境中,其若螨可变为休眠体。

(杨庆贵 陶莉)

五、生境与孳生物

粉螨多营自生生活,可孳生在粮食仓库、食品加工厂、中草药仓库、饲料仓库、畜禽养殖场、纺织厂及某些交通工具等人们生产、生活的环境中,造成粮食、干果、中草药、动物饲料、纺织品等品质下降或变质;其排泄物及代谢产物、死亡的螨体可直接危及人体健康。

(一) 食性

粉螨孳生场所多样,食性复杂,以谷物、饲料、霉菌等为食。根据食性,粉螨可分为植食性螨类(phytophagous mites)、菌食性螨类(mycetophagous mites;mycophagous mites)和腐食性螨类(saprophagous mites)三类。

植食性粉螨以谷物、干果、动物饲料及某些中药材等为食,导致储藏粮食及中草药变色、变味、霉变,影响谷物种子的发芽率及营养价值;动物饲料利用率降低、营养价值下降,造成畜禽生长速度慢及产仔率低。常见的植食性粉螨包括粗脚粉螨(*Acaras siro*)、腐食酪螨(*Tyrophagus putrescentiae*)、椭圆食粉螨(*Aleuroglyphus ovatus*)、伯氏嗜木螨(*Caloglyphus berlesei*)、罗宾根螨(*Rhizoglyphus robini*)、纳氏皱皮螨(*Suidasia nesbitti*)、家食甜螨(*Glycyphagus domesticus*)、害嗜鳞螨(*Lepidoglyphus destructor*)、热带无爪螨(*Blomia tropicalis*)、弗氏无爪螨(*Blomia freemani*)、隆头食甜螨(*Glycyphagus ornatus*)、隐秘食甜螨(*Glycyphagus privatus*)、棕脊足螨(*Gohieria fusca*)、甜果螨(*Carpoglyphus lactis*)和粉尘螨(*Dermatophagoides farinae*)等。

菌食性粉螨以食用菌及储藏物孳生霉菌的菌丝及孢子为食,造成食用菌播种后,不发菌或发菌后出现"退菌"现象,或者被害部位出现变色孔洞,影响食用菌的质量及产量等。常见的菌食性粉螨包括腐食酪螨(*Tyrophagus putrescentiae*)、食菌嗜木螨(*Caloglyphus mycophagus*)、伯氏嗜木螨(*Caloglyphus berlesei*)、家食甜螨(*Glycyphagus domesticus*)、害嗜鳞螨(*Lepidoglyphus destructor*)和速生薄口螨(*Histiostoma feroniarum*)等。

腐食性粉螨以腐烂谷物、朽木霉菌及其他腐败的有机物质为食,常见的种类包括腐食酪螨(*Tyrophagus putrescentiae*)、罗宾根螨(*Rhizoglyphus robini*)和速生薄口螨(*Histiostoma feroniarum*)等。

(二) 仓储环境

粉螨对孳生环境的选择主要依赖于环境中是否具有充足的食物及合适的温湿度。仓储环境光线隐蔽,温湿度稳定,食物充足,人为活动较少,是粉螨理想的栖居地。粉螨在仓储环境中常见的孳生物包括储藏粮食、储藏干果、动物饲料、中药材等。

1. 储藏粮食

储藏粮食尤其是储藏谷物,其含有丰富的粉螨食物,在外界环境适宜时,粉螨可大量繁殖,为害储藏粮食。粉螨孳生的储藏谷物种类繁多,包括大麦、小麦、稻谷、玉米、黄豆、黑豆、绿豆、蚕豆、高粱等,在谷物的收获、包装、运输、加工及储藏的过程中,粉螨均可侵入,导致粮食的变质,降低其营养价值和经济价值。"麻袋面上一层毡,落到地上一层毯"就是形容粉螨孳生数量之大。李朝品(1995)在每克地脚面粉中,检获粉螨6种,即拱殖嗜渣螨、弗氏无爪螨、家食甜螨、伯氏嗜木螨、食虫狭螨、腐食酪螨,孳生密度高达400.14只/克(表1.6)。赵亚男(2018)从海南省文昌市20份地脚米中,检获粉螨12种,隶属于4科10属,其中热带无爪螨和腐食酪螨孳生率较高。蒋峰、张浩(2019)对齐齐哈尔市的地脚粉、地脚米、玉米碴及挂面屑进行粉螨孳生情况的调查,共检获9种粉螨,即粗脚粉螨(*Acarus siro*)、腐食酪螨(*Tyrophagus putrescentiae*)、椭圆食粉螨(*Aleuroglyphus ovatus*)、伯氏嗜木螨(*Caloglyphus berlesei*)、罗宾根螨(*Rhizoglyphus robini*)、纳氏皱皮螨(*Suidasia nesbitti*)、害嗜鳞螨(*Lepidoglyphus destructor*)、粉尘螨(*Dermatophagoides farinae*)和屋尘螨(*Dermatophagoides pteronyssinus*),孳生密度高达168.09只/克。

2. 储藏干果

由于粉螨的食性、干果的品质及储藏条件和时间的不同,储藏干果孳生粉螨种类和数量差异很大。储藏干果是粉螨适宜的孳生物,主要原因是干果中含有丰富的糖类、蛋白质及淀粉,不仅可以为粉螨直接提供大量的食物,而且有利于霉菌的生长,霉菌也是粉螨的食物;干果中水分蒸发,可导致仓库环境中的湿度增加,有利于粉螨孳生。李朝品(1995)在桂圆肉中发现腐食酪螨。王慧勇(2006)对20种储藏干果进行粉螨孳生情况调查,共分离出22种粉螨,其中甜果螨为优势螨种。陶宁(2015)从49种储藏干果中共检获12种粉螨,即粗脚粉螨、腐食酪螨、长食酪螨、纳氏皱皮螨、伯氏嗜木螨、河野脂螨、家食甜螨、拱殖嗜渣螨、甜果螨、粉尘螨、屋尘螨、梅氏嗜霉螨,其中甜果螨、腐食酪螨、粗脚粉螨及伯士嗜木螨为优势螨种,且孳生密度高达79.78只/克(表1.7)。

表1.6 储藏谷物孳生粉螨的种类和密度

样本	孳生密度 (只/克)	孳生螨种
大米	10.37	粗脚粉螨、腐食酪螨、干向酪螨、小粗脚粉螨、长食酪螨、纳氏皱皮螨、家食甜螨
面粉	400.14	拱殖嗜渣螨、弗氏无爪螨、家食甜螨、伯氏嗜木螨、食虫狭螨、腐食酪螨
糯米	20.31	腐食酪螨、粗脚粉螨、粉尘螨
米糠	45.13	粗脚粉螨、腐食酪螨、静粉螨、菌食嗜菌螨、屋尘螨、梅氏嗜霉螨、椭圆食粉螨
碎米	169.31	腐食酪螨、弗氏无爪螨、米氏嗜鳞螨、纳氏皱皮螨、梅氏嗜霉螨
稻谷	12.18	腐食酪螨、伯氏嗜木螨、食菌嗜木螨、害嗜鳞螨
小麦	18.14	粗脚粉螨、长食酪螨、害嗜鳞螨、拱殖嗜渣螨、椭圆食粉螨
玉米	217.69	膝澳食甜螨、腐食酪螨、米氏嗜鳞螨
豆饼	48.38	腐食酪螨
菜籽饼	72.56	隆头食甜螨、腐食酪螨
地脚米	124.19	粉尘螨、腐食酪螨、弗氏无爪螨

引自:李朝品.2006.医学蜱螨学.

表1.7 储藏干果孳生粉螨的种类和密度

样本	孳生密度(只/克)	孳生螨种
枸杞子	24.10	腐食酪螨、隆头食甜螨
桂圆	79.78	腐食酪螨、伯氏嗜木螨
核桃仁	12.67	干向酪螨、伯氏嗜木螨
黑枣	4.90	甜果螨、家食甜螨、粗脚粉螨
红枣	6.72	家食甜螨、甜果螨
金丝枣	9.76	家食甜螨、隆头食甜螨、甜果螨
胡桃	18.06	河野脂螨、水芋根螨
泡核桃	21.97	家食甜螨、隆头食甜螨
平榛子	48.91	腐食酪螨、纳氏皱皮螨、伯氏嗜木螨
华核桃	2.85	家食甜螨、甜果螨
日本栗	8.48	腐食酪螨、粗脚粉螨、伯氏嗜木螨
锥栗	9.54	长食酪螨、腐食酪螨、粗脚粉螨
茅栗	4.97	热带食酪螨、粗脚粉螨、伯氏嗜木螨
蜜枣	11.08	家食甜螨、甜果螨
扁桃	12.30	甜果螨、腐食酪螨、隆头食甜螨
蜜桃干	14.93	甜果螨、隆头食甜螨
腰果	8.97	伯氏嗜木螨、粗脚粉螨、河野脂螨
碧根果	5.92	家食甜螨、热带食酪螨

续表

样本	孳生密度(只/克)	孳生螨种
红松子	4.46	河野脂螨、腐食酪螨、梅氏嗜霉螨
葡萄干	9.72	家食甜螨、甜果螨、伯氏嗜木螨
板栗	4.84	甜果螨、家食甜螨、腐食酪螨
柿饼	7.08	腐食酪螨、粗脚粉螨
黑松籽	3.09	河野脂螨、腐食酪螨、粗脚粉螨
香榧	11.37	家食甜螨、腐食酪螨
酸枣	3.22	甜果螨、粗脚粉螨
杏干	9.51	甜果螨、伯氏嗜木螨、粗脚粉螨、纳氏皱皮螨
苦杏仁	10.08	家食甜螨、粗脚粉螨、甜果螨
罗汉果	8.32	腐食酪螨、拱殖嗜渣螨
巴旦杏	4.71	伯氏嗜木螨、梅氏嗜霉螨
山杏	8.56	干向酪螨、甜果螨、梅氏嗜霉螨
包仁杏	4.33	水芋根螨、甜果螨、伯氏嗜木螨
银杏果	2.89	粗脚粉螨、粉尘螨
长山核桃	23.18	热带无爪螨、伯氏嗜木螨、粗脚粉螨
无花果	4.43	腐食酪螨、长食酪螨
开心果	8.31	伯氏嗜木螨、粗脚粉螨
话梅	35.73	伯氏嗜木螨、腐食酪螨
橄榄	5.68	粉尘螨
海棠干	4.58	甜果螨、家食甜螨、粗脚粉螨
荔枝丁	14.22	甜果螨、伯氏嗜木螨
椰肉干	16.54	腐食酪螨、拱殖嗜渣螨
山楂干	11.25	家食甜螨、粗脚粉螨、甜果螨
杨梅干	16.43	甜果螨、伯氏嗜木螨
腰果仁	18.22	粗脚粉螨、纳氏皱皮螨
芒果干	6.75	粉尘螨、长食酪螨
半梅	7.83	伯氏嗜木螨、粗脚粉螨、河野脂螨
柠檬干	6.89	甜果螨、腐食酪螨、隆头食甜螨
圣女果干	9.11	腐食酪螨、拱殖嗜渣螨
猕猴桃片	6.35	甜果螨、家食甜螨
沙棘果干	8.16	干向酪螨、甜果螨、梅氏嗜霉螨

引自:陶宁.2015.储藏干果粉螨污染调查.

3. 动物饲料

动物饲料的原料主要包括谷物、麦麸、米糠、豆饼、棉籽饼、玉米糠、骨粉、鱼粉等。沈兆鹏(1996)在动物饲料中发现7种粉螨,即椭圆食粉螨、粗脚粉螨、腐食酪螨、纳氏皱皮螨、家食甜螨、害嗜鳞螨及棕脊足螨。甄二英(2001)从沧州、保定、承德三个地区采集的鸡配合饲料、猪配合饲料、豆粕和鱼粉等饲料样品中,检获粉螨3种,即粗脚粉螨、腐食酪螨和椭圆食粉螨等。李朝品(2008)在安徽省从油饼、糟渣、豆类、糠麸和谷物等饲料及其原料样本中,共检获20种粉螨,隶属于4科13属,总体孳生率为45.2%,即粗脚粉螨、小粗脚粉螨、腐食酪螨、长嗜酪螨、阔嗜酪螨、干向酪螨、椭圆食粉螨、水芋根螨、罗宾根螨、纳氏皱皮螨、家食甜螨、隆头食甜螨、隐秘食甜螨、害嗜鳞螨、米氏嗜鳞螨、弗氏无爪螨、羽栉毛螨、棕脊足螨、拱殖嗜渣螨、粉尘螨(表1.8)。

粉螨不仅以动物饲料为食，而且其代谢产物、死亡螨体的裂解产物可污染动物饲料。粉螨污染的动物饲料，其养分破坏，水分增加，有些饲料的化学成分也有所改变，造成畜禽中毒、产卵量和产奶量减少、生长速度减慢、产仔率下降。英国Wilkin对9对小猪进行喂养，实验发现用粉螨污染的饲料喂猪，猪食量增加，但生长缓慢。沈兆鹏(1996)用粉螨污染的饲料喂养畜禽，发现畜禽产奶量和产卵量减少；用粗脚粉螨污染的饲料喂养小鼠，发现小鼠的食量增大，但体重减轻，且胎鼠的死亡率增高。

表1.8　饲料中粉螨的孳生情况

样品名称		螨种
油饼类	菜籽饼	粗脚粉螨、小粗脚粉螨、腐食酪螨、罗宾根螨、家食甜螨、隐秘食甜螨、隆头食甜螨、害嗜鳞螨、弗氏无爪螨、棕脊足螨、粉尘螨
	豆饼	腐食酪螨、水芋根螨、家食甜螨、隆头食甜螨、害嗜鳞螨、弗氏无爪螨、粉尘螨
	花生饼	粗脚粉螨、小粗脚粉螨、长食酪螨、阔食酪螨、水芋根螨、罗宾根螨、家食甜螨
	芝麻饼	长食酪螨、椭圆食粉螨、家食甜螨、隆头食甜螨
糟渣类	豆粕	腐食酪螨、家食甜螨、害嗜鳞螨、弗氏无爪螨、粉尘螨
	醋糟	粗脚粉螨、干向酪螨、家食甜螨、害嗜鳞螨、弗氏无爪螨
	豆腐渣	隆头食甜螨
	酒糟	腐食酪螨、隆头食甜螨、害嗜鳞螨
豆类	蚕豆	纳氏皱皮螨、家食甜螨、米氏嗜鳞螨、粉尘螨
	大豆	粗脚粉螨、罗宾根螨、害嗜鳞螨、弗氏无爪螨、粉尘螨
	豌豆	长食酪螨、纳氏皱皮螨、害嗜鳞螨、米氏嗜鳞螨
糠麸类	米糠	粗脚粉螨、腐食酪螨、椭圆食粉螨、水芋根螨、家食甜螨、隐秘食甜螨、隆头食甜螨、米氏嗜鳞螨、弗氏无爪螨、拱殖嗜渣螨、粉尘螨
	小麦麸	粗脚粉螨、椭圆食粉螨、家食甜螨、害嗜鳞螨、拱殖嗜渣螨、粉尘螨
	玉米糠	粗脚粉螨、小粗脚粉螨、腐食酪螨、椭圆食粉螨、水芋根螨、隆头食甜螨
农副产品类	大豆秸粉	粗脚粉螨、小粗脚粉螨、长食酪螨、纳氏皱皮螨、家食甜螨、害嗜鳞螨、米氏嗜鳞螨、弗氏无爪螨、粉尘螨
	谷糠	粗脚粉螨、腐食酪螨、椭圆食粉螨、家食甜螨、害嗜鳞螨、弗氏无爪螨、拱殖嗜渣螨、粉尘螨
	花生藤	粗脚粉螨、干向酪螨、隆头食甜螨、害嗜鳞螨
	玉米秸粉	粗脚粉螨、腐食酪螨、长食酪螨、纳氏皱皮螨、米氏嗜鳞螨、粉尘螨
谷物类	稻谷	腐食酪螨、长食酪螨、阔食酪螨、干向酪螨、椭圆食粉螨、纳氏皱皮螨、家食甜螨、隐秘食甜螨、害嗜鳞螨、弗氏无爪螨、羽栉毛螨、粉尘螨
	碎米	腐食酪螨、干向酪螨、椭圆食粉螨、纳氏皱皮螨、家食甜螨、隆头食甜螨、害嗜鳞螨、米氏嗜鳞螨、弗氏无爪螨、棕脊足螨、拱殖嗜渣螨、粉尘螨
	小麦	粗脚粉螨、长食酪螨、阔食酪螨、干向酪螨、椭圆食粉螨、纳氏皱皮螨、家食甜螨、隆头食甜螨、害嗜鳞螨、弗氏无爪螨、羽栉毛螨、拱殖嗜渣螨、粉尘螨
	玉米	粗脚粉螨、小粗脚粉螨、腐食酪螨、干向酪螨、家食甜螨、粉尘螨

引自：李朝品.2008.安徽省动物饲料孳生粉螨各类调查.

4. 中药材

植物根茎和动物性中药材,因富含大量的淀粉或蛋白质,当外界温湿度适宜时,粉螨即可大量孳生。新鲜的中药材孳生粉螨的密度较低,当储藏时间在6个月~2年,粉螨孳生密度会逐渐增高,从而造成中药材质量和药用价值的下降。受粉螨污染的中药材主要包括葛根、人参、天冬、桔梗、银花、桑仁、山楂、罗汉果、蟋蟀、全蝎、蝉蜕、海蛆、地龙、蜂蜜、蜂房、蜈蚣、水蛭、海马、刺猬皮、地鳖虫等。沈兆鹏(1995)从1132批次中成药和中药蜜丸中检获51种粉螨,样本染螨率高达10%。李朝品(2000)从146种植物性中药材中分离粉螨48种,其中近一半的中药材有两种以上粉螨孳生。朱玉霞(2000)从50种动物性中药材中分离粉螨21种,隶属5科15属。李朝品(2005)从74种中药材中分离粉螨37种,隶属于7科21属,分别为粉螨属、食酪螨属、向酪螨属、嗜菌螨属、食粉螨属、嗜木螨属、根螨属、狭螨属、皱皮螨属、食粪螨属、脂螨属、食甜螨属、嗜鳞螨属、无爪螨属、栉毛螨属、脊足螨属、嗜渣螨属、果螨属、嗜霉螨属、尘螨属和薄口螨属,孳生密度为9.18~226.24只/克(表1.9)。湛孝东(2009)从安徽省10个城市医药商店共采集107种中药材样本,共检获粉螨28种,隶属于7科20属。柴强(2015)从刺猬皮中筛分出的细粒混合物中,分离出粉螨5种,隶属于2科4属,分别为伯氏嗜木螨、食菌嗜木螨、腐食酪螨、薄粉螨和害嗜鳞螨。洪勇(2016)从中药材海龙中筛分出的碎屑和尘埃混合物中,共分离出粉螨4种,即河野脂螨、长食酪螨、腐食酪螨和梅氏嗜霉螨。

表1.9 不同中药材样本中孳生的粉螨种类和密度

样本	孳生密度(只/克)	孳生螨种
凤眼草	29.86	腐食酪螨
菟丝子	27.64	弗氏无爪螨
对坐草	47.34	弗氏无爪螨
徐长卿	95.36	粗脚粉螨、静粉螨、腐食酪螨
芫花	25.92	热带食酪螨
洋金花	9.18	腐食酪螨
骨碎补	217.35	棕栉毛螨
草乌	18.18	隐秘食甜螨
玉草	72.96	赫氏嗜木螨、食根嗜木螨
贯众	48.25	隆头食甜螨
墨旱莲	27.46	干向酪螨
蛇蜕	41.90	纳氏皱皮螨、菌食嗜菌螨
麻黄根	36.47	伯氏嗜木螨
丁公藤	54.82	水芋根螨、食菌嗜木螨
杜仲叶	29.99	食虫狭螨、粉尘螨
丁香叶	46.14	似食酪螨
千金子	23.35	梅氏嗜霉螨
大戟	96.24	家食甜螨、食菌嗜木螨
红花	112.64	拱殖嗜渣螨、腐食酪螨
公丁香	22.15	热带食酪螨
鸡冠花	77.04	干向酪螨、棉兰皱皮螨
腊梅叶	81.34	纳氏皱皮螨

续表

样本	孳生密度(只/克)	孳生螨种
枇杷叶	126.86	奥氏嗜木螨、罗宾根螨
人参叶	114.25	腐食酪螨、热带食酪螨
紫苏叶	88.15	粉尘螨、害嗜鳞螨
石韦	39.16	弗氏无爪螨
贝母	114.68	甜果螨、家食甜螨
桑葚子	218.44	家食甜螨、甜果螨
母丁香	10.14	速生薄口螨、腐食酪螨
广枣	196.14	腐食酪螨
苍耳子	58.24	害嗜鳞螨、食虫狭螨
鸡内金	58.17	家食甜螨、腐食酪螨
罗汉果	62.13	甜果螨
三七	15.68	梅氏嗜霉螨
白术	84.66	河野脂螨、扎氏脂螨
大枫子	18.36	食菌嗜木螨
山奈	56.15	隐秘食甜螨、腐食酪螨
牛白藤	10.38	腐食酪螨
牙疳药	47.34	腐食酪螨、纳氏皱皮螨
红芪	29.35	腐食酪螨
金佛草	58.08	奥氏嗜木螨、长嗜霉螨
半边莲	19.24	棉兰皱皮螨、赫氏嗜木螨
扁蓄	41.88	害嗜鳞螨
翻背白草	96.35	米氏嗜鳞螨
天仙子	59.40	腐食酪螨、隐秘食甜螨
功劳草	21.95	尘食酪螨
八角茴香	10.46	拱殖嗜渣螨
大茴	19.06	粗脚粉螨、拱殖嗜渣螨
厚朴	154.28	长嗜霉螨、腐食酪螨
穿山甲	48.46	腐食酪螨、梅氏嗜霉螨
灯芯草	113.86	腐食酪螨
秋杜丹	72.82	多孔食粪螨
黄芪	226.24	菌食嗜菌螨、腐食酪螨
地胆	45.26	梅氏嗜霉螨
薄荷	120.94	水芋根螨、罗宾根螨
白蔹	72.49	梅氏嗜霉螨
鸭蛇草	21.45	食虫狭螨
巴戟天	83.20	食菌嗜木螨、速生薄口螨
香薷草	59.25	椭圆食粉螨
斑蝥	37.24	腐食酪螨
天门冬	82.60	扎氏脂螨、家食甜螨

续表

样本	孳生密度(只/克)	孳生螨种
木香	44.12	隆头食甜螨
常山	40.16	棕脊足螨
京大戟	96.14	纳氏皱皮螨、弗氏无爪螨
人参	76.52	隆头食甜螨、河野脂螨
半夏	66.71	粗脚粉螨、羽栉毛螨
三白草	38.26	椭圆食甜螨
三棱	32.44	纳氏皱皮螨、热带食酪螨
毛慈菇	112.48	家食甜螨、似食酪螨
海胆	54.23	长食酪螨
紫丹参	76.17	扎氏脂螨
蜈蚣	18.46	河野脂螨、扎氏脂螨
广豆根	90.11	水芋根螨
山乌龟	62.74	棉兰皱皮螨

引自:李朝品.2005.储藏中药材孳生粉螨的研究.

(三) 工作环境

工作环境孳生的粉螨主要分布在面粉厂、碾米厂、食品厂、制药厂、制糖厂、轧花厂、纺织厂、食用菌养殖场和果品厂等。粉螨可直接以谷物碎屑、地脚粉、碎米屑、药材、丝物纤维、干果和菇类等为食,也可孳生在厂区的储物间和食堂,以及厂区的灰尘颗粒和尘埃中。

李朝品(2002)对中药厂、面粉厂、纺织厂、粮库的工作场所内和某高校的工作环境内发现的孳生粉螨进行调查,发现粉螨8种,隶属于3科6属,即粗脚粉螨、小粗脚粉螨、腐食酪螨、椭圆食粉螨、纳氏皱皮螨、害嗜鳞螨、粉尘螨和屋尘螨(表1.10),同时指出在一定的条件和空间内,空气中悬浮螨数与粉尘含量成正比,悬浮于空气中的粉螨随风迁移到粮食或其他储藏物仓库,大量繁殖后,可造成储粮、中药材、毛皮及干果损失。

我国是世界上最大的食用菌生产国,食用菌螨类的为害已成为制约食用菌产业进一步发展的因素之一。在食用菌人工栽培的过程中,菇房内光照条件不佳,通风情况较差,温度一般维持在20~35 ℃,湿度保持在55%~80%,此种环境十分适合粉螨的孳生。陆云华(1998)对宜春地区的食用菌及其培养料样本进行调查,共分离出粉螨14种,即速生薄口螨、吸腐薄口螨、热带嗜酪螨、腐食酪螨、东方华皱皮螨、椭圆食粉螨、伯氏嗜木螨、嗜菌嗜木螨、庐山粉螨、静粉螨、粗脚粉螨、家食甜螨、害嗜鳞螨、拱殖嗜渣螨。江佳佳(2005)对淮南地区6种常见食用菌样本、菌种及其培养料进行粉螨孳生情况调查,分离出粉螨5种,隶属于3科4属,即腐食酪螨、嗜菌嗜木螨、伯氏嗜木螨、害嗜鳞螨、速生薄口螨。目前常见被粉螨侵染的食用菌包括双孢蘑菇、平菇、鸡腿蘑、香菇、金针菇、白灵菇、草菇、白木耳、黑木耳、凤尾菇、松茸菇、羊肚菇、牛肚菌和小黄菇等。食用菌螨类侵染可能有以下几种情况:菌种、蝇类、鼠类及家禽携带粉螨侵入菇床;菇房、料架消毒不彻底,尤其是一些靠近仓库、饲料间、鸡猪等禽畜棚舍的菇房;食用菌地料不新鲜及未经"二次发酵",劳动工具及工作人员出入菇房也可造成传播。

表1.10 工作环境空气中分离出的粉螨

科	属	种	采样场所
粉螨科 (Acaridae)	粉螨属 (Acarus)	粗脚粉螨 (A.siro)	中药厂、面粉厂、粮库、教学楼
		小粗脚粉螨 (A.farris)	面粉厂
	食酪螨属 (Tyrophagus)	腐食酪螨 (T.putrescentiae)	中药厂、面粉厂、纺织厂、粮库、教学楼
	食粉螨属 (Aleuroglyphus)	椭圆食粉螨 (A.ovatus)	面粉厂、粮库、教学楼
食甜螨科 (Glycyphagidae)	皱皮螨属 (Suidasia)	纳氏皱皮螨 (S.nesbitti)	粮库
	嗜鳞螨属 (Lepidoglyphus)	害嗜鳞螨 (L.destructor)	纺织厂、粮库
麦食螨科 (Pyroglyphidae)	尘螨属 (Dermatophagoides)	粉尘螨 (D.farinae)	中药厂、面粉厂、纺织厂、粮库、教学楼
		屋尘螨 (D.pteronyssinus)	教学楼

引自:李朝品.2002.粉螨污染空气的研究.

食堂食品种类多,使用量大,温湿度适宜,粉螨较易孳生。调味品作为食堂必备的储存食料,一旦被粉螨污染,不仅降低调味品的营养价值,而且还可能引起人的病患。宋红玉(2015)从高校食堂调味品中检获粉螨13种,隶属于5科10属,即粗脚粉螨、腐食酪螨、长食酪螨、食菌嗜木螨、伯氏嗜木螨、椭圆食粉螨、纳氏皱皮螨、家食甜螨、隆头食甜螨、甜果螨、河野脂螨、粉尘螨、梅氏嗜霉螨,其中腐食酪螨为优势螨种,且多数调味品有两种及以上粉螨孳生,检出率为62.07%。

(四) 家居环境

随着社会经济的发展,人们生活水平的提高,家居装修日新月异,空调、地毯、地板、沙发、床垫、软家居等进入平常百姓家庭。城市住宅密闭性强,通风不良,温湿度相对稳定;同时居室中沙发、床垫、被褥等,因受人体的接触较多,皮屑量丰富,为尘螨提供了丰富的食物,故粉螨易孳生在沙发、床垫、被褥等聚积的灰尘颗粒上。房舍中孳生的粉螨以屋尘螨、粉尘螨、梅氏嗜霉螨最为常见;受粉螨侵染的物品主要包括皮毛、地毯、床垫、衣料、空调隔尘网等。沈兆鹏(1995)报道铺有地毯的房屋孳生尘螨的数量远远高于不铺地毯的房屋。广东市有关单位对居民家庭进行尘螨调查发现,1克床尘检出尘螨11 849只,1克枕头灰尘检出尘螨11 471只。赵金红等(2009)对安徽省房舍孳生粉螨种类进行调查,共检获粉螨26种,隶属于6科16属,即粗脚粉螨、小粗脚粉螨、静粉螨、食菌嗜木螨、伯氏嗜木螨、奥氏嗜木螨、腐食酪螨、长食酪螨、干向酪螨、菌食嗜菌螨、椭圆食粉螨、食虫狭螨、纳氏皱皮螨、家食甜螨、隐秘食甜螨、隆头食甜螨、害嗜鳞螨、米氏嗜鳞螨、弗氏无爪螨、粉尘螨、屋尘螨、小角尘螨、梅氏嗜霉螨、扎氏脂螨、拱殖嗜渣螨和甜果螨。许礼发(2012)对安徽淮南地区居室空调隔尘网粉螨孳生情况进行了调查,共检获粉螨23种,隶属于7科17属,即粗脚粉螨、小粗脚粉螨、腐食酪螨、菌食嗜菌螨、椭圆食粉螨、纳氏皱皮螨、刺足根螨、伯氏嗜木螨、河野脂螨、隆头食甜螨、隐秘食甜螨、家食甜螨、膝澳食甜螨、弗氏无爪螨、热带无爪螨、害嗜鳞螨、拱殖嗜渣螨、甜果螨、速生薄口螨、粉尘螨、屋尘螨、小角尘螨和梅氏嗜霉螨。

(五) 其他

全球经济一体化带来了国际贸易与旅游业的快速发展,客货运业务不断攀升,人口交流、货物运输的过程极其有利于粉螨在不同地区播散。交通运输将媒介生物带到世界各地引起各种疾病屡见不鲜。目前,口岸及出入境交通工具螨类的检查是出入境检验检疫的常规项目。此外,日常生活中所使用的交通工具如火车、汽车等粉螨污染状况也越来越受到学者的重视,其中以屋尘螨、粉尘螨、梅氏嗜霉螨和热带无爪螨较为多见。崔世全(1997)对中朝边境口岸交通工具携带病媒节肢动物的情况进行调查,共检获革螨14种。周勇等(2008)在合肥机场口岸分离出革螨4种,隶属于2科4属。湛孝东(2013)在芜湖市乘用车中检出粉螨23种,隶属于5科15属,即粗脚粉螨、小粗脚粉螨、腐食酪螨、长食酪螨、阔食酪螨、菌食嗜菌螨、椭圆食粉螨、纳氏皱皮螨、食虫狭螨、伯氏嗜木螨、食菌嗜木螨、隆头食甜螨、隐秘食甜螨、家食甜螨、膝澳食甜螨、热带无爪螨、害嗜鳞螨、米氏嗜鳞螨、拱殖嗜渣螨、甜果螨、粉尘螨、屋尘螨和梅氏嗜霉螨。

(王慧勇)

第四节 生 态 学

"生态学"(Ökologie)一词是1866年由勒特(Reiter)合并两个希腊词 Οικοθ(房屋)和 Λογοθ(学科)构成,1866年德国动物学家海克尔(Ernst Heinrich Haeckel)初次把生态学(ecology)定义为"研究动物与其有机及无机环境之间相互关系的科学",特别是动物与其他生物之间的有益和有害关系。从此,揭开了生态学发展的序幕。1935年英国学者Tansley提出了生态系统的概念之后,美国的年轻学者Lindeman在对Mondota湖生态系统详细考察之后提出了生态金字塔能量转换的"十分之一定律"。由此,生态学成为一门有自己的研究对象、任务和方法的比较完整和独立的学科。

目前,生态学已经创立了自己独立研究的理论主体,即从生物个体与环境直接影响的小环境到生态系统不同层级的有机体与环境关系的理论。它们的研究方法经过描述—实验—物质定量三个过程。系统论、控制论、信息论的概念和方法的引入,促进了生态学理论的发展,20世纪60年代形成了系统生态学而成为系统生物学的第一个分支学科。如今,由于与人类生存与发展紧密相关而产生了多个生态学的研究热点,如生物多样性的研究、全球气候变化的研究、受损生态系统的恢复与重建研究和可持续发展研究等。

粉螨作为节肢动物的一大类群,有关其生态学的研究也越来越受到重视。除了经典的个体生态学(autecology)、种群生态学(population ecology)和群落生态学(community ecology)研究外,更是形成了诸如分子生态学、遗传生态学、进化生态学、行为生态学、化学生态学、景观生态学和全球生态学等跨学科领域。本节内容主要就经典的粉螨生态学内容,即个体生态学、种群生态学、群落生态学、生态系统(ecosystem)展开叙述,同时对目前比较热门的分子生态学内容进行简要介绍。

生态学是研究生物与环境之间相互关系的一门极为庞大的学科,通常依据不同的生态层次,又可分为个体(individuals)、种群(population)、群落(community)及生态系统(ecosystem)生态学几个分支。由于从个体、种群、群落到生态系统的层次转变是一个从低级到高级、从简单到复杂、从具体到模糊的过程,其与无机环境之间不可能构成生态系统,因此在粉螨领域,群落生态研究是最高的生态层次。粉螨的个体生态学主要研究环境因素对粉螨生长发育和繁殖的影响,即研究粉螨个体与其周围环境因子间的相互关系,主要涉及粉螨生长、发育、繁殖、休眠、滞育、扩散等生理行为与其所生存的生态环境(包括温度、湿度、光照、雨量、气流、植被等一系列因素)之间相互关系的研究。粉螨种群生态学是研究粉螨种群数量动态与环境相互作用关系的科学。种群生态研究是目前整个生态学领域中最活跃的部分,其研究内容十分丰富,如种群的性比、年龄组配或年龄结构、出生率、死亡率、空间分布格局、时间分布格局及种群动力学(population dynamics)等。群落系指在一定生境或区域内多种种群的集合,高于种群的生态层次。群落生态学研究内容非常广泛,包括了群落物种组成、优势种特征、丰富度、均匀度、多样性、稳定性、种多度分布、生态位、种面积关系、群落相似性、群落数量分类、群落内食物网联系及群落演替等多方面内容。就粉螨而言,虽然局部生境的各种粉螨调查以及较大范围的区系研究文献十分丰富,但涉及群落特征性的研究则非常少。生态系统的概念逐渐产生于19世纪下半叶,到20世纪该概念得以形成和发展。生态系统是指在自然界一定的空间内生物与环境构成的统一整体,在这个整体中,生物与环境之间相互制约与影响,并处于相对稳定的动态平衡。例如,储藏物生态系统研究粮堆或其他储藏物中的物质流动、能量转化、信息传递及生态平衡,以减少储藏物品质和数量的损失。

一、个体生态学

个体生态学研究是粉螨生态领域最经典的研究。目前,粉螨个体生态研究主要包括了各种粉螨生活史各阶段的发育历期、产卵习性(包括产卵量、产卵次数、产卵地选择等)、昼夜活动规律、孳生及栖息地选择、食性、寿命、越冬和滞育等行为习性及其与温度、湿度、光照、雨量、植被和宿主环境之间的关系等内容。

(一) 非生物因素

非生物因素包括温度、湿度、食物、光照、气体和季节变化等条件的联合作用所形成的综合效应。

1. 温度

粉螨是一种变温动物,因此其新陈代谢在很大程度上受外界环境温度的影响。温度是对粉螨影响最为显著的环境因素之一。在适宜环境温度下,环境温度越高,体温就相应增高,螨体的新陈代谢作用加快,取食量也随之增大,粉螨的生长发育速度也增快,反之则生长发育减慢。根据温度对粉螨的影响大致可分为五个温区:致死高温区(45~60 ℃)、亚致死高温区(40~45 ℃)、适宜温区(8~40 ℃)、亚致死低温区(−10~8 ℃)、致死低温区(−40~

−10 ℃)。在适宜温区粉螨的发育速率最快,寿命最长,繁殖力最强;而在其他温区发育速率受阻,甚至死亡。

骆昕(2018)观测了罗宾根螨(*Rhizoglyphus robini*)在不同温度下在不同食药用菌寄主上的发育历期、发育起点温度及有效积温。结果表明,在实验温度范围内,罗宾根螨的发育历期随着温度的升高而先缩短后延长,在25~31 ℃时发育历期较短,而在12 ℃、43 ℃时,卵无法正常孵化,均不能完成生活史。在最适温度下,罗宾根螨在香菇上的发育总历期最短,为(9.45±1.83)天;在秀珍菇上最长,为(13.37±1.83)天。因此,温度是影响罗宾根螨生长的重要影响因素。

2. 湿度

粉螨身体的含水量占体重的46%~92%,从幼螨到成螨的发育过程中,螨体含水量逐渐降低。粉螨的营养物质运输、代谢产物输送、激素传递和废物排除等都只有在溶液状态下才能实现。因此当螨体内的水分不足或者严重缺水时,会影响粉螨的正常生理活动、性成熟速度及寿命的长短,甚至引起粉螨死亡。

粉螨获取水分的途径主要有:① 从食物中获得水分,这是最基本的方式。② 利用体内代谢水。③ 通过体壁吸收空气中的水分。而粉螨在活动中体内会不断排出水分,其失水途径主要是通过体壁蒸发失水和随粪便排水。粉螨体内获得的水分和失去的水分如不能平衡,它的正常生理活动就会受到影响。粉螨的适宜湿度范围,很大程度上受温度和它自身生理状况的影响。当螨体失去水分后,如不能及时得到补偿,干燥环境对其发育、生殖就会带来不利影响。因此,在防制粉螨时不仅要保持仓库干燥,还要保持储藏物干燥,这样才能使粉螨得不到水分的补充,从而没有适宜的生活环境。

吕文涛(2008)研究了不同湿度对家食甜螨卵的孵化率和发育历期的影响。相对湿度为50%时,所有卵均不孵化;相对湿度升高到60%时,有32%的卵可以成功孵化。随着湿度的升高,孵化率也随之升高,相对湿度升高到80%时,有90%以上卵粒孵化。恒温状态下家食甜螨的发育历期总体上随湿度的升高而缩短。在相对湿度分别为60%、70%、80%和90% 4个等级下,完整发育历期依次为(28.17±1.70)天、(22.86±1.25)天、(12.75±0.52)天和(13.23±0.33)天。湿度对家食甜螨各螨态发育速率的影响显著,除幼螨期外,其他各螨态的发育速率在各个湿度条件下均具有显著差异。

在自然环境中温度和湿度总是同时存在的,两者同时作用于粉螨。在研究温度与湿度的交互作用对粉螨的影响时常采用温湿度比值来表示。杨燕(2007)研究了33种不同温湿度处理对腐食酪螨卵发育、孵化,成螨存活和繁殖的影响。结果表明:在(15±1)℃、(20±1)℃、(25±1)℃、(30±1)℃和(35±1)℃这5种恒温下,相对湿度低于60%时腐食酪螨几乎不能存活,高湿环境条件才有利于该种群的正常繁衍。在适宜相对湿度范围,湿度与腐食酪螨成螨存活率关系显著,温度与腐食酪螨卵的发育历期、成螨日均产卵量关系极显著。

3. 食物

粉螨与食物的关系是粉螨生态学的重要组成部分之一。食物内的蛋白质、脂肪、碳水化合物和水分等对粉螨的新陈代谢及生长繁殖非常重要。不同螨种对食料有不同要求,根据食物来源不同可分为植食性、捕食性、寄生性、菌食性和腐食性。粉螨大都属于植食性、菌食性和腐食性螨类。植食性粉螨吮吸植物叶液,对农作物造成危害。而菌食性和腐食性粉螨以植物碎片、苔藓和真菌为食。如椭圆食粉螨为害各种谷物,特别是蛋白质和脂肪丰富且潮湿的储藏物;嗜木螨多发生在腐烂或长霉的麦类、稻谷、花生、玉米和亚麻籽中;食虫狭螨多发生于陈旧且含高水分的面粉及家禽饲料中,也可孳生在昆虫、水稻、碎米及草堆上;疲皮螨为害各种粮食及其制品、药品等;腐食酪螨除了孳生于腐败变质的食品和谷物外,还常在食用菌培养料中被发现。而尘螨取食人体脱落的皮肤和毛发等。

当单一食性的粉螨缺乏它所要选择的食物时,就会影响到其正常的生长发育。因此,可以利用粉螨对食物有选择性的特点,在仓库里轮流存放不同品种的粮食来抑制粉螨的发生。

此外,除专性捕食及寄生粉螨外,其他粉螨均有兼食性,即植食性者也可能兼食腐食或菌食性,例如粗脚粉螨(*Acarus siro*)和害食鳞螨(*Lepidoglyphus destructor*)常在粮仓中同时存在,二者均为菌食性,但各自有偏好的菌种,故很少有竞争食物的现象发生;又如粉螨属和食酪螨属也常一起出现在霉粮中,虽不直接为害粮谷,但常污染粮仓,使粮谷变质。

4. 气体

粉螨大多生活在仓库环境中,仓内气体成分的变化直接影响到它的呼吸作用。特别是在粮堆密闭的状况下,粮堆内的气体成分随粮食、害螨和微生物等生命活动的变化而改变。粉螨的生命活动与储藏环境内的氧气含量直接相关。此外,气味等因素也会对粉螨的活动范围产生影响,例如,腐食酪螨能被干酪的气味吸引。为了防制储藏粮食中的粉螨,常利用熏蒸剂(如磷化氢)熏蒸除螨。

5. 光照

大多数粉螨具负趋光性,光的强度和方向的改变,能够影响到粉螨的活动。我们可利用粉螨负趋光性这一特点来防制和分离粉螨,例如可以采用暴晒的方法去除谷物中的粉螨。

6. 季节变化

随着季节变化,影响粉螨生长发育的温度、湿度、光照、宿主和天敌等相应生长环境因子发生巨大变化,粉螨表现为明显的季节消长。温湿度等自然因素在不同地区和季节差别很大,因而粉螨的生长发育情况也表现出相应差异。

(二)生物因素

生物因素是指环境中的所有生物由于其生命活动对某种粉螨所产生的直接或间接影响,以及该种粉螨个体间的相互影响。生物因素包括各种病原微生物、捕食性和寄生性天敌等。

1. 微生物与粉螨的关系

有些微生物可以作为粉螨的食物,但是自然界中大量的病原微生物可使粉螨致病,其中主要有三大类群,即病原真菌、病原细菌及病毒。微生物寄生于粉螨体内可导致其死亡,可用来防制螨害。2011年,浙江大学生命科学学院成功创制了2个真菌杀螨剂,这也是国内首个真菌杀螨剂产品。寄生于粉螨体内的微生物可以影响其种群多样性。Erban等(2016)的研究表明寄生于腐食酪螨体内的*Wolbachia*菌会影响腐食酪螨的繁殖和种群的增长,从而导致不同种群的增长具有不变性,从而导致物种间的多样性比物种内的多样性更强。

2. 其他动物与粉螨的关系

主要是捕食性螨类对粉螨的影响和粉螨对寄主的影响两个方面。

(1)捕食性螨类对粉螨的影响:粉螨往往是捕食性螨类如肉食螨的捕食对象,捕食性螨类对粉螨种群具有调节作用,因此研究较多。

李朋新(2008)在实验室相对湿度85%、5个常温(16 ℃、20 ℃、24 ℃、28 ℃和32 ℃)条件下,研究了巴氏钝绥螨的雌成螨、雄成螨和若螨对椭圆食粉螨的捕食效能。结果表明:在不同温度下该螨的功能反应均属于Holling Ⅱ型。温度相同时,雌成螨的捕食能力最大,若螨其次,雄成螨的捕食能力最弱。在椭圆食粉螨密度固定时,巴氏钝绥螨的平均捕食量随着其自身密度的提高而逐渐减少。

(2)粉螨对寄主的影响:粉螨可寄生于人和其他动物的体内和体表,靠掠夺宿主的营养物来维持生命。其中寄生于人体上的螨类对人类的健康造成较大影响;有的可传播寄生虫,并成为这些寄生虫的中间宿主。螨类在宿主上取食,可引起宿主的直接机械性损伤或作为病原媒介传播疾病引起间接损害。除了寄生于呼吸系统外,内寄生螨类还可寄生于脊椎动物的其他部位。人和脊椎动物也可偶尔吞入活螨,因活螨可在消化道等处生存繁殖,从而造成人体内或动物体内的肠螨病。除此之外,某些螨类还可侵入人体呼吸系统、泌尿系统而引起人体肺螨病、尿螨病。

二、种群生态学

种群(population)是同一物种在一定空间和一定时间内所有个体的集合体。种群生态学的研究始于20世纪20年代。目前种群生态研究是整个生态学领域中最活跃的部分,研究内容包括种群的性比、年龄结构、出生率、死亡率、空间分布格局、时间分布格局和种群动力学等。根据研究对象不同可将种群分为实验种群和自然种群。随着研究的深入,粉螨的种群生态学研究已从定性描述发展到定量模拟,包括生命表、矩阵和多元分析等模型在内,取得了不少成果。

(一)种群的基本特征

自然种群有三个基本特征,即空间特征、数量特征和遗传特征。

1. 空间特征

粉螨种群都要占据一定的分布区。组成种群的每个粉螨个体都需要有一定的空间进行繁殖和生长。因此,在此空间中要有粉螨所需的食物及各种营养物质,并能与环境之间进行物质交换。目前国内外有关粉螨种群的空间分布及时间分布方面的研究较多。空间分布格局包括种群的水平、垂直分布状况以及利用一定的数学模型进行种群空间分布型的判别,其中以一定区域内种群的水平及垂直分布状况的研究最多。种群空间分布型一般包括随机分布、均匀分布和聚集分布几种形式,可通过数理统计上的概率分布(泊松分布、正二项分布、负二项分布或奈曼分布)进行拟合或者用生态学上的特定数学模型——分布型指数加以测定。近年关于粉螨种群空间分布型的研究逐渐趋多,研究表明粉螨种群的空间分布大多表现为聚集分布型。

2. 数量特征

占有一定面积或空间的粉螨数量,即粉螨种群密度(population density),它是指单位面积或单位空间内的粉螨数目。另一表示粉螨种群密度的方法是生物量,它是指单位面积或空间内所有粉螨个体的重量。种群密度可分为绝对密度(absolute density)和相对密度(relative density）。前者是指单位面积或空间上的个体数目，后者是表示个体数量多少的相对指标。

3. 遗传特征

组成种群的粉螨个体，在某些形态特征或生理特征方面都具有差异。种群内的这种变异和个体遗传有关。一个粉螨种群中的螨类具有一个共同的基因库，以区别于其他物种，但并非每个个体都具有种群中贮存的所有信息。种群的个体在遗传上不一致。种群内的变异性是进化的起点，而进化则使存活下来的粉螨更适应变化的环境。

（二）种群统计参数

种群统计参数包括初级种群统计参数（primary population parameters）和次级种群统计参数（secondary population parameters）。初级种群统计参数，即影响种群大小的4个种群基本参数：出生率（natality）、死亡率（mortality）、迁入（immigration）和迁出（emigration）。迁入和出生使得种群数量增加，迁出和死亡使得种群数量减少。次级种群统计参数，由初级种群统计参数导出。如年龄结构（age structure）、性比（sexual ratio）、生命表（life table）和存活曲线（survivorship curve）等，共同决定着种群数量的变化。

1. 出生率和死亡率

出生率是一个广义的术语，是泛指粉螨产生新个体的能力。出生率常分最大出生率（maximum natality）或称生理出生率（physiological natality）和实际出生率（realized natality）或称生态出生率（ecological natality）。最大出生率是指粉螨种群处于理想条件下的出生率。在特定环境条件下种群实际出生率称为实际出生率。完全理想的环境条件，即使在人工控制的实验室也很难建立，因此，所谓物种固有不变的理想最大出生率一般情况下是不存在的。但在自然条件下，当出现最有利的条件时，粉螨表现的出生率可视为"最大的"出生率。

死亡率包括最低死亡率（minimum mortality）和生态死亡率（ecological mortality）。最低死亡率是粉螨种群在最适的环境条件下，种群中粉螨个体都是由年老而死亡，即粉螨都活到了生理寿命（physiological longevity）才死亡的。种群生理寿命是指种群处于最适条件下的平均寿命，而不是某个特殊个体可能具有的最长寿命。生态寿命是指种群在特定环境条件下的平均实际寿命。只有一部分粉螨个体能够活到生理寿命，多数死于捕食者、疾病和不良气候等。

粉螨种群的数量变动首先决定于出生率和死亡率的对比关系。在单位时间内，出生率与死亡率之差为增长率，因而种群数量大小也可以说是由增长率来调整的。当出生率超过死亡率，即增长率为正值时，种群的数量增加；反之，如果死亡率超过出生率，增长率为负值时，则种群数量减少；而当生长率和死亡率相平衡，增长率接近于零时，种群数量将保持相对稳定状态。

2. 迁入和迁出

扩散（dispersion）是大多数粉螨生活周期中的基本现象。迁入和迁出是粉螨的一种扩散行为。扩散有助于防止近亲繁殖，同时又是各地方种群（local population）之间进行基因交流的生态过程。

3. 年龄结构和性比

粉螨种群的年龄结构就是不同年龄组（age classes）在粉螨种群中所占比例或配置状

况,它对种群出生率和死亡率都有很大影响。因此,研究种群动态和对种群数量进行预测预报都离不开对种群年龄分布或年龄结构的研究。同样,种群的性比或性别结构(sexual structure)也是种群统计学的主要研究内容之一,因为粉螨性别只有雌雄两种,它比年龄结构简单得多。年龄结构和性比这两个特征联系比较密切,常常同时进行分析。

4. 生命表和存活曲线

生命表是描述死亡过程的有用工具。生命表能综合判断粉螨种群数量变化,也能反映出粉螨从出生到死亡的动态关系。

生命表根据研究者获取数据的方式不同而分为两类:动态生命表(dynamic life table)和静态生命表(static life table)。前者是根据观察一群同时出生的粉螨的死亡或存活动态过程所获得的数据编制而成,又称同生群生命表(cohort life table)、水平生命表(horizonal life table)或称特定年龄生命表(age-specific life table)。后者是根据某个粉螨种群在特定时间内的年龄结构而编制的。它又称为特定时间生命表(time-specific life table)或垂直生命表(vertical life table)。

存活率数据通常可用图表示为存活曲线,存活曲线直观地表达了同生群的存活过程。

罗冬梅(2007)建立了椭圆食粉螨实验种群生命表,研究结果表明,温度在20~32 ℃区间内,20 ℃时雌成螨寿命最长,而28 ℃时椭圆食粉螨每雌平均总产卵数最多。构建了4个温度下椭圆食粉螨实验种群的生殖力生命表,结果表明:椭圆食粉螨净增殖率(R_0)、内禀增长率(r_m)、周限增长率(λ)在28 ℃时达到最大值,分别为45.532、0.156和1.169;在28 ℃下椭圆食粉螨种群倍增时间最短,为4.431天;从子代性比来看,随着温度的升高,性比增加。

(三) 种群间的相互作用

在自然界中,粉螨种群总是和其他物种种群共同生活在一起,这些物种彼此之间相互制约发展。种间关系主要有竞争、捕食及寄生这三种。现在研究比较多的是捕食关系。有些粉螨属于被捕食螨类,若捕食螨类与被捕食螨类共同生活在同一环境内,那么被捕食螨类的增长速率将会下降,其下降的速率取决于捕食螨的种群密度。反之,捕食螨的增长速率也由被食螨的种群密度所控制。夏斌(2007)研究了肉食螨对椭圆食粉螨的捕食效能。他分别以三种肉食螨来捕食椭圆食粉螨,发现普通肉食螨的捕食量最大,其次是鳞翅触足螨,最少的是螯钳螨。5个恒温状态下,普通肉食螨不同螨态对椭圆食粉螨的功能反应均属于Holling Ⅱ型。其中雌成螨的捕食能力最强,其次是雄螨、若螨、幼螨;普通肉食螨以椭圆食粉螨为猎物,28 ℃时具有较高的捕食效能。在猎物密度不变的情况下,捕食螨自身密度对捕食率有干扰作用,密度升高,捕食率下降。

(四) 粉螨种群的常用调查方法

1. 种群密度的统计与估算方法——样方法

样方法是指在被调查粉螨种群的生存环境中,随机选取若干个样方,计数每个样方内的个体数和平均个体数,然后将其平均数推广,来估算粉螨种群的整体,这是粉螨种群密度最常见的统计方面。步骤如下:

(1) 样本选取:① 定时定点系统调查。② 多点结合普遍抽查。两种方法均记录每千克储藏物中粉螨的种类数及每种个体数。

（2）材料整理方法：分别按螨种统计出现的频次，最后得到没有出现的有多少次，出现1只的多少次，出现2只的多少次，以此类推（表1.11）。

表1.11 样方中螨类出现频次统计表

样方中的个体数	出现次数
0	N_0
1	N_1
2	N_2
3	N_3
…	…

要说明的是，对样方中出现的个体数可以进行分组。例如，没有出现的为0组，出现1～5只的为第1组，以此类推；再记下0组出现有多少次，1组有多少次……

（3）选定概率模型进行拟合：能用于储藏物粉螨种群空间格局拟合的概率模型有十几种，常用的有泊松分布（Poisson distribution）、负二项分布（negative binomial distribution）、奈曼分布（Netman Ⅰ，Ⅱ，Ⅲ distribution）和二项分布（binomial distribution）等。

模型选定后，就要按模型要求进行参数计算，将计算出的参数，代入原模型，模拟出理论频次分布，最后经统计检验，如果通过，说明拟合成功，否则应另外拟合。要注意的是，统计检验有许多方法，如F检验、t检验，但较严格的是卡方（χ^2）检验。

2. 简单生活史的单种粉螨种群增长理论

自然条件下，真正的单种种群非常稀少，基本上只存在于实验室内，在实验室内对单种粉螨种群进行动态观察，可以了解该粉螨种群增长的普遍规律以及各种因素对粉螨的种群动态影响。

（1）在"无限"环境中的增长：假设一个理想粉螨种群在充足的食物和空间等条件中的生长。若此粉螨种群维持恒定的瞬时出生率（b）与瞬时死亡率（d），那么$b-d$则为内禀增长率（intrinsic growth rate，r_m）。若$r_m>0$，该种群则处于增长状态；若$r_m<0$，该种群则迅速下降。经过单位时间后，粉螨种群的净增长倍数为周限增长率（λ）。当$\lambda>1$时，粉螨种群上升；当$\lambda=1$时，粉螨种群则维持稳定；当$\lambda<1$时，粉螨种群下降。

（2）在有限环境中的增长：在现实环境中，粉螨种群通常是在有限的食物和空间下生长，种群内各个粉螨个体也存在竞争。当一个粉螨种群内螨体数量不断增多时，在有限的食物等资源下，种内竞争随之加剧。该粉螨种群就不可能实现其r_m所允许的增长率，当粉螨种群量达到资源供应的最大能力时，种群数量将维持一定的数量。

三、群落生态学

群落（community）是指在特定空间或特定生境下，生物种群有规律的组合，它们之间以及它们与环境之间彼此影响，相互作用，具有特定的形态结构与营养结构，执行一定的功能，这种多种群的集合称为群落。也可以说，储藏物中的所有粉螨构成了储藏物粉螨群落。群落生态研究内容非常广泛，包括了群落物种组成、优势种特征、丰富度、均匀度、多样性、稳定性、种多度分布、生态位、种面积关系、群落相似性、群落数量分类、群落内食物网联系及群落演替等多方面内容。就粉螨而言,虽然局部生境的各种粉螨种类调查以及较大范围的区系研究文献十分丰富,但涉及群落特征性的研究文献则很少见。局部生境的种类调查或区系研究虽然从对象上与群落研究有重叠,但前者的目的主要在于解决各种粉螨的物种组成及地域分布,并不涉及一系列群落特征的描述,与后者是有区别的。从目前的趋势来看,区系研究正在朝着一个独立的方向发展,欲形成一个相对独立的研究领域。

(一)群落的组成和结构

1. 群落的物种组成

任何生物群落都是由一定的生物种类组成的,调查群落中的物种组成是研究群落特征的第一步。一个群落中一般有优势种(dominant species),即对群落的结构和群落环境的形成有明显控制作用的种类。除优势种外,还有亚优势种(subdominant species),即个体数量与作用都次于优势种,但在决定群落环境方面仍起着一定作用的种类;伴生种(companion species),其为群落中常见种类,它与优势种相伴存在,但不起主要作用;偶见种(rare species),即那些在群落中出现频率很低的种类等。

群落的数量特征有:物种丰富度(species richness),即群落所包含的物种数目,是研究群落首先应该了解的问题。均匀度(species evenness)是指一个群落或生境中全部物种个体数目的分配状况,它反映的是各物种个体数目分配的均匀程度。多度(abundance)是群落内各物种个体数量的估测指标。密度(density)是指单位面积上的生物个体数。频度(frequency)是指某物种在样本总体中的出现频率。优势度是确定物种在群落中生态重要性的指标,优势度大的种就是群落中的优势种。

2. 群落的结构

在生物群落中,各个种群占据了不同的空间,使群落具有一定的结构。群落的结构包括垂直结构、水平结构、时间结构和层片结构。

(1)群落的垂直结构:群落的垂直结构是指群落在垂直方面的配置状态,其最显著的特征是成层现象,即在垂直方向分成许多层次的现象。以仓库中粉螨种群分布为例,粮仓顶部和底部的粉螨种类存在差异,这主要取决于环境因素和食物的选择。

(2)群落的水平结构:群落的水平结构是指群落的水平配置状况或水平格局,其主要表现特征是镶嵌性。镶嵌性,即粉螨种类在水平方向不均匀配置,使群落在外形上表现为斑块相间的现象。具有这种特征的群落叫作镶嵌群落。在镶嵌群落中,每一个斑块就是一个小群落,小群落具有一定的种类成分和生活型组成,它们是整个群落的一小部分。

(3)群落的时间结构:粉螨群落中的螨种,除了在空间上的结构分化外,在时间上也有一定的分化。自然环境因素都有着极强的时间节律,如光的周期性、温度和湿度的梯度周期变化等。在长期的自然选择过程中,粉螨群落中的物种也渐渐形成了与自然环境相适应的机能上的周期节律,从而形成了昼变相、季变相和年际变相等。如不同季节粉螨群落的密度存在显著差异。

(4)群落的层片结构:层片作为群落的结构单元,是在群落产生和发展过程中逐步形成的。它的特点是具有一定的种类组成,它所包含的种具有一定的生态生物学一致性,并且具有一定的小环境,这种小环境是构成粉螨群落环境的一部分。在此需要说明一下层片与层次的关系问题。在概念上层片的划分强调了群落的生态学方面,而层次的划分,着重于群落的形态。层片有时和层次是一致的,有时则不一致。由于粉螨个体大小相对一致,同一层次肯定是一个层片,同一层片也肯定是同一层次,故针对粉螨而言,层片和层次是一致的。

(二) 群落的多样性

生物多样性(biodiversity)是指在一定时间和一定地区所有生物物种及其遗传变异和生态系统的复杂性总称。它包括遗传(基因)多样性、物种多样性、生态系统多样性三个层次。物种多样性是生物多样性的关键,它既体现了生物之间及环境之间的复杂关系,又体现了生物资源的丰富性。目前人类已经知道的物种数有200多万,这些形形色色的生物物种构成了生物物种的多样性。生物多样性是生物及其与环境形成的生态复合体以及与此相关的各种生态过程的总和。

测定生物多样性的方法很多,下面简单介绍几种具有代表性的常用公式。

(1) 丰富度指数。

① Gleason指数,公式为

$$D = \frac{S}{\ln A}$$

式中,A 为单位面积,S 为群落中的物种数目。

② Margalef指数,公式为

$$D = \frac{S-1}{\ln N}$$

式中,S 为群落中的总种数,N 为观察到的个体总数。

(2) 多样性指数。多样性指数是反映丰富度和均匀度的综合指标。下面是两个最具代表性的计算公式。

① 辛普森多样性(Simpson's diversity)指数。公式为

$$D = 1 - \sum (P_i)^2$$

式中,P_i 为种 i 的个体数占群落中总个体数的比例。

辛普森多样性指数的最小值是0,最大值是 $1 - \frac{1}{S}$。前一种情况出现在全部个体均属于一个种时,后一种情况出现在每个个体分别属于不同种时。

② 香农-威纳(Shannon-Weiner)指数。公式为

$$H = -\sum P_i \ln P_i$$

式中,$P_i = \frac{N_i}{N}$,即一个个体属于第 i 种的概率。P_i 为种 i 的个体数占群落中总个体数的比例。

香农-威纳指数包含两个因素:一是丰富度;二是均匀度。种类数目越多,多样性越大;同样,种类之间个体分配的均匀性增加,多样性也会随之提高。

李朝品(2007)对安徽省15个城市居民储藏物中孳生粉螨群落组成及多样性进行了研究。他共采集了48种样本,从中检获粉螨27种,隶属于7科19属。其平均孳生密度为(28.65±7.6)只/克,物种丰富度指数(Margalef指数)为2.70;物种多样性指数(Shannon-Wiener指数)为2.62;物种均匀度指数(Pielou指数)为0.89。表明居民储藏物中孳生粉螨群落组成较为多样化,粉螨污染储藏物的情况严重。

张宇(2012)采用平行跳跃调查法对模拟粮仓中的螨类进行1年的群落多样性和动态研

究。他捕获的螨类隶属于5科7属,腐食酪螨和马六甲肉食螨是优势种,两种螨类因时间变化和调查位置不同呈现出不同分布特点。Shannon-Wiener指数变化范围为(0.75,1.5),Pielou均匀度指数为(0.25,0.65),Margalef指数为(0.47,0.78),Simpson优势度指数为(0.43,0.85)。

(三) 种多度分布拟合方法

种多度分布是描述群落内各物种个体数量分布规律的理论分布,常用Fisher对数级数模型及Preston对数正态分布模型等进行拟合,其适用范围、条件因具体群落不同而异。对于种类较丰富且大多处于相似营养级别的粉螨群落,国内已出现了用Preston对数正态分布模型进行种多度拟合的尝试。Preston对数正态分布模型表述为

$$S(R) = S_0 e^{-[\alpha(R-R_0)]^2}$$

式中,$S(R)$、S_0、R_0、e及α分别为第R倍程理论物种数、众数倍程物种数、众数倍程、自然对数底及分布展开度常数,其中分布展开度常数是根据实际种多度直方图与理论曲线的拟定合优度而确定的。

当抽样样方同质时,在用Preston对数正态分布拟合了种多度理论曲线后,尚可按式$S_T \approx S_0 \pi/\alpha$近似估计群落内的总物种数$S_T$,对于非同质样本对应的群落总物种数估测,目前尚缺乏相应的方法。

四、生态系统

(一) 生态系统的基本概念

生态系统(ecosystem)是指在一个特定环境内的所有生物和该环境的统称。在这个特定环境中的非生物因子(如空气、水及土壤等)与其间的生物具有交互作用,不断地进行物质和能量的交换,并借物质流和能量流的连接形成一个整体,即称此为生态系统或生态系。生态系统是生物圈内能量和物质循环的一个功能单位,任何一个生物群落与其环境都可以组成一个生态系统,无数小生态系统组成了地球上最大的生态系统,即生物圈。生态系统类型众多,一般可分为自然生态系统和人工生态系统。自然生态系统还可进一步分为水域生态系统和陆地生态系统。人工生态系统则可以分为农田生态系统和城市生态系统等。

在每一个生态系统中,构成生物群落的生物是生态系统的主体,构成其环境的非生物物质(空气、水、无机盐类和有机物等)是生命的支持系统。生态系统的生物组成成分可根据其发挥的作用和地位分为生产者、消费者和分解者。其中生产者主要是指能用简单的无机物制造有机物的自养型生物,如绿色植物、光合细菌和藻类等,其是连接无机环境和生物群落的桥梁。消费者是依赖于生产者而生存的生物,根据食性可分为草食动物(初级消费者)、一级肉食动物(二级消费者)和二级肉食动物(三级消费者)。消费者在生态系统中不仅起着对初级生产者加工和再生产的作用,而且对其他生物的生存和繁衍起着积极作用。分解者属异养型生物,如细菌、真菌、放线菌和土壤原生动物,在生态系统中它们把复杂的有机物分解为简单的无机物,使死亡的生物体以无机物的形式回归到自然环境中。

一般而言,一个完整的生态系统具有能量流动、物质循环和信息传递三大功能,其中能量流动是生态系统的重要功能。在生态系统中,生物与环境、生物与生物间的密切联系可以

通过能量流动来实现;物质循环由能量流动推动着各种物质在生物群落与无机环境间循环;信息传递通过物理信息、化学信息和行为信息等来维持种群的繁衍和生物体生命活动的正常进行及调节物种间关系,以维持生态系统的稳定等多种功能。

(二)生态系统的稳定性及其影响因素

生态系统具有一定的稳定性,即其具有保持或恢复自身结构和功能相对稳定的能力。生态系统稳定性的内在原因是生态系统的自我调节。生态系统处于稳定状态时即达到生态平衡。若粉螨所处的每一个生态系统能够维持其机能正常运转,必须依赖外界环境提供物质、能量的输入和输出,以及信息传递处于稳定和通畅的状态。这是一种动态平衡,是生态系统内部长期适应的结果。但由于种间相互关系中所积累的矛盾和外部环境的影响,以及人类活动引起的改变都可能是长期的,因此,在仓库管理中采取一些有效措施,如清洁卫生、改变储藏方式及防制方法等,均可引起仓储昆虫和螨类群落的改变,导致稳定性受到破坏。由于人为干预程度超过屋宇生态系统的阈值范围,破坏了其系统内的能量流动、物质循环和信息传递相互之间的生态平衡而出现生态失衡。因此,三大生态功能的平衡对屋宇生态系统稳定性的维持具有重要的意义。

1. 能量流动

仓库、食品厂等生态系统是人为的生态系统,在这个生态系统中生物和非生物因子相互作用,能量沿着生产者、消费者和分解者不断流动,形成能流,逐渐消耗其中的能量,如储粮的储备能,在储藏过程中这种储备能经常被很多有机物分解,导致粮食、食品和中药材等发霉变质。

螨类污染的谷物中,菌类活动更为活跃,系统中的能量散失也更剧烈,加之仓库中物理环境和人为活动的频繁干扰,系统的稳定性受到影响。不同生态系统的自我调节能力是不同的,一般来说,一个生态系统的物种组成越复杂、结构越稳定、功能越健全、生产能力越高,其自我调节能力也就越强。反之,生物种类成分少、结构简单、对外界干扰反应敏感和抵御能力小的生态系统自我调节能力就相对较弱。

2. 物质循环

粉螨所处的生态系统中有多级消费者,它们相互影响和促进。一级消费者,如一些昆虫和螨类取食谷物、食品、饲料和中药材等,形成各种微生物及第二级螨类和昆虫侵入的通道。此外,昆虫和螨类的排泄物和代谢物可改变仓储物资的碳水化合物和含水量,进一步促进微生物的侵染。一级消费者为二级消费者准备侵害和取食的条件。二级消费者包括食菌昆虫和螨类,如嗜木螨属(*Caloglyphus*)和跗线螨属(*Tarsonemus*)等可以取食侵入粮食的真菌。螨类、昆虫的捕食者和寄生者也是二级消费者,如肉食螨属(*Cheyletus*)和吸螨属(*Bdella*)螨类捕食粉螨。三级消费者很难与二级消费者区别,三级消费者包括伪蝎(Pseudoscorpionida)、镰螯螨科(Tydeidae)等,还有的寄生在取食粮食的鼠类和鸟类中。一级消费者的排泄物有利于微生物生长,也能被二级消费者和三级消费者(腐食生物)取食,各种动物尸体又是不少微生物的营养成分。养分从一种有机体到另一种有机体转移,完成氮素和其他成分的再循环,这种有机物的演替和营养的再循环逐渐污染仓储物资以致全部损失。

3. 信息传递

粉螨所在的生态系统中普遍存在信息传递,这是长期历史发展过程中形成的特殊联系。

信息素是影响生物重要生理活动或行为的微量小分子化学信息物质,根据其基本性质和功能,可分为种内信息素和种间信息素。种内信息素有性信息素、报警信息素和聚集信息素等;种间信息素有利他素、利己素和互益素等。螨类信息素是螨类释放以控制和影响同种或异种行为活动的重要化学信息物质。刘婷(2012)采取正己烷溶剂浸提法获得腐食酪螨螨体提取物,通过观察腐食酪螨对提取物的行为反应确定其生物活性。研究结果表明,腐食酪螨正己烷提取物对该螨有明显的报警作用。GC-MS分析显示,提取物中含有橙花醇甲酸酯、Z-柠檬醛、E-柠檬醛等成分。该研究证明了腐食酪螨报警信息素的存在。螨类信息素对维持种群的正常生命活动和种群的延续起着重要的作用,而有些信息素又具有专一性和独特性,今后将对螨类信息素成分及其作用机制开展进一步深入的研究,在螨类系统学、害螨防制等方面具有广阔的应用前景。

五、分子生态学

分子生态学(molecular ecology)是生态学的一个领域,是利用分子生物学方法研究生态学的一门交叉科学。分子生态学是近年来兴起的一门前沿学科,是分子生物学与生态学这两个20世纪带头学科交叉融合的产物,它是在核酸和蛋白质等大分子水平上来研究和解释有关生态学和环境问题。它探讨基因工程产物的环境适应性和投放环境后所引起的物种与环境相互作用、种间的相互作用、种内竞争等生态效应,并利用分子生物学原理发展一套针对这些生物监测的规范化技术,促进遗传工程的健康发展。从分子生态学的发展历史来看,它与分子种群生物学、分子环境遗传学和进化遗传学的关系极为密切。这三个学科的研究手段均涉及DNA和同工酶等分子分析技术。由此可见,分子生态学是从分子水平上研究与生态学有关的内容,是使用现代的分子生物学技术方法从微观的角度来研究生态学的问题,是宏观与微观的有机结合,是围绕着生态现象的分子活动规律这个中心进行的,包含了在生物形态、遗传、生理生殖和进化等各个水平上协调适应的分子机制。所以,分子生态学更能从本质上说明生物在自然界中的生态变化规律。

(一) 分子标记的特征与分类

分子标记(molecular markers)是分子生态学中最为核心的内容,分子标记技术可以分析种群地理格局和异质种群动态,确定种群间的基因流,解决形态分类中的不确定性,确定基于遗传物质的谱系关系,还可以用来分析近缘种间杂交问题、近缘种的鉴定、系统发育和进化等问题,同时也为这些研究内容提供了新的方法和技术手段。

分子标记可以分成DNA水平和蛋白质水平两种标记。一个理想的分子标记应具有以下特点:① 进化迅速,具有较高的多态性。② 在不同生物类群广泛分布,便于在种群内或种群间进行同源序列的比较。③ 遗传结构简单,无转座子、内含子和假基因等。④ 不发生重组现象。⑤ 便于实验检测和数据分析。⑥ 研究类群间的系统关系能够通过合理的简约性标准加以推断。

1. DNA水平的标记

可分为间接方法和直接方法,其中间接方法包括:随机扩增多态性分析(random amplified polymorphic,RAPD)、限制性片段长度多态性(restriction fragment length polymorphism,

RFLP)、直接扩增片段长度多态性(direct amplification of length polymorphism，DALP)、扩增片段长度多态性(amplified fragment length polymorphism，AFLP)和微卫星DNA(microsatellite DNA)等；直接方法是指核酸序列测定法。

2. 蛋白质水平的标记

同工酶电泳(isozyme electrophoresis)是较为常用的蛋白质水平的标记技术，同工酶(isozyme)是指催化相同的生化反应而酶分子本身的结构不相同的一组酶。同工酶虽然作用于相同的底物，但其分子质量、所带电荷及构型均不相同，故电泳迁移速率快慢不等。同工酶电泳技术就是根据这一特性对一组同工酶进行电泳分离，经过特异性染色，使酶蛋白分子在凝胶介质上显示酶谱，然后应用于系统发育分析。酶电泳法主要见于早期的系统学研究，该方法可利用的遗传位点数量少、多态性低，不能充分反映DNA序列蕴含的丰富遗传变异，并且由于酶易失活，必须活体取得，对于珍稀濒危生物的分子遗传学研究尤其不适合。目前这种标记技术已逐渐被DNA水平的标记技术所取代。

近年来，随着核酸扩增和测序技术的迅速发展，DNA序列在分子系统学、系统地理学、种群遗传学分析和物种分类鉴定等研究中得到广泛应用。DNA直接测序法能够准确检测个体间碱基差异，是灵敏度最高的遗传多样性检测手段。对粉螨而言，DNA序列分析中常用的主要有线粒体DNA(mtDNA)和核DNA(nuDNA)。mtDNA作为分子系统学研究的遗传标记具有如下优势：① 拷贝数多。② 结构相对简单，缺乏内含子，无重复序列。③ 进化速度快。④ 母系遗传，不易发生重组。当然线粒体DNA也作为遗传标记存在一些问题，如：① 线粒体基因具有单倍体特性和母系遗传的特点，所以对小种群更加敏感。② 线粒体基因组缺少重组，不能被解释为不同的遗传座位。③ 由于线粒体基因的母系遗传特性，如果雄性和雌性迁移和定居的能力不同时，当被用于基因流研究时，线粒体DNA可能会导致错误解释。而作为对mtDNA信息的重要补充，人们越来越多地采用nuDNA的核糖体内转录间隔区(ITS)作为分子标记。ITS标记不参与核糖体的形成，因此受到的选择压力小，进化速度快，可以提供比线粒体DNA更丰富的变异位点和信息位点，可进行未知种的鉴定和种群遗传分化等方面的研究。核基因中的微卫星标记作为第二代分子遗传标记具有如下优势：① 标记数量丰富，广泛分布于各条染色体上。② 共显性标记，呈孟德尔遗传。③ 技术重复性好，易于操作，结果可靠等优点，在绘制遗传连锁图谱、遗传多样性检测、外源遗传物质的鉴定和基因定位及克隆等研究中得到广泛的应用。

（二）分子标记在粉螨生态学研究中的应用

线粒体基因常被应用于螨类的分子系统学、物种鉴定及其分类地位的探讨。对粉螨而言，主要应用线粒体细胞色素c氧化酶亚基Ⅰ(cytochrome c oxidase subunitⅠ，COⅠ)作为分子标记。COⅠ基因为线粒体基因组的蛋白质编码基因，由于该基因进化速率较快，常用于分析亲缘关系密切的种、亚种的分类及不同地理种群之间的系统关系。Webster等(2004)运用COⅠ基因部分序列数据对粗脚粉螨与同属种小粗脚粉螨、静粉螨和薄粉螨4个种进行了分子系统学研究，结果表明利用COⅠ基因序列数据能将粉螨属(*Acarus*)内4个种显著地区分开，各自形成单系，且系统树的某些支系具有高的置信度。此外，研究也表明小粗脚粉螨与静粉螨关系更近，而薄粉螨处于支系拓扑结构的基部，表明与其他3种关系较远。Yang等(2010)使用COⅠ基因部分序列对采自上海的6种无气门亚目的20个螨个体，包括粉螨科

(Acaridae)的4个椭圆食粉螨(*Aleuroglyphus ovatus*)和4个腐食酪螨(*Tyrophagus putrescentiae*),进行无气门螨类的鉴定,分析表明椭圆食粉螨和腐食酪螨聚为一支,两者形成单独一支系,认为粉螨科是一单独支系单元,具有较近的亲缘关系,其研究结果支持传统形态学的粉螨分类。但粗脚粉螨的分类地位与其他3个同属种关系并不明显,显示粗脚粉螨与食酪螨属(*Tyrophagus*)聚为一支,而非与其同属种。

线粒体基因组序列还被用于探讨粉螨科(Acaridae)、目等阶元的系统发生关系。Yang等(2016)用13个线粒体蛋白质编码基因的联合序列分析真螨目(Acariformes)的系统发生关系,其结果支持真螨目是单系群,并且其中的粉螨类也是一单系群,这与形态学划分的粉螨科作为单独一类群是相一致的。

核基因相比线粒体基因而言,具有进化速率慢、以替换为主及基因更保守等特点。因此,核基因分子标记常常应用于分析比较高级的分类阶元,如科间、属间、不同种间及分化时间较早的种间系统发生关系。常用的核基因是18S rDNA和rDNA基因的第二内转录间隔区(second internal transcribed spacer,ITS2)。Domes等(2007)利用18S rDNA的部分序列研究无气门螨类的4个科8个种的系统发生关系,证实形态学定义的粉螨科的腐食酪螨、线嗜酪螨、椭圆食粉螨、粗脚粉螨和薄粉螨5个种聚集在一起,形成一个单系,然而有学者用ITS2基因序列数据对无气门螨类研究发现,粉螨科并未聚为一支,而是并系,在粉螨科内的椭圆食粉螨和腐食酪螨的系统发生地位并没有被很好地确定。

仅使用一个线粒体基因片段或核基因片段对生物进行分类均有其局限性,因为不同基因的进化速率不同,能够在系统树上的不同深度提供重要的系统进化信息,为了更好地解决系统进化的问题,应该综合运用不同类型基因,如线粒体基因与核基因,或在基因组水平上分析生物种群的系统发育、分子进化,这也将成为分子系统学领域的一种必然发展趋势,可以帮助解决粉螨种群遗传学、种群生态学及系统进化等方面的问题。孙恩涛(2014)利用线粒体基因(*rrnL-trnw*-IGS-*nad1*)和核内核糖体基因ITS序列对国内分布的7个椭圆食粉螨(*Aleuroglyphus ovatus*)地理种群的遗传多样性和种群遗传结构进行分析,结果表明椭圆食粉螨种群间遗传分化显著,华北地区种群与华中和华南地区种群的遗传分化程度很高,遗传变异主要存在于种群内,而种群间的遗传分化相对较小。Yang等(2010)利用线粒体CO I基因和核基因ITS2联合分析了无气门亚目的系统进化关系,结果发现利用核基因和线粒体基因DNA序列构建的系统进化树与传统的形态学分类是一致的。

六、结语

近些年来,粉螨的生态学研究日新月异。研究范围宏观和微观同时展开,形成分子-细胞-组织-器官-个体-群落-生态系统等多个层次。随着知识的更新、新技术和新方法的推广应用,如光学技术、化学分析技术、同位素分析技术、分子系统学技术、生物遗传学技术和新型生态模型等,更是为粉螨的生态学研究推波助澜。不同学科间交叉融合,一些新兴的生态学分支,如进化生态学、行为生态学、遗传生态学、景观生态学和全球生态学等不断出现,今后,粉螨生态学研究定将不断向更深层次发展。

(湛孝东)

第五节 危 害

粉螨多营自生生活,广泛孳生于房舍、粮食仓库、食品加工厂、饲料库、中草药库以及养殖场等人们生产、生活的环境中,粉螨在储藏物中大量繁殖时,霉菌及储粮昆虫亦随之繁殖猖獗,使粮食及其他食品变质,失去营养价值,有时食用变质或有粉螨污染的食物会引起中毒。粉螨也可对中药材造成污染,不但影响药品质量,而且直接危及人体健康和生命,是值得关注的公共卫生问题。

一、储藏粮食

粉螨可大量孳生于储藏粮食和食物中。就仓储谷物来说,在谷物的收获、包装、运输、储藏及加工过程中,粉螨均可侵入其中,也可通过自然的迁移和人为的携带而播散。粉螨的分泌物、排泄物、代谢物和蜕下皮屑、死螨的螨体、碎片和裂解产物,以及由粉螨传播的真菌及其他微生物等,均可严重污染粮食和食物。

1. 霉变

储粮霉菌的生长繁殖与螨类有密切关系。储藏物粉螨不仅是霉菌的取食者,也是霉菌的传播者。储藏物粉螨的体内常有大量的曲霉与青霉菌孢子。

储粮与食品中由于螨类的活动繁殖,引起储粮发热,水分增高,从而促使一些产毒霉菌繁殖。如黄曲霉(*Aspergillus flavus*)生长繁殖后,产生的黄曲霉毒素可致人体肝癌;黄绿青霉(*Penicillium citreovirde*)生长繁殖后,产生的黄绿青霉毒素可引起动物中枢神经中毒和贫血;桔青霉(*Penicillium citrinum*)生长繁殖后,产生的桔霉素可使动物肝脏中毒或死亡。因此,仓螨的繁殖,引起霉菌增殖,霉菌的增殖,又反过来促使仓螨大量繁殖,这种生物之间的互相影响,使储粮及食品遭受严重损失。有些仓螨消化道的排泄物中常带有霉菌孢子,一粒螨粪中的孢子数可达10亿多。霉菌孢子抵抗力较强,通过螨体消化器官后,仍能保持较强的发芽力,甚至有些霉菌孢子的萌发,还以通过螨体为必备条件。

2. 变色、变味

粮食及食品变色、变味的原因很多,情况也很复杂,其中粉螨孳生是原因之一。粉螨的分泌物、排泄物及死亡螨体等可严重污染储粮和干果。粉螨大量迁移的同时,多种真菌及其他微生物亦随之广泛播散,也加速了储粮和干果的变质。

粉螨在储粮及其他食品中大量繁殖时,霉菌及储粮昆虫亦随之繁殖猖獗,粮食营养被破坏,脂肪酸增高,进一步氧化为醛、酮类物质,产生苦味,使粮食及其他食品失去营养价值。粉螨污染严重的面粉制作的食品,不仅外观色泽不佳,而且严重影响食品的口感。如粗脚粉螨多危害粮食的胚部,使其形成沟状或蛀孔状斑点,外观无光泽,色变苍白发暗,食之有甜腥味或苦辣味。椭圆食粉螨的粪便、蜕皮及螨体污染粮食后,会产生一种难闻的恶臭味。糖类食品易受果螨科和食甜螨科螨类的为害。甜果螨污染白砂糖、蜜饯、干果和糕点等食品后,使这些食品的营养下降,甚至不能食用。陆联高于20世纪60年代初在成都食糖仓库发现进口的古巴白砂糖中孳生了大量的甜果螨,每千克白砂糖约有甜果螨150个,严重影响了其质量。沈兆鹏(1962)在上海地区的砂糖中再次发现甜果螨,以后又在蜜饯、干果等甜食品上大量发现,这些螨类很有可能是随进口砂糖带入。随着农业生产的发展,储藏物的种类和数量增多,特别是国际贸易扩大,农产品交流日益频繁,储粮螨类的传播和危害已经成为国际农产品市场的一个问题。2006年,日照检验检疫局的工作人员从古巴进口的原糖中检出粗脚粉螨;2007年,湛江检验检疫局在从古巴进口的原糖中检出甜果螨。因此,为了防止有害螨类从国外传入我国,有必要做好进口粮食和商品的检疫工作。

3. 影响种子发芽

粮食种子一般属于长寿型,在一定的条件下,有些种子可保持8~10年仍有较高的发芽率。影响种子发芽率的因素很多,其中仓螨为害是重要因素之一。粉螨为害谷物,常先取食谷物的胚芽,使受害谷物的营养价值和发芽率明显下降。如粉螨科的椭圆食粉螨、腐食酪螨侵害种子时,首先食胚,在种子胚部聚集后,先咀一小孔,再进入胚内危害。粗脚粉螨危害玉米时,先食穿玉米胚部膜皮,再进入胚内蛀食。种子胚部易遭受仓螨侵害,主要是因为胚部组织软嫩,含水量较其他部位高,同时富含营养物质及可溶性糖。胚是种子的生命中心,遭受危害后,种子即失去发芽力。据陆联高(1994)报道,粉螨在侵害种子时,先在种胚处蛀食一个小孔,再进入胚内进行为害,如粗脚粉螨为害玉米时,会先咬穿玉米种子的胚部膜皮,再进入胚内蛀食。种子发芽力丧失的大小,与种子含水量、螨口密度有密切关系。种子水分高,螨口密度大,发芽力丧失大;种子水分低,螨口密度小,发芽力丧失较小。据试验,在温度20~26 ℃的条件下,当小麦水分为13%时,粉螨孳生密度为一级;当小麦水分为15%时,粉螨孳生密度可达到三级。两者比较,后者小麦的发芽率比前者降低38.8%。因此种子干燥时,可降低粉螨为害,是保护种子发芽力的重要措施。

二、畜禽饲料

畜禽饲料的储藏环境不像谷物那样要求严格,并且具有高营养性,因此粉螨更容易侵入并在其中孳生繁衍。粉螨代谢产生的水和CO_2,使饲料的含水量增加,导致霉变,营养下降,短期内使饲料变质、结块,甚至产生恶臭;用被粉螨污染的饲料喂养动物,家禽、家畜则食欲不佳,发育不良,生长缓慢。近几年的研究表明,用螨类污染的饲料喂养家禽、家畜,轻者产卵、产奶量减少,繁殖率低,重者各类动物还常出现维生素A、B、C、D缺乏等营养不良症状,动物抗病能力减弱,并可导致腹泻和呕吐,甚至还能引起动物流产、死胎、腹泻、过敏性湿疹和肠道疾病等,进而影响其繁殖率,如造成奶牛产奶量减少,猪的生长速度减慢和产仔率降低等。被粉螨和霉菌污染的饲料,霉菌毒素还可进一步引起畜禽肝脏及中枢神经毒性,影响肉质,造成肉食品中螨类毒素残留和霉菌污染。此外,用螨类污染的饲料长期喂养动物,还易于引起肝、肾、肾上腺和睾丸机能的衰退。陆联高等(1979)在四川重庆调查时发现仓储米糠、麸皮饲料中,每千克饲料有腐食酪螨2 000余只。螨类严重污染的饲料,重量损失可达4%~10%,营养损失70%~80%。据国外学者报道,粉螨的为害可致动物饲料的损失达50%。有学者曾用9对同胎仔猪(体重约20千克)做喂养实验,实验组给粉螨污染的饲料,对照组给无粉螨污染的饲料,结果实验组虽比对照组喂养的饲料多,但猪生长却较慢,两组之间有显著性差异,并且差异会随试验的进展而增大。英国学者曾用污染粉螨的饲料喂养怀孕的小白鼠,结果表明,小白鼠的食量增加,但鼠胎的死亡率亦增高,且重量减轻。由此可认为,粉螨不但可造成饲养的动物食量增加,重量减轻,而且使动物繁殖率下降。

粉螨可通过叮咬和寄生等方式危害动物传播螨病,甚至传播其他病毒和细菌性疾病。螨类的足生有爪和爪间突,具有粘毛、刺毛或吸盘等攀附构造,使它们易于附着在其他物体上,然后被携带传播。在田间从事生产的人、畜和各种农机具,也在不知不觉中成为螨类的传播者。黑龙江省疾病预防控制中心曾报道,在受害动物的皮肤脓汁中检查出粗脚粉螨、腐食酪螨、椭圆食粉螨、伯氏嗜木螨、纳氏皱皮螨、家食甜螨、谷蒲螨、马六甲肉食螨等。因此,动物饲料中螨类为害已成为世界各国养殖业的一个潜在问题。

三、中药材

中药材和中成药中也常有粉螨等螨类侵袭,尤其是植物性和动物性中药材的营养丰富,当温湿度条件适宜时,粉螨便在其中大量孳生。新鲜中草药中粉螨的孳生密度低,随着储藏时间的延长,如6个月到2年时间,粉螨孳生密度也会逐渐增高。蔡志学(1982)调查传统中药材地鳖虫螨类孳生情况发现,一地鳖虫饲养场的1万多头地鳖虫,1980年因粉螨危害共死去4000余头,1981年5~6月又死亡近千头。中药材中粉螨密度过大,还会造成粉螨的迁移,粉螨迁移及其所携带的多种霉菌均会加速中药材的变质。中药材中螨类的孳生无论对储藏药材的经济价值,还是防病治病的药用价值都有严重影响。储藏物粉螨对中西成药的污染也是一个严重问题,不但影响药品质量,而且直接危及人体健康和生命。近年来,由于发现粉螨污染中西成药,且在我国陆续发现了长期从事中药材工作的保管员和工作人员患人体螨病,如肺螨病等。曾有学者报道,内蒙古药材站向兖州县运输数千斤柴胡,运至河北承德站卸货转车时,搬运者便出现皮疹,全身发痒等表现,调查发现因柴胡被粉螨污染所致。可见,粉螨在中草药材的采集、加工、储藏及生产、销售、应用等多个环节中均可孳生繁殖,造成危害。对于中西成药及中药材的螨污染问题,逐渐引起人们的注意和重视,我国的药品卫生标准规定口服和外用药品中不得检出活螨。

四、储藏食品

粉螨对储藏食品和干果同样会造成严重危害。粉螨在食品和干果中孳生时,取食其成分,导致食品和干果的品质下降。粉螨对食品和干果的污染不但会造成经济损失,而且也是粉螨侵染人体引起人体螨病的一个重要途径。粉螨可以传播霉菌(如黄曲霉、黄绿青霉和桔青霉等),螨体的崩解物、排泄物亦是重要的过敏原,引起过敏性疾病。食品和干果中携带的螨类若被人随食物误食后进入人体,还可引起消化系统的螨病。此外,储藏干果中含有大量的蛋白、脂肪和糖类,既给粉螨孳生提供了食物,同时也为真菌等微生物提供了孳生条件,造成霉菌在储藏干果中繁殖,加剧了干果的霉变。可见粉螨在食品和干果中孳生的危害极大,需引起人们的关注和重视。

五、食用菌

近年来我国食用菌害螨的危害逐年加重,已成为制约食用菌产业进一步发展的因素之一。由于螨类个体较小,分布广泛,繁殖能力强,易于躲藏栖息在菌褶中,不但会影响鲜菇的品质,而且会危害人体健康。在食用菌播种初期,螨类直接取食菌丝,造成菌丝常不能萌发,或在菌丝萌发后引起菇蕾萎缩死亡,导致接种后不发菌或发菌后出现退菌现象,严重者螨可将菌丝吃光,造成绝收,甚至还会导致培养料变黑腐烂。若在出菇阶段,即子实体生长阶段发生螨害时,大量的螨类爬上子实体,取食菌槽中的担孢子,被害部位变色或出现孔洞,严重影响产量与质量。若是成熟菇体受螨害,则失去商品价值。漯河市某食用菌生产基地2016年菌螨发生占菌棒总数的30%,其中严重发生达40%以上,造成产量损失30%~40%,严重者甚至绝收,当年菌螨为害造成产量损失超过130万千克。虽然对害螨每年都采取一定的防制措施,但随着螨类抗药性的增强,粉螨也是食用菌生产中需要防范的重要生物。

六、植物

有些螨类以寄主植物的组织为食,可为害芋头、韭菜、葱、百合和马铃薯等多种块根类植物的地下部分及其储藏物,严重时,可导致受害后的植株矮小、变黄以致枯萎,造成直接损失;也可孳生于腐烂的植物表层、菌物、枯枝落叶和富含有机质的土壤中。同时,还能导致传播腐烂病的尖孢镰刀菌(*Fusarium oxysporum*)侵染,给田间作物带来间接损失,造成减产。苏秀霞(2007)曾在北京市中关村市场的市售蒜头上采集到大蒜根螨。张宗福等(1994)曾在湖北省猕猴桃肉质根上检获了猕猴桃根螨,猕猴桃根螨可孳生于猕猴桃肉质根上,在其内部取食为害。

七、与疾病的关系

粉螨广泛孳生于人类的生活和工作环境中,如房舍、食品加工厂、粮仓、养殖场等场所,其分泌物、排泄物、代谢物、卵、螨壳以及死亡螨体等均具有过敏原性,可引起人体过敏。同时,粉螨生命力顽强,可非特异侵染人体,引起肺螨病(pulmonary acariasis)、肠螨病(intestinal acariasis)、尿螨病(urinary acariasis)和螨性皮炎等螨源性疾病。

1. 粉螨过敏

粉螨的排泄物、分泌物、代谢物以及死亡的螨体、螨壳等均是过敏原的重要成分,可引起过敏性哮喘、过敏性鼻炎、过敏性皮炎、过敏性结膜炎、过敏性紫癜以及慢性荨麻疹等疾病,其中螨性哮喘的患病率较高。能引起过敏的粉螨种类主要有腐食酪螨、屋尘螨、粉尘螨、梅氏嗜霉螨、丝泊尘螨和热带无爪螨等。粉螨的过敏原成分复杂,其中尘螨过敏原的研究较早,也更清楚。尘螨过敏原的组成含有30种以上的过敏原成分,它们具有不同的氨基酸序列、分子量、酶活性及与患者特异性IgE结合等特性。陶金好等(2009)对上海地区800例郊区、450例城区过敏性疾病患儿进行过敏原皮肤点刺试验,结果发现郊区和城区患儿的主要过敏原均为粉尘螨和屋尘螨。螨性过敏性疾病的发生和严重程度一般与粉螨的分布以及暴露于过敏原的级别程度有关。

2. 粉螨非特异侵染

由粉螨侵染人体呼吸系统、消化系统、泌尿系统等可引起螨源性疾病,如肺螨病、肠螨病和尿螨病;由粉螨侵染人体皮肤可引起螨性皮炎、螨性皮疹。

　　肺螨病(pulmonary acariasis)是螨类非特异侵染人体呼吸系统所引起的一种疾病,研究历史至今约一个世纪。在我国,高景铭等(1956)首次报道了一例人体肺螨病,魏庆云(1983)报道了41例肺螨病,并认为肺螨病的发生与职业和季节有一定关系。继此之后,我国肺螨病的研究在各地陆续展开。肺螨病的动物实验研究揭示,螨类非特异侵染人体呼吸系统后,可对肺组织产生机械性刺激和过敏原性刺激导致急性炎症反应与免疫病理反应,引起肺组织发生一系列的病理变化(图1.22)。至今报道的引起肺螨病的粉螨主要包括粗脚粉螨(*Acarus siro*)、腐食酪螨(*Tyrophagus putrescentiae*)、椭圆食粉螨(*Aleuroglyphus ovatus*)、伯氏嗜木螨(*Caloglyphus berlesei*)、食菌嗜木螨(*Caloglyphus mycophagus*)、家食甜螨(*Glycyphagus domesticus*)、害嗜鳞螨(*Lepidoglyphus destructor*)、粉尘螨(*Dermatophagoides farinae*)、屋尘螨(*Dermatophagoides pteronyssinus*)、梅氏嗜霉螨(*Euroglyphus maynei*)、甜果螨(*Carpoglyphus lactis*)、纳氏皱皮螨(*Suidasia nesbitti*)和河野脂螨(*Lardoglyphus konoi*)等。肺螨病好发于春秋两季,可能与春秋季节的温湿度条件适合粉螨的发育、繁殖有关。同时,该病的发生与患者的职业、工作环境、年龄、性别等具有一定的关系。若患者所从事的工作环境适于粉螨孳生,螨的孳生密度越高,患病率越高;若在此环境中工作的人员不注意防护,如不戴口罩,粉螨经呼吸道感染人体的概率也大大提高。

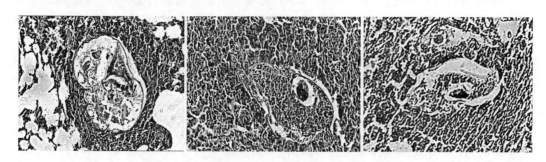

图1.22　豚鼠肺结节中的粉尘螨(肺组织病理切片)

　　肠螨病(intestinal acariasis)是某些粉螨随污染食物进入人体肠腔或侵入肠壁引起腹痛、腹泻等一系列胃肠道症状为特征的消化系统疾病。Hinman和Kammeier(1934)首次报道了长食酪螨可引起肠螨病。随后日本学者细谷英夫(1954)从小学生的粪便中分离出螨。我国有关肠螨病的报道较晚,沈兆鹏(1962)调查发现,人们由于食用被甜果螨(*Carpoglyphus lactis*)污染的古巴砂糖水后发生腹泻流行。周洪福(1980)报道一起饮红糖饮料引起的肠螨病,随后许多国内学者对肠螨病均有报道。迄今为止,能引起人体肠螨病的螨种主要是粉螨和跗线螨,包括粗脚粉螨、腐食酪螨、长食酪螨、甜果螨、家食甜螨、河野脂螨、害嗜鳞螨、隐秘食甜螨、粉尘螨和屋尘螨等10余种,其中以腐食酪螨、甜果螨及家食甜螨最为常见。粉螨进入肠道后,可用其螯肢和爪对肠壁产生机械性损伤,在肠腔内侵入肠黏膜或更深的肠组织,引起炎症、溃疡等。受损的肠壁苍白,肠黏膜呈颗粒状,有少量点状瘀斑及溃疡等,严重者肠壁组织脱落。肠螨病好发于春秋两季,因其温湿度利于粉螨的生长繁殖和播散。肠螨病的发生与工种和饮食有关,但与年龄及性别无明显关系。

　　尿螨病(urinary acariasis)是由于某些螨类侵入并寄生于人体泌尿系统引起的一种疾病,尿液中检出螨类的同时,痰液中和粪便中也可检出螨类。Miyaka和Scariba(1893)从日本一名患血尿和乳糜尿患者的尿液中分离出跗线螨,随后Blane(1910)、Castellani(1919)、Dickson(1921)、Mackenzie(1923)等相继做了很多关于尿螨病的研究。国内1962年就有患儿尿螨阳性的报道,随后徐秉锟和黎家灿(1985)、张恩铎(1984~1991)等从患者尿液中发现粉螨,此后陆续有学者报道发现粉螨引起尿螨病。据资料显示,能引起尿螨病的常见螨种主要是粉螨,其次是跗线螨,包括粗脚粉螨、腐食酪螨、长食酪螨、椭圆食粉螨、伯氏嗜木螨、食菌嗜木螨、纳氏皱皮螨、河野脂螨、家食甜螨、甜果螨、害嗜鳞螨、粉尘螨、屋尘螨和梅氏嗜霉螨等10余种。粉螨可通过外阴、皮肤、呼吸系统及消化系统侵入人体引起尿螨病。尿螨病主要表现为螨的螯肢和足爪对尿道上皮造成机械性刺激,引起局部炎症及溃疡,如受损的膀胱三角区黏膜上皮增生、肥厚,内壁轻度小梁性改变,侧壁局部充血等。尿螨病的发生同样与职业以及工作环境有一定关系,工作环境中螨密度高,受螨侵染的概率会增加。

粉螨可侵染皮肤引起皮炎、皮疹,称为粉螨性皮炎(acarodermatitis)、粉螨性皮疹(acarian eruption)。其发生的病变部位与接触粉螨的方式有关,较多见于手、前臂、面、颈、胸和背,以红斑、丘疹、水疱为主要表现。周淑君(2004)对上海市大学生螨性皮炎调查发现,人体的手臂、大腿、腰部等与床席接触部位是螨性皮炎丘疹主要病变部位。洪勇(2016)报道了腐食酪螨致皮炎一例,系由于该患者夏季接触凉席导致皮肤被腐食酪螨叮咬而出现皮疹。

3. 其他

粉螨还可侵入人体耳道内,刘安强(1985)发现一例外耳道及乳突根治腔内感染并孳生粉螨科螨类。常东平(1988)取阴道分泌物镜检见螨体,患者表现为阴道奇痒、白带增多、腰腹疼痛并有下坠感。张朝云(2003)报道了一起儿童食用被粉螨污染的沙嗲牛肉而引起急性中毒的案例。尚有一种皱皮螨进入人体脊髓引起螨病及螨侵入血液循环引起血螨症的报道。此外,粉螨在迁徙过程中还可传播黄曲霉菌等有害菌种,而黄曲霉素是强烈的致癌物质,对人类健康危害极大。

综上所述,粉螨是储藏物螨类的重要类群,多孳生于谷物、粮食、干果、中成药、中药材、动物饲料、食用菌、床垫、地毯等储藏物中,造成这些物品或用品质量下降,甚至变质,在某种程度上给农业、食品业、医药业、装饰业及畜牧业带来重大的经济损失,同时也会危及仓储人员、运输人员及其他相关人员,引起人体过敏性疾病和人体螨病等,影响人类的身体健康。

(赵金红　柴强)

第六节　防　　制

粉螨不仅是为害储藏粮食和其他储藏物质量的主要螨类,也是为害人类健康的重要病原生物,因此,防制粉螨既具有重要的经济价值,同时也具有预防人体螨病的临床意义。近几十年,随着科技进步与学科发展,粉螨的危害经过积极治理得以减轻,但针对粉螨的长期控制仍比较困难。粉螨的繁殖力和对外界环境的适应力强、生态习性复杂、种群数量大,人类既不能完全消除粉螨的生存、繁衍条件,又不能在大范围内将其彻底消灭。虽然螨类的活动期对杀螨剂较为敏感,但其卵和休眠体对杀螨剂却有很强的耐受力,可造成再生猖獗。现有的杀螨剂多是高效高毒化合物,不适用谷物及其储藏食物的粉螨防治。杀螨剂长期单一的使用,又易导致粉螨抗药性、适应性的产生及活动规律的改变等。此外,由于螨类难于管理、围养,加之毒力的测定方法匮乏,导致粉螨防治研究困难。因此,如何控制环境中粉螨的孳生已是环境与健康主题中亟待解决的问题之一。为有效控制粉螨,需从粉螨与生态环境和社会条件的整体观点出发,采取综合性治理的方法。综合防制方法主要包括环境防制、物理防制、化学防制、生物防制、遗传防制和法规防制等六方面。

一、环境防制

环境防制是指根据粉螨的孳生、栖息、行为等习性及其他生态学特点,通过合理的环境治理,造成不利于粉螨生长、繁殖的条件,减少或清除粉螨的孳生,从而达到预防和控制的目的。这是防制粉螨的根本方法,也是应用较早的粉螨防制方法之一。

1. 环境改造

是指为减少或清除粉螨孳生场所,实施对人类生存环境无不良影响的各种永久或较长期改变的一种措施。如居室装修时可选用磷灰石抗菌除臭过滤网,该网对粉螨、屋尘、花粉和霉菌的吸附能力约为普通过滤网的3倍,可避免为粉螨孳生提供适宜条件。

2. 环境处理

是指在粉螨孳生地,实施各种不利于粉螨孳生的定期处理措施。例如,在每年的7~10月粉螨繁殖高峰季节,保持室内空气清洁干燥,控制环境空气湿度,使其不超过50%,隔断有利于粉螨大量繁殖的湿润、温暖条件。

3. 清洁卫生

是防制粉螨最有效、最简便的措施。在储粮含杂质多且较潮湿的情况下,螨类极易孳生;反之,在储粮含杂质少且较干燥时,螨类则很难生存。因此,要经常清除储粮中的杂质。同时,荷载粮食的器械、运输工具、仓库内外等都应保持清洁。仓库的门窗应安装纱门、纱窗,设置挡鼠板、布防虫线,以防鼠、雀、昆虫及其他小型动物的侵袭。

4. 改善人群居住环境

注意环境卫生,养成良好的个人生活、饮食卫生习惯,以减少或避免人-媒介-病原体三者的接触机会,防止虫媒病的传播。例如,在空气粉尘含量较高的工作场所,应安装除尘设备,个人应戴防尘口罩或采取其他相应的保护措施;及时清除室内垃圾,勤洗床上用品,清除床垫及床下积尘,保持室内卫生,养成"湿式作业"的清洁习惯;常洗澡,勤换洗内衣,尽量减少居室中人体脱落皮屑等来自人体的污染物。

粉螨生存环境复杂,分布广泛,适应性强,但其孳生需要适宜的温湿度以及丰富的食物种类。因此,对粉螨的防制,首先是环境治理,消除或减少其适宜的生存条件,从而降低粉螨病的发生和流行。同时,环境防制也是提高和巩固化学防制、防止粉螨孳生的根本措施。

二、物理防制

物理防制是指利用各种机械力、热、光、声、电、放射线等物理学的方法,以捕杀、隔离或驱走粉螨,使其没有机会伤害人体或传播疾病。物理防制方法的优势为使用方便、无污染、无抗药性。

1. 干燥通风

粉螨通过薄而柔软的表皮进行呼吸,因此对周围环境的湿度变化比较敏感,而对干燥环境的耐受力较差。根据粉螨的该生理特点,可采用干燥与通风的方法进行粉螨防制。在粮食和储藏物仓库里,仓库的温度和湿度相对恒定,且光照度较低,储藏物水分易挥发到空气中,增加仓库环境中的湿度;储藏物产生的生物积温效应,可升高仓库的温度;同时储藏物中多含有大量的蛋白、脂肪和糖类,又给粉螨提供了利于孳生的营养物质等。因此,仓库等场所要适时通风,使储粮堆降温散湿,储粮螨类即可因体内水分蒸发而死亡。对于仓库内空气湿度的控制,一般情况下保持储藏粮食的含水量在12%以下,或大气的相对湿度在60%以下,大多数粉螨即不能存活。但在大型仓库或大堆储粮中,尤其是在一些湿度较大的季节或地区,如在7~10月粉螨大量繁殖的季节期间,要达到上述的干燥程度非常困难,可配合使用某些高效低毒的杀虫剂来防制粉螨。

在人们的家庭居所中,可经常将衣物和床上用品,如床单、被褥、枕芯和床垫等暴晒,通过清扫房内灰尘,保持室内卫生与环境通风干燥等方法来防治粉螨。可同时使用吸尘器、空气净化器等,除去地毯、沙发、墙角和床上用品等处的积灰。粉螨孳生需要适宜湿度以及丰富的食物,因此还应该控制居室的相对湿度在50%以下,有实验发现,白天将相对湿度维持在50%以下2~3小时,即使其他时间相对湿度大于50%,也能有效控制尘螨的生长和繁殖,降低过敏原的总量。

2. 温度防制

粉螨体壁薄、躯体小,是变温动物,调节其自体温度的能力较弱。因此,外界环境温度的变化能直接影响粉螨的体温,甚至影响其存活。在通过环境温度防制螨类孳生时,可采用致死高温、不活动高温、不活动低温和致死低温等措施,该措施是一种环保且经济的防制储藏螨类方法。具体方法有:① 高温杀螨:粉螨对高温敏感,当温度为52 ℃时,8小时便可死亡;而当温度为55 ℃时,10分钟即死亡。② 低温杀螨:不同螨种对低温的忍耐力差异明显。如在−5 ℃时,腐食酪螨可存活12天;在−10 ℃时,粗脚粉螨则存活7~8天;在−15 ℃时,家食甜螨仅存活3天。因此,低温能够较好地抑制粉螨的生存和繁殖。

日常生活中,对于过敏性疾病的患儿或有特应性体质的儿童,其衣物或织物玩具最好用55 ℃的热水浸泡10分钟,或使用60 ℃水洗涤,不仅可以杀螨,而且可以使螨类抗原变性。某些不宜洗涤的玩具可定期置于超低温冷藏箱中放置过夜,利用尘螨对寒冷的敏感性而控制粉螨孳生。真空处理也是灭螨方法的一种,有报道称长期多次对床铺进行真空处理,可将螨虫数量控制于较低水平,然而此种灭螨方式实施起来还存在一些困难。

3. 光照防制

粉螨喜湿、畏光,因此可利用粉螨畏光(负趋光性)这一特性来防制粉螨。对有粉螨孳生的储存粮食,在日光下暴晒2~3小时;衣物、地毯、床上用品等家居生活用品也可于太阳下曝晒。通过曝光、通风干燥,从而达到防制粉螨的目的。

4. 缺氧防制

气调方法是指利用自然或人工的方式来改变储粮仓库中气体的成分或含量,造成不利于螨类生长发育的气体环境,从而达到控制储粮害螨的目的。如自然缺氧法、微生物辅助缺氧法、抽氧补充CO_2法等。在密闭状态下,消耗储粮堆内的O_2,使CO_2逐渐积累,从而达到杀螨目的,同时也控制了霉菌孳生并稳定了储粮品质。当储粮堆内O_2的浓度下降到0.2%,

CO_2浓度增至10％时,螨类即难于生长繁殖。对于螨类而言,低浓度的CO_2是一种麻痹剂,高浓度的CO_2则有毒杀作用,其杀螨机理是抑制其脱氢酶,从而破坏生物氧化作用而最终导致螨的死亡。通常,CO_2浓度达到70％~75％,保持10~15天,即可防制螨类,有些国家将CO_2作为一种熏蒸剂来使用。

5. 微波、电离辐射防制

该方法因污染少,在防制饲料中的粉螨时应用广泛。如在高剂量的γ射线辐射作用下,腐食酪螨雌成螨的死亡率很高。

与化学防制方法相比,物理防制方法的优点是无农药残留,比较适于对储藏物粉螨的防制,但其灭螨效果可能不如化学防制方法。

三、化学防制

化学防制是指使用天然或合成的、对粉螨有害的化学物质,以不同的剂型,通过不同的途径,毒杀、诱杀或驱避粉螨而达到防制目的。化学防制虽然存在环境污染和抗药性等问题,但其具有使用方便、速效、成本低等优势,既可大规模应用也可小范围喷洒,所以化学防制仍然是目前粉螨综合防制中的主要措施。使用前必须了解相关粉螨的生理与生态特点,如孳生习性、栖息性、活动及对杀螨剂的敏感性等,才能有效选择最佳杀螨剂,达到防制粉螨的目的。

(一)杀螨剂的作用

1. 熏蒸作用

利用化学物质产生的气体或蒸气杀螨。由于粉螨体壁薄,利用柔软的表皮呼吸,熏蒸剂产生的毒气可通过体壁进入螨体内而产生毒杀作用。

2. 烟雾作用

利用物理或化学原理,将液体或固体杀螨剂变为烟雾状态而起到杀螨作用。转变为烟雾状态的杀螨剂,可通过粉螨的体壁渗入螨体内而产生毒杀作用。

3. 触杀作用

将杀螨剂直接喷洒在粉螨的孳生场所或孳生物上,粉螨因接触到化学药物的致死剂量而导致死亡。

4. 胃毒作用

将杀螨剂喷洒在粉螨喜食植物的茎、叶、果实或食饵的表面上,也可混合入食饵内。当粉螨取食时,即将药物一同食入其消化道,药物经过在消化道内的分解吸收,使粉螨中毒死亡。

5. 驱避作用

某些药物有趋避粉螨效果。当人的衣物用品上浸润有趋避药物,或人畜体上涂抹这种药物时,可以达到趋避粉螨侵袭的效果。

6. 诱螨作用

有些药物与驱避剂的作用相反,可引诱粉螨靠近。当粉螨聚集时,可集中捕杀或毒杀之。

（二）杀螨剂常见使用方法

1. 烟剂熏杀

将杀螨剂、助燃剂和降温剂等几种主要成分混合制成烟剂，利用烟剂燃烧时所产生的烟雾，散布空间，从而达到杀螨目的。烟剂一般适用于杀灭空房、地下室、牲畜房等无人居住场所的粉螨。

2. 室内滞留喷洒

使用具残留效应的触杀（或同时具有空间触杀）制剂，喷洒于房舍室内或动物厩舍的板壁、墙面、墙角及室内的大型家具背面、底面等处，当侵入室内的粉螨栖息时，因接触杀螨剂而中毒死亡。采取滞留喷洒时，杀螨药剂的浓度可根据喷洒的对象及吸湿度而适当调整。吸湿性强的泥土墙可选用较低的浓度，吸湿性低的如木板墙可选用较高的浓度。

3. 空间喷洒

即在室内或野外将杀螨剂直接喷洒到空间毒杀粉螨。空间喷洒杀螨时效快，一般无残效或仅有短期残效。

4. 撒布粉剂

直接将粉剂在地面或空中喷撒。

（三）常用的化学杀螨剂

1. 熏蒸剂

熏蒸剂是防制粉螨的一种速效剂，可迅速杀死成螨，但对螨卵和休眠体的杀伤力则很弱。常用的熏蒸剂有磷化氢、溴甲烷、四氯化碳、溴乙烷和环氧乙烷等。目前真正能大规模应用于粮食粉螨防制的熏蒸剂只有磷化氢一种，它不对被熏蒸物的品质产生影响；散毒时，在空气中很快被氧化为磷酸，环境相容性好；对非靶标生物无累积毒性；其剂型多样化，便于在各种场合下使用；使用成本低，利于在诸多发展中国家推广应用。熏蒸剂可迅速杀死粉螨成螨，但粉螨的卵对熏蒸剂有很强的耐受力，到目前为止，还没有一种熏蒸剂经过一次熏蒸就可根除储藏物中的粉螨，因此近几年采用磷化氢连续两次低剂量熏蒸、磷化氢和CO_2混合熏蒸和磷化氢环流熏蒸等方法，以此提高螨类的致死率。

2. 谷物保护剂

谷物保护剂因与粮食直接接触，因此，必须是对人和哺乳动物毒性小，且具有使用方便、经济、安全、有效、保护期长和对种子发芽力无影响等特点，经一系列急性、慢性毒性试验，达到国家制定的允许残留标准后才能使用。谷物保护剂主要是化学杀虫剂，也可是昆虫生长调节剂、微生物农药、惰性粉、具有杀虫效果的某些植物及其提取物等。

3. 生长调节剂

生长调节剂可通过阻碍或干扰粉螨正常生长发育而致其死亡，无环境污染，对人畜无害。调节剂的优点是生物活性高，特异性强，对非靶标生物无毒或毒性小。

4. 驱避剂

驱避剂挥发产生的蒸汽具有特殊气味，能刺激粉螨的嗅觉神经，使粉螨避开，从而防止粉螨的叮咬或侵袭。主要是将其制成液体、膏剂或霜直接涂于皮肤上，也可制成浸染剂，浸染衣服、纺织品等。

5. 硅藻土

硅藻土等惰性粉被誉为储粮害虫的天然杀螨剂。硅藻土具有很强的吸收酯及蜡的能力,能够破坏粉螨表皮的"水屏障",使其体内失水,重量减轻,最终死亡。英国科学家认为,硅藻土能有效地防制储粮螨类,在温度15 ℃和相对湿度75%的条件下,每千克粮食用硅藻土粉0.5～5.0克便能完全杀灭粗脚粉螨。但由于费用较大以及影响粮食流速等原因,致使应用高剂量硅藻土粉防制粉螨受到了一定限制。

6. 芳香油

芳香油不但可以抗螨,同时具有杀死真菌、细菌和其他微生物的作用,而且对人畜安全,是一种天然的高效、低毒、环境友好型防螨剂。在经济昆虫的饲养中,用来防制螨类,既可以提高收益,又能避免化学药物对产品的污染。同时植物精油具有高度选择性,且多数对天敌生物没有毒性,可以与生物防治相结合。精油也可与合成农药、生物制剂等配合使用,依靠其增效作用,减少合成农药的使用量,从而减少环境污染,减缓害螨抗药性的产生。

7. 脱氧剂

某些脱氧剂可以有效杀灭尘螨的成虫和虫卵,可以作为控制尘螨的新措施。这些脱氧剂主要包括铁离子型和抗坏血酸型。铁离子型脱氧剂对粉尘螨、屋尘螨的杀灭作用极佳,而对腐食酪螨的杀灭作用较差。抗坏血酸型脱氧剂对粉尘螨、屋尘螨以及腐食酪螨的杀灭作用均未达到100%,可能是由于产生的CO_2对3种粉螨的影响有限或螨的耐缺氧能力增强。

（四）合理安全使用杀螨剂

杀螨剂的效果除制剂的性质和本身的毒杀作用外,只有合理使用各种杀螨剂,才能提高防制效果;若使用不当,甚至滥用,不仅造成浪费,还增加了杀螨剂的环境污染,甚至加速抗药性的产生,降低防制效果。各种杀螨剂及其剂型都具有不同性能,各自适用于特定的场合和目的。例如,我国在利用谷物保护剂来防制储粮害螨时,谷物的含水量在安全标准下,虫螨磷、毒死蜱和防虫磷的剂量分别为5 ppm、5 ppm、15 ppm,采用稻壳载体和喷洒与谷物混合的方法,能完全控制储粮在一年时间内不发生螨类。因而在实际防制工作中,应尽可能使用最适当的杀螨剂剂量,应用于最适宜的时机和场所。

化学防制具有高效、迅速、使用方便及性价比高等优点,但使用不当可对储藏物产生药害,杀伤储藏微环境中的有益生物,引起人畜中毒、污染环境和储藏物上农药残留等。目前可推荐使用的有尼帕净、甲苯酸苄酯、灭螨磷、那他霉素、1%林丹、虫螨磷等。随着人们对环境保护重视程度的增强及粉螨抗药性的发展,需要不断更新杀螨剂品种,同时人们也越来越崇尚天然产品和无污染食品,因此,开发高效、低毒、环保的新型杀螨剂越来越成为人们的研究热点。

四、生物防制

生物防制是指利用其他生物(如捕食性天敌、致病性微生物或寄生虫等)或其代谢物来控制或消灭另一种有害生物的防制方法。其特点是特异性强,对人、畜等非靶标生物安全,对靶标生物有长期抑制作用,无环境污染等。实行生物防制时,既要充分考虑粉螨生态学和种群动态的变化情况,又要考虑所释放天敌的生物学特性、天敌对目标生物和非目标生物可能产生的影响、天敌自身的数量变化与存活情况等因素。在自然界中,粉螨和它的天敌或捕食者之间是相互制约、相互影响的,共处于一定的动态平衡。而生物防制就是要打破这种相对平衡,通过增加天敌的种类和/或数量,遏制粉螨的孳生与数量,以达到防制粉螨的目的。

目前用于粉螨生物防制的生物主要是粉螨的捕食性天敌。一般情况下,生物防制适用于防制储粮的粉螨,因储藏设施可有效防止螨类的天敌离开,此为在储粮环境中采用生物防制技术提供了有利条件。如马六甲肉食螨是腐食酪螨的天敌,每天1只马六甲肉食螨可捕食约10只腐食酪螨;而普通肉食螨是粗脚粉螨的天敌,每天1只普通肉食螨可捕食粗脚粉螨12~15只。郭蕾等(2014)通过试验发现等钳蠊螨对腐食酪螨各螨态的喜好程度顺序依次为:幼螨>卵>若螨>成螨。郑亚强等(2017)研究发现斯氏钝绥螨雌成螨对危害马铃薯的腐食酪螨若螨具有较强的嗜食性,而对雌成螨却未表现出明显的嗜食性。

除了利用捕食性天敌来杀螨,也可利用寄生性天敌、细菌、真菌、病毒和致病性原虫等来杀螨,但主要都集中在农业害螨防制中。活体微生物杀螨剂主要是通过接触螨体,在螨体内定植、生长而导致害螨死亡。近年来,由于杀虫剂的滥用,导致杀虫剂的环境污染越来越严重,同时粉螨的抗药性也逐渐增强,因此生物防制的研究越来越受到人们的青睐,已成为具有广阔发展前景的粉螨防制的研究方向。

五、遗传防制

遗传防制是通过一定手段来改变或移换粉螨的遗传物质,以降低其繁殖势能或生存竞争力,从而达到控制或消灭粉螨的目的。例如,可释放大量经射线照射、化学剂、杂交等方法处理后的绝育雄螨或转基因雄螨,使之与目标种群中的自然雄螨竞争与雌螨交配,产出未受精卵,阻断种群自然发育。另外,也可以尝试通过释放遗传变异的病螨物种,与目标种群螨交配,使种群自然递减。遗传防制的主要方法有杂交绝育、化学绝育、照射绝育、胞质不育和染色体易位等。

六、法规防制

法规防制是利用法律、法规或条例,确保各种预防性措施能够及时顺利地被贯彻和实施,防止粉螨传入本国或携带至其他国家或地区。随着国际交往的增加,尤其是跨国贸易的发展,储藏物类粉螨可以通过工作人员、交通运输工具和进出口货物等传入或输出。因此必须加强对各进出口岸的检疫、卫生监督和强制防制等方面的监管工作,必要时采取强制性消毒灭螨等具体措施。

除采用以上措施防制粉螨外,人们还采用防螨产品来防止螨类的孳生。如防螨纤维及其织物的使用,即通过喷淋、浸轧、涂层等方法将防螨整理剂加入到织物上;或在成纤聚合物中添加防螨整理剂,再纺丝成防螨纤维;或对纤维进行化学改性,使其具备防螨效果。随着科技的发展,绿色无污染的纳米技术也应用到防螨产品中。此外,还有将高密度织物套在易孳生螨类的物品上,以阻断其与人体的直接接触从而保护自身。随着科技的发展,电子类的防螨产品也陆续出现,如防螨空调、除螨吸尘器和除螨仪等。

　　人体螨病的防治除采取以上措施灭螨外,还应注意个人卫生,避免接触螨及其分泌物、排泄物,将居室相对湿度控制在50％以下。不食生的食品和过期的可能有螨污染的熟食品。在空气粉尘含量较大的场所工作时,应安装除尘设备,个人应戴口罩或采取相应的措施。人体呼吸道过敏可用鼻腔过敏原阻隔剂,如过敏原阻隔剂联合抗组胺药物(如枸地氯雷他定片)治疗效果显著,中药猴耳环浸膏、黑大蒜水提物、甘草苷、芒果苷等对治疗过敏性哮喘也有一定疗效。粉螨性皮炎、皮疹的治疗可采用激素类或杀螨止痒类软膏、霜剂等。人体内螨病的治疗,常用药物为氯喹、甲硝咪唑等,也有人试用伊维菌素。粉螨引起的变态反应性疾病常采用螨浸液脱敏注射以控制临床症状的发生。特异性免疫治疗被认为是目前针对尘螨过敏反应性疾病病因的唯一治疗方法。总之,人体螨病的治疗既要针对性灭螨或采取对抗措施去除螨源,又要根据患者的临床症状进行对症处理。

(赵金红)

参 考 文 献

丁伟,2011. 螨类控制剂[M]. 北京:化学工业出版社:50-259.

于晓,范青海,2002. 腐食酪螨的发生与防制[J]. 福建农业科技,(6):49-50.

马正升,黄斌斌,金辉,等,2002. 防螨纤维及织物的研究进展[J]. 金山油化纤,21(4):29-32.

戈建军,沈京培,1990. 腐食酪螨感染1例报告[J]. 江苏医药,(2):75.

王宁,薛振祥,2005. 杀螨剂的进展与展望[J]. 现代农药,4(2):1-8.

王克霞,杨庆贵,田晔,2005. 粉螨致结肠溃疡一例[J]. 中华内科杂志,44(9):7.

王克霞,崔玉宝,杨庆贵,等,2003. 从十二指肠溃疡患者引流液中检出粉螨一例[J]. 中华流行病学杂志,24(9):793.

王来力,2009. 纺织品防螨技术现状及其检测标准分析[J]. 中国纤检,(11):76-77.

王慧勇,李朝品,2005. 粉螨危害及防制措施[J]. 中国媒介生物学及控制杂志,16(5):403-405.

包建红,王小军,张燕娜,等,2016. 苏云金杆菌及其毒蛋白对土耳其斯坦叶螨不同螨态的毒力测定[J]. 农药,55(11):847-850.

休斯,1983. 储藏食物与房舍的螨类[M]. 忻介六,沈兆鹏,译. 北京:农业出版社.

刘小燕,李朝品,陶莉,等,2009. 宣城地区储藏物孳生粉螨名录初报[J]. 中国病原生物学杂志,4(5):404,363.

刘安强,靖卫德,李芳,1985. 粉螨科螨类在外耳道及乳突根治腔内孳生一例报告[J]. 白求恩医科大学学报,11(1):97-98.

刘志刚,胡赓熙,2014. 尘螨与过敏性疾病[M]. 北京:科学出版社:139-148.

孙劲旅,2010. 北京地区尘螨过敏患者家庭螨类调查[J]. 中华医学会2010年全国变态反应学术会议暨中欧变态反应高峰论坛.

孙善才,李朝品,张荣波,2001. 粉螨在仓储环境中传播霉菌的逻辑质的研究[J]. 中国职业医学,28(6):31.

朱万春,诸葛洪祥,2007. 居室内粉螨孳生及分布情况[J]. 环境与健康杂志,24(4):210-212.

朱志民,涂丹,夏斌,等,2001.中国拟食甜螨属记述(蜱螨亚纲:食甜螨科)[J].蛛形学报,10(2):25-27.

朱富春,2012.食用菌害螨发生特点与综合防治措施[J].中国农技推广,28(5):50-51.

江吉富,1995.罕见的粉螨泌尿系感染一例报告[J].中华泌尿外科杂志,(2):91.

江佳佳,李朝品,2005.我国食用菌螨类及其防制方法[J].热带病与寄生虫学,3(4):250-252.

邢新国,1990.粪检粉螨三例报告[J].寄生虫学与寄生虫病杂志,8(1):9.

何琦琛,王振澜,吴金村,等,1998.六种木材对美洲室尘螨的抑制力探讨[J].中华昆虫,(18):247-257.

吴坤君,盛承发,龚佩瑜,2004.捕食性昆虫的功能反应方程及其参数的估算[J].昆虫知识,41(3):267-269.

宋乃国,徐井高,庞金华,等,1987.粉螨引起肠螨症1例[J].河北医药,(1):10.

宋红玉,段彬彬,李朝品,2015.某地高校食堂调味品粉螨孳生情况调查[J].中国血吸虫病防治杂志,27(6):638-640.

张智强,梁来荣,洪晓月,等,1997.农业螨类图解检索[M].上海:同济大学出版社.

张朝云,李春成,彭洁,等,2003.螨虫致食物中毒一例报告[J].中国卫生检验杂志,13(6):776.

忻介六,1988.农业螨类学[M].北京:农业出版社.

李云瑞,1987.蔬菜新害螨:吸腐薄口螨 Histiostoma sapromyzarum(Dufour)记述[J].西南农业大学学报,9(1):46-47.

李兰芳,吴桂森,严忠军,2008.不同熏蒸方法防治锈赤扁谷盗效果比较[J].粮油仓储科技通讯,24(2):30-33,40.

李生吉,赵金红,湛孝东,等,2008.高校图书馆孳生螨类的初步调查[J].图书馆学刊,30(162):67-69.

李兴武,潘珩,赖泽仁,2001.粪便中检出粉螨的意义[J].临床检验杂志,19(4):233.

李明华,殷凯生,蔡映云,2005.哮喘病学[M].2版.北京:人民卫生出版社:936-961.

李隆术,李云瑞,1988.蜱螨学[M].重庆:重庆出版社.

李朝品,王克霞,徐广绪,等,1996.肠螨病的流行病学调查[J].中国寄生虫学与寄生虫病杂志,(1):63-67.

李朝品,王健,2001.尿螨病的病原学研究[J].蛛形学报,10(2):55-57.

李朝品,李立,1990.安徽人体螨性肺病流行的调查[J].寄生虫学与寄生虫病杂志,8(1):43-46.

李朝品,沈兆鹏,2016.中国粉螨概论[M].北京:科学出版社.

李朝品,沈兆鹏,2018.房舍和储藏物粉螨[M].2版.北京:科学出版社:397-409.

李朝品,陈兴保,李立,1985.安徽省肺螨病的首次研究初报[J].蚌埠医学院学报,10(4):284.

李朝品,武前文,桂和荣,2002.粉螨污染空气的研究[J].淮南工业学院学报,22(1):69-74.

李朝品,2009.医学节肢动物学[M].北京:人民卫生出版社.

李朝品,2006.医学蜱螨学[M].北京:人民军医出版社.

杨燕,周祖基,明华,等,2007.温湿度对腐食酪螨存活和繁殖的影响[J].四川动物,26(1):108-111.

沈兆鹏,2007. 中国储粮螨类研究50年[J]. 粮食科技与经济,32(3):38-40.

沈兆鹏,1997. 中国储粮螨类研究40年[J]. 粮食储藏,26(6):19-28.

沈兆鹏,1982. 台湾省储藏物螨类名录及其为害情况[J]. 粮食储藏,(6):16-20.

沈兆鹏,1994. 我国储粮螨类研究30年[J]. 黑龙江粮油科技,(3):15-19.

沈兆鹏,2009. 房舍螨类或储粮螨类是现代居室的隐患[J]. 黑龙江粮食,(2):47-49.

沈兆鹏,1996. 海峡两岸储藏物螨类种类及其危害[J]. 粮食储藏,25(1):7-13.

沈兆鹏,2005. 绿色储粮:用硅藻土和其他惰性粉防制储粮害虫[J]. 粮食科技与经济,30(3):7-10.

沈定荣,胡清锡,潘元厚,1980. 肠螨病调查报告[J]. 贵州医药,(1):16-18.

沈莲,孙劲旅,陈军,2010. 家庭致敏螨类概述[J]. 昆虫知识,47(6):1264-1269.

苏秀霞,2007. 中国根螨属分类研究(粉螨目:粉螨科)[D]. 福州:福建农林大学.

陆联高,1994. 中国仓储螨类[M]. 成都:四川科学技术出版社.

陈文华,刘玉章,何琦琛,等,2002. 长毛根螨(*Rhizoglyphus setosus* Manson)在台湾为害洋葱之新记录[J]. 植物保护学会会刊,44(3):249-253.

陈可毅,单柏周,刘荣一,1985. 家畜肠道螨病初报[J]. 中国兽医杂志,(4):3-5.

陈传国,高中喜,周帮新,等,2009. 四种物质混合诱杀书虱和粉螨的储粮试验[J]. 黑龙江粮食,(4):53-54.

陈兴保,孙新,胡守锋,1988. 人体肺螨病的流行病学调查和治疗研究[J]. 中国寄生虫学与寄生虫病杂志,6(S1):157.

陈兴保,温廷恒,2011. 粉螨与疾病关系的研究进展[J]. 中华全科医学,9(3):437-440.

陈实,王灵,2011. 海南儿童哮喘常见吸入性变应原的调查[J]. 临床儿科杂志,29(6):552-555.

周洪福,孟阳春,王正兴,等,1986. 甜果螨及肠螨症[J]. 江苏医药,(8):444-464.

周淑君,周佳,向俊,等,2005. 上海市场新床席螨类污染情况调查[J]. 中国寄生虫病防制杂志,18(4):254.

孟阳春,李朝品,梁国光,1995. 蜱螨与人类疾病[M]. 合肥:中国科学技术大学出版社.

林萱,阮启错,林进福,等,2000. 福建省储藏物螨类调查[J]. 粮食储藏,29(6):13-17.

林耀广,2004. 现代哮喘病学[M]. 北京:中国协和医科大学出版社.

侯翠芳,2009. 纺织品防螨技术的研究进展[J]. 南通纺织职业技术学院学报,9(2):13-17.

姜生,金永安,2014. 超细纤维非织造织物物理防螨性能研究[J]. 棉纺织技术,42(8):13-16.

施锐,刘云嵘,1981. 屋尘螨过敏的近代研究[J]. 国外医学(免疫学分册),(3):123-126.

柳忠婉,1989. 几种与人疾病有关的仓储螨类[J]. 医学动物防制,5(3):50-54,42.

洪勇,柴强,陶宁,等,2017. 腐食酪螨致皮炎1例[J]. 中国血吸虫病防治杂志,29(3):395-396.

赵玉强,邓绪礼,甄天民,2009. 山东省肺螨病病原及流行状况调查[J]. 中国病原生物学杂志,4(1):43-45.

赵金红,王少圣,湛孝东,等,2013. 安徽省烟仓孳生螨类的群落结构及多样性研究[J]. 中国媒介生物学及控制杂志,24(3):218-221.

钟自力,叶靖,1999. 痰液中检出粉螨一例[J]. 上海医学检验杂志,14(2):36.

骆昕,曲绍轩,马林,2018.不同温度和食用菌寄主对罗宾根螨生长发育的影响[J].食用菌学报,25(3):77-81.

夏立照,陈灿义,许从明,等,1996.肺螨病临床误诊分析[J].安徽医科大学学报,31(2):111-112.

夏惠,胡守锋,陈兴保,等,2005.中药材工作者肺部螨感染调查和治疗[J].中国寄生虫学与寄生虫病杂志,23(2):114-116.

徐朋飞,李娜,徐海丰,等,2015.淮南地区食用菌粉螨孳生研究(粉螨亚目)[J].安徽医科大学学报,50(12):1721-1725.

贾家祥,陈逸君,胡梅,等,2007.居室螨虫的危害及有效防治[J].中国洗涤用品工业,(3):58-61.

郭晨林,2016.重金属铅胁迫下腐食酪螨种群生态学研究[D].南昌:南昌大学.

陶金好,曹兰芳,孔宪明,等,2009.上海市郊区儿童过敏性疾病过敏原的研究[J].上海交通大学学报(医学版),29(7):866-868.

陶莉,李朝品,2007.腐食酪螨种群消长与生态因子关联分析[J].中国寄生虫学与寄生虫病杂志,25(5):394-396.

陶莉,李朝品,2006.腐食酪螨种群消长及空间分布型研究[J].南京医科大学学报(自然科学版),26(10):944-947.

高景铭,1956.呼吸系统患者痰内发现米蛣虫的一例报告及对米蛣虫生活史、抵抗力的观察[J].中华医学杂志,(42):1048-1052.

商成杰,刘红丹,2012.织物防螨整理研究[J].针织工业,(3):53-55.

崔玉宝,王克霞,2003.空调隔尘网表面粉螨孳生情况的调查[J].中国寄生虫病防杂志,16(6):374-376.

崔玉宝,何珍,李朝品,2005.居室坏境中螨类的孳生与疾病[J].环境与健康杂志,22(6):500-502.

常东平,胡兴友,于宁昌,1998.阴道螨症2例[J].人民军医,41(2):117.

黄国诚,郑强,1994.药物杀灭腐食酪螨的实验研究[J].中国预防医学杂志,28(3):177.

黄晓磊,乔格侠,2010.生物地理学的新认识及其方法在多样性保护中的应用[J].动物分类学报,35(1):158-164.

温廷桓,蔡映云,陈秀娟,等,1999.尘螨变应原诊断和免疫治疗哮喘与鼻炎安全性分析[J].中国寄生虫与寄生虫病杂志,17(5):276-278.

温廷桓,2009.尘螨的起源[J].国际医学寄生虫病杂志,36(5):307-314.

温廷桓,2005.螨非特异性侵染[J].中国寄生虫学与寄生虫病杂志,23(S1):374-378.

温挺桓,2013.尘螨[M]//吴观陵.人体寄生虫学.4版.北京:人民卫生出版社:1005-1017.

温挺桓,2013.粉螨[M]//吴观陵.人体寄生虫学.4版.北京:人民卫生出版社:1018-1024.

温挺桓,2013.蚘线螨、蒲螨、擒螨[M]//吴观陵.人体寄生虫学.4版.北京:人民卫生出版社:906-1005.

湛孝东,吴华,胡慧敏,等,2015.空调器隔尘网富集尘螨过敏原的研究[J].中国血吸虫病防治杂志,27(6):612-615.

鄢建,秦宗林,李光灿,1989.用天然植物芳香油防制腐食酪螨的试验报告[J].粮油仓储科技通讯,(3):23-24.

蔡黎,温廷桓,1989. 上海市区屋尘螨区系和季节消长的观察[J]. 生态学报,9(3):225-229.

Arlian L G, Platts-Mills T Al, 2001. The biology of dust mites and the remediation of mite allergens in allergic disease[J]. J Allergy Clin Immuno,107(3 Suppl):S406-S413.

Aspaly G, Stejskal V, Pekár S, et al., 2007. Temperature-dependent population growth of three species of stored product mites (Acari:Acaridida)[J]. Exp Appl Acarol,42(1):37-46.

Athanassiou C G, Palyvos N E, 2001. Distribution and migration of insects and mites in flat storage containing wheat[J]. Phytoparasitica,29(5):379-392.

Yang B, Li C, 2016. Characterization of the complete mitochondrial genome of the storage mite pest Tyrophagus longior (Gervais) (Acari:Acaridae) and comparative mitogenomic analysis of four acarid mites[J]. Gene,576(2):807-819.

Barker P S, 1967. Bionomics of *Blattisocius keegani* (Fos) (Acarias:Ascidae), a predator on eggs of pests of stored grain[J]. Can J Zool,45:1093.

Barker P S, 1968. Note on the bionomics of *Haemogamasus pontiger* (Berlese) (Acarina:Mesostigmata), a predator on *Glycyphagus domesticus* (De Geer)[J]. Manitoba Ent,2:85.

Burst G E, House G J, 1988. A study of *Tyrophagus putrescentiae* (Acari:Acaridae) as a facultative predator of southern corn rootworm eggs[J]. Experimental Applied Acarology,4(4):335-344.

Li C, Ji H, Li T, et al., 2013. Acaroid mite infestations (Astigmatina) in stored traditional Chinese medicinal herbs[J]. Systematic and Applied Acarology,18(4):401-410.

Li C, Chen Q, Jiang Y, 2015. Single nucleotide polymorphisms of cathepsin S and the risks of asthma attack induced by acaroid mites[J]. International journal of clinical and experimental medicine,8(1):1178-1187.

Chua K Y, Cheong N, Kuo I C, et al., 2007. The *Blomia tropicalis* allergens[J]. Protein and Peptide Letters,14 (4):325-333.

Chyi-Chen Ho, Chuan-Song Wu, 2002. *Suidasia* mite found from the human ear[J]. Formosan Entomol,22:291-296.

Cloosterman S G, Hofland I D, Lukassen H G, et al., 1997. House dust mite avoidance measures improve peak flow and symptoms in patients with allergy but without asthma:a possible delay in the manifestation of clinical asthma[J]. J Allergy Clin Immunol,100(3):313-319.

Colloff M J, Spieksma F T M, 1992. Pictorial keys for the identification of domestic mites[J]. Clin Exp Allergy,22:823-830.

Cui Y, Li C, Wang J, et al., 2003. Acaroid mites (Acari:Astigmata) in Chinese traditional medicines[J]. Ann Trop Med Parasitol,97(8):865-873.

Cunnington, 1965. Physical limits for complete development of the Grain mite, *Acarus siro* (Acarina,Acaridae), in relation to its world distribution[J]. J Appl Ecol,2:295-306.

Erban T, Klimov P B, Smrz J, et al., 2016. Populations of Stored Product Mite *Tyrophagus putrescentiae* Differ in Their Bacterial Communities[J]. Front Microbiol,12(7):1046.

Evans G O, 1957. An introduction to the British Mesostigmata with keys to the families and genera[J]. Linn Soc Jour Zool,43:203-259.

Evans G O,1992. Principles of Acarology[M].Wallingford: CAB International:1-563.

Evans G O, Till W M,1979. Mesostigmatic mites of Britain and Ireland (Chelicerata:Acari-Parasitiformes):An introduction to their external morphology and classification[J]. The Transactions of the Zoological Society of London,35(2):139-262.

Fernández-Caldas E,Iraola V,Carnés J,2007. Molecular and biochemical properties of storage mites (except Blomia species)[J]. Protein Pept Lett,14(10):954-959.

Furmizo R T, Thomas V, 1977. Mites of house dust[J]. Southeast Asian Journal of Tropical Medicine & Public Health, 8(3):411.

Grandjean F,1935. Les poils et les organes sensitifa portees par le pattes et le palpe chez les Oribates[J]. France:Bull soc Zool,60(1):6-39.

Griffiths D A,1970. A further systematic study of the genus *Acarus* L.,1758 (Acaridae, Acarina),with a key to species[J].Bulletin of the British Museum,19:89.

Griffiths D A, 1964. A revision of the genus *Acarus* L. 1758 (Acaridae, Acarina)[J]. Bulletin of the British Museum, 11(6):415-464.

Griffiths D A,1966. Nutrition as a factor influencing hyopus formation in *Acarus siro* species complex (Acarina:Acaridae)[J]. J Stored Prod Res,1:325.

Griffiths D A,1960. Some field habitats of mites of stored food products[J]. Ann Appl Biol,48:134.

Hayden M L, Perzanowski M, Matheson L, et al., 1997. Dust mite allergen avoidance in the treatment of hospitalized children with asthma[J]. Ann Allergy Asthma Immunol,79(5):437-442.

Hubert I,Munzbergova Z,Kucerova Z,et al.,2006. Stejskal V. Comparison of communities of stored productmites in grain mass and grain residues in the Czech Republic[J]. Exp Appl Acarol,39:149-158.

Hughes A M,1976. The mites of stored food and house[M]. London:Her Majesty's Stationery Office.

Krantz G W,Walter D E,2009. A Manual of Acarology[M]. 3rd ed. Lubbock:Texas Tech University Press.

Arlian L G, Morgan M S, 2003. Biology, ecology, and prevalence of dust mites[J]. Immunology & Allergy Clinics of North America, 23(3):443-468.

Li C,Li Q,Jiang Y,2015. Efficacies of immunotherapy with polypeptide vaccine from ProDer f 1 in asthmatic mice[J]. International journal of clinical and experimental medicine,8(2):2009-2016.

Li C, Chen Q, Jiang Y, et al., 2015. Single nucleotide polymorphisms of cathepsin S and the risks of asthma attack induced by acaroid mites[J]. Int J Clin Exp Med,8(1):1178-1187.

Li C,Jiang Y,Guo W,et al., 2015. Morphologic features of Sancassania berlesei (Acari:Astigmata:Acaridae),a common mite of stored products in China[J]Nutricion Hospalaria,31(4):1641-1646.

Li C,Xu P,Xu H,et al.,2015. Evaluation on the immunotherapy efficacies of synthetic peptide vaccines in asthmatic mice with group Ⅰ and Ⅱ allergens from Dermatophagoides pteronvssinus[J]. International journal of clinical and experimental medicine,8(11):20402-20412.

Li C,Zhan X,He J,et al.,2014. The density and species of mite breeding in stored products in China[J]. Nutr Hosp,31(2):798-807.

Li C,Zhan X,Zhao J,et al.,2015. Gohieria fusca (Acari:Astigmata) found in the filter dusts of air conditioners in China[J]. Nutr Hosp,31(2):808-812.

Li C,Zhao B,Jiang Y,et al.,2015. Construction and Expression of Dermatophagoides pteronyssinus group 1 major allergen T cell fusion epitope peptide vaccine vector based on the MHC II pathway[J].Nutricion Hospitalaria,32(5):2274-2279.

Li C P ,Cui Y B ,Wang J,et al.,2003. Acaroid mite intestinal and urinary acariasis[J]. World J Gastroenterol,9(4):874-877.

Li C P ,Guo W,Zhan X D,et al.,2014. Acaroid mite allergens from the filters of air-conditioning system in China[J]. Int J Clin Exp Med,7(6):1500-1506.

Li C P,Yang B H,2015. A hypothesis-effect of T cell epitope fusion peptide specific immunotherapy on signal transduction[J]. Int J Clin Exp Med,8(10):19632-19634.

Li C P,Jiang Y X,Guo W,et al.,2015. Morphologic features of Sancassania berlesei (Acari:Astigmata:Acaridae),a common mite of stored products in China[J]. Nutricion Hospitalaria,31(4):1641-1646.

Li C P,Cui Y B,Wang J,et al.,2003. Diarrhea and acaroid mites:a clinical study[J]. World J Gastroenterol,9(7):1621-1624.

Li C P,Wang J,2000. Intestinal acariasis in Anhui Province[J]. World J Gastroenterol,6(4):597-600.

Li N,Xu H,Song H,et al.,2015. Analysis of T-cell epitopes of Der f3 in Dermatophagoides farina[J]. International journal of clinical and experimental pathology,8(1):137-145.

Lockey R F ,Bukantz S C ,Ledford D K,2008. Allergens and allergen immunotherapy[M]. New York:Informa Healthcarel.

Miyamoto T,Oshima S,Ishizaki T,et al., 1968. Allergenic identity between the common floor mite (Dermatophagoides farinae Hughes, 1961) and house dust as a causative antigen in bronchial asthma[J]. Journal of Allergy, 42(1):14-28.

Müsken H, Franz J T, Wahl R, et al., 2000. Sensitization to different mite species in German farmers: clinical aspects.[J]. J Investig Allergol Clin Immunol,10(6):346-351.

Nadchatram M,2005. House dust mites,our intimate associates[J]. Trop Biomed,22(1):23-37.

Navajas M,Fenton B,2000. The application of molecular markers in the study of diversity in acarology:a review[J]. Exp Appl Acarol,24:751-774.

OConnor B M,1982. Astigmata[M]//Parker S P. Synopsis and Classification of Living Organisms.New York:McGraw-Hill,146-169.

OConnor B M,2009. Chapter sixteen:Cohort Astigmatina[M]//Krantz G W, Walter D E. A

Manual of Acarology. 3rd ed. Lubbock:Texas Tech University Press:565-657.

Platts-Mills T A E, Thomas W R, Aalberse R C, et al., 1992. Dust mite allergens and asthma: Report of a second international workshop[J]. Journal of Allergy and Clinical Immunology, 89(5):1046-1060.

Solomon M E, Hill S T, Cunington A M, 1964. Storage fungi antagonistic to the flour mite (*Acarus siro* L.)[J]. J Appl Ecol,1:119.

Spieksma F T M, 1991. Domestic mites:their role in respiratory allergy[J]. Clin Exp Allergy, 21(6):655-660.

Thomas W R, Heinrich T K, Smith W A, et al., 2007. Pyroglyphid house dust mite allergens [J]. Protein Pept Lett,14(10):943-953.

Van Bronswijk J E, Schober G, Kniest F M, 1990. The management of house dust mite allergies[J]. Clin Ther,12(3):221-226.

Voorhorst R, Spieksma-Boezeman M I, Spieksma F T, 1964. Is a mite (Dermatophagoides sp.) the producer of the house-dust allergen[J]. Allerg Asthma (Leipz),10:329-334.

Wang H Y, Li C P, 2005. Composition and diversity of acaroid mites(Acari Astigmata) community in stored food[J]. Journal of Tropical Disease and Parasitology,3(3):139-142.

Miyamoto T, Oshima S, Ishizaki T, et al., 1968. Allergenic identity between the common floor mite (*Dermatophagoides farinae* Hughes, 1961) and house dust as a causative antigen in bronchial asthma[J]. Journal of Allergy, 42(1):14-28.

Yang B, Li C, 2016. Characterization of the complete mitochondrial genome of the storage mite pest Tyrophagus longior (Gervais)(Acari:Acaridae) and comparative mitogenomic analysis of four acarid mites[J]. Gene,1(576):807-819.

Yang B H, Li C P, 2015. The complete mitochondrial genome of Tyrophagus longior (Acari: Acaridae):gene rearrangement and loss of tRNAs[J]. Journal of stored products research,64: 109-112.

Yunker C E, 1955. A proposed calssification of the Acaridae (Acarina, Sarcoptiformes)[J]. Proc Helminthol Soc Washington,22:98-105.

Zachvatikin A A, 1952. The division of the Acarina into orders and their position in the system of the Chelicerata[J]. Sbornik Zool. Inst Acad Sci USSR,14:5-46.

Zachvatkin A A,1941. Tyroglyphoidea (Acari)[J]. Fauna of the USSR,5(1):1-573.

Zhan X, Li C, Guo W, et al., 2015. Prokaryotic Expression and Bioactivity Evaluation of the Chimeric Gene Derived from the Group 1 Allergens of Dust Mites[J]. Nutricion Hospitalaria, 32(6):2773-2778.

Zhan X, Li C, Jiang Y, et al., 2015. Epitope-based vaccine for the treatment of Der f 3 allergy [J]. Nutricion Hospitalaria,32(6):2765-2772.

Zhan X, Li C, Wu Q, 2015. Cardiac urticaria caused by eucleid allergen[J]. International journal of clinical and experimental medicine,8(11):21659-21663.

Zhan X, Li C, Xu H, et al., 2015. Air-conditioner filters enriching dust mites allergen[J]. Int J Clin Exp Med,8(3):4539-4544.

Zhan X D, Li C, Chen Q, 2017. Carpoglyphus lactis (Carpoglyphidae) infestation in the stored medicinal Fructus Jujubae[J]. Nutricion Hospitalaria, 34(1):171-174.

Zhang R B, Huang Y, Li C P, et al., 2004. Diagnosis of intestinal acariasis with avidin-biotin system enzyme-linked immunosorbent assay[J]. World J Gastroenterol, 10(9):1369-1371.

Zhang Z Q, Hong X Y, Fan Q H, 2010. Xin Jie-Liu centenary: progress in Chinese Acarology [J]. Zoosymposia, 4:1-345.

Zhao B B, Diao J D, Liu Z M, et al., 2014. Generation of a chimeric dust mite hypoallergen using DNA shuffling for application in allergen-specific immunotherapy[J]. Int J Clin Exp Pathol, 7(7):3608-3619.

第二章 粉螨主要种类

粉螨个体微小,生境广泛,大多孳生于房舍和储藏物中,例如室内尘埃、沙发、卧具、空调、粮食、干果和储藏中药材等。目前全球已记述的粉螨约有27科430属1400种,其中我国约有150种。粉螨不仅可以污染环境和蛀蚀储藏物,有些种类还能引起疾病危害人类健康。粉螨引起的人体疾病主要包括过敏性疾病和非特异性侵染。此外,粉螨代谢产物可污染食物或动物饲料,对人畜产生毒性作用,造成人畜中毒;有的粉螨在迁移过程中可携带微生物,如黄曲霉菌等。因此,粉螨不仅是重要的储藏物害螨,还是重要的医学螨类。

粉螨多具过敏原性,不同螨种之间还具交叉过敏原性,特应性人群接触后可诱发过敏。粉螨过敏临床表现为过敏性皮炎、鼻炎、咽炎、咳嗽、哮喘等。就过敏性疾病的发病率而言,据估计已从1960年的3%增加到现在的30%,亦有些国家和地区发病率更高。目前研究表明,过敏患者过敏的严重程度与粉螨暴露呈正相关,而且在粉螨过敏原中尘螨的过敏原性较强,有60%~80%的过敏性疾病患者对尘螨过敏,其中约有80%婴幼儿哮喘和40%~50%成人哮喘由尘螨引起。粉螨的排泄物、分泌物、卵、蜕下的皮屑(壳)和死螨分解物等均具过敏原性,其中排泄物(螨的粪粒)的过敏原性最强。该粪粒易悬浮在空气中,成为吸入性过敏原的重要成分,特应性者吸入极易引起过敏。随着城市化进程及人们生活方式的改变,过敏性疾病的发病率与病死率呈现逐年上升趋势,已经成为影响人类健康的重大公共卫生问题之一。

早在1662年,Helmont就提出了接触尘埃可诱发哮喘的假说,Leeuwenhoek(1693)在给皇家学会的信中也有关于房屋内有螨类孳生的描述。Kern(1921)和Cooke(1922)也提出过敏性哮喘和过敏性鼻炎与屋尘(house dust)中的特殊抗原有关。Dekker(1928)在过敏性哮喘患者的床铺灰尘中检获了尘螨和食甜螨,并认为螨是非常重要的哮喘诱因,并推测至少60%的过敏性哮喘由螨引起。Ancona(1932)提出食酪螨和食甜螨等均可诱发过敏性哮喘。Voorhorst(1962)在Boezeman的帮助下从屋尘中找到了尘螨。Voorhorst和Oshima(1964)首次提出屋尘中过敏原的主要成分来源于室内尘土中的尘螨,指出尘螨螨体及其代谢产物均是过敏原。Miyamoto等(1968)发现尘土过敏原的活性与尘土中螨的数量呈正相关。McAllen(1970)提出屋尘螨是一种重要的过敏原,且活性很高,仅需0.05~1 μg就可诱发特应性人群发生哮喘。Romagnani(1972)研究证实了屋尘与屋尘螨和粉尘螨之间的关系。Tovey等(1981)报道,尘螨过敏原主要来源于尘螨的排泄物,其次为发育过程中蜕下的皮屑(壳)等。Le Mao(1983)用免疫电泳和放射免疫电泳分析了尘螨提取物的过敏原成分。Heymann(1989)运用生化和分子生物学技术证实了Der f 1和Der f 2是粉尘螨的主要过敏原。自20世纪80年代以来,世界卫生组织(WHO)和国际免疫学学会联盟(ICIU)多次联合举办国际尘螨过敏与哮喘的工作会议,汇集研究成果,制定指导文件,指导科学研究,推动了全球尘螨过敏研究工作的开展。

我国自20世纪70年代初起对尘螨过敏开始研究,温廷桓教授在国内率先研制了尘螨浸液并将其应用于临床诊断和特异性脱敏治疗。继此之后,我国粉螨与过敏性疾病的研究工作在全国陆续开展。北京协和医院、沈阳军区202医院等也相继开展粉尘螨浸液制备工作。王玥等(2009)对温州908例哮喘患儿进行皮肤点刺试验,结果吸入性过敏原中粉尘螨和屋尘螨的阳性率分别为72.4%和74.7%。王长华(2010)采用免疫印迹法对北京房山地区180例荨麻疹、湿疹患者血清特异性免疫球蛋白E(sIgE)和总IgE进行检测,结果吸入性屋尘螨和粉尘螨过敏原阳性者占28.9%。陈实等(2011)对海南2361例哮喘患儿进行吸入性过敏原皮肤点刺试验,结果显示屋尘螨、粉尘螨和热带无爪螨的阳性率分别为91.2%、89.3%和86.3%。蔡枫等(2013)对上海地区342例哮喘患者进行特异性过敏原检测,结果证实以吸入性过敏原为主,屋尘螨和粉尘螨为主要过敏原,分别为68.53%和70.63%。汤少珊等(2015)对广州地区174例过敏性疾病患儿进行吸入性过敏原特异性IgE(sIgE)检测,结果屋尘螨和粉尘螨sIgE占39.7%。温壮飞等(2015)对海口地区1496例患儿进行过敏原皮肤点刺试验,结果发现在吸入性过敏原中,粉尘螨和屋尘螨阳性率分别为51.7%和51.0%。钟少琴等(2019)采用"阿罗格"点刺液对2974例临床确诊慢性荨麻疹的患者行皮肤点刺试验,受试者对粉尘螨、屋尘螨的阳性率分别为78.04%和73.76%。由此可见,我国在粉螨过敏的基础研究和临床应用方面,诸如尘螨浸液制备、尘螨过敏性疾病的诊断、免疫治疗和预防等方面都做了卓有成效的研究工作。

第一节　粉　螨　科

粉螨科(Acaridae Ewing & Nesbitt,1942)躯体被背沟分为前足体和后半体两部分,常有前足体背板,表皮光滑、粗糙或增厚成板,一般无细致的皱纹(除皱皮螨属外)。躯体刚毛多数光滑,有的略有栉齿。爪常发达,以1对骨片与跗节末端相连,前跗节柔软并包围了爪和骨片;前跗节延长,雌螨的爪分叉。足Ⅰ、Ⅱ跗节的感棒(ω_1)着生在跗节基部。雌螨生殖孔为一条长形裂缝,并为1对生殖褶所蔽盖,在每个生殖褶的内面有1对生殖感觉器;雄螨常有肛吸盘1对和跗节吸盘2对。

一、粉螨属

粉螨属(Acarus Linnaeus,1758)特征:顶外毛(ve)的长度不及顶内毛(vi)的一半,第一背毛(d_1)和前侧毛(la)均较短。足Ⅰ膝节第一感棒(σ_1)的长度比第二感棒(σ_2)的长3倍。雄螨足Ⅰ粗大,足Ⅰ股节有一个由表皮形成的锯状突起,足Ⅰ膝节腹面有表皮形成的小刺。性二态现象明显。

粉螨属常见种类包括:粗脚粉螨(Acarus siro)、小粗脚粉螨(Acarus farris)、静粉螨(Acarus immobilis)和薄粉螨(Acarus gracilis)等。

1. 粗脚粉螨(*Acarus siro* Linnaeus,1758)

同种异名:*Acarus siro var farinae* Linnaeus,1758;*Aleurobius farinae var africana* Oudemans,1906;*Tyrophagus farinae* De Geer,1778。

形态特征:雄螨长320~460 μm,雌螨长350~650 μm。椭圆形,呈淡黄色、红棕色或无色(图2.1,图2.2)。基节上毛(scx)基部膨大,有粗栉齿。格氏器(G)为表皮皱褶,端部延伸

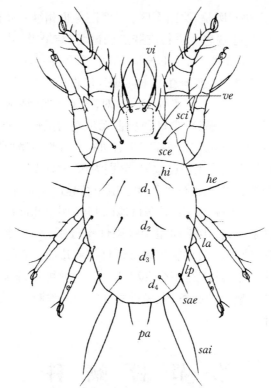

图2.1　粗脚粉螨（*Acarus siro*）♂背面

vi：顶内毛；*ve*：顶外毛；*sci*：胛内毛；*sce*：胛外毛；*hi*：肩内毛；*he*：肩外毛；*d₁*～*d₄*：背毛；
la：前侧毛；*lp*：后侧毛；*sai*：骶内毛；*sae*：骶外毛；*pa*：肛后毛

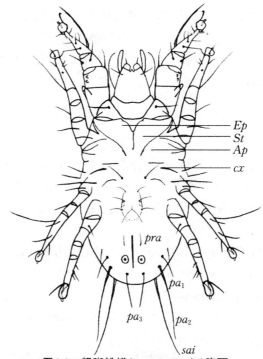

图2.2　粗脚粉螨（*Acarus siro*）♂腹面

Ep：基节内突；*St*：胸板；*Ap*：表皮内突；*cx*：基节毛；*pra*：肛前毛；*pa₁*～*pa₃*：肛后毛；*sai*：骶内毛

为丝状物。顶外毛(ve)很短,不及顶内毛(vi)的1/4,vi长至螯肢顶端。后半体刚毛肩内毛(hi)、前侧毛(la)、后侧毛(lp)和背毛$d_1 \sim d_4$均短,特别是d_2或d_3的长度不超过该毛基部至紧邻该毛后方的刚毛基部之间的距离。足Ⅰ膝节感棒σ_1是σ_2长度的3倍以上。足Ⅰ、Ⅱ跗节的第一感棒(ω_1)斜生,形成的角度一般小于45°,ω_1在基部最粗,然后逐渐变细直到顶端膨大处。

雄螨:肩内毛(hi)和肩外毛(he)短,he较hi长2倍。前侧毛(la)和后侧毛(lp)也短,与第一背毛(d_1)等长。末体有长骶内毛(sai)1对和第二肛后毛(pa_2)1对,短骶外毛(sae)1对和第三肛后毛(pa_3)1对。足Ⅰ的膝节和股节增大,使足Ⅰ变粗,股节腹面有一刺状突起,突起上有股节毛(vF);足Ⅰ膝节腹面有2对由表皮形成的小钝刺,跗节顶端的刺u和v愈合成一大刺,足Ⅲ、Ⅳ跗节上的中腹端刺(s)增大,最长边与跗节的爪等长。生殖孔位于足Ⅳ基节之间,有生殖毛(g)3对(g_1、g_2、g_3)。末体近后缘有1对肛吸盘,肛吸盘前方有肛前毛1对。支撑阳茎(penis)的侧支在后面分叉,阳茎为"弓"形管状物,末端钝。

雌螨:外形与雄螨相似。躯体后缘因交配囊略凹,背面刚毛栉齿较雄螨少。足Ⅰ未变粗,股节无锥状突起,跗节的端刺u和v是分开的,且比中腹端刺(s)小;所有足的s都较大,且向后弯曲。生殖孔位于足Ⅲ和足Ⅳ基节之间。腹面肛毛5对,其中a_2的长为a_1、a_4、a_5的2倍,a_3最长,为a_1、a_4、a_5的4倍,肛后毛pa_1、pa_2较长,伸出体躯后缘很多。

休眠体:活动休眠体躯体呈淡红色,背面拱起,腹面内凹。前足体背板与后半体分离,且前突明显,可覆盖颚体,无眼。顶内毛(vi)长于顶外毛(ve),具栉齿。胛内毛(sci)略长于胛外毛(sce),两者位于同一水平位置。第二背毛(d_2)位于第一背毛(d_1)之间,第二背毛(d_2)、第三背毛(d_3)和第四背毛(d_4)在一条直线上;具2对肩毛;3对侧毛,第一背毛(d_1)和侧毛l_1比第四背毛(d_4)长约3倍。足Ⅱ、Ⅲ基节表皮内突相连;足Ⅳ基节表皮内突略弯曲,不相连;胸板与足Ⅱ基节表皮内突分离,足Ⅲ基节表皮内突仅在中线处部分分离。1对生殖毛与吸盘板前方1对吸盘的着生位置在同一直线上;刚毛基部与吸盘基部的间距小于刚毛基部之间的距离。吸盘板小,与体后缘具一定的距离;较大的中央吸盘周围具3对周缘吸盘,并由透明区相互隔开。足的前跗节均退化,具发达的爪。足Ⅰ的感棒ω_2、σ及足Ⅲ的σ均不发达,腹刺复合体被2个呈膨大状的叶状刚毛(vsc)所替代。足Ⅰ、Ⅱ跗节的第一感棒(ω_1)较细长,顶端膨大,第三感棒(ω_3)着生在背面中间;足Ⅰ、Ⅱ跗节的第二背端毛(e)顶端呈吸盘状,足Ⅲ跗节的e则为叶状,足Ⅳ跗节的e为躯体长的1/2;各足的正中端毛(f)均为叶状,薄而透明;除足Ⅳ的侧中毛(r)外,其余各足的r均为叶状;足Ⅰ～Ⅲ跗节的正中毛(m)或呈长叶状,腹中毛(w)宽扁且具栉齿;足Ⅰ胫节的背胫刺(φ)长于足Ⅰ跗节,足Ⅱ胫节的φ等长于足Ⅱ跗节(图2.3,图2.4)。

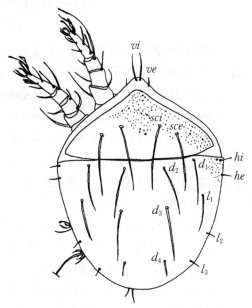

图2.3　粗脚粉螨(*Acarus siro*)休眠体背面

vi,ve,sce,sci,$d_1 \sim d_4$,he,hi,$l_1 \sim l_3$:躯体的刚毛

孳生习性:粗脚粉螨是重要的仓储螨类之一,常见的孳生场所有面粉厂、轧花厂、粮食仓库、动物饲料仓库、中药材仓库、草堆和蜂箱等。因此常在粮食、谷物、中药材、居室灰尘、蘑菇栽培料以及粮食制品等中发现该螨。由于其生境较稳定,故一年四季均可发现该螨。粗脚粉螨的孳生物种类繁多,常见的如面粉、小麦、饲料及中药材等。

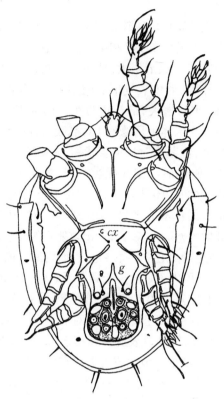

图2.4　粗脚粉螨(*Acarus siro*)休眠体腹面

g:生殖毛;cx:基节毛

地理分布:国内分布于北京、上海、云南、黑龙江、安徽、江苏、江西、甘肃、吉林、西藏、四川和台湾等;国外分布于英格兰、加拿大等。

2. 小粗脚粉螨(*Acarus farris* Oudemans,1905)

同种异名:*Aleurobius farris* Oudemans,1905。

形态特征:雄螨长约365 μm,雌螨长约400 μm。似粗脚粉螨。

雄螨:侧面观,足Ⅰ、Ⅱ的第一感棒(ω_1)的直径从基部向上稍膨大,在端部膨大为圆头之前略变细,其前缘和跗节背面成近90°角。足Ⅱ、Ⅲ和Ⅳ跗节的腹端刺(s)为其爪长的1/2~2/3,s顶端尖细。

雌螨:雌螨比雄螨大,足Ⅰ~Ⅳ跗节的腹端刺(s)为其爪长的1/2~2/3,s顶端尖细;肛毛a_1、a_4和a_5几乎等长,a_2较a_1、a_4、a_5长1/3,a_3为a_1、a_4、a_5 2倍长(图2.5)。

活动休眠体:活动休眠体躯体长约240 μm。背面后半体着生的刚毛明显短,很少膨大或呈扁平形,第一背毛(d_1)、侧毛l_1和第四背毛(d_4)几乎等长。吸盘明显位于生殖毛的后外方,第一感棒(ω_1)均匀地逐渐变细(图2.6,图2.7)。

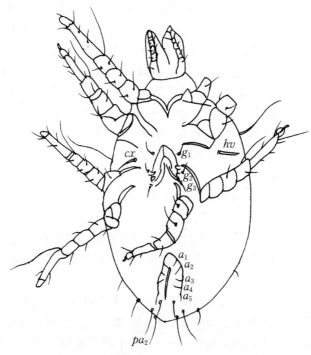

图2.5 小粗脚粉螨(*Acarus farris*)♀腹面

hv, $g_1 \sim g_3$, cx, $a_1 \sim a_5$, pa_2: 刚毛

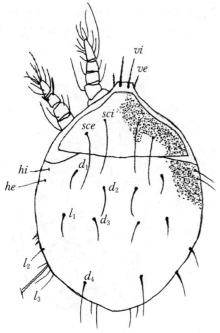

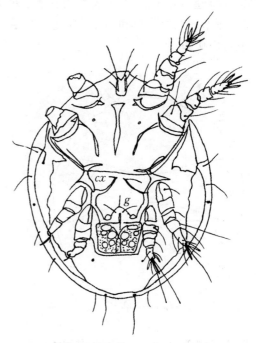

图2.6 小粗脚粉螨(*Acarus farris*)休眠体背面

ve, vi, sce, sci, hi, he, $l_1 \sim l_3$, $d_1 \sim d_4$: 躯体的刚毛

图2.7 小粗脚粉螨(*Acarus farris*)休眠体腹面

cx: 基节毛; g: 生殖毛

孳生习性:小粗脚粉螨的生境为鸡窝、鸟巢和草堆,在房舍内可孳生在大麦、干酪、饲料和燕麦等储藏物上。在田间可孳生在农作物秸秆和草堆中,偶尔可在打包的干草中大量发现,数目很多,人们接触干草时就会有皮肤刺激感。休眠体的活动能力及附着其他螨类和昆虫的能力强,但对干燥环境的抵抗力较弱。小粗脚粉螨的发育由卵孵化为幼螨,再经第一至第三若螨期发育为成螨。一般在温度25℃左右,相对湿度80%~90%的环境中3~4周完成1代。小粗脚粉螨怕干燥,耐低温,70%相对湿度下难于生存,在温度0℃时还能爬行取食。在不良环境下第一、三若螨之间形成休眠体。小粗脚粉螨的休眠体在相对湿度70%的条件下,很快死亡。此螨休眠体常附着昆虫及其他螨类而传播。

地理分布:国内分布于安徽、河南、四川等;国外分布于英格兰、苏格兰、威尔士、荷兰、德国、肯尼亚、美国、波兰和捷克等。

3. 静粉螨(*Acarus immobilis* Griffiths,1964)

同种异名:无。

形态特征:成螨、第三若螨、第一若螨和幼螨的形态与小粗脚粉螨的相应各期非常相似,其主要区别点:成螨足Ⅰ跗节和足Ⅱ的第一感棒(ω_1)从正侧面观察两边平行,顶端膨大为卵状末端。

不活动休眠体:躯体长约210 μm,卵圆形,白色,半透明(图2.8,图2.9)。颚体退化,被一对隆起取代。背面拱形有刻点而腹面凹形,前足体和后半体之间有横沟。背面毛序与小粗脚粉螨的活动休眠体相似,不同点:顶外毛(ve)及后半体后缘的1对刚毛缺如,所有刚毛短而不易见。后半体有1对圆形孔隙,足Ⅳ基节水平有1对腺体位于肩内毛(hi)之后。腹面,基节骨片与粗脚粉螨活动休眠体相似,足Ⅳ表皮内突是直的。静粉螨与粗脚粉螨和小粗脚粉螨的活动休眠体不同点:静粉螨足上刚毛与感棒数目、大小减少。第一感棒(ω_1)末端膨大呈卵形,长度超过足Ⅰ、Ⅱ跗节长度的一半。足Ⅰ的膝节感棒(σ)和胫节感棒(φ)均短钝,足Ⅰ和足Ⅱ跗节腹刺复合体和第二背端毛(e)、足Ⅱ跗节的正中端毛(f)、足Ⅲ和足Ⅳ跗节第二背端毛(e)均缺如。

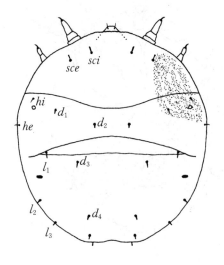

图2.8　静粉螨(*Acarus immobilis*)休眠体背面
$sce,sci,d_1 \sim d_4,he,hi,l_1 \sim l_3$:躯体的刚毛

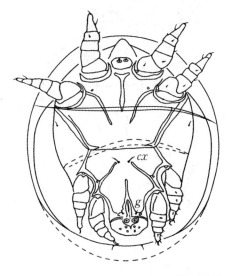

图2.9　静粉螨(*Acarus immobilis*)休眠体腹面
cx:基节毛;g:生殖毛

孳生习性：静粉螨主要孳生于鸟窝，在谷物残屑、腐殖质、磨碎的草料、干酪、农场的原粮和仓库中也能发现。邹萍（1989）报道在平菇菇床、棉籽壳和假黑伞培养料（稻草）中发现静粉螨。静粉螨休眠体耐干燥，能在相对湿度较低的环境中长期生存。营养不良能促使静粉螨形成休眠体。

地理分布：国内分布于上海、安徽等；国外分布于美国和日本等。

4. 薄粉螨（*Acarus gracilis* Hughes，1957）

同种异名：无。

形态特征：雄螨长 280～360 μm。雌螨长 200～250 μm。不活动休眠体长 200～250 μm。

雄螨：躯体表皮有皱纹，后部有微小乳突（图2.10，图2.11）。刚毛稍有栉齿，胛毛（sc）短，几乎与第三背毛（d_3）等长；第一背毛（d_1）、第三背毛（d_3）、第四背毛（d_4）、肩内毛（hi）、肩外毛（he）、前侧毛（la）、后侧毛（lp）和骶外毛（sae）为短刚毛，第二背毛（d_2）、骶内毛（sai）和肛后毛（pa_1、pa_2）较长，d_2 比 d_1、d_3、d_4、hi、he、la、lp 和 sae 长4倍以上；骶内毛（sai）长，约为躯体长的70%。足 I 股节上有1腹刺；足 I、II 跗节的第一感棒（ω_1）较长，并逐渐变细，第一感棒（ω_1）与背中毛（Ba）基部之间的距离较第一感棒（ω_1）短；芥毛（ε）较明显位于第一感棒（ω_1）基部的末端，为一微小丘突；足 IV 跗节的交配吸盘位于该节基部且彼此接近。

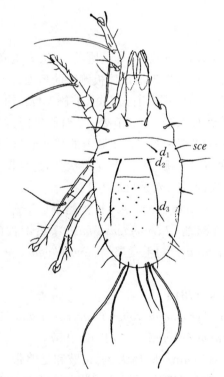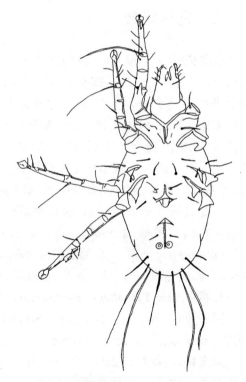

图2.10　薄粉螨（*Acarus gracilis*）♂背面　　　图2.11　薄粉螨（*Acarus gracilis*）♂腹面

sce：胛外毛；d_1～d_3：背毛

雌螨：前足体板较雄螨宽阔，后缘圆。背刚毛的排列、长度似雄螨，但第三背毛（d_3）较长，比第一背毛（d_1）长2倍以上；肛门区刚毛似粗脚粉螨，pa_1 较长，肛毛 a_3 的长度不到 a_1 或 a_2 长度的2倍。

不活动休眠体：似静粉螨的不活动休眠体（图2.12）。不同点：吸盘完整，吸盘板的位置

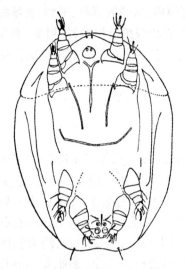

图2.12　薄粉螨（*Acarus gracilis*）休眠体腹面

较后,中央吸盘发达;基节骨片不够发达;躯体后缘1对刚毛较长,为足Ⅳ跗节、胫节的长度之和;足Ⅰ跗节的第一感棒(ω_1)比胫节感棒(φ)短,足Ⅰ跗节刚毛常为叶状。

孳生习性:薄粉螨孳生在房舍、鼠窝、鸟巢和蝙蝠的栖息地。在粮食残屑、房屋瓦顶下的蜕蛹中可发现薄粉螨。陆云华(1997)曾在江西新余市渝水区北岗乡芙蓉村的米糠中采到薄粉螨。薄粉螨在相对湿度90%,温度20℃的条件下完成其生活史需20～21天,此条件下不产生休眠体。

地理分布:国内分布于江西、河南、安徽等;国外分布于英国和阿根廷等。

（李朝品）

二、食酪螨属

食酪螨属(*Tyrophagus* Oudemans,1924)特征:躯体长椭圆形,体后刚毛较长,表皮光滑。顶内毛(*vi*)着生于前足体板前缘中央凹处,顶外毛(*ve*)着生于前足体板侧缘前角处,*vi*与*ve*均呈栉状,位于同一水平上,*ve*比膝节长。胛外毛(*sce*)比胛内毛(*sci*)短,前侧毛(*la*)约与第一背毛(d_1)等长,但较d_3和d_4短。螯肢较小,有前背板,在足Ⅰ基节处有1对假气门。足较细长,足Ⅰ跗节背端毛(*e*)为针状,腹端刺5根,其中央3根加粗。足Ⅰ膝节的膝外毛(σ_1)长于膝内毛(σ_2)。足Ⅰ、Ⅱ胫节刚毛较粉螨属短。雄螨足Ⅰ不膨大,股节无矩状突起,足Ⅳ跗节有2个吸盘。体后缘有5对较长刚毛,即外后毛、内后毛各1对及肛后毛3对。

食酪螨属常见种类包括:腐食酪螨(*Tyrophagus putrescentiae*)、长食酪螨(*Tyrophagus longior*)、阔食酪螨(*Tyrophagus palmarum*)、似食酪螨(*Tyrophagus similis*)、热带食酪螨(*Tyrophagus tropicus*)、尘食酪螨(*Tyrophagus perniciosus*)、短毛食酪螨(*Tyrophagus brevicrinatus*)和瓜食酪螨(*Tyrophagus neiswanderi*)等。

1. 腐食酪螨（*Tyrophagus putrescentiae* Schrank,1781）

同种异名:*Acarus putrescentiae* Schrank,1781,*Tyrophagus longior var. castellanii* Hirst,1912;*Tyrophagus noxius* Zachvatkin,1941;*Tyrophagus brauni* E.& F.Turk,1957。

形态特征:雄螨长280～350 μm,雌螨长320～420 μm。螨体无色,螯肢和足略带红色,表皮光滑,躯体较其他种类细长,刚毛长而不硬直,常拖在躯体后面。基节上毛膨大,并有细长栉齿。阳茎2次弯曲,似茶壶嘴。d_2的长度为d_1的2～3.5倍。

雄螨:基节上毛(*scx*)扁平且基部膨大,有许多较长的刺,膨大的基部向前延伸为细长的尖端。格氏器有2个分枝,一枝为杆状,另一枝外形不规则。肛门吸盘呈圆盖状,且稍超出肛门后端,位于躯体末端的肛后毛pa_1较pa_2、pa_3短而细(图2.13)。支持阳茎的侧骨片向外弯曲,阳茎较短且弯曲呈"S"形。足前跗节发达,末端爪为柄状。足Ⅰ跗节长度超过该足膝、胫节之和,其上的感棒(ω_1)顶端稍膨大并与芥毛(ε)接近,亚基侧毛(*aa*)着生于ω_1的前端位置;

背毛(d)和ω_3长于第二背端毛(e),且明显超出爪的末端;u、v及s等跗节腹端刺均为刺状,两侧为细长刚毛p、q。

雌螨:躯体形状和刚毛与雄螨相似(图2.14)。不同点:肛门达躯体后端,周围有5对肛毛,其中a_2较a_1长,a_4较a_2长;肛后毛pa_1和pa_2也较长。

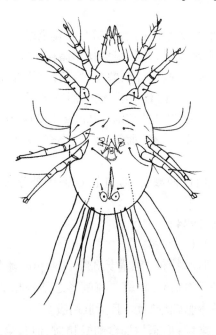 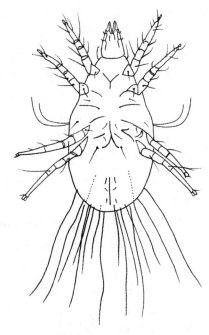

图2.13 腐食酪螨(*Tyrophagus putrescentiae*)
♂腹面

图2.14 腐食酪螨(*Tyrophagus putrescentiae*)
♀腹面

孳生习性:腐食酪螨喜栖息于富含脂肪、蛋白质的储藏食品中,在米面加工厂、饲料库、蛋品、干酪加工车间生长繁殖。该螨经常大量生长于储藏粮食、腊肉、坚果、调味品和动物饲料等。

地理分布:国内分布于上海、北京、山东、河北、河南、江苏、浙江、湖北、湖南、广东、广西、四川、重庆、福建、陕西、云南、西藏、香港、台湾等;国外分布于美国、英国、新西兰等。

2. 长食酪螨(*Tyrophagus longior* Gervais,1844)

同种异名:*Tyroglyphus longior* Gervais,1844;*Tyroglyphus infestans* Berlese,1844;*Tyrophagus tenuiclavus* Zakhvatkin,1941。

形态特征:雄螨长330~535 μm,雌螨长530~670 μm。体型较大,躯体较腐食酪螨宽,长椭圆形,白色,螯肢和足颜色较深。

雄螨:有的螯肢具模糊的网状花纹。足较长且细。躯体和足上刚毛排序与腐食酪螨相似(图2.15)。不同点:基节上毛(scx)弯曲,基部不

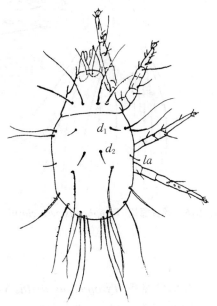

图2.15 长食酪螨(*Tyrophagus longior*)♂背面
d_1,d_2,la:背面躯体的刚毛

膨大,且两侧有等长的短刺,第二背毛(d_2)为第一背毛(d_1)和前侧毛(la)长度的1~1.3倍。足Ⅰ、Ⅱ跗节上的第一感棒(ω_1)长且向顶端渐细;足Ⅳ跗节长于膝、胫两节之和,靠近该节基部有1对跗节吸盘,其上刚毛r、w远离吸盘。阳茎向前渐细呈茶壶嘴状,支持阳茎的侧骨片向内弯曲。肛门吸盘位于肛门后两侧。

雌螨:其形态特征除第二性征外,与雄螨相似。

孳生习性:长食酪螨分布广泛,喜在较潮湿生霉的粮食中生活,并常与腐食酪螨、小粗脚粉螨、羽克螨群居在一起。易在储藏谷物、草堆中发现该螨,尤其粮食仓库储存时间较久的发霉面粉、腐米、地脚粮中更易孳生,养殖场中也常有发现。干酪、蘑菇、烂莴苣、烂芹菜、萝卜等蔬菜及霉木屑上也可发现该螨。Chmielewski(1969)记载,在制糖的甜菜种子、麻雀窝中发现过此螨。Gigja(1964)记载,长食酪螨是鳕鱼干中常见的害螨。Bardy(1970)记载,仔鸡养殖房掉落的毛羽中发现数量较多。该螨可危害干酪、大米、面粉、碎米、小麦、花生、蛋品及粮油副产品。污染严重的粮油,可产生一种臭味。

地理分布:国内分布于北京、上海、河南、四川、浙江、西藏、台湾和东北等;国外分布于英国、波兰、冰岛等。

3. 阔食酪螨(*Tyrophagus palmarum* Oudemans,1924)

同种异名:*Tyrophagus perniciosus* Zachvatkin,1941。

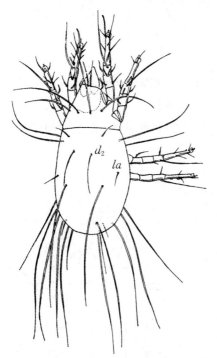

图2.16　阔食酪螨(*Tyrophagus perniciosus*)♂背面
d_2,la:躯体的刚毛

形态特征:雄螨长330~450 μm,雌螨长350~550 μm。雄螨与雌螨形态结构相似,但雄螨体躯较雌螨短,且无肛门吸盘。

雄螨:形态与长食酪螨相似,但其第二背毛(d_2)长度为前侧毛(la)、第一背毛(d_1)的3~4倍(图2.16)。足Ⅰ和Ⅱ跗节的感棒ω_1为雪茄状。足Ⅳ跗节与膝、胫节之和几乎等长,一个端部吸盘居该节中间。外生殖器和阳茎与长食酪螨相似,但阳茎较短。

雌螨:除第二性征外,形态与雄螨十分相似。

休眠体:躯体扁圆,前端有2对足伸出,后缘渐变圆,周围包绕一层透明且骨化明显的表皮。

孳生习性:阔食酪螨为中温高湿性螨类,喜食富含蛋白质的食物。可于粮食仓库、酱菜厂、鸟窝、米面加工厂等场所发现该螨。

地理分布:国内分布于重庆、安徽和四川等;国外分布于新西兰、英国等。

4. 似食酪螨(*Tyrophagus similis* Volgin,1949)

同种异名:*Tyrophagus oudemansi* Robertson,1959;*Tyrophagus dimidiatus* Hermann,1804。

形态特征:雄螨长约500 μm,雌螨长约600 μm。形态与长食酪螨相似(图2.17)。螯肢和足的颜色较深。第一感棒(ω_1)很粗,端部膨大。阳茎短且粗,末端截断状。

雄螨:与长食酪螨不同之处:第一背毛(d_1)、第二背毛(d_2)和前侧毛(la)均短且等长。足Ⅰ、Ⅱ跗节的第一感棒(ω_1)挺直,端部膨大;足Ⅳ跗节的远端吸盘位于跗节毛r和w同一水平,这与长食酪螨足Ⅳ跗节的远端吸盘靠近该节的基部明显不同。阳茎不尖细,末端截断状。

雌螨:一般构造与雄螨相似。

孳生习性:该螨常孳生于面粉、米糠、大米、蘑菇、碎稻草、旧草堆中。有研究报道,在饲养线虫的过程中发现似食酪螨,并以线虫为饲料成功饲养了该螨。

地理分布:国内分布于上海、重庆、云南、辽宁、吉林、西藏和四川等;国外分布于英国、爱尔兰、新西兰、美国、比利时、冰岛、澳大利亚、荷兰、日本和韩国等。

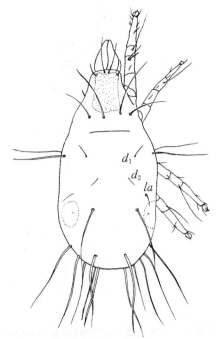

图2.17 似食酪螨(*Tyrophagus similis*)♀背面
d_1,d_2,la:躯体的刚毛

5. 热带食酪螨(*Tyrophagus tropicus* Roberston,1959)

同种异名:无。

形态特征:雄螨长约430 μm,雌螨长约520 μm。雄螨几乎为梨形,雌螨几乎为五角形。淡红色到棕色,无肩状突起。表皮光滑,有些表皮可有微小乳突覆盖。螨体背面刚毛均为双栉状且插入体躯很深。

雄螨:似腐食酪螨(图2.18),不同点:前侧毛(la)较长,为背毛d_1长度的2倍。基节上毛(scx)基部宽,顶端尖细。足Ⅰ、Ⅱ跗节的感棒ω_1顶端稍膨大。阳茎短而弯曲。

雌螨:与雄螨相似。

孳生习性:热带食酪螨常年可发生,常孳生于食品、谷物、烟草和尘屑中,如山楂片、核桃、芝麻糖、香菇干、八角、辣椒干和大米等。

地理分布:国内分布于重庆、四川等;国外分布于英国、加纳、尼日利亚、巴布亚新几内亚和美国等。

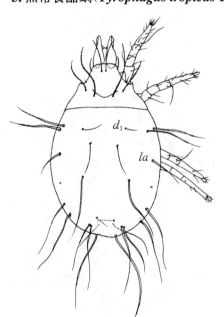

图2.18 热带食酪螨(*Tyrophagus tropicus*)♂背面
d_1,la:躯体的刚毛

6. 尘食酪螨(*Tyrophagus perniciosus* Zachvatkin,1941)

同种异名:无。

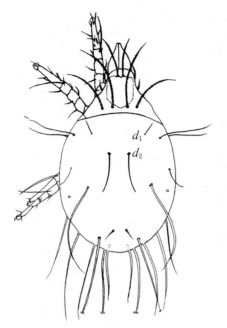

图2.19 尘食酪螨（*Tyrophagus perniciosus*）♀背面
d_1, d_2: 躯体的刚毛

形态特征：雄螨长450~500 μm，雌螨长550~700 μm。胛内毛(sci)、肩内毛(hi)、后侧毛(lp)的长度为体长的1/5~1/3。背毛(d_3、d_4)、骶内毛(sai)、骶外毛(sae)及肛后毛(pa_2、pa_3)的长度为体长的3/5~2/3，第二背毛(d_2)比第一背毛(d_1)长2.5~4.5倍。基节上毛(scx)直，从顶端向基部逐渐膨大，两侧有梳状刺一列，每列9~10根，从基部到顶端逐渐缩短（图2.19）。肛后毛pa_1较pa_3靠近肛门吸盘。足I跗节ω_1粗短，顶端稍膨大，呈球杆状，亚基侧毛(aa)位于侧方，靠近ε，Ba位于aa前面。

雄螨：足和颚体骨化明显。雌雄两性形态相似，与腐食酪螨相比较，螨体较阔。基节上毛(scx)向基部逐渐膨大，其侧面的梳状刺向顶端逐渐缩短。第二背毛(d_2)为第一背毛(d_1)长度的2.5~4.5倍。足I跗节感棒(ω_1)较短，末端稍膨大。足IV跗节远端吸盘约与跗节毛r、w位于同一水平。支撑阳茎的侧骨片向内弯曲，阳茎长且弯曲成弓形，末端呈截断状。

雌螨：与雄螨相似。

孳生习性：尘食酪螨分布广泛，常孳生于食品和粮食仓库，可于面粉、大米、储藏谷物、米糠、奶粉、十酪中发现该螨。

地理分布：国内分布于云南、江苏、广西、西藏和四川等；国外分布于美国、英国、保加利亚、俄罗斯、澳大利亚和日本等。

7. 短毛食酪螨（*Tyrophagus brevicrinatus* Roberston，1959）

同种异名：无。

形态特征：雄螨长约450 μm，雌螨长约530 μm。第一背毛(d_1)与前侧毛(la)约等长，基节上毛镰状，有栉齿。骶内毛(sai)远长于后侧毛(lp)。

雄螨：与腐食酪螨相似（图2.20），不同点：肩毛、胛毛、d_3、d_4和lp均较短；d_3、d_4和lp约为d_2长的2倍。基节上毛短，几乎光滑。足I、II跗节的感棒ω_1在顶部稍膨

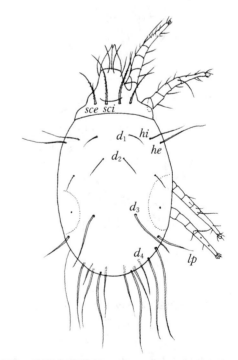

图2.20 短毛食酪螨（*Tyrophagus brevicrinatus*）♂背面
sce, sci, hi, he, d_1~d_4, lp: 躯体的刚毛

大。支持阳茎的臂向外弯曲,与腐食酪螨一样,阳茎呈"S"形。

雌螨:与雄螨相似。

孳生习性:短毛食酪螨可孳生在椰仁干、大蒜头、柴胡、丹皮、决明子、伸筋草、败酱草、茵陈、海决明、土鳖虫、菊花、蛇含草、百合等。

地理分布:国内分布于重庆、四川、安徽、广东等;国外分布于英国、加纳和西部非洲等。

8. 瓜食酪螨(*Tyrophagus neiswanderi* Johnston & Bruce,1965)

同种异名:无。

形态特征:雄螨躯体长约413 μm(图2.21)。前侧毛(la)约与第一背毛(d_1)等长,第二背毛(d_2)长度不超过la长度的2倍。基节上毛栉齿状,基部膨大。在前足体板的前侧缘具有带色素的角膜。

雄螨:基节上毛(scx)基部膨大,两侧各有约5个栉状物,该毛形态与腐食酪螨的scx相似。前侧毛(la)略短于背毛d_1,d_2为前侧毛(la)长度的1.4~1.7倍。足Ⅰ跗节的第一感棒(ω_1)圆柱状,稍弯曲;芥毛(ε)粗短。足Ⅳ跗节长度小于胫节、膝节之和,远端的跗节吸盘与跗节毛r和w在同一水平,约在该节的中间位置。阳茎2次弯曲。

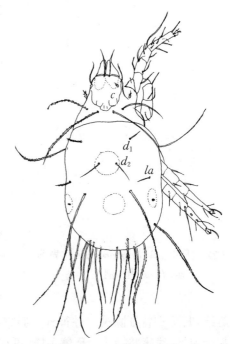

图2.21 瓜食酪螨(*Tyrophagus neiswanderi*)♂背面
c:角膜;d_1,d_2,la:躯体的刚毛

孳生习性:瓜食酪螨最初发现于美国俄亥俄州北部的温室黄瓜上,它们取食于作物的叶片。也见于夜蛾为害过的菊属植物插枝的生长点上,并在这些瓜食酪螨的肠道中发现了真菌菌丝。瓜食酪螨也可孳生于储藏粮食、中药材等储藏物中。李孝达等(1988)对河南省储藏物螨类进行了调查研究,发现该螨可孳生于草垛、鸡窝及棉麻烟中。

地理分布:国内分布于河南、安徽、山东、江西等;国外分布于美国、英国、日本等。

(叶向光)

三、嗜酪螨属

嗜酪螨属(*Tyroborus* Oudemans,1924)特征:躯体长椭圆形,跗节末端有3个腹刺,即外腹端刺($p+u$)、内腹端刺($q+v$)和腹端刺(s),此为与食酪螨属区别的主要特征。足Ⅰ和Ⅱ跗节的第二背端毛(e)加粗呈刺状。其他特征与食酪螨属(*Tyrophagus*)相似。

嗜酪螨属目前仅有线嗜酪螨(*Tyroborus lini*)1种。

线嗜酪螨(*Tyroborus lini* Oudemans,1924)

同种异名:*Tyrophagus lini sensu* Hughes,1961。

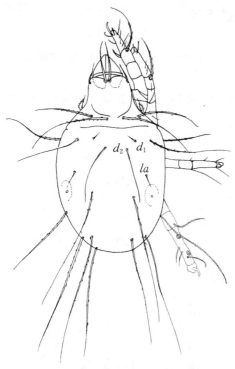

图2.22 线嗜酪螨(*Tyroborus lini*)♂背面
d_1, d_2, la:躯体刚毛

形态特征:雄螨长350~470 μm,雌螨长400~650 μm。前足体板为五角形,向后伸展到胛内毛(sci),表面有模糊刻点,周围皮肤光滑(图2.22)。腹面,由厚骨片组成基节胸板,表皮内突明显。躯体刚毛排列似腐食酪螨,不同点:刚毛较长,顶外毛(ve)和顶内毛(vi)有栉齿。基节上毛(scx)大,纺锤状,基部阔,边缘有刺。躯体背面的背毛d_1、前侧毛(la)和肩腹毛(hv)均短且等长,d_2长度为d_1长度的4倍以上。其余刚毛均较长,远超出躯体的后缘。肛门离躯体后缘较远。

雄螨:螯肢粗壮,动趾和定趾的齿明显。足短粗,在足Ⅰ、Ⅱ跗节上的感棒ω_1,顶端稍膨大呈球状,第二背端毛(e)可为刺状或刚毛状;跗节腹面末端有内腹端刺($q+v$)、外腹端刺($p+u$)和腹端刺(s)3个粗刺,($q+v$)与($p+u$)比s大,呈钩状;足Ⅳ跗节的长度较膝、胫节之和短,1对吸盘的位置在该节的中间。支持阳茎的骨片向外弯曲,阳茎较小,呈"S"形且不拉长为尖头。

雌螨:其形态特征除第二性征外,与雄螨相似。

孳生习性:线嗜酪螨孳生环境多样,可在米糠、饲料仓库、大米加工厂及养鸡房草窝和孵卵箱的残屑中栖息。线嗜酪螨主要孳生在大米、面粉、饲料、小麦中,也可在陈旧的亚麻子中发现该螨,也有在豆粉糕、黑木耳、花椒等食品中发现此螨的报道。

地理分布:国内主要分布于四川、重庆等地;国外主要分布于英国、新西兰、土耳其、荷兰、日本等。

(石泉)

四、向酪螨属

向酪螨属(*Tyrolichus* Oudemans,1924)特征:具有食酪螨属的一般特征,不同点:后半体背毛仅d_1较短,前侧毛(la)为d_1长度的2倍以上。足Ⅰ跗节背端毛e为刺状,短而粗,足Ⅰ跗节所有的5个腹端毛p、q、s、u、v为大小相等的刺状突起。

向酪螨属目前仅有干向酪螨(*Tyrolichus casei*)1种。

干向酪螨(*Tyrolichus casei* Oudemans,1910)

同种异名:*Tyroglyphus siro* Michael,1903;*Tyrophagus casei sensu* Hughes,1961。

形态特征:雄螨长450~550 μm,雌螨长500~700 μm。

雄螨:较腐食酪螨粗壮,足和螯肢的颜色较深(图2.23)。前足体呈方形,上有模糊刻点;表皮光滑,基节上毛(scx)顶端尖细,基部膨大,边缘有刺。后半体刚毛的排列似腐食酪螨,长刚毛有小栉齿;背毛d_1较短,d_2为d_1长度的2~3倍,前侧毛(la)为d_1长度的4~6倍;其余的刚毛均长,排列成扇状。足粗短,有细致的网状花纹,基部的刚毛和感棒集中;跗节感棒ω_1为近圆柱状,中部稍膨大,着生于与芥毛(ε)相同的几丁质凹陷上;各跗节的顶端,第二背端毛(e)形成明显的粗刺,腹面爪的基部有5个刺环绕;足Ⅳ跗节的中部有1对吸盘。阳茎的支架向内弯曲,阳茎挺直,顶端渐细。

雌螨:与雄螨相似,不同点:肛门孔距躯体末端较远,交配囊的孔位于末端,有1条细管与囊状的受精囊相连。

孳生习性:该螨是世界性分布的储藏食品螨类,常见于面粉、花生仁、大米、碎米、干酪、稻谷、小麦等谷物中,在动物饲料及蜂巢中也可发现。喜食干酪、麸皮及谷物种子的胚芽。干向酪螨喜食干酪、麸皮及谷物种子的胚芽,降低了所孳生食品的品质,被危害严重的面粉往往产生一种臭味。

此螨喜与粗脚粉螨、腐食酪螨、长食酪螨生活在一起,有时发现其被肉食螨类所捕食。

地理分布:国内分布于上海、四川、云南、湖南、江苏、福建、黑龙江、吉林、安徽、广东、广西、台湾等;国外分布于英国、俄罗斯等。

（许佳）

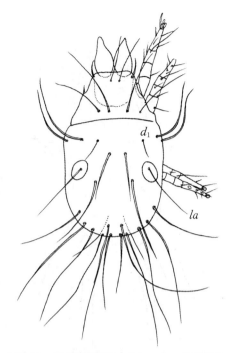

图2.23　干向酪螨(*Tyrolichus casei*)♂背面
d_1,la:躯体的刚毛

五、嗜菌螨属

嗜菌螨属(*Mycetoglyphus* Oudemans,1932)特征:顶内毛(vi)较长,顶外毛(ve)较短且光滑,位于vi后方,长度不到vi长度的1/4。足Ⅰ跗节第二背端毛(e)和腹端毛p、q、u、v、s均为刺状。足Ⅰ膝节上的膝外毛(σ_1)长度不超过膝内毛(σ_2)长度的2倍长。雄螨阳茎较长。

嗜菌螨属目前仅有菌食嗜菌螨(*Mycetoglyphus fungivorus*)1种。

菌食嗜菌螨(*Mycetoglyphus fungivorus* Oudemans,1932)

同种异名:*Forcellinia fungivora sensu* Zachvatkin,1941;*Tyrophagus fungivorus sensu* Türk & Türk,1957 and Hughes,1961;*Tyrolichus fungivorus sensu* Karg,1971。

形态特征:雄螨长400~600 μm,雌螨长500~600 μm。椭圆形,附肢颜色较深。基节上毛(scx)弯曲,上有微小梳状突起,基部不膨大。其形态与食酪螨属相似。

雄螨:前足体板呈四角略圆的长方形,前缘略凹,后缘稍凸,顶内毛(vi)着生于前缘凹处内,且伸出螯肢末端。该螨与食酪螨属的区别点为:顶外毛(ve)很短,位于vi基部的后方,不在前足体板的侧缘中间;vi较长,超过ve长度的4倍。前侧毛(la)极短,其长度约为体长的6%,背毛d_1为la长度的1~1.5倍,d_2为la长度的1.5~2倍。d_3、d_4均长,伸出体末端。基节

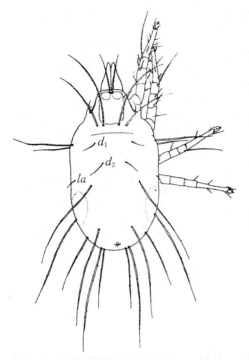

图2.24　菌食嗜菌螨（*Mycetoglyphus fungivorus*）♀背面

d_1, d_2, la：躯体的刚毛

上毛（*scx*）弯曲，其上有小的梳状突起。足Ⅰ、Ⅱ跗节上 ω_1 为感棒，呈棒状，足Ⅰ～Ⅲ跗节上有第二背端毛（*e*）和 *p*、*q*、*u*、*v*、*s* 5个大小略有差异的腹端刺，足Ⅳ跗节基部的1/2处有吸盘1对，2条跗节毛（*r* 和 *w*）离吸盘较远。阳茎为1根前端细尖、呈弯曲状的长管，着生于腹面的一块基板上。

雌螨：其形态特征除第二性征外，与雄螨相似（图2.24）。

休眠体：躯体长约250 μm，黄棕色。前足体板的前缘挺直，无喙状痕迹，后缘为较宽阔的弧形。顶内毛（*vi*）缺如，颚基被前足体板完全遮盖。腹面可见胸板、吸盘板等结构，胸板向后伸展，基节板Ⅰ和Ⅱ完全分离；吸盘板近圆形，距躯体后缘较远。足Ⅰ有1条阔而长的刚毛和3条披针状刚毛；足Ⅳ跗节上也有2条披针状刚毛。

孳生习性：菌食嗜菌螨性喜潮湿，嗜食霉菌，孳生环境多样，在自然环境、仓储及家居环境等均可发现该螨。如草堆、鸟巢、鼠穴、灰尘、中草药材、各种腐烂的蔬菜、发霉变质的粮食、干果类和潮湿的烂木头残屑等。

地理分布：国内分布于安徽、四川、湖南、黑龙江等省；国外分布于英国、德国、匈牙利、美国、日本、波兰、俄罗斯、格鲁吉亚、阿塞拜疆、韩国、朝鲜和南部非洲等多个国家和地区。

六、食粉螨属

食粉螨属（*Aleuroglyphus* Zachvatkin，1935）特征：顶外毛（*ve*）较长且有栉齿，与顶内毛（*vi*）同一水平，其长度超过 *vi* 的一半。胛内毛（*sci*）比胛外毛（*sce*）短，基节上毛（*scx*）明显，有粗刺。足Ⅰ跗节的第二背端毛（*e*）为毛发状，跗节有三个明显的腹端刺：*q+v*、*p+u* 和 *s*，它们着生的位置很接近。

目前该属在我国记载的种类有椭圆食粉螨（*Aleuroglyphus ovatus*）、中国食粉螨（*Aleuroglyphus chinensis*）和台湾食粉螨（*Aleuroglyphus formosanus*）。

椭圆食粉螨（*Aleuroglyphus ovatus* Troupeau，1878）

同种异名：*Tyroglyphus ovatus* Troupeau，1878；椭圆嗜粉螨；椭圆饵嗜螨。

形态特征：雄螨长480～550 μm，雌螨长580～670 μm。椭圆食粉螨形态特征与线嗜酪螨相似，但足和螯肢为深棕色，其余白而发亮，对比明显，易于识别。

雄螨：前足体板呈长方形，两侧略凹，表面有刻点（图2.25）；基节上毛（*scx*）叶状，边缘有较多长而直的梳状突起；胛内毛（*sci*）较短，约为胛外毛（*sce*）长度的1/3。后半体背毛 d_1、d_2、d_3 以及前侧毛（*la*）和肩内毛（*hi*）均短，约与 *sci* 等长，d_4 和后侧毛（*lp*）稍长；骶内毛（*sai*）、骶外毛(sae)和2对肛后毛(pa)为长刚毛；所有刚毛均有小栉齿，且短刚毛末端常分二叉，有时尖端有扭曲。足短粗，足Ⅰ、Ⅱ跗节的感棒ω_1较长，尖端渐细，末端圆钝，且与芥毛(ε)着生在同一凹陷；跗节端部有$p+u$、$q+v$和s三个粗大的腹端刺，外方的2个腹端刺顶端呈钩状；第二背端毛(e)为毛发状；足Ⅳ跗节中央有1对吸盘。生殖褶和生殖感觉器淡黄色，阳茎的支架挺直，后端分叉，阳茎直管状。躯体腹面3对肛后毛(pa)几乎排列在同一直线上。

雌螨：形态特征与雄螨相似，不同点：肛门孔周围有肛毛(a)4对，其中a_2较长，超过末体后端；2对肛后毛(pa)也较长，且排列在同一直线上。

孳生习性：椭圆食粉螨喜湿热环境，常聚集在仓库中33～35℃的地方，常孳生于储粮及食品中，包括大米、碎米、稻谷、糙米、米糠、玉米、玉米粉、大麦、小麦、面粉、麸皮、山芋粉、山芋片、饲料及鱼干制品等，也可孳生在鼠洞及养鸡场中。

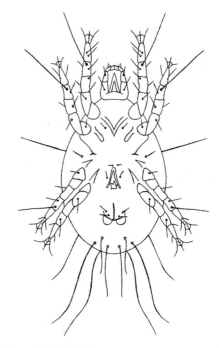

图2.25　椭圆食粉螨(*Aleuroglyphus ovatus*)♂腹面

地理分布：国内分布于北京、上海、河北、河南、云南、湖南、浙江、四川、东北及台湾；国外分布于英国、法国、荷兰、土耳其、日本、韩国、加拿大、美国、俄罗斯等。

七、嗜木螨属

嗜木螨属(*Caloglyphus* Berlese,1923)特征：椭圆形，白色或浅灰色，足及螯肢淡褐色。前足体板长椭圆形，侧缘直，后缘略凹。顶外毛(ve)退化，或以短微毛状存在，着生在前足体板侧缘中央，或缺如。胛外毛(sce)比胛内毛(sci)长2倍多。后半体背、侧面的刚毛完全，较长的刚毛在基部可膨大。足Ⅰ、Ⅱ跗节的背中毛(Ba)不呈锥形刺且远离第一感棒(ω_1)；足Ⅰ跗节有亚基侧毛(aa)；足Ⅰ、Ⅱ和Ⅲ跗节末端的背端毛(e)为刺状；侧中毛(r)和正中端毛(f)常弯曲，端部可膨大呈叶状；各跗节有p、q、u、v、s 5个腹端刺，s稍大，其余大小大体相同。常有异型雄螨和休眠体发生。

嗜木螨属常见种类包括：伯氏嗜木螨(*Caloglyphus berlesei*)、食菌嗜木螨(*Caloglyphus mycophagus*)、食根嗜木螨(*Caloglyphus rhizoglyphoides*)、奥氏嗜木螨(*Caloglyphus oudemansi*)和卡氏嗜木螨(*Caloglyphus caroli*)。

1. 伯氏嗜木螨(*Caloglyphus berlesei* Michael,1903)

同种异名：*Tyloglyphus mycophagus* Menin,1874；*Tyloglyphus mycophagus sensu* Berlese,1891；*Caloglyphus rodinovi* Zachvadkin,1935。

形态特征：同型雄螨长600～900 μm，异型雄螨长700～1000 μm，雌螨长800～1000 μm。伯

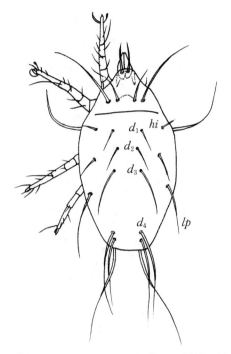

图2.26 伯氏嗜木螨（*Caloglyphus berlesei*）♂背面

$d_1 \sim d_4, hi, lp$：躯体的刚毛

氏嗜木螨雌雄差异很大。

同型雄螨：无色，表皮光滑有光泽，附肢淡棕色；潮湿环境中呈纺锤形，足Ⅲ、Ⅳ间最宽。颚体狭长，顶端逐渐变细，螯肢有齿并有一明显的上颚刺。前足体板长方形，两侧直，后缘稍凹或不规则。背面（图2.26），除顶内毛（vi）外，所有躯体背面刚毛几乎完全光滑并在基部加粗；顶外毛（ve）短小，位于前足体板侧缘中间；2对胛毛彼此间的距离相等，胛外毛（sce）比胛内毛（sci）长3~4倍；基节上毛（scx）明显，几乎光滑，超过背毛d_1长度的一半。格氏器为一截断状的刺，表面有小突起。后半体背面，背毛d_1短，d_2为d_1长度的2~3倍，前侧毛（la）和肩内毛（hi）为d_1长度的1.5~2倍；第三背毛（d_3）、第四背毛（d_4）和后侧毛较长，d_4超出躯体末端很多。腹面，基节内突板发达，形状不规则；肛后毛pa_2比pa_1长3~5倍，pa_3比pa_2长，超出躯体末端；有明显的圆形肛门吸盘。各足均较细长，末端为柄状的爪和发达的前跗节。足Ⅰ跗节的第一感棒（ω_1）顶端膨大，着生于芥毛（ε）的同一凹陷上；亚基侧毛（aa）的着生点远离感棒ω_1和ω_2，顶端的第三感棒（ω_3）为一均匀圆柱体；第一背端毛（d）超出跗节的末端，第二背端毛（e）为粗刺状，正中端毛（f）和侧中毛（r）为镰状且顶端膨大呈叶片状。腹面，正中毛（m）和腹中毛（w）粗刺状，趾节基部有5个明显的刺状突起。胫节毛gT和hT刺状，hT比gT粗大。膝节腹面刚毛有小栉齿。足Ⅳ跗节的交配吸盘明显，位于该节端部的1/2处，正中端毛（f）细长，r和w为刺状。阳茎为一条挺直管状物，骨化明显。

异型雄螨：刚毛较同型雄螨的长，刚毛基部明显加粗。足Ⅲ明显加粗，各足的末端表皮内突粗壮。

雌螨：较雄螨圆且明显膨胀（图2.27）。背毛（d）较同型雄螨短，背毛d_4比d_3短，有小栉齿，末端不尖。6对肛毛（a）微小，2对在肛门前端两侧，4对围绕在肛门后端。生殖感觉器大且明显。足的毛序与同型雄螨相同，末端的交配囊被一小骨化板包围，有一细管与受精囊相通。

休眠体：躯体长250~350 μm，深棕色，体表呈拱形，除前足体前面外的表皮光滑（图

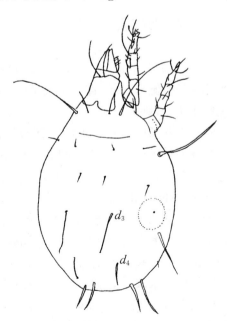

图2.27 伯氏嗜木螨（*Caloglyphus berlesei*）♀背面

d_3, d_4：背毛

2.28,图2.29)。前足体呈三角形,向前收缩成圆形的尖顶,顶内毛(vi)着生在顶尖上,2对胛毛(sc)较短,排列呈弧形。后半体较前足体长4~5倍,有细微的刚毛。腹面,足Ⅱ基节内突外形稍弯曲,胸板的侧面明显。足Ⅱ基节板的内缘明显,但不是封闭的;足Ⅲ和足Ⅳ基节板完全封闭,沿中线分离;各基节板的缘均加厚。生殖板和吸盘板骨化明显。足Ⅰ和足Ⅲ基节板有基节吸盘;生殖孔两侧有1对吸盘和1对刚毛;吸盘板上有8个吸盘,中央吸盘和前吸盘的直径几乎相等。各足的爪和前跗节发达,足Ⅰ和足Ⅱ跗节有5条弯曲的叶状毛包围着爪。背端毛(e)的顶端膨大成杯状吸盘;第一感棒(ω_1)比该节的基部阔,但较足Ⅱ跗节的ω_1短。背中毛(Ba)光滑。足Ⅰ、Ⅱ胫节的胫节毛hT,gT和膝节毛mG均为刺状,较ω_1短。足Ⅳ跗节的r长而弯曲并有栉齿,伸到跗节的末端。

图2.28 伯氏嗜木螨(*Caloglyphus berlesei*)休眠体背面
r:锯齿状刚毛

孳生习性:伯氏嗜木螨为好湿好热性的螨类,怕高温及干燥,是重要的仓储害螨之一,分

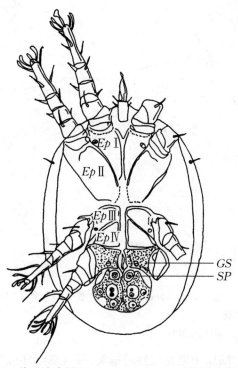

图2.29 伯氏嗜木螨(*Caloglyphus berlesei*)休眠体腹面
足Ⅰ~Ⅳ:基节板;Ep:基节内突;GS:生殖板;SP:吸盘板

布广泛,常在潮湿发霉的粮食及饲料、养殖房草堆及蚁巢中发生。常见的孳生物为粮食和谷物类。也有报道称,在大蒜及植物性中药材中发现该螨。

地理分布:国内主要分布于北京、上海、重庆、河北、河南、黑龙江、湖南、安徽、江苏、江西、广西、吉林、广东、四川和台湾等地;国外分布于英国、韩国、意大利、德国、荷兰、澳大利亚、俄罗斯、美国和南非等。

2. 食菌嗜木螨(*Caloglyphus mycophagus* Megnin,1874)

同种异名:无。

形态特征:雄螨长约640 μm,雌螨长约780 μm。较伯氏嗜木螨更圆。前足体板的后缘几乎平直,背面刚毛与伯氏嗜木螨的相似。

雄螨:顶内毛(vi)和胛内毛(sci)栉齿明显,基节上毛(scx)短,不到背毛d_1长度的一半;后半体的第一背毛(d_1)、第二背毛(d_2)和后侧毛(lp)几乎等长,背毛d_3和lp有变异,但较伯氏嗜木螨的短(图2.30)。腹面,肛后毛(pa)排列分散,pa_2不到pa_1长度的2倍。跗节较短,足Ⅰ跗节的毛序与伯氏嗜木螨的相似。足Ⅳ跗节的两个吸盘位于该节端部的1/2处,正中端毛(f)稍膨大。

雌螨:近球形,背毛d_4与d_3等长或比d_3长,并超出躯体末端;刚毛的排序同伯氏嗜木螨(图2.31)。腹面有肛毛6对,后面一群刚毛位于肛门后端之前。交配囊位于末端,开口于受精囊。

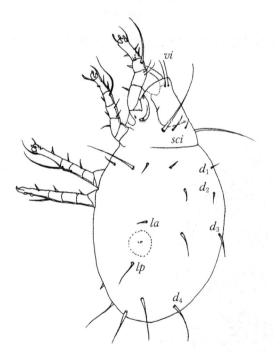
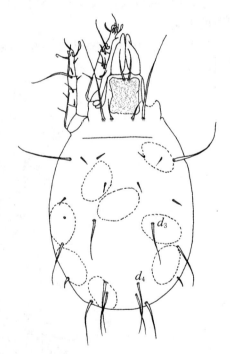

图2.30　食菌嗜木螨(*Caloglyphus mycophagus*)　　图2.31　食菌嗜木螨(*Caloglyphus mycophagus*)

♂背侧面　　　　　　　　　　　　　　　　♀背面

$vi,sci,d_1{\sim}d_4,la,lp$:躯体的刚毛　　　　　　　　d_3,d_4:背毛

孳生习性:食菌嗜木螨属中温高湿性的螨类,最喜潮湿环境中生活。常孳生于水分较高的粮食中,尤其是在发霉粮食中较易发现该螨。常孳生在潮湿霉变的大米、玉米、花生、米

糠、麸皮中,有时可在腐殖质中生活。自然环境中生活在土壤、树枝及树根的空洞和栽培的蘑菇上,Megnin和Cough分别在蘑菇和盆栽文竹孔隙中发现此螨。

地理分布:国内主要分布于安徽、江苏、上海、四川、重庆、黑龙江、吉林、辽宁、台湾、广西、广东、云南等;国外主要分布于加拿大、美国、英国、法国、俄罗斯、韩国、日本等。

3. 食根嗜木螨(*Caloglyphus rhizoglyphoides* Zachvatkin,1937)

同种异名:*Acotyledon rhizoglyphoides* Zachvatkin,1937;*Eberhardia pedispinifer* Nesbitt,1945;*Acotyledon muninoi* Hughes,1948。

形态特征:雄螨长360~650 μm,雌螨长530~700 μm。长梨形。

雄螨:前足体背板后缘有缺刻(图2.32),顶外毛(ve)短小;胛外毛(sce)比胛内毛(sci)长4倍以上,sci间距为sci与sce间距的2倍以上;基节上毛(scx)为一弯曲的杆状物。除肩外毛(he)外,后半体的刚毛均短小,第一背毛(d_1)、第二背毛(d_2)、肩内毛(hi)、前侧毛(la)和骶外毛(sae)几乎等长,第一背毛(d_3)、第四背毛(d_4)和后侧毛(lp)约为d_1长度的2倍。腹面(图2.33),基节内突板发达,与表皮内突相愈合。肛后毛pa_1和pa_2几乎等长,pa_2和pa_3着生在同一直线上。足Ⅰ跗节的正中端毛(f)为弯曲刚毛,正中毛(m)和腹中毛(w)为细长刚毛,侧中毛(r)和背中毛(Ba)着生在同一水平。胫节毛hT细长;膝节毛mG光滑。足Ⅳ跗节的交配吸盘在该节的中间。

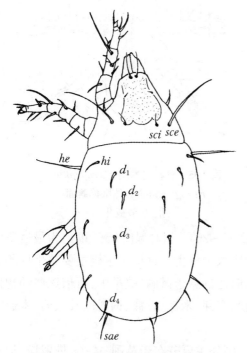 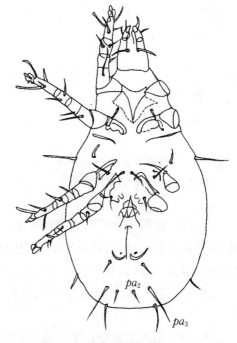

图2.32 食根嗜木螨(*Caloglyphus rhizoglyphoides*)♂背面

sce,sci,he,hi,d_1~d_4,la,sae:躯体的刚毛

图2.33 食根嗜木螨(*Caloglyphus rhizoglyphoides*)♂腹面

pa_2,pa_3:肛后毛

雌螨:与雄螨相似,不同处:肛门孔周围有6对肛毛。

休眠体:较小,苍白,边缘弯向腹面。前足体板三角形,尖顶圆钝,覆盖颚体基部。前足体与后半体间由一膜状表皮关联。背毛(d)排列与伯氏嗜木螨相同(图2.34)。颚体基节短,仅顶端略呈叉状。腹面,胸板较短,足Ⅱ基节板封闭,足Ⅱ表皮内突和足Ⅱ基节内突有一明显弯曲的轮廓(图2.35)。胸腹板间无明显分界线。足Ⅲ和足Ⅳ基节的前缘轮廓明显,基节被空白区分为2个对称物。腹板后缘轮廓不清。足Ⅰ和足Ⅲ基节上的吸盘退化。吸盘板卵圆形,边缘扁平,吸盘未完全发育,后吸盘为双折射状;中央吸盘表面稍凸,前吸盘发育不全。肛门孔和生殖孔明显。躯体后缘扁平。足Ⅰ跗节的所有刚毛均不发达,有一条明显超过爪的末端;爪四周的刚毛弯曲,顶端稍膨大;第一感棒(ω_1)细长。腹面胫节毛hT和膝节毛mG不甚明显,尚未呈刺状。

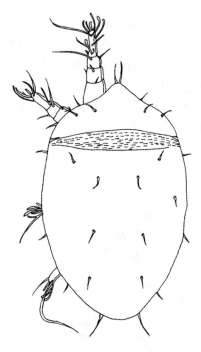 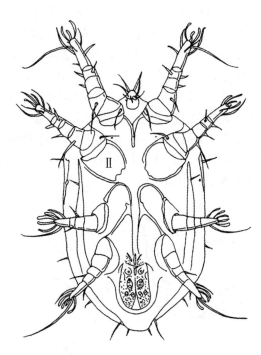

图2.34　食根嗜木螨(*Caloglyphus rhizoglyphoides*)休眠体背面

图2.35　食根嗜木螨(*Caloglyphus rhizoglyphoides*)休眠体腹面

Ⅱ:基节板Ⅱ

孳生习性:食根嗜木螨属高湿性螨类。温度22～26℃,相对湿度95%以上为最适孳生环境,湿度越高繁殖越快,可在潮湿霉变的食物中大量孳生。食根嗜木螨主要孳生场所为储粮仓库、潮湿草堆、饲料厂仓库、药材仓库,同时还栖息于鼠洞、蚁巢中,可借这些动物传播;主要的孳生物为大米、小麦、玉米、苡仁、淀粉、麦芽、米糠、谷糠、饲料以及大蓟、木通等中药材。

地理分布:国内主要分布于安徽、四川等省;国外主要分布于英国、德国、俄罗斯、加拿大、葡萄牙、捷克、安哥拉等国家和地区。

4. 奥氏嗜木螨(*Caloglyphus oudemansi* Zachvatkin,1937)

同种异名:*Caloglyphus krameri* Berlese,1881。

形态特征:同型雄螨长430～500 μm,异形雄螨长约450 μm,雌螨长530～775 μm。基节上毛(*scx*)较发达,呈扁平状,边缘有刺。跗节有一刚毛,在雄螨中有时可扩展为叶状。

同型雄螨:颜色和表皮纹理似伯氏嗜木螨,但体躯更长且不为鳞茎状(图2.36)。前足体板后缘几乎挺直,顶外毛(ve)位于前足体板的侧缘中间。胛外毛(sce)较胛内毛(sci)长2～3倍,sci间距与sci到sce的间距相等。基节上毛(scx)弯曲扁平,侧缘4～8条刺,扁平的表面可有少数倒刺,倒刺的位置及数目于不同个体中稍有差异。第一背毛(d_1)、第二背毛(d_2)、前侧毛(la)、肩内毛(hi)和肩腹毛(hv)均为光滑且硬直的短刚毛,有时末端较圆。第三背毛(d_3)、第四背毛(d_4)、后侧毛(lp)、骶外毛(sae)和骶内毛(sai)为末端尖细的长刚毛,sae至少是d_1的3倍长。腹面后端的肛后毛pa_1的间距与pa_3的间距几乎相等,pa_2位于pa_3的前内侧。足的形状及刚毛排序似伯氏嗜木螨,不同点:足 I 的第一感棒(ω_1)顶端稍膨大;侧中毛(r)为细长刚毛,顶端不膨大;正中端毛(f)顶端膨大为透明的叶状。足 IV 跗节上的吸盘离该节两端距离相等。阳茎管状,稍弯曲。

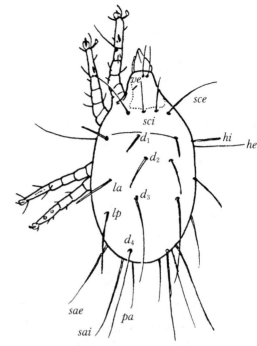

图2.36　奥氏嗜木螨(*Caloglyphus oudemansi*)♂背面
$ve,sce,sci,he,hi,d_1\sim d_4,la,lp,sae,sai,pa$:躯体的刚毛

　　异形雄螨:似同型雄螨,但更骨化,刚毛较长。足 III 膨大,跗节末端为一弯曲的表皮突,其基部有一个大刺。

　　雌螨:与雄螨相似,不同点:背毛较短;背毛d_3和d_4末端尖细。腹面,6对肛毛较微小,肛门孔距体躯后缘较远。足 I 、II 的正中端毛(f)的顶端不膨大为叶状。

　　休眠体:躯体长250～300 μm,近圆形,淡棕红色。背面拱形,边缘薄而透明(图2.37)。躯体刚毛细小而弯曲,顶外毛(ve)位于躯体前缘中央的小峰突上。颚体梨形,其端部鞭状鬃刺前突且超出前足体的前缘。胸、腹板由一条拱形横线分开,轮廓明显(图2.38)。足 II 表皮内突和基节内突后伸至拱形线,把足 II 基节板完全包围。足 III 基节板开放,在足 IV 表皮内突前端有刚毛1对。足 IV 基节板后缘为一条弧形线。吸盘板较小,位置较前。生殖孔两侧和足 I 、III 基节板也有吸盘。足 I 的第一感棒(ω_1)很长,向前延伸达爪的基部;背中毛(Ba)约与跗节等长。3条顶毛镰状;第二背端毛(e)长而弯曲,顶端膨大为杯状。胫节毛(hT)和膝节毛(mG)为无色的平板状刺,紧靠足的边缘。其余各足的刚毛相同,簇状围绕在爪基部。

　　孳生习性:奥氏嗜木螨属中温、高湿性螨类。其主要的孳生场所为湿草堆、腐烂植物、粮食加工厂潮湿墙角,同时还栖息于蚁巢及养鸡场中。主要孳生物为湿花生、陈面粉、霉苡仁等储藏粮食及地骨皮等中药材。

　　地理分布:国内主要分布于安徽、上海、湖南、江苏、四川等;国外分布于英国、意大利、俄罗斯、澳大利亚、印度、捷克、希腊等。

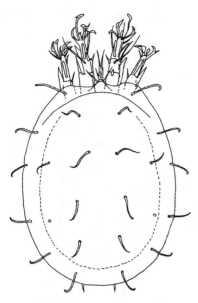

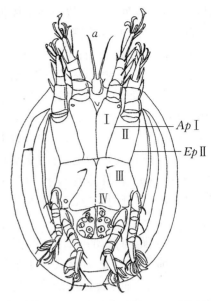

图2.37　奥氏嗜木螨(*Caloglyphus oudemansi*)休眠体背面

图2.38　奥氏嗜木螨(*Caloglyphus oudemansi*)休眠体腹面
*Ap*Ⅱ:足Ⅱ表皮内突;*Ep*Ⅱ:足Ⅱ基节内突;*a*:颚体的鬃刺;
Ⅰ~Ⅳ:基节板

八、根螨属

根螨属(*Rhizoglyphus* Claprarède,1869)特征:体色淡,表面光滑,椭圆形,足及螯肢具厚几丁质。顶外毛(*ve*)退化为微小刚毛,位于前足体板侧缘靠近中央处,或缺如。胛外毛(*sce*)较胛内毛(*sci*)长,*sci*可缺如。有基节上毛(*scx*)。前背板长方形,后缘不整齐。足Ⅰ基部有假气门器1对。足粗短,足Ⅰ和Ⅱ跗节的背中毛(*Ba*)圆锥形,与第一感棒(ω_1)相近;足Ⅰ跗节的亚基侧毛(*aa*)缺如,有些跗节端部刚毛末端可稍膨大。雌螨足较细。雄螨的躯体后缘不形成突出的末体板,足Ⅳ跗节粗短,端部有吸盘2个,末端有单爪。常发生异型雄螨和休眠体。

根螨属目前我国常见种类包括:罗宾根螨(*Rhizoglyphus robini*)、水芋根螨(*Rhizoglyphus callae*)、刺足根螨(*Rhizoglyphus echinopus*)和淮南根螨(*Rhizoglyphus huainanensis*)等。

1. 罗宾根螨(*Rhizoglyphus robini* Claparède,1869)

同种异名:*Rhizoglyphus echinopus* (Fumouze et Robin,1868) *sensu* Hughes,1961。

形态特征:同型雄螨长450~720 μm,异型雄螨长600~780 μm,雌螨长500~1100 μm。椭圆形,白色,表面光滑,附肢淡红棕色;前足体板长方形,后缘稍呈不规则状;腹面表皮内突的颜色较深。螯肢齿较明显。足短粗,末端为粗壮的爪和爪柄,退化的前跗节包裹着爪柄。

同型雄螨:螯肢具明显的齿。背面(图2.39),刚毛光滑,顶外毛(*ve*)为微毛或缺如。胛外毛(*sce*)、肩外毛(*he*)、背毛d_4和骶内毛(*sai*)较长,超过躯体长度的1/4;其余刚毛*sci*、d_1、d_2、*hi*、*la*不及躯体长的10%;背毛d_4、后侧毛(*lp*)和骶外毛(*sae*)比背毛d_1长且常存在。基节上毛像鬃毛,比d_1长。腹面,表皮内突色深。生殖孔位于足Ⅳ基节间,阳茎较短,被成对的生殖褶蔽遮,其支架近圆锥形。肛门孔较短,后端两侧有肛门吸盘无明显骨化的环。有肛后毛

（pa）3对，pa_1较位置稍后的pa_2和pa_3短，后者超出躯体后缘很多。足粗短，末端具粗壮的爪和柄；前跗节退化并包裹柄的基部。腹面的p、q、s、u、v为刺状，把柄的基部包围。足Ⅰ跗节的第一背端毛（d）、正中端毛（f）和侧中毛（r）弯曲，顶端稍膨大；第二背端毛（e）和腹中毛（w）为刺状，背中毛（Ba）为粗刺，位于芥毛（ε）之前；跗节基部的感棒ω_1、ω_2和ε相近，第三感棒（ω_3）位于正常位置，胫节感棒（φ）超出爪的末端，胫节毛（gT）加粗。膝节的膝外毛（σ_1）和膝内毛（σ_2）等长，腹面刚毛呈刺状。足Ⅳ跗节1/2处具1对吸盘。

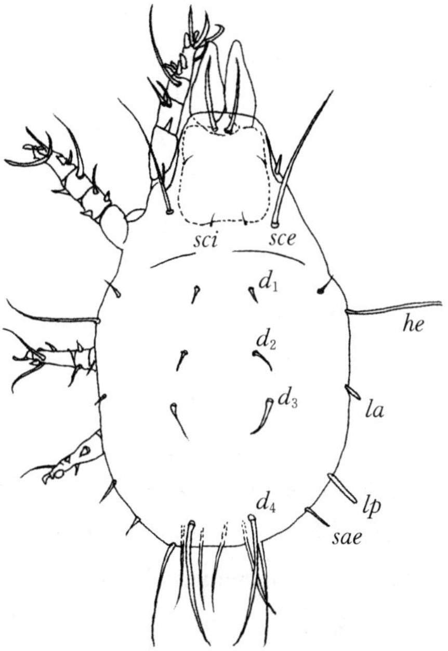

异型雄螨：与同型雄螨的区别：体形较大，颚体、表皮内突和足的颜色明显加深。背刚毛均较长。足Ⅰ、Ⅱ和Ⅲ的侧中毛（r），正中端毛（f）和第一背端毛（d）顶端膨大为叶状；足Ⅲ的末端有一弯曲的突起，这种变异仅发生于躯体的一侧。

雌螨：与雄螨相似，不同点：生殖孔位于足Ⅲ、Ⅳ基节水平。肛门孔周围有肛毛6对，位于外后方的1对肛毛较其余5对明显长。交配囊孔位于末端，被一块稍骨化的板包围，交配囊与受精囊由一条管道相连，受精囊由1对管道与卵巢相通。

休眠体：躯体长250～350 μm。与伯氏嗜木螨休眠体相似，不同点：颜色从苍白到深棕色，表皮有微小刻点，于顶毛周围明显。喙状突起明显，完全覆盖颚体。背面刚毛光滑（图2.40）。腹面胸板明显，足Ⅲ和Ⅳ基节板轮廓明显，与生殖板分离（图2.41）。足Ⅰ和Ⅲ基节有基节吸盘，生殖孔两侧有生殖吸盘和刚毛；吸盘板的2个中央吸盘较大，其余6个周缘吸盘

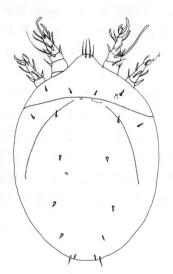

图2.39　罗宾根螨（*Rhizoglyphus robini*）♂背面
$sce,sci,he,d_1\sim d_4,la,lp,sae,sai$：躯体的刚毛

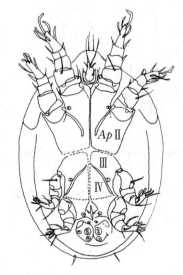

图2.40　罗宾根螨（*Rhizoglyphus robini*）休眠体背面

图2.41　罗宾根螨（*Rhizoglyphus robini*）休眠体腹面
ApⅡ：足Ⅱ表皮内突；Ⅲ，Ⅳ：基节板

大小一样。足粗短,足Ⅰ跗节的1条端部膨大的刚毛和5条叶状刚毛把爪包围。第一感棒(ω_1)较该足的跗节短,背中毛(Ba)刺状。足Ⅰ胫节的腹刺gT和hT比ω_1长。足Ⅳ跗节的第一背端毛(d)稍超出爪的末端。

孳生习性:罗宾根螨发育的最适宜温为27℃。孳生物广泛,可在植物的球茎、根茎等处发现该螨,如洋葱、大葱、韭葱、大蒜、细香葱、韭菜、石蒜、新西兰百合、欧洲油菜、野芋、苏铁、大丽花、胡萝卜、大麦、风信子、莺尾、鹰香百合、水仙、假山毛榉、稻、芍药、半夏、赤竹、黑麦、马铃薯、郁金香和玉米等。

地理分布:国内分布于上海、重庆、云南、新疆、江苏、浙江、江西、山西、吉林、四川、福建和台湾等;国外分布于韩国、日本、尼泊尔、印度、以色列、希腊、俄罗斯、波兰、德国、奥地利、瑞士、意大利、比利时、荷兰、英国、阿尔及利亚、埃及、南非、澳大利亚、新西兰、斐济、加拿大、美国、墨西哥、哥伦比亚等。

2. 水芋根螨(*Rhizoglyphus callae* Oudemans,1924)

同种异名:刺足根螨(*Tyrogtyphus echinopus* Fumouze&Robin,1868)或鸡冠根螨(*Rhizoglyphus callae* Oudemans,1924);路氏根螨(*Rhizoglyphus lucasii* Hughes,1948);*Rhizoglyphus echinopus*(Fumouze & Robin,1868)。

形态特征:雄螨长650~700 μm,雌螨长680~720 μm。与罗宾根螨相似。椭圆形,躯体白色,螯肢及足淡红色至棕色,表面光滑。前足体板长方形,后缘稍不规则。

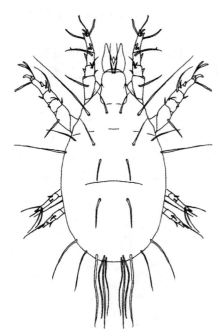

雄螨:与罗宾根螨略有区别。顶外毛(ve)为微刚毛,位于前足体板的侧缘中央。背面刚毛光滑且较长,超过体长的1/10。支撑阳茎的支架叉的角度大(图2.42)。

雌螨:与雄螨相似,交配囊被一个骨化明显的环包围,且直接与较大的形状不规则的受精囊相通。

休眠体:长250~370 μm,圆形或椭圆形,黄褐色,背腹扁平,口器退化,生殖孔下方有数对肛吸盘,足Ⅰ、Ⅱ显著缩短(图2.43,图2.44)。

孳生习性:常发生在水仙属(*Narcissus*)和小苍兰属(*Freesia*)的球茎上以及郁金香球茎和唐菖蒲属(*Gladiolus*)的球茎上。水芋根螨的寄主至少有14科28种,如洋葱、百合、马铃薯、甜菜、葡萄等,还有一些禾谷类等。尤其是喜食块茎、鳞茎、块根类植物的地下部分及其储藏物。

图2.42 水芋根螨(*Rhizoglyphus callae*)♂背面

地理分布:国内分布于吉林、江苏和浙江等;国外分布于美国、英国、匈牙利、俄罗斯、印度和日本等23个国家和地区。

 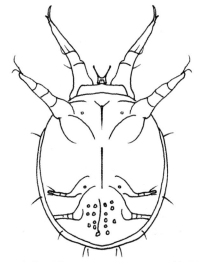

图2.43　水芋根螨（*Rhizoglyphus callae*）休眠体背面　图2.44　水芋根螨（*Rhizoglyphus callae*）休眠体腹面

九、狭螨属

狭螨属（*Thyreophagus* Rondani，1874）特征：椭圆形，体透明，体色随所食食物颜色的不同而改变。颚体宽大。无前背板，体表光滑少毛，成螨缺顶外毛（*ve*）、胛内毛（*sci*）、肩内毛（*hi*）、前侧毛（*la*）、第一背毛（d_1）和第二背毛（d_2）。雄螨体躯后缘延长为末体瓣，末端加厚呈半圆形叶状突，并位于躯体腹面同一水平。雌螨足粗短，末端具爪。足Ⅰ跗节的背中毛（*Ba*）和前侧毛（*la*）缺如；跗节末端有5个小腹刺，即*p*、*q*、*u*、*v*与*s*。前跗节大，且很发达，覆盖爪的一半。尚未发现休眠体和异型雄螨。

狭螨属目前记录的种类有3种：食虫狭螨（*Thyreophagus entomophagus*）、伽氏狭螨（*Thyreophagus gallegoi*）和尾须狭螨（*Thyreophagus cercus*）。

食虫狭螨（*Thyreophagus entomophagus* Laboulbene，1852）

同种异名：食虫粉螨（*Acarus entomophagus* Laboulbene，1852）；*Tyrophagus entomophagus* Laboulbenè & Robin，1862。也见Michael，1903。

形态特征：雄螨长290～450 μm，雌螨长455～610 μm。椭圆形，体狭长，表皮无色，光滑，螯肢、足淡红色，体色可随消化道中食物颜色而变。螯肢定趾与动趾间具齿，顶外毛（*ve*）、胛内毛（*sci*）、肩内毛（*hi*）、前侧毛（*la*）、第一背毛（d_1）和第二背毛（d_2）缺如。

雄螨：前足体板向后伸至胛毛处。躯体后缘延长成末体瓣。顶内毛（*vi*）着生于前足板前缘缺刻处。胛外毛（*sce*）最长，几乎为体长的一半。肩外毛（*he*）较后侧毛（*lp*）长。基节上毛（*scx*）曲杆状。背毛（d_4）移位于末体瓣基。生殖孔位于足Ⅳ基节之间。前侧有生殖毛2对。末体瓣扁平，腹凹，1对圆形肛门吸盘位于肛门后侧（图2.45）。足短而粗，各足跗节末端有1个柄状爪，爪被发达的前跗节所包围。足Ⅰ跗节第一感棒（ω_1）顶端变细，第二感棒（ω_2）杆状，位于第一感棒（ω_1）之前。端部背毛（*d*）超出爪末端，第二背端毛（*e*）为小刺。腹端刺5根（*p*、*u*、*s*、*v*、*q*）位于爪基部，其中内腹端刺（*p*）、外腹端刺（*q*）较小。足Ⅳ跗节很短，与吸盘靠紧，足Ⅳ胫节上的胫节感棒（φ）着生位置有1个刺。

雌螨：较雄螨细长。末体后缘尖，不形成末体瓣（图2.46）。顶内毛（*vi*）位于前足体板前

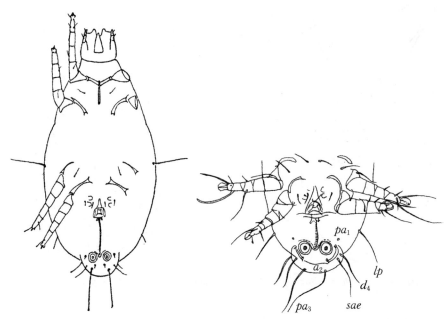

图2.45　食虫狭螨(*Thyreophagus entomophagus*)(♂)及其躯体后半部腹面

$pa_1 \sim pa_3, d_4, lp, sae$：躯体刚毛

缘中央,伸出螯肢末端,胛外毛(sce)毛长约为体长的40%。肩外毛(he)与后侧毛(lp)几乎等长。第四背毛(d_4)为第三背毛(d_3)的2倍。肛后毛(pa_3)为全身最长毛,几乎为体长的1/2。生殖孔位于足Ⅲ与Ⅳ基节之间,肛门伸展到体躯后缘。肛门两侧有2对长肛毛。交配囊孔位于体末端,一根环形细管与乳突状受精囊相连。

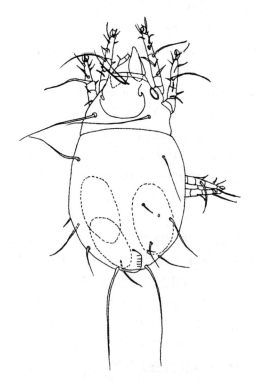

图2.46　食虫狭螨(*Thyreophagus entomophagus*)♀背面

孳生习性：多孳生于面粉加工厂、粮食仓库及啤酒厂等场所，另外在草堆、蒜头、芋头、槟榔、昆虫标本、部分中药材、麻雀窝也发现过该螨。

地理分布：国内主要分布于安徽、北京、福建、河北、河南、黑龙江、湖南、吉林、辽宁、上海、四川和台湾等；国外主要分布于波兰、德国、法国、美国、俄罗斯、意大利和英国等。

十、尾囊螨属

尾囊螨属（*Histiogaster* Berl，1883）特征：性二态现象明显，且躯体与颚体的比例可变。背面，顶外毛（ve）、胛内毛（sci）、肩内毛（hi）、前侧毛（la）、第一背毛（d_1）、第二背毛（d_2）及骶外毛（sae）缺如；胛外毛（sce）、肩外毛（he）、第三背毛（d_3）、第四背毛（d_4）、后侧毛（lp）和骶内毛（sai）均较长。足较长，跗节腹面中端毛（e）为大的锥形刺，爪粗大。

目前尾囊螨属主要种类仅有八宿尾囊螨（*Histiogaster bacchus*）1种。该螨首次在西藏八宿发现，故名八宿尾囊螨。

八宿尾囊螨（*Histiogaster bacchus* Zachvatkin，1941）

同种异名：无。

形态特征：雄螨长370～400 μm，雌螨长约500 μm。长椭圆形，表皮无色，螯肢和足淡棕色。末体向后伸展，后缘呈四叶形板状突起。

雄螨：有前、后背板，螯肢无基节上毛，格氏器是一个粗而弯曲的刺。背面（图2.47），ve、sci、hi、la、d_1、d_2及sae均缺如；胛外毛（sce）很长，超出螯肢顶端。第三背毛（d_3）为最短的刚毛。阳茎长，端部渐细稍弯曲，位于第Ⅳ对足基节之间。肛毛粗刺状。末体腹面有一对明显的吸盘，在吸盘之前有一对呈刺状的刚毛（图2.48）。足较长，足Ⅰ跗节的第一感棒（ω_1）为一细长的管状物，顶端稍膨大。在足Ⅳ跗节有一对跗节吸盘。

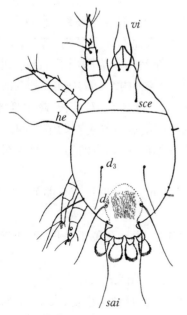

图2.47　八宿尾囊螨（*Histiogaster bacchus*）♂背面
d_3，d_4，sce，he，vi，sai：躯体刚毛

图2.48　八宿尾囊螨（*Histiogaster bacchus*）♂末体腹面扇形褶

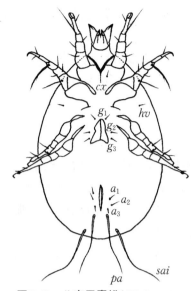

图2.49　八宿尾囊螨(*Histiogaster bacchus*)♀腹面

$hv,cx,g_1\sim g_3,pa,a_1\sim a_3,sai$:躯体的刚毛

雌螨:有前背板,末端无板状突起。第三背毛(d_3)不是最短的刚毛。生殖孔位于足Ⅲ、Ⅳ基节之间。肛毛3对,较短,肛后毛(pa)较长(图2.49)。

孳生习性:八宿尾囊螨喜欢孳生在储存葡萄酒的地窖及生产醋的工厂等,多发生在葡萄酒的液面表层和储存酒的木桶上,也可在醋厂的木板上大量繁殖。八宿尾囊螨孳生环境较为复杂,当孳生环境条件不利时,可大量产生休眠体。

地理分布:国内分布于广西、江西、四川和西藏等;国外分布于俄罗斯等。

十一、皱皮螨属

皱皮螨属(*Suidasia* Oudemans,1905)特征:阔卵形,表皮有细致的皱纹或饰有鳞状花纹。顶外毛(ve)为微小毛,着生于前足体板侧缘中央。胛内毛(sci)较短小,胛外毛(sce)是胛内毛(sci)长度的4倍以上,接近sci。后半体侧面刚毛完全,刚毛光滑且较短。足Ⅰ跗节顶端背刺缺如,有3个明显的腹刺,包括p、s、q;第一感棒(ω_1)呈弯曲长杆状。足Ⅱ跗节第一感棒(ω_1)短杆状,顶端膨大。雄螨躯体后缘不形成末体瓣,可能缺少交配吸盘。

皱皮螨属目前国内仅报道2个种,分别为纳氏皱皮螨和棉兰皱皮螨。

1. 纳氏皱皮螨(*Suidasia nesbitti* Hughes,1948)

同种异名:*Chbidania tokyoensis* Sasa,1952。

形态特征:雄螨长269~300 μm,雌螨长300~340 μm。表皮有纵纹,有时有鳞状花纹,并延伸至末体腹面,活体时具珍珠样光泽。螯肢具齿,腹面有一上颚刺。基节上毛(scx)有针状突起且扁平,格氏器为有齿状缘的表皮皱褶。胛外毛(sce)为胛内毛(sci)长度的4倍以上。肩外毛(he)和骶外毛(sae)较长,其余背毛均短,约与胛内毛(sci)等长;背毛d_1、d_2、d_3、d_4排成直线。腹面,表皮内突短。足粗短,足Ⅰ跗节的第一背端毛(d)较长,超出爪的末端;具5个腹端刺(u、v、p、q和s),其中u、v细长,p、q和s为弯曲的刺,s着生在跗节中间。跗节基部的刚毛和感棒较集中。足Ⅰ膝节的膝外毛(σ_1)不足膝内毛(σ_2)长度的1/3。足Ⅳ跗节的交配吸盘彼此分离,靠近该节的基部和端部。

雄螨:肛门孔周围有肛毛3对。阳茎位于足Ⅳ基节间,为一根长而弯曲的管状物。肛门孔达躯体后缘,肛门吸盘缺如(图2.50,图2.51)。

雌螨:肛门孔周围有5对肛毛,第3对肛毛远离肛门。生殖孔位于足Ⅲ、Ⅳ基节间。肛门孔伸达躯体末端(图2.52A)。

幼螨:体长约100 μm,足3对,表皮皱纹没有成螨明显(图2.52B)。

孳生习性:常孳生于仓储粮食或食物中。主要孳生物为稻谷、小麦、大米、小米、小麦粉、玉米粉、山芋粉、麸皮、肉干、青霉素粉剂、苔干等,也可在鸟类皮肤上、加工厂磨粉机、加工副产品与仓库下脚粮中发现。

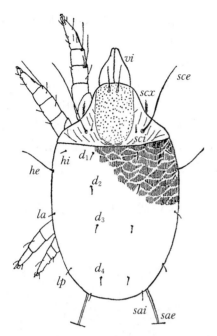

图2.50　纳氏皱皮螨(*Suidasia nesbitti*)♂背面
vi,*sce*,*sci*,*he*,*hi*,*d₁*~*d₄*,*la*,*lp*,*sae*,*sai*:躯体的
刚毛;*scx*:为基节上毛

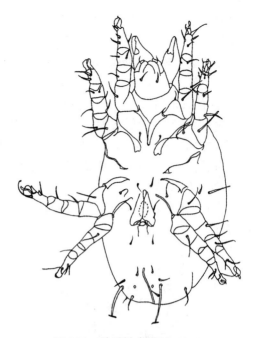

图2.51　纳氏皱皮螨(*Suidasia*
nesbitti)♂腹面

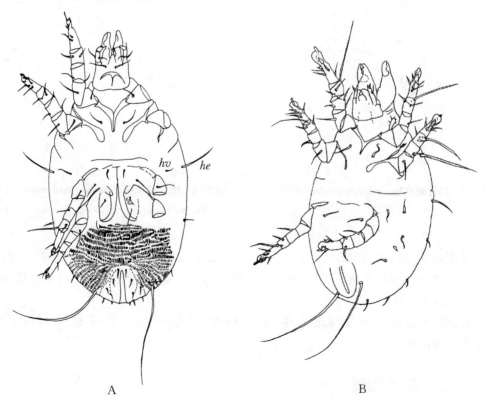

A   B

图2.52　纳氏皱皮螨(*Suidasia nesbitti*)♀腹面和幼螨腹侧面
A.雌螨腹面;B.幼螨腹侧面
hv,*he*:躯体刚毛

地理分布:国内分布于上海、北京、黑龙江、山东、河南、河北、湖北、四川、广东、广西、云南等;国外分布于英国、芬兰、比利时、意大利、葡萄牙、北美等。

2. 棉兰皱皮螨(*Suidasia medanensis* Oudemans,1924)

同种异名:*Suidasia insectorum* Fox,1950;*Suidasia pontifica* Fain & Philips,1978。

形态特征:雄螨长300~320 μm,雌螨长290~360 μm。与纳氏皱皮螨相似。

雄螨:形态似纳氏皱皮螨,不同点:表皮皱纹鳞片状,无纵沟。顶外毛(ve)在较前的位置,位于顶内毛(vi)和基节上毛(scx)间;肩内毛(hi)和肩外毛(he)等长。肛门孔接近躯体后端,肛门孔周围有肛毛3对,吸盘着生在肛门孔的两侧(图2.53)。足Ⅰ外腹端刺(u)、内腹端刺(v)和芥毛(ε)缺如。

雌螨:与雄螨不同点:肛门周围着生5对肛毛,且排列成直线,第3对肛毛远离肛门(图2.54)。

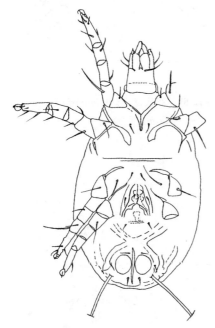

图2.53 棉兰皱皮螨(*Suidasia medanensis*)
♂腹面

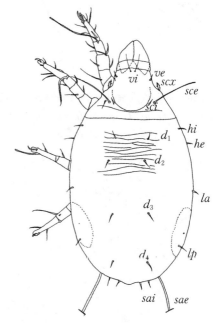

图2.54 棉兰皱皮螨(*Suidasia medanensis*)♀背面
$ve,vi,sci,sce,he,hi,d_1 \sim d_4,la,lp,sae,sai$:
躯体的刚毛;scx:基节上毛

孳生习性:常孳生于米糠、花生、豆类、玉米、大麦、面粉、酱油、火腿、干姜、百合、蘑菇、鱼粉、茶叶、大蒜、豆豉、洋葱头、烂芒果、羽毛、微生物培养基及各种糖食品中;在蜂巢、蚊子尸体上亦发现过该螨。

地理分布:国内分布于河北、河南、四川、陕西等;国外分布于英国、德国、安哥拉、北非、波多黎各等国家和地区。

十二、食粪螨属

食粪螨属(*Scatoglyphus* Berlese,1913)特征:顶外毛(ve)常缺如。背毛均呈棍棒状且具许多小刺。足Ⅰ、Ⅱ的背面有褶痕。肛板显著,其上着生有肛毛。雄螨肛门吸盘和足Ⅳ跗节吸盘常缺如。

目前仅有多孔食粪螨(*Scatoglyphus polytremetus*)1种。

多孔食粪螨(*Scatoglyphus polytremetus* Berlese,1913)

同种异名:无。

形态特征:雄螨长327~388 μm,雌螨长362~370 μm。躯体卵圆形。背毛短,呈棍棒状且长有许多小刺。顶内毛(vi)显著,顶外毛(ve)缺如。胛毛2对,胛外毛(sce)比胛内毛(sci)长3倍以上。肩外毛(he)与肩内毛(hi)等长。第一背毛(d_1)、第二背毛(d_2)以及第三背毛(d_3)等长,第四背毛(d_4)着生于后半体近后缘。骶内毛(sai)和骶外毛(sae)位于腹面。

雄螨:生殖孔在足Ⅲ、Ⅳ基节之间,具有生殖毛2对,第一对着生于生殖褶前端两侧,第二对着生于生殖褶两侧中央。肛板靠近生殖褶,其上有3对肛毛,长而光滑。肛后毛1对。跗节吸盘和肛吸盘缺如(图2.55)。

雌螨:形态与雄螨相似。肛毛5对,等长而光滑。交配囊周围有肛后板,肛后毛着生在肛后板两侧(图2.56)。

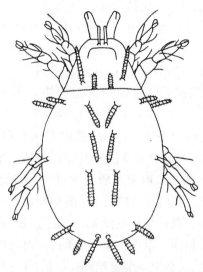 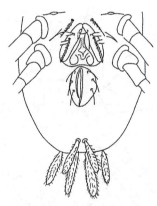

图2.55　多孔食粪螨(*Scatoglyphus* *polytremetus*)♂背面　　　　图2.56　多孔食粪螨(*Scatoglyphus* *polytremetus*)♀后半体腹面

孳生习性:多孔食粪螨多孳生于粮食仓库、面粉加工厂、米厂和中药材库等地方,孳生物为碎米、米糠、尘屑、中药材及腐烂的有机物,也可孳生在干鸡粪中。

地理分布:国内主要分布于广东、安徽、江苏、上海、四川等;国外分布于意大利等。

第二节　脂　螨　科

脂螨科(Lardoglyphidae Hughes 1976)雌螨足Ⅰ~Ⅳ各跗节具分叉的爪;雄螨足Ⅲ跗节末端有2个突起。雌、雄至少有1对顶毛;螯肢钳状,生殖孔纵裂,在足Ⅰ跗节,ω_1位于该节基部。跗节有2个爪,末端有2个突起。

脂螨属

脂螨属(*Lardoglyphus* Oudemans,1927)特征:螯肢色深,细长,剪刀状,齿软,无前足体板。顶外毛(*ve*)弯曲有栉齿,约为顶内毛(*vi*)长度的一半,且与*vi*在同一水平。基节上毛(*scx*)弯曲,有锯齿。胛外毛(*sce*)比胛内毛(*sci*)长。肛门两侧略靠中央各有1对圆形肛门吸盘,每个吸盘前有1根刚毛,肛后毛3对(pa_1、pa_2、pa_3)均较长,其中pa_3最长。所有足细长,均具前跗节,雌螨各足的爪分叉;足背面的刚毛不加粗成刺状。异型雄螨卵圆形,表皮光滑,乳白色。

脂螨属国内主要有扎氏脂螨(*Lardoglyphus zacheri*)和河野脂螨(*Lardoglyphus konoi*)。

1. 扎氏脂螨(*Lardoglyphus zacheri* Oudemans,1927)

同种异名:无。

形态特征:异型雄螨长430~550 μm,雌螨长450~600 μm。表皮光滑,乳白色,表皮内突、足和螯肢颜色较深。前足体无背板。背部多数刚毛基部明显加粗且无栉齿。

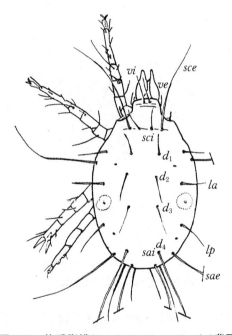

图2.57 扎氏脂螨(*Lardoglyphus zacheri*)♂背面
ve,*vi*,*sci*,d_1~d_4,*la*,*lp*,*sae*,*sai*:躯体刚毛

异型雄螨:基节上毛(*scx*)短小弯曲,有锯齿;胛内毛(*sci*)短,不超过胛外毛(*sce*)长度的1/4。格氏器为不明显的三角形表皮皱褶。肩内毛(*hi*)和肩腹毛(*hv*)短,不超过肩外毛(*he*)长度的1/4;背毛(d_1、d_2、d_3)、前侧毛(*la*)、后侧毛(*lp*)与胛内毛(*sci*)等长;背毛d_4、骶内毛(*sai*)和骶外毛(*sae*)较长,比d_3长3倍以上(图2.57)。腹面,表皮内突和基节内突角质化程度高,基节内突界限明显。肛门孔两侧具1对圆形吸盘,一弯曲骨片包围吸盘后缘。足细长,具发达前跗节,与分叉的爪相连。足Ⅰ中第一背端毛(*d*)最长,超出爪末端,腹面具3个腹端刺($q+v$、$p+u$和s);第三感棒(ω_3)长,几乎达前跗节的顶端。足Ⅲ跗节末端为2个粗刺。足Ⅳ跗节末端为一不分叉的爪,交配吸盘位于中央。

雌螨:躯体后端渐细,后缘内凹,表皮内突和基节内突的颜色较雄螨浅。躯体毛序与雄螨基本相同(图2.58),不同点:生殖孔为一纵向裂缝,位于足Ⅲ和足Ⅳ基节间。肛门未达躯体后缘,肛门周具5对短肛毛(*a*),a_3较长;肛后毛(*pa*)2对,较长,超过躯体末端,其中pa_2长度超过躯体的一半。在躯体后端,交配囊在体后端的开口为一小缝隙。交配囊与受精囊相连通。各足具分叉的爪,刚毛排列与雄螨相同。

休眠体:躯长230~300 μm,梨形,淡红色到棕色。背面(图2.59),拱形,前足体板具细致鳞状花纹;后半体板前宽后窄,前缘略凹,表面具细致的网状花纹,中后部表皮颜色加深并增厚。腹面(图2.60),凹形,骨化明显,足Ⅰ表皮内突愈合成短的胸板,足Ⅱ、Ⅲ和Ⅳ的表皮内突在中线分离。足Ⅰ、Ⅲ基节板和足Ⅱ、Ⅲ基节板间有3对圆孔。腹毛3对。吸盘板有2个较大的中央吸盘,4个较小的后吸盘(A、B、C、D),2个前吸盘(I、K)和4个较模糊的辅助吸盘(E、F、G、H)。足Ⅰ～Ⅲ末端具一单爪。足Ⅰ的毛序同成螨,但跗节的背中毛(Ba)缺如,膝节仅1条感棒(σ)。足Ⅳ较短,端跗节和爪由第1背端毛(d)、第3背端毛(e)和正中端毛(f)取代,有内腹端刺($q+v$)、外腹端刺($p+u$)和腹端刺(s)3个短腹刺。

孳生习性:属中温高湿型螨,最适宜的孳生条件为温度23℃,相对湿度87%。孳生物多为含蛋白质较为丰富的物质,如鱼干、咸鱼、鸭肫干、腊肉、皮革等动物制品,同时该螨也可在中药材瞿麦、海星、海燕、白芨、灵芝等储藏物中孳生,还可在皮蠹上发现。

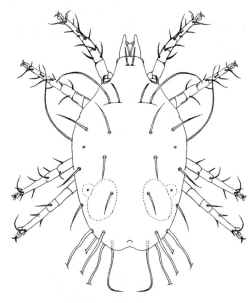

图2.58 扎氏脂螨(*Lardoglyphus zacheri*)♀背面

地理分布:国内主要分布于安徽、福建、广东、黑龙江、吉林、上海、四川和香港等;国外主要分布于英国、德国、墨西哥、澳大利亚、朝鲜、荷兰、美国、日本等。

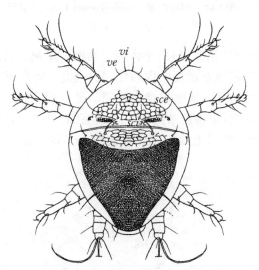

图2.59 扎氏脂螨(*Lardoglyphus zacheri*)休眠体背面
ve,*vi*,*sce*,*sci*:躯体刚毛

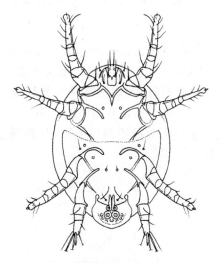

图2.60 扎氏脂螨(*Lardoglyphus zacheri*)
休眠体腹面

2. 河野脂螨(*Lardoglyphus konoi* Sasa et Asanuma,1951)

同种异名:*Hoshikadenia konoi* Sasa et Asanmua,1951。

形态特征:雄螨长300~450 μm,雌螨长400~550 μm。

雄螨:无前足体背板,与扎氏脂螨(*Lardoglyphus zacheri*)毛序相同,但第四背毛(d_4)、骶外毛(sae)、肛后毛(pa_1、pa_2)与第三背毛(d_3)等长(图2.61)。螯肢的定趾和动趾具小齿。围绕肛门吸盘的骨片向躯体后缘急剧弯曲,肛门前端两侧具肛毛(a)。足Ⅰ、Ⅲ和Ⅳ的爪不分叉,足Ⅲ跗节较短,端部有刚毛;足Ⅳ中央有交配吸盘。

雌螨:躯体刚毛的毛序与雄螨相似(图2.62),骶外毛(sae)和肛后毛(pa_1)较粗,受精囊呈三角形。

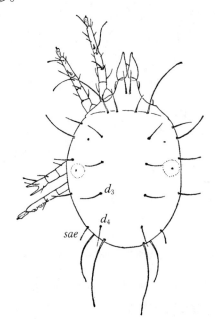

图2.61　河野脂螨($Lardoglyphus\ konoi$)♂背面　　图2.62　河野脂螨($Lardoglyphus\ konoi$)♀背面

d_3,d_4,sae:躯体刚毛　　　　　　　　　　d_4,sae:躯体刚毛

休眠体:长215~260 μm。与扎氏脂螨休眠体相似,但后半体板上的刚毛呈刺状,较粗(图2.63)。腹面(图2.64),足Ⅲ表皮内突向后延伸至足Ⅳ表皮内突间的刚毛。吸盘板的2个中央吸盘较小,周缘吸盘A和D被角状突起替代,辅助吸盘半透明。足Ⅰ、Ⅱ和Ⅲ的跗节细长。足Ⅰ和足Ⅱ跗节的正中端毛(f)呈叶状;足Ⅲ跗节除第一背端毛(d)外,其余刚毛均在顶端膨大成透明的薄片;足Ⅳ跗节有第二背端毛(e)、外腹端毛($p+u$)和1条r,均呈叶状。

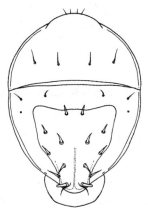

图2.63　河野脂螨($Lardoglyphus\ konoi$)

休眠体背面

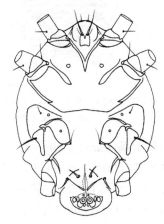

图2.64　河野脂螨($Lardoglyphus\ konoi$)

休眠体腹面

孳生习性:河野脂螨属中温高湿型螨,常孳生于含水量高、蛋白质高的物品中,如咸鱼、干鱼、火腿、肉松、花生等储粮,同时在中药材海龙、牛虻、地龙中也可孳生。

地理分布:国内分布于安徽、上海、广东、福建、四川、辽宁、黑龙江、吉林、贵州等;国外分布于日本、印度、英国、德国等。

(陶宁)

第三节　食甜螨科

食甜螨科(Glycyphagidae Berlese,1887)的螨体为长椭圆形,无背沟,前足体背板退化或缺如。表皮粗糙,或布有较小的突起。爪常插入端跗节的顶端,可缺如。雄螨常缺跗节吸盘和肛门吸盘。

食甜螨科的螨种营自由生活,常孳生于粮食或中药材仓库、小型哺乳动物的巢穴中,是一类重要的呈世界性分布的储藏物害螨。目前分为6亚科、12属、30种。亚科分别为:食甜螨亚科(Glycyphaginae Zachvatkin,1941)、栉毛螨亚科(Ctenoglyphinae ZachVatkin,1941)、嗜蝠螨亚科(Nycteriglyphinae Fain,1963)、钳爪螨亚科(Labidophorinae Zachvatkin,1941)、洛美螨亚科(Lomelacarinae Subfam,1993)、嗜湿螨亚科(Aeroglyphinae Zachvatkin,1941)。

食甜螨亚科特征:螨体具有较长的刚毛,上着生较密的栉齿;表皮具有微小颗粒。跗节细长,无背脊;足Ⅰ、Ⅱ胫节均着生有1~2根腹毛。雄螨的肛门吸盘与跗节吸盘缺如,阳茎不明显。

栉毛螨亚科特征:螨体的周缘刚毛较扁平,常为阔栉齿状、双栉齿状或叶状,并形成缘饰。表皮粗糙或布有较小的突起。跗节粗短,常具1条背脊;足Ⅰ胫节、足Ⅱ胫节均仅着生有1条腹毛(gT)。雄螨阳茎长,肛门吸盘与跗节吸盘缺如。无休眠体。

嗜蝠螨亚科特征:螨体较小且扁平,无背沟。表皮近无色,布有细纹。背毛较短,上着生有较细的栉齿。足短,前跗节呈球状,爪发达;足Ⅰ跗节常着生有2~3条感棒及1条芥毛(ε)。雄螨的肛门吸盘与跗节吸盘缺如。未发现休眠体。该亚科仅有嗜粪螨属(Coproglyphus)1属。

钳爪螨亚科特征:螨体的颚体被前足体前缘遮盖,从背面难以看到。表皮呈淡棕色,有的光滑,有的呈颗粒状,有的布有网状纹。背毛短小、光滑。足表皮内突常愈合成环状并围绕生殖孔。足具明显的脊条;足上着生的刚毛常具有栉齿,爪较小。该亚科仅有脊足螨属(Gohieria)1属。

洛美螨亚科特征:本亚科与钳爪螨亚科外形相似。不同的是:本亚科跗节无爪间突爪,足Ⅰ基节前方具明显的圆片状格氏器,其上具辐射状长分支;生殖孔着生于足Ⅲ、Ⅳ基节之间水平位置,被1对骨化的生殖板所蔽盖;具2对生殖吸盘,较微小,肛孔与生殖孔相连接。该亚科仅有洛美螨属(Lomelacarus)1属。

嗜湿螨亚科特征:螨体扁平,无背沟。表皮布有细致的条纹并在背面形成多个三角形状的刺。螨体刚毛略扁平,长度不等,多为体长度的1/5~1/2,其上着生密集的栉齿。该亚科仅有嗜湿螨属(Aeroglyphus)1属。

一、食甜螨属

食甜螨属(*Glycyphagus* Hering,1938)特征:前足体背板或头脊狭长;无背沟;足Ⅰ跗节不被亚跗鳞片(ρ)包盖,足Ⅰ膝节的膝内毛(σ₂)长于膝外毛(σ₁),约2倍以上,足Ⅰ、足Ⅱ胫节着生有2根腹毛。

食甜螨属常见种有6种:家食甜螨(*Glycyphagus domesticus*)、隆头食甜螨(*Glycyphagus ornatus*)、隐秘食甜螨(*Glycyphagus privatus*)、双尾食甜螨(*Glycyphagus bicaudatus*)、扎氏食甜螨(*Glycyphagus zachvatkini*)和普通食甜螨(*Glycyphagus destructor*)。

1. 家食甜螨(*Glycyphagus domesticus* De Geer,1778)

同种异名:*Acarus domesticus* De Geer,1778;*Oudemansium domesticus* Zachvatkin,1936。

形态特征:雄螨长320~400 μm,雌螨长400~750 μm。

雄螨:呈圆形,乳白色,螯肢和足颜色较深。表皮布有微小颗粒,正面观模糊。前足体背板缺如,但具有狭长的头脊,从螯肢基部伸展到顶外毛(*ve*)的水平上。螨体刚毛呈辐射状排列,直且硬,上着生较细的栉齿。基节上毛(*scx*)分叉大,分支长而细;胛内毛(*sci*)长于胛外毛(*sce*),位于同一水平线。具3对侧毛,3对肛后毛,2对骶毛。足Ⅰ表皮内突相连接,形成短胸板。足细长,具爪,各足的亚跗鳞片(ρ)被位于跗节中央的栉状刚毛*w*所代替。生殖孔位于足Ⅱ、Ⅲ基节之间。

雌螨:与雄螨相似(图2.65),不同点:体型大于雄螨。生殖孔可延展到足Ⅲ基节的后缘位置,长度小于肛门孔前端到生殖孔后端间的距离,一块较小的呈新月形状的生殖板覆盖于生殖褶的前端。具3对生殖毛,其中后1对生殖毛位于在生殖孔的后缘。具2对肛毛,位于肛门孔的前端。交配囊呈管状,在体后缘突出。

休眠体:常包裹在具网状花纹的第一若螨表皮内,躯体连皮壳总长度约330 μm,体呈卵圆形,跗肢呈芽状(图2.66)。

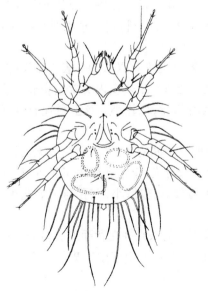

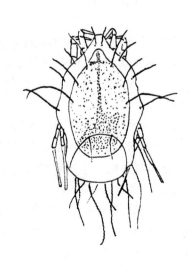

图2.65　家食甜螨(*Glycyphagus domesticus*)
♀腹面

图2.66　家食甜螨(*Glycyphagus domesticus*)
休眠体背面

孳生习性:该螨有性繁殖,在温度23～25℃、相对湿度80％～90％的条件下,约22天完成一代。常孳生于鸟窝、蜂巢、发霉粮食、仓库碎屑粮、畜棚干草堆等,可引起皮炎及哮喘疾病,是仓螨中比较重要的一种螨类。Joyeux等(1954)记载,此螨是鼠体内小链缘虫(*Catenotaenia pusilla*)传播的媒介。Davies(1926)记载,此螨可引起兔子耳朵溃疡。

地理分布:国内分布于上海、北京、江苏、四川、黑龙江、吉林等;国外分布于欧洲、加拿大、日本、澳大利亚等,为世界性广泛分布的储藏物害螨。

2. 隆头食甜螨(*Glycyphagus ornatus* Kramer,1881)

同种异名:无。

形态特征:雄螨躯长430～500 μm,雌螨躯体长540～600 μm。

雄螨:呈卵圆形,灰白或浅黄色。表皮布有微小颗粒。螨体在足Ⅱ、Ⅲ间处最宽,足Ⅳ以后渐窄。头脊类似于家食甜螨,中央宽阔处着生有顶内毛(vi)。螨体具有较长的刚毛,刚毛上着生密集的栉齿,且刚毛着生处基部角质化明显(图2.67)。基节上毛(scx)呈叉状且具分支,该螨的分叉比家食甜螨小,短而密。足Ⅰ、Ⅱ跗节均弯曲,其中足Ⅱ跗节弯曲更大,胫节及膝节端部膨。足Ⅰ、Ⅱ胫节上着生的胫节毛(hT)均变形为三角形状,其内缘分别具9～10个齿、4～5个齿。各足刚毛长且具栉齿。足Ⅰ膝节的膝内毛(σ_2)长于膝外毛(σ_1)。

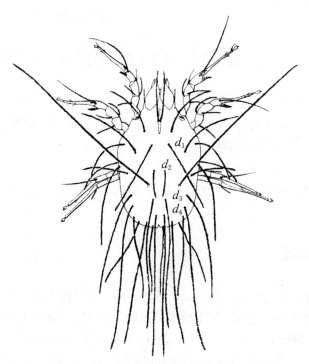

图2.67　隆头食甜螨(*Glycyphagus ornatus*)♂背面

$d_1～d_4$:背毛

雌螨:体略大于雄螨。生殖孔的后缘与足Ⅲ表皮内突处于同一水平线。交配囊在突出于体末端小丘突的顶端开口。足Ⅰ跗节的m、r、Ba和w集中着生,而家食甜螨的着生方式较为分散。足Ⅰ、足Ⅱ跗节不弯曲,且足Ⅰ、Ⅱ胫节的胫节毛(hT)正常(图2.68)。

孳生习性:此螨喜中温、嗜湿,在储粮温度23～24℃、水分15.8％～17％、相对湿度90％的条件下,16～22天完成一代。常孳生于小麦、草堆、油料种子及面粉残屑中,也在小型哺乳

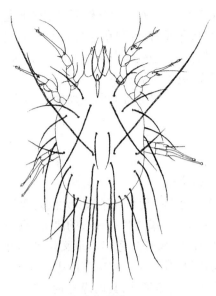

图2.68　隆头食甜螨(*Glycyphagus ornatus*)♀背面

动物巢穴、麻雀窝中发现过此螨。Zachvatkin(1936)在花蜂(*Bombus terrestris*)的蜂巢中发现过此螨。

地理分布:国内分布于四川、海南、安徽、贵州等;国外分布于英国、德国、荷兰、法国、意大利、波兰、以色列、捷克等。

3. 隐秘食甜螨(*Glycyphagus privatus* Oudemans,1903)

同种异名: *Glycyphagus cadaverum* Schrank,1781;*sensu* zachvatkin,1941。

形态特征:雄螨躯体长280~360 μm,雌螨躯体长370~450 μm。

雄螨:形态特征与家食甜螨相似,头脊向后方延伸到胛毛(sc),其前端骨化程度弱,前缘位置着生有顶内毛(vi)。背毛d_2与侧毛l_1处在同一水平线,位于d_3之前。足Ⅰ跗节的第二感棒(ω_2)短,约等长于芥毛(ε)。足Ⅰ膝节的膝外毛(σ_1)短,不到跗节第一感棒(ω_1)长度的1/2。

雌螨:生殖孔的长度大于从肛门孔到生殖孔间的距离,并向后方延伸到足Ⅳ基节臼的后缘位置。

孳生习性:在温度22~26 ℃,相对湿度80%~90%的条件下,21~28天完成一代。常孳生于仓库、麻雀窝中,也可在小麦、大麦、面粉、米糠、芝麻、山楂、党参、太子参、土茯苓、干姜皮、天仙子、月季花、山茶及碎屑粮中发现该 螨。

地理分布:国内分布于河南、河北、江苏、湖南、贵州、辽宁、黑龙江、吉林、安徽、广东、广西、上海、四川、江西、福建等;国外分布于英国、德国、荷兰、法国、意大利、俄罗斯、波兰、以色列和捷克等。

二、嗜鳞螨属

嗜鳞螨属(*Lepidoglyphus* Zachvatkin,1936)特征:前足体背面无头脊。各足的跗节均被1个具栉齿的亚跗鳞片(ρ)包裹;足Ⅰ膝节的膝内毛(σ_2)长于膝外毛(σ_1),约2倍以上;足Ⅰ、Ⅱ胫节上着生有2根腹毛。生殖孔着生于足Ⅱ、Ⅲ基节间的水平位置。

嗜鳞螨属主要种类有害嗜鳞螨(*Lepidoglyphus destructor*)、米氏嗜鳞螨(*Lepidoglyphus michaeli*)和棍嗜鳞螨(*Lepidoglyphus fustifer*)。

1. 害嗜鳞螨(*Lepidoglyphus destructor* Schrank,1781)

同种异名: *Acarus destructor* Schrank, 1781; *Glycyphayus anglicus* Hull, 1931; *Acarus spinipes* Koch, 1841; *Lepidoglyphus cadaverum* (Schrank, 1781) *Sensu* Tiirk & Türk, 1957; *Glycyphayus destructor* (Schrank) *sensu* Hughes, 1961。

形态特征:雄螨躯体长350~500 μm,雌螨躯体长400~560 μm。

雄螨:呈长梨形,在足Ⅳ以后渐窄。灰白色,表皮布有微小乳突。螨体刚毛直立较硬,且均具密集的栉齿。顶内毛(vi)长度超出螯肢顶端很多,顶外毛(ve)位于顶内毛(vi)很后的部位,两者间距约等于与胛内毛之间的距离。基节上毛(scx)分支数目多且呈二叉杆状。背毛d_2、d_1和d_4位于同一直线上(图2.69)。足Ⅰ的表皮内突相连接,形成短胸板,足Ⅱ基节内突有1粗壮的前突起,足Ⅲ、足Ⅳ表皮内突退化。各足均细长,尤其是足Ⅲ、Ⅳ最长,胫、膝、股节的端部常形成薄框。各足跗节被1个具栉齿的亚跗鳞片(ρ)包裹。足Ⅲ、足Ⅳ胫节的腹毛hT,不着生在关节膜的边缘。生殖孔着生于足Ⅲ基节间,前面具三角形的骨板,具3对生殖毛。肛孔向后延伸至体后缘,具1对肛前毛。

雌螨:形态与雄螨相似,不同点:生殖褶部分相连接,一块新月形的生殖板覆盖于生殖褶的前端;第3对生殖毛(g_3)着生于生殖孔后缘的同一水平位置,在足Ⅲ、足Ⅳ表皮内突间。

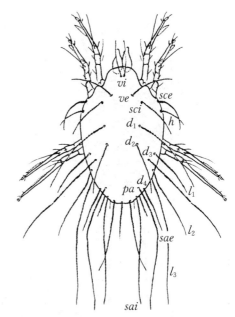

图2.69 害嗜鳞螨(*Lepidoglyphus destructor*)♂背面
$ve,vi,sce,sci,h,d_1\sim d_4,l_1\sim l_3,sae,sai,pa$:躯体的刚毛

交配囊状呈短管,部分边缘为叶状。肛门向后延伸到体末端,前端的两侧具2对肛毛(图2.70)。

休眠体:不活动,包裹在第一若螨的表皮中。躯体连皮壳的总长度约350 μm,躯体呈卵圆形,无色。背面具1条明显的横向裂缝,将躯体分为前足体与后半体两部分。足退化。足Ⅰ、足Ⅱ表皮内突略骨化,足Ⅳ间存在生殖孔的痕迹。足Ⅰ~足Ⅲ的爪与跗节约等长,足Ⅳ的爪则较短。足Ⅰ跗节基部有一相当于感棒ω_1的长感棒,足Ⅱ跗节的为短感棒。(图2.71,图2.72)。

孳生习性:该螨是最常见的危害粮油及其他储藏物螨类之一,该螨爬行快,最适繁殖温度为24~26 ℃。在不适宜条件下,可形成休眠体。可在燕麦、黑麦、小麦、大麦、干果等中孳生;还活跃在田野或长期堆放谷物、稻草和干草的堆垛;在已死的昆虫、晒干的哺乳动物毛皮以及啮齿类和野蜂的巢穴中等均发现过此螨。

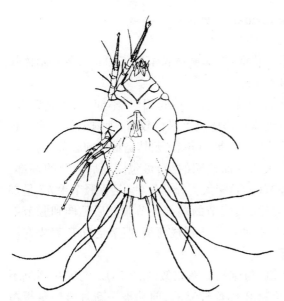

图2.70 害嗜鳞螨(*Lepidoglyphus destructor*)♀腹面

地理分布:国内分布于安徽、广西、贵州、黑龙江、湖北、湖南、吉林、江苏、辽宁、山东、陕西、上海和四川等;国外分布于德国、法国、荷兰、加拿大、日本、英国等,是世界性广泛分布的储藏物害螨。

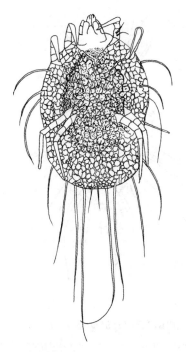

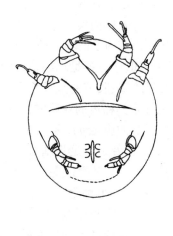

图2.71　害嗜鳞螨(*Lepidoglyphus destructor*)　　　　图2.72　害嗜鳞螨(*Lepidoglyphus destructor*)
休眠体腹面,包裹在第一若螨的表皮中　　　　　　　　　不活动休眠体腹面

2. 米氏嗜鳞螨(*Lepidoglyphus michaeli* Oudemans,1903)

同种异名:*Glycyphagus michaeli* Oudemans,1903。

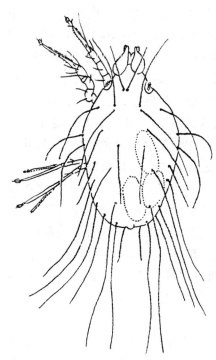

形态特征:雄螨躯体长450~550 μm,雌螨躯体长700~900 μm。

雄螨:形状与害嗜鳞螨相似,不同点:体型较大,行动较迅速。螨体刚毛栉齿较密,胛内毛(*sci*)明显长于顶内毛(*vi*)。足的各节(尤其是足Ⅳ的胫节与膝节)顶端膨大为薄而透明的缘,可包围随后一节的基部。足Ⅲ膝节(*mG*)膨大为栉状鳞片,足Ⅳ胫节毛*hT*呈加粗状,多毛,其胫节的端部关节膜向后延伸到胫节毛*hT*的基部,两边表皮形成薄板,胫节毛(*hT*)着生在深缝基部。

雌螨:与雄螨形态相似(图2.73)。与害嗜鳞螨不同点:生殖孔位置较靠前,前端被一新月形生殖板覆盖,后缘与足Ⅲ表皮内突前端在同一水平,后1对生殖毛离生殖孔较远。交配囊为不明显的短管。

休眠体:躯体长约260 μm,休眠体为梨形,包裹在第一若螨的表皮中,表皮可干缩并饰有网状花纹。跗肢退化,无吸盘板,稍能活动。

孳生习性:在温度为23 ℃,谷物含水量为15.5%时,约20天完成一代。在储藏物中,米氏嗜鳞螨不及

图2.73　米氏嗜鳞螨(*Lepidoglyphus michaeli*)♀背面

害嗜鳞螨普遍,但在自然环境里,它分布广泛,常孳生于脱水蔬菜、饲料、牲畜棚的草堆、啤酒酵母、啮齿类和食虫动物的巢穴。

地理分布:国内分布于安徽、广西、贵州、黑龙江、湖北、湖南、吉林、江苏、辽宁、山东、陕西、上海和四川等;国外分布于保加利亚、德国、英国、法国、荷兰、匈牙利、英国、捷克、瑞典等。

三、澳食甜螨属

澳食甜螨属(*Austroglycyphagus* Fain & Lowry,1974)特征:无头脊,无背沟,表皮布有细小颗粒。各足跗节均被1个具栉齿的亚跗鳞片(ρ)包裹,正中毛(m)、背中毛(Ba)和侧中毛(r)着生在跗节基部的1/2处。足Ⅰ膝节的膝外毛(σ_1)长度与膝内毛(σ_2)相等。胫节短,为相邻膝节长度的1/2;足Ⅰ、Ⅱ胫节着生有1根腹毛。每个发育阶段,在前侧毛(la)与后侧毛(lp)间的螨体边缘具有侧腹腺体,其内含有红色液体,具有较高的折射率。

澳食甜螨属是Hughes从食甜螨属(*Glycyphagus*)中将其分出的。当前记录的仅膝澳食甜螨(*Austroglycyphagus geniculatus*)1种。

膝澳食甜螨(*Austroglycyphagus geniculatus* Vitzthum,1919)

同种异名:*Glycyphagus geniculatus* Hughes,1961。

形态特征:雄螨体长约433 μm,雌螨体长430~500 μm。

雄螨:形态与家食甜螨相似,不同点为:表皮布有微小颗粒,顶内毛(vi)基部的周围表皮光滑,并形成前足体板。顶外毛(ve)比顶内毛(vi)位置靠前,背面观其可将颚体包围。除背毛d_1为光滑状外,螨体背面的刚毛上均着生有细密的栉齿。体边缘的侧腹腺较大,其内含折射率高的红色液体。足均细长;胫节较短,常不足相邻膝节长度的一半。各足跗节被1个具栉齿的亚跗鳞片(ρ)包裹;足Ⅰ跗节的感棒(ω_1)较长,略弯曲;背中毛(Ba)、正中毛(m)和侧中毛(r)着生在跗节基部的1/2处。足Ⅰ胫节感棒(φ)最长,略呈螺旋状;足Ⅱ胫节的(φ)短直;足Ⅲ、Ⅳ胫节的(φ)长度不及跗节长度的一半,足Ⅰ、Ⅱ胫节无胫节毛(hT)。足Ⅰ膝节的膝外毛(σ_1)长度与膝内毛(σ_2)相等。

雌螨:形态类似于雄螨(图2.74),不同点为:生殖毛在生殖孔之后着生;交配囊呈管状,较为粗短。

孳生习性:常孳生于有机质较为丰富的场所,如鸟窝、屋舍和蜂房等,也可在粮食、菜种、干果、花生饼和饲料等中发现。

地理分布:国内分布于安徽、福建、广西、河南、江西、云南等;国外分布于英国、非洲东部及扎伊尔等。

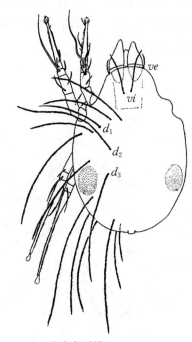

图2.74　膝澳食甜螨(*Austroglycyphagus geniculatus*)♀背面
ve,*vi*,*d₁*~*d₃*:躯体的刚毛

四、无爪螨属

无爪螨属(*Blomia* Oudemans,1928)特征:无头脊或前足体背板;顶外毛(*ve*)与顶内毛(*vi*)的距离较近;无栉齿状亚跗鳞片;无爪;足Ⅰ膝节仅有1根感棒(σ);生殖孔着生于足Ⅳ基节之间。

无爪螨属常见的种类有弗氏无爪螨(*Blomia freemani*)和热带无爪螨(*Blomia tropicalis*)。

1. 弗氏无爪螨(*Blomia freemani* Hughes,1948)

同种异名:无。

形态特征:雄螨体长320～350 μm,雌螨体长440～520 μm。

雄螨:近似椭圆形,在足Ⅱ和足Ⅲ之间最为宽阔,向后渐窄。表皮无色,布有微小突起。无头脊,或前足体背板缺如,表皮内突为较为细长的骨片,足Ⅰ表皮内突在中线位置相连。螨体刚毛上着生有密集的栉齿,顶内毛(*vi*)与顶外毛(*ve*)的距离较近。基节上毛(*scx*)呈密集分支状。螯肢较大且骨化完全,动趾具2个齿;定趾具2个大齿和2个小齿。各足跗节均细长,可超过胫节与膝节的长度之和,前跗节呈叶状,爪缺如。各足的胫节感棒(φ)明显较长,可超过前跗节的末端;足Ⅳ胫节的感棒(φ)着生于中间位置。足Ⅰ膝节仅着生1根感棒(σ),足Ⅱ、Ⅲ膝节感棒缺如。足Ⅳ跗节细窄,其较大的关节膜与胫节相连,形成一定的角度(图2.75)。

雌螨:形态类似于雄螨(图2.76),不同点为:生殖褶呈斜向生长,可遮蔽生殖孔。2对生殖感觉器着生于生殖褶的下侧,具3对生殖毛。具6对肛毛,其中2对位于肛门之前,4对位于肛门之后。具2对较长的肛后毛(*pa*),其上着生有栉齿。交配囊呈较长的管状,末端开裂。

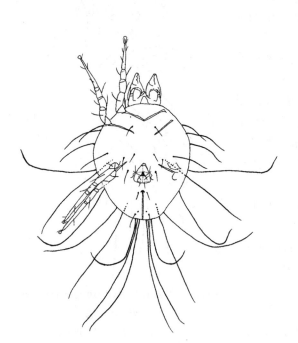

图2.75 弗氏无爪螨(*Blomia freemani*)♂腹面

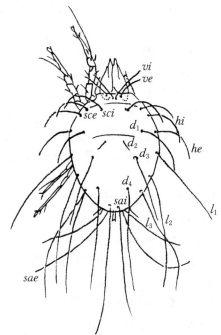

图2.76 弗氏无爪螨(*Blomia freemani*)♀背面
ve,vi,sce,sci,he,hi,d₁~d₄,l₁~l₃,sae,sai:躯体的刚毛

孳生习性:在温度20~26 ℃、谷物水分15%~17%、相对湿度85%以上的条件下,21~28天完成一代。此螨多孳生于阴暗、有机质丰富的环境中,如房舍、谷物仓库、面粉厂及中药材仓库等。

地理分布:国内分布于湖南、江苏、上海、四川、浙江、福建等;国外分布于热带和亚热带地区,如北爱尔兰、英格兰等。

2. 热带无爪螨(*Blomia tropicalis* Van Bronswijk,de Cock & Oshima,1973)

同种异名:无。

形态特征:雄螨体长320~350 μm,雌螨体长440~520 μm。

雄螨:近似椭圆形,足Ⅱ、Ⅲ之间最宽。形态类似于弗氏无爪螨,无头脊或前足体背板,顶外毛(ve)与顶内毛(vi)的距离较近;无栉齿状亚跗鳞片;无爪;生殖孔位于足Ⅲ、Ⅳ基节之间。具3对生殖毛,其中第2对生殖毛(g_2)间距近。阳茎呈弯曲的管状,由2块基骨片支撑。在肛门前端和后端两侧各有一对肛毛(a_1、a_2),较光滑。在体末端具1对肛后毛(pa_3),较长且具栉齿(图2.77)。足Ⅲ、Ⅳ感棒缺如,足Ⅳ跗节常弯曲,刚毛退化。

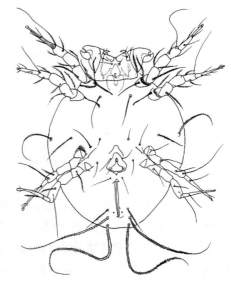

图2.77 热带无爪螨(*Blomia tropicalis*)♂腹面

雌螨:刚毛排列类似于雄螨(图2.78,图2.79),不同点为:生殖褶呈斜向生长,可遮蔽生殖孔。2对生殖感觉器着生于生殖褶的下侧,具3对生殖毛。具6对肛毛,其中2对位于肛门之前,4对位于肛门之后。具2对较长的肛后毛(pa),其上着生有栉齿。交配囊呈较长的管状,略弯曲,末端渐细窄。

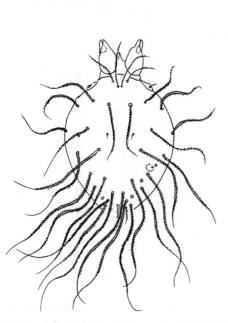

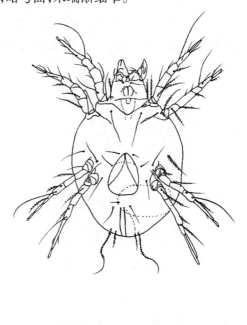

图2.78 热带无爪螨(*Blomia tropicalis*)♀背面　图2.79 热带无爪螨(*Blomia tropicalis*)♀腹面

孳生习性:最适温度为26℃、相对湿度80%。常孳生在屋宇、空调隔尘网、床尘等人居环境中,还可在中药材仓库或小麦、大米等储藏谷物中发现。

地理分布:国内分布于安徽、广东、海南、河南、湖南、江苏、内蒙古、上海、四川、台湾、香港及浙江等;国外分布于热带和亚热带地区,如北爱尔兰、马来西亚、南美、新加坡、印度尼西亚及英格兰等。

五、重嗜螨属

重嗜螨属(*Diamesoglyphus* Zachvatkin,1941)特征:螨体近圆形,表皮粗糙,布有细小颗粒。螨体背面着生有细长的刚毛,呈扁平状,具栉齿,宽度有变异。足Ⅰ膝节仅有1根感棒(σ)。雄螨阳茎较短。无休眠体。

重嗜螨属有媒介重嗜螨(*Diamesoglyphus intermedius*)和中华重嗜螨(*Diamesoglyphus chinensis*)。

媒介重嗜螨(*Diamesoglyphus intermedius* Canestrini,1888)

同种异名:无。

形态特征:雄螨体长约400 μm,雌螨体长约600 μm。

雄螨:形状类似于食酪螨,淡棕色。背面观可清晰的看到螯肢(图2.80)。具背沟。表皮粗糙,有微小突起。足Ⅰ表皮内突相连接,形成短胸板,足Ⅱ、足Ⅲ和足Ⅳ的表皮内突分离。阳茎着生于足Ⅳ基节之间。未见生殖褶和生殖感觉器。螨体的后缘略钝圆。背面着生的刚毛均扁平,呈双栉状,主干的基部有的具刺。足均细长,末端的端跗节均具爪,呈痕迹状;足Ⅰ、Ⅱ的跗节与胫节的背面均有1条纵脊。足Ⅰ胫节的感棒φ明显长于其他足胫节的感棒;足Ⅰ和足Ⅱ胫节仅着生1根腹毛(*gT*)。足Ⅰ膝节有1根感棒(σ)。

雌螨:形态类似于雄螨,不同点为:螨体的后缘较雄螨更为细窄。足Ⅲ、Ⅳ的表皮内突可延伸到骨化的围生殖环,围生殖环围绕着生殖孔。呈三角形的生殖板遮盖着生殖孔的前缘。生殖褶和生殖感觉器较为明显。交配囊呈细管状(图2.81)。

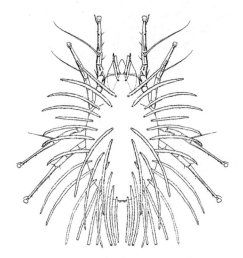

图2.80　媒介重嗜螨(*Diamesoglyphus intermedius*)♂背面

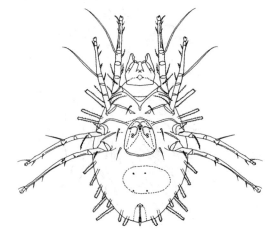

图2.81　媒介重嗜螨(*Diamesoglyphus intermedius*)♀腹面

孳生习性：常孳生于有机质丰富的环境中，如储粮仓库、鸟巢及草堆等。李孝达(1988)曾在河南省的一家啤酒与皮革加工厂中发现该螨。

地理分布：国内分布于河南、黑龙江、湖南、吉林、江苏、辽宁和四川等；国外分布于德国、意大利和英国等。

六、栉毛螨属

栉毛螨属(*Ctenoglyphus* Berlese,1884)特征：常无背沟,部分螨种具背沟。螨体边缘常为双栉齿状毛,有时为叶状。表皮较为粗糙。足Ⅰ膝节上着生有感棒σ_1和感棒σ_2。性二态现象明显。雄螨较雌螨小,呈圆形,阳茎长。雌螨体较扁平,突出在颚体上。雌螨背表皮布有不规则的突起。

栉毛螨属主要种类有羽栉毛螨(*Ctenoglyphus plumiger*)、棕栉毛螨(*Ctenoglyphus palmifer*)、卡氏栉毛螨(*Ctenoglyphus canestrinii*)和鼠栉毛螨(*Ctenoglyphus myospalacis*)。

1. 羽栉毛螨(*Ctenoglyphus plumiger* Koch,1835)

同种异名：*Acarus plumiger* Koch,1835。

形态特征：雄螨体长190~200 μm,雌螨体长280~300 μm。

雄螨：近似梨形,淡红色,无肩状突起,表皮部分布有微小颗粒(图2.82)。足Ⅰ~Ⅳ的表皮内突骨化完全,并形成一个呈三角形的区域,略呈弯曲状的阳茎着生于这个区域内。背刚毛窄长呈辐射状排列,均为双栉状,分支自由。背毛d_3和d_4特别长,d_1和d_2等长。足粗长,足的末端具前跗节,具爪。足Ⅰ、Ⅱ跗节背面有明显的脊;跗节感棒(ω_1)着生在脊基部的细沟上,感棒(ω_2)和芥毛(ε)在其两侧,感棒(ω_3)在前跗节基部;其他跗节刚毛均细短,足Ⅰ胫节上的感棒(φ)较粗长。足Ⅰ膝节的感棒(σ_2)明显长于(σ_1),约为其4倍。足Ⅰ、Ⅱ胫节仅着生1根腹毛;足Ⅰ、Ⅱ膝节着生2根腹毛。

雌螨：似五角形,背面布有不规则疣状突起(图2.83)。前足体的前端可遮盖颚体。足Ⅰ

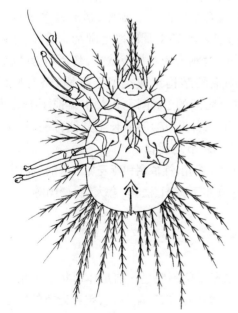

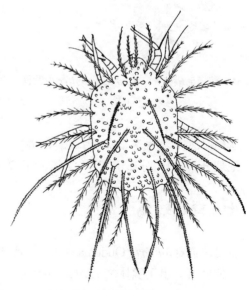

图2.82　羽栉毛螨(*Ctenoglyphus plumiger*)♂腹面

图2.83　羽栉毛螨(*Ctenoglyphus plumiger*)♀背面

表皮内突发达相连接,形成短胸板,足Ⅱ～Ⅳ表皮内突末端相互分离;足Ⅱ基节内突短,可与足Ⅲ表皮内突相愈合。生殖孔较大,较长可向后延伸到足Ⅲ基节臼的后缘,生殖板发达。交配囊基部较为宽阔,具微小疣状突起。螨体刚毛长于雄螨,周缘刚毛的主干有明显的直刺,且与主干不垂直。足较细,胫节感棒(φ)不发达。

孳生习性:羽栉毛螨孳生于有机质丰富的环境中,如居室、粮食、饲料、中药材、草堆、鱼粉和蜂巢残屑等,可在木料碎屑、潮湿的墙角灰尘、谷壳、小麦残屑、牲畜棚的尘屑、草屑、干牛粪、鱼粉、中药材、动物饲料等中发现。

地理分布:国内分布于辽宁、黑龙江、湖南、江苏、吉林和四川等;国外分布于英国、法国、德国、荷兰、意大利、澳大利亚等。

2. 棕栉毛螨(*Ctenoglyphus palmifer* Fumouze & Robin,1868)

同种异名:无。

形态特征:雄螨躯体长180～200 μm,雌螨体长约260 μm。躯体刚毛多为叶状,分支由透明的膜连在一起,膜边缘加厚。在足Ⅱ之后有一明显横沟;表皮淡黄色,有颗粒状纹理。躯体刚毛主要为周缘刚毛。足上无脊;足Ⅰ膝节的膝外毛(σ_1)等长于膝内毛(σ_2)。

雄螨:淡黄色,呈方形,两侧缘略平直,几乎互相平行。足Ⅱ之后有明显背沟。螨体刚毛主要为周缘刚毛,多为叶状,每一根刚毛由中央较为粗糙的主干及分支毛刺组成,透明的膜将这些分支毛刺连接起来。"叶"的两半部分不是完全对称的,边缘加厚,或可形成小突起。第三背毛(d_3)与3对侧毛l_3、l_4、l_5均较细长,具栉齿。第四背毛(d_4)、骶内毛(*sai*)和骶外毛(*sae*)均大。

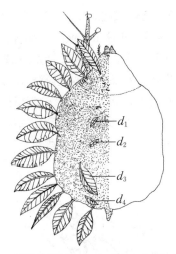

图2.84　棕栉毛螨(*Ctenoglyphus palmifer*)♀背面
d_1～d_4:背毛

雌螨:形态类似于与雄螨(图2.84),不同点:雌螨后半体的表皮加厚,形成许多不规则状的隆起。具13对周缘刚毛围绕着螨体,除最前面的1对刚毛为双栉齿状外,其余均为叶状。叶状刚毛的结构组成类似于雄螨,略有些区别:位于骶区的1对刚毛相对于其他刚毛更为尖窄;第三背毛(d_3)明显长于其他背毛;足Ⅰ、Ⅱ胫节和跗节均无脊。

孳生习性:棕栉毛螨常发现于地窖的墙角尘土、锯屑、谷壳、牲畜棚和燕麦加工厂的残屑中。

地理分布:国内分布于安徽、江苏、河南等;国外分布于英国、法国、意大利、德国等。

七、脊足螨属

脊足螨属(*Gohieria* Oudemans,1939)特征:性二态现象不明显。前足体形状似三角形,向前延伸并可突出于颚体之上,无前足体板或头脊。表皮近棕色,略骨化,布有光滑的短毛。足表皮内突呈细长状并相互连结,绕生殖孔形成环状物。足膝节与胫节的背面均具明显脊条,股节与膝节的端部均呈膨大状。雌螨有气管(tracheal tube)。

脊足螨属隶属于钳爪螨亚科,目前我国仅有棕脊足螨($Gohieria\ fuscus$)一种。

棕脊足螨($Gohieria\ fuscus$ Oudemans,1902)

同种异名:$Ferminia\ fusca$ Oudemans,1902;$Glycyphagus\ fuscus$ Oudeman,1902。

形态特征:雄螨躯体长300~320 μm,雌螨躯体长380~420 μm。

雄螨:近似椭圆形,棕色。表皮布有微小颗粒及光滑的短毛。背面观,前足体向前延伸,可遮盖颚体。后半体背面前缘有一横褶(transverse pleat)。足Ⅰ表皮内突相连形成短胸板(short sternum),短胸板与足Ⅱ~Ⅳ表皮内突愈合成绕生殖孔的环状物,但背面、腹面的连接处均是无色的。各足粗短,膝节与胫节的背面具脊条,很明显,故称之为脊足螨。足Ⅲ、Ⅳ明显弯曲,端跗节较长。足Ⅰ胫节的鞭状感棒(φ)特长,其他足胫节的φ依次渐短。足Ⅰ膝节上着生的膝节感棒(σ_1)明显长于(σ_2)。生殖孔着生于足Ⅳ基节之间的位置,阳茎呈管状。肛门孔可后伸到体末端,前端有1对刚毛(图2.85)。

雌螨:与雄螨相比,雌螨体型更大,形状更接近方形,体色较浅,刚毛较细,足更细长,背面的足脊更为明显。活螨具1对发达气管,里面充满空气,其分支前端膨大成囊状,后面的部分较长,呈弯曲状,可相互交叉但不连接。足Ⅰ表皮内突与呈横向的生殖板愈合;足Ⅱ表皮内突几乎接触围生殖环;足Ⅲ、Ⅳ表皮内突内面相连。生殖孔着生于足Ⅰ~Ⅲ基节之间。生殖褶较大,着生于足Ⅰ~Ⅳ基节之间,其下面有2对生殖吸盘,与足Ⅲ基节处于同一水平位置;生殖感觉器较小,着生于生殖褶的后缘。交配囊被一小突起蔽盖,通过一管子与受精囊相通。位于肛门孔两侧的褶皱可超出躯体后缘。肛门前缘的前端着生有2对肛毛(图2.86)。

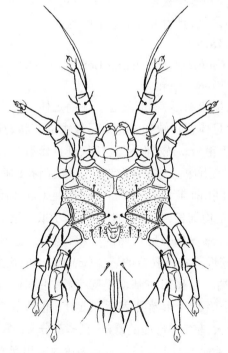

图2.85　棕脊足螨($Gohieria\ fuscus$)♂腹面

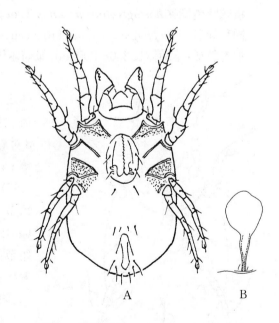

图2.86　棕脊足螨($Gohieria\ fuscus$)♀腹面

A.腹面;B.外生殖器

孳生习性:该螨为有性生殖。在温度为24~25 ℃的条件下,11~23天完成一代。该螨是我国普遍存在的一种家栖螨,多孳生于面粉、粮食、麸皮、细糠、饲料、食糖、中药材等,也可在床垫表面的积尘中发现。未发现休眠体和异型雄螨。

地理分布：国内分布于安徽、北京、福建、广东、河南、黑龙江、吉林、辽宁、山西、上海、四川和台湾等；国外分布于埃及、北爱尔兰、比利时、德国、法国、荷兰、捷克、日本、俄罗斯、土耳其、新西兰和英国等。

第四节　嗜 渣 螨 科

嗜渣螨科(Chortoglyphidae Berlese,1897)的螨体呈卵圆形,体壁较坚硬,背部隆起,表皮光亮。刚毛多为光滑的短毛。无背沟,前足体背板缺如。各足跗节细长,具爪较小。足Ⅰ膝节仅着生1根感棒(σ)。雌螨生殖孔着生于足Ⅲ、Ⅳ基节之间,呈弧形横裂纹状,生殖板较大,由2块角化板组成,板后缘呈弓形。雄螨阳茎较长,着生于足Ⅰ、Ⅱ基节之间,具跗节吸盘和肛吸盘。

嗜渣螨科仅发现嗜渣螨属(Chortoglyphus)一个属。

嗜渣螨属

嗜渣螨属(Chortoglyphus Berlese,1884)特征：体无前足体与后半体之分,前足体背板缺如。足Ⅰ膝节仅着生有1根感棒(σ)。雌螨生殖孔被2块骨化板覆盖,板后缘呈弓形,着生于足Ⅲ、Ⅳ基节之间。雄螨阳茎长,着生于足Ⅰ、Ⅱ基节之间,具跗节吸盘和肛吸盘。

拱殖嗜渣螨(*Chortoglyphus arcuatus* Troupeau,1879)

同种异名：*Tyrophagus arcuatus* Troupeau,1879;*Chortoglyphus nudus* Berlese,1884。

形态特征：雄螨体长250～300 μm,雌螨躯体长350～400 μm。

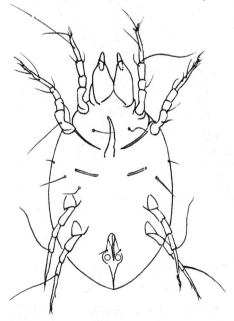

图2.87 拱殖嗜渣螨(*Chortoglyphus arcuatus*)♂腹面

雄螨：呈卵圆形,背部隆起。无前足体与后半体之分,前足体背板缺如。螯肢呈较大的剪状,具齿。基节上毛(scx)较细小,呈杆状且具栉齿。具3对肩毛。无胸板。肛门吸盘着生于肛门孔的两侧;具1对肛前毛(pra)和1对肛后毛(pa)(图2.87)。各足均细长,末端为前跗节,具小爪。足Ⅰ跗节的第一感棒(ω₁)呈弯曲的杆状,与第二感棒(ω₂)距离较近。各足胫节的感棒(φ)较长,可超过跗节的末端。足Ⅳ跗节基部呈膨大状,中间位置着生有2个吸盘。生殖孔着生于足Ⅰ、Ⅱ基节之间,阳茎较大,呈1根弯曲的管状,且基部分叉。

雌螨：毛序类似于雄螨。足Ⅰ表皮内突相互愈合,形成短胸板;足Ⅱ表皮内突细长,可横贯体躯,约与位于足Ⅱ、Ⅲ基节间的长骨片平行;足Ⅲ、Ⅳ表皮内突不发达(图2.88)。足Ⅰ、Ⅱ长度短于雄螨,但足Ⅳ长于雄螨;足Ⅳ跗节特长,可超过前两节长度之

和。生殖褶为1个较宽的板,其后缘骨化明
显,呈弯曲状,生殖感觉器缺如。肛门孔靠近
体后缘,具5对肛毛。交配囊较小,呈圆孔状,
位于体后端的背面。

　　孳生习性:该螨属于嗜热性螨类。在温
度25 ℃,相对湿度80%的条件下,完成生活
史需要 24 天。该螨喜欢在粮食水分
14.5%～16%、相对湿度75%以上的环境中
孳生。拱殖嗜渣螨营自由生活,分布广泛,
常孳生于房屋、谷物仓库、牲畜棚、磨坊、麻
雀窝和草堆中等。主要孳生物为粮食、面
粉、饲料、麸皮、苜蓿种子和中药材等,也见
于床铺、地毯和空调尘埃中。

　　地理分布:国内分布于北京、上海、河
南、云南、辽宁、湖南、安徽、江西、广西、吉
林、福建、广东、四川、台湾等;国外分布于英

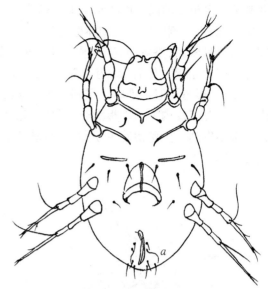

图 2.88　拱殖嗜渣螨(*Chortoglyphus arcuatus*)♀腹面
a:肛毛

国、法国、比利时、意大利、德国、荷兰、波兰、俄罗斯、阿联酋、新西兰和巴巴多斯等。

第五节　果　螨　科

　　果螨科(Carpoglyphidae Oudemans,1923)螨体呈椭圆形,略扁平。表皮光滑,或覆盖有
许多骨化的板。雌雄两性的足Ⅰ、Ⅱ表皮内突可相互愈合,形成"X"形胸板;或仅雄性的足
Ⅰ、Ⅱ表皮内突愈合成胸板。具爪,较大。前跗节较发达。除体后端的刚毛外,螨体上大多
数刚毛均光滑。

　　果螨科有果螨属(*Carpoglyphus*)和赫利螨属(*Hericia*)2个属,其中果螨属较为常见,而
赫利螨属在我国尚未见报道。

果螨属

　　果螨属(*Carpoglyphus* Robin,1869)特征:前足体板缺如,无背沟。雌螨与雄螨足表Ⅰ、
Ⅱ皮内突相互愈合,形成"X"形胸板。刚毛光滑,顶外毛(ve)位于足Ⅱ基节的同一横线上。
具3对侧毛(l_1～l_3)。足Ⅰ胫节的中间着生有感棒(φ)。有时可形成休眠体。

甜果螨(*Carpoglyphus lactis* Linnaeus,1758)

　　同种异名:*Acarus lactis* Linnaeus,1758;*Carpoglyphus passularum* Robin,1869;*Glycyph-
agus anonymus* Haller,1882。

　　形态特征:雄螨体长380～400 μm,雌螨体长380～420 μm。

　　雄螨:呈椭圆形,略扁平。表皮光亮或略有颜色。前足体板缺如,背沟缺如。足Ⅰ、Ⅱ表
皮内突与胸板愈合呈"X"形(图2.89)。足Ⅰ胫节感棒(φ)位于胫节中间。顶外毛(ve)与足

Ⅱ基节几乎位于的同一横线水平上。颚体灵活,呈圆锥形,其基部两侧具1对无色素网膜的角膜,稍凸出。侧腹腺移位到体躯的后角,内含有颜色的物质。生殖孔位于足Ⅲ、Ⅳ基节之间。阳茎呈管状,略弯曲,生殖感觉器较长。具3对生殖毛,长度约相等。肛门可后伸至体后缘,具1对肛毛。体后缘着生2对较长的刚毛(pa_1、sae),为该螨的显著特征。

雌螨:形态类似于雄螨。足和螯肢呈淡红色。具明显的肩区。体末端呈平直状或略向内凹。足Ⅱ表皮内突与胸板愈合,形成生殖板,并覆盖于生殖孔的前端。足比雄螨更细长,前跗节不发达。生殖褶着生于足Ⅱ、Ⅲ基节之间,骨化较弱。交配囊呈圆孔状,位于体后端的背面(图2.90)。

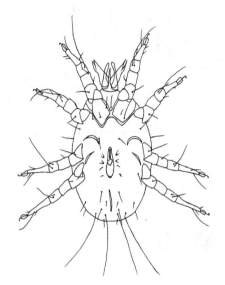

图2.89 甜果螨(*Carpoglyphus lactis*)♂腹面

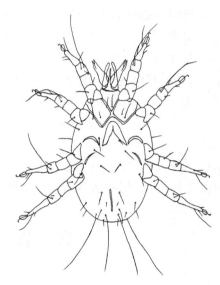

图2.90 甜果螨(*Carpoglyphus lactis*)♀腹面

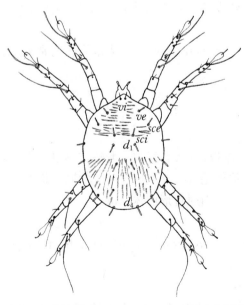

图2.91 甜果螨(*Carpoglyphus lactis*)活动休眠体
ve,vi,d_1,d_4,sci,sce:躯体刚毛

休眠体:为活动休眠体,躯体长约272 μm,呈椭圆形,黄色,背面具深颜色的纹路。颚体较小,部分被躯体遮盖。背毛为杆状,较短。顶内毛(vi)着生位置靠后,顶外毛(ve)着生于顶内毛(vi)与骶外毛(sae)之间。胛内毛(sci)与背毛(d_1~d_4)在后半部中间以二纵行方式排列。第四对背毛(d_4)几乎着生在体末端。吸盘板着生于足Ⅳ基节之间。足4对,均细长,其上着生较长的刚毛。此休眠体较难发现(图2.91)。

孳生习性:该螨属于好湿性的螨类,常孳生于高水分或发酵的甜食品中,如白砂糖、红砂糖、蔗糖、含糖糕点、干果、蜜饯等,也可在酸牛奶、干酪、蜂巢、蜜蜂箱里的花粉以及在果汁饮料残渣上发现,几乎可在所有糖类和含糖食物中生存与繁殖。

地理分布:国内分布于北京、上海、河北、辽宁、黑龙江、安徽、山东、江苏、浙江、广西、吉林、福建、广东、四川和台湾等；国外主要分布于欧洲、北美、南美等。

（王赛寒）

第六节 麦食螨科

麦食螨科（*Pyroglyphidae* Cunliffe,1958）前足体前缘延伸至颚体,前足体背面与后半体间有一明显的横沟。无顶毛,有前足体背板。各足末端为前跗节。雄螨的足Ⅲ、Ⅳ几乎等长,肛门吸盘被骨化的环包围；跗节吸盘被一短的圆柱形结构代替。雌螨的足Ⅲ较足Ⅳ稍长,生殖孔内翻呈"U"形；生殖板骨化,并有侧生殖板。足Ⅰ的第一感棒（ω_1）,第三感棒（ω_3）及芥毛（ε）着生在跗节的顶端。

一、麦食螨属

麦食螨属（*Pyroglyphus* Cunliffe,1958）特征：本属皮纹较粗,有一背沟将躯体分为前半体和后半体两部分,其中前足体的前缘覆盖颚体,雌、雄螨均无顶毛,胛外毛（*sce*）和胛内毛（*sci*）约等长。足Ⅰ膝节背面有感棒（σ_1、σ_2）2根,足Ⅰ跗节 ω_1 移位于该节顶端。雄螨肛门两侧的肛门吸盘缺如。体躯后缘无长刚毛。

麦食螨属（*Pyroglyphus*）隶属于麦食螨科（Pyroglyphidae）,麦食螨亚科（Pyroglyphinae）,目前记述的仅有非洲麦食螨（*Pyroglyphus africanus*）1种。

非洲麦食螨（*Pyroglyphus africanus* Hughes,1954）

同种异名：*Dermatophagoides africanus* Hughes,1954。

形态特征：雄螨长250～300 μm,雌螨长350～450 μm,椭圆形,较扁平,末端圆润。颚体的螯钳发达,大部分被前足体覆盖,须肢扁平。

雄螨：前足体和后半体间有一明显的沟。背侧皮粗糙有皱纹,左右两侧为纵纹,前足体区则为横纹（图2.92）。躯体刚毛短且光滑,顶毛缺如；胛外毛（*sce*）较胛内毛（*sci*）略长；背毛（*d*）3对,侧毛（*la*）2对。足4对且发达,端部为球状的端跗节和小爪,跗节Ⅰ短,与膝节等长,其上的第一感棒（ω_1）近顶端,与端跗节基部的感棒（ω_2）和芥毛（ε）相近。足Ⅱ跗节较长,第一感棒（ω_1）着生于该节中央。足Ⅱ胫节的感棒（φ）较足Ⅰ胫节的（φ）长,足Ⅲ胫节、足Ⅳ胫节的感棒（φ）几乎等长；足Ⅰ胫节、足Ⅱ胫节腹面均有1根刚毛。足Ⅰ膝节的膝内毛（σ_2）比膝外毛（σ_1）长。足Ⅲ跗节腹端有2个角状突起；足Ⅳ跗节的背端有2个短柱状突起,相当于退化的跗节吸盘。生殖区位于后足体间腹面,阳茎为管状有小弯,生殖孔后有生殖毛2对,前面的

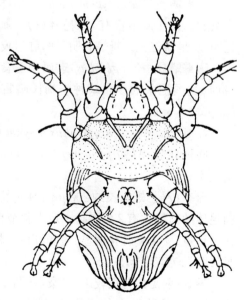

图2.92　非洲麦食螨（*Pyroglyphus africanus*）♂腹面

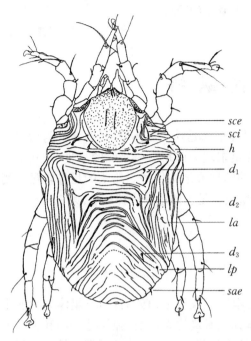

图 2.93 非洲麦食螨（*Pyroglyphus africanus*）♀背面
sce,*sci*,*d₁*~*d₃*,*la*,*lp*,*sae*,*h*:躯体刚毛

1对着生在生殖孔的后缘,另1对生殖毛在其后外侧足Ⅳ基节水平。肛区位于末体中央,成纵行裂隙状,周围有3对肛毛,其中肛门前缘1对,后缘2对。

雌螨:躯体较雄螨大,前足体背板覆盖其一半(图2.93)。雌螨颚体同雄螨相似,螯钳发达,须肢扁平,但表皮皱褶加厚、范围较雄螨明显增大。躯体刚毛似雄螨,有骶外毛(sae)1对。足Ⅰ、Ⅱ似雄螨;足Ⅲ、Ⅳ较雄螨细长,足Ⅲ、Ⅳ跗节的基部无2个突起和痕迹状的吸盘,但有第二背端毛(e);足Ⅳ胫节的感棒(φ)较雄螨短。生殖孔位于腹面足Ⅲ、Ⅳ基节之间,内翻呈"U"形,生殖孔侧壁由生殖板支持,生殖板上可见生殖感觉器的痕迹。交配囊孔位于小囊基部。

孳生习性:非洲麦食螨孳生环境多样,可孳生于仓库、家居环境等处,在仓储农作物、纺织品及中草药中均有发现,最适宜的生长发育温度为(25±2)℃,相对湿度约为80%。

地理分布:国内分布于安徽等;国外分布于西非及英国等。

二、嗜霉螨属

嗜霉螨属(*Euroglyphus* Fain,1965)特征:本属螨类表皮皱褶明显,前足体的前缘常有2个突起。足Ⅰ膝节仅有1条感棒(σ)。雌螨的肛后毛短且不明显;足Ⅲ比足Ⅳ短;受精囊骨化明显,呈淡红色。雄螨有明显的肛门吸盘。

嗜霉螨属(*Euroglyphus*)隶属于麦食螨科(Pyroglyphidae)麦食螨亚科(Pyroglyphinae)。目前,我国记录的该属螨种有梅氏嗜霉螨(*Euroglyphus maynei*)和长嗜霉螨(*Euroglyphus longior*)。

1. 梅氏嗜霉螨(*Euroglyphus maynei* Cooreman,1950)

同种异名:*Mealia maynei* Cooreman,1950;*Dermatophagoides maynei* Cooreman,1950;宇尘螨。

形态特征:雄螨长约200 μm,雌螨长280~300 μm。长椭圆形,淡黄色,表皮皱褶明显。前足体的前缘常有2个突起。足Ⅰ膝节仅有1条感棒(σ)。雌螨的肛后毛短且不明显;足Ⅲ比足Ⅳ短;受精囊骨化明显,呈淡红色。雄螨有明显的肛门吸盘。雄螨后半体稍凹。足Ⅰ~Ⅲ转节无转节毛(sR)。

雄螨:前足体背板较小,呈梨形(图2.94);2条长的纵脊延伸到前缘。后半体背板前伸到d_2水平,且不明显;躯体后缘有切割状凹陷。腹面足Ⅰ表皮内突在近中线处分离(图2.95)。阳茎短直管状,有小生殖感觉器。肛门吸盘明显,被骨化的环包围。各足的前跗节为球状,缺爪;足Ⅳ较足Ⅲ略短窄。足Ⅲ跗节有刚毛5根,末端有一粗壮突起;足Ⅳ跗节有刚毛3根,其中位于跗节末端的1根为短钉状结构。

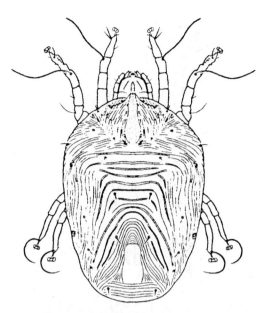 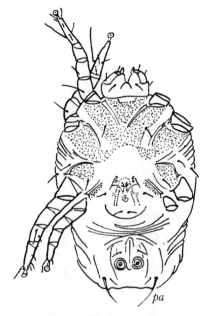

图2.94 梅氏嗜霉螨(*Euroglyphus maynei*)♂背面

图2.95 梅氏嗜霉螨(*Euroglyphus maynei*)♂腹面 *pa*:肛后毛

雌螨:前足体背板没有雄螨的明显,前缘为光滑的弧形。后半体背板很不明显,该区域的表皮无皱褶,但具刻点。生殖孔部分被生殖板掩盖,生殖板前缘尖。受精囊为球形,骨化程度明显,交配囊靠近肛门后端。躯体刚毛似雄螨,2对肛后毛(pa)等长。足细长,足Ⅳ较足Ⅲ长。

2. 长嗜霉螨(*Euroglyphus longior* Trouessart,1897)

同种异名:*Mealia longior* Trouessart,1897;*Dermatophagoides longiori sensu* Hughes,1954;*Dermatophagoides delarnaesis* Sellnick,1958。

形态特征:雄螨长约265 μm,雌螨长280～320 μm。躯体较梅氏嗜霉螨细长,纺锤状。

雄螨:长嗜霉螨螯肢较梅氏嗜霉螨欠发达,须肢短小,前足体呈三角形,且有脊状凸起,并延伸至颚体,脊末端有齿,脊可不对称,前足体背板前部狭窄,向后伸展至胛毛(sci、sce)处;后半体背板覆盖大部分背区(图2.96)。除背板外的表皮有细致条纹,在躯体边缘形成少数不规则粗糙的褶纹。各足的表皮内突均分离,足Ⅳ表皮内突不明显,足Ⅲ表皮内突有一直接向前的突起。各足的粗细相同,末端为前跗节和小爪;足Ⅲ较足Ⅳ略长。足Ⅰ的跗节感棒 ω_1 和 ω_2 在跗节顶端;足Ⅰ膝节有1条感棒(σ);胫节的感棒(φ)均发达。足Ⅳ跗节有3条刚毛,并有2个短钉状结构。生殖区位于足Ⅳ基节下缘,生殖孔周围有3对生殖毛(g_1、g_2、g_3);末体腹面后缘延长,超出末体少许,其上有肛后毛(pa)着生,肛门孔远离躯体后缘,两侧有肛门吸盘(as),并被一骨化的环包围(图2.97)。

雌螨:与雄螨相似,但其表皮皱褶较雄螨更加明显。躯体后缘略凹;生殖孔完全被骨化的三角形生殖板遮盖,生殖感觉器周围有3对生殖毛,交配囊孔靠近肛门后端,与卵形的受精囊相通。

孳生习性:嗜霉螨属可在粮食加工厂、棉花加工厂和房屋的灰尘中发现。常见的孳生物有谷物尘屑、棉子饼、褥垫灰屑、谷物、面粉、碎屑和中药材等。在人头皮屑存在的场所(如地毯、沙发、装套子的椅子、床垫)孳生数量较大。

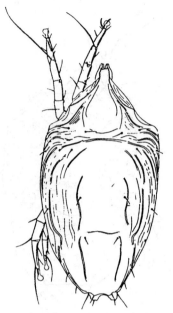

图2.96　长嗜霉螨(*Euroglyphus longior*)♂背面　　图2.97　长嗜霉螨(*Euroglyphus longior*)♂腹面

地理分布:国内分布于上海、江苏、安徽等;国外分布于德国、英国、荷兰、比利时、意大利、丹麦、波兰和日本。

三、尘螨属

尘螨属(*Dermatophagoides* Bogdanov,1864)特征:本属螨类体表骨化程度不及麦食螨亚科(Pyroglyphinae)的螨类明显,表皮有细致的花纹;前足体前缘未覆盖在颚体之上。躯体后缘有2对长刚毛。雌螨的后生殖板中等大小,不骨化,前缘不分为两叉,无后半体背板,足Ⅳ较足Ⅲ细短。雄螨的足Ⅳ跗节有2个圆盘状的跗节吸盘。雌螨的后生殖板中等大小,不骨化,前缘不分为二叉。无后半体背板。

尘螨属(*Dermatophagoides*)常见的有粉尘螨(*Dermatophayoides farinae*)、屋尘螨(*Dermatophayoides pteronyssinus*)和小脚粉螨(*Dermatophagoides microceras*)等。

1. 粉尘螨(*Dermatophagoides farinae* Hughes,1961)

同种异名:*Dermatophagoides culine* Deleon,1963。

形态特征:雄螨长 260~360 μm,雌螨长 360~400 μm。长圆形,淡黄色,表皮有细致的花纹,前足体前缘未覆盖在颚体之上。雄螨足Ⅰ跗节爪状突起的外侧,有一个小而钝的突起 s,足Ⅱ跗节的 s 为指状。雌螨足Ⅰ、Ⅱ跗节的 s 大而尖。

雄螨:前足体和后半体间的背沟不明显;后半体背板未前伸到背毛 d_2 处,基节区骨化并有细微刻点。生殖孔在足Ⅲ、Ⅳ基节间(图2.98)。肛门被一圆形围肛环包围,环内有明显的肛门吸盘和肛前毛(*pra*)各1对。躯体刚毛光滑,*sai* 的长度超过躯体长的1/2,行走时拖在体后,这是其显著的特点。各足末端前跗节发达,有小爪;足Ⅰ明显加粗,似粗脚粉螨,但其表皮有横条纹。足Ⅰ股节腹面有一粗钝突起。足Ⅲ跗节末端分叉,相对位置有一小突起;足Ⅲ较足Ⅳ粗长,足Ⅳ的跗节末端有1对小吸盘。

雌螨:与雄螨相似,但无后半体背板,后半体中部为横纹,两侧为纵纹。腹面(图2.99),生殖孔呈"人"字形,前端有一新月形的生殖板,后生殖板侧缘骨化较完全。足Ⅰ不膨大,与足Ⅱ的长短、粗细相同;足Ⅳ长于足Ⅲ。足Ⅳ跗节上的2根短刚毛取代了雄螨的1对退化的吸盘,其他形态特征见雄螨。

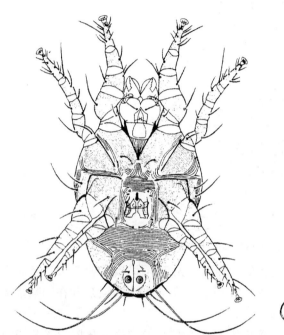 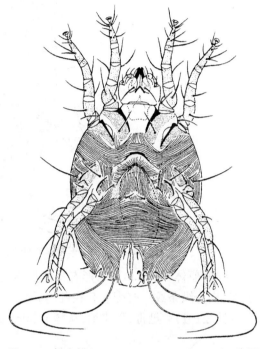

图2.98 粉尘螨(*Dermatophagoides farinae*)♂腹面　图2.99 粉尘螨(*Dermatophagoides farinae*)♀腹面

孳生习性:粉尘螨生境广泛,常孳生于面粉厂、食品厂、棉纺厂、食品仓库、谷物仓库及中药材仓库的尘屑中,也可见于室内墙壁和窗台上的灰尘。在家禽、家畜的饲料中也常发现。常见的孳生物有面粉、饼干粉、玉米粉、地脚粉、废棉花、中药材、仓库、动物饲料、房舍灰尘、夏季凉席和空调隔尘网等,在哮喘患者的衣服、被褥上也可发现该螨。

地理分布:国内分布于福建、河南、四川、广西、广东、安徽、辽宁、江苏、深圳、上海和北京等;国外分布于英国、美国、日本、阿根廷、荷兰和加拿大等。

2. 屋尘螨(*Dermatophagoides pteronyssinus* Trouessart,1897)

同种异名:*Mealia toxopei* Oudemans,1928;*Visceroptes saitoi* Sasa,1984。

形态特征:螨体呈长梨形,淡黄色,表皮有细致的花纹,前足体前缘未覆盖颚体。雄螨体背无横沟;后半体背板大,向前伸达第一背毛(d_1)与第二背毛(d_2)中央;足Ⅰ不粗大,与足Ⅱ长宽相同。雌螨第二背毛(d_2)与第三背毛(d_3)区域的表皮条纹是纵纹。

雄螨:躯体长280~290 μm,与粉尘螨体的表皮纹相似,但其主要区别为:体长梨形,前半体两侧深凹,前足体背板长方形,但后缘圆,后缘两侧内凹。后半体在足Ⅱ、Ⅲ之间突而宽,足Ⅲ、Ⅳ后两侧向内凹。sci及d_1短,sce较sci长6~7倍,着生于体侧横纹上,与前足体板后缘几在同一水平上。腹面(图2.100),足Ⅰ表皮内突分离,不愈合成胸板。足Ⅰ~Ⅳ基节区的骨化程度弱,后生殖毛(pa)退化。足Ⅰ不膨大,与足Ⅱ的长、宽度相同,足Ⅰ跗节末端的粗大突起不明显,足Ⅲ跗节末端分叉状,足Ⅳ跗节有1对吸盘。

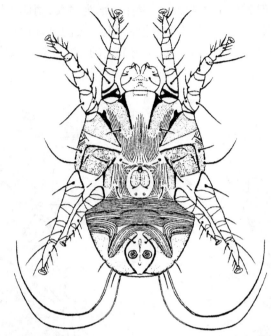

图2.100 屋尘螨(*Dermatophagoides pteronyssinus*)♂腹面

雌螨:躯体长约350 μm,形态特征与雄螨相似,不同点:无后半体背板;背毛d_2和d_3着生处的表皮为纵条纹。交配囊孔在肛门后缘一侧,由一根细长管与受精囊连接,并在凹陷基部开口(图2.101)。足Ⅲ、Ⅳ略细,从膝节起向内弯曲。

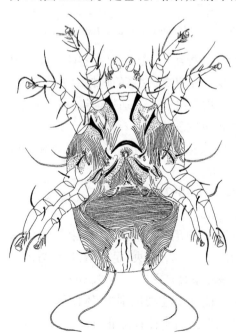

图2.101 屋尘螨(*Dermatophagoides pteronyssinus*)♀腹面

孳生习性:屋尘螨广泛孳生于房屋尘埃和褥垫表面的灰屑中,尤其在湿度较大的房间居多,是房舍螨类的主要成员。常见的孳生物有谷物残屑、动物皮屑、卧室床褥、毛衣、棉衣和地毯等。

地理分布:国内分布于河南、四川、广东、广西、福建、辽宁、江苏、深圳、安徽、上海和北京等省、市、自治区;国外分布于英国、意大利、丹麦、荷兰、比利时、俄罗斯、美国和加拿大等国家,呈世界性分布。

3. 小角尘螨(*Dematophagoidef microceras* Griffiths&Cunnington,1971)

同种异名:无。

形态特征:体长260~400 μm。大小和形态特征似粉尘螨,躯体呈椭圆形,淡黄色,表皮有细致的花纹,前足体前缘未覆盖颚体。

雄螨:表皮有细致的花纹。前足体前缘未覆盖颚体;足Ⅰ跗节的末端有一个很大的爪状突起(图

2.102),但在大的爪状结构的外侧缺少1个小而钝的突起s;足Ⅱ跗节的s亦缺如。交配囊仅是狭窄的颈骨化;其余结构与粉尘螨相似。

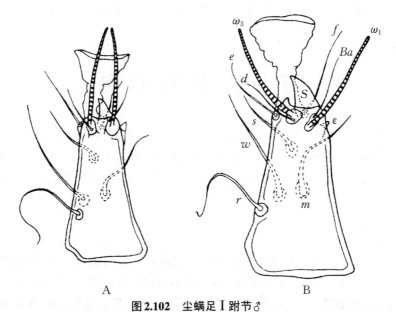

图2.102 尘螨足Ⅰ跗节♂

A.小角尘螨(*Dermatophagoides microceras*);B.粉尘螨(*Dermatophagoides farinae*)

ω_1,ω_3:感棒;d,f,s,Ba,m,r,w:刚毛;ε:芥毛;S:几丁质突起

雌螨:与雄螨形态相似,除肛区及生殖区的区别外,雌螨足Ⅰ跗节上有1个小突起S(图2.103),足Ⅱ跗节的S缺如。

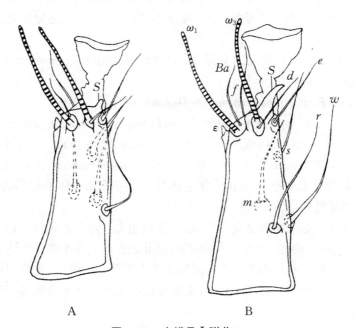

图2.103 尘螨足Ⅰ跗节♀

A.小角尘螨(*Dermatophagoides microceras*);B.粉尘螨(*Dermatophagoides farinae*)

ω_1,ω_3:感棒;d,e,f,Ba,m,s,r,w:刚毛;ε:芥毛;S:几丁质突起

孳生习性:小角尘螨与粉尘螨很相似,为中温、中湿性螨类,普遍存在于房屋及褥垫的尘埃中,孳生物有屋尘、中药材,也可在羊毛衣物、羽毛垫子的内部发现此螨。

地理分布:国内分布于河南、安徽等;国外分布于英国、西班牙和美国等。

(郭伟)

第七节　薄口螨科

薄口螨科(Histiostomidae Berlese,1957)成螨形态近似长椭圆形,白色稍透明。颚体小,高度特化,螯肢锯齿状,定趾退化。须肢有一自由活动的扁平端节。体背有一明显的横沟,躯体腹面有2对几丁质环,体后缘略凹。该科螨常有活动休眠体,其足Ⅲ、甚至足Ⅳ向前伸展。

薄口螨属

薄口螨属(*Histiostoma* Kramer,1876)特征:成螨躯体近长椭圆形,白色较透明。颚体小且高度特化,适于从悬浮液中取食微小颗粒。腹面表皮内突较发达,足Ⅰ表皮内突愈合成胸板,足Ⅱ表皮内突伸达中央,未连接,向后弯。躯体腹面有几丁质环2对,雄螨位于足Ⅱ～Ⅳ基节之间,4个几丁质环相距较近;雌螨前1对几丁质环位于足Ⅱ～Ⅲ之间,后1对几丁质环相距较近位于足Ⅳ基节水平。足Ⅰ跗节所有刚毛,除背毛(d)外,均加粗成刺;足Ⅰ、Ⅱ胫节上的感棒(φ)短,不明显。体背有一明显的横沟。足Ⅰ～Ⅳ基节有基节上毛。每足末端为粗爪。雌螨足较雄螨为细,足毛序雌雄相似。足Ⅰ、Ⅱ跗节 Ba 位于 ω_1 之前。足Ⅰ跗节 ω_1 位于该跗节末端。各足跗节末端腹刺均发达。足Ⅰ、Ⅱ胫节毛较短。膝节 σ_1 与 σ_2 等长。雌螨生殖孔为一横缝,位于前一对几丁质环之间,雄螨阳茎稍突出,生殖感觉器缺如。休眠体常有吸盘板,其上有吸盘4对;足Ⅲ、Ⅳ常向前伸展。

薄口螨属(*Histiostoma*)常见的有速生薄口螨(*Histiostoma feroniarum*)和吸腐薄口螨(*Histiostoma sapromyzarum*)2个种。

1. 速生薄口螨(*Histiostoma feroniarum* Dufour,1839)

同种异名:*Hypopus dugesi* Claparede,1868;*Hypopus feroniarum* Dufour,1839;*Histiostoma pectineum* Kramer,1876;*Tyroglyphus rostro-serratum* Megnin,1873;*Histiostoma sapromyzarum*(Dufour,1839)*sensu* Cooreman,1944;*Acarus mammilaris* Canestrini,1878.

形态特征:雄螨体长250～500 μm,雌螨体长400～700 μm,体近似长椭圆形,躯体后缘略凹,颚体小且高度特化(图2.104)。

雄螨:体型大小及足的粗细变化均较大,足Ⅱ较粗大且跗节的刺较发达。足的表皮内突较雌螨发达,足Ⅰ表皮内突愈合成发达的胸板;足Ⅱ表皮内突几乎伸达中线,但未连接,并向后弯曲(图2.105)。生殖孔前着生了2对圆形几丁质环且相距较近;生殖褶位于足Ⅳ基节之间且不明显,之后有2块叶状瓣,可能具有交配吸盘的作用。背毛与雌螨相似。躯体背面刚毛的排列似雌螨。

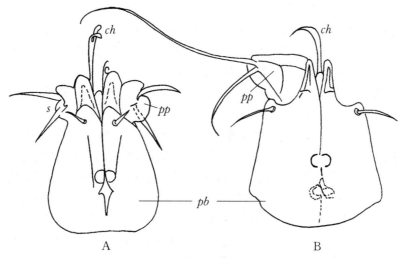

图2.104 薄口螨颚体腹面♀

A.速生薄口螨(*Histiostoma feroniarum*);B. 吸腐薄口螨(*Histiostoma sapromyzarum*)

ch:螯肢;*pp*:须肢端节;*pb*:须肢基节;*s*:须肢上的刺

雌螨:颚体较小,螯肢长,具锯齿,每一螯肢由延长的边缘具锯齿的活动趾组成,并能在宽广的前口槽内前后活动。前口槽侧壁为须肢基节,须肢端节为一块二叶状的几丁质板,板上有刺1对,几丁质板能自由活动。躯体表面具微小突起,有一背沟把前足体和后半体分开,躯体后缘略凹。腹面(图2.106):有2对圆形或近圆形的几丁质环,前1对环在足Ⅱ、Ⅲ基节间,在生殖孔两侧;后1对环相近,在足Ⅳ基节水平。足Ⅰ表皮内突在中线处愈合;足Ⅱ~Ⅳ表皮内突短,相距较远。肛门较小并远离躯体后缘。背毛较短,约与足Ⅰ胫节等长;顶内毛(*vi*)彼此分离,顶外毛(*ve*)在*vi*后方;胛毛(*sc*)远离*ve*且分散,而肩外毛(*he*)和肩内毛(*hi*)靠得很近;背毛d_2间的距离较d_1、d_3和d_4间的距离明显的短,d_4靠近躯体的后缘;2对侧毛位于侧腹腺之前。足Ⅰ、Ⅲ基节上具基节毛,后面的几丁质环

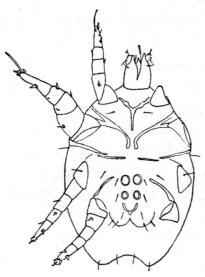

图2.105 速生薄口螨(*Histiostoma feroniarum*)♂腹面

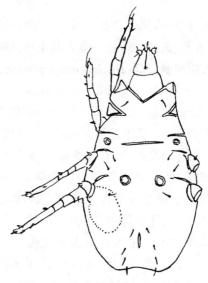

图2.106 速生薄口螨(*Histiostoma feroniarum*)♀腹面

前、后各有2对生殖毛;肛门周围具4对刚毛。足粗短,末端的爪较粗壮,并具成对的杆状物支持,柔软的前跗节将其包围。足上的刚毛加粗成刺。足Ⅰ、Ⅱ跗节的背中毛(Ba)位于第一感棒(ω_1)之前;足Ⅰ跗节的ω_1着生在基部,并向后弯曲覆盖在足Ⅰ胫节的前端,芥毛(ε)与ω_1着生在同一深凹中;足Ⅱ跗节的感棒ω_1位置正常,稍弯曲;各跗节末端的腹刺都很发达。足Ⅰ、Ⅱ胫节的感棒φ较短。足Ⅰ膝节的感棒σ_1和σ_2等长,足Ⅲ膝节无感棒σ。

休眠体:躯体长120~190 μm,呈扁平状,体后缘渐窄。表皮骨化。颚体特化,顶内毛(vi)向前延伸,顶外毛(ve)较短小。前足体近三角形,体背具6对细小的刚毛。足Ⅲ表皮内突互相连接,形成1条拱形线,可将胸板与腹板分开;足Ⅱ表皮内突几乎触及此拱形线。足

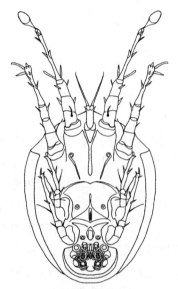

图2.107　速生薄口螨(*Histiostoma feroniarum*)休眠体腹面

Ⅰ、Ⅱ基节板明显,足Ⅲ基节板几乎封闭;在足Ⅰ、Ⅲ基节板上各具1对小吸盘。着生于体末端的吸盘板较发达,其上具8个吸盘,以2、4、2的方式排列。足均细长,后2对足呈前伸状态,有利于休眠体在寄主上的固定。具爪。足Ⅰ末端具1条膨大状的刚毛,此刚毛基部具1条透明的叶状背端毛(d);足Ⅱ末端的d也呈叶状。足Ⅰ的第一感棒(ω_1)直,且顶端膨大,略短于同足的胫节感棒(φ),膝节感棒(σ)短于同节的刚毛。足Ⅱ的ω_1略长于同足的φ和σ(图2.107)。

孳生习性:速生薄口螨为高潮湿性螨类,多孳生于潮湿的植物性腐殖质或液体、半液体的环境中,营自由生活。具有群栖性,喜阴暗、潮湿、腐烂、温暖的环境,常栖息于潮湿腐败的食物或液体、半液体食物上,营腐生生活。此螨为栽培蘑菇的重要害螨,也可在洋葱、中药材生姜、枸杞、腐烂的植物、潮湿的谷物、面粉类腐败的食物及腐败菌类上发现该螨。

地理分布:国内分布于河南、安徽、新疆、浙江、江西和福建等;国外分布于法国、英国、德国、意大利、荷兰、新西兰、澳大利亚和美国等。

2. 吸腐薄口螨(*Histiostoma sapromyzarum* Dufour,1839)

同种异名:*Hypopus sapromyzarum* Dufour, 1839;*Anoetus sapromyzarum* Oudemans, 1914;*Anoetus humididatus* Vitzthum, 1927 *sensu* Scheucher, 1957。

形态特征:螨体近似卵圆形,雄螨长400~620 μm,雌螨螨体长300~650 μm,无色或淡白色。颚体高度特化,背缘具锯齿,螯肢从须肢基节形成的凹槽内伸出,可自由活动。

雄螨:须肢的端节扁平且完整。须肢端节叶突上着生两根刺状的长毛,其中一根的长度为另一根的两倍多。前后半体间具有横缝,后半体后缘略凹入。腹面具2对卵圆形的几丁质环,环中部内凹,似鞋底状,其中第1对着生于足Ⅱ、Ⅲ之间,第2对着生于足Ⅳ同一水平线上。生殖孔呈横向开孔,位于第1对几丁质环之间。足Ⅰ两基节内突在体中线相接。足Ⅱ和Ⅳ的基节内突短,内端相互远离。肛孔小,距后缘远。生殖毛2对,分别位于第2对几丁质环的前、后方。足细短、均具爪。腹面几丁质环呈肾状,几丁质环内凹部分向外。

雌螨:雌螨形态与雄螨相似,不同点为:腹面肾形的几丁质环内凹部分朝内(图2.108)。足Ⅰ膝节除σ外皆强化如刺状。足Ⅰ、Ⅱ胫节感棒(φ)短而不明显。

休眠体:与速生薄口螨休眠体相似。休眠体形态扁平,后缘尖狭,表面强骨化。腹面具一吸盘板,其上着生吸盘8个。足长具爪,四足皆前伸。

孳生习性:因吸腐薄口螨的颚体高度特化,位于须肢末端上的几丁质板可自由活动,能将液体中的颗粒状食物扫集到颚体前端,所以该螨常栖居在半液体的食物中。主要为害谷物、腐败的小麦粉、蘑菇及微生物培养基等。休眠体可经某些甲虫、蝇类和多足纲动物携带传播。

地理分布:国内分布于重庆、江西和福建等;国外分布于英国、法国、德国、荷兰、意大利、巴西、玻利维亚、菲律宾、澳大利亚等。

(王少圣)

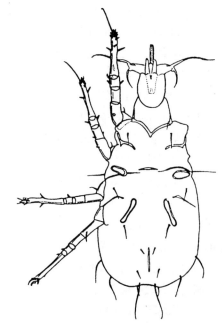

图2.108　吸腐薄口螨(*Histiostoma sapromyzarum*)♀腹面

参 考 文 献

王长华,2010.180例敏筛过敏原检测结果分析[J].中国临床研究,23(5):390-391.

王克霞,杨庆贵,田晔,2005.粉螨致结肠溃疡一例[J].中华内科杂志,44(9):642.

王克霞,崔玉宝,杨庆贵,2003.从十二指肠溃疡患者引流液中检出粉螨一例[J].中华流行病学杂志,24(9):793.

王克霞,郭伟,湛孝东,等,2013.空调隔尘网尘螨变应原基因检测[J].中国病原生物学杂志,8(5):429-431,435.

王玥,张璇,王超,等,2009.908例哮喘儿童皮肤点刺试验分析[J].中国当代儿科杂志,1(7):559-561.

王赛寒,石泉,袁良慧,等,2019.某民航货场粮库储藏物螨类调查及热带无爪螨形态观察[J].中国国境卫生检疫杂志,42(3):179-181.

王赛寒,陶宁,许佳,等,2019.中国无爪螨属种类记述[J].中国病原生物学杂志,14(3):364-365.

方宗君,蔡映云,王丽华,等,2000.螨过敏性哮喘患者居室一年四季尘螨密度与发病关系[J].中华劳动卫生职业病杂志,18(6):350-352.

石泉,王赛寒,吴瑕,等,2019.某航食公司粮食仓库孳生螨类的群落结构及多样性研究[J].中国国境卫生检疫杂志,42(4):261-263.

叶向光,王赛寒,石泉,等,2020.中国脂螨属种类记述[J].中国热带医学,20(2):182-184.

休斯,1983.储藏食物与房舍的螨类[M].忻介六,沈兆鹏,译.北京:农业出版社.

华云汉,1996.尘螨过敏性哮喘[J].海峡预防医学杂志,2(4):60-62.

华丕海,陈海生,2013.116例小儿过敏性紫癜血清过敏原检测结果分析[J].吉林医学,34(23):4773-4774.

向莉,付亚南,2013.哮喘患儿家庭内尘螨变应原含量分布特征及其影响因素[J].中华临床免疫和变态反应杂志,7(4):314-321.

刘安强,靖卫德,李芳,1985.粉螨科螨类在外耳道及乳突根治腔内孳生一例报告[J].白求恩医科大学学报,11(1):97-98.

刘志刚,胡赓熙,2014.尘螨与过敏性疾病[M].北京:科学出版社:139-148.

刘晓宇,吴捷,王斌,等,2010.中国不同地理区域室内尘螨的调查研究[J].中国人兽共患病学报,26(4):310-314.

刘群红,李朝品,刘小燕,等,2010.阜阳地区居室环境中粉螨的群落组成和多样性[J].中国微生态学杂志,22(1):40-42.

汤少珊,梁少媛,陈广道,2015.广州地区过敏性疾病儿童血清特异性过敏原IgE检测分析[J].广州医药,46(4):63-65.

祁国庆,刘志勇,赵金红,等,2015.芜湖市高校食堂孳生螨类的调查[J].热带病与寄生虫学,13(4):229-230,239.

许礼发,湛孝东,李朝品,2012.安徽淮南地区居室空调粉螨污染情况的研究[J].第二军医大学学报,33(10):1154-1155.

孙劲旅,张宏誉,陈军,等,2004.尘螨与过敏性疾病的研究进展[J].北京医学,26(3):199-201.

孙劲旅,陈军,张宏誉,2006.尘螨过敏原的交叉反应性[J].昆虫学报,49(4):695-699.

孙劲旅,沈莲,尹佳,等,2010.北京地区尘螨过敏患者家庭螨类调查[A].中华医学2010年全国变态反应学术会议暨中欧变态反应高峰论坛.

孙艳宏,刘继鑫,李朝品.储藏农产品孳生螨种及其分布特征[J].环境与健康杂志,2016,33(6):497.

孙恩涛,谷生丽,刘婷,等,2016.椭圆食粉螨种群消长动态及空间分布型研究[J].中国血吸虫病防治杂志,28(4):422-425.

孙善才,李朝品,2005.用模糊聚类对储粮储食中孳生粉螨的分类研究[J].安徽理工大学学报:自然科学版,25(1):73-76.

李生吉,赵金红,湛孝东,等,2008.高校图书馆孳生螨类的初步调查[J].图书馆学刊,30(162):67-69.

李明华,殷凯生,蔡映云,2005.哮喘病学[M].2版.北京:人民卫生出版社:936-961.

李娜,李朝品,刁吉东,等,2014.粉尘螨Ⅲ类变应原的T细胞表位预测及鉴定[J].中国血吸虫病防治杂志,26(4):415-419.

李娜,李朝品,刁吉东,等,2014.粉尘螨Ⅲ类变应原的B细胞线性表位预测及鉴定[J].中国血吸虫病防治杂志,26(3):296-307.

李隆术,李云瑞,1988.蜱螨学[M].重庆:重庆出版社.

李朝品,王克霞,徐广绪,等,1996.肠螨病的流行病学调查[J].中国寄生虫学与寄生虫病杂志,(1):63-67.

李朝品,王健,2002. 尿螨病的临床症状分析[J]. 中国寄生虫病防治杂志,15(3):183-185.

李朝品,王晓春,郭冬梅,等,2008. 安徽省农村居民储藏物中孳生粉螨调查[J]. 中国媒介生物学及控制杂志,19(2):132-134.

李朝品,王健,2001. 尿螨病的病原学研究[J]. 蛛形学报,10(2):55-57.

李朝品,李立,1990. 安徽人体螨性肺病流行的调查[J]. 寄生虫学与寄生虫病杂志,8(1):43-46.

李朝品,沈兆鹏,2016. 中国粉螨概论[M]. 北京:科学出版社.

李朝品,沈兆鹏,2018. 房舍和储藏物粉螨[M].2版. 北京:科学出版社.

李朝品,陈兴保,李立,1985.安徽省肺螨病的首次研究初报[J]. 蚌埠医学院学报,(4):284.

李朝品,武前文,桂和荣,2002. 粉螨污染空气的研究[J]. 淮南工业学院学报,22(1):69-74.

李朝品,武前文,1996. 房舍和储藏物粉螨[M]. 合肥:中国科学技术大学出版社.

杨洁,尚素琴,张新虎,2013. 温度对椭圆食粉螨发育历期的影响[J]. 甘肃农业大学学报,48(5):86-88.

肖晓雄,黄东明,2009. 屋尘螨脱敏治疗对变应性鼻炎及哮喘患者血清粉尘螨特异性IgG4抗体的影响[J]. 中华临床免疫和变态反应杂志,3(1):34-38.

吴子毅,罗佳,徐霞,等,2008. 福建地区房舍螨类调查[J]. 中国媒介生物学及控制杂志,19(5):446-450.

吴观陵,2004. 人体寄生虫学[M].3版 北京:人民卫生出版社:797-803.

吴松泉,王光丽,卢俊婉,等,2013. 浙江丽水地区家庭螨类分布情况调查[J]. 环境与健康杂志,30(1):40-41.

何琦琛,王振澜,吴金村,等,1998. 六种木材对美洲室尘螨的抑制力探讨[J]. 中华昆虫,18:247-257.

沈兆鹏,1994. 我国储粮螨类研究30年[J]. 黑龙江粮油科技,(3):15-19.

沈兆鹏,1997. 中国储粮螨类研究40年[J]. 粮食储藏,26(6):19-28.

沈兆鹏,2007. 中国储粮螨类研究50年[J]. 粮食科技与经济,(3):38-40.

沈莲,孙劲旅,陈军,2010. 家庭致敏螨类概述[J]. 昆虫知识,47(6):1264-1269.

沈静,李朝品,朱玉霞,2010. 淮北地区粉螨物种多样性季节动态研究[J]. 中国病原生物学杂志,5(8):604-605,603.

沈静,李朝品,2008. 淮北地区人居环境粉螨孳生情况的调查[J]. 环境与健康杂志,(7):622-623.

宋红玉,段彬彬,李朝品,2015. ProDer f 1 多肽疫苗免疫治疗粉螨性哮喘小鼠的效果[J]. 中国血吸虫病防治杂志,27(5):490-496.

张进,沈静,宋富春,等,2010. 淮北地区储藏环境粉螨孳生调查[J]. 环境与健康杂志,27(11):973.

张荣波,李朝品,袁斌,1998. 粉螨传播霉菌的实验研究[J]. 职业医学,25(4):23-24.

张朝云,李春成,彭洁,等,2003. 螨虫致食物中毒一例报告[J]. 中国卫生检验杂志,13(6):776.

张智强,梁来荣,洪晓月,等,1997. 农业螨类图解检索[M]. 上海:同济大学出版社.

陆联高,1994. 中国仓储螨类[M]. 成都:四川科学技术出版社.

陈实,郑轶武,2012. 热带无爪螨致敏蛋白组分及其临床研究[J]. 中华临床免疫和变态反应杂志,6(2):158-162.

陈文华,刘玉章,何琦琛,等,2002. 长毛根螨(*Rhizoglyphus setosus* Manson)在台湾危害洋葱之新记录[J]. 植物保护学会会刊,44:249-253.

陈实,王灵,2011. 海南儿童哮喘常见吸入性变应原的调查[J]. 临床儿科杂志,29(6):552-555.

陈实,王灵,2011. 热带无爪螨致敏与儿童哮喘[J]. 海南医学,22(10):2-4.

周海林,胡白,2012. 安徽省1062例慢性荨麻疹过敏原检测结果分析[J]. 安徽医药,16(11):1615-1616.

周淑君,周佳,向俊,等,2005. 上海市场新床席螨类污染情况调查[J]. 中国寄生虫病防制杂志,4:254.

郑凌霄,尹灿灿,王逸泉,等,2019. 基于DNA条形码技术的粉螨种类鉴定研究[J]. 中国媒介生物学及控制杂志,30(2):33-37.

孟阳春,李朝品,梁国光,1995. 蜱螨与人类疾病[M]. 合肥:中国科学技术大学出版社.

赵亚男,梁德玉,李朝品,2018. 海南省文昌市地脚米孳生粉螨的初步调查[J]. 中国血吸虫病防治杂志,30(3):336-338.

赵金红,陶莉,刘小燕,等,2009. 安徽省房舍孳生粉螨种类调查[J]. 中国病原生物学杂志,4(9):679-681.

赵蓓蓓,姜玉新,刁吉东,等,2015. 经MHCⅡ通路的屋尘螨Ⅰ类变应原T细胞表位融合肽疫苗载体的构建与表达[J]. 南方医科大学学报,35(2):174-178.

郝敏麒,徐军,钟南山,2003. 华南地区粉尘螨主要变应原Derf2的cDNA克隆及序列分析[J]. 中国寄生虫学与寄生虫病杂志,21(3):160-163.

郝瑞峰,张承伯,俞黎黎,等,2015. 椭圆食粉螨主要发育期的形态学观察[J]. 中国病原生物学杂志,(7):623-626.

钟少琴,张志忍,赖晓娟,等,2019. 2974例慢性荨麻疹皮肤点刺试验结果分析[J]. 广州医药,50(2):104-106.

施锐,刘云嵘,1981. 屋尘螨过敏的近代研究[J]. 国外医学(免疫学分册),(3):123-126.

夏立照,陈灿义,许从明,等,1996. 肺螨病临床误诊分析[J]. 安徽医科大学学报,2:111-112.

夏惠,胡守锋,陈兴保,等,2005. 中药材工作者肺部螨感染调查和治疗[J]. 中国寄生虫学与寄生虫病杂志,23(2):114-116.

徐海丰,祝海滨,徐朋飞,等,2015. 粉尘螨1类变应原重组融合表位免疫治疗小鼠哮喘的效果分析[J]. 中国血吸虫病防治杂志,27(1):49-52.

高景铭,1956. 呼吸系统患者痰内发现米蜱虫的一例报告及对米蜱虫生活史、抵抗力的观察[J]. 中华医学杂志,42:1048-1052.

郭娇娇,孟祥松,李朝品,2018. 农户储藏物孳生粉螨种类的初步调查[J]. 中国血吸虫病防治杂志,30(6):656-659.

陶宁,石泉,王赛寒,等,2019. 中药材灵芝孳生罗宾根螨及其休眠体的形态观察[J]. 中国病原生物学杂志,14(5):565-567.

陶宁,李远珍,王辉,等,2018. 中国台湾省新竹市市售食物孳生粉螨的初步调查[J]. 中国血吸虫病防治杂志,30(1):78-80.

崔玉宝,王克霞,2003.空调隔尘网表面粉螨孳生情况的调查[J].中国寄生虫病防治杂志,16(6):59-61.

崔玉宝,何珍,李朝品,2005.居室环境中螨类的孳生与疾病[J].环境与健康杂志,22(6):500-502.

梁国祥,蔡海燕,2011.400例过敏性鼻炎患者吸入性过敏原检测结果分析[J].广州医药,42(3):32-33.

蒋峰,张浩,2019.齐齐哈尔市市售粮食粉螨孳生的初步调查[J].齐齐哈尔医学院学报,40(13):1654-1656.

温廷桓,蔡映云,陈秀娟,等,1999.尘螨变应原诊断和免疫治疗哮喘与鼻炎安全性分析[J].中国寄生虫学与寄生虫病杂志,17(5):276-278.

温廷桓,2005.螨非特异性侵染[J].中国寄生虫学与寄生虫病杂志,23(Z1):374-378.

温廷桓,2009.尘螨的起源[J].国际医学寄生虫病杂志,36(5):307-314.

温壮飞,李晓莉,林志雄,等,2015.海口地区1496例过敏性疾病儿童过敏原皮肤点刺结果分析[J].现代预防医学,42(19):3507-3510.

温挺桓,2005.尘螨过敏与哮喘病[M]//李明华.哮喘病学.2版.北京:人民卫生出版社:936-960.

温挺桓,2013.尘螨[M]//吴观陵.人体寄生虫学.4版.北京:人民卫生出版:1005-1017.

温挺桓,2013.粉螨[M]//吴观陵.人体寄生虫学.4版.北京:人民卫生出版:1018-1024.

温挺桓,2013.蚻线螨、蒲螨、擒螨[M]//吴观陵.人体寄生虫学.4版.北京:人民卫生出版社:906-1005.

蔡枫,樊蔚,闫岩,2013.上海地区342例哮喘患者过敏原检测结果分析[J].放射免疫学杂志,26(1):98-99.

蔡黎,温廷桓,1989.上海市区屋尘螨区系和季节消长的观察[J].生态学报,9(3):225-229.

廖然超,余咏梅,邱吉蔚,等,2017.昆明地区过敏性鼻炎及哮喘患者家庭优势尘螨种类调查[J].昆明医科大学学报,38(6):56-59.

黎雅婷,张萍萍,2014.广州地区儿童过敏性紫癜血清变应原特异性IgE检测分析[J].中国实验诊断学,18(6):942-944.

休斯,1960.储藏农产品中的螨类[M].冯敦棠,译.北京:农业出版社.

张智强,梁来荣,洪晓月,等,1997.农业螨类图解检索[M].上海:同济大学出版社.

Arlian L,Gallagher J,1979.Prevalence of mites in the house of dust-sensitive pathents[J].The Journal of allergy and clinical immunology,63(3):214-215.

Chaopin Li,Ji He,Li Tao,et al.,2013.Acaroid mite infestations (Astigmatina) in stored traditional Chinese medicinal herbs[J].Systematic and Applied Acarology,18(4),401-410.

Chua K Y,Cheong N,Kuo I C,et al.,2007.The *Blomia tropicalis* allergens[J].Protein and Peptide Letters,14(4):325-333.

Colloff M J,Spieksma F T M,1992.Pictorial keys for the identification of domestic mites[J].Clin Exp Allergy,22:823-830.

Cookson J B,Makoni G,1975.Seasonal asthma and the house-dust mite in tropical Africa[J].

Clinical Allergy Journal of the British Allergy Society,5(4):375-380.

Sun E, Li C, Nie L, et al.,2014. The complete mitochondrial genome of the brown leg mite, *Aleuroglyphus ovatus* (Acari:Sarcoptiformes):evaluation of largest non-coding region and unique tRNAs[J]. Exp Appl Acarol,64(2):141-157

Sun E, Li C, Li S, et al., 2014. Complete mitochondrial genome of *Caloglyphus berlesei* (Acaridae: Astigmata):The first representative of the genus *Caloglyphus*[J]. Journal of Stored Products Research,59:282-284.

Erban T, Klimov P B, Smrz J, et al.,2016. Populations of storedproduct mite *Tyrophagus putrescentiae* difer in their bacterial communities[J]. Front Microbiol,7:1046.

Ernieenor F, Ernna G, Jafson A S, et al.,2018. PCR identification and phylogenetic analysis of the medically important dust mite *Suidasia medanensis* (Acari: Suidasiidae) in Malaysia[J]. Exp Appl Acarol,76(1):99-107.

Evans G O,1992. Principles of Acarology[M]. Wallingford:CAB International:1-563.

Fernández-Caldas E, Iraola V, Carnés J,2007. Molecular and biochemical properties of storage mites(except Blomia species)[J]. Protein and Peptide Letters,14(10):954-959.

Frankland W A, 1972. House dust mites and allergy[J]. Archives of Disease in Childhood,47 (253):327-329.

Furmizo R T, Thomas V, 1977. Mites of house dust. Southeast Asian[J]. Southeast Asian Journal of Tropical Medicine & Public Health,8(3):411-412.

Ge M K, Sun E T, Jia C N, et al.,2014. Genetic diversity and differentiation of *Lepidoglyphus destructor*(Acari:Glycyphagidae) inferred from inter-simple sequence repeat (ISSR) fingerprinting[J]. Systematic & Applied Acarology,19(4):491.

Godfrey S, 1974. Problems peculiar to the diagnosis and management of asthma in children[J]. BTTA review,4(1):1-16.

Gómez Echevarria A H, Castillo Méndez A Del C, Sánchez Rodríguez A, 1978. Parasitism and allergy [J]. Revista cubana de medicina tropical,30(2):45-52.

Hughes A M,1976. The mites of stored food and houses [M]. 2nd ed. London:Her Majesty's Stationery Office:400.

Hughes A M,1961. The mites of stored food[M].1st ed. London:Her Majesty's Stationery Office:287.

Hughes A M, 1948. The mites associated with stored food products[M]. 1st ed. London: Her Majesty's Stationery Office:168.

Khaing T M, Shim J K, Lee K Y,2014. Molecular identifcation and phylogenetic analysis of economically important acaroid mites (Acari: Astigmata: Acaroidea) in Korea[J]. Entomol Res,44(6):331-337.

Krantzs G W, Walter D E,2009. A Manual of Acarology[M]. Lubbock:Texas Tech University Press:1-806.

Larry G A, Marjorie S M,2003. Biology, ecology, and prevalence of dust mites[J].Immunology & Allergy Clinics of North America,23(3):443-468.

Lask B, 1975. Letter: Role of house-dust mites in childhood asthma[J]. Archives of Disease in Childhood, 50(7): 579-580.

Li C P, Chen Q, Jiang Y X, et al., 2015. Single nucleotide polymorphisms of cathepsin S and the risks of asthma attack induced by acaroid mites[J]. International Journal of Clinical and Experimental Medicine, 8(1): 1178-1187.

Li C P, Li Q Y, Jiang Y X, 2015. Efficacies of immunotherapy with polypeptide vaccine from ProDer f 1 in asthmatic mice[J]. International Journal of Clinical & Experimental Medicine, 8(2): 2009-2016.

Li C P, Xu P F, Xu H F, et al., 2015. Evaluation on the immunotherapy efficacies of synthetic peptide vaccines in asthmatic mice with group I and II allergens from Dermatophagoides pteronyssinus[J]. International Journal of Clinical and Experimental Medicine, 8(11): 20402-20412.

Li C P, Guo W, Zhan X D, et al., 2014. Acaroid mite allergens from the filters of air-conditioning system in China[J]. International Journal of Clinical and Experimental Medicine, 7(6): 1500-1506.

Li C P, Xu L F, Liu Q H, et al., 2006. Extraction of protoporphyrin disodium and its inhibitory effects on HBV-DNA[J]. World Journal of Gastroenterology, 10(3): 433-436.

Li C P, He J, Tao L, et al., 2013. Acaroid mite infestations (Astigmatina) in stored traditional Chinese medicinal herbs[J]. Systematic and Applied Acarology, 18(4): 401-410.

Li C P, Cui Y B, Wang J, et al., 2003. Acaroid mite, intestinal and urinary acariasis[J]. World journal of gastroenterology, 9(4): 874-877.

Li C P, Yang B H, 2015. A hypothesis-effect of T cell epitope fusion peptide specific immunotherapy on signal transduction[J]. International Journal of Clinical and Experimental Medicine, 8(10): 19632-19634.

Li C P, Zhan X D, Zhao J H, et al., 2015. *Gohieria fusca* (Acari: Astigmata) found in the filter dusts of air conditioners in China[J]. Nutricion hospitalaria: organo oficial de la Sociedad Espanola de Nutricion Parenteraly Enteral, 31(n02): 808-812.

Li N, Xu H, Song H, et al., 2015. Analysis of T-cell epitopes of Der f3 in Dermatophagoides farina[J]. International journal of clinical and experimental pathology, 8(1): 137-145.

Liu J, Sun Y, Li C, 2015. Volatile oils of Chinese crude medicines exhibit antiparasitic activity against human Demodex with no adverse effects in vivo[J]. Experimental and Therapeutic Medicine, 9(4): 1304-1308.

Liu Z, Jiang Y, Li C, 2014. Design of a ProDer f 1 vaccine delivered by the MHC class II pathway of antigen presentation and analysis of the effectiveness for specific immunotherapy[J]. International Journal of Clinical & Experimental Pathology, 7(8): 4636-4644.

Lockey R F, Bukantz S C, Ledford D K, 2008. Allergens and allergen immunotherapy[M]. New York: Informa Healthcarel.

Mcallen M K, Assem E S K, Maunsell K, 1970. House-dust Mite Asthma. Results of Challenge Tests on Five Criteria with Dermatophagoides pteronyssinus[J]. Bmj, 2(5708): 501-

504.

Middleton E,1978. Allergy:principles and practice[M]. St. Louis: Mosby.

Mitchell W F, Wharton G W, Larson D G, et al., 1969. House dust, mites, and insects.[J]. Annals of allergy, 27(3):93-99.

Miyamoto T,Oshima S,Ishizaki T,et al.,1968. Allergenic identity between the common floor mite(*Dermatophagoides farinae* Hughes,1961)and house dust as a causative antigen in bronchial asthma[J]. Allergy,42(1):14-28.

Müsken H, Franz J T, Wahl R, et al., 2000. Sensitization to different mite species in German farmers: clinical aspects.[J]. J Investig Allergol Clin Immunol, 10(6):346-351.

Nadchatram M,2005. House dust mites,our intimate associates[J].Trop Biomed,22(1):23-37.

Norman P S,1978. In vivo methods of study of allergy[M]. St. Louis:Mosby:256-264.

Penaud A, Nourrit J, Autran P, et al., 1975. Methods of destroying house dust pyroglyphid mites[J]. Clinical Allergy:Journal of the British Allergy Society,5(1):109-114.

Pepys J,Chan M,Hargreave F E, 1968. Mites and House-Dust Allergy[J]. lancet,291(7555):1270-1272.

Platts-Mills T A E,Thomas W R,Aalberse R C,et al.,1992. Dust mite allergens and asthma: Report of a second international workshop[J].Allergy Clin Immunol,89(5): 1046-1060.

Que S,Zou Z,Xin T,et al.,2016. Complete mitochondrial genome of the mold mite, *Tyrophagus putrescentiae* (Acari:Acaridae) [J]. Mitochondrial DNA A DNA Mapp Seq Anal, 27(1):688-689.

Ricci M,Romagnani S,Biliotti G,1976. Mites and house dust allergy[J].The Journal of asthma research,13(4):165-172.

Romagnani S,Biliotti G,Passaleva A,et al.,1972. Mites and house dust allergy II. Relationship between house dust and mite(*Dermatophagoides pteronyssinus* and *D. farinae*)allergens by fractionation methods[J]. Clin Allergy,2(2):115-123.

Spieksma F T M,1991. Domestic mites:their role in respiratory allergy[J]. Clin Exp Allergy, 21(6):655-660.

Stenius B, 1973.Skin and provocation tests with Dermatophagoides pteronyssinus in allergic rhinitis, comparison of prick and intracutaneous skin test methods with specific IgE[J]. Allergy,28(2):81-100.

Thomas V, Tan B H A,Rajapaksa A C,1978. Dermatophagoides pteronyssinus and house dust allergy in west Malaysia[J]. Annals of Allergy,40(2):114-116.

Thomas W R,HeinrichT K,Smith W A,et al.,2007. Pyroglyphid house dust mite allergens[J]. Protein Pept Lett,14(10):943-953.

Van Bronswijk J E,Sinha R N,1971. Pyroglyphid mites(Acari)and house dust allergy[J]. Journal of Allergy,47(1):31-52.

Virchow C,Roth A,Mller E,1976. IgE antibodies to house dust, mite, animal allergens and moulds in house dust hypersensitivity[J]. Clinical Allergy:Journal of the British Allergy Society,6(2):147-154.

Voorhorst R, Spieksma F T M, Varekamp H, et al., 1967. The house-dust mite (*Dermatophagoides pteronyssinus*) and the allergens it produces. Identity with the house-dust allergen [J]. Journal of Allergy, 39(6):325-339.

Voorhorst, Spieksma, 1964. Is a mite (Dermatophagoides sp.) the producer of the house-dust allergen?[J]. Allerg Asthma, 10:329-334.

Wang K X, Li C P, Cui Y B, et al., 2003. L-forms of H. pylori[J]. World Journal of Gastroenterology, 9(3):525-528.

Wang K X, Wang X F, Peng J L, et al., 2003. Detection of serum anti-Helicobacter pylori immunoglobulin G in patients with different digestive malignant tumors[J]. World Journal of Gastroenterology, 9(11):2501-2504.

Wang K X, Zhang R B, Cui Y B, et al., 2004. Clinical and epidemiological features of patients with clonorchiasis[J]. World Journal of Gastroenterology, 10(3):446-448.

Wang K X, Li C P, Wang J, et al., 2002. Cyclospore cayetanensis in Anhui, China[J]. World Journal of Gastroenterology, 8(6):1144-1148.

Wang K X, Peng J L, Wang X F, et al., 2003. Detection of T lymphocyte subsets and mIL-2R on surface of PBMC in patients with hepatitis B[J]. World Journal of Gastroenterology, 9(9):2017-2020.

Vamoto T, Oshima S, Ishizaki T, et al., 1968. Allergenic identity between the common floor mite (Dermatophagoides farinae Hughes, 1961) and house dust as a causative antigen in bronchial asthma[J]. Allergy, 42(1):14-28.

Yang B, Cai J, Cheng X, 2011. Identification of astigmatid mites using ITS2 and COI regions [J]. Parasitology Research, 108(2):497-503.

Yang B H, Li C P, 2015. Characterization of the complete mitochondrial genome of the storage mite pest *Tyrophagus longior* (Gervais) (Acari: Acaridae) and comparative mitogenomic analysis of four acarid mites[J]. Gene, 576(2):807-819.

Yang B H, Li C P, 2015. The complete mitochondrial genome of *Tyrophagus longior* (Acari: Acardidae): gene rearrangement and loss of tRNAs[J]. J Stored Prod Res, 64:109-112.

Zeman, Gregory O, 1993. Allergy: Principles and Practice[J]. Jama the Journal of the American Medical Association, 270(21):2624.

Zhan X, Li C, Guo W, et al., 2015. Prokaryotic Expression and Bioactivity Evaluation of theChimeric Gene Derived from the Group 1 Allergens of Dust Mites[J]. Nutricion Hospitalaria, 32(6):2773-2778.

Zhan X, Li C, Jiang Y, et al., 2015. Epitope-based vaccine for the treatment of Der f 3 allergy [J]. Nutricion hospitalaria, 32(n06):2763-2770.

Zhan X, Li C, Wu H, 2017. Trematode Aspidogastrea found in the freshwater mussels in the Yangtze River basin[J]. Nutricion hospitalaria, 34(2):460-462.

Zhan X, Li C, Wu Q, 2016. Cardiac urticaria caused by eucleid allergen[J]. International Journal of Clinical and Experimental Medicine, 8(11):21659-21663.

Zhan X, Li C, Xu H, et al., 2015. Air-conditioner filters enriching dust mites allergen[J]. International Journal of Clinical & Experimental Medicine,8(3):4539-4544.

Zhan X D, Li C P, Chen Q, 2017. *Carpoglyphus lactis* (Carpoglyphidae) infestation in the stored medicinal Fructus Jujubae[J]. Nutricion Hospitalaria,34(1):171-174.

Zhan X D,Li C P,Wu H,et al.,2017. Investigation on the endemic characteristics of Metorchis orientalisin Huainan area,China[J]. Nutricion Hospitalaria,34(3):675-679.

Zhan X D,Li C P,Yang B H,et al., 2017. Investigation on the zoonotic trematode species and their natural infection status in Huainan areas of China[J]. Nutricion Hospitalaria, 34(1):175-179.

Zhao B B,Diao J D,Liu Z M,et al.,2014. Generation of a chimeric dust mite hypoallergen using DNA shuffling for application in allergen-specific immunotherapy[J]. International journal of clinical and experimental pathology,7(7):3608-3619.

第三章 粉螨过敏原

粉螨(acaroid mite)是一类自由生活的小型螨类,广泛的孳生在人们的生活和工作环境中,其生态类群可分为两类,一类是孳生于沙发、空调、卧具、衣物等家具和生活用品中,取食人体皮屑和有机粉尘;一类是孳生在粮食、干果、中药材和储藏蔬菜等储藏物中,取食储藏物及其中孳生的微小生物和有机碎屑。粉螨的排泄物、分泌物及其在生长发育过程中留下的皮屑(壳)和死亡后的螨体分解成的微粒等可诱发人类患过敏性皮炎、过敏性鼻炎和过敏性哮喘等过敏性疾病。因此,粉螨是人类过敏性疾病的主要过敏原之一。目前已鉴定并命名的粉螨过敏原有几十种,其中对尘螨过敏原的研究尤为深入。

第一节 过敏原来源

早在20世纪初,Willem Storm van Leeuwen(1924)提出螨可能是灰尘中的重要过敏原,同期《慕尼黑医学周刊》报道了一个因室内搬进了一件旧沙发诱发哮喘的病例,将该沙发从室内搬走后,患儿的哮喘自然缓解。Dekker(1928)采集该旧沙发内外的积尘,发现积尘中有大量的螨及其皮壳。直到1964年,Voorhorst和Spieksma研究证实尘螨是室内灰尘中过敏原的主要成分。Mitchell(1969)指出,家螨死亡后,其尸体等仍具过敏原活性。

一、螨体的过敏原性

粉螨是自由生活的小型节肢动物,与人的种间亲缘关系相距甚远,生存繁衍与人的依赖关系很小,绝大多数与人体既不是寄生关系,也不是共生关系。粉螨的整个体躯对人都具有过敏原性,但由于粉螨不同部位的组织结构和生化特性的不同,其作用于人体后产生的刺激强度也不同,同时人体对其产生的反应性也不同。换言之,粉螨不同部位过敏原性的强弱存在差异。Tovey等(1981)报道,99%的粉螨过敏原来自其排泄物,其余为发育过程中蜕下的皮或壳等。Ree等(1992)报道屋尘螨I类过敏原(Der p 1)存在于屋尘螨后中肠、口咽等部位以及肠内容物(粪粒)中。Thomas(1995)报道屋尘螨II类过敏原(Der p 2)是屋尘螨雄螨生殖系统的分泌物。Park等(2000)通过冰冻切片免疫荧光技术证实屋尘螨II类过敏原(Der p 2)来源于消化道,并汇集在粪粒中。付仁龙等(2004)采用屋尘螨过敏患者的混合血清研究屋尘螨的抗原定位,结果显示特异性抗原的阳性部位分布在屋尘螨的口咽部、中肠、肠内容物、体壁和生殖腺,且无性别差异,其中口咽部、中肠及肠腔内容物(粪粒)显示强抗原性。刘志刚等(2005)通过抗原定位实验研究也证实屋尘螨I类过敏原(Der p 1)存在于中肠、肠内容物和粪粒中。李朝品(2005)证实HLA-DRB1*07基因可能是螨性哮喘遗传等位易感基因,HLA-DRB1*04和HLA-DRB1*14基因可能在螨性哮喘发生过程中具有保护作用。李盟等(2007)采用石蜡切片荧光抗原定位技术显示粉尘螨II类抗原(Der f 2)存在于粉尘螨的中肠组织及其肠内容物中,粉尘螨粪粒中含有粉尘螨的两种过敏原(Der f 1、Der f 2),该过敏原可悬浮于空气中,特应性人群吸入即可诱发Ⅰ型过敏反应。詹振科等(2010)利用荧光抗原定位技术对粉尘螨Ⅲ类抗原(Der f 3)进行定位研究,结果显示粉尘螨Ⅲ类抗原(Der f 3)主要存在于粉尘螨的结肠和直肠部位。刘志刚和胡赓熙(2014)综合了以往的研究成果发现,尘螨螨体和螨排泄物都是尘螨过敏原的主要来源,螨排泄物的过敏原来源于螨消化道的酶类。

　　综上,粉螨的排泄物、分泌物及其在生长发育过程中留下的皮屑(壳)和死亡后的螨体分解成的微粒等均含有异种蛋白质,可成为过敏原。这些物质分解成微粒后可通过人的活动而悬浮于空气中,特应性人群吸入后可引起过敏反应。尤其是空调运行时,空气中悬浮的灰尘及微小生物(包括螨和螨的排泄物、分泌物及其在生长发育过程中留下的皮屑(壳)和死亡后的螨体分解成的微粒等)被吸入空调并富集在隔尘网上,微小生物(包括螨)可在空调隔尘网上孳生,当空调再次启动时,螨和螨的排泄物、分泌物及其在生长发育过程中留下的皮屑(壳)和死亡后的螨体分解成的微粒等可随空调送风吹入室内,成为强烈的过敏原,悬浮于室内空气中,特应性人群吸入后可引起过敏反应。

二、粉螨过敏原在环境中的分布

　　粉螨分布于世界各地,栖息环境多种多样,广泛孳生于家居环境、工作场所、储物间和畜禽圈舍,有些螨类甚至可滞留于交通工具中。Voorhorst等(1967)观察了来自荷兰、德国、英国、澳大利亚、巴西和伊朗等国的屋尘样本,均发现了屋尘螨(*Dermatophagoides pteronyssinus*)。Mitchell(1969)在美国的屋尘样本中发现了粉尘螨(*Dermatophagoides farinae*)。Miyamoto(1976)在日本屋尘中发现了36种螨,每克屋尘含10~2000只螨。孳生在房舍和储藏物的粉螨按照食性的不同,可分为植食性螨类(phytophagous mites)、菌食性螨类(mycetophagous mites)、腐食性螨类(saprophagous mites)、杂植食性螨类(panphytophagous mites)和尸食性螨类(necrophagous mites),此外,还有碎粒食性、螨食性(同类相残)、血液或体液食性螨类等。我国自20世纪70年代起开始对粉螨过敏进行研究,目前业已证实粉螨是我国过敏性疾病的重要过敏原之一,60%~80%的过敏性疾病由粉螨引起。沈兆鹏(1985)报道储藏物螨类可对环境造成污染,螨类污染可导致过敏性疾病。方宗君(2000)调查了螨过敏性哮喘患者的居室内尘螨密度季节消长与发病关系,结果显示,一年四季居室内尘螨的密度有显著性差异,其中秋季尘螨密度最高。崔玉宝和王克霞(2003)对空调隔尘网表面粉螨孳生情况进行了调查,发现粉螨孳生率为72.78%,孳生密度为(7.68±3.44)只/克。孙劲旅(2010)在对北京地区38个尘螨过敏患者的家庭进行螨类调查,结果显示枕头的平均螨密度最高,达281.90只/克,其次为床垫螨密度119.71只/克和沙发螨密度114.67只/克。广州曾对居民家庭进行尘螨孳生情况调查,共选择34个固定点,包括床铺13张、枕头12个,室内桌面或蚊帐顶面9处。每月对各采样点进行收集灰尘样品2次,共收集灰尘样品572份。结果从572份灰尘样品中检出有尘螨孳生的531份,检出率高达92.83%。其中有一份从床上采集的灰尘,孳生螨高达11849只/克,有一份从枕头上采集的灰尘,孳生螨为11471只/克。此次从广州居民家庭中检获的螨均属于粉螨亚目(Acaridida),其优势种为屋尘螨(*Dermatophagoides pteronyssinus*)、粉尘螨(*Dermatophagoides farinae*)和弗氏无爪螨(*Blomia freemani*)。在中国台湾省南部地区的调查发现,72％的白糖有螨类污染,孳生密度为700只/克;91％的红糖有螨类污染,孳生密度为900只/克。李朝品(1997)在146种共1460份中药材中采用清水漂浮法和塔氏电热集螨器分离法,共分离出粉螨48种,隶属7科25属。陶宁(2015)在49种储藏干果中共获得粉螨12种,隶属6科10属,其优势种为甜果螨、腐食酪螨、粗脚粉螨和伯氏嗜木螨。桂圆、平榛子、话梅等样本中孳生密度较高,分别为79.78只/克、48.91只/克和35.73只/克。江佳佳(2006)在淮南地区6种食用菌及其菌种、培养料中共分离出粉螨5种,隶属3科4属,其中平菇中粉螨孳生密度最高为11.84只/克,而白灵菇中粉螨孳生密度最低为1.37只/克,并且发现60名蘑菇房的工人中皮肤挑刺试验(skin prick test, SPT)阳性的占16.7％,明显高于健康者的5.0％。陶宁(2017)对中国台湾地区储藏食物粉螨的情况调查发现,39种市售样本中分离出13种粉螨,隶属6科11属。湛孝东(2013)对芜湖市出租车和私家车各60辆的坐垫、脚垫和后备箱等处的灰尘研究发现,120份样本中,阳性样本79份,粉螨孳生率为65.83％,共检出螨类786只,隶属5科15属23种。王克霞(2014)在芜湖市某些家庭的空调隔尘网灰尘中检测出屋尘螨和粉尘螨1组变应原。朱万春和诸葛洪祥(2007)在张家港市的200份居室尘埃中发现,粉尘螨1组变应原、屋尘螨1组变应原和粉尘螨2组变应原的浓度高于2 μg/g的样本的50％。

　　粉螨孳生需要充足的食物和适宜的温度及湿度。陶宁等(2016)对30种中药材粉螨孳生情况进行研究,结果表明其中有28种中药材有粉螨孳生,孳生率为93.3％。Penaud(1975)报道适宜螨孳生的环境为温度25~30 ℃、相对湿度75％~80％的场所。Arlian等(1979)采集屋尘过敏患者住处的屋尘样本,发现螨的孳生率为100％,每克屋尘可检获螨10~8160只,7、8、9三个月密度最高。Elliot Middleton(1978)观察住家和医院采集的屋尘样本,发现不同样本(屋尘、褥垫等)屋尘螨的密度差别很大。阎孝玉等(1992)研究证实椭圆食粉螨(*Aleuroglyphus ovatus*)发育最快的温度和相对湿度分别为30 ℃和85％。陶莉和李朝品(2006)在淮南观察了腐食酪螨种群消长及空间分布型发现,腐食酪螨适宜繁殖温度为24~25 ℃、湿度为85％。腐食酪螨在年周期中有2个高峰期,分别是6月下旬和9月中旬,7月和8月的螨口数也较高。综上,粉螨的分布特征是由食物、温度、湿度和光照等多种生态因素决定的。因此,在同一环境不同年份或同一年份不同环境中粉螨种群数量多少、高峰发生时间都会存在差异。

三、粉螨过敏原浸液

　　粉螨过敏原浸液是指通过适当的溶剂从粉螨螨体中提取的具有过敏原活性成分的制剂,这种制剂在临床上通常用作粉螨过敏的实验诊断和脱敏治疗,在实验室则作为进行粉螨过敏教学和科研的实验制剂。1997年,WHO日内瓦会议建议统一用"过敏原疫苗"代替"过敏原提取物"。但无论赋予什么名称,事实上粉螨过敏原浸液就是粉螨螨体的浸出液。

(一)粉螨的收集与清洁

　　提取粉螨过敏原浸液需要大量的粉螨。将采集到的粉螨进行分检,以获得某种目标粉螨。分检方法可采用直接分离法、振筛分离法、电热集螨法和光照驱螨法等。若获得的目标螨太少,可根据实际需要选择适当的饲养方法进行人工饲养,以获得大量的目标粉螨。将获得的粉螨置于清水中用摇床反复清洗数遍,除去体躯上的附着物后,再用丙酮清洗、灭活、脱脂3次,37 ℃恒温干燥,三次称重为同样重量时,密闭贮存备用。

(二)粉螨过敏原浸液提取液的配制

提取液较为常用的是碳酸氢钠-盐水提取液(亦称Coca's液),其配方为:氯化钠5.0 g,磷酸氢钠2.75 g,石碳酸(结晶酚)4.0 g,蒸馏水1000 mL。此外还有0.125 mol/L碳酸氢铵(NH_4HCO_3)溶液、磷酸缓冲盐溶液(PBS液)和PBST液(含0.05%Tween-20的PBS液)等提取液。

(三)粉螨过敏原浸液的提取

(1)提取:取上述清洁干燥后的粉螨在研钵中粉碎,称取1.0 g,按照1:50(m/v)加入无菌提取液,冰水浴中超声粉碎(200 V,5分钟)后,置于恒温震荡仪(4 ℃,100 r/min)中提取48~72小时后,提取液离心(4 ℃,2500 r/min,30分钟)后取上清。

(2)透析:上清液放入透析袋内,用夹子扎紧袋口。用上述配制该变应原时所用的提取液为溶媒,每4小时或6小时更换一次溶媒,直至溶媒的颜色不再改变,通常换4~6次溶媒即可完成。透析最好在0~4 ℃条件下进行,若在室温下进行,则需在透析液表面放0.1%的甲苯,以延缓细菌的生长。

(3)酸碱度校正:过敏原浸液的酸碱度会影响诊疗,过酸或过碱性的过敏原浸液用于皮肤试验,易出现假阳性反应;而如果用于脱敏治疗,则会加剧患者注射时的疼痛感,故需用氢氧化钠或盐酸纠正pH至7.0。

(4)浓缩:可采用真空冷冻干燥等方法对其浓缩,其目的是获得量小而有效的成分。一般均浓缩成原来容量的1/10(即50 mL浓缩成5 mL)。

(5)灭菌:过敏原活性成分不耐热,故不可用高压灭菌或任何加热方法处理,可采用0.22 μm针头式过滤器物理灭菌。

(6)蛋白测定:Bradford蛋白浓度测定试剂盒或BCA蛋白浓度测定试剂盒测定粉螨过敏原浸液蛋白浓度,以便后续试验配置所需的定量浓度。

(7)保存:分装后于-20 ℃冰箱储藏,可减少蛋白解冻次数,延缓蛋白变性。

(8)毒性试验:将所提粉螨过敏原浸液配制成一定量的浓度,注入小鼠体内,并在规定时间内观察小鼠的反应,其目的是探究剂量-反应关系,为保证临床使用安全。

(9)注意事项:① 提取时加入的提取液比例越高,得到的过敏原总量原则上会更多,但过敏原浓度则相应较低;若后续无相应条件对过敏原提取液进行浓缩,则根据实验要求适当更改加入提取液的比例,以达到过敏原目标浓度。② 在提取过程中,恒温震荡仪的转速可根据溶液体积相应调整,但也不能过快,否则液面容易与瓶口摩擦产热,造成过敏原损失。③ 由于整个过敏原提取时间长,故在提取过程中,应尽可能在4 ℃的环境下提取,以减少过敏原的降解。④ 反复冻融会造成过敏原的变性,故应将提取完成的过敏原分装,以减少冻融次数。

除用粉螨直接提取过敏原浸液外,还可利用现代生物技术制备粉螨疫苗,如T细胞表位多肽疫苗、B细胞表位多肽疫苗、重组过敏原疫苗、类变应原疫苗、佐剂偶联的分子疫苗和纳米型疫苗等。

(叶向光　刘小绿)

第二节　过敏原命名

可引起过敏性疾病的粉螨的种类繁多,粉螨过敏原种类也复杂多样,因此将不同螨种的过敏原组分按照统一的规则进行命名很有必要。

一、粉螨过敏原命名原则

粉螨过敏原是根据国际免疫学会联盟(International Union of Immunological Societies, IUIS)于1986年制定的过敏原命名法进行命名的。命名时以粉螨的有效生物种名(拉丁学名)为基础,取其属名的头3个字母和种名的第一个字母,加上鉴定先后顺序的阿拉伯字序号。过敏原名称用正体书写,在属名与种名缩写以及阿拉伯字序号之间空一格。譬如腐食酪螨(*Tyrophagus putrescentiae*)的第3类过敏原书写为 Tyr p 3,害嗜鳞螨(*Lepidoglyphus destructor*)的第2类过敏原书写为 Lep d 2,热带无爪螨(*Blomia tropicalis*)的第5类过敏原书写为 Blo t 5等。如果两种粉螨同属不同种,属名和种名缩写又都相同,在过敏原的命名时,后记述的过敏原在种名缩写字母后加上一个字母,例如腐食酪螨(*Tyrophagus putrescentiae*)的第4类过敏原与阔食酪螨(*Tyrophagus palmarum*)第4类过敏原分别书写为 Tyr p 4 和 Tyr pa 4。如果两种粉螨不同属,属名和种名缩写又都相同,后记述的过敏原在属名缩写字母后加上一个字母,如长食酪螨(*Tyrophagus longior*)第2类过敏原与线嗜酪螨(*Tyroborus lini*)第2类过敏原分别书写为 Tyr l 2 和 Tyro l 2。

二、异构过敏原和过敏原亚型命名原则

同一物种同一组分过敏原具有相同的生物学功能,但可能存在几种形式,同一种过敏原氨基酸序列一致性(identity)达到67%以上者称为异构过敏原(iso-allergen)。每种异构过敏原相同氨基酸序列的多种变异形式,称为过敏原异构体,其命名原则是在其名字后加阿拉伯数字为后缀(01~99),例如 Der p 1 的异构过敏原命名为 Der p 1.01、Der p 1.02、Der p 1.03等。

过敏原编码氨基酸的核苷酸碱基可能会发生突变,这种突变可能是隐性的,或出现1至数个氨基酸的置换,称为过敏原的多态性。过敏原的多态性可用分子变异(molecular variants)或亚型(isoforms)表示,其具有90%以上的一致序列,命名是在异构过敏原后再加2个阿拉伯数字,例如 Der f 1 有10个亚型,即可命名为 Der f 1.0101、Der f 1.0102、Der f 1.0103……Der f 1.0110。

三、过敏原多肽链、mRNA和cDNA

在命名过程中,过敏原多肽链的名称采用斜体,例如粉尘螨过敏原第4组份的2条多肽链分别命名为 *Der f 4A* 和 *Der f 4B*。而 mRNA 和 cDNA 过敏原命名则采用正体,尾数与多

型过敏原相同,例如mRNA Der f 4A 0101和cRNA Der f 4A 0101。

四、重组过敏原和过敏原合成多肽

(1) 过敏原的来源方式有3种,即天然过敏原、重组过敏原和合成过敏原,通过基因重组技术或化学方法合成的用于调控特异性免疫应答的过敏原片段,其命名原则基于天然过敏原。天然过敏原在过敏原名称前加n(常可省略),如nDer f 1.0101或Der f 1.0101;基因重组过敏原则在其过敏原前加"r",书写为rDer f 1.0101;人工合成过敏原,在其过敏原前加"s",如sDer f 1.0101。

(2) 重组或多肽片段衍化物,末尾添加方括号,以表示该肽存在一个类似氨基酸残基的置换或修饰,用统一标准字码加一上标数字表示修饰的残基位置,如L-氨基酸(标准字母用大写)。修饰的残基可以置换、插入或删除,都放在方括号中。命名方法基本上与免疫球蛋白合成多肽序列的命名相同,以sDer p 1.0101(81~100)屋尘螨过敏原第1组分合成过敏原含81~100位残基为例,命名方法见表3.1。如果有较多变化,而本命名法没有括号,则写出全部序列。

表3.1　重组或多肽片段衍化物过敏原命名方法

修饰方法	名称	残基位置
未修饰	sDer p 1.0101(81~100)	
置换	sDer p 1.0101(81~100)[K90]	L-赖氨酸90残基被D-赖氨酸置换
插入	sDer p 1.0101(81~100)[+K90]	L-赖氨酸残基插入90~91间
删除	sDer p 1.0101(81~100)[-K90]	L-赖氨酸153残基删除
N端修饰	sDer p 1.0101(81~100)[N—AC]	N端氨基团乙酰化
C端修饰	sDer p 1.0101(81~100)[C—NH₂]	C端羧基团形成羧基酰

五、新发现过敏原命名

新发现的过敏原的命名,需要提交国际过敏原命名委员会进行审核,应在提交表格上提供过敏原的完整氨基酸和核苷酸序列,如果没有完整的序列(纯化的天然过敏原未被克隆),必须确定部分氨基酸序列(质谱法)。过敏原蛋白的序列应上传到UniProt或GenBank数据库中,并在申请表中注明加入号。实验确定的蛋白序列以及确定的DNA序列,均应在提交表格中输入。此外还应包括以下几点:① 分子量测算:十二烷基硫酸钠聚丙烯酰胺凝胶电泳(sodium dodecyl sulfate polyacrylamide gel electrophoresis, SDS-PAGE),凝胶过滤。② 分子电荷测定:等电聚焦(isoelectric focusin, IEF),电泳(PAGE,琼脂糖凝胶、淀粉凝胶等),离子交换色层分析,尤其是高效液相色谱(high performance liquid chromatography,HPLC),用适合的阴离子或阳离子交换。③ 免疫化学鉴定:交叉免疫电泳(crossed immuno-electrophoresis, CIE)/交叉放射免疫电泳(crossed radioimmunoelectrophoresis, CRIE),超免疫抗血清免疫电泳(immunoelectrophoresis, IEP)(至少3只动物的抗血清)。④ 疏水性测定:反相HPLC。⑤氨基酸化学测定:氨基酸—NH₂终端测定、氨基酸—COOH终端测定、氨基酸组成测定,每一种测定的条件都要限定,相近的异构过敏原常不易分开,如为异构过敏原的混合液,等电点(pI)或者分子量的范围要写明。

其他要求:

(1) 尽量提供下列物理和化学参数:① 相对分子量。② 氨基酸组成和序列。③ 糖的含量和组成(包括交联的位置和类型)。④ 失效系数(包括测试条件)。⑤ 含氮量。⑥ 有无辅基、酶或其他生物活性。⑦ X射线晶体衍射结构。⑧ 如果有合适的国际参考品,或国家参考品(如IUIS/WHO标准化制品),要据此换算在参考品中纯化过敏原的含量。

(2) 过敏原粗制品的企业参考品应与标准参考品对照标准化。

(3) 经过特征鉴定或从粗制过敏原提纯的过敏原,需要在小规模人群中做皮肤点刺试验或检测IgE抗体,用以表示该过敏原的重要性。此外,还要提供所用的体内或者体外测试方法,阳性标准及量化的应答性程度。

(4) 高纯度的过敏原应将其测试数据提交给国际过敏原命名分委员会主席,分发给其他同行,以便周期性增补更新。

(5) 已纯化的过敏原要有足量的单种抗体(多克隆或单克隆)给某些资深的专家,以便用作免疫化学鉴定。

第三节　过敏原标准化

过敏原的标准化是指用过敏原提取液的参考品作标准,用合适的定量检测方法和规程去测定待测过敏原提取液效价的过程。过敏原提取物与合成药物不同,过敏原原料大多数来源于自然环境,它是所有抗原性和潜在抗原性物质的混合物,本身具有极大的变异性,而提取物种中的有效成分或活性因为不同的药品批次而存在较大的差异,所以提取的过敏原的组成、浓度和生物学活性很难恒定,这给特异性诊断和治疗的可靠性和安全性带来很大的挑战。过敏原标准化的目的是通过一定的步骤尽可能地减少由于原材料的不同而导致不同批次过敏原产品之间的差别,保证不同批次过敏原产品的一致性,而使最终产品能够达到安全、有效和精确的水平,从而提高特异性诊断和治疗的可靠性和安全性。

一、过敏原标准化的发展史

在20世纪初开始出现过敏原测定、参考品规格及产品质量标准,后也出现过敏原浓度或剂量等单位。1911年采用Noon单位作为梯牧草(*phleum pratense*)花粉过敏原单位,被定义为从千分之一毫克梯牧草花粉中提取的过敏原量。随后,Noon单位又被所有花粉过敏原所用。1944年,在美国变态反应学会的第一次会议决定使用蛋白质氮单位(protein nitrogen units, PNU)作为过敏原提取液的标准单位,规定100 PNU相当于1 μg氮,但PNU并不是标示主要致敏原的浓度,也不能反映过敏原提取液的效价,且蛋白质降解后,其PNU并不降低,故此单位有很大的局限性。这期间出现了用质量与体积之比(m/V)表示提取原材料和提取溶媒容积的比例,但该方法只是标明了过敏原提取液制备的起始浓度,与效价没有恒定的关系。20世纪70年代,基于皮肤实验的各种系统的生物单位,如在欧洲出现的组胺当量效力(histamine equivalent potency，HEP)，HEP是基于引起与规定浓度的组胺产生的风团一样大小的过敏原剂量，现在称为生物活性单位(biological unit，BU)。同时，欧洲还出现了像标准量单位(standard unit，SQ)、治疗单位(treatment units，TU)等这样企业自己制定的特殊单位。美国食品药品监督管理局(food and drug administration，FDA)基于过敏原皮内试验后测定红斑大小，是15个个体的总红斑直径为50 mm的3倍稀释液数字的平均值，用变态反应单位(allergy unit，AU)表示过敏原的效价。现在，美国FDA使用IDsoEAL的方法，即引起皮内试验红斑总直径50 mm的稀释浓度决定生物等价单位，用生物等价过敏单位(bioequivalent allergy unit，BAU)表示。20世纪80年代初，世界卫生组织相关体外实验建议使用国际单位(international unit，IU)，并组织多国合作制备了屋尘螨、豚草、梯牧草、白桦和狗毛5种国际过敏原标准品。

二、过敏原标准化的现状

过敏原标准化的目的在于提高特异性诊断和治疗的可靠性和安全性，但现在不同的国家对过敏原标准化持有不同的标准。

在美国，其标准化过敏原疫苗主要是水溶液剂型及天然的、没有修饰过的过敏原，FDA下属的过敏原制品由生物鉴定和研究中心(center for biologic evaluation and research，CBER)专门管理，FDA规定取得标准过敏原疫苗的生产厂家在发放其产品到市场前，必须用FDA的相应参考品(FDA reference)及FDA许可的或适当的方法对其进行检测以确定效价。这可以保证不同厂家生产出来的标准化提取液有更高的一致性。目前美国已有19种过敏原得到标准化，主要是花粉类、螨类及蜂类过敏原。到目前为止，还没有真菌和食品类的标准化过敏原疫苗，并且大部分在市面上销售的过敏原提取液仍是未标准化的。

在欧洲，欧洲市场上的过敏原提取液多为铝吸附剂型或类过敏原。欧洲过敏原标准化与美国有较大的差异，由欧洲药典来规范管理，欧洲各生产厂商根据欧洲药典建立各自的企业参考品(inhouse reference，IHR)，也称内部参考品，通过体内或体外的方法，以IHR为标准测定提取液的生物活性及主要过敏原的浓度。欧洲没有统一的检测方法，也没有统一的外部标准去保证各厂商产品间的一致性，各具体的检测方法由各厂商自己制定。

我国过敏原标准化起步较晚，目前约有50年的历史。到目前为止，我国开展免疫治疗的医院有1000多家，但成立过敏反应科的仅20余家。由于我国过敏反应学科专业人员很少，导致脱敏治疗不规范。目前临床上使用的绝大多数为过敏原粗提物，缺少质量控制，基本没有做到标准化。为了尽快改变现状，国家于2003年颁发了过敏原制品质量控制技术指导原则，并于2008年出台了《变态反应原暂行规定》。我国的过敏性标准化工作任重道远。

三、过敏原的标准物质

过敏原制剂的标准物质就是为了建立一个有标准定义的、经全面鉴定且性质稳定的参照品，为一种实物标准。早在20世纪70年代，WHO和IUIS意识到用于诊断和治疗的关键是标准化，在1981年建立一个由学术机构和过敏原制造商资助的项目，为生产世界卫生组织认可的过敏原提取物，选定和制备屋尘螨浸液(疫苗)，并以此作为国际标准品(international standard，IS)，用于比较过敏原产品的特异性活性，使内部标准的一致性和不同厂商测量值的比较成为可能。1985 年正式公布为"第一种国际标准过敏原"(WHO first international standard：dermatophagoides pteronyssinus extract 1985，NTBSC 82/518)，含 100000 IU，Der p 1 为 12.5 μg，Der p 2 为 0.4 μg。目前已有矮豚草(*Ambrosia artemisiiofolia*)，梯牧草(*Phleum pratense*)、屋尘螨(*Dermatophagoides pteronyssinus*)、狗(*Canis familiaris*)和白桦树(*Betula verrucosa*)这 5 种过敏原的国际标准品。每种国际标准品被冻干并分装到 3000~4000 个密封的玻璃安瓿(安瓿可从伦敦生物科学和对照品研究院获取)中，每个安瓿含量人为规定为 100000 IU，作为测量过敏原产品相对校价的标准。美国 FDA 尘螨疫苗标准品有屋尘螨 FDAE-1-Dp，其中 Der p 1 46 μg/mL 和 Der p 2 25 μg/mL；粉尘螨 FDAE-1-Df，其中 Der f 1 3.5 μg/mL 和 Der f 2 16 μg/mL。我国国家食品药品监督管理局(state food and drug administration，SFDA)颁发的《变态反应原(过敏原)制品质量控制技术指导原则》中指出，过敏原产品生产商、过敏原研究团体或管理机构都应制备具有代表性的过敏原制剂作为内部参考品(IHR)，但需采用适当的方法对 IHR 进行鉴定，并确定其特异的生物活性(体内、体外生物活性)。可通过与数批粗提取物进行比较，说明 IHR 中存在所有相关变应原。并以之作为对其他各批变应原制剂(包括中间体和半成品)进行质控的参考品，其他常规生产的变应原制剂应以 IHR 为标准，进行变应原成分鉴别及效价测定。如果已有 IS，需进行 IHR 与 IS 的比较研究(包括定性和定量分析)。应进行 IS 和 IHR 总活性测定的平行线分析，如结果成立(呈平行关系)，则可以用 IS 按国际单位校正 IHR 的效价。IS 的使用需参照 IUIS 变应原标准化分会的建议。

四、过敏原标准化的策略

在过敏原提取的过程中，过敏原的原材料的选取是第一步，这直接影响着过敏原的质量，所以过敏原的原材料的质量和组成应尽可能一致。原材料应有专业人员进行鉴别和纯度分析，必要时对过敏原物种进行纯培养，以尽可能减少不必要的污染。根据 WHO 及我国 SFDA 颁发的《变态反应原(过敏原)制品质量控制技术指导原则》，在实践中，过敏原标准化主要包括以下 4 个步骤：① 采用适宜的化学和免疫化学方法分析所有过敏原的组成，以确保所有重要致敏蛋白的存在。② 用适宜的蛋白含量分析方法对总蛋白含量进行测定，以确保主要致敏蛋白以恒定的比例存在。③ 制定对每批过敏原制品的总生物活性要求，选用体外的放射变应原吸附抑制实验(radioallergosorbent test，RAST)、直接 RAST 试验，或体内皮肤点刺实验(按药品注册的相关规定申请临床研究)，对过敏原制品总生物活性进行测定，以确保在体内或体外总生物效价一致。④ 过敏原序列的多态性是影响过敏原整体性质和标准化的重要因子，同样影响过敏原与单克隆抗体的反应性，因此使用免疫分析试剂盒进行过敏原鉴定时，有必要考虑过敏原的多态性。

五、过敏原提取物中的天然佐剂

在过敏原提取物中除了目标过敏原外还会存在许多可引发天然免疫的物质，如内毒素(endotoxin)、脂多糖(lipopolysaccharide，LPS)、β-聚糖、CPG-DNA 等，这些物质可以激活多种免疫细胞,而影响到过敏反应的发生。不同批次的原材料,不同生产地的原材料,不同厂家生产的过敏原提取,内毒素含量变化非常大。尽管内毒素的含量对过敏原提取物的活性没有明显的影响,但是实验表明,低剂量的内毒素会增强Th1应答,而高剂量的内毒素会增加炎症反应的发生及毒性反应的危险性。目前还没有因过敏原提取物中内毒素引起临床效应方面的评估,也缺乏在免疫治疗过程中内毒素引起的副作用方面的数据。但之前的研究表明细菌脂多糖会引起机体的致热反应,这就提示高浓度的内毒素也许会影响其安全性及有效性。故是否要对标准化过敏原提取物的内毒素含量进行检测,有待进一步的研究。

六、过敏原的生产和标准化管理

获得可靠的、稳定的标准化过敏原要克服很多困难,包括初始原材料的控制、包装材料、生产工艺、变应原组分分析、质量标准研究、标准物质和过敏原稳定性等问题。我国临床上曾经使用的过敏原粗提液,大多数没有做到标准化,针对这种状况,我国2000年也曾颁发过关于变态反应原的暂行规定,要求对于具有过敏原制剂制备资格的医院,将拟制备的过敏原按特殊医院制剂程序申报,经评审后,由SDA审查批准可直供由卫生行政部门批准为可使用该过敏原的医院。并且国家也鼓励和支持过敏原产业化和标准化,建议学习及应用国外已有的科技成果和管理经验,鼓励和扶持有过敏原制备资格的医院,加速产业化和标准化的进程,灵活地执行有关法规和要求,在过敏原的标准化方面逐渐向WHO变应原标准化方案靠拢。

（蒋峰）

第四节　过敏原组分

引起人体过敏性疾病的粉螨有几十种,如粉尘螨(*Dermatophagoides farinae*)、屋尘螨(*Dermatophagoides pteronyssinus*)、梅氏嗜霉螨(*Euroglyphus maynei*)、热带无爪螨(*Blomia tropicalis*)、腐食酪螨(*Tyrophagus putrescentia*)、粗脚粉螨(*Acarus siro*)、家食甜螨(*Glycyphagus domesticus*)、害嗜鳞螨(*Lepidoglyphus destructor*)、拱殖嗜渣螨(*Chortoglyphus arcuatus*)等。这些粉螨的分泌物、排泄物(粪粒)、皮壳和死亡螨体裂解产物中的过敏原可导致人体出现过敏性鼻炎、粉螨性哮喘、皮炎等过敏性疾病。根据WHO/IUIS有关报道,到目前为止已确定无气门目(Astigmata)的10种粉螨有102种过敏原(表3.2)。这些过敏原共分成39个组分(allergen groups),它们分别具有不同的生化特征(表3.3)。粉螨的过敏原非常复杂,目前已被命名的粉尘螨过敏原组分有35个,包括Der f 1-8,Der f 10、11,Der f 13-18,Der f 20-37,Der f 39(过敏原Der f 17虽然在文献中有报告,但在数据库中的记录不完全,其基因序列没有公布)。屋尘螨的过敏原组分有30个,包括Der p 1-11,Der p 13-15,Der p 18,Der p 20、21,Der p 23-26,Der p 28-33,Der p 36-38。梅氏嗜霉螨包含5个过敏原组分,分别为Eur m 1-4,Eur m 14。腐食酪螨的过敏原组分有9个,分别是Tyr p 2、Tyr p 3、Tyr p 8、Tyr p 10、Tyr p 13、Tyr p 28、Tyr p 34、Tyr p 35、Tyr p 36。将这些粉螨过敏原分为主要过敏原(major

-tier allergens），普通过敏原(mid-tier allergens)和次要过敏原(minor-tier allergens)。粉尘螨和屋尘螨是引起过敏反应的主要螨种。其中第1组(Der p 1和Der f 1)和第2组过敏原(Der p 2和Der f 2)研究的最多。主要过敏原包括1、2、23组分。不同的螨种具体过敏原组分及化学特征见表3.3。

表3.2　10种粉螨的过敏原数量

常见粉螨种类	过敏原组分数量	过敏原组分
粗脚粉螨(*Acarus siro*)	1	Aca s 13
腐食酪螨(*Tyrophagus putrescentia*)	9	见正文
拱殖嗜渣螨(*Chortoglyphus arcuatus*)	1	Cho a 10
热带无爪螨(*Blomia tropicalis*)	14	Blo t 1-8,10-13,19,21
家食甜螨(*Glycyphagus domesticus*)	1	Gly d 2
害嗜鳞螨(*Lepidoglyphus destructor*)	5	Lep d 2,5,7,10,13
粉尘螨(*Dermatophagoides farinae*)	35	见正文
小脚尘螨(*Dermatophagoides microceras*)	1	Der m 1
屋尘螨(*Dermatophagoides pteronyssinus*)	30	见正文
梅氏嗜霉螨(*Euroglyphus maynei*)	5	见正文

表3.3　粉螨过敏原组分及其特征

过敏原组分	分子量kDa	生物化学特征	螨的种类	抗原定位	培养基中的抗原
1	24~39	半胱氨酸蛋白酶	DP,DF,DM,EM,BT	肠	粪便或螨体
2	14	脂结合蛋白	DP, DF, EM, BT, LD,GD,TP	肠或其他细胞	粪便或螨体
3	25	胰蛋白酶	DP,DF,EM,BT,TP	肠	粪便或螨体
4	57	淀粉酶	DP,DF,EM,BT	肠	粪便或螨体
5	15	不明	DF,DP,BT,LD	肠	
6	25	胰凝乳蛋白酶	DP,DF,BT	肠	粪便或螨体
7	25~31	似脂多糖结合蛋白,增加杀菌渗透性家族	DF,DP,BT,LD		粪便或螨体
8	26	谷胱甘肽转移酶	DF,DP,BT,TP	其他细胞	螨体
9	30	胶原溶解酶	DP	其他细胞	粪便或螨体
10	37	原肌球蛋白	DP,DF,BT,LD,CA,TP	肌肉	螨体
11	96	副肌球蛋白	DP,DF,BT	肌肉	螨体
12	14	不明	BT	其他细胞	
13	15	脂肪酸结合蛋白	DF,DP,BT,LD,TP,AS	其他细胞	螨体
14	177	卵黄蛋白,转运蛋白	DP,DF,EM	其他细胞	螨体

续表

过敏原组分	分子量 kDa	生物化学特征	螨的种类	抗原定位	培养基中的抗原
15	63~105	几丁质酶	DP,DF	肠	粪便或螨体
16	55	凝溶胶蛋白,绒毛素	DF	其他细胞	螨体
17	53	EF手性蛋白,钙结合蛋白	DF	其他细胞	
18	60	几丁质结合物	DP,DF	肠	粪便或螨体
19	7	抗菌肽同源物	BT	肠	
20	40	精氨酸激酶	DP,DF		螨体
21	16	组分5同源物,疏水结合物?	DP,DF,BT	肠	螨体
22	17	类髓样分化蛋白-2,脂结合物?	DF		粪便或螨体
23	14	围管膜蛋白	DP,DF	肠	粪便或螨体
24	13	泛醌细胞色素c还原酶结合蛋白	DP,DF	其他细胞	
25	34	磷酸丙糖异构酶	DP,DF	其他细胞?	粪便或螨体
26	18	肌球蛋白轻链	DP,DF	其他细胞?	螨体
27	48	丝氨酸蛋白酶抑制剂	DF	肠	粪便或螨体
28	70	热休克蛋白	DP,DF,TP	肠或其他细胞	粪便或螨体
29	16	亲环蛋白	DP,DF	肠或其他细胞	粪便或螨体
30	16	铁蛋白	DP,DF	其他细胞	螨体
31	15	肌动蛋白素	DP,DF	其他细胞	螨体
32	35	分泌型无机焦磷酸酶	DP,DF	其他细胞	螨体
33	52	α-微管蛋白	DP,DF	其他细胞	螨体
34	18	肌钙蛋白C,钙结合蛋白	DF,TP	肠或其他细胞	粪便或螨体
35	52	乙醛脱氢酶	DF,TP		
36	14~23	抑制蛋白	DP,DF,TP		
37	29	几丁质结合蛋白	DF,TP		
38	15	细菌溶解酶	DP		
39	18	肌钙蛋白C	DF		

DP 屋尘螨(*Dermatophagoides pteronyssinus*),DF 粉尘螨(*Dermatophagoides farinae*),DM 小脚尘螨(*Dermatophagoides microceras*),EM梅氏嗜霉螨(*Euroglyphus maynei*),BT热带无爪螨(*Blomia tropicalis*),LD害嗜鳞螨(*Lepidoglyphus destructor*),GD家食甜螨(*Glycyphagus domesticus*),TP腐食酪螨(*Tyrophagus putrescentia*),CA拱殖嗜渣螨(*Chortoglyphus arcuatus*),AS粗脚粉螨(*Acarus siro*)

一、主要过敏原组分

（一）组分1

Der p 1和Der f 1是尘螨属的第1组过敏原，为主要过敏原组分，来自于尘螨消化道的上皮细胞。Der p 1和Der f 1为具有半胱氨酸蛋白酶活性的糖蛋白，与肌动蛋白和木瓜蛋白酶属同一家族，分子量为25 kDa，主要存在于尘螨粪团中，其粪便颗粒的大小适合进入人体呼吸道。过敏体质者吸入或长期接触便会产生较多的尘螨特异性IgE抗体而呈致敏状态。Der p 1和Der f 1氨基酸序列同源性约70％，含有222/223个氨基酸残基。Der p 1和Der f 1在第1位氨基酸残基含有谷氨酸盐，而半胱氨酸蛋白酶活性最佳裂解位点是谷氨酸盐，因此可发生自身裂解。屋尘螨过敏原经常发生保守性改变，可在5个位置发生单独置换而产生不同的组合，即第50位可能是组氨酸/酪氨酸，第81位可能为谷氨酸盐/赖氨酸，第124位可能为缬氨酸/丙氨酸，第136位可能为苏氨酸/丝氨酸，第215位可能为谷氨酰胺/谷氨酸盐。

（二）组分2

Der f 2和Der p 2为第2组过敏原蛋白，该组过敏原存在于螨体中，属于附睾蛋白家族，主要由雄螨生殖系统分泌。cDNA序列均能编码129个氨基酸残基，无N端糖基化作用位点。Der f 2和Der p 2的序列同源性为88％，氨基酸序列间的12％差异分布于整个蛋白质中。与第1组过敏原比较，它们之间相似性较高，且替代基更保守。通过磁共振测定Der f 2和Der p 2的4级结构，发现此蛋白一个结构域完全由片层组成，它与谷氨酰胺转移酶、凝血因子Ⅷ的3和4级结构域有很近的结构同源性。Der p 2变异常出现于5个位置而导致序列中有1～4个氨基酸残基不同，且这种变异主要位于C端第111、114、127氨基酸残基，T细胞常能识别该区域。

（三）组分23

Der p 23是一种围管膜样蛋白（Peritrophin-like protein），分子量为14 kDa。是中肠围管膜和粪粒表面上的成分，与控制螨的消化有关。在大肠杆菌中表达的Der p 23与347位屋尘螨过敏症患者血清IgE结合率为74％（与Der p 1和Der p 2相似的高结合率）。该组分在螨提取物中的含量低，但近来认为该组分是一种有潜在强致敏作用的过敏原。

二、普通过敏原组分

过敏原4,5,7,21组分为普通过敏原。组分4有高度保守序列，可引起令人困惑的交叉反应。尘螨属过敏原组分4为一种分子量56～63 kDa的蛋白，其中Der p 4具有淀粉酶活性，存在于螨的粪粒中。粉尘螨和屋尘螨组分4有86％同源性，和仓储螨有65％的同源性，同昆虫和哺乳动物的淀粉酶有50％同源性。

Der p 5（分子量14～15 kDa）氨基酸序列全长由132个残基组成，为尘螨属第5组过敏原，其生物化学功能尚不清楚。过敏原4,5,7,21组分的特征见表3.3。

三、次要过敏原

次要过敏原(minor-tier allergens)包括3,6,8,9,10,11,13,15,16,17,18,20组分(表3.3),Der p 3(28/30 kDa)和Der f 3(30 kDa)两者cDNA序列同源性约81%,具有胰蛋白酶活性。尘螨属第3组过敏原出现多态性频率较低,但仍可出现几种非保守性置换的过敏原组合。组分6和9为胰凝乳蛋白酶和胶原溶解酶。

第五节　过敏原种间交叉

近年来,对过敏原交叉反应的研究发生了重大变化。从最初使用全螨的提取物和放射过敏原吸附试验(radioallergosorbent test, RAST)抑制技术,发展到最近使用纯化的天然或重组过敏原、表位定位(epitope mapping)和T细胞增殖技术研究交叉反应。8~15个氨基酸小分子肽与特定的IgE结合的部位称为过敏原决定族。交叉反应中不同的过敏原蛋白有一定的同源性,包含相同或相似的特定的IgE结合表位。交叉反应在某种程度上反映了生物之间系统发生上的关系。如果两个蛋白质之间结构高度同源,则产生交叉反应的可能性就大。在不同的动物,如软体动物、甲壳动物、昆虫、蜱螨和线虫中,如果相互间有类似的蛋白质结构,就可能发生交叉反应。一些高度同源蛋白家族的抗原可以作为泛过敏原(panallergens)。泛过敏原具有相当保守的三维结构和相当接近的氨基酸序列。这些泛过敏原包括肌肉收缩蛋白(原肌球蛋白、肌钙蛋白C和肌浆钙结合蛋白)、酶类(如淀粉酶)和微管蛋白等,它们和IgE结合可引起交叉反应。表3.4列出了部分粉螨、软体动物、甲壳动物、昆虫和线虫共有的泛过敏原组分。

一、粉螨不同种类过敏原之间的交叉反应

粉螨隶属于粉螨亚目,包括27科430属1400种,其中我国约有150种,不同粉螨之间有些存在过敏原交叉。早在1968年Pepys等发现屋尘螨和粉尘螨之间抗原性近似,过敏患者对其中一种螨皮试阳性,对另一种螨的反应也为阳性。Mumcuoglu(1977)报道了孳生在瑞士西北地区屋尘中的38种螨,用其中常见的9种粉螨制备过敏原给过敏性疾病患者做皮试,皮试阳性率分别为:梅氏嗜霉螨(*Euroglyphus maynei*)84.5%、粉尘螨(*Dermatophagoides farinae*)81.0%、屋尘螨(*Dermatophagoides pteronyssinus*)74.1%、棕脊足螨(*Gohieria fuscus*)24.1%、隐秘食甜螨(*Glycyphagus privatus*)17.2%、害嗜鳞螨(*Lepidoglyphus destructor*)12.1%、拱殖嗜渣螨(*Chortoglyphus arcuatus*)10.3%、腐食酪螨(*Tyrophagus putrescentiae*)8.6%和粗脚粉螨(*Acarus siro*)6.9%。Miyamoto等(1976)从36种螨中筛选出7种螨进行培养和抗原性试验,发现每种螨均具有各自特异性抗原,同时螨种之间具有交叉抗原,其中屋尘螨和粉尘螨抗原性几乎相同。近年研究证实屋尘螨与粉尘螨过敏原交叉约80%,屋尘螨过敏原Der p 1与粉尘螨抗原Der f 1存在交叉,屋尘螨过敏原Der p 2与粉尘螨Der f 2相互交叉率几乎达到100%。有学者通过点印迹抑制(dot-blot inhibition)观察到Der p 1和Der p 2

与热带无爪螨的过敏原交叉反应性不高。屋尘螨过敏原 Der p 10 与粉尘螨过敏原 Der f 10 相互交叉率98％。热带无爪螨第10组过敏原(Blo t 10)的氨基酸序列同屋尘螨、粉尘螨的第10组抗原(Der p 10、Der f 10)有96％的相同度,但在其 C 端有特异的 IgE 位点。Tyr p 2 是腐食酪螨中引起过敏反应的主要过敏原。Tyr p 2 与 Lep d 2 之间有52％的同源性,这可以解释腐食酪螨和害鳞嗜螨之间的交叉反应。而 Tyr p 2 与 Der f 2 和 Der p 2 分别只有43％和41％的同源性,这或可部分解释腐食酪螨和屋尘螨之间存在较低的交叉反应。比较第3过敏原组分的同源性发现,Tyr p 3 与 Blo t 3、Der p 3、Der f 3 和 Eur m 3 之间分别为51％、47％、47％、45％的同源性。rTyr p 3 与58％的腐食酪螨过敏病人发生 IgE 反应,同时抑制实验观察到在 rDer p 3 吸收后 rTyr p 3 与过敏患者发生 IgE 反应有48％,经 rBlo t 3 吸收后有38％,表明 Tyr p 3 与 Der p 3 发生交叉反应略高于 Blo t 3。此外 Tyr p 8 与 Der p 8 具有较高的过敏原交叉反应。交叉免疫电泳表明梅氏嗜霉螨的5种过敏原与尘螨相似。梅氏嗜霉螨的第1组过敏原组分 Eur m 1 与 Der p 1 有85％的序列是同源的。Der p 4 与 Eur m 4 有90％的氨基酸序列一致。因此,特应性人群接触不同粉螨的过敏原后可引起同样的过敏反应。

二、粉螨与其他螨种之间的交叉反应

粉螨与其他螨类也存在某些过敏原交叉。粉螨过敏原皮试阳性的患者对某些植物寄生螨呈交叉阳性反应,如屋尘螨皮试阳性的患者,对苹果全爪螨(*Panonychus ulmi*)的交叉阳性率为46％,对棉花红叶螨(*Tetranychus cinnabarinus*)为62％,对鸡皮刺螨(*Dermanyssus gallina*)为21％。羽螨(*Diplaegidia columbae*)是一种养鸽者过敏原的主要来源。RAST 抑制实验结果表明羽毛螨与屋尘螨之间有交叉反应。Arlian 等(1991)证明了疥螨与屋尘螨过敏原之间发生交叉反应。研究发现,尘螨过敏与人疥螨(*Sarcoptes scabiei*)过敏呈正相关。既往无疥疮病史的尘螨过敏患者对疥螨点刺阳性的比例比对照组高。在疥疮病人患病期间,不管有无过敏情况,均为尘螨 IgE 阳性。在澳大利亚,尘螨和现在及既往的疥螨感染之间存在高度交叉反应。此外与尘螨同源的不同种的过敏原已经在疥螨和绵羊疥螨体内通过分子克隆技术确定。

三、粉螨与其他无脊椎动物之间的过敏原交叉

粉螨皮试阳性的患者与摇蚊、蜚蠊、虾和蟹等的过敏原有一定的交叉反应。如10组过敏原原肌球蛋白(tropomyosin)是一种泛过敏原(panallergen),存在于尘螨、摇蚊、蟑螂、虾和蟹等节肢动物体内。与 Der f 10 和 Der p 10 原肌球蛋白具有同源性的软体动物和节肢动物包括扇贝(*Chlamys nipponensis*)Chl n 1,巨牡蛎(*Crassostrea gigas*)Cra g 1,九孔螺(*Haliotis diversicolor*)Hal d 1,螺旋蜗牛(*Helix aspersa*)Hel as 1,角蝾螺(*Turbo cornutus*)Tur c 1和波士顿龙虾(*Homarus americanus*)Hom a 1,新对虾(*Metapenaeus ensis*) Met e 1,美洲蜚蠊(*Periplaneta americana*)Per a 7、德国小蠊(*Blattella germanica*)Bla g 7。免疫化学研究已经证明来自摇蚊、蟑螂、蜗牛和甲壳类动物的过敏原与室内尘螨的过敏原存在交叉反应。Der p 10 与蟑螂原肌球蛋白的氨基酸序列的同源性达到80％。10组分过敏原不仅能引起不同尘

螨之间的交叉反应,而且也可引起食物性过敏原和吸入性过敏原之间的交叉反应。对尘螨过敏者可能会在食用软体动物、甲壳类动物后出现过敏表现。尘螨过敏者进食蜗牛可能产生哮喘、过敏性休克、全身性荨麻疹和颜面部水肿。在褐对虾(*Penaeus aztecus*)和刀额新对虾(*Metapenaeus ensis*)中,原肌球蛋白过敏原分别为Pen a 1和Met e 1,它们之间有显著同源性。斑纹(*Charybdis feriatus*)(一种蟹)的主要过敏原Cha f 1、尖刺状龙虾如中国龙虾(*Panulirus stimpsoni*)的过敏原Pan s 1和美洲螯龙虾(*Homarus americanus*)的过敏原Hom a 1均与Met e 1有显著的同源性。临床研究表明,尘螨与虾蟹、蟑螂相互间存在着交叉反应,其中原肌球蛋白是起作用的过敏原,但也可能高估了交叉反应的重要性。

一些蛋白家族的抗原可以作为泛过敏原,和IgE结合引起交叉反应。表3.4列出了原肌球蛋白、肌钙蛋白C、肌球蛋白、肌浆钙结合蛋白、α淀粉酶、精氨酸激酶、几丁质酶、谷胱苷肽S转移酶、半胱氨酸蛋白酶、丝氨酸蛋白酶、磷酸丙糖异构酶、胰蛋白酶、脂肪酸结合蛋白、热休克蛋白(HSP)70和微管蛋白等螨与软体动物、甲壳动物、昆虫和线虫之间共有的泛过敏原组分。

简单异尖线虫(*Anisakis simplex*)是一种常见的鱼类寄生虫,能作为隐蔽的食物过敏原,诱导IgE介导的反应。这种线虫的Ani s 3过敏原组分与粗脚粉螨、害嗜鳞螨、腐食酪螨和屋尘螨的原肌球蛋白之间的交叉反应已经有报道,但临床上的相关性仍需进一步研究。蛔虫的原肌球蛋白过敏原Asc l 3,也可能与其他无脊椎动物的原肌球蛋白过敏原出现交叉反应。

α-微管蛋白(α-tubulin)是组成微管的基本结构单位,具有高度保守性,α-tubulin为Der f 33,Lep d 33过敏原组分,白纹伊蚊Aed alb tub,按蚊Ano g tub,库蚊Cul quin tub均来自微管蛋白,粉螨与按蚊、库蚊可能存在交叉反应(表3.4)。

表3.4　部分螨、甲壳动物、软体动物、昆虫和线虫共有的泛过敏原组分

蛋白质	过敏原来源	过敏原组分
原肌球蛋白	螨	Blo t 10, Cho a 10, Der f 10, Der p 10, Lep d 10, Tyr p 10
	甲壳动物	Cha f 1, Cra c 1, Hom a 1, Lit v 1, Met e 1, Pan b 1, Pan s 1, Pen a 1, Pen i 1, Pen m 1, Por p 1, Pro c 1
	昆虫	Aed a 10, Ano g 7, Bla g 7, Bomb m 7, Per a 7, Chi k 10, Copt f 7, Lep s 1
	软体动物	Ana br 1, Cra g 1, Hal l 1, Hel as 1, Mac r 1, Mel l 1, Sac g 1, Tod p 1
	线虫	Ani s 3, Asc l 3
肌钙蛋白C	螨	Tyr p 34
	甲壳动物	Cra c 6, Hom a 6, Pen m 6, Pon l 7
	昆虫	Bla g 6, Per a 6
肌球蛋白	螨	Der f 26
	甲壳动物	Art fr 5, Cra c 5, Hom a 3, Lit v 3, Pen m 3, Pro c 5
	昆虫	Bla g 8
肌浆钙结合蛋白	螨	Der f 17
	甲壳动物	Cra c 4, Lit v 4, Pen m 4, Pon l 4, Scy p 4

续表

蛋白质	过敏原来源	过敏原组分
α淀粉酶	螨	Blo t 4, Der f 4, Der p 4, Eur m 4, Tyr p 4
	昆虫	Bla g 11, Per a 11, Sim vi 4
精氨酸激酶	螨	Der f 20, Der p 20,
	甲壳动物	Cra c 2, Lit v 2, Pen m 2, Pro c 2, Scy p 2,
	昆虫	Bla g 9, Bomb m 1, Per a 9, Plo i 1,
几丁质酶	螨	Blo t 15, Blo t 18, Der f 15, Der f 18, Der p 15, Der p 18
	昆虫	Per a 12
谷胱苷肽S转移酶	螨	Blo t 8, Der f 8, Der p 8,
	昆虫	Bla g 5, Per a 5,
	线虫	Asc l 13, Asc s 13,
半胱氨酸蛋白酶	螨	Blo t 1, Der f 1, Der m 1, Der p 1, Eur m 1,
	线虫	Ani s 4
丝氨酸蛋白酶	螨	Blo t 9, Der f 9, Der f 25, Der p 9
	昆虫	Api m 7, Per a 10, Pol d 4, Sim vi 2
	线虫	Ani s 1
磷酸丙糖异构酶	螨	Blo t 13, Der f 25, Der p 3, Eur m 3, Tyr p 3,
	甲壳动物	Arc s 8, Cra c 8, pen m 8, Pro c 8, Scy p 8,
	昆虫	Bla g TPI
胰蛋白酶	螨	Aca s 3, Blo t 3, Der f 3, Der p 3, Eur m 3, Tyr p 3,
	昆虫	Bla g 10
脂肪酸结合蛋白	螨	Aca s 13, Arg r 1, Blo t 13, Der f 13, Der p 13, Lep d 13, Tyr p 13
	昆虫	Bla g 4, Per a 4, Tria t 1
热休克蛋白HSP70	螨	Der f 28, Tyr p 28
	昆虫	Aed a 8, Vesp a HSP70
微管蛋白	螨	Der f 33, Lep d 33
	昆虫	Aed ae tub, Aed alb tub, Ano g tub, Bomb m tub, Cul quin tub

四、粉螨过敏原与微生物过敏原的关系

Griffiths等(1960)研究证实粉螨消化道内有大量的曲霉与青霉孢子,粉螨一颗粪粒中平均含有霉菌孢子10亿个之多。Sinha等(1970)在分析细菌和真菌与螨的关系时认为,交互链格孢菌(*Alternaria alternata*)的孢子和假猪尾草的花粉可能存在于屋尘螨的消化道内。Bronswijk(1972)认为人的皮屑脱落后,可作为真菌的生长基质,当粉螨取食人的皮屑时,真菌孢子亦随之被摄入消化道,继而通过消化道一起排出,成为尘埃微粒。由此可见,粉螨以真菌孢子和花粉等为食,而这些物质本身都具过敏原性,随粉螨的排泄物(粪粒)排到体外,与粉螨的排泄物一起构成复杂的过敏原。故粉螨的过敏原在自然状态下,亦有可能掺杂着

真菌和花粉过敏原在内。因此粉螨过敏原在自然状态下就有可能与霉菌过敏原共同致敏特应性人群。

（吴伟）

第六节　重组过敏原

粉螨种类繁多,过敏原成分复杂,既有种的特异性过敏原,也有种间交叉过敏原。传统过敏原粗提液的大面积使用,使不良反应时有发生;而重组过敏原,特别是重组低过敏原具有弱的或无IgE结合特性,不仅能减少过敏反应的发生,还能增加免疫治疗的安全性,是未来替代传统过敏原浸提液的重要形式。

重组过敏原是在分析研究过敏原蛋白组分的基础上,从天然过敏原中提取mRNA,反转录构建cDNA文库,并将其插入到载体,导入宿主细胞中表达、分离、纯化而得到过敏原蛋白。过敏原基因的表达系统主要有原核、CHO细胞真核、酵母和植物4个表达系统,这些表达系统因所需表达载体的差异而有所不同,但前期的重组表达载体构建过程大同小异,其基本流程是:通过RT-PCR或化学合成的方法获得目的基因,将目的基因插入到表达载体后,将其导入到表达系统中进行诱导表达,之后收集细胞,对目的蛋白进行分离纯化鉴定并检测其蛋白浓度,此蛋白即为目的变应原。重组过敏原用基因重组方法制备的只含保护性抗原的纯化抗原,维持抗原的免疫原性,降低其变应原性,提高了疗效。

基因重组过敏原与传统过敏原相比有明显的优势,二者的比较见表3.5。

表3.5　重组过敏原与传统过敏原的比较

区别	重组过敏原	传统过敏原
过敏原的来源	通过基因重组方法获得	来自天然的原材料过敏原
过敏原的安全性	可在肽链氨基酸水平上对之进行取代、修饰、缺失而增强其免疫活性,降低其过敏原活性,从而提高免疫治疗的有效性和安全性	成分复杂,含有大量未知成分,容易被其他物质或其他来源的过敏原污染,可能会引发新的过敏反应
过敏原的含量与比例	含量易于控制,可使用基本的通用质量单位,可精确调整过敏原比例	主要过敏原缺失或含量较低,所含过敏原的比例不确定,治疗潜力各不相同
针对患者过敏原的调配	可以针对患者实际的过敏病情调配适宜的脱敏疫苗	无法根据过敏患者的实际情况进行合理调配
过敏原的质量标准	作为疫苗使用时,符合统一的国际质量标准	作为疫苗使用时,不符合国际上的不同质量标准
过敏原的标准化	生产条件恒定、可大量生产、易于纯化,有利于过敏原的标准化	难以标准化
过敏原的品牌、批次间的比较	不同品牌和批次间的产品可以相互比较	不同批次、不同品牌的产品之间无法比较
过敏原的治疗效果及机理阐明	可以精确阐明其脱敏治疗机理,并根据不同的治疗方案设计开发不同性质的重组过敏原	无法精确评价治疗效果和研究其治疗机理

目前的研究结果显示,只要恰当地确定重组过敏原的构成组分及各组分的比例和含量,基因重组过敏原混合物的抗原性与其天然提取液几乎完全相同。

由于重组过敏原所具有的各种有别于传统过敏原的特点和优势,使得重组过敏原的研究成为热点技术和领域。在基础研究中,杨庆贵、李朝品(2004)成功构建粉尘螨Ⅰ、Ⅱ类过敏原cDNA基因的重组表达质粒,并在大肠埃希菌中获得高效表达,为获得重组纯化Der f 1和Der f 2过敏原并用于尘螨过敏性疾病的诊治奠定了基础。蒋聪利、刘志刚等(2014)人工合成粉尘螨Der f 11过敏原基因,通过诱导表达和纯化获得高纯度的重组Der f 11蛋白,并证明了Der f 11重组蛋白具有与天然蛋白相似的免疫学活性,为标准化抗原的临床特异性诊断和治疗奠定了基础。于琨瑛(2007)用重组Der p 2进行免疫治疗,取得较好效果。李辉严、陶爱林等(2010)在大肠杆菌高效表达了ProDer f 1并获得了大量纯化蛋白,研究结果显示重组ProDer f 1较天然Der f 1的IgE结合活性显著降低,具低过敏原性,可作为易于标准化的粉尘螨脱敏治疗的安全制剂。姜玉新、李朝品(2013)通过多种条件的组合改组了粉尘螨主要变应原基因Der f 1和Der f 3,获得多个粉尘螨变应原基因Der f 1和Der f 3间的融合基因,对粉螨哮喘小鼠具有免疫治疗效果。杨小琼等(2016)通过基因敲除屋尘螨Der p 2变应原的部分氨基酸残基序列,成功构建了Der p 2变应原突变体的原核表达质粒,表达和纯化了Der p 2变应原突变体蛋白,并能成功诱导免疫应答,产生IgG2a抗体和IgG1抗体,同时发现其明显减低了IgE的诱导产生。在临床研究中,目前用于临床试验的重组过敏原疫苗主要有两类。一类是用基因工程修饰形成的低致敏重组过敏原疫苗,另一类是不经基因工程修饰形成的野生型基因重组过敏原。2004年,人们使用重组低致敏性桦树过敏原Bet v 1(较天然Bet v 1过敏原的过敏性低100倍)进行了首次重组过敏原脱敏治疗的临床实验。由于其致敏性较低,患者可以接受大剂量的注射,经过短时间的治疗,就在某些患者体内诱发出桦树过敏原的IgG(IgG1,IgG4,IgG2)特异性抗体,甚至还检测出与Bet v 1相似的部分杨树、榛子和食物过敏原。在2006年召开的第25届欧洲过敏和临床免疫学大会上,报道了用重组野生型过敏原疫苗脱敏治疗的临床效果。研究中,117位患者被分为4组,分别接受重组Bet v 1a过敏原、纯化的天然Bet v 1过敏原、桦树过敏原提取物和安慰剂注射,治疗周期为2年。研究发现,重组Bet v 1a过敏原治疗组在症状和病理评分方面明显优于其他组,且重组Bet v 1过敏原诱导产生了大量的抗Bet v 1过敏原的IgG(IgG1,IgG4,IgG2)特异性抗体。以上研究都证明了重组过敏原可以应用于过敏性疾病的脱敏治疗。

重组过敏原的质量对临床的特异性诊断的准确性和治疗的有效性至关重要,脱敏治疗能够成功取决于过敏原的标准化。早在2001年欧洲的科研单位和过敏原生产厂家联合启动了"CREATE"项目,项目组选择了Bet v 1,Phl p 1,Phl p 5,Ole e 1,Der p 1,Der p 2,Der f 1,Der f 2共8种重组过敏原,将它们与天然过敏原进行充分的研究,以期对它们进行标准化,开发出过敏原标准物质,从而建立起全球统一的过敏原质量标准。

重组过敏原的质量标准化主要包括4个方面(详见第三章第三节)。每一批新产品的组成都须与内部参考品(inhouse reference preparation,IHR)或企业参考品相比以保证它们的组成是一致的。根据不同的过敏原选择相应的标准分离技术。聚丙烯酰胺凝胶电泳(SDS-PAGE)是广泛使用的高分辨率技术,过敏原分子经蛋白质变性后根据分子质量大小的不同被分离。测定主要致敏蛋白含量,现在主要采用免疫化学定量分析法。免疫化学定量中使用的主要试剂是多聚或寡聚的多克隆抗体和单克隆抗体。多克隆抗体主要用于定量凝胶沉淀的方法,如交叉免疫电泳(CIE)、火箭免疫电泳(rocket immunoelectrophoresis, RIE)、单向放射免疫扩散(single radial immunodiffusion, SRID)等。双抗放射免疫分析(double antibody radioimmunoassay, DARA)、放射免疫分析(radio-immunoassay, RIA)曾作为检测主要过敏原浓度的重要方法,但由于其需要一定的设备、放射性同位素有半衰期及污染环境等缺点,逐渐被酶联免疫吸附试验(enzyme linked immunosorbent assay, ELISA)所替代。目前,ELISA是测定过敏原含量应用最广泛的方法,其中以ELISA方法类型中的双抗体夹心法应用最多。在特殊情况下可以使用如物理分离(电泳法或色谱法)、与定量检测联用(如凝胶银染后扫描测定其光密度值或在280 nm处测定色谱峰的吸收值)等分析方法。评估过敏原总生物活性的方法有体内和体外2种技术。体内测定的方法有定量皮肤试验(quantitative skin test, QST),如皮刺试验(SPT)、皮内试验(intradermal skin test, IST)等;体外测定的传统方法为放射过敏原吸附抑制试验(radioallergosorbent test, RAST抑制试验),但目前ELISA技术已成为体外测定过敏原生物效价的主流方法,发光免疫分析(luminescence immunoassay, LIA)是另一种用于检测过敏原总活性的方法。

使用标准化过敏原疫苗免疫机体,能显著减轻变态反应性疾病患者的症状,从而能减少患者治疗变态反应性疾病的用药量,可明显提高患者的生活质量。若在早期能对变态反应性疾病患者进行特异性免疫干预治疗,就目前而言,这项治疗费用尽管相对昂贵,但从综合成本上看,若不接受这项特异性免疫干预治疗,相比采用其他诸如对症治疗、住院或门诊治疗,或因病不能满勤和病假带来的损失上,会有较高的成本效益比。重组过敏原的发展也许会使过敏原疫苗的标准化成本大大降低,从而能使更多的过敏性疾病患者享受到特异性免疫治疗带来的实惠,解除疾患带来的痛苦,提高生活质量。

市场上有许多过敏原提取物,对它们都进行标准化既不可行又不经济。我们应因地制宜,根据不同地域的常见过敏原不同,有选择性地差别化对待,只对当地常见过敏原进行标准化,而对那些偶尔使用的过敏原提取物,测量其主要致敏蛋白则比较经济和实用。

要使标准化的过敏原得到广泛应用,还需要多方的理解、支持和配合,我们要做好对普通大众的宣传工作,使他们对过敏性疾病的正确诊疗方法的知识有更多的了解,能支持和配合惠及他们的诊疗工作的有效开展;希望今后国内市场化的过敏原疫苗产品有更高的规范性和一致性,能对过敏性疾病患者进行更加精准的诊疗;也希望我国能有更多的企业取得SFDA的过敏原疫苗和过敏原诊断试剂的生产批文,使我国的过敏原标准化进程走得更快、更好。

第七节　过敏原单克隆抗体的制备与鉴定

抗体对抗原的特异性结合能力,使其在疾病诊断和免疫防治中具有重要意义,人工制备抗体是大量获得抗体的有效途径,因此,人工制备抗体及其技术受到重视和取得发展。人工制备抗体的主要方法有多克隆抗体、单克隆抗体和基因工程抗体,其中单克隆抗体因其具有良好的生物学特性和免疫学活性以及自身特有的优势,已成为目前生物医药行业最有前景和应用价值的技术和领域。

单克隆抗体(monoclonal antibody, mAb)是指由单一杂交瘤细胞产生,针对单一抗原表位(或决定基)的特异性抗体。用杂交瘤技术制备的单克隆抗体具有结构均一、纯度高、特异性强、效价高、弱凝集反应和不呈现沉淀反应、使用时可免除不同细胞及微生物种或株间血清学上的交叉反应,大大提高了诊断的特异性及敏感性,以及在研究细胞表面标志、提纯可溶性抗原、研究抗体的结构和功能等方面都起着十分重要的作用,这些独特的优势使它一问世即成为生物技术领域划时代的飞跃,促进相关学科的迅速发展。

单克隆抗体技术首先要解决使分泌抗体的细胞永生化的问题。我们知道分泌抗体的B细胞作为正常组织细胞不能在体外长期存活,而一些骨髓瘤细胞虽不能分泌抗体,但可在人工体外环境中长期存活,若能将分泌抗体的B细胞和不能分泌抗体但能在体外长期存活的骨髓瘤细胞融合而获得杂交瘤细胞,就兼有分泌抗体和长期存活的特性了。

制备单克隆抗体所选用的免疫动物最常见的是小鼠,其他如大鼠、豚鼠、兔等动物也可以。待免疫的动物产生高滴度的特异性血清抗体后,即可取其脾脏。目前一般用细胞融合剂聚乙二醇(polyethylene glycol, PEG)将脾细胞和骨髓瘤细胞进行融合。融合反应后可以得到3种细胞:大量未融合的B细胞、大量未融合的骨髓瘤细胞、少量融合了的杂交瘤细胞。B细胞不能在体外长期存活,但是骨髓瘤细胞和杂交瘤细胞都能够长期存活,为了挑选出融合的目标杂交瘤细胞,必须使用选择性培养基。常用的是HAT(H代表次黄嘌呤、A代表氨基蝶呤、T代表胸腺嘧啶核苷)的选择性培养基。骨髓瘤细胞多为次黄嘌呤鸟嘌呤磷酸核糖转移酶(hypoxanthineguinine phosphoribosyl transferase, HGPRT)或胸腺嘧啶激酶(thymidine-kinase, TK)这两种酶的缺陷株。由于哺乳动物细胞的DNA合成有从头(de novo)和补救(salvage)两条合成途径,HGPT和TK是细胞合成DNA和RNA补救合成途径上的两个重要的酶。缺乏这两种酶的任意一种,在从头合成途径受阻的情况下,细胞将因不能利用补救合成途径合成DNA而死亡。HAT中的A是从头合成途径的阻断剂,H和T分别是HGPT和TK的作用底物。当具备HGPRT和TK的细胞在从头合成途径受阻时,因能够利用H和T依靠补救合成途径合成DNA和RNA而继续生存。在杂交瘤中,B细胞含有HGPRT和TK两种酶,其与骨髓瘤细胞融合后可以弥补骨髓瘤细胞中两种酶的缺陷,因此只有杂交瘤细胞可以在HAT培养基中长期存活,不是杂交瘤的细胞均死亡。通过杂交瘤细胞克隆化培养,就可以获得分泌单克隆抗体的细胞(图3.1)。

目前最常用的骨髓瘤细胞为NS-1和SP2/0细胞株,多采用与骨髓瘤细胞同源的纯系BALB/c小鼠。骨髓瘤细胞用10%小牛血清的培养液在细胞培养瓶中培养,融合前24小时换液一次,使骨髓瘤细胞处于对数生长期。免疫小鼠时,多采用腹腔内或多点注射法。用粉螨过敏原的纯化产物首次免疫动物时需加完全福氏佐剂,2~3周免疫1次,4次免疫后采血检测,通过ELISA方法确定抗血清针对的粉螨过敏原蛋白的效价,效价在1:10000以上小鼠,无菌取脾脏,并研磨之,收集脾脏细胞并计数。细胞融合是杂交瘤技术的关键一步,一般选择PEG作为细胞融合剂,通常采用相对分子量为1~2 kDa,浓度在30%~50%范围。基本方法是将骨髓细胞与脾细胞按1:8~1:10比例混合,加入PEG,时间控制在2分钟以内,诱导两种细胞融合,再加入培养液缓慢稀释PEG融合液至失去融合作用,融合细胞形成具有2个或多个异核体,最终产生杂交瘤细胞。

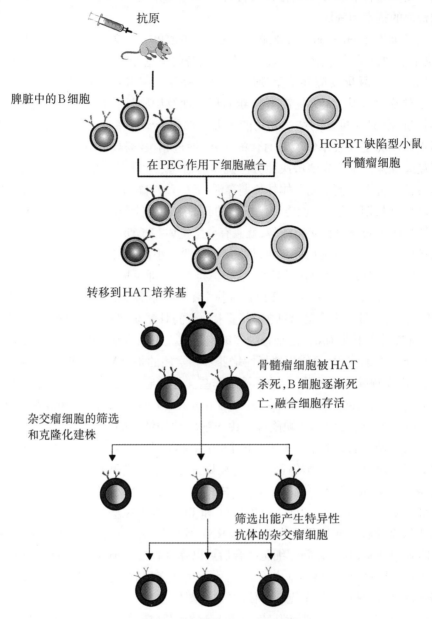

抗原

脾脏中的B细胞

HGPRT缺陷型小鼠骨髓瘤细胞

在PEG作用下细胞融合

转移到HAT培养基

骨髓瘤细胞被HAT杀死,B细胞逐渐死亡,融合细胞存活

杂交瘤细胞的筛选和克隆化建株

筛选出能产生特异性抗体的杂交瘤细胞

图3.1　单克隆抗体制备流程示意图

　　杂交瘤细胞产生后,需要进行阳性克隆的筛选。阳性克隆的筛选应尽早进行,通常在融合后10天进行第一次检测,过早检测容易出现假阳性。检测常用的方法有RIA法、ELISA法和免疫荧光法等。其中ELISA法最简便,RIA法最准确。阳性克隆的筛选应进行多次,每次均为阳性时才确定为阳性克隆进行扩增。阳性克隆筛选后需进行克隆化。克隆化的目的是为了获得单一细胞系的群体。因初期的杂交瘤细胞不稳定,有丢失染色体的倾向,所以克隆化应尽早进行并反复筛选,反复克隆化后可获得稳定的杂交瘤细胞株。克隆化最常用的方法是有限稀释法。其方法如下:用培养液将对数生长期的杂交瘤细胞进行适当稀释后,按每孔1个细胞接种在培养皿中,增生后的细胞即为单克隆细胞系。第一次克隆化时加一

定量的饲养细胞。为保证单克隆化和获得稳定的单克隆细胞株需经2～3次再克隆。

大量制备单克隆抗体的方法目前以动物体内诱生法为主,常选用BALB/c小鼠或与BALB/c小鼠杂交的F1代小鼠为接种动物,接种前一周,在小鼠腹腔内注入降植烷或医用液状石蜡0.5 mL,接种时,每次向每只小鼠腹腔按(0.5～1)×10⁶细胞的量,注射杂交瘤细胞。接种后10～14天,可分次采集腹水,一只可得10～20 mL(5～20 mg/mL)。将收集到的腹水离心后去除细胞,灭活(56 ℃,30分钟),再离心,取上清液,加入0.1%叠氮钠,分装保存于−20 ℃冰箱中保存。

制备好的单克隆抗体是否有效,在使用前还需要对其进行纯化和鉴定。目前最有效的纯化方法是采用具有选择性高、所得抗体纯度高、回收率高等优点的亲和层析法,其方法如下:取适量腹水离心取上清,用磷酸盐缓冲液(PBS)稀释4倍,4 ℃过夜,离心取上清,按柱体积1/10加样,用0.01 mol/L pH 7.4的PBS液洗脱,流速为1 mL/min,再用柠檬酸缓冲液洗脱抗体,收集洗脱成分。洗脱成分鉴定的常用方法有双向琼脂扩散法或用ELISA鉴定Ig类型或亚类、所识别的抗原表位及效价,Western-blot检测mAb与抗原类似物反应鉴定特异性,亲和常数测定可鉴定亲和力,紫外分光比色法可鉴定蛋白浓度,最终确定获得的多个杂交瘤细胞株哪一株最适用。

Takai等(1997)发现人特异性IgE与Der f 2的结合主要依赖于Der f 2的三级结构而非氨基酸的连续序列,其中1～24,25～29,121～123序列是与单克隆抗体结合所需的最小氨基酸N端、C端序列。Nishiyama等(1999)研究认为Der f 2过敏原分子的C端部分及第73个氨基酸残基周围是与其与单克隆抗体结合的关键部位,亦即主要抗原决定簇所在之处。顾耀亮等(2009)利用重组Der f 1蛋白为免疫原,通过小鼠杂交瘤技术,成功制备了鼠抗粉尘螨主要变应原Der f 1的单克隆抗体,为建立粉尘螨主要变应原Der f 1检测及纯化方法奠定了基础。刘晓宇(2011)等通过小鼠杂交瘤技术,构建了粉尘螨Der f 2单克隆抗体并进行了鉴定,为建立粉尘螨主要变应原Der f 2的检测及纯化方法奠定了基础。李喆,张影等(2018)利用小鼠杂交瘤技术,成功制备了4株IgG1类的针对屋尘螨Ⅱ组天然变应原的单克隆抗体,其中1株抗体可特异性识别不同厂家屋尘螨Ⅱ组变应原,另3株抗体可同时识别不同厂家屋尘螨及粉尘满Ⅱ组变应原,为尘螨变应原的检测提供了参考。李启松、崔玉宝等(2018)利用小鼠杂交瘤技术,成功制备并鉴定了3株鼠抗粉尘螨变应原Der f 5的单克隆抗体,分析表明该3株单抗均能识别重组Der f 5蛋白和天然的粉尘螨提取物,为建立粉尘螨主要变应原Der f 5检测及纯化方法奠定了基础。

随着生命科学和生物学技术的不断发展,多种新技术新方法在粉螨过敏原研究中得到广泛应用,通过对各过敏原主要抗原决定簇部位的深入研究,使人们对过敏原与机体免疫系统之间的相互作用有了更加深入的认识,相信不久以后,人们便可从免疫学、基因和分子水平等多个角度和层面对粉螨主要过敏原有一个系统完整的认识和把握,这将有利于人们在微观的水平上把握和治疗粉螨过敏性疾病。

（许礼发）

参 考 文 献

马玉成, 朱涛, 姜玉新, 等, 2012. 尘螨Ⅱ类变应原Der f 2和Der p 2的DNA改组及生物信息学分析[J]. 基础医学与临床, 32(6): 634-638.

于静森, 孙劲旅, 尹佳, 等, 2014. 北京地区尘螨过敏患者家庭螨类调查[J]. 中华临床免疫和变态反应杂志, 8(3): 188-194.

王长华, 2010. 180例敏筛过敏原检测结果分析[J]. 中国临床研究, 23(5): 390-391.

王克霞, 刘志明, 姜玉新, 等, 2014. 空调隔尘网尘螨过敏原的检测[J]. 中国媒介生物学及控制杂志, 25(2): 135-138.

王兰兰, 许化溪, 2012. 临床免疫学检验[M]. 北京: 人民卫生出版社: 27-30.

王玥, 张璇, 王超, 等, 2009. 908例哮喘儿童皮肤点刺试验分析[J]. 中国当代儿科杂志, 11(7): 559-561.

王珊珊, 石继春, 叶强, 2012. 变应原疫苗的研究进展[J]. 中国生物制品学杂志, 25(8): 1056-1059.

乌维秋, 查文清, 王欢, 等, 2004. 螨过敏性变应性鼻炎血清CD23与sIgE的相关性研究[J]. 中国中西医结合耳鼻咽喉科杂志, 12(6): 298-300.

石连, 李朝品, 2012. 烟草表达的粉尘螨Ⅰ类变应原重组蛋白的致敏效果研究[J]. 环境与健康杂志, 29(2): 139-142.

华丕海, 陈海生, 2013. 116例小儿过敏性紫癜血清过敏原检测结果分析[J]. 吉林医学, 34(23): 4773-4774.

李启松, 孙金霞, 杨李, 等, 2018. 粉尘螨变应原第5组分单克隆抗休的制备与鉴定[J]. 现代免疫学, 38(1): 8-11.

李娜, 李朝品, 刁吉东, 等, 2014. 粉尘螨3类变应原的B细胞线性表位预测及鉴定[J]. 中国血吸虫病防治杂志, 26(3): 296-299,307.

李娜, 李朝品, 刁吉东, 等, 2014. 粉尘螨3类变应原的T细胞表位预测及鉴定[J]. 中国血吸虫病防治杂志, 26(4): 415-419.

李辉严, 马三梅, 邹泽红, 等, 2010. 重组低过敏原性粉尘螨过敏原的表达及鉴定[J]. 细胞与分子免疫学杂志, 26(5): 447-449.

李羚, 惠郁, 钱俊, 等, 2013. 螨过敏性哮喘患儿标准化特异性免疫治疗3年的有效性观察[J]. 中国当代儿科杂志, 15(5): 368-371.

李朝品, 杨庆贵, 2004. 粉尘螨Ⅱ类抗原cDNA原核表达质粒的构建与表达[J]. 中国寄生虫病防治杂志, 17(6): 369-371.

李朝品, 赵蓓蓓, 湛孝东, 2016. 屋尘螨1类变应原T细胞表位融合肽对过敏性哮喘小鼠的免疫治疗效果[J]. 中国寄生虫学与寄生虫病杂志, 34(3): 214-219.

李朝品, 王健, 1994. 尘螨性过敏性紫癜一例报告[J]. 中国寄生虫学与寄生虫病杂志, 12(2): 106.

李喆, 张影, 杨英超, 等, 2018. 抗屋尘螨Ⅱ组天然变应原单克隆抗体的制备及鉴定[J]. 中国生物制品学杂志, 31(8): 849-852.

刘志刚, 胡赓熙, 2014. 尘螨与过敏性疾病[M]. 北京: 科学出版社.

刘晓宇, 吉坤美, 李荔, 等, 2011. 抗粉尘螨主要变应原 Def Ⅱ 单克隆抗体的制备与鉴定[J]. 中国人兽共患病学报, 27(11): 1021-1023, 1034.

孙劲旅, 张宏誉, 陈军, 等, 2004. 尘螨与过敏性疾病的研究进展[J]. 北京医学, 26(3): 199-201.

汤少珊, 梁少媛, 陈广道, 2015. 广州地区过敏性疾病儿童血清特异性过敏原 IgE 检测分析[J]. 广州医药, 46(4): 63-65.

朱万春, 诸葛洪, 2007. 居室内粉螨孳生及分布情况[J]. 环境与健康杂志, 24(4): 210-212.

朱万春, 诸葛洪祥, 2007. 居室粉螨抗原与螨过敏性哮喘相关性研究[J]. 陕西医学杂志, 36(9): 1238-1242.

陈实, 王灵, 陈冰, 等, 2011. 临床儿科杂志[J]. 现代预防医学, 29(6): 552-555.

陈实, 郑铁武, 2012. 热带无爪螨致敏蛋白组分及其临床研究[J]. 中华临床免疫和变态反应杂志, 6(2): 158-162.

陆维, 李娜, 谢家政, 等, 2014. 害嗜鳞螨 Ⅱ 类变应原 Lep d 2 对过敏性哮喘小鼠的免疫治疗效果分析[J]. 中国血吸虫病防治杂志, 26(6): 648-651.

沈浩贤, 谢瑾灼, 李翠贞, 等, 1996. 广州粮食仓库空气中螨的沉降量与螨种调查[J]. 广州医学院学报, 24(4): 67-69, 73.

宋红玉, 段彬彬, 李朝品, 2015. ProDer f 1 多肽疫苗免疫治疗粉螨性哮喘小鼠的效果[J]. 中国血吸虫病防治杂志, 27(5): 490-496.

杨庆贵, 李朝品, 2004. 粉尘螨 Ⅱ 类抗原(Der f 2)的 cDNA 克隆测序及亚克隆[J]. 中国人兽共患病杂志, 20(7): 630-632, 648.

杨庆贵, 李朝品, 2004. 粉尘螨 Ⅰ 类抗原 cDNA 的克隆表达和初步鉴定[J]. 免疫学杂志, 20(6): 472-474.

杨庆贵, 李朝品, 2004. 粉尘螨 Ⅰ 类变应原的 cDNA 克隆测序及亚克隆[J]. 中国寄生虫学与寄生虫病杂志, 22(3): 173-175.

杨淑红, 李玲, 王腾, 等, 2015. 屋尘螨过敏性哮喘患者白介素-2 和白介素-4 血清水平及基因多态性[J]. 微循环学杂志, 25(4): 39-43.

吴奎, 孙鲲, 毕玉田, 等, 2008. 屋尘螨过敏原 DNA 疫苗对哮喘模型小鼠 Foxp3[+] 调节性 T 细胞功能的影响[J]. 第三军医大学学报, 30(5): 374-377.

张宏誉, 叶世泰, 1983. 变应原的标准化[J]. 国外医学(免疫学分册), (3): 113-116.

易忠权, 杨李, 夏伟, 等, 2017. 腐食酪螨过敏原研究进展[J]. 中国病原生物学杂志, 12(9): 923-926.

段彬彬, 宋红玉, 李朝品, 2015. 户尘螨 Ⅱ 类变应原 Der p 2 T 细胞表位融合基因的克隆和原核表达[J]. 中国寄生虫学与寄生虫病杂志, 33(4): 264-268.

姜玉新, 马玉成, 李朝品, 2012. 尘螨 Ⅱ 类改组变应原对哮喘小鼠免疫治疗的效果[J]. 山东大学学报: 医学版, 50(10): 50-55.

姜玉新, 郭伟, 马玉成, 等, 2013. 粉尘螨主要变应原基因 Der f 1 和 Der f 3 改组的研究[J]. 皖南医学院学报, 32(2): 87-91.

周海林, 胡白, 蒋法兴, 等, 2012. 安徽省1062例慢性荨麻疹过敏原检测结果分析[J]. 安徽医药, 16(11): 1615-1617.

施锐, 刘云嵘, 1981. 屋尘螨过敏的近代研究[J]. 国外医学(免疫学分册), (3): 123-126.

赵亚男, 洪勇, 李朝品, 2020. Der p 1 T细胞表位融合蛋白对哮喘小鼠的特异性免疫治疗效果[J]. 中国寄生虫学与寄生虫病杂志, 38(1): 74-79.

赵蓓蓓, 姜玉新, 刁吉东, 等, 2015. 经MHC II 通路的屋尘螨1类变应原T细胞表位融合肽疫苗载体的构建与表达[J]. 南方医科大学学报, 35(2): 174-178.

钟少琴, 张志忍, 赖晓娟, 等, 2019. 2974例慢性荨麻疹皮肤点刺试验结果分析[J]. 广州医药, 50(2): 104-106.

祝海滨, 段彬彬, 徐海丰, 等, 2015. 粉尘螨1类变应原T细胞表位重组蛋白的构建及鉴定[J]. 中国微生态学杂志, 27(7): 766-769, 773.

顾耀亮, 李佳娜, 陈家杰, 等, 2009. 抗粉尘螨主要变应原Der f 1单克隆抗体的制备与鉴定[J]. 热带医学杂志, 9(12): 1370-1373.

柴强, 宋红玉, 李朝品, 2018. 白细胞介素-33在过敏性哮喘小鼠体内的变化及作用[J]. 中国寄生虫学与寄生虫病杂志, 36(2): 124-128, 134.

柴强, 李朝品, 2019. 重组蛋白Blo t 21 T特异性免疫治疗哮喘小鼠效果研究[J]. 中国寄生虫学与寄生虫病杂志, 37(3): 286-290.

陶宁, 李远珍, 王辉, 等, 2018. 中国台湾省新竹市市售食物孳生粉螨的初步调查[J]. 中国血吸虫病防治杂志, 30(1): 78-80.

陶宁, 湛孝东, 孙恩涛, 等, 2015. 储藏干果粉螨污染调查[J]. 中国血吸虫病防治杂志, 27(6): 634-637.

夏晴晴, 魏任雄, 2015. 1313例过敏性疾病血清过敏原检测及分析[J]. 中国卫生检验杂志, 25(6): 885-888.

徐海丰, 徐朋飞, 王克霞, 等, 2014. 粉尘螨1类变应原T和B细胞表位嵌合基因的构建与表达[J]. 中国血吸虫病防治杂志, 26(4): 420-424.

崔玉宝, 2019. 尘螨与变态反应性疾病[M]. 北京: 科学出版社.

崔玉宝, 王克霞, 2003. 空调隔尘网表面粉螨孳生情况的调查[J]. 中国寄生虫病防治杂志, 16(6): 374-376.

董劲春, 程浩, 2017. 粉尘螨过敏患者Der f 1和Der f 2特异性IgE的检测分析[J]. 厦门大学学报(自然科学版), 56(1): 137-141.

蒋聪利, 邬玉兰, 幸鹏, 等, 2014. 粉尘螨重组过敏原Der f 11(副肌球蛋白)克隆表达、纯化及免疫学鉴定[J]. 中国免疫学杂志, 30(6): 736-740.

温壮飞, 李晓莉, 林志雄, 等, 2015. 海口地区1496例过敏性疾病儿童过敏原皮肤点刺结果分析[J]. 现代预防医学, 42(19): 3507-3510.

曾子坤, 2016. 过敏性紫癜患儿血清过敏原检测应用[J]. 中国现代药物应用, 10(12): 9-10.

曾维英, 蓝银苑, 薛耀华, 等, 2015. 2050例慢性荨麻疹患者过敏原检测结果分析[J]. 皮肤性病诊疗学杂志, 22(1): 43-45.

湛孝东, 陈琪, 郭伟, 等, 2013. 芜湖地区居室空调粉螨污染研究[J]. 中国媒介生物学及控制杂志, 24(4): 301-303.

湛孝东，段彬彬，洪勇，等，2017. 屋尘螨变应原 Der p 2 T 细胞表位疫苗对哮喘小鼠的特异性免疫治疗效果[J]. 中国血吸虫病防治杂志，29(1): 59-62.

湛孝东，段彬彬，陶宁，等，2017. 户尘螨 Der p 2 T 细胞表位融合肽对哮喘小鼠 STAT6 信号通路的影响[J]. 中国寄生虫学与寄生虫病杂志，35(1): 19-22.

湛孝东，郭伟，陈琪，等，2013. 芜湖市乘用车内孳生粉螨群落结构及其多样性研究[J]. 环境与健康杂志，30(4): 332-334.

赖乃揆，吴强，2001. 变应原的标准化[J]. 中华微生物学和免疫学杂志，(S2): 137-141.

赖乃揆，袁庆标，贺紫兰，等，1982. 广州市及部分市县居民家庭中尘螨分布的调查报告[J]. 广州医学院学报，10(3): 20-28.

蔡枫，樊蔚，闫岩，2013. 上海地区 342 例哮喘患者过敏原检测结果分析[J]. 放射免疫学杂志，26(1): 98-99.

廖然超，余咏梅，邱吉蔚，等，2017. 昆明地区过敏性鼻炎及哮喘患者家庭优势尘螨种类调查[J]. 昆明医科大学学报，38(6): 56-59.

黎雅婷，张萍萍，彭俊争，等，2014. 广州地区儿童过敏性紫癜血清变应原特异性 IgE 检测分析[J]. 中国实验诊断学，18(6): 942-944.

Akdis M, Akdis C A, 2007. Mechanisms of allergen-specific immunotherapy[J]. J Allergy Clin Immunol, 119(4): 780-791.

Arlian L G, Gallagher J, 1979. Prevalence of mites in the house of dust-sensitive pathents[J]. The Journal of allergy and clinical immunology, 63(3): 214-215.

Arlian L G, Platts-Mills T A E, 2001. The biology of dust mites and the remediation of mite allergens in allergic disease[J]. Journal of Allergy and Clinical Immunology, 107(3): S406-S413.

Arlian L G, Vyszenski-Moher D L, Ahmed S G, et al., 1991. Cross antigenicity between the scabies mite, *Sarcoptes scabiei*, and the house dust mite, *Dermatophagoides pteronyssinus*[J]. J Invest Dermatol, 96(3): 349-354.

Barre A, Simplicien M, Cassan G, et al., 2018. Food allergen families common to different arthropods (mites, insects, crustaceans), mollusks and nematods: Cross-reactivity and potential cross-allergenicity[J]. Revue française d'allergologie, 58(8): 581-593.

Bousquet J, Lockey R, Malling H J, et al., 1998. Allergen immunotherapy: therapeutic vaccines for allergic diseases[J]. Allergy, 53(Supplement s44): 1-42.

Chua K Y, Cheong N, Kuo I C, et al., 2007. The Blomia tropicalis allergens[J]. Protein Pept Lett, 14(4): 325-333.

Colloff M J, Merrett T G, Merrett J, et al., 1997. Feather mites are potentially an important source of allergens for pigeon and budgerigar keepers[J]. Clin Exp Allergy, 27(1): 60-67.

Colloff M J, Spieksma F T M, 1992. Pictorial keys for the identification of domestic mites[J]. Clin Exp Allergy, 22(9): 823-830.

Cookson J B, Makoni G, 1975. Seasonal asthma and the house-dust mite in tropical Africa[J]. Clinical Allergy Journal of the British Allergy Society, 5(4): 375-380.

Middleton E, 1978. Allergy: principles and practice[M]. St. Louis: Mosby.

Enrique Fernández- Caldas, Víctor Iraola Calvo, 2005. Mite allergens[J]. Current Allergy and Asthma Reports, 5(5):402- 410.

Evans G O, 1992. Principles of Acarology[M]. Wallingford:CAB International:1- 563.

Fernández- Caldas E, Iraola V, Carnés J, 2007. Molecular and biochemical properties of storage mites(except Blomia species)[J]. Protein Pept Lett, 14(10): 954- 959.

Fisher K, Holt D C, Harumal P, et al., 2003. Generation and characterization of cDNA clones from *Sarcoptes scabiei var. homonis* for an expressed sequence tag library: identification of homologues of house dust mite allergens[J]. Am J Trop Med Hyg, 68(1):61- 64.

Frankland W A, 1972. House dust mites and allergy[J]. Archives of Disease in Childhood, 47 (253): 327- 329.

Furmizo R T, Thomas V, 1977. Mites of house dust[J]. Southeast Asian Journal of Tropical Medicine & Public Health, 8(3):411- 412.

Godfrey S, 1974. Problems peculiar to the diagnosis and management of asthma in children[J]. BTTA review, 4(1): 1- 16.

Gómez Echevarria A H, Castillo Méndez A Del C, Sánchez Rodríguez A, 1978. Parasitism and allergy][J]. revista cubana de medicina tropical, 30(2): 45- 52.

Johansson E, Aponno M, Lundberg M, et al., 2001. Allergenic cross- reactivity between the nematode Anisakis simplex and the dust mites *Acarus siro*, *Lepidoglyphus destructor*, *Tyrophagus putrescentiae*, and *Dermatophagoides pteronyssinus*[J]. Allergy, 56(7):660- 666.

Kalinski P, Lebre M C, Kramer D, et al., 2003. Analysis of the $CD4^+T$ cell responses to house dust mite allergoid[J]. Allergy, 58 (7): 648- 656.

Kim S H, Shin S Y, Lee K H, et al., 2014. Long- term effects of specific allergen immunotherapy against house dust mites in polysensitized patients with allergic rhinitis[J]. Allergy Asthma Immunol Res, 6(6): 535- 540.

Lask B, 1975. Letter: Role of house- dust mites in childhood asthma[J]. Archives of Disease in Childhood, 50(7):579- 580.

Larry G A, Marjorie S M, 2003. Biology, ecology, and prevalence of dust mites[J]. Immunology & Allergy Clinics of North America, 23(3):443- 468.

Lcwenstein H, 1980. Physico- chemical and immunochemical methods for the control of potency and quality of allergenic extracts[J].Arb Paul Ehrli ch Inst, 75:122.

Li C, Chen Q, Jiang Y, et al., 2015. Single nucleotide polymorphisms of cathepsin S and the risks of asthma attack induced by acaroid mites[J]. Int J Clin Exp Med, 8 (1): 1178- 1187.

Li C, Jiang Y, Guo W, et al., 2013. Production of a chimeric allergen derived from the major allergen group 1 of house dust mite species in nicotiana benthamiana[J]. Hum Immunol, 74 (5): 531- 537.

Li C, Li Q, Jiang Y, 2015. Efficacies of immunotherapy with polypeptide vaccine from proDer fl in asthmatic mice[J]. Int J Clin Exp Med, 8 (2): 2009- 2016.

Li C P, Wang J, 2000.Intestinal acariasis in Anhui province[J]. World Journal of Gastroenterology, 6 (4): 597- 600.

Li N, Xu H, Song H, et al., 2015. Analysis of T-cell epitopes of Der f 3 in *dermatophagoides farina*[J]. Int J Clin Exp Pathol, 8 (1): 137-145.

Littman D R, Rudensky A Y, 2010. Th17 and regulatory T cells inmediating and restraining inflammation[J]. Cell, 140(6): 845-858.

Liu Z, Jiang Y, Li C, 2014. Design of a proDer f 1 vaccine delivered by the MHC class II pathway of antigen presentation and analysis of the effectiveness for specific immunotherapy[J]. Int J Clin Exp Pathol, 7 (8): 4636-4644.

Lockey R F , Bukantz S C , Ledford D K, 2008. Allergens and allergen immunotherapy[M]. New York:Informa Healthcarel.

Mcallen M K, Assem E S K, Maunsell K, 1970. House-dust Mite Asthma. Results of Challenge Tests on Five Criteria with Dermatophagoides pteronyssinus[J]. Bmj, 2(5708): 501-504.

Middleton E,1978. Allergy:principles and practice[M]. St. Louis: Mosby.

Mitchell W F, Wharton G W, Larson D G, et al., 1969. House dust, mites and insects[J]. Ann allergy, 27(3): 93-99.

Miyamoto T, Oshima S, Ishizaki T, et al., 1968. Allergenic identity between the common floor mite (*Dermatophagoides farinae* Hughes, 1961) and house dust as a causative antigen in bronchial asthma[J]. Journal of Allergy, 42(1):14-28.

Morgan W J, Crain E F, Gruchalla R S, et al., 2004.Results of a home-based environmental intervention among urban children with asthma[J]. N Engl J Med, 351: 1068-1080.

Müsken H, Franz J T, Wahl R, et al., 2000. Sensitization to different mite species in German farmers: clinical aspects.[J]. J Investig Allergol Clin Immunol, 10(6):346-351.

Nadchatram M, 2005. House dust mites, our intimate associates[J]. Trop Biomed, 22(1) : 23-37.

Nishiyana C, Hatanaka H, Ichikawa S, et al., 1999. Analysis of human IgE epitope of Der f 2 with anti-Der f 2 mouse monoclonal antibodies[J]. Mol Immunol, 36(1): 53-60.

Noon L, Cantab B C,Eng F, 1911. Prophylactic inoculation against hay fever[J]. The Lancet, 177(4580): 1572-1573.

Norman P S,1978. In vivo methods of study of allergy[M]. St. Louis:Mosby,256-264.

Penaud A, Nourrit J, Autran P, et al., 1975. Methods of destroying house dust pyroglyphid mites[J]. Clinical Allergy: Journal of the British Allergy Society, 5(1): 109-114.

Pepys J, Chan M, Hargreave F E, 1968. Mites and House-dust Allergy[J]. Lancet, 291 (7555):1270-1272.

Pinto L A, Stein R T, Kabesch M, 2008. Impact of genetics in childhood asthma[J]. J Pediatr (Rio J), 84(4 Suppl): S68-S75.

Platts-Mills T A E, Thomas W R, Aalberse R C, et al., 1992. Dust mite allergens and asthma: report of a second international workshop.[J]. J Allergy Clin Immunol, 89(5):1046-1060.

Pomés A, Davies J M, Gadermaier G, et al., 2018. WHO/IUIS Allergen Nomenclature: Providing a common language[J]. Molecular Immunology, 100:3-13.

Ricci M, Romagnani S, Biliotti G, 1976. Mites and house dust allergy[J]. The Journal of asthma research, 13(4): 165-172.

Rolland-Debord C, Lair D, Roussey-Bihouee T, et al., 2014. Block copolymer/DNA vaccination induces a strong Allergen-Specific local response in a mouse model of house dust mite asthma[J]. PLoS One, 9(1): e85976.

Romagnani S, Biliotti G, Passaleva A, et al., 1972. Mites and house dust allergy. II. Relationship between house dust and mite (*Dermatophagoides pteronyssinus* and *D. farinae*) allergens by fractionation methods[J]. Clin Allergy, 2(2):115-123.

Sidenius K E, Hallas T E, Poulsen L K, 2001. Allergen cross-reactivity between house-dust mites and other invertebrates [J]. Allergy, 56: 723-733.

Sopelete M C, Silva D A O, Arruda L K, et al., 2000. *Dermatophagoides farinae* (Der f 1) and *Dermatophagoides pteronyssinus* (Der p 1) allergen exposure among subjects living in Uberlandia, Brazil[J]. International Archives of Allergy and Immunology, 122 (4): 257-263.

Spieksma F T M, 1991. Domestic mites: their role in respiratory allergy[J]. Clin Exp Allergy, 21(6): 655-660.

Stenius B, 1973. Skin and provocation tests with D. pteronyssinus in allergic rhinitis, comparison of prick and intracutaneous skin test methods with specific IgE[J]. Allergy, 28:81.

Takai T, Yuuki T, Okumura Y, et al., 1997. Determination of the N- and C-terminal sequences required to bind human IgE of the major house dust mite allergen Der f 2 and epitope mapping for monoclonal antibodies[J]. Mol Immunol, 34(3): 255-261.

Thomas V, Tan B H A, Rajapaksa A C, 1978. *Dermatophagoides pteronyssinus* and house dust allergy in west Malaysia.[J]. Annals of allergy, 40(2): 114-116.

Thomas W R, 2015. Hierarchy and molecular properties of house dust mite allergens[J]. Allergology International, 64: 304-311.

Thomas W R, Heinrich T K, Smith W A, et al., 2007. Pyroglyphid house dust mite allergens [J]. Protein Pept Lett, 14(10) : 943-953.

Van Bronswijk J E, Sinha R N, 1971. Pyroglyphid mites (Acari) and house dust allergy[J]. journal of allergy, 47(1): 31-52.

Virchow C, Roth A, Mller E, 1976. IgE antibodies to house dust, mite, animal allergens and moulds in house dust hypersensitivity[J]. Clinical Allergy: Journal of the British Allergy Society, 6(2):147-154.

Voorhorst R, Spieksma-Boezeman M I A, Spieksma F T M, 1964. Is a mite (*Dermatophagoides* sp.)the producer of the house-dust allergen? [J]. Allergie und Asthma, 10:329-334.

Voorhorst R, Spieksma F T M, Varekamp H, et al., 1967. The house-dust mite (*Dermatophagoides pteronyssinus*) and the allergens it produces. Identity with the house-dust allergen [J]. Journal of Allergy, 39(6): 325-339.

Wayne R, 2012. Thomas. House dust allergy and immunotherapy[J]. Human Vaccines & Immunotherapeutics, 8(10): 1469-1478.

Weghofer M, Grote M, Resch Y, et al., 2013. Identification of Der p 23, a peritrophin-like protein, as a new major *Dermatophagoides pteronyssinus* allergen associated with the peritrophic matrix of mite fecal pellets[J]. J Immunol, 190: 3059-3067.

Yamoto T, Oshima S, Ishizaki T, et al., 1968. Allergenic identity between the common floor mite (*Dermatophagoides farinae* Hughes, 1961) and house dust as a causative antigen in bronchial asthma[J]. Journal of Allergy, 42(1):14-28.

Zeman, Gregory O, 1993. Allergy: Principles and Practice[J]. Jama the Journal of the American Medical Association, 270(21): 2624.

Zhao B B, Diao J D, Liu Z M, et al., 2014. Generation of a chimeric dust mite hypoallergen using DNA shuffling for application in allergen-specific immunotherapy[J]. Int J Clin Exp Pathol, 7 (7): 3608-3619.

Zock J P, Heinrich J, Jarvis D, et al., 2006. Distribution and determinants of house dust mite allergens in Europe: the European Community Respiratory Health Survey II [J]. J Allergy Clin Immunol, 118: 682-690.

第四章 粉螨过敏原的致敏机制

粉螨过敏是一个严重的公共卫生问题,其排泄物、分泌物、卵、蜕下的皮屑(壳)和死螨分解物等均具有过敏原性,可引起人体过敏。现已证实,粉螨过敏是IgE介导的Ⅰ型超敏反应。在1921年,科学家们首次证实过敏原特异性致敏能通过注射血清转移到健康的人身上,但直到1966~1967年他们才证实这个血清因子为IgE。目前,世界各国均有大量的粉螨过敏人群,由此引起的过敏性疾病越来越受到人们关注,就过敏性哮喘而言,全球患病人数约有3亿。近年来,气道嗜中性粒细胞性炎症被证明是过敏性哮喘的一个亚型,尤其在重度哮喘患者。此外,遗传易感性和环境中吸入粉螨过敏原等致敏性物质是过敏性哮喘、过敏性鼻炎等发病的危险因素,可以引起超敏反应并刺激气道和鼻腔等。在气道、鼻黏膜等炎症发展过程中,固有免疫细胞和适应性免疫细胞以及结构细胞的复杂性相互作用具有重要意义。气道或腔道表皮细胞接触过敏原后,其局部炎症主要由过敏原特异性辅助型T细胞2(T helper 2 cell,Th2)细胞和其他T淋巴细胞(简称T细胞)所诱导,这些T细胞在肺内或鼻腔内招募积聚,产生一系列不同的效应细胞因子。Th2细胞产生大量的关键细胞因子(IL-4、IL-5、IL-13)已被证实是很多过敏性哮喘、过敏性鼻炎等发病的病理生理学基础。然而,随着更多辅助性T细胞及其细胞因子的发现,粉螨诱发的过敏性哮喘、过敏性鼻炎等疾病的免疫学机制也在不断丰富。传统意义上,粉螨诱发的过敏性疾病被认为是Th1/Th2平衡遭到破坏,研究表明,IL-17家族细胞因子(IL-17A、IL-17F、IL-22)在过敏性哮喘发病过程中大量表达,上皮细胞分泌的细胞因子(IL-25、IL-33、TSLP)及其效应细胞如树突状细胞(dendritic cells,DCs)也在过敏性哮喘发病过程中起到很大作用。除了T细胞及其亚群等参与的适应性免疫之外,在粉螨诱发的过敏反应中,当宿主接触过敏原时,固有免疫细胞的模式识别受体(pattern recognition receptor,PRR)识别结合病原体相关模式分子(pathogen-associated molecular pattern,PAMP),然后再分泌细胞因子和趋化因子,从而募集其他内源性炎性细胞和促炎性细胞因子,增强了粉螨诱发的炎症反应。所以,固有免疫细胞和适应性免疫细胞及其分泌的细胞因子和效应细胞等均参与了粉螨过敏原的致病过程。

第一节 致 敏 过 程

粉螨过敏性鼻炎、过敏性哮喘等引起的超敏反应均为IgE介导的Ⅰ型超敏反应,粉螨变应原可通过酶的直接作用、上皮细胞的吞噬、对支气管相关淋巴细胞的直接刺激、蛋白酶性抗原的局部黏附等而引发一系列的免疫应答。过敏原进入机体后,首先诱导炎性细胞聚集,使机体处于致敏状态,当再次接触相同过敏原后,启动活化信号,释放生物学活性介质,作用于效应组织或器官,引起相应组织或器官的过敏反应,具体如下所述。

一、致敏阶段

过敏原大多是大分子蛋白质或糖蛋白,通过呼吸道进入机体后,首先被抗原提呈细胞(APC)(如DC细胞等)识别、加工及处理,传达信息至T细胞,被Th2细胞和抗原提呈细胞所识别,进而释放IL-4、IL-5和IL-13等一系列细胞因子,在气道中募集炎症细胞如嗜碱性粒细胞(basophils)、嗜酸性粒细胞(eosinophils)、肥大细胞(mast cells)等;Th2细胞也同时激活免疫系统的B细胞,刺激特异性B细胞产生IgE类抗体,IgE附着在嗜碱性粒细胞、肥大细胞等细胞膜的膜受体上,特异性IgE抗体以其Fc段与嗜碱性粒细胞或肥大细胞表面的FcεRⅠ结合,而使机体处于对该过敏原的致敏状态。表面结合特异性IgE的肥大细胞或嗜碱性粒细胞称为致敏的肥大细胞或致敏的嗜碱性粒细胞。致敏阶段可持续数月甚至更长,若长期不接触该过敏原,则致敏状态逐渐消失。正常人血清中IgE抗体含量极低,而发生Ⅰ型过敏性疾病的患者体内的IgE抗体含量明显增高,针对粉螨过敏原的特异性IgE是引起Ⅰ型过敏性疾病的主要因素,进而说明由粉螨引起的过敏性哮喘的发作与血清免疫球蛋白水平的变化存在相关性。IgE和肥大细胞都集中在黏膜组织中,所以IgE抗体是入侵病原体最先遇到的防御分子之一。IgE抗体在过敏性疾病的发病机制中起着关键作用,它不仅可以通过Fab区域识别过敏原,还可以通过Fc区域与两个不同的细胞表面受体相互作用。IgE充当蛋白质网络的一部分,包括其2个主要受体FcεRⅠ(IgE的高亲和力Fc受体)和FcεRⅡ(也称CD23),以及IgE和FcεRⅠ结合蛋白半乳糖凝集素-3。另外,CD23的功能被几个共受体扩展,它们包括补体受体CD21(也称为CR2),$\alpha_M\beta_2$-整联蛋白(也称为CD18/CD11b或CR3)和$\alpha_X\beta_2$-整联蛋白(也称为CD18/CD11c或CR4),玻璃粘连蛋白受体(也称为$\alpha_V\beta_3$-整联蛋白)和$\alpha_V\beta_5$-整联蛋白。

二、激发阶段

1. IgE受体桥联引发细胞活化

处于致敏状态的机体,当同种过敏原再次进入机体后,过敏原与嗜碱性粒细胞或肥大细胞表面的IgE特异性结合。单个IgE结合FcεRⅠ并不能刺激细胞活化,只有单个过敏原与致敏细胞表面的2个及以上相邻IgE类分子相结合,引起多个FcεRⅠ桥联形成复合物,才能启动活化信号。活化信号由FcεRⅠ的β链和γ链胞质区的免疫受体酪氨酸活化基序(immunoreceptor tyrosine-based activation motif, ITAM)引发,经过多种信号分子传递,导致颗粒与细胞膜融合,释放生物学活性介质,称为脱颗粒(degranulation)。此外,抗特异性IgE抗体(如IgG)交联细胞膜上的IgE,或抗FcεRⅠ抗体直接连接FcεRⅠ均可刺激嗜碱性粒细胞或肥大细胞活化或脱颗粒,释放生物学活性介质,引起速发型过敏反应以及以嗜酸性粒细胞浸润为主的慢性炎症。

2. 生物学活性介质的释放

当过敏原与膜受体上的IgE特异性结合后,嗜碱性粒细胞、肥大细胞等被激活并释放组胺、缓激肽、嗜酸性粒细胞趋化因子和过敏性慢反应物质等生物学活性物质,这些物质可引发过敏相关的一系列临床症状,如支气管平滑肌收缩、黏液增加、呼吸困难等;嗜酸性粒细胞可通过释放高电荷的颗粒蛋白、脂质介体以及一系列促炎性细胞因子和趋化因子来诱发呼吸道损伤和气道高反应性。同时,肥大细胞分泌的IL-4,刺激B细胞产生更多的特异性IgE,肥大细胞也分泌IL-5来刺激嗜碱性粒细胞和嗜酸性粒细胞释放更多的炎症介质。与FcεRⅠα结合的IgE与多价过敏原的交联导致组胺和其他作用于周围组织的化学介质的释放以及Ⅰ型超敏反应的最常见症状。Hirano T等(2018)研究发现,抗大鼠IgE抗体Fab-6HD5与IgE的Cε2结构域特异性结合,可破坏大鼠肥大细胞表面IgE-FcεRⅠα复合物的稳定性,进而抑制过敏反应。

由活化的嗜碱性粒细胞或肥大细胞释放的介导Ⅰ型超敏反应的生物学活性介质包括两类:预存在颗粒内的生物学活性介质和活化后新合成的生物学活性介质。

(1)预存在颗粒内的生物学活性介质:主要包括组胺和激肽原酶(kininogenase),它们是细胞活化后脱颗粒释放的。① 组胺通过与受体结合后,发挥其生物学效应。4种组胺受体H1、H2、H3、H4分布于不同细胞,介导不同的效应。其中的H1受体可介导肠道和支气管平滑肌收缩、杯状细胞黏液分泌增多和小静脉通透性增加等;H2受体介导血管扩张和通透性增强,刺激外分泌腺的分泌。嗜碱性粒细胞和肥大细胞上的H2受体则发挥负反馈调节作用,抑制脱颗粒。肥大细胞上的H4受体具有趋化作用。② 激肽原酶通过酶解血浆中的激肽原成为有生物学活性的激肽,其中的缓激肽能够引起平滑肌收缩和支气管痉挛,引起毛细血管扩张和通透性增强;此外,还能吸引嗜酸性粒细胞、中性粒细胞等向炎症局部趋化。

(2)活化后新合成的生物学活性介质:主要包括前列腺素D2(prostaglandin D2,PGD2)、LTs、血小板活化因子(platelet activating factor,PAF)及细胞因子。① PGD2主要引起支气管平滑肌收缩、血管扩张和通透性增加等。② LTs通常由LTC4、LTD4和LTE4混合组成,是引起迟发相反应(4~6小时出现反应)的主要介质,除了引起支气管平滑肌强烈而持久性地收缩外,也可使毛细血管扩张、通透性增强,黏膜屏障作用减弱,黏液腺体分泌增加。③ PAF主要参与迟发相反应,凝聚和活化血小板,使之释放组胺、5-羟色胺等血管活性胺类物质,增强Ⅰ型超敏反应。④ 细胞因子IL-1和TNF-α参与全身性过敏反应,增加黏附分子在血管内皮细胞的表达。IL-4和IL-13促进B细胞产生IgE。

三、效应阶段

活化的嗜碱性粒细胞或肥大细胞释放的生物学活性介质作用于效应组织和器官,引起局部或全身性的过敏反应。由肥大细胞的IgE FcεRⅠ复合物介导的即刻过敏反应,也就是过敏反应的早期阶段,包括脱颗粒和脂质介质的合成。在这个早期阶段释放的细胞因子和趋化因子启动了晚期阶段,后者在几个小时后达到高峰,并涉及对过敏原敏感部位炎症细胞的募集和激活。在无明显症状的情况下,过敏原激活经IgE致敏的APC,进而促进B细胞产生IgE,补充过敏反应中消耗的IgE,从而维持肥大细胞和APC的致敏。肥大细胞和APC募集的过程以及黏膜组织中IgE的产生对IgE的功能至关重要。Kraft等(2007)和Gould等(2008)发现在表达FcεRⅠ之前,肥大细胞前体在骨髓中产生并迁移至黏膜组织。该受体在组织肥大细胞中高表达,可能是由于IgE介导的FcεRⅠ表达上调的结果。另外,根据发生过敏反应持续时间的长短和快慢,可分为速发型反应(immediate reaction)和迟发型反应(late-phase reaction)两种类型。① 速发型反应主要由组胺和前列腺素引起,通常在接触过敏原后数秒内即可发生,可持续数小时,导致毛细血管扩张、血管通透性增强、平滑肌收缩、腺体分泌增加、气道堵塞、吸气和换气失常、支气管收缩、黏液分泌过度、黏膜水肿等。速发型反应中,肥大细胞可释放嗜酸性粒细胞趋化因子(eosinophil chemotactic factor, ECF)、IL-3、IL-5和GM-CSF等多种细胞因子。② 迟发型反应发生在过敏原刺激后4~6小时,可持续数天以上,主要表现为局部以嗜酸性粒细胞、嗜碱性粒细胞、巨噬细胞、中性粒细胞和Th2细胞浸润为主要特征的炎症反应。Th2细胞在变应性气道炎症的发病机制中起重要作用,气道被Th2细胞和嗜酸性粒细胞浸润是晚期哮喘反应的主要特征。嗜酸性粒细胞向气道的迁移是一个多步骤的过程,是由Th2细胞因子(如IL-4、IL-5和IL-13)和特异性趋化因子(如eotaxin)与CCR3联合调控的,除了吸引大量的嗜酸性粒细胞到达反应部位外,还可促进嗜酸性粒细胞的增殖和分化。活化的嗜酸性粒细胞释放的白三烯、碱性蛋白、PAF、嗜酸性粒细胞源性神经毒素等,在迟发型反应中,特别是在持续性哮喘的支气管黏膜炎症反应及组织损伤中发挥重要作用。此外,在肥大细胞释放的中性粒细胞趋化因子的作用下,中性粒细胞也在反应部位聚集,释放溶酶体酶等物质,参与迟发型超敏反应。

第二节　致敏机制的研究进展

越来越多的研究者认为,粉螨引起的过敏性炎症反应一方面是偏向于Th2细胞为主的适应性免疫反应;另一方面则受到先天免疫细胞直接激活的严重影响,而这种直接激活主要是由粉螨过敏原本身介导的。粉螨中含有的过敏原颗粒可以通过接触易感者的眼睛、鼻子、呼吸道、皮肤和肠道等器官上皮引起过敏和特应性症状。粉螨的过敏原存在于螨类粪便颗粒中,也存在于螨类外骨骼和崩解的螨体片段中,其特性包括蛋白质水解活性、与其他无脊椎原肌凝蛋白的同源性、与Toll样受体脂多糖结合成分的同源性以及几丁质裂解和几丁质结合活性。此外,粉螨的蛋白酶类抗原还具有直接的上皮细胞裂解作用,包括破坏紧密连接和刺激蛋白酶激活受体,引起瘙痒、上皮功能障碍和细胞因子的释放,而其他成分,包括甲壳质、未甲基化的螨虫和细菌DNA、内毒素、激活的免疫系统识别受体,作为佐剂,促进对粉螨和其他过敏原的敏化。因此,粉螨过敏原本身及其蛋白酶类抗原等通过与不同的免疫细胞、受体等的相互作用诱发过敏反应。下面将从固有免疫应答的细胞或受体(Toll样受体、中性粒细胞、固有淋巴细胞和上皮细胞及其细胞因子)、抗原提呈细胞、适应性免疫应答的细胞(Th1细胞、Th2细胞、Th17/Treg细胞、CD4$^+$CD25$^+$ T细胞)及抗原表位、E-钙黏蛋白、过敏原等几方面阐述粉螨过敏原致病机制的研究进展。

一、Toll样受体

Toll样受体(Toll-like receptor, TLR)是一类模式识别受体(pattern recognition receptor, PRR),属于白细胞介素-1受体(IL-1R)超家族成员之一。在结构上,胞外段均富含亮氨酸的重复序列(leucine-rich, LRR),参与对病原模式识别受体的识别;胞内段含有与IL-1R的胞质区结构相似的TLR(Toll/IL-1 receptor)结构域,它是TLR和IL-1R向下游进行信号传导的基本元件。迄今为止,在哺乳动物中已经发现13种TLR,主要以同源或异源二聚体的形式发挥作用。TLR主要分布在淋巴细胞、白细胞中。在非淋巴组织中,TLR也有不同程度的表达。Toll样受体广泛表达于经典的固有免疫细胞表面,尤其是巨噬细胞(macrophage)和树突状细胞(DC)等专职抗原提呈细胞表面。TLR通过识别结合病原体相关模式分子(PAMP)启动激活信号转导途径,并诱导某些免疫分子(包括炎性细胞因子)的表达。

过敏原和具有免疫调节作用的微生物的暴露可同时激活多个TLR或相互作用的PRR,特异性TLR配体的结构与特定的TLR信号通路均影响过敏性疾病的发生条件和机制。多个TLR包括TLR2、TLR4和TLR9等参与了过敏性炎症反应。Jacquet等(2020)的研究表明,屋尘螨(*Dermatophagoides pteronyssinus*)是导致多种过敏反应的大量过敏原来源。重要的是,两种类型的过敏原生物活性,即蛋白水解和肽脂/脂结合,可引发IgE并刺激旁观者对无关过敏原的反应。这种影响的大部分起因于Toll样受体(TLR)4或Toll样受体(TLR)2信号传导,在蛋白酶过敏原的情况下,其与具有强效疾病联系的多效性效应子的激活有关。屋尘螨过敏原与屋尘基质的常见成分之间的相互作用是通过它们与过敏原的结合或免疫受体的自主调节来实现的。Shalaby等(2017)通过TRIF途径激活TLR4信号传导可防止小鼠过敏性气道疾病的发展,而CD4$^+$ICOS$^+$细胞向肺的募集可能是TRIF(TIR domain containing adapter inducing interferon-β)依赖性机制之一。

TLR激动剂可以减少Th2反应,改善气道高反应性(airway hyperresponsiveness,AHR)。Li等(2018)研究发现,新型抗体TSP-2(针对TLR2胞外结构域的表位)促进树突状细胞的成熟和淋巴细胞在体内和体外的增殖,降低过敏性哮喘患者体内AHR和卵清蛋白(ovalbumin, OVA)特异性IgE水平,减轻OVA激发性哮喘模型中的肺部炎症,降低白细胞数量,也可提高OVA刺激后BMDC的I-A、CD80、CD86和MHCⅡ表达的水平。抗体TSP-2在过敏性哮喘模型中降低了气道乙酰胆碱的反应性,降低了IL-4和IL-13细胞因子的表达,同时增加了IFN-γ和IL-12的表达,减少了过敏性哮喘的肺部炎症,改善了支气管结构的完整性,并促进了小鼠骨髓来源树突状细胞(mouse bone marrow-derived dendritic cells,BMDC)的激活。机理分析表明,转录因子NF-κB的激活可能是这些事件的原因。总而言之,TSP-2可以诱导DC活化并减少肺中的气道炎症。相反,Zhang等(2017)表明白介素1受体相关激酶M(interleukin-1 receptor-associated kinase M, IRAK-M)是气道上皮细胞和巨噬细胞TLR信号的负调节因子,IRAK-M信号的激活是由Toll样受体(TLRs)或IL-1家族受体(IL-1Rs)触发的,激活后,IRAK-M充当NK-κB的负调节剂,阻止IRAK-1和IRAK-2与结合TLRs/IL-1R的髓样分化因子(MyD)88分离,从而抑制下游炎症级联反应,在炎症过程中可抑制细胞因子的过度分泌。IRAK-M通过改变气道上皮细胞、树突状细胞和巨噬细胞的功能及CD4$^+$T细胞的分化,调节过敏性气道炎症过程。总之,IRAK-M通过调节多种细胞类型的功能,在过敏性气道炎症中起关键的调节作用,最终导致Th2和Th17为主的免疫反应。IRAK-M功能的调节可能为恢复免疫平衡和缓解哮喘气道炎症提供了替代疗法。此外,Eisenbarth等(2002)通过流行病学、遗传、临床和实验数据表明,Toll样受体(TLR)4可能引发、加剧过敏性气道疾病。TLR4-MyD88途径经常与过敏性气道疾病有关,TLR4-MyD88信号能够增强树突状细胞上的Th2促炎分子以及一系列细胞因子和生长因子的上皮和炎性细胞生成。此外,Simpson等(2010)研究发现,在存在过敏原的情况下,要激活抗原提呈细胞(APC)并与T细胞相互作用从而激活T细胞,就需要TLR4信号传导。

而且TLR4在结构细胞上的表达对于通过黏膜DC激活免疫应答和发生T辅助2型(Th2)免疫以及对屋尘螨过敏原的过敏性炎症是必要和充分的。

屋尘螨是引起哮喘加重的最常见的呼吸道过敏原之一。在尘螨引起的过敏性疾病中，联合使用化学修饰后的TLR1、TLR2和TLR6 mRNA对小鼠尘螨诱导哮喘模型进行高效的基因转移，继而检测小鼠对屋尘螨的诱导作用。Zeyer等(2016)认为，经过TLR1/2 mRNA或TLR2/6 mRNA治疗可以改善肺功能，减轻体内气道炎症，进一步证实了TLR异二聚体在此模型的哮喘病机制中具有潜在的保护作用。一些TLR样受体，如TLR2、TLR4在DC表面表达，TLRs可以识别微生物致病体的高保守区域，即独特的病原菌相关分子模式(PAMPs)，从而在天然免疫系统启动中发挥重要作用。大部分TLRs受体是通过各自的配体激活而引起转录因子核因子快速地核移位，随后经过了一系列促炎细胞因子和趋化因子合成和分泌。Liu等(2013)研究发现，先天免疫系统对Der p气道变应原的识别和反应可以动员TLR2和TLR4信号传导，TLR2和TLR4途径之间的相互干扰，可通过基因转录激活因子(例如NF-κB，T-bet和AP-1)之间的相互作用来促进巨噬细胞表型极化的微调。

模式识别受体在先天免疫细胞递呈抗原的过程中起重要作用。有蛋白酶活性的尘螨过敏原可以被嗜酸性粒细胞、巨噬细胞、单核细胞、肥大细胞表面的蛋白酶激活受体(protease-activarted receptor, PAR)识别。此外，屋尘螨过敏原Der p 1、Der p 3和Der p 9通过激活PAR-2刺激呼吸道上皮细胞产生炎症因子。除Toll样受体外，其他模式识别受体如C型凝集素受体(C-type lectin receptor, CLR)亦在过敏性疾病中发挥作用。大多数病原体和过敏原表面富含碳水化合物结构，CLR作为一种模式识别受体识别该碳水化合物结构，激活树突细胞，触发细胞内信号级联反应，启动特异性细胞因子产生及调节，极化针对抗原的特异性T淋巴细胞，与过敏性疾病发病机制密切相关。

二、中性粒细胞

中性粒细胞是人体免疫监视和宿主防御的重要组成部分，因为它们能够轻易地消灭入侵的病原体。然而，由于中性粒细胞具有相当大的破坏能力和对健康组织造成损害的潜力，因此严格控制中性粒细胞的稳态至关重要。中性粒细胞是固有免疫中第一个迁移到炎症部位并迅速发挥多种效应的天然免疫细胞，还参与适应性免疫细胞的激活、调节和效应功能。因此，中性粒细胞在一系列疾病的发病机制中起着至关重要的作用。此外，它们也会在过敏后期阶段反应(LPRs)患者的体内积累，它们的存在与更严重的过敏炎症有关。Hosoki等(2016)和Leaker等(2017)的研究表明，嗜酸粒细胞性哮喘包括过敏性和非过敏性表型，潜在的免疫反应由辅助性T细胞(Th)2细胞来源的细胞因子介导，而中性粒细胞性哮喘主要依赖于Th17细胞诱导的机制。这些免疫炎症反应是T调节淋巴细胞功能受损的结果，T调节淋巴细胞能够促进树突状细胞的活化，并指导不同的Th细胞亚群的分化。此外，Polak等(2019)认为中性粒细胞能够产生过敏原并激活T细胞。在自然暴露或在过敏原特异性免疫治疗期间接种疫苗后，可作为局部过敏性T细胞介导炎症的放大剂。

中性粒细胞刺激过敏性炎症的分子机制是一个活跃的研究领域，可通过其先天反应调节过敏性炎症的诱导。NADPH氧化酶是一种多酶复合物，是中性粒细胞产生活性氧的必要条件，而gp91*phox*是NADPH氧化酶复合物的一个亚基。Sevin等(2013)研究发现，在中性粒细胞中主要的超氧化物生成酶(gp91phox)缺失的情况下,细胞因子的表达增强了 T helper(Th)型分化的条件,同时抑制了 Th2 极化。由于 gp91*phox* 基因缺陷的小鼠 Th2 细胞因子分泌量和过敏性炎症的水平较低,因此在过敏原激发后募集产生 ROS 的中性粒细胞可能在随后的过敏性炎症中起重要作用。另外,慢性氧化应激可加重过敏性哮喘,改变树突状细胞功能,改变 Th1/Th2 平衡。由于鼻内过敏原激发的嗜中性粒细胞在气道中产生持续的活性氧,因此,嗜中性粒细胞的这一特性可能通过活性氧的生成促进过敏性炎症。

此外,Oyoshi 等(2012)发现缺乏 gp91*phox* 的小鼠,其活性氧减少,对过敏原挑战的过敏性炎症反应减弱。募集到的中性粒细胞向皮肤生成 LTB4,刺激效应 CD4$^+$T 细胞向皮肤积累,从而促进过敏性皮肤炎症。Park 等(2006)研究还发现,中性粒细胞可能通过增加微血管的通透性,浸润气道壁和基质金属蛋白酶 9(Matrix metalloproteinases 9, MMP9)而导致过敏性炎症。在屋尘螨诱导过敏性气道疾病的小鼠模型中,中性粒细胞的慢性、全身性耗竭引起了 Th2 炎症的加重、黏液生成和气道阻力的增加,而积累的 G-CSF 通过促进气道 ILC2 产生 Th2 细胞因子和驱动单核细胞增多而增强了过敏原的致敏性。

三、固有淋巴细胞(ILC)

固有淋巴细胞(innate lymphoid cells, ILCs)可以分泌 Th1、Th2 和 Th17 细胞因子,在固有免疫应答中发挥重要作用,被分别命名为 ILC1、ILC2 和 ILC3。而 ILC2s 是 2 型炎症的早期效应因子,对细胞因子和组织稳态破坏后近端环境引起的应激信号有感觉和反应,可由先天性细胞因子[例如 IL-25,IL-33 和胸腺基质淋巴细胞生成素(TSLP)]诱导,在这些促炎细胞因子的存在下,ILC2s 迅速扩增并分泌大量 IL-5 和 IL-13。ILC2 细胞在寄生虫感染的早期先天反应和包括哮喘在内的多种过敏性炎症反应的病理生理学中起重要作用,活化的 ILC2s 在黏膜表面引发过敏性组织炎症,部分原因是通过快速产生效应细胞因子,通过促进上皮细胞增殖,存活和屏障完整性来维持组织稳态。ILC2 通过 IL-25 刺激产生 IL-4,IL-5 和 IL-13 等 Th2 型细胞因子,在 Th0 分化过程中起着至关重要的作用,而且作为 IL-25 的细胞靶标之一的 ILC2 有助于气道炎症的发展。ILCs 具有和 T 淋巴细胞、B 淋巴细胞相同的形态,但是不表达 TCR/BCR 或其他谱系特异性表达分子标志物。Halim 等(2012)动物实验的研究结果表明,ILC2 参与了过敏性疾病过程中的气道反应。ILC2 细胞分泌的 IL-13 对于肺部 DC 细胞到达局部淋巴结起到了至关重要的作用。此外,肺上皮细胞分泌的 TSLP 能够直接作用于肺部 ILC2 细胞,从而激活 ILC2 细胞产生 IL-5 和 IL-13。因此肺组织原位的 ILC2 促进了蛋白酶过敏原诱导的气道炎症和过敏性哮喘的发生。此外,Oboki 等(2010)发现吸入蛋白酶过敏原(木瓜蛋白酶)或者重组的 IL-33 可以在 *Rag2* 缺失的老鼠中诱导嗜酸性粒细胞介导的气道炎症,这一结果表明是固有免疫细胞介导了嗜酸性粒细胞气道炎症反应,而不是 Th2 细胞。

在屋尘螨诱导的小鼠过敏性炎症中,ILC2s 对 IL-5 和 IL-13 产生细胞的总数有显著的影响。在屋尘螨中,ILC2 的激活导致肺部的过敏性炎症至少需要两个信号,一个是先天的衍生信号,如 IL-33、IL-25 或 TSLP,另一个是由 T 细胞介导的适应性信号。这些 T 细胞依赖信号可能是直接的,通过细胞接触提供;也可能是间接的,通过其他细胞因子或细胞。在屋尘螨介导的气道炎症中,IL-33等上皮细胞来源的固有促炎细胞因子和IL-2、IL-21等T细胞来源的信号都需要诱导ILC2的激活。

四、上皮细胞及其细胞因子

过敏性炎症并不局限于过敏原本身的生物学作用,还受到上皮细胞对过敏原中大量非蛋白成分(如甲壳素、脂质和内毒素)感知的强烈影响。几丁质、脂质和内毒素的异常感觉可能是过敏反应发生的主要决定因素。上皮细胞在感应过敏源中的几种成分和调节过敏反应方面发挥了重要作用,在易感人群中,暴露于环境中常见的过敏原如屋尘螨或粉尘螨可导致IL-33、IL-25和胸腺基质淋巴细胞生成素(thymic stromal lymphopoietin, TSLP)的异常产生。

腔道表层的上皮细胞在过敏反应中发挥了重要作用。上皮细胞衍生的细胞因子,包括IL-25、TSLP和IL-33,介导过敏原诱导的2型固有样淋巴细胞(innate lymphoid cell, ILC)2活化和发展,导致IL-5和IL-13的分泌,有助于过敏性疾病的发生。Lambrecht等(2014)研究显示,肺上皮细胞经常暴露在病原体和环境过敏原中,通过物理和化学屏障来保护肺部免受侵害,肺上皮细胞是接触过敏原的第一道屏障,是过敏性哮喘中多种细胞因子和化学因子的重要来源。肺上皮细胞通过黏膜纤毛的运输对吸入的过敏原和病原体进行清除。肺上皮细胞还可以通过模式识别受体(PRRs)识别过敏原,释放多种细胞因子,激活固有免疫细胞,此外,Hammad(2015)和Kool(2011)的研究发现,模式识别受体(PRRs)激发的肺上皮细胞导致DNA、尿酸、ATP和高迁移率族蛋白B1等内源性危险信号的释放,其中的一些已经作为佐剂激活树突状细胞诱导Th2细胞免疫反应。除了上皮细胞本身作用外,其细胞因子在过敏性疾病中亦发挥作用。此外,鼻上皮是暴露于吸入抗原的第一个位点,可能在对过敏性鼻炎的先天免疫中起重要作用。上皮细胞衍生的细胞因子亦是与Th2细胞因子介导的鼻腔炎症相关的先天性和适应性免疫反应的关键调节剂。屋尘螨包含多种成分,可引起过敏性哮喘和过敏性鼻炎,这些成分能够激活不同且重叠的途径,导致各种炎症引发剂的释放,包括IL-33,IL-25和TSLP,它们是倾向于Th2型反应的介质。

IL-25,又称IL-17E,是IL-17细胞因子家族的成员之一,主要由上皮细胞和先天免疫细胞产生。在上皮相关细胞因子中,IL-25通过上皮细胞增生、黏液分泌、气道高反应性和特异性Th2细胞因子的产生加剧过敏性炎症。体内IL-25导致典型的2型偏向免疫反应,包括多种组织中IL-4,IL-5和IL-13的表达增加,血清IgE和IgG升高。IL-25与IL-17RB/IL-17RA复合物结合后,在上皮细胞和2型淋巴细胞中诱导下游信号反应,启动、增殖并维持2型免疫。IL-25在哮喘等过敏性疾病中发挥作用。肺过敏性疾病是2型免疫失调的结果,其特点是肺上皮细胞增生,Th2细胞和嗜酸粒细胞的局部浸润,以及引起黏液增生和AHR的生理和结构改变,IL-25可在人类及小鼠上皮细胞和内皮细胞中表达。在过敏性气道炎症中,Moltke等(2016)研究发现,OVA致敏和激发的小鼠肺中有IL-25 mRNA的表达,通过可溶性IL-25受体中和IL-25抑制OVA介导的嗜酸性粒细胞和CD4$^+$T细胞募集到气道。此外,Cheng等(2014)认为过敏性哮喘患者除了嗜酸性粒细胞浸润增多外,IgE和血浆IL-25水平较高,支气管刷检样本检测发现IL-25 mRNA水平上升,提示IL-25可能是Th2高过敏性哮喘发病机制的重要因素。Xu等(2017)研究发现,在过敏原诱导的哮喘模型中,嗜酸性粒细胞和CD4$^+$T细胞浸润,黏液和上皮增生,而IL-25的缺乏减少了气道炎症和Th2细胞因子的产生。IL-25直接作用于上皮细胞,以诱导变应性趋化因子的产生。IL-17 RB由Th2细胞选择性表达。IL-25以IL-4和STAT6依赖性方式促进Th2细胞分化。此外,在早期T细胞活化过程中,IL-25增强了活化T细胞的核因子,c1和JunB转录因子的表达,从而导致初始IL-4 GATA-3的产生上调,并增强了Th2细胞分化。

过敏性鼻炎(AR)是一种Th2免疫介导的鼻黏膜过敏反应,以鼻塞、流鼻涕、打喷嚏和瘙痒为特征,并伴有鼻黏膜嗜酸性粒细胞和肥大细胞的积累,以及血清中抗原特异性IgE水平的升高。屋尘螨是导致AR患者的主要吸入性过敏原之一。众所周知,屋尘螨过敏原可导致上皮细胞源性细胞因子的释放,损伤鼻上皮细胞,通过各种炎症细胞(包括肥大细胞、嗜酸性粒细胞和鼻上皮细胞)诱导特异性抗体产生和鼻部炎症。而高浓度屋尘螨过敏原刺激鼻腔上皮细胞还会使IL-25表达增加。

IL-33是由上皮细胞和其他细胞类型产生的细胞因子,在介导炎症反应中发挥重要作用,通过向各种免疫细胞(例如T细胞,肥大细胞,树突状细胞和ILC2)发出信号来介导Th2促进作用。IL-33是肥大细胞和ILC2中IL-5和IL-13的有效驱动因子,因此,它被认为是引发和放大2型异常先天反应的关键。与IL-33作为Th2应答的主要驱动因素的重要性相一致,给予IL-33足以引起气道高反应性,而对IL-33信号的阻断可显著降低暴露于屋尘螨小鼠的气道高反应性,通过调节免疫细胞的功能,促进了Th2介导的过敏性疾病的致病性。IL-33主要由暴露在大气中的肠道和呼吸道中上皮细胞分泌。当接触到屋尘螨等过敏原时,IL-33可从上皮细胞中迅速分泌。Hardman等(2016)发现在屋尘螨过敏原中的蛋白酶中有类似IL-33分裂的过程。IL-33主要诱导2型免疫反应,介导IL-4和IL-13的表达,同时增强嗜碱性粒细胞中IgE介导的降解。在过敏性哮喘中,IL-33激活的ILC2s产生2型细胞因子IL-5和IL-13,IL-5和IL-13通过引起嗜酸性粒细胞浸润、黏液分泌增多和气道超反应性而在哮喘中起致病作用。在过敏性鼻炎中,血清IL-33水平升高不仅会引起炎症反应,而且其浓度与过敏性鼻炎的严重程度呈正相关。

IL-25通过诱导IL-4来促进Th2细胞的分化,在哮喘的发病机制中具有重要意义。肺上皮细胞接触过敏原后,IL-25 mRNA水平升高,IL-25过表达的小鼠肺上皮细胞表现出过敏性哮喘的特征。IL-33是Th2细胞的一个趋化因子,在向Th2细胞极化过程中涉及NF-κB和MAPK激酶信号通路的激活。IL-33还可以影响树突状细胞(DC)的成熟和分化,导致其高表达主要组织相容性复合物Ⅱ(MHCⅡ)、CD86和IL-6。而胸腺基质淋巴细胞生成素(TSLP)可激活树突状细胞,促进Th2应答,并激活肥大细胞。

胸腺基质淋巴生成素是一种新型的IL-7样细胞因子,具有免疫调节作用,可以直接或间接地促进Th2和Treg反应,抑制Th1和Th17反应并限制促炎细胞因子(如IL-17和IFN-γ)的表达。TSLP主要来源于呼吸道、肠道和皮肤的上皮细胞,其表达受到多种环境刺激,如过敏原等。此外,TLR3、TLR5、TLR2-TLR6等特异性参与促进了TLSP的分泌。在特应性皮炎、哮喘等多种过敏性疾病中TSLP的产生增加。气道上皮释放TSLP是由蛋白酶过敏原和促炎因子介导的,Kouzaki等(2009)认为通过OX40/OX40L激活树突状细胞,从而诱导Th0向Th2分化,而TSLP在粉螨引起过敏性疾病中的作用尚未被揭示。

五、抗原提呈细胞

过敏性哮喘是一种慢性气道炎症性疾病,以嗜酸性粒细胞浸润、细胞因子被诱发产生并出现气道高反应性为主要临床特征。尘螨是诱发过敏性哮喘的重要过敏原,气道过敏原进入呼吸道,通过抗原提呈细胞(APC)摄取、内吞并被溶酶体内的蛋白水解酶水解后,形成肽段,再与抗原提呈细胞的主要组织相容性复合体Ⅱ类分子形成复合物并提呈给CD4$^+$T细胞。

树突状细胞是机体内主要的抗原提呈细胞,专门负责摄取、修饰处理、提呈抗原给T细胞;树突状细胞也产生共刺激分子协助抗原的传递和T细胞活化。依赖周围微环境,抗原提呈细胞-树突状细胞具有促使CD4$^+$T细胞向Th1或Th2细胞分化的能力。在抗原刺激下,树突状细胞能够分泌IL-12,IL-12促使CD4$^+$T细胞分化为Th1细胞从而诱导Th1型细胞因子γ-干扰素的产生。但抗原特异性Th2细胞瞬间占有优势并能持久保持这一状态的机制尚不清楚。作为人体内最为重要的抗原提呈细胞,树突状细胞能够识别过敏原,进而加工递呈于T细胞。过敏原进入机体以后,首先被抗原提呈细胞(如DC)所识别,进而促使Th0细胞向Th2型分化,分泌IL-4、IL-5和IL-13等Th2型细胞因子,从而促进B细胞分泌大量的IgE,激活嗜酸性粒细胞与肥大细胞,并将其招募到炎症部位。

T细胞免疫球蛋白黏蛋白分子(T-cell immunoglobulin and mucin-domain-containing molecule,TIM)是一种新的细胞表面分子蛋白,参与效应T细胞反应调节。TIM分子在Th1细胞和Th2细胞的免疫协调中发挥作用。TIM1-TIM4的相互作用在过敏性机理中至关重要。TIM4是由活化的树突状细胞、巨噬细胞分泌的表面分子,TIM-1与TIM-4相互作用可调节T细胞活化增殖,调节Th1/Th2细胞平衡。Vergani(2015)和Ge(2015)的研究表明,TIM4与TIM1结合能够促使Th2型细胞极化,而TIM4与TIM3结合则使Th1细胞凋亡,这两者的最终效应是使得机体Th1/Th2失去平衡,Th2细胞占优势。而Th1/Th2失去平衡是形成哮喘的主要诱因,Th2细胞占优势,其分泌的炎症细胞介质因子最终致机体发展为过敏性疾病,这也为过敏性疾病机制的研究提供了新的思路。其中,来源于树突状细胞的TIM4能够促使CD4$^+$T细胞向Th2转化,同时树突状细胞在受到外界刺激时TIM4表现出上调趋势,抑制TIM1能够抑制过敏性呼吸道炎症和机体的T细胞反应。

六、Th1细胞和Th2细胞

T细胞是免疫反应的主要调节细胞,依据辅助性T细胞(Th)产生的细胞因子,可将其分为Th1细胞和Th2细胞。Th1和Th2细胞通过表达分泌具有不同功能的细胞因子,发挥既相互促进又彼此制约的免疫调节作用,调节Th1/Th2的平衡,这对维持机体内环境稳定有重大意义,一旦平衡被打破,则会诱发许多过敏性疾病。Th1细胞参与细胞介导的炎症反应,能产生大量γ干扰素(IFN-γ)、白细胞介素(IL)和肿瘤坏死因子(TNF)。Th1细胞产生的一些细胞因子能激活细胞毒性反应、炎症反应和迟发型超敏反应,并能促进巨噬细胞的发育。Th2细胞的激活被认为是通过介导IgE合成和IL-4、IL-5、IL-13介导的嗜酸性炎症而在过敏反应中发挥重要作用,是抗体和过敏反应的重要调节者。IL-5与IL-4可通过协同作用促进B细胞产生IgE,特异性地作用于嗜酸性粒细胞释放主要碱性蛋白(MBP)和嗜酸性粒细胞阳离子蛋白(ECP),引起气道上皮损伤和气道高反应性。活化的Th2细胞通过刺激粉螨过敏原特异性IgE抗体的产生和炎性细胞的募集来协调粉螨诱导的过敏反应。粉螨过敏原含有多种蛋白酶的功能,能通过机体黏膜,被抗原提呈细胞识别,过敏原被加工处理为免疫性多肽片段,与主要组织相容性复合体(MHC)Ⅱ类分子结合后提呈给Th2,产生细胞因子IL-4,转向Th2细胞免疫应答。

　　Th1/Th2平衡可能是粉螨过敏发病机制的基础。Th1细胞和Th2细胞所产生的细胞因子之间具有复杂的相互联系,活化Th2细胞通过释放IL-4和IL-13,诱导B细胞产生IgE。Th1细胞产生IFN-γ,抑制Th2细胞和IgE合成。急性期以Th2细胞为主,慢性期则以Th1细胞为主。在外周血中,T细胞主要为Th0细胞,这种Th细胞可分化为Th1细胞和Th2细胞。但是,分化过程受到各种因素的影响,细胞因子微环境和协同刺激分子是影响Th1/Th2平衡的重要因素。① 细胞因子微环境:Th1和Th2两种细胞亚群之间存在交叉调节作用,IFN-γ抑制Th2细胞的发育,而IL-4抑制Th1细胞的发育。IL-4和IFN-γ之间的失衡会导致IgE以及引起过敏性症状的进展。② 协同刺激分子:协同刺激信号在抗原向Th细胞递呈期间出现。最强的协同刺激分子是B7-1和B7-2,这两种分子表达在树突状细胞和B细胞上。Hanifin等(1999)研究发现,在早期急性病变中,Th0细胞上的受体与朗罕氏细胞上的B7-2相互作用,从而使Th0细胞向Th2细胞分化。B7-2水平与血清IgE水平呈正相关,表明B7-2对于IgE合成具有潜在作用。

　　过敏性疾病的发生主要是由于Th1/Th2型免疫失衡所致。在过敏性哮喘疾病中,Th1和Th2细胞因子的相对水平失衡可能是哮喘发生的原因之一。分泌IL-4和IFN-γ,Th2和Th1细胞分别具有重要的免疫效果。哮喘的关键病理特征是气道反应过度和重塑,这两者通常都归因于过敏原驱动的Th2细胞的活动和相关的过敏性炎症。IL-4是一种Th2细胞因子,已被证明可以促进Th0细胞向Th2细胞的分化,IL-13介导B细胞产生IgE,从而增加了细支气管黏液,以及Th2细胞因子的产生。此外,IL-4也是嗜酸性粒细胞活化、补充和存活的主要决定因素。IFN-γ促进Th0细胞分化成Th1细胞,抑制Th2细胞的克隆和分化,并显著提高巨噬细胞的抗原提呈活性。IFN-γ还能抑制IL-4 mRNA表达和降低IL-4诱导的IgE合成。Repa等(2004)研究发现,螨性哮喘是以肺内嗜酸性粒细胞聚集、黏液过度分泌、气道高反应性为特点的IgE介导的Ⅰ型免疫病理反应引起的过敏性疾病,主要表现为以辅助性T细胞(Th2,主要分泌IL-4和IL-5)为主的免疫应答,并产生气道高反应性,而Th1(主要分泌IFN-γ和IL-2)则受到抑制。此外,活化的Th2细胞对尘螨过敏原敏感是维持气道炎症的主要原因。湛孝东等(2017)研究显示,STAT6在哮喘中可促进Th2优势免疫应答,调节炎性细胞反应,促进B细胞的分化和IgE的产生,通过抑制STAT6的表达,可实现Th1/Th2的平衡。

　　多种细胞参与了Th细胞的极化。首先,树突状细胞(DC)作为人体内最为重要的抗原提呈细胞,能够识别过敏原,进而加工递呈于T细胞。Salazar等(2013)研究发现,DC细胞诱导Th0细胞极化不仅需要MHCⅡ类分子,也需要表面共刺激分子(如CD80,CD40和CD83等)的辅助。过敏原进入机体以后,首先被抗原提呈细胞(如DC细胞)所识别,进而促使Th0细胞向Th2型分化,分泌IL-4、IL-5和IL-13等Th2型细胞因子,从而促进B细胞分泌大量的IgE,激活嗜酸性粒细胞与肥大细胞,并将其招募到炎症部位。同时,激活的嗜酸性粒细胞与肥大细胞能够产生大量的细胞因子和趋化因子,从而诱发黏液分泌与平滑肌收缩,最终导致螨性哮喘的发生。其次,在人体内,肺上皮细胞是人体气道的第一道防线,Juncadella 等(2013)和 Hammad 等(2015)研究发现,在外界过敏原的刺激下,肺上皮细胞可以产生多种细胞因子,包括 CCL17、CCL22、IL-25、IL-33 和胸腺基质淋巴细胞生成素(TSLP)等,这些细胞因子参与 Th2 细胞的极化与局部炎症的形成。TSLP 是上皮细胞应对细菌、过敏原与炎症因子等分泌的最为重要的细胞因子。Zhou 等(2005)研究发现,在小鼠(*Mus musculus*)体内高表达 TSLP 的情况下,过敏性哮喘的症状显著增强;而在抑制 TSLP 表达的情况下,过敏性哮喘的症状得到了显著的改善。此外,Ito 等(2005)认为肺上皮细胞分泌的细胞因子 TSLP 能够通过 OX40/OX40L 激活 DC 细胞,从而诱导 Th0 向 Th2 分化。所以,TSLP 在过敏性疾病的发生过程中起到了至关重要的作用。但是,到目前为止上皮细胞中的 TSLP 是如何被过敏原诱导产生的机制尚不明确。

此外,目前普遍认为,细胞因子微环境在 Th0 细胞分化过程中也发挥着至关重要的作用。IL-4 能够与其受体结合后激活 STAT6,从而诱导细胞内转录因子 GATA3 的表达,继而使得 Th0 细胞向 Th2 型分化。但是一直以来,对于哪些细胞产生细胞因子作用于 Th0 细胞分化还不是十分清楚。

七、Th17/Treg 细胞

2005 年,Harrington 等首次提出了 Th17 细胞的概念,它是不同于 Th1 和 Th2 的另一种 CD4[+]T 细胞的新亚型。分化成熟的 Th17 细胞可以分泌 IL-17、IL-17F、IL-21、IL-22 等多种细胞因子,参与多种免疫反应及炎症反应,其中 IL-17 是 Th17 分泌的最主要的效应细胞因子,与哮喘密切相关。IL-17 是一种促炎性细胞因子,在经典的小鼠哮喘模型中,IL-17 缺陷型小鼠的急性炎症反应减少。Th17 效应因子将中性粒细胞募集入气道,因为它们产生的 IL-17 会从气道上皮细胞和平滑肌中分泌 IL-8(一种重要的中性白细胞趋化因子)。此外,IL-17 刺激人支气管成纤维细胞释放 IL-6 并在支气管上皮细胞中表达 G-CSF,从而刺激中性粒细胞的发育。Th17 细胞分泌 IL-17 促进了炎症反应,与过敏性哮喘的发病机制相关。Th17 细胞亚群分泌 IL-17A/F 以及 IL-22,在自身免疫性疾病和炎症性疾病中发挥着重要作用。临床研究表明外周血中 Th17 细胞数目的增加与儿童哮喘严重程度呈正相关。IL-22 抑制炎症反应,在过敏性气道炎症部位,IL-22 通过改变树突状细胞的功能和抑制 IL-25 的分泌来减弱过敏原引起的气道嗜酸性粒细胞性炎症。在哮喘小鼠模型中,Taube 等(2011)发现抗 IL-22 抗体很大程度上促进了过敏原介导的嗜酸性气道炎症、Th2 细胞因子产生和气道高反应性。在 IL-22 缺失的小鼠中,过敏原介导的嗜酸性气道炎症增强。Zhao 等(2013)研究发现,在机体内的 IL-17 具有促炎作用,可促进气道上皮细胞和平滑肌细胞分泌 IL-8,从而使中性粒细胞在气道中聚集,IL-17 在慢性气道重塑的过程中也发挥了重要作用。慢性 Th17 炎症会导致气道重塑,并随着嗜中性粒细胞增多而使过敏原敏感性持续存在。由于 IL-17 增加了肺组织中过敏原的转移,由过敏原驱动的 Th17 细胞也可能增加肺组织对感染的易感性,导致哮喘加重或组织损伤加速。

Th17 细胞与 Foxp3[+]Treg 家族关系密切。IL-17 产生辅助性 T 细胞(Th17)和调节性 T 细胞(Treg)在特应性炎症中发挥了重要作用。而 Th17/Treg 细胞的平衡在过敏性哮喘发病机制中亦发挥着重要作用。Treg/Th17细胞比例失衡导致Treg/Th17比例的降低,提示淋巴细胞水平的改变与炎症之间存在关联。气道中含有许多不会导致持续性炎症的微生物和过敏原,这种耐受性部分是由调节性T细胞(Treg)介导的。Treg细胞分泌IL-10和TGF-β,在自身耐受性测定和免疫应答调节中发挥作用,是一类具有免疫抑制和维持自身耐受的CD4$^+$T细胞。Treg细胞与过敏性疾病的发生相关,当功能受到抑制或缺失可导致机体对过敏原的免疫耐受力降低,进一步促使幼稚型CD4$^+$T细胞向Th2型细胞分化。在过敏性反应中可介导免疫耐受功能,分为可诱导性Treg细胞(iTreg)和天然生成的Treg细胞(nTreg)。Treg细胞可以通过介导呼吸道黏膜表面对环境过敏原的耐受性来抑制气道炎症。Th17和Treg细胞之间的平衡作用可能对炎症和自身免疫性疾病的发生、预防很重要。因此,利用免疫工具诱导Th17和Treg细胞可能是一种有前途的哮喘治疗方法。李朝品(2016)和赵亚男(2019)研究表明,Treg细胞对过敏原的抑制性反应是通过多种抑制因子包括IL-10和TGF-β实现的。它通过抑制Th1、Th2和Th17细胞的细胞因子分泌以及直接抑制嗜碱性粒细胞、嗜酸性粒细胞和肥大细胞等效应性细胞,抑制IgE抗体产生,促进IgG4、IgE抗体的产生,从而抑制了过敏反应的发展。此外,Foxp3是Treg细胞分化成熟过程中必须的转录因子,D'Hennezel等(2009)研究发现具有Foxp3突变的病人往往表现出严重的过敏性疾病,表明Treg细胞对过敏性疾病具有重要的抑制作用。

八、CD4$^+$CD25$^+$T细胞

过敏性哮喘以气道高反应性和CD4$^+$Th2淋巴细胞介导的慢性黏膜炎症为特征。调节性CD4$^+$CD25$^+$T细胞是免疫系统稳态的重要组成部分,CD4$^+$CD25$^+$T细胞活性受损可引起自身免疫性疾病和过敏。CD4$^+$CD25$^+$T细胞在调节气道嗜酸性炎症中起关键作用。

CD4$^+$CD25$^+$淋巴细胞属于"特定亚群的职业抑制性T淋巴细胞",是体外多克隆T细胞活化的有效抑制剂。在共培养研究中,Shevach等(2000)发现CD4$^+$CD25$^+$T细胞可以抑制CD4$^+$CD25$^-$T细胞的应答,从成年的TCR单链转基因小鼠中可成功分离出CD4$^+$CD25$^+$T细胞。CD4$^+$CD25$^+$T细胞在胸腺内产生,占正常小鼠脾脏和淋巴结CD4$^+$T细胞的5%~10%,可抑制小鼠器官特异性自身免疫性疾病,口服抗原后,具有强大免疫调节功能的CD4$^+$CD25$^+$T细胞被激活,其体外抑制作用部分依赖于IL-10和TGF-β。CD4$^+$CD25$^+$T细胞能够减少Th2细胞分化细胞因子,还会抑制Th1细胞应答,可抑制过敏性疾病的发生和进展。在动物模型中,Jordan等(2001)发现CD4$^+$CD25$^+$T细胞对于由Th2细胞所介导的气道过敏性炎症发挥强大的抑制作用。

1995年,科学家们首次提出调节性T细胞(CD4$^+$CD25$^+$Treg)是一种CD4$^+$T细胞新亚群,能积极有效地控制其他免疫细胞功能,控制免疫反应,从而对机体免疫系统产生重要的调节作用。CD4$^+$CD25$^+$Treg可能会阻止从早期激活阶段到分化Th2状态的转变,这限制了气道过敏性炎症并防止了Th2对环境过敏原的不适反应。而CD4$^+$CD25$^+$Treg细胞数量的减少可能与过敏性疾病有关。CD4$^+$CD25$^+$Treg细胞通过抑制Th2表型的发展,在调节Th2介导的肺部炎症中发挥关键作用,可有效促进体内气道嗜酸性粒细胞的形成。此外,CD4$^+$CD25$^+$Treg的抑制活性受多种因素的影响,包括过敏原类型、过敏原暴露和个体的过敏状态。Shaoqing等(2018)研究发现过敏性鼻炎患者症状加重时CD4$^+$CD25$^+$Treg数量减

少,调节性T淋巴细胞对Th2反应的抑制作用减弱,从而导致鼻黏膜和气道的2型过敏反应性免疫。此外,Foxp3是调控$CD4^+CD25^+$Treg细胞分化的关键转录因子,对$CD4^+CD25^+$T细胞的分化、增殖潜能、代谢和功能具有极其重要的作用。Foxp3在过敏性哮喘患者中的表达水平较低,导致$CD4^+CD25^+$T细胞的分化和功能受损。

外周$CD4^+CD25^+$T细胞库的大小受至少2种不同机制的调节。首先,在产生$CD4^+CD25^+$T细胞的胸腺中,$CD4^+CD25^+$T细胞的发育需要一定的TCR MHC亲和力。此外,Suto等(2002)发现在正选择背景和负选择背景中,$DO10^+TCR\text{-}\alpha^{-/-}$小鼠中,$CD4^+CD25^+$胸腺细胞严重减少,而在积极选择的背景中,$DO10^+TCR\text{-}\alpha^{-/-}$小鼠中转基因TCR有效地开发了$CD4^+CD25^+$胸腺细胞。将$CD4^+CD25^+$T细胞输注给缺乏成熟T细胞和B细胞的 *RAG-2* 小鼠后由抗原引起浸润到气道的嗜酸细胞数明显减少;相反,剔除体内的$CD4^+CD25^+$T细胞之后浸润到气道的嗜中性粒细胞和淋巴细胞则显著增多。在动物体外研究结果也显示,剔除$CD4^+CD25^+$T细胞可以抑制抗原引起Th2细胞的分化而强化Th1细胞的活性。因此,$CD4^+CD25^+$T细胞通过抑制Th2类细胞因子如IL-4和IL-5的产生进而缓解气道过敏性炎症。

粉尘螨刺激能引起淋巴细胞、巨噬细胞、嗜中性粒细胞显著增多,陈一强等(2009)研究发现粉尘螨刺激气道后,导致$CD4^+CD25^+$T细胞浸润到过敏性哮喘患者气道,引起Th1功能下降,Th2功能亢进,进而引起嗜酸性粒细胞、淋巴细胞浸润到气道。在粉螨引起的过敏性疾病中,$CD4^+CD25^+$T细胞上调了气管中Th2细胞介导的过敏性炎症,而$CD4^+CD25^+$T细胞则增强了Th2细胞的分化。Th2细胞介导的抗原诱导的嗜酸性粒细胞募集进入气道的过程与用普通$CD4^+CD25^+$T细胞脾细胞转移的BALB/c *Rag-2*$^{-/-}$小鼠相比明显减少。此外,$CD4^+CD25^+$T细胞的耗竭减少了抗原特异性IgE的产生,但却增加了小鼠气道中抗原诱导的中性粒细胞募集,这是Th1细胞介导的炎症的特征。Suto等(2001)研究中还发现$CD4^+CD25^+$T细胞的耗竭降低了小鼠气道中抗原诱导的IL-4和IL-5的产生。这些结果表明,$CD4^+CD25^+$T细胞通过优先抑制Th1型$CD4^+CD25^+$T细胞的活化来增强Th2细胞分化,从而上调Th2细胞介导的气道过敏性炎症。研究中还发现$CD4^+CD25^+$T细胞在抗原特异性IgE产生中起重要作用。当 *Rag-2*$^{-/-}$小鼠转移有$CD4^+CD25^+$T细胞的脾细胞转移时,卵清蛋白(OVA)特异性IgE显著降低。这些发现也支持$CD4^+CD25^+$T细胞增强Th2型免疫反应的假说。

九、抗原表位

抗原表位(即抗原决定簇)是抗原的一部分,可被B细胞或T细胞和/或宿主免疫系统的分子识别。抗原表位是过敏原中能够刺激机体产生抗体以及致敏淋巴细胞,并可以被其识别的特定结构部位,对于抗体的特异性即是针对抗原表位而不是针对完整的抗原分子。抗原表位包括B细胞表位与T细胞表位,其中T细胞表位主要为线性表位,而B细胞表位则以构象表位为主,也包括线性表位。李娜等(2014)研究发现,在粉尘螨过敏原Der f 1、Der f 2和Der f 3中均存在T细胞表位和B细胞表位。

B细胞表位长度在5~15个氨基酸之间,来源于过敏原的IgE结合位点。Hamilton等(2010)研究发现,通过改变B细胞表位的空间结构并保留T细胞表位可以获得高免疫原性

(T细胞表位)与低过敏原性(B细胞表位)的优质过敏原。采用该过敏原进行特异性免疫治疗(specific immunotherapy, SIT),可实现IgE抗体的下调,使机体免疫应答由Th2型向Th1型转化,从而有效地调节免疫应答以及降低过敏反应。此外,Valenta等(2016)研究表明,即使是含有过敏原肽的非IgE反应性T细胞抗原表位,也可能诱发全身性的副作用,而这种副作用是由过敏原特异性T细胞的IgE非依赖性激活引起的。在T细胞反应水平上的交叉反应可能在对不同过敏原的多敏化中起关键作用。通过暴露于过敏原而引起的交叉反应性T细胞将通过暴露于含有保守表位的其他过敏原而得到增强和选择性扩展,无论IgE反应是否具有交叉反应性,在T细胞水平通过经典的抗原桥联T细胞/B细胞帮助机制,并为特异性针对过敏原交叉反应的任何B细胞产生帮助。基于动物实验和临床研究数据,Valenta(2016)和王敏(2019)认为,B细胞表位的疫苗有多种作用模式:① 疫苗诱导机体产生过敏原特异性的IgG抗体,抑制过敏原诱导的嗜碱性粒细胞和肥大细胞上IgE的交联和速发过敏性炎症。② IgG抗体抑制过敏原的抗原提呈作用,也可能抑制T细胞介导的过敏性炎症。③ 疫苗诱导的IgG抗体似乎也减少过敏原暴露所引起的IgE产生的促进作用。

T细胞表位肽是从天然过敏原中提取或重组T细胞反应表位的肽片段,它可以使T细胞丧失免疫性或改变细胞因子含量,诱导T细胞免疫耐受、阻断B细胞活化和IgE的产生。赵蓓蓓等(2015)研究发现过敏性患者体内的CD4$^+$T细胞是以免疫优势层级的方式识别变应原中的表位,并具有明显的依赖于表位识别的功能表达谱。Shamji等(2017)认为T细胞表位肽疫苗是过敏原在主要组织相容性复合物(MHC)Ⅱ的参与下,经抗原提呈细胞(APC)加工后递呈给T细胞的一种短的线性氨基酸序列,因其无IgE结合表位,可减少因嗜碱性粒细胞和肥大细胞表面过敏原特异性IgE交联而大大减低速发型超敏反应的风险。CD4$^+$T细胞只向过敏原来源的肽增殖,而不向测试浓度下的完全过敏原增殖。这可能是由于缺乏增殖的一个过敏原浓度已经经过测试,也可能是由于过敏原特异性的非常规B型T细胞的存在,它们对肽和完全抗原的反应不同。Mohan等(2012)认为虽然过敏患者和非过敏患者之间的肽表位特异性没有明显差异,但过敏患者中的细胞因子对过敏原的细胞因子反应以特征为Th5的IL-2水平较高为主导。屋尘螨是全球最重要的免疫球蛋白E(IgE)相关过敏的诱发因子之一,Huang等(2019)发现临床相关屋尘螨过敏原T细胞表位的低过敏性肽组合,包括Der p 5,Der p 7和Der p 21。而T细胞表位则分布在Der p 1,Der p 2,Der p 5,Der p 7,Der p 21,Der p 23的全序列上。对屋尘螨过敏的患者会出现严重的慢性呼吸系统症状,如鼻炎和哮喘以及皮肤症状,主要是过敏性皮炎。

过敏原中的T细胞表位肽既是诱导过敏原特异性T细胞增殖的关键肽段,也是特异性免疫治疗的有效部分。目前细胞表位肽疫苗已被用于下调致敏个体的过敏性炎症,因其减少了潜在的IgE与肥大细胞和嗜碱性粒细胞表面的交联结合,段彬彬(2015)和祝海滨(2015)研究显示Der f 1 T细胞表位疫苗能够显著降低哮喘小鼠脾细胞培养和BALF中IL-13水平,同时有效的提升IFN-γ水平,使Th1/Th2恢复平衡,抑制过敏原特异性IgE合成。因此Der f 1的T细胞表位重组蛋白成功表达,为粉尘螨过敏患者提供特异性免疫治疗奠定了基础。

十、E-钙黏蛋白

钙黏蛋白是一种同亲型结合、Ca^{2+}依赖的细胞黏着糖蛋白。上皮组织中的钙黏蛋白称为E-钙黏蛋白,是哺乳动物发育过程中第一个表达的钙黏蛋白。E-钙黏蛋白介导细胞-细胞间相互黏附,具有维持组织结构完整性和极性的钙依赖性跨膜蛋白。

E-钙黏蛋白是KLRG-1的配体(ILC2细胞表达),Salimi等(2013)研究发现,正常情况下,E-钙黏蛋白结合KLRG-1后,可以抑制ILC2细胞产生IL-5和IL-13,而在其缺失的情况下则促进ILC2细胞产生Th2型细胞因子。屋尘螨提取物是一种引起哮喘的重要致敏原,可直接诱导支气管上皮细胞间质转化,出现气道上皮细胞特征性E-钙黏蛋白(E-cadherin)表达减少。Hammad等(2015)发现过敏原还可以诱导上皮细胞紧密连接缺陷,同时E-钙黏蛋白的表达降低,而这种作用主要依赖过敏原的酶活性。Heijink等(2007)发现,E-钙黏蛋白的表达降低可以激活树突状细胞,从而使得机体更容易过敏。此外,培养E-钙黏蛋白缺损的上皮细胞,其分泌的TSLP水平显著升高。

十一、过敏原

到目前为止,已经发现并且被国际过敏原命名委员会(WHO/IUIS Allergen Nomenclature Sub-Committee)命名的粉尘螨过敏原大约有36种,其中第一组过敏原Der p 1/Der f 1和第二组过敏原Der p 2/Der f 2是目前公认的最主要的过敏原组分。Takai等(2009)研究表明,Der f 1和Der f 2作为主要过敏原,对过敏性疾病(哮喘)患者免疫诊断阳性率达到87.8%。而屋尘螨(*Dermatophagoides pteronyssinus*, *Der p*)和粉尘螨(*Dermatophagoides farinae*, *Der f*)是最重要的螨类,含有30多种不同的过敏原分子,具有不同的氨基酸序列、分子量、酶活性、与患者特异性IgE结合等特性。通过交叉免疫电泳和交叉放射免疫电泳等体外试验证实不同螨种变应原的结构和抗原性都具有其特异性,不同螨种之间也存在交叉抗原。

粉尘螨的主要过敏原Der f 1属于木瓜蛋白酶半胱氨酸蛋白酶家族,具有半胱氨酸蛋白酶活性,与木瓜蛋白酶和肌动蛋白属同一家族,其蛋白水解特性使得其可破坏黏膜屏障,从而诱发初始过敏反应,Xie等(2016)发现Der f 1的101～131区域内存在环状结构可使T细胞受体活化,并释放细胞因子IL-4进而促进T细胞向Th2型分化。尘螨Der f 1能够破坏气道上皮细胞之间的紧密连接,从而增加上皮的通透性使其更容易被抗原提呈细胞所识别。此外,Der f 1还能够直接作用于肥大细胞、嗜碱性粒细胞和嗜酸性粒细胞,导致其脱颗粒及分泌相应的细胞因子,从而介导过敏反应的发生。而Der f 2主要由雄性螨生殖系统分泌,与附睾蛋白质的一个家族类似,属于脂质结合蛋白,Park等(2009)发现其能够激活转录因子2,随后诱导人支气管上皮细胞磷脂酶D1的激活以及IL-13的表达。

Chevigné等(2018)研究发现,Der p和Der f过敏原表现出广泛的交叉反应性,有几种过敏原似乎具有促进其过敏化能力的内在属性。沈小英等(2009)研究发现,Der P 1可通过激活PAR-2刺激气道上皮细胞产生炎症因子;通过p44/p42 MAPK和PAR-2途径诱发过敏性哮喘;而Der f 2与ML脂类结合蛋白(MD-2)具有结构同源性,因此能够调节树突状细胞的功能,促使Th0细胞向Th2型偏移,从而诱发过敏。Xing(2015)和Mo(2017)研究发现,Der f 8和Der f 20通过诱发树突状细胞表面分子TIM4高表达从而使Th0向Th2偏移。此外,Der p 1,Der p 2,Der p 4,Der p 5,Der p 7,Der p 21,Der p 23是公认的过敏原。其中,Der p 1,Der p 2,Der p 5,Der p 7,Der p 21和Der p 23似乎是与临床最相关的,因为它们被证明构成了屋尘螨蛋白组的大部分IgE表位,已被确定为最常见的屋尘螨过敏原,包括大多数屋尘螨特异性IgE表位。Der p 1可以通过抗原提呈细胞诱导产生Th2细胞反应,上调IL-4/IFN-r的比例,从而使T细胞偏向Th2反应,诱发Th2细胞介导的过敏性炎症反应。Der p1通过刺激支气管,引起T细胞、中性粒细胞、嗜酸性粒细胞等在支气管处募集,并导致组胺、PGD2、白三烯、蛋白酶、ECP和MBP等炎性介质的释放。Der p 1还可通过刺激细胞因子和酶等的分泌而上调促炎性黏附分子,影响炎症过程。而尘螨过敏原组分复杂,其中所含的主要过敏原具有蛋白酶、淀粉酶、亮氨酸氨基肽酶、β-半乳糖苷酶等活性,过敏性哮喘等疾病的发病机制和这些酶的活性密切相关。

Der f 29又名Profilin蛋白,是真核生物中高度保守的蛋白质,分子量较小。Der f 29是一种过敏原蛋白,具有一定的过敏原性,易引起机体Th2型免疫反应,而Th2极化是过敏性哮喘机体中的重要变化。Xu(2014)和Jiang(2015)研究显示,TIM4作为TIM1的受体,主要在树突状细胞表面表达,研究中发现,在Der f 29的刺激下,树突状细胞表面TIM4表达上调,此结果说明Der f 29能诱导树突状细胞产生更多TIM4,从而诱导机体产生Th2极化。因Der f 29作为外界过敏原进入机体内易被树突状细胞表面受体识别并捕获,结果导致TIM4上调。TLR4作为树突状细胞表面受体,当被阻断时会减弱对外界入侵抗原的识别能力,在粉尘螨和TLR4阻断剂的共同刺激下,TIM4分子的表达量无明显差异。总而言之,树突状细胞表面表达较低水平的TIM4,在受到Der f 29过敏原刺激时通过TLR4受体引起TIM4上调,从而引起CD4$^+$T细胞向Th2型分化。综上所述,Der f 29作为一种次要过敏原,可能通过增强树突状细胞上的TIM4表达来诱导Th2极化,阻断TLR4通路或者封闭TIM4的表达,或许可以作为治疗粉尘螨过敏性疾病的一种方法。

此外,在粉螨过敏原的致病机制中,遗传因素亦发挥作用。粉螨诱发的过敏性哮喘也是一种遗传易感性疾病,具有家族倾向,目前大多数学者认为其是由不同染色体上成对致病基因共同作用引起。人类白细胞抗原(human leukocyte antigen, HLA)Ⅱ类基因是候选基因之一,HLAⅡ类基因包括-DR,-DP,-DQ,具有高度多态性,不同的HLAⅡ类基因亚型可能是哮喘发病的危险因素或保护性因素。科学家们对HLAⅡ类基因的多态性与哮喘的关系已做了比较广泛的研究,但多集中在-DRB基因。李朝品等(2005)采用序列特异性引物-聚合酶链反应(PCR-SSP)法进一步研究发现,螨性哮喘患者组HLA-DRB1*07等位基因频率较非螨性哮喘患者组及正常对照者组均显著增高,证实HLA-DRB1*07可能是螨性哮喘的遗传等位基因感基因,而HLA-DRB1*04和HLA-DRB1*14等位基因频率较正常对照组显著降低,提示DRB1*04和DRB1*14基因可能在螨性哮喘的发生过程中具有保护作用。粉螨过敏性皮炎、皮疹也是具有遗传倾向的一种过敏性皮肤病,主要表现为湿疹样皮疹伴瘙痒,70%的患者家族中有过敏性哮喘或过敏性鼻炎等遗传过敏史,因过敏原(吸入、食入或接触)及环境因素等诱发或加重,也被称为异位性皮炎(atopic dermatitis, AD)、特应性皮炎等。

除了尘螨外,仓储螨类也是家庭螨类的重要组成部分,主要包括粉螨科(*Acaridae*)、食甜螨(*Glycyphagidae*)、果螨科(*Carpoglyphidae*)和嗜渣螨科(*Chortoglyphidae*)等,其中腐食酪螨(*Tyrophagus putrescentiae*)、家食甜螨(*Glycyphagus domesticus*)、梅氏嗜霉螨(*Eurogly-phus maynei*)等螨的排泄物、代谢产物及死亡裂解的螨体、碎屑等也是一种重要的过敏原,能引起Ⅰ型过敏反应性疾病,如过敏性哮喘、过敏性鼻炎和皮炎等。此外,螨之间的交叉反应已被广泛记录,由常见或相关的过敏原介导,例如腐食酪螨过敏原可与粉尘螨过敏原发生交叉反应,也可与屋尘螨过敏原发生交叉反应。此外,还有一些螨类也能导致人体产生过敏反应,如叶螨、一些捕食性螨类和寄生性螨类等。

综上所述,屋尘螨和粉尘螨是引起人类过敏性疾病最重要的尘螨种类,是过敏性疾病中持续存在的最重要的危险因子。固有免疫系统中的Toll受体、中性粒细胞、固有淋巴细胞、上皮细胞及其细胞因子;适应性免疫应答中B淋巴细胞产生的IgE抗体,T淋巴细胞中的Th1细胞、Th2细胞及其分泌的细胞因子,CD4$^+$CD25$^+$T淋巴细胞、Th17/Treg细胞;以及抗原提呈细胞、E-钙黏蛋白、抗原表位、过敏原等均参与了粉螨过敏原的致敏过程,但其具体致敏机制有待于进一步研究。

(刘继鑫)

参 考 文 献

王敏,赵玉霞,2019.Ⅰ型超敏反应免疫疗法的研究进展[J].微生物学免疫学进展,47(5):90-94.

李娜,李朝品,刁吉东,等,2014.粉尘螨3类变应原的B细胞线性表位预测及鉴定[J].中国血吸虫病防治杂志,26(3):296-299.

李娜,李朝品,刁吉东,等,2014.粉尘螨3类变应原的T细胞表位预测及鉴定[J].中国血吸虫病防治杂志,26(4):415-419.

李朝品,沈兆鹏,2018.房舍和储藏物粉螨[M].北京:科学出版社:272-275.

李朝品,赵蓓蓓,湛孝东,2016.屋尘螨1类变应原T细胞表位融合肽对过敏性哮喘小鼠的免疫治疗效果[J].中国寄生虫学与寄生虫病杂志,34(3):214-219.

沈小英,朱清仙,刘志刚,等,2009.粉尘螨变应原(Der f 1)对DC2.4细胞的作用及其诱发哮喘机制的初步研究[J].寄生虫与医学昆虫学报,16(3):147-151.

陈一强,黄红东,温红侠,等,2009.粉尘螨对过敏性支气管哮喘患者气道CD4$^+$CD25$^+$T细胞的募集作用[J].中华内科杂志,48(11):944-946.

赵亚男,洪勇,李朝品,2019.Der p 1 T细胞表位融合蛋白对哮喘小鼠的特异性免疫治疗效果[J].中国寄生虫学与寄生虫病杂志,12(6):1-6.

赵蓓蓓,姜玉新,刁吉东,等,2015.经MHCⅡ通路的屋尘螨1类变应原T细胞表位融合肽疫苗载体的构建与表达[J].南方医科大学学报,35(2):174-178.

段彬彬,宋红玉,李朝品,2015.户尘螨Ⅱ类变应原Der p 2 T细胞表位融合基因的克隆和原核表达[J].中国寄生虫学与寄生虫病杂志,33(4):264-268.

祝海滨,段彬彬,徐海丰,等,2015.粉尘螨1类变应原T细胞表位重组蛋白的构建及鉴定[J].中国微生态学杂志,27(7):766-769,773.

祝海滨,徐海丰,徐朋飞,等,2015.粉尘螨1类变应原Der f 1 T细胞表位疫苗对哮喘小鼠特异性免疫治疗的实验研究[J].中国微生态学杂志,27(8):890-894.

徐海丰，徐朋飞，王克霞，等，2014. 粉尘螨1类变应原T和B细胞表位嵌合基因的构建与表达[J]. 中国血吸虫病防治杂志，26(4)：420-424.

曹雪涛，2013. 医学免疫学[M]. 北京：人民卫生出版社：145-149.

湛孝东，段彬彬，陶宁，等，2017. 户尘螨Der p 2 T细胞表位融合肽对哮喘小鼠STAT6信号通路的影响[J]. 中国寄生虫学与寄生虫病杂志，35(1)：19-23.

Calderón M A, Linneberg A, Kleine-Tebbe J, et al., 2015. Respiratory allergy caused by house dust mites: What do we really know?[J]. J Allergy Clin Immunol, 136(1): 38-48.

Caraballo L, 2017. Mite allergens[J]. Expert Rev Clin Immunol, 13(4): 297-299.

Cheng D, Xue Z, Yi L, et al., 2014. Epithelial interleukin-25 is a key mediator in Th2-high, corticosteroid-responsive asthma[J]. Am J Respir Crit Care Med, 190(6): 639-648.

Chevigné A, Jacquet A, 2018. Emerging roles of the protease allergen Der p 1 in house dust mite-induced airway inflammation[J]. J Allergy Clin Immunol, 142(2): 398-400.

D'Hennezel E, Benshoshan M, Ochs H D, et al., 2009. FOXP3 forkhead domain mutation and regulatory T cells in the IPEX syndrome[J]. New England Journal of Medicine, 361(17): 1710-1713.

Eisenbarth S C, Piggott D A, Huleatt J W, et al., 2002. Lipopolysaccharide-enhanced, toll-like receptor 4-dependent T helper cell type 2 responses to inhaled antigen[J]. J Exp Med, 196(12): 1645-1651.

Ge R T, Zeng L, Mo L H, et al., 2016. Interaction of TIM4 and TIM3 induces T helper 1 cell apoptosis[J]. Immunol Res, 64, 470-475.

Gould H J, Sutton B J, 2008. IgE in allergy and asthma today[J]. Nat Rev Immunol, 8(3): 205-217.

Halim T Y, Krauss R H, Sun A C, et al., 2012. Lung natural helper cells are a critical source of Th2 cell-type cytokines in protease allergen-induced airway inflammation[J]. Immunity, 36(3): 451-463.

Hamilton R G, MacGlashan D W Jr, Saini S S, 2010. IgE antibody-specific activity in human allergic disease[J]. Immunol Res, 47(1-3): 273-284.

Hammad H, Lambrecht B N, 2015. Barrier epithelial cells and the control of type 2 immunity [J]. Immunity, 43(1): 29-40.

Hanifin J M, Chan S, 1999. Biochemical and immunologic mechanisms in atopic dermatitis: new targets for emerging therapies[J]. J Am Acad Dermatol, 41(1): 72-77.

Heijink I H, Kies P M, Kauffman H F, et al., 2007. Down-regulation of E-cadherin in human bronchial epithelial cells leads to epidermal growth factor receptor-dependent Th2 cell-promoting activity[J]. J Immunol, 178(12): 7678-7685.

Hideaki, Kouzaki, Scott M, et al., 2009. Proteases induce production of thymic stromal lymphopoietin by airway epithelial cells through protease-activated receptor-2[J]. Journal of Immunology, 183(2): 1427-1434.

Hirano T, Koyanagi A, Kotoshiba K, et al., 2018. The Fab fragment of anti-IgE Cε2 domain prevents allergic reactions through interacting with IgE-FcεR I α complex on rat mast cells

[J]. Sci Rep, 8(1): 14237.

Hosoki K, Itazawa T, Boldogh I, et al., 2016. Neutrophil recruitment by allergens contribute to allergic sensitization and allergic inflammation[J]. Curr Opin Allergy Clin Immunol, 16(1): 45-50.

Huang H J, Resch-Marat Y, Rodriguez-Dominguez A, et al., 2018. Underestimation of house dust mite-specific IgE with extract-based ImmunoCAPs compared with molecular ImmunoCAPs[J]. J Allergy Clin Immunol, 142(5) :1656-1659.

Huang H J, Curin M, Banerjee S, et al., 2019. A hypoallergenic peptide mix containing T cell epitopes of the clinically relevant house dust mite allergens[J]. Allergy, 74(12): 2461-2478.

Ito T, Wang Y H, Duramad O, et al., 2005. TSLP-activated dendritic cells induce an inflammatory T helper type 2 cell response through OX40 ligand[J]. J Exp Med, 202(9): 1213-1223.

Jacquet A, Robinson C, Proteolytic, 2020. Lipidergic and polysaccharide molecular recognition shape innate responses to house dust mite allergens[J]. Allergy, 75(1): 33-53.

Jiang C, Fan X, Li M, et al., 2015. Characterization of Der f 29, a new allergen from dermatophagoides farinae[J]. Am J Transl Res, 7(7): 1303-1313.

Jordan M S, Boesteanu A, Reed A J, et al., 2001. Thymic selection of CD4$^+$CD25$^+$ regulatory T cells induced by an agonist self-peptide[J]. Nat Immunol, 2(4): 301-306.

Juncadella I J, Kadl A, Sharma A K, et al., 2013. Apoptotic cell clearance by bronchial epithelial cells critically influences airway inflammation[J]. Nature, 493(7433): 547-551.

Kool M, Willart M A, Van N M, et al., 2011. An unexpected role for uric acid as an inducer of T helper 2 cell immunity to inhaled antigens and inflammatory mediator of allergic asthma. [J]. Immunity, 34(4): 527-540.

Kouzaki H, O'Grady S M, Lawrence C B, et al., 2009. Proteases induce production of thymic stromal lymphopoietin by airway epithelial cells through protease-activated receptor-2[J]. J Immunol, 183(2):1427-1434.

Kraft S, Kinet J P, 2007. New developments in FcepsilonRI regulation, function and inhibition [J]. Nat Rev Immunol, 7(5): 365-378.

Lambrecht B N, Hammad H, 2014. Allergens and the airway epithelium response: Gateway to allergic sensitization[J]. Journal of Allergy & Clinical Immunology, 134(3):499-507.

Leaker B R, Malkov V A, Mogg R, et al., 2017. The nasal mucosal late allergic reaction to grass pollen involves type 2 inflammation (IL-5 and IL-13), the inflammasome (IL-1β), and complement[J]. Mucosal Immunol, 10(2): 408-420.

Li K, Huang E P, Su J, et al., 2018. Therapeutic Role for TSP-2 Antibody in a Murine Asthma Model[J]. Int Arch Allergy Immunol, 175(3): 160-170.

Liu C F, Drocourt D, Puzo G, et al., 2013. Innate immune response of alveolar macrophage to house dust mite allergen is mediated through TLR2/-4 co-activation[J]. PloS one, 8(10): e75983.

Mo LH, Yang LT, Zeng L, et al., 2017. Dust mite allergen, glutathione S-transferase, induces T cell immunoglobulin mucin domain-4 in dendritic cells to facilitate initiation of airway allergy[J]. Clin Exp Allergy,47(2): 264-270.

Mohan J F, Unanue E R, 2012. Unconventional recognition of peptides by T cells and the implications for autoimmunity[J]. Nat Rev Immunol,12(10): 721-728.

Moltke J V, Ji M, Liang H E, et al., 2016. Tuft-cell-derived IL-25 regulates an intestinal ILC2-epithelial response circuit[J]. Nature, 529(7585): 221-225.

Morita H, Arae K, Unno H, et al., 2015. An interleukin-33-mast cell-interleukin-2 axis suppresses papain-induced allergic inflammation by promoting regulatory T cell numbers[J]. Immunity, 43(1): 175-186.

Oboki K, Ohno T, Kajiwara N, et al., 2010. IL-33 is a crucial amplifier of innate rather than acquired immunity. [J]. Proceedings of the National Academy of Sciences of the United States of America, 107(43): 18581.

Oyoshi M K, He R, Li Y, et al., 2012. Leukotriene B4-driven neutrophil recruitment to the skin is essential for allergic skin inflammation[J]. Immunity, 37(4): 747-758.

Palomares O, Yaman G, Azkur A K, et al., 2010. Role of Treg in immune regulation of allergic diseases[J]. Eur J Immunol, 40(5): 1232-1240.

Park S J, Wiekowski M T, Lira S A, et al. ,2006. Neutrophils regulate airway responses in a model of fungal allergic airways disease[J]. J Immunol,176(4): 2538-2545.

Park S Y, Cho J H, Oh D Y, et al., 2009. House dust mite allergen Der f 2-induced phospholipase D1 activation is critical for the production of interleukin-13 through activating transcription factor-2 activation in human bronchial epithelial cells[J]. J Biol Chem, 284(30): 20099-20110.

Polak D, Hafner C, Briza P, et al., 2019. A novel role for neutrophils in IgE-mediated allergy: Evidence for antigen presentation in late-phase reactions[J].J Allergy Clin Immunol, 143 (3): 1143-1152.

Posa D, Perna S, Resch Y, et al.,2017. Evolution and predictive value of IgE responses toward a comprehensive panel of house dust mite allergens during the first 2 decades of life[J]. J Allergy Clin Immunol,139(2): 541-549.

Repa A, Wild C, Hufnagl K, et al., 2004. Influence of the route of sensitization on local and systemic immune responses in a murine model of type Ⅰ allergy[J]. Clin Exp Immunol, 137 (1): 12-18.

Salazar F, Ghaemmaghami A M, 2013. Allergen recognition by innate immune cells: critical role of dendritic and epithelial cells[J]. Front Immunol, 4:356.

Salimi M, Barlow J L, Saunders S P, et al., 2013. A role for IL-25 and IL-33-driven type-2 innate lymphoid cells in atopic dermatitis[J]. J Exp Med, 210 (13): 2939-2950.

Sevin C M,Newcomb D C,Toki S,et al., 2013.Deficiency of gp91$phox$ inhibits allergic airway inflammation[J].Am J Respir Cell Mol Biol, 49(3): 396-402.

Shalaby K H, Al Heialy S, Tsuchiya K, et al., 2017. The TLR4-TRIF pathway can protect against the development of experimental allergic asthma[J].Immunology, 152(1): 138-149.

Shamji M H, Durham S R, 2017. Mechanisms of allergen immunotherapy for inhaled allergens and predictive biomarkers[J]. J Allergy Clin Immunol, 140(6): 1485-1498.

Shaoqing Y, Yinjian C, Zhiqiang Y, et al., 2018. The levels of CD4$^+$CD25$^+$ regulatory T cells in patients with allergic rhinitis[J]. Allergol Select, 2(1): 144-150.

Shevach E M, 2000. Regulatory T cells in autoimmunity[J]. Annu Rev Immunol, 18(1): 423-449.

Simpson A, Martinez F D, 2010. The role of lipopolysaccharide in the development of atopy in humans[J]. Clin Exp Allergy, 40(2): 209-223.

Suto A, Nakajima H, Ikeda K, et al., 2002. CD4$^+$ CD25$^+$ T-cell development is regulated by at least 2 distinct mechanisms[J]. Blood, 99(2): 555-560.

Suto A, Nakajima H, Kagami S I, et al., 2001. Role of CD4$^+$ CD25$^+$ regulatory T cells in T helper 2 cell-mediated allergic inflammation in the airways[J]. Am J Respir Crit Care Med, 164(4): 680-687.

Takai T, Kato T, Hatanaka H, et al., 2009. Modulation of allergenicity of major house dust mite allergens Der f 1 and Der p 1 by interaction with an endogenous ligand[J]. J Immunol, 183(12): 7958-7965.

Tan A M, Chen H C, Pochard P, et al., 2010. TLR4 Signaling in Stromal Cells Is Critical for the Initiation of Allergic Th2 Responses to Inhaled Antigen[J]. Journal of Immunology, 184(7): 3535-3544.

Taube C, Tertilt C, Gyülveszi G, et al., 2011. IL-22 Is Produced by Innate Lymphoid Cells and Limits Inflammation in Allergic Airway Disease[J]. PLoS One, 6(7): e21799.

Thomas W R, 2018. IgE and T-cell responses to house dust mite allergen components[J]. Mol Immunol, 100: 120-125.

Valenta R, Campana R, Focke-Tejkl M, et al., 2016. Vaccine development for allergen-specific immunotherapy based on recombinant allergens and synthetic allergen peptides: Lessons from the past and novel mechanisms of action for the future[J]. J Allergy Clin Immunol, 137(2): 351-357.

Vergani A, Gatti F, Lee K M, et al., 2015. TIM4 regulates the anti-islet Th2 alloimmune response[J]. Cell Transplant, 24(8): 1599-1614.

Xie D, Zhu S, Bai L, 2016. Lactic acid in tumor microenvironments causes dysfunction of NKT cells by interfering with mTOR signaling. Sci China Life Sci, 59(12): 1290-1296.

Xing P, Yu H, Li M, et al., 2015. Characterization of arginine kinase, a novel allergen of dermatophagoides farinae (Der f 20)[J]. Am J Transl Res, 7(12): 2815-2823.

Xu L, Zhang M, Ma W, et al., 2013. Cockroach allergen Bla g 7 promotes TIM4 expression in dendritic cells leading to Th2 polarization[J]. Mediators of inflammation, 2013: 983149.

Xu M, Dong C, 2017. IL-25 in allergic inflammation[J]. Immunol Rev, 278(1): 185-191.

Yi M H, Kim H P, Jeong K Y, et al., 2015. House dust mite allergen Der f 1 induces IL-8 in human basophilic cells via ROS-ERK and p38 signal pathways[J]. Cytokine, 75(2): 356-364.

Zeyer F, Mothes B, Will C, et al., 2016. mRNA-mediated gene supplementation of toll-like receptors as treatment strategy for asthma in vivo [J]. PLoS One, 11(4): e0154001-0155012.

Zhang M, Chen W, Zhou W, et al., 2017. Critical Role of IRAK-M in regulating antigen-induced airway inflammation[J]. Am J Respir Cell Mol Biol, 57(5): 547-559.

Zhao J, Lloyd C M, Noble A, 2013. Th17 responses in chronic allergic airway inflammation abrogate regulatory T-cell-mediated tolerance and contribute to airway remodeling[J]. Mucosal Immunol, 6(2):335-346.

Zhou B, Comeau M R, De Smedt T, et al., 2005. Thymic stromal lymphopoietin as a key initiator of allergic airway inflammation in mice[J]. Nat Immunol, 6: 1047-1053.

第五章　常见粉螨过敏性疾病

过敏性疾病是一组由过敏原通过各种途径导致机体产生过敏反应的一大类临床常见疾病。近年来,过敏性疾病的发病率逐渐上升,由于这类疾病病因复杂且不易被清除,临床上常反复发作,给患者造成生理和心理上的痛苦。这类疾病主要包括:特应性皮炎、各种类型荨麻疹、过敏性紫癜、过敏性哮喘、过敏性鼻炎、过敏性咽炎、过敏性咳嗽、湿疹、胃肠道过敏性疾病等。

过敏性疾病病因复杂,尚不完全清楚,一般由多种内因和外因共同作用导致,很多患者难以明确病因。内因方面可能与遗传因素、精神因素、免疫等因素有关;外因方面与食物(如鱼、虾、蛋、奶、草莓等)、药物、感染、吸入物(如各种螨、花粉、动物皮毛等)、生活环境等因素有关。流行病学调查发现,发达国家过敏性疾病发病率高于发展中国家,城市明显高于农村。我国近年来发病率也逐渐增高。由吸入过敏原引起的发病呈逐渐增高趋势,其中各种螨类导致的过敏性疾病越来越受到重视。粉螨引起的过敏性疾病国内外均有不少报道,国内不同学者在不同时间对不同省份、不同地区调查结果虽有一定差异。但总体来说,南方潮湿地区粉螨致病阳性率明显高于北方干燥地区,陈实等在2009年1～12月对海南省121名过敏性哮喘或鼻炎儿童进行粉尘螨过敏原测试,阳性率高达100%,而最低的新疆乌鲁木齐地区2004年12月～2006年4月报道粉尘螨阳性率也达到12.50%,粉螨的虫卵、虫体、皮屑及排泄物是强烈过敏原,本章重点阐述粉螨与各种过敏性疾病的关系。

第一节　特应性皮炎

特应性皮炎(atopic dermatitis, AD)又称"异位性皮炎""遗传过敏性皮炎",是一种以皮肤瘙痒和多形性皮疹为特征的慢性复发性炎症性疾病。1933年,Wise和Sulzberger为表示该疾病与其他呼吸道特应性疾病(如支气管哮喘和过敏性鼻炎)的密切联系首次创造了这个术语。最新研究表明AD已成为一种全球常见疾病,其终生发病率远远超过20%。调查显示,半数以上的AD患儿可伴有哮喘,约75%则伴有过敏性鼻炎。该病的特点是皮肤不同程度瘙痒、皮肤干燥和反复皮肤感染,不同年龄段患者的临床表现不同。该病的病因尚不完全清楚,与遗传、环境和免疫等因素有关,患者常伴有皮肤屏障功能障碍。由于病因复杂,特应性皮炎目前尚无根治手段,只能达到对症控制而不能治愈该病,严重影响患者及其家庭成员的生活质量。

一、流行病学

自最初发现AD以来,该病的发病率急剧上升。70年前,斯堪的纳维亚AD患病率约为1.3%,到1993年,该地特应性皮炎的发病率增加了20多倍,达到23%。ISAAC全球调查数据显示,在一些国家,超过20％的儿童受AD的影响,AD患病率通常在高收入国家即发达国家发病率高。ISAAC一项研究结果显示,意大利6～7岁儿童AD患病率为10.0％,13～14岁儿童AD患病率为7.4％;瑞典6岁儿童AD患病率为22.3％;澳大利亚6～7岁儿童患病率为17.1％,而13～14岁儿童则为10.7％;英国6～7岁儿童为16％,13～14岁时患病率为10.6％。AD的发病机制是多因素的,主要包括遗传、环境及机体的免疫因素等。遗传因素已经被证明在不同的种族群体中是不同的;环境因素在AD的发病机制中也占据相当重要作用,各国的流行病学差异很大,发达国家的AD患病率似乎已经趋于平稳,但发展中国家AD患病率正在上升,这可能与城市化、污染、西方饮食消费和肥胖等因素增加有关。近年来研究证明,各种吸入物因素特别是花粉、粉螨等引起的发病越来越高。研究还表明气候、生活方式和社会经济阶层也影响特应性皮炎的发病率。ISAAC研究还显示,将纬度、海拔、平均室外温度和相对室外湿度等变量因素考虑在内,AD症状与纬度呈正相关,与室外年平均温度呈负相关,这一结果已被多个研究证实。在现代社会中越来越多的儿童出现肥胖,AD发病也可能与肥胖相关。人们普遍认为母乳喂养可以减少过敏性疾病的发生,包括AD。然而ISAAC通过对发达国家及发展中国家共51119名学龄儿童的监测并未能完全证实这一观点。暴露于室内环境中的挥发性有机化合物(VOC)可破坏表皮屏障并加重病情,粉螨、空气污染物(如吸入颗粒物,PM10)、硫化氢、二氧化氮和甲醛也会增加AD的发病率和严重性。流行病学调查发现,AD患者1岁发病者约占全部患者的50％,约90％患者在5岁前发病。

二、病因

(一)遗传

AD的发病与遗传相关。父母双方均有特应性疾病的阳性家族史已被证明是AD发生的重要危险因素。母亲患有特应性皮炎的子女也被认为有更高的患病风险,如果父母双亲均有遗传过敏性疾病史,其子女患AD的概率显著增加。对372名AD患者研究显示,59％患者有呼吸道过敏性疾病,73％患者有家族过敏性疾病史。More等研究显示,若双亲中一方患病,子女发病风险增加2倍;若双亲均患病,子女发病风险增加3倍。与普通人群对比,同卵和异卵双生的双胞胎特应性皮炎的共同发病率分别是正常人的7倍和3倍。皮肤屏障和免疫功能的基因多态性也与特应性皮炎相关,一组Th2细胞因子(如IL-4,IL-5,IL-13)在染色体5q31上的基因多态性也与特应性皮炎发病密切相关;位于染色体1q21的上皮分化复合物(epidermal differentiation complex,EDC)的基因突变与特应性皮炎有关,EDC包含了一组基因,如Filaggrin(FLG)、外皮蛋白、兜甲蛋白和蛋白S100,均在上皮细胞的功能中起重要作用。FLG基因是AD在遗传学方面的重要发现,该基因被鉴定为寻常型鱼鳞病的病因,这一发现在加深我们对AD发病机制的理解方面取得了重大突破,FLG基因的两个功能缺失型突变可导致中间丝聚合蛋白表达缺陷,引起上皮屏障功能异常,FLG基因突变与皮肤屏障损伤和“外-内假说”有关。在这一假说中,表皮屏障的缺陷导致经皮水分损失增加,这解释了在AD患者中出现的皮肤干燥以及允许更大的过敏原刺激物的渗透,从而导致皮肤感染。皮肤屏障功能的缺陷也会导致Th-2炎症反应的增加,促炎细胞因子如IL-4和IL-13的产生增加,从而使AD的炎症周期延长。另外,SPINK5基因突变与AD也有一定相关性,它的表达产物LEKT1可抑制两种丝蛋白酶,其功能与皮肤鳞屑和炎症有关。

(二)皮肤屏障的破坏

特应性皮炎患者的皮肤以显著干燥为特征,其角质层屏障功能受损。这种屏障功能的破坏使皮肤的经皮水分丢失量增加,皮肤表面的含水量降低。神经酰胺是所有神经鞘脂类常见的基础结构单元,它在皮肤保水中起重要作用,关于它的研究较多,年老的个体也可以出现皮肤干燥,这与年龄相关的神经酰胺酶(神经酰胺降解所必需的一种酶)上调有关,但在特应性皮炎的干燥皮肤中不存在这种神经酰胺的降解。与接触性皮炎患者或健康对照者相比,特应性皮炎患者表皮中的神经鞘磷脂脱酰基酶活性显著增强,导致神经鞘磷脂代谢的增加,从而引起神经酰胺缺乏,这种缺乏与角质层屏障功能破坏及保水功能紊乱密切相关。丝聚蛋白缺乏引起的屏障功能异常可能也参与了特应性皮炎的发生,在上述遗传学部分作了相关阐述。

(三)免疫学

1. 与过敏反应的关系

约70%呼吸道过敏反应与儿童和成人AD相关,最常见的过敏原是粉尘螨、花粉、动物皮屑和霉菌,各种食物也和过敏性疾病的发生有关。一项关于AD与食物过敏(FA)的回顾性研究表明,随着AD的严重程度和持续时间的增加,AD与FA的相关性越来越强,食物过敏原主要见于患中度到重度AD的婴儿及儿童(占此类患者的40%,尤其是患重度顽固性AD的婴儿),牛奶、鸡蛋、花生、大豆及小麦是最常见的过敏原。随着AD患者年龄的增长,吸入过敏原成为特应性皮炎的主要诱因。粉尘螨、屋尘螨、花粉、草籽、动物皮屑和真菌等是重要的气传过敏原。Lorenzini等对119例患者进行椭圆食粉螨过敏原贴片试验,其中48例为特应性皮炎,50例为呼吸系统过敏疾病,21例为健康对照组。结果特应性皮炎患者6例(12.5%)阳性、呼吸道特应性反应者4例(8.0%)阳性。对照组均无阳性反应。粉螨引起的特应性皮炎是粉螨的分泌物、排泄物、皮壳和死亡螨体的裂解产物所致。上述过敏原接触到人体后,能引起以红斑、丘疹、水疱为主要表现的过敏性皮肤病;粉螨直接侵袭人体时,其代谢产物对人体有一定的毒性作用,亦可引起皮炎。皮疹的发生与粉螨的接触方式有关,以手、前臂、面、颈、胸和背为多见,重者可遍及全身。患者发疹同时可伴有发热等不适,甚至出现背痛及胃肠症状,并可出现表皮剥脱、局部淋巴结肿大、嗜酸性粒细胞增多等。一组双盲、对照试验显示,用标准化屋尘螨过敏原对AD患者进行支气管激发试验,患者有不同程度皮损出现,这些粉螨诱导的皮炎患者都有哮喘病史,大部分在AD发病前都有呼吸道过敏症状,且AD的严重程度与对气传过敏原致敏程度有关。反复过敏原刺激可导致慢性炎症反应和Th2细胞扩增。接触粉尘螨、屋尘螨、花粉、动物皮毛可使AD患者病情加重,减少环境中的粉尘螨有助于减少AD的发病。

2. 与微生物的关系

微生物尤其是金黄色葡萄球菌,在特应性皮炎皮损处定植超过90%。AD患者(尤其是IgE水平高者)也容易出现皮肤病毒(单纯疱疹病毒、传染性软疣病毒和人类乳头瘤病毒)及浅部真菌(红色毛癣菌和马拉色菌)感染。有一些亲脂性酵母(Malassezia sympodialis)和皮肤癣菌(Trichophyton rubrum)与AD患者特异性IgE水平升高有关。这些AD患者主要有颜面部和颈部症状、皮肤试验阳性、放射免疫吸附试验阳性和特异性组胺释放试验阳性。一项研究显示,一些中、重度 AD 患者与阴性对照及仅有哮喘无 AD 的患者相比,糠秕孢子马拉色菌(Chaff Malawi color bacteria)和互隔交链孢霉特异性抗体明显升高。

三、发病机制

(一) 细胞因子

研究发现急性及慢性特应性皮炎均呈现双相免疫病理学特点,尤其从细胞因子角度而言,细胞因子在 AD 患者皮损处的表达揭示了其炎症的本质。特应性皮炎患者皮损处细胞因子的表达反映了免疫病理的过程。Hamid 等用原位杂交技术显示,AD 患者的急性和慢性皮损区都有大量 IL-4、IL-5、IFN-7 的 mRNA 表达,活检显示 AD 患者的正常皮肤仅有显著的 IL-4 阳性表达细胞,而急性和慢性皮损区有显著的 IL-4 阳性细胞和 IL-5 阳性细胞表达。慢性皮损区与急性皮损区相比,IL-4 阳性表达细胞较少,而 IL-5 阳性表达细胞较多。在慢性皮损区,嗜酸性粒细胞表达比急性皮损区多,该研究显示,尽管急性和慢性皮损区均有 IL-4、IL-5 基因的激活,但急性皮损区主要以 IL-4 表达为主,慢性皮损区主要以 IL-5 表达和嗜酸性细胞浸润为主;同样可观察到急性皮损区的 IL-4 受体表达增多,慢性皮损区 IL-5 和 GM-CSF 受体表达增多,IL-13 在急性皮损区比慢性皮损区表达也增多。临床上,IL-4 和 IL-13 水平上升是急性特应性皮炎损害的特征表现。而在慢性皮损区,IL-4 与 IL-13 表达相对少于急性皮损区,而 IL-12 阳性细胞和 IFN-r 表达增加,提示急性期以 Th2 型为主,慢性期则 Th1 型反应增强。这可能与慢性期患者过敏原耐受有关。小鼠过度表达 IL-31 可诱发剧烈瘙痒和皮炎。金黄色葡萄球菌可诱导 IL-31 快速表达,提示金黄色葡萄球菌在 AD 患者皮肤的定植可能是患者瘙痒的原因之一。斑贴试验部位的皮肤可作为了解特应性皮炎急性期发病的模型,而特应性皮炎慢性斑块性皮损则可用于研究慢性炎症性皮肤疾病的模型。

(二) 细胞介导的免疫调节

朗格汉斯细胞、其他树突状抗原提呈细胞、单核细胞/巨噬细胞、淋巴细胞、嗜酸性粒细胞、肥大细胞/嗜碱性粒细胞及角质形成细胞是特应性皮炎免疫失调中主要涉及的细胞类型。树突状抗原递呈细胞在特应性皮炎免疫反应的产生及调节中起着重要的作用。树突状细胞(dendritic cells, DCs)可以被分为浆细胞样(plasmacytoid DC, PDC)及髓样(myeloid DC, MDC)两个亚群。朗格汉斯细胞是表皮主要的树突状抗原提呈细胞,属于髓样树突状细胞,它特征性地表达 CD1a、朗格素及高亲和力的 IgE 受体(FceRI)。特应性皮炎患者皮损处还有一种炎症性表皮树突状细胞(inflammatory epidermal dendritic cells, IDECs),这是一类表达 CD1a、CD1b 及高水平 FceRI 而不表达朗格素的髓样树突状细胞。炎症性表皮树突状细胞与抗原向自身反应性 T 细胞提呈的活性增强有关,促进外源性过敏原及自身抗原的聚集、加工和递呈。抗原聚集过程使 T 细胞活化可以在抗原浓度大大降低时进行。有假说认为,特应性皮炎患者临床未受累皮肤接触了能与 IgE 反应的空气过敏原后,表面有 FceRI 的树突状细胞是 IgE 介导迟发型超敏反应(表现为湿疹样皮损)的一个重要桥梁。另外,特应性皮炎皮损中树突状细胞活性的增强不仅促进了经典模式 T 细胞对外来微生物抗原(如细菌、真菌)反应的启动,也促进了T细胞对超抗原及自身肽反应的启动,因此产生了一种复杂的、多抗原、多克隆T细胞反应。炎症性表皮树突状细胞释放大量的促炎症反应细胞因子增强了这种免疫反应,它们产生的IL-12及IL-18可能促进向Th1分化的转变,后者主要产生慢性特应性皮炎反应的细胞因子。

浆细胞样树突状细胞,如朗格汉斯细胞及炎症性表皮树突状细胞表达FceRIo,这些细胞促进Th2免疫反应,与血清IgE水平及病情严重度相关。浆细胞样树突状细胞约占特应性皮炎皮损中真皮树突状细胞的1/3,它们在表皮中却仅有少量甚至没有。由于浆细胞样树突状细胞产生IFN-α及IFN-β,因此,特应性皮炎皮损中浆细胞样树突状细胞的缺乏可能会增加机体对病毒的易感性。

除树突状细胞外,特应性皮炎患者的单核细胞FceRI表达也被上调。单核细胞分泌的前列腺素E2(PGE)增强细胞间环磷酸腺苷-磷酸二酯酶活性(与FceRI交联一起),从而增加了单核细胞分泌IL-10并促进了Th2反应。这些可能与特应性皮炎皮损的发生、加重及特应性皮炎患者对真菌和病毒的易感性起一定作用。而在慢性特应性皮炎皮损中,Th1淋巴细胞分泌的IFN-γ刺激单核细胞产生IL-12,从而进一步促进向Th1表型的转换。

特应性皮炎患者皮肤中主要的浸润细胞是T淋巴细胞。Th2细胞产生的IL-5和皮损角质形成细胞产生的粒细胞-巨噬细胞集落刺激因子(GM-CSF)是对特应性皮炎患者嗜酸性粒细胞(及嗜碱性粒细胞)存活、分化及活化起关键作用的细胞因子。特应性皮炎患者皮损及外周血中嗜酸性粒细胞颗粒蛋白在细胞外的沉积与疾病的活动有关。嗜酸性粒细胞也能产生淋巴细胞化学趋化因子IL-16,并且在Th2相关细胞因子作用下能产生IL-12。慢性皮损中的IL-12又可以促进向Th1分化的转变,引起IFN-γ的产生。因此嗜酸性粒细胞在急性及慢性特应性皮炎发病中均起到一定作用。角质形成细胞也是特应性皮炎发病中重要的一环,它主要通过产生多种细胞因子及化学因子而发挥作用。炎症或物理损伤可以引起这些因子的释放(如摩擦和搔抓)。GM-CSF在特应性皮炎患者角质形成细胞中表达增加,并可被IFN-γ及IL-1a增强。GM-CSF促进树突状细胞、单核细胞、T细胞及嗜酸性粒细胞的存活、募集和活化,从而为炎症的持续提供了基础。

研究发现使我们对特应性皮炎患者角质形成细胞的凋亡有了进一步的认识。浸润的活化T细胞上调了角质形成细胞Fas死亡受体(Fas death receptor)的表达,与T细胞表面Fas配体相互作用从而诱导凋亡。肿瘤坏死因子相关凋亡诱导配体(tumor necrosis fator related apoptosis inducing ligand, TRAIL)也可以引起角质形成细胞凋亡,特应性皮炎皮损中可见到TRAIL阳性表达的巨噬细胞和角质形成细胞,凋亡可能在皮损海绵形成及表皮屏障功能的破坏中起到一定作用,促进了特应性皮炎皮损的发展。

四、临床表现

特应性皮炎的诊断是根据病史、形态学、皮损分布及相关临床体征和症状作出的临床诊断。对其症状和体征进行标准化(包括SCORAFX湿疹面积和EASK严重指数),但这些现在还只限于临床研究。特应性皮炎有三个经典的阶段:婴儿期,儿童期及青年成人期。每一阶段临床上均可以出现急性、亚急性和(或)慢性皮肤表现。

婴儿期特应性皮炎一般发病较早,半数以上患者在婴儿期起病(常在出生2个月以后),

而90%患者5岁前起病。初发皮损为面颊部瘙痒性红斑,继而在红斑基础上出现针尖大小的丘疹、丘疱疹,密集成片,皮损呈多形性,境界不清。搔抓、摩擦后局部皮肤很快形成糜烂、渗出和结痂等,部分患者可出现局部皮肤感染,表现为糜烂面有脓性分泌物。病情继续发展,皮损可迅速扩展至其他部位,严重者可累及全身。在尚不会爬行的婴儿,皮损常见于面部、头皮和肢体伸侧,全身任何部位皮肤均可受累,但尿布区常不受累。当婴儿开始爬行以后,伸侧的皮肤,尤其是膝盖、双上肢外侧部位皮肤更容易受累,伴有不同程度瘙痒。

儿童期(2~12岁)特应性皮炎开始出现与成人期类似的临床特点,主要表现为肘窝、腋窝及颈项部的亚急性和慢性皮损。腕部及手部经常受累,踝部及足部也可能受累。皮损呈暗红色,渗出较婴儿期为轻,由于搔抓、摩擦等刺激,皮疹逐渐增厚,久之形成苔藓样变,常对称发生,瘙痒剧烈。

成人期特应性皮炎是指12岁以后出现的特应性皮炎,皮损主要累及身体屈侧,但伸侧也可受累,有些成人患者头部、颈部、眼睑皮损严重。还有一些患者表现为慢性手部皮炎,皮损常表现为局限性干燥性丘疹、斑块,严重时皮肤呈苔藓样变,有时也可呈急性湿疹样改变,瘙痒剧烈,患者的皮肤常因搔抓出现血痂、鳞屑及色素沉着等继发损害。在特应性皮炎的任何阶段,病情严重的患者均可能发展成剥脱性皮炎或红皮病。

近80%婴儿期特应性皮炎患者在儿童期会出现过敏性鼻炎或哮喘,有些患者出现这些呼吸道过敏性疾病后,特应性皮炎的病情得以改善,这些患者可能仅仅是疾病临床症状的活动有所缓解(疾病暂时处于静止期),因此很难评估是否会出现成人期的皮肤表现。研究数据显示,40%特应性皮炎的患儿会在成人期出现持续性或反复发作的皮炎。

与特应性皮炎相关的并发症:特应性皮炎通常在生命早期出现,被认为是"特应性进行曲"的第一步,特应性进行曲的特征是在生命后期出现其他特应性疾病。特应性皮炎的皮肤屏障缺陷导致外来抗原易通过表皮进入机体,从而激活先天免疫系统,促进Th2炎症反应,进而导致其他特应性疾病的发生。特应性皮炎患者中最常见的并发症包括其他特应性疾病,如哮喘、过敏性鼻炎和/或鼻结膜炎、食物过敏和花粉热等,这些疾病的流行因年龄而异。一项回顾性研究发现特应性皮炎患者中哮喘患病率在20%~45%范围变化;过敏性鼻炎和食物过敏的患病率分别为33%~45%和13%~47%。特应性皮炎患者哮喘、食物过敏、过敏性鼻炎的发生可持续数年,部分病例随着年龄的增大而逐渐消失。估计特应性皮炎患者的花粉热患病率为30%~47%,其他已报道的特应性疾病还包括接触性皮炎和手部皮炎等。

特应性皮炎患者感染的风险增加,尤其是皮肤感染金黄色葡萄球菌的风险明显增加,感染病毒可导致疱疹性湿疹、牛痘性湿疹发作。据估计,金黄色葡萄球菌存在于近90%的特应性皮炎病变中,约12%的特应性皮炎患者存在MRSA定植。化脓性链球菌在特应性皮炎患者皮损中也经常被发现。疱疹性湿疹是疱疹病毒感染的结果,常见于较严重的特应性疾病患者。牛痘湿疹是特应性皮炎中一种潜在的威胁生命的感染,它是在易感患者接种天花疫苗后发生的。与未患特应性疾病的儿童相比,特应性皮炎患儿中疣和传染性软疣感染更为普遍。与特应性皮炎相关的其他感染性疾病包括鼻窦感染、耳部反复感染、链球菌性喉炎、流感、肺炎、水痘-带状疱疹和尿路感染等。

特应性皮炎对睡眠有负面影响,包括睡眠时间缩短和睡眠质量下降。研究发现特应性皮炎不仅影响患者的睡眠,而且对患者的护理人员也有负面影响,特应性皮炎患者的看护者经常报告睡眠质量下降,失眠症状增加和慢性睡眠剥夺。特应性皮炎患者睡眠障碍的机制尚不清楚,瘙痒并不是唯一的原因,昼夜节律的改变、免疫失调也被认为起了一定作用。

五、诊断与鉴别诊断

(一)诊断

特应性皮炎目前在国内外有多种诊断标准,包括美国 Hanifin 和 Rajka 标准、英国 Williams 标准和我国的康克非标准等,其中英国 Williams 标准内容简洁、使用方便,其特异性、敏感性与美国 Hanifin 和 Rajka 标准、康克非标准相似,适用于门诊工作,故推荐使用。年长儿童或成人的新发特应性皮炎还需考虑与其他疾病进行鉴别。

1. 美国 Hanifin 和 Rajka 标准

具备以下3条主要特征和3条次要特征即可诊断为特应性皮炎。

主要特征:

(1)瘙痒。

(2)典型的皮疹形态与分布。

(3)慢性或慢性复发性皮炎。

(4)个人或家族过敏性疾病史。

次要特征:

(1)早年发病。

(2)干皮症/鱼鳞病/掌纹症。

(3)过敏性结膜炎/食物不耐受/外周血嗜酸性粒细胞增高/血清 IgE 增高/I型皮试反应。

(4)皮肤感染倾向(金黄色葡萄球菌、单纯疱疹病毒)/损伤的细胞免疫。

(5)面色苍白/白色划痕/乙酰胆碱延迟发白。

(6)毛周隆起/非特异性手足皮炎/旦尼-莫根(Dennie-Morgan)症(眼周黑晕)。

2. 英国 Williams 标准

最近12个月内出现皮肤瘙痒,及伴随有以下5条中的至少3条:

(1)屈侧皮炎湿疹史,包括肘窝、腘窝、踝前、颈部(10岁以下儿童包括颊部)。

(2)个人有哮喘或过敏性鼻炎病史(或4岁以下儿童的一级亲属中有过敏性疾病史)。

(3)近年来全身皮肤干燥史。

(4)屈侧可见湿疹样皮疹(或4岁以下儿童在面颊部/前额和四肢伸侧可见湿疹)。

(5)2岁前就出现皮肤症状(适用于4岁以上的患者)。

(二)鉴别诊断

需要与特应性皮炎进行鉴别的疾病很多,除了需要与湿疹、神经性皮炎、婴儿脂溢性皮炎、银屑病、玫瑰糠疹等疾病相鉴别外,还需与其他的慢性皮肤病、感染、恶性疾病以及代谢性、遗传性及自身免疫性疾病相鉴别。另外,某些原发性免疫缺陷病也可出现湿疹样皮疹。在作出特应性皮炎的诊断之前,应根据患者的年龄及临床表现与相关疾病相鉴别,尤其是病史或皮损形态、分布不典型时。

1. 湿疹

瘙痒剧烈,急性期湿疹皮疹一般呈多形性,主要表现为红色斑疹、丘疹、丘疱疹、水疱,常对称性分布,搔抓后有渗出倾向;亚急性期皮疹颜色变暗、渗出减少,部分出现鳞屑;慢性期皮疹干燥呈苔藓样变,常无家族史,无一定好发部位。

2. 慢性单纯性苔藓

又称神经性皮炎。好发于青年人,皮疹好发于肘、颈等皮肤易受摩擦部位。典型皮损为苔藓样变和密集多角形扁平丘疹,易反复,瘙痒剧烈。无个人和家族遗传过敏史,无血清和皮肤点刺试验异常。

3. 婴儿脂溢性皮炎

皮损常发生在头皮、面、胸背中上部及腋窝等皮脂分泌较多的部位。损害为鲜红色或黄红色斑,上覆油腻性糠状鳞屑,伴有轻度痒感,血清IgE正常。

4. 银屑病

俗称牛皮癣。好发于成人,儿童较少见。典型皮疹为红色鳞屑性丘疹,逐渐发展为斑块,轻刮皮疹表面可见蜡滴现象、薄膜现象、点状出血现象。伴有不同程度痒感,常冬季加重,夏季缓解。

5. 玫瑰糠疹

好发于躯干、四肢近端。一般先有母斑,后有子斑,皮疹为圆形或椭圆形暗红斑,表面细小糠状鳞屑,痒感不明显。为自限性疾病,病程6~8周。

6. 各种肿瘤

还需与皮肤T淋巴细胞瘤、急性婴幼儿网细胞增生症(郎格汉斯细胞增生症)、(表皮)松解坏死型游走性红斑伴发胰腺癌等肿瘤性疾病相鉴别。

六、治疗

(一) 预防

目前有许多治疗特应性皮炎的药物为治疗提供了多种选择,但尚无特效药物。因此,预防是特应性皮炎一种理想的目标。几项研究调查了在妊娠期、婴儿期或这两期避免过敏原,主要是食物过敏原(尤其是牛奶和鸡蛋)等有一定效果。这些研究均显示在母乳喂养期间,母亲进食低过敏原饮食或选择水解的婴儿配方奶而不是牛奶有一定的改善作用(豆奶则无改善)。但患特应性皮炎的儿童进行严格的饮食控制可能引起很不良的后果:如"牛奶米糊"饮食导致的小儿恶性营养不良症等。对特应性皮炎过敏原的研究发现,粉螨、尘螨在其发病中占有重要作用,因此,对螨的预防也是一个重要环节。温暖、潮湿的环境有利于粉螨的寄生,常开窗户、加强室内通风、经常除尘、日常用品的经常性日晒及各种食物的正确储存都会减少粉螨的孳生,有利于特应性皮炎的治疗。特应性皮炎发病后要减少诱发因素,包括避免接触刺激性的化学品、碱性肥皂、粉螨等,并尽量避免职业性诱发因素(如美发使用的化学品或频繁洗手)。

（二）皮肤护理、瘙痒及睡眠处理

1. 皮肤日常基本护理

纠正皮肤干燥、保护皮肤屏障功能和止痒是治疗特应性皮炎的关键措施。在急性期，每日用温水沐浴1~2次，每次10~20分钟，沐浴后应即刻使用保湿剂或药物以保持皮肤的水合状态而保护皮肤的屏障功能，慢性期可每日沐浴1次。

2. 瘙痒和睡眠的处理

瘙痒是特应性皮炎最令人烦恼的问题，易干扰睡眠和日常活动。特应性皮炎瘙痒的机制现在还不完全清楚，似乎是非组胺介导的，第一代抗组胺药对特应性皮炎的作用主要是依靠镇静作用，因此这些药物的使用最好是在休息前。无镇静作用的第二代抗组胺药对控制特应性皮炎的瘙痒效果稍差。其他可供选择的镇静药包括多塞平、苯二氮安眠药、非苯二氮安眠药、水合氯醛、可乐宁等。

3. 患者教育

特应性皮炎病程漫长、易复发、难根治，发病时皮肤瘙痒、干燥症状严重，且会伴有一系列的皮肤病症，包括干皮症、皮肤感染倾向等，尤其在冬天，由于皮肤缺乏水分和油脂，瘙痒和干燥症状会更严重，给患者的身心造成了沉重负担，严重影响患者的生活质量。为了帮助患者尽早摆脱特应性皮炎的困扰，恢复健康的生活，患者教育和医患配合十分重要。患者应该对疾病的发病过程及治疗方法有清晰的认识，在生活中尽量避免或减少接触诱发因素，如避免进食易过敏的食物及减少接触环境中尘螨过敏原等。临床医生也应做好患者的跟踪回访工作，以保证患者治疗的顺应性。

（三）药物治疗

1. 外用药物

外用糖皮质激素是特应性皮炎的一线治疗药物。沐浴后立即使用可以增加皮肤吸收，并且药物的基质对皮肤有润滑作用。使用低强度的皮质激素可以减少不良反应发生的风险，使用强效制剂则可以尽快控制症状，必须在两者之间找到一种平衡。如果患者长期依赖中至强效糖皮质激素，则需要考虑用其他外用药物替换治疗，如钙调神经磷酸酶抑制剂，他克莫司软膏可运用于中度到重度特应性皮炎患者，吡美莫司乳膏则运用于轻度到中度患者，在2岁及2岁以上儿童和成人中进行的临床试验均显示这两种药物治疗有效。对于慢性较厚的皮损外用糖皮质激素药物时，应选用较为强效的糖皮质激素制剂，短期内控制病情后改用弱效制剂或非糖皮质激素类药物。

2. 系统治疗

（1）糖皮质激素：原则上尽量不用或少用此类药物，尤其是儿童。但对病情严重的患者可中小剂量短期用药（一般为1周），并采用早晨顿服法，有助于缓解特应性皮炎的皮肤红肿。但停药过快可能会引起特应性皮炎症状反弹。故病情好转后应逐渐减量直至停药，每天加强皮肤护理，以免长期使用糖皮质激素带来的不良反应或停药过快而致病情反跳。

（2）免疫抑制剂：研究显示，口服环孢菌素A对改善皮损面积、瘙痒、睡眠有明显疗效，但由于担心进展性或不可逆的肾损害，到目前为止没有治疗是持续的。硝酸咪哩硫嗪吟可用于严重特应性皮炎患者的症状控制。这些免疫抑制剂潜在的长期副作用包括肿瘤、肾损害和肝毒性。由于缺少长期应用的安全性数据,这些药物通常不推荐用于儿童特应性皮炎的治疗。

(3) 辅助药物:有镇静作用的抗组胺药(如羟嗪、苯海拉明或多塞平)有助于打断特应性皮炎患者的"瘙痒-搔抓循环",尤其是在睡前服用。对于因瘙痒导致失眠或夜间剧烈搔抓致使出现血痂的患者,抗组胺药最为有用。无镇静作用的抗组胺药有时也有效,但一般在高剂量时才有好的疗效,此时也有镇静作用出现。多种光疗均能改善特应性皮炎患者的病情,虽然有些患者不能耐受仪器所产生的热量。UVA、UVB、长波长的UVA1、窄谱UVB、复合的UVA和UVB以及补骨脂素光化学疗法(PUVA)治疗特应性皮炎均有效,有些患者经自然太阳光照后也有好转。与系统免疫抑制剂相比,光疗的不良反应较轻,但有引起"日晒伤"及长期治疗引起光老化及皮肤恶性肿瘤的潜在风险。

3. 中医中药

中医中药对特应性皮炎也有一定疗效,中西医结合治疗可能取得出人意料的效果。如抗组胺药联合玉屏风制剂口服加上糖皮质激素外用,局部保湿就是一种临床常见的治疗选择。宋瑜等采用运脾化湿清肺汤治疗脾虚湿盛型特应性皮炎患者60例,药物组成有陈皮、枳壳、桑叶、菊花、金银花、黄芩、土茯苓、白鲜皮、白术、生甘草,治疗8周后,总有效率为100%,且临床疗效随治疗时间的增加而升高。张明认为在治疗特应性皮炎时不可一味使用利湿止痒之法,易耗伤阴液,继而加重阴虚内热的病情,应考虑适当滋阴凉血之法,促进肌肤湿润来增强疗效。因此采用增液汤合犀角地黄汤加减治疗阴虚血热症的特应性皮炎,7剂后,瘙痒缓解,鳞屑减少。

4. 生物制剂

由于多种细胞因子参与特应性皮炎的发病,针对相应细胞因子的生物制剂正逐渐应用于临床并取得较理想疗效。2017年3月,美国FDA批准Dupilumab用于顽固性特应性皮炎的治疗。抑制细胞因子IL-4的生物制剂Tofacitinib、抑制IL-13的Lebrikizumab和Tralokinumab已进行Ⅱ期临床试验,给一些重症、顽固难治的特应性皮炎患者治疗带来了希望。

5. 实验性治疗

过敏原特异性免疫治疗对于部分混合型特应性皮炎以及外源型特应性皮炎迁延不愈者有一定的潜在价值。过敏原免疫治疗的潜在不良反应包括过敏反应和特应性皮炎的恶化。一项双盲对照试验研究显示,特应性皮炎患者过敏原特异性免疫治疗24个月,84%患者症状得到显著改善,对照组仅40%,但这一研究未能用标准化的过敏原进行免疫治疗。目前用标准化过敏原对特应性皮炎进行双盲、对照试验的数据还较少,有待进一步开展临床研究。

第二节　过敏性哮喘

过敏性哮喘又称变应性哮喘(allergic asthma)或特应性(atopic)哮喘,是指由过敏原引起或/和触发的一类哮喘,既往也称为外源性(extrinsic)哮喘,主要受Th2免疫反应驱动,发病机制涉及特应质(atopy)、过敏反应或变态反应(allergy)。

过敏性哮喘是由多种细胞(如嗜酸性粒细胞、肥大细胞、T淋巴细胞、中性粒细胞、平滑肌细胞、气道上皮细胞等)和细胞组分参与的气道慢性炎症性疾病。主要特征包括气道慢性炎症,气道对多种刺激因素呈现的高反应性,广泛多变的可逆性气流受限以及随病程延长而导致的一系列气道结构的改变,即气道重构。临床表现为反复发作的喘息、气急、胸闷或咳嗽等症状,常在夜间及凌晨发作或加重,多数患者可自行缓解或经治疗后缓解。根据全球和我国哮喘防治指南提供的资料,经过长期规范化治疗和管理,80%以上的患者可以达到哮喘的临床控制。

一、流行病学

哮喘是世界上最常见的慢性疾病之一,全球约有3亿哮喘患者。各国哮喘患病率从1%～30%不等,我国为0.5%～5%,我国儿科哮喘工作者分别于1990年、2000年、2010年进行3次0～14岁城市儿童哮喘流行病学调查,其患病率分别为0.91%、1.97%、3.02%,有显著增高的趋势。一般认为发达国家哮喘患病率高于发展中国家,城市高于农村。世界各地哮喘流行病学调查均显示,由各种过敏原引起的过敏性哮喘的发病率高于非过敏性哮喘。美国国家健康与营养调查(NHANES)(2005～2006年)提示:哮喘的患病率为8.8%,其中62.1%为过敏性哮喘。而美国重度哮喘研究计划显示,过敏性哮喘占78.8%。不同年龄和性别之间过敏性哮喘的发病率存在一定差别,2012年欧洲对9091例健康成年人群随访了8～10年,结果显示:女性在20～30岁年龄段过敏性和非过敏性哮喘的发病率相当,30岁以后女性非过敏性哮喘更多见;男性在20～40岁年龄段过敏性哮喘明显多于非过敏性哮喘,而40岁以后非过敏性哮喘的发病率则超过过敏性哮喘。全球范围内过敏性哮喘的患病率也在逐年上升,2017年瑞典哮喘流行病学调查显示:过敏性哮喘的患病率从1996年的5.0%上升至2006年的6.0%,2016年进一步升至7.3%,而非过敏性哮喘的患病率维持在3.4%～3.8%。2008年我国哮喘和/(或)鼻炎患者过敏原分布的多中心调查显示:我国6304例成人哮喘和/(或)鼻炎患者中有72.1%的患者至少有1种过敏原皮肤点刺试验阳性。我国呼吸系统过敏性疾病研究联盟(CARRAD)报道,在接受过敏原皮肤点刺试验或血清特异性lgE(sIgE)检测的成人哮喘患者中,至少1种过敏原阳性的比例分别是65.4%和75.4%,与其他过敏性疾病患病率不断增加的趋势一致。2010年的流行病学调查显示:超过70%的患儿为过敏性哮喘,常合并过敏性鼻炎、湿疹、特应性皮炎等过敏性疾病。研究还显示:除性别、年龄、吸烟、胃食管反流等因素外,近亲中罹患哮喘或枯草热、合并其他过敏性疾病如AR、湿疹等是哮喘发病的危险因素。哮喘死亡率为1.6～36.7/10万,多与哮喘长期控制不佳、最后一次发作时治疗不及时有关,大部分哮喘是可预防的,我国已成为全球哮喘病死率最高的国家之一。

二、病因

(一)遗传因素

研究发现,哮喘是一种具有遗传倾向的慢性易复发的疾病,受多基因调控。目前发现多个染色体区域与哮喘相关,主要包括1p36,2q14,4q13,5q31,6p24,7p14,11q13,12q24,

13q14,14q24,16q23-21,20p 等。转化生长因子(transforming growth factor-β,TGF-β) 和单核细胞趋化蛋白-1基因突变,可促进气道纤维化,加重气道重塑发生发展。ADAM33基因产物过表达或修复机制异常,也可导致气道重塑的形成及哮喘的发生发展。值得注意的是,后天性环境因素在哮喘的发病中和先天性遗传因素一样,均起着重要作用。

(二) 环境因素

引起哮喘发病和触发哮喘症状的过敏原多达数百种,新的过敏原也陆续被发现。根据进入人体的方式不同,过敏原主要分为吸入性和食物性两大类,以下简要介绍与哮喘相关的主要过敏原。

1. 常见吸入性(气传)过敏原

(1) 粉螨(dust mite)及其分布特点:国内外多项研究结果显示,粉螨是过敏性哮喘最主要的吸入性过敏原之一,对粉螨的过敏反应可发生在各个年龄段,多数过敏性哮喘的发生、发展和症状的持续与粉螨过敏密切相关。粉螨适宜生活在温暖潮湿的环境(温度22 ℃左右,湿度60%~80%),一年四季均可繁殖。常见种类有粉尘螨(*Dermatophagoides Dermite*)等,而在热带、亚热带地区,无爪螨往往成为优势致敏螨类。螨主要寄生在家庭卧室内的地毯、沙发、被褥、床垫枕芯、食物、绒毛玩具和衣物内,以人体身上脱落下来的皮屑为食饵。粉尘螨又称粉食皮螨,栖息于家禽饲料、仓库尘屑、粮仓和纺织厂尘埃、房舍灰尘、地毯和充填式家具中。Woodcock研究发现居室粉尘中以储藏螨为主,尤其是食甜螨属,屋尘螨阳性率为66%~67%、腐食酪螨阳性率为50%、粗脚粉螨阳性率为35%、家食甜螨阳性率为40%、害嗜鳞螨阳性率为45%。Puerta用放射变态反应性吸虫药(RAST)检测97例过敏性哮喘患者和50例非过敏性哮喘患者血清中对棉兰皱皮螨和热带带菌的特异性IgE抗体水平,71例哮喘患者血清(73.2%)对棉兰皱皮螨IgE阳性。粉螨产生的过敏原主要来自其分泌物、排泄物及残骸。

(2) 花粉及其分布特点:气传性花粉也是导致季节性过敏性哮喘的重要原因,尤其是合并AR的患者。花粉浓度与患者症状的严重程度密切相关,因此,了解过敏花粉的种类和花粉播散时间可选择时段进行针对性的预防。花粉在我国主要分为春季花粉和夏秋季花粉,春季花粉集中在3~5月,以柏树、法国梧桐树、白蜡树、桦树、杨树、柳树等常见。夏秋季花粉集中在8~9月,以蒿属花粉、藜草、豚草花粉等为主。

(3) 真菌及其分布特点:常见的引起呼吸道过敏的真菌有链格孢属、枝孢属、青霉菌属以及曲霉菌属、念珠菌属等。霉菌主要分布在厨房和浴室,常见于家中腐烂的水果蔬菜、肉食及衣履上,此外,在下水道、通风换气管道和水管中也可生长。霉菌孢子、菌丝通过空气传播均可成为过敏原。真菌除了导致一般的过敏性哮喘外,部分霉菌还与某些特殊类型的哮喘关系密切,如真菌致敏性重症哮喘(severe asthma with fungal sensitization, SAFS),而烟曲霉是过敏性支气管肺曲霉菌病(allergic bronchopulmonary aspergillosis, ABPA)的主要致敏原。

(4) 动物毛发、皮屑及其分布特点:随着人们生活水平的不断提高,饲养宠物的家庭越来越多,对宠物毛发及其皮屑过敏的患者也在逐年增加,宠物毛发及其皮屑过敏已成为普遍性的疾病问题。猫/狗过敏原致敏蛋白组分主要来自猫/(狗)的毛发及皮屑,此外亦包括猫/(狗)的皮脂腺、唾液腺和肛周腺体的分泌物。此类过敏原分布在居室内的空气、灰尘、家具装饰中,在公共场所中也有分布,并可在空气中长时间滞留。

(5) 蟑螂及其分布特点:蟑螂是城市人居环境常见的昆虫,常喜欢在温暖夜间活动于厨房、书房、衣柜、储物间等场所,也是一类常见的过敏原。德国小蠊(*Blattella germanica*)、美洲大蠊(*Periplaneta americana*)、黑胸大蠊(*Periplaneta fuliginosa*)分布于全球,均为室内蟑螂群落的优势种类。蟑螂过敏原致敏蛋白组分主要来自胃肠道分泌物和甲壳。

2. 常见食入性过敏原

多种食物过敏原可通过摄入或吸入途径进入体内诱发机体产生过敏反应。单纯食物过敏诱发哮喘比较少见,但常为严重过敏反应的一部分,在高度敏感的患者中可诱发严重的甚至致死性哮喘。在因食物严重过敏反应而致死者中,绝大多数患者均有哮喘史或哮喘控制不良史。食物过敏的儿童患哮喘的风险较无食物过敏者增加近4倍,且常为重度哮喘或持续性哮喘。此外,对多种食物过敏者比单一食物过敏者未来发展为哮喘的风险更高。一项针对中国城市哮喘儿童食物过敏患病率的全国多中心研究结果显示,临床诊断为食物过敏的儿童为8.77%,而哮喘儿童食物过敏患病率为14.66%,非哮喘儿童食物过敏患病率仅为3.99%。成人哮喘患者食物过敏的比例也显著高于健康人,4%~24%的哮喘患者有食物过敏,其中近50%为多重食物过敏。美国一项食物过敏是否会增加市中心儿童哮喘发病率的前瞻性研究显示,诱发儿童哮喘的主要过敏食物依次为花生、树坚果、水果、贝壳类、鸡蛋、牛奶、鱼、豆类等。欧洲共同体呼吸健康调查显示,最容易诱发哮喘症状的食物依次是榛子、苹果、桃子、牛奶、鸡蛋、橙子和鱼。我国一项14岁以下哮喘儿童食物过敏的患病率及临床特点多中心研究显示,最常引起哮喘儿童过敏反应的食物依次为鱼虾、鸡蛋、水果、牛奶、花生、豆类、坚果等,其中77.33%为单一食物过敏。不同地区间食物过敏原谱的差异与饮食结构、年龄、种族等多因素有关。此外,部分哮喘患者的食物过敏是由于与气传过敏原的交叉反应引起的,需要仔细甄别食物过敏是否为诱发过敏性哮喘真正的过敏原。

三、发病机制

(一) 免疫机制

过敏性哮喘是典型的环境和机体交互影响的疾病,其发生涉及适应性(又称获得性)免疫和固有免疫应答机制。适应性免疫应答经历2个阶段,初期为致敏及免疫记忆阶段,即过敏原在呼吸道被特定的抗原提呈细胞如树突状细胞捕获,过敏原与抗原提呈细胞表面的主要组织相容性复合体Ⅱ类分子结合形成复合物,过敏原经过加工并转运至局部淋巴结,该复合物与T细胞表面受体结合,激活初始T细胞向Th2分化,Th2合成并释放白细胞介素IL-4、IL-13,进一步促进B细胞成熟分化为浆细胞,产生抗原sIgE,后者与肥大细胞和嗜碱性粒细胞表面的高亲和力IgE受体FcεRⅠ结合,导致机体致敏,其中部分增殖的效应Th2成为过敏原特异性记忆T淋巴细胞。第二期为效应阶段,即过敏原再次进入机体,与IgE形成复合物,后者通过FcεRⅠ活化肥大细胞和嗜碱性粒细胞,迅速释放多种炎性介质如白三烯、组胺、前列腺素等,导致支气管平滑肌收缩、黏膜水肿和黏液分泌,形成急性哮喘反应。慢性炎症反应是适应性免疫效应阶段(急性炎症反应)的延续,气道局部所释放的趋化因子促使嗜酸性粒细胞、巨噬细胞、中性粒细胞和T淋巴细胞聚集,这些效应细胞尤其是CD4[+]T淋巴细胞及嗜酸性粒细胞,释放 Th2 型细胞因子如 IL-4、IL-5、IL-9、IL-13 等,在介导过敏性哮喘的慢性炎症中起关键作用。此外,近年发现固有免疫应答亦参与过敏性哮喘的发生,过敏原和病毒感染等可直接刺激气道上皮细胞释放 IL-25、IL-33、胸腺基质淋巴细胞生成(TSLP),刺激肥大细胞释放前列腺素 D2、白三烯 D4,诱导 Th2 型固有淋巴细胞增殖、活化并释放 IL-5、IL-13,促进骨髓嗜酸性粒细胞动员和分化成熟并向肺部聚集,参与哮喘气道炎症过程。同时,Th2 型固有淋巴细胞还可通过释放 IL-13 促进树突状细胞转运至局部淋巴结,亦可分泌 IL-4 或直接通过主要组织相容性复合体 II 类分子和 OX40 配体与 CD4$^+$ T 细胞直接接触,促进 Th2 增殖及对过敏原的应答。气道炎症和支气管收缩可引起气道重构,气道重构的程度与哮喘病程和严重程度相关,尤其在致死性哮喘中最为显著。过敏性和非过敏性哮喘均可发生气道重构,总体上过敏性哮喘较非过敏性哮喘气道重构相对较轻,但也有相反的研究报道。

过敏性哮喘的异常免疫反应并非局限于气道,而是全身性的。特征为外周血嗜酸性粒细胞、IgE 和 Th2 型相关细胞因子水平增高,临床上常常合并其他系统过敏性疾病的发生。尽管过敏性哮喘为一独立的临床哮喘表型,但吸烟、肥胖、精神心理因素、社会经济地位等多种因素可明显影响或改变其免疫-炎症反应特征,呈现明显的异质性。

(二)哮喘的病理生理机制

气道慢性炎症作为哮喘的基本特征存在于所有的哮喘患者,其表现为气道上皮下肥大细胞、嗜酸粒细胞、巨噬细胞、淋巴细胞及中性粒细胞等的浸润,以及气道黏膜下组织水肿、微血管通透性增加、支气管平滑肌痉挛、纤毛上皮细胞脱落、杯状细胞增生及气道分泌物增加等病理改变。若哮喘长期反复发作,可见支气管平滑肌肥大/增生、气道上皮细胞黏液化生、上皮下胶原沉积和纤维化、血管增生以及基底膜增厚等气道重构的表现。

哮喘的发病机制尚未完全阐明,目前可概括为气道免疫-炎症机制、神经调节机制及其相互作用。

1. 气道免疫-炎症机制

(1)气道炎症形成机制:气道慢性炎症反应是多种炎症细胞、炎症介质和细胞因子共同参与、相互作用的结果。当外源性过敏原通过吸入、食入或接触等途径进入机体后被抗原提呈细胞(如树突状细胞、巨噬细胞、嗜酸粒细胞)内吞处理、提呈并激活 T 淋巴细胞。T 淋巴细胞一方面活化成辅助性 Th2 细胞,产生多种白介素(IL)如 IL-4、IL-5 和 IL-13 等激活 B 淋巴细胞,使之合成特异性 IgE,后者结合于肥大细胞和嗜碱粒细胞等表面的 IgE 受体。若过敏原再次进入体内,可与结合在细胞表面的 IgE 交联,使该细胞合成并释放多种炎症介质,导致气道平滑肌收缩、黏液分泌增加和炎症细胞浸润,产生哮喘的临床症状。另一方面,活化的辅助性 Th2 细胞分泌的 IL 等细胞因子可直接激活肥大细胞、嗜酸粒细胞及肺泡巨噬细胞等,并使之聚集在气道,这些细胞进一步分泌多种炎症介质和细胞因子,如组胺、白三烯、前列腺素、活性神经肽、血小板活化因子、嗜酸粒细胞趋化因子、转化生长因子等构成了一个与炎症细胞相互作用的复杂网络,导致气道慢性炎症。近年来认识到嗜酸粒细胞在哮喘发病中不仅发挥着终末效应细胞的作用,还具有免疫调节作用。Th17 细胞在以中性粒细胞浸润为主的激素抵抗型哮喘和重症哮喘发病中起到了重要作用。根据过敏原吸入后哮喘发生的时间,可分为早发型哮喘反应、迟发型哮喘反应和双相型哮喘反应。早发型哮喘反应几乎在吸入过敏原的同时立即发生，15～30分钟达高峰，2小时后逐渐恢复正常；迟发型哮喘反应6小时左右发生，持续时间长，可达数天；约半数以上患者出现迟发型哮喘反应。

（2）气道高反应性（airway hyperresponsiveness，AHR）：是指气道对各种刺激因子如过敏原、理化因素、运动、药物等呈现的高度敏感状态，表现为患者接触这些刺激因子时气道出现过强或过早的收缩反应。AHR是哮喘的基本特征，可通过支气管激发试验来量化和评估，有症状的哮喘患者几乎都存在AHR。目前普遍认为气道慢性炎症是导致AHR的重要机制之一，当气道受到过敏原或其他刺激后，多种炎症细胞释放炎症介质和细胞因子，气道上皮损害、上皮下神经末梢出现裸露等，从而出现气道对各种反应产生高反应性。AHR常有家族倾向，受遗传因素的影响。无症状的气道高反应性者出现典型过敏性哮喘症状的风险明显增加。然而出现AHR者并非都是过敏性哮喘，长期吸烟、接触臭氧、病毒性上呼吸道感染、慢性阻塞性肺疾病等也可出现AHR，但反应程度相对较轻。

（3）气道重构（airway remodeling）：是哮喘的重要病理特征，表现为气道上皮细胞黏液化生、平滑肌肥大或增生、上皮下胶原沉积和纤维化、血管增生等，多出现在反复发作长期没有得到良好控制的哮喘患者。气道重构使哮喘患者对吸入激素的敏感性降低，出现不可逆气流受限以及持续存在的AHR。气道重构的发生主要与持续存在的气道炎症和反复的气道上皮损伤/修复有关。除了炎症细胞参与气道重构外，TGF-β、血管内皮生长因子、白三烯、基质金属蛋白酶-9、解聚素-金属蛋白酶-33等多种炎症介质也参与了气道重构的形成。

2. 神经调节机制

神经因素是哮喘发病的重要环节之一。支气管受复杂的自主神经支配，除肾上腺素能神经、胆碱能神经外，还有非肾上腺素能非胆碱能（NANC）神经系统。过敏性哮喘患者β-肾上腺素受体功能低下，而患者对组胺和乙酰甲胆碱反应性显著增高，提示存在胆碱能神经张力的增加。NANC能释放舒张支气管平滑肌的神经介质如血管活性肠肽、一氧化氮及收缩支气管平滑肌的介质如P物质、神经激肽，舒张支气管平滑肌的神经介质和收缩支气管平滑肌的神经介质两者平衡失调，引起支气管平滑肌收缩。此外，从感觉神经末梢释放的P物质、降钙素、神经激肽A等炎症介质导致血管扩张、血管通透性增加和炎症渗出，此即为神经源性炎症。神经源性炎症能通过局部轴突反射释放感觉神经肽而引起哮喘发作。

四、临床表现

（一）症状

过敏性哮喘的临床表现与非过敏性哮喘既有相似性又存在明显差异。多数研究发现，过敏性哮喘与非过敏性哮喘临床症状基本相似，过敏性哮喘往往幼年起病，常有明显家族史和明显的遗传倾向，常与其他过敏性疾病相关或共存，如湿疹、过敏性鼻炎、食物及药物过敏、过敏性咳嗽等。其中，过敏性鼻炎合并过敏性哮喘最为常见，且未控制的鼻炎严重影响哮喘的控制。过敏性哮喘往往累及患者的一生，病程较非过敏性哮喘更长。过敏性哮喘更易出现因运动而诱发喘息，春秋季节室外因花粉因素而导致过敏原哮喘高发，也是过敏性哮喘季节性病情加重的重要原因之一。典型过敏性哮喘症状为发作性伴有哮鸣音的呼气性呼吸困难,症状可在数分钟内发生,并持续数小时至数天,经平喘药物治疗后缓解或自行缓解。夜间及凌晨发作或加重是过敏性哮喘的重要临床特征。

(二) 体征

过敏性哮喘发作时典型体征是双肺可闻及广泛哮鸣音,呼气音延长。而非常严重的过敏性哮喘发作时哮鸣音反而减弱,甚至完全消失,表现为"沉默肺",是病情危重的表现。严重患者可出现心率增快、奇脉、胸腹反常运动和发绀。非发作期体检可无异常发现,故检查时未闻及哮鸣音,不能排除过敏性哮喘的存在。

(三) 实验室检查

1. 与过敏性哮喘诊断相关的检查

(1) 支气管舒张试验:成人阳性标准:吸入沙丁胺醇200~400 μg 10~15分钟后复测FEV1增加≥12%,且FEV1增加绝对值>200 mL;儿童:FEV1增加>12%。此外,规范治疗4周后肺功能明显改善,达到上述标准也支持哮喘诊断。

(2) 呼气峰值流量(PEF)变异率:PEF是指用力呼气时的最高流量,可用于哮喘的诊断和病情监测。成人PEF昼夜平均变异率>10%或周变异率>20%是诊断哮喘的有力证据;

(3) 激发试验:包括支气管激发试验、运动激发试验和过敏原吸入支气管激发试验:① 支气管激发试验阳性标准。通常给予标准剂量乙酰甲胆碱或组胺吸入后,FEV1降低≥20%;若无乙酰甲胆碱或组胺激发条件,亦可吸入标准剂量蒸馏水或高渗盐水,阳性标准为FEV1降低≥15%。② 运动激发试验阳性标准。成人:FEV1降低>10%,且FEV1降低绝对值>200 mL;儿童:FEV1降低>12%,或者PEF降低>15%。③ 过敏原支气管激发试验。是诊断过敏性哮喘的特异性方法。阳性标准:给予过敏原吸入后FEV1降低≥15%。过敏原激发试验有诱发哮喘急性发作的风险,不推荐在临床上常规开展,一般仅用于研究。

2. 过敏原检测

过敏原检测是判断是否为过敏性哮喘及明确过敏原的基本方法,包括体内试验和体外试验两部分。体外试验主要检测外周血总IgE和抗原sIgE。体内试验包括点刺试验、皮内试验,二者反映Ⅰ型速发性变态反应,主要针对大分子过敏原;斑贴试验反映Ⅳ型迟发型变态反应,针对小分子过敏原。

(1) 体内试验:① 皮肤点刺试验。将少量标准化的致敏原液体滴于患者前臂,再用点刺针轻轻刺入皮肤表层。目前公认皮肤点刺试验是最方便、经济、安全、有效的过敏原诊断方法。② 皮内试验。过敏原一般稀释为1:100浓度,个别效价较强的抗原可用1:1 000或更低浓度。通常选择上臂外侧皮肤为受试区,在每一受试区用皮内针头刺入表皮浅层后进针2~3 mm,推入试液0.01~0.02 mL。

(2) 体外试验:① 过敏原sIgE检测。可同时检测数百种过敏原,结果稳定,不受食物和药物的影响,特异性较高,特别适用严重皮炎不能做皮试者、皮肤划痕症患者、皮肤反应差的老年人及3岁以下儿童、有用药影响者、过敏性哮喘急性发作期和严重未控制的过敏性哮喘者、畏惧皮试者以及需要评估过敏严重度和拟行特异性免疫治疗者。sIgE常用检测方法为荧光免疫技术(FIA)、酶联免疫吸附试验(ELISA)和蛋白印迹法(western blotting)。目前临床常用的过敏原体外试验包括全定量检测系统和半定量筛查系统两大体系。过敏原全定量检测系统应用最为广泛,其检测原理为荧光免疫酶联方法,其优点是结果精准,但成本较高。半定量筛查系统检测法操作便捷,无需大型精密实验设备,成本适中,适宜在基层医院推广用于过敏原筛查。② 血清总IgE检测。血清总IgE的测定方法包括放射过敏原吸附试验(RAST,又称固相放射免疫测定)、酶联免疫吸附试验、间接血凝试验、化学发光法、电化学发光免疫测定等,其中以RAST和酶联免疫吸附试验精确度高,临床应用广泛。血清总IgE无正常值,新生儿的总IgE低,随年龄增长而升高,10～15岁达顶峰,后又逐步下降。总IgE升高提示存在过敏的可能性,但多种疾病如免疫性疾病、选择性IgA缺乏症、感染等也可导致总IgE升高。低于下限值的所谓"正常"也不能排除过敏,需结合临床综合判定。不同检测方法的总IgE参考值存在差异。有研究显示,血清总IgE水平与过敏性哮喘严重程度及控制情况相关。在进行抗IgE治疗时,总IgE是确定奥马珠单抗剂量的主要依据。③ 过敏原sIgG。sIgG检测作为食物过敏的筛查手段,临床应用争议较大,不推荐用于哮喘过敏原的检测。

3. 与哮喘气道炎症相关的检查

无创气道炎症检测近年来在临床上颇受关注,常用指标多与Th2反应和嗜酸性粒细胞炎症有关。

(1) 诱导痰:采用高渗或生理盐水雾化获取诱导痰标本,主要用于细胞分类计数以判断气道的炎症类型。国际上通用的诱导痰细胞计数中,嗜酸性粒细胞的正常值<3%。当诱导痰细胞计数中嗜酸性粒细胞>3%时,可判定为嗜酸性粒细胞性炎症。诱导痰细胞分类技术已开展数十年,但因标本采集和细胞分类难以标准化,在临床上尚未普及,目前主要用于过敏性哮喘和咳嗽的临床研究,以及用于指导重度过敏性哮喘的个体化治疗。

(2) FeNO:FeNO与2型反应驱动的气道炎症,特别是与嗜酸性粒细胞性气道炎症关系密切,而非嗜酸性粒细胞性炎症FeNO水平通常不高。过敏性哮喘通常为2型炎症反应,较其他类型的哮喘,FeNO在诊断和长期管理中价值更大,值得推荐应用(证据等级:A)。

(3) 外周血嗜酸性粒细胞计数:嗜酸性粒细胞是参与过敏性哮喘及其他过敏性疾病的主要的炎性细胞之一。Meta分析表明,外周血嗜酸性粒细胞水平能较好反映气道嗜酸性粒细胞炎症状态、预测长期肺功能下降的趋势及成人和儿童过敏性哮喘发作的风险。此外,外周血嗜酸性粒细胞还可预测针对2型炎症靶向药物如抗IL-5单抗、抗IL-5受体单抗、抗IL-4受体单抗的治疗反应。有研究提示,无论血嗜酸性粒细胞水平高低,过敏性哮喘患者均能从奥马珠单抗治疗中获益。血嗜酸性粒细胞水平还能较好预测激素治疗反应,过敏性哮喘患儿外周血嗜酸性粒细胞水平≥300/μL,提示其对吸入糖皮质激素(ICS)较为敏感。有研究表明,通过口服激素,将外周血嗜酸性粒细胞数维持在200/μL以内,有助于改善哮喘控制。

(4) 其他:过敏性哮喘气道炎症涉及多种炎性细胞、细胞组分及炎性介质的相互作用,一些新的评估指标近年来逐渐引起关注,如尿白三烯E4(ULTE4)、骨膜蛋白(periostin)、呼出气冷凝液(EBC)分析、S-亚硝基谷胱甘肽(GSNO)、尿F2-异前列腺素(F2IsoPs)、血清精氨酸酶等,目前这些指标尚缺乏确切的证据用于临床。

4. 哮喘分级

哮喘病情严重程度分级见表5.1,哮喘控制水平分级见表5.2,哮喘急性发作时严重程度分级见表5.3。

表5.1 哮喘病情严重程度分级

分级	临床特点
间歇状态 (第1级)	症状＜每周1次；短暂出现；夜间哮喘症状≤每月2次；FEV1≥80%预计值或PEF≥80%个人最佳值，PEF或FEV1变异率＜20%
轻度持续 (第2级)	症状≥每周1次，但＜每日1次；可能会影响活动或睡眠；夜间哮喘症状＞每月2次，但＜每周1次；FEV1≥80%预计值或PEF≥80%个人最佳值，PEF或FEV_1变异率为20%～30%
中度持续 (第3级)	每日有症状；影响活动或睡眠；夜间哮喘症状≥每周1次；FEV1 60%～79%预计值或PEF变异率60%～79%个人最佳值，PEF或FEV1变异率＞30%
重度持续 (第4级)	每日有症状；频繁出现；经常出现夜间哮喘症状；体力活动受限；FEV1＜60%预计值或PEF＜60%个人最佳值，PEF或FEV1变异率＞30%

表5.2 哮喘控制水平分级

特征	控制 （符合以下所有标准）	部分控制 （任意一周内满足一项或两项标准）	未控制 （任意一周内）
日间症状	无(≤2次/周)	＞2次/周	
活动或运动受限	无	任何	
夜间症状/夜间觉醒	无	任何	
需缓解药物治疗	无(≤2次/周)	＞2次/周	出现部分控制的3项或3项以上特征
肺功能（PEF or FEV1)	正常	＜80%预计值或个人最佳值	
急性加重	无	≥1次/年	任意一周内出现异常

任何急性加重均应重新评估维持治疗，以确保治疗足够达到控制哮喘；任意一周内的一次恶化即可认为该周内哮喘未得到控制；对5岁及5岁以下的儿童，肺功能并不是一项可靠的测试指标

表5.3 哮喘急性发作时严重程度分级

临床特点	轻度	中度	重度	危重
气短	步行，上课时	稍事活动	休息时	
体位	可平卧	喜坐位	端坐呼吸	
讲话方式	连续成句	单词	单词	不能讲话
精神状态	可有焦虑，尚安静	有时焦虑或烦躁	常有焦虑，烦躁	嗜睡或意识模糊
出汗	无	有	大汗淋漓	
呼吸频率	轻度增加	增加	常＞30次/min	
辅助呼吸肌活动及三凹征	常无	可有	常有	胸腹矛盾呼吸
哮鸣音	散在，呼气相末期	响亮，弥漫	响亮，弥漫	减弱乃至无

续表

临床特点	轻度	中度	重度	危重
脉率(次/min)	<100	100~120	>120	脉率变慢或不规则
奇脉	无,<10 mmHg	可有,10~25 mmHg	常有,>25 mmHg	无
使用β₂激动剂后PEF预计值或个人最佳值%	>80%	60%~80%	<60% 或 <100 L/min 或作用时间<2小时	
PaO₂(吸空气,mmHg)	正常	≥60	<60	
PaCO₂(mmHg)	<45	≤45	>45	
SaO₂(吸空气,%)	>95	91~95	≤90	
pH				降低

5. 过敏性哮喘急性发作

是指在疾病过程中,突然发生气促、咳嗽、胸闷等症状,或原有症状急剧加重,常伴有呼吸困难,以呼气流量降低为其特征,常因接触过敏原等刺激物或治疗不当等所致。

五、诊断与鉴别诊断

(一) 诊断

(1) 符合GINA和我国《支气管哮喘诊治指南》的诊断标准。即存在可变性的喘息、气紧、胸闷、咳嗽等临床症状,有可变性气流受限的客观证据,并排除其他可引起哮喘样症状的疾病。

(2) 暴露于过敏原(主要为粉尘螨、花粉、霉菌和动物毛发)。可诱发或加重症状。

(3) 过敏原皮肤点刺试验或血清sIgE检测至少对一种过敏原呈阳性反应。

需要指出的是,无过敏原检测结果不能确诊过敏性哮喘,而仅有过敏原点刺试验或血清sIgE阳性也不能诊断为过敏性哮喘。

(二) 鉴别诊断

1. 气管扩张症

一般可根据以往严重的肺部感染,反复肺不张以及咯出痰液的,可以通过胸部X线片及支气管造影或CT检查。在有感染时,分泌物增加及堵塞,出现哮喘呼吸困难以及听到哮鸣音。

2. 呼吸道内异物

有异物吸入呼吸道导致剧烈咳嗽症状,并出现呼吸困难和体重减轻。如堵塞物较大时,表现以吸气困难为主,呼气性呼吸困难是哮喘的表现。经X检查及支气管镜检查不但可明确诊断,还可取出异物。

3. 嗜酸性粒细胞增多症

过敏性哮喘病与嗜酸性粒细胞增多症部分病例临床表现基本相似,而嗜酸性粒细胞增多症主要鉴别点为痰液内嗜酸细胞极多,末梢血中嗜酸细胞计数可超过10%或更多,X线胸片显示云雾状阴影,呈游走样。患儿有明确的寄生虫病史,用海群生、氯喹等药物治疗有效。

4. 心源性哮喘

是老年人的常见病,大多是由左心衰竭引起,小儿风湿性心脏病所致二尖瓣狭窄和闭锁不全,发生左心衰竭时亦常出现。哮喘急性发作与临床表现相似,夜间比较常见。患者不能平卧,常可咳出血性痰。

5. 细支气管炎

1岁以内的小婴儿容易患此病,也有季节性变化,冬春两季的发病较多。起病比较缓,也有呼吸困难和喘鸣音,支气管扩张剂治疗无显著疗效。病原常为呼吸道合胞病毒,其次为副流感病毒3型。

6. 喘息性支气管炎

临床虽可闻及喘鸣,但呼吸困难不严重,非骤然发作和突然发作停止,病程约持续1周;随年龄增长和呼吸道感染次数减少,喘息次数亦减少,哮喘程度随之减轻。1~4岁患儿临床上常伴有明显的呼吸道感染,症状随着炎症的控制而消失。

7. 气管淋巴结核

此病可引起严重咳嗽,并表现为呼吸困难,但无显著的阵发现象。结核菌素试验阳性。X线胸片显示肺门有结节性致密阴影,其周围可见浸润。个别患儿的肿大淋巴结可压迫气管或其内有干酪性病变可引起较严重的哮喘症状,原因是干酪性病变溃破后进入气管引起的呼吸困难。

此外,先天性喉喘鸣、咽后壁脓肿、胃食道反流等疾病也须与小儿过敏性哮喘相鉴别。

六、治疗

(一)预防

尽可能寻找导致过敏性哮喘的病因,可通过体外试验、体内试验、斑贴试验等多种方法寻找可能的过敏原,一旦确定过敏原后尽可能避免再次接触。对于由粉螨引起的过敏患者,要做到室内勤通风,保持室内干燥,常除尘,个人床单和衣物应勤洗、常晒。

(二)平喘药物

治疗过敏性哮喘的药物可分为以下两类。

1. 缓解性药物

也称解痉平喘药,应按需使用,可迅速解除支气管痉挛,从而缓解哮喘症状。这类药物包括短效 β_2 受体激动剂(SABA)、短效吸入型抗胆碱药(SAMA)、短效茶碱类药、全身用糖皮质激素等。

2. 控制性药物

需要长期使用。主要用于治疗气道慢性炎症,使哮喘维持临床控制,也称抗炎药。这类药物包括吸入型糖皮质教素(ICS)、白三烯(LT)调节剂、长效 β_2 受体激动剂(LABA、不单独使用)、茶碱缓释剂、色甘酸钠、酮替酚等。

3. 生物制剂

近年来,注射用奥马珠单抗已用于6岁及以上儿童、青少年和成人中重度过敏性哮喘的治疗,取得了较理想的治疗效果。

4. 粉螨过敏性哮喘的免疫治疗

采用粉螨提纯过敏原制成的疫苗对粉螨性哮喘患者进行特异性免疫治疗,在国内外已广泛应用。特异性免疫治疗(specific immunotherapy,SIT)又称脱敏治疗,是指用过敏原(致病抗原)从低浓度逐渐至高浓度反复给予刺激,使患者对过敏原产生耐受性,从而抑制过敏症状的发作。分子研究表明,特异性免疫治疗的机制是调整Th1/Th2免疫应答的失衡。机制为造成CD4$^+$ T细胞无反应性或凋亡,使T细胞出现无能反应,以致出现免疫耐受性,并保护特异性Th1细胞使其占优势,从而改变Th1/Th2免疫应答的失衡,最终降低对过敏原的反应。过敏原疫苗也可作为免疫调节剂调节或下调特应性患者的免疫应答,干扰变态反应的自然发展进程,具有预防和治疗的双重作用。近年国内的临床研究也证明了其具有良好的疗效。综上所述,粉螨性哮喘的发病以免疫功能紊乱为基础,细胞因子在调节机体免疫功能、促使哮喘发病中起中心作用。采用螨过敏原疫苗进行特异性免疫治疗可有效纠正Th1/Th2细胞免疫应答的失衡,减轻气道炎症反应,改善哮喘症状。随着对螨性哮喘发病机制研究的进一步深入以及开发疫苗技术的完善,过敏原疫苗必然会发挥更为理想的免疫保护力,造福广大螨性过敏性哮喘患者。

第三节　过敏性鼻炎

过敏性鼻炎(hypersensitive rhinitis)又称变应性鼻炎(allergic rhinitis,AR)或变态反应性鼻炎。鼻炎是泛指包括免疫学机制和非免疫学机制介导的鼻黏膜高反应性鼻病(hyper-reactivity rhinopathy),其中免疫学机制诱发的鼻炎称为过敏性鼻炎。鼻高反应性(nasal hyper-reactivity)是指鼻黏膜对某些刺激因子过度敏感而产生超出生理范围的过强反应,由此引起的临床状态称为鼻黏膜高反应性鼻病。刺激因子可有免疫性(过敏原)、非免疫性(神经性、体液性、物理性)之分,前者即由免疫学机制构成的过敏性鼻炎,后者则是由非免疫学机制引起的非过敏性鼻炎。过敏性鼻炎是发生在鼻黏膜的过敏性疾病,是特应性个体接触致敏原后由IgE介导的介质(主要是组胺)释放,并有多种免疫活性细胞和细胞因子等参与的I型过敏反应,以鼻痒、喷嚏、鼻分泌亢进、鼻黏膜肿胀等为主要特点。临床上常将本病分为常年性过敏性鼻炎和季节性过敏性鼻炎,后者又称为"花粉症"。虽然过敏性鼻炎不是一种严重疾病,但可以影响患者的日常生活、学习以及工作效率,并且造成经济上的沉重负担,还可诱发鼻窦炎、鼻息肉、中耳炎等,或与变应性结膜炎同时发生。本病还是诱发支气管哮喘的重要因素,多中心流行病学报道表明,患过敏性鼻炎比无鼻炎史者患哮喘的风险高出3~5倍。

一、流行病学

据WHO公布的数据,全世界约有5亿人罹患此病,其中以西欧、北欧、北美等发达地区流行率最高,一般介于12%～30%范围。我国在19世纪和20世纪初有地区性流行率的报道,均在0.5%～1.5%范围,而近年来,随着工业化程度的提高,发现率呈快速增长趋势。如北京地区3～5岁幼儿过敏性鼻炎流行率是9.1%,而在2010年则上升到15.43%。韩德民等在2007年公布了国内11个中心城市的流行病学调查资料,成人自报患病率介于9%～24.6%范围,平均为11.2%。

二、病因

多项研究认为,过敏性鼻炎是遗传基因和环境相互作用而引发的多因素疾病。有观点认为,遗传机制、大气污染以及人类生活方式中的花粉、螨类、动物皮屑、蟑螂过敏原、真菌过敏原、食物过敏原的暴露均容易导致过敏性鼻炎。本病以儿童、青壮年居多,男女性别发病无明显差异。导致过敏性鼻炎的致病危险因素主要与下列因素有关。

(一) 吸入性过敏原

吸入性过敏原存在于人类生活环境中,除花粉颗粒、真菌孢子、粉尘螨、动物排泄物之外,还包括空气污染等。其中,气传花粉和真菌孢子是室外环境中最主要的吸入性过敏原,而屋尘螨和粉尘螨、真菌和动物(宠物)皮屑以及蟑螂则是室内主要过敏原,粉尘螨、屋尘螨的虫卵、虫体、皮屑及排泄物均是强烈致敏的过敏原,以排泄物的致敏性最强。国内外大量有关对过敏原谱的研究已得到肯定,粉尘螨伴屋尘螨致过敏性疾病发生的比例高达80%～90%。这些过敏原的浓度与呼吸道过敏性疾病症状严重程度明显相关。Navpreet收集了125个患有AR和哮喘的125个家庭的500个粉尘样本,有466个样本检出螨类阳性,屋尘螨是最丰富和常见的过敏性螨种,依次是粉尘螨、小角尘螨、粗脚粉螨、腐食酪螨、害嗜鳞螨、梅氏嗜霉螨。有学者在以色列特拉维大过敏和哮喘中心对117名就诊的持续性鼻炎患者通过使用标准化的过敏原提取物进行皮肤针刺试验(SPT),检测的螨类分别为食皮螨科(DF)、热带裂皮螨科(BT)、腐食酪螨(TP)、拱殖食渣螨(AS)、食糖螨科(GD)、库氏裂皮螨科(BK)、荨麻疹四叶螨科(TU),发现大多数患者($n=95.81\%$)对至少一种螨提取物呈阳性SPT。最常见的阳性反应分别是DF(78%)、BT(77%)。另外,流行病学研究表明,长期暴露于交通运输和工业生产所致的空气污染会导致免疫反应和炎性反应功能障碍,增加罹患过敏性鼻炎的风险。而长期暴露于烟草烟雾环境的女性,其引发过敏性鼻炎的发病率显著增高。由此可见随着全球环境污染及气候和生态环境的变化,全球过敏性鼻炎患病率呈明显增长的趋势。

(二) 季节性过敏原

主要指木本类、禾木和草本类的风媒花粉,但螨类和真菌类受热湿气候影响也可有季节性增多。研究表明,花粉传播季节人体各种炎性细胞数量均有增加,花粉过敏与过敏性鼻炎呈正相关,是过敏性鼻炎的一种危险因素。我国早在20世纪七八十年代就进行了大面积的致敏风媒花粉调查,结果显示导致我国华北和东北地区大量季节性鼻炎发生的致敏花粉主要为蒿属花粉,而在南方地区多为草本科、桑菊科植物花粉。此外,值得注意的是,某些蔬菜、水果中的过敏原与植物花粉存在交叉反应性。多数过敏原具有蛋白水解酶活性,这种活性在很大程度上决定了该种过敏原的过敏原性和免疫原性。前者通过IgE介导，后者则直接影响靶细胞（黏膜上皮细胞、树突状细胞）。

（三）物理因素

多种物理因素如环境温度急剧变化、阳光或紫外线的强烈刺激等也可导致过敏性鼻炎的发生。

（四）细菌及毒素感染

各种细菌、病毒及其产生的毒素在机体内引起机体产生各种抗体，抗原-抗体复合物的产生可导致过敏性鼻炎的发生。

（五）遗传因素

随着遗传学的研究进展，越来越多的学者认为，过敏性鼻炎的多种表现型都处于较强的遗传机制控制之下，是一种具有多基因遗传倾向的疾病。过敏性鼻炎属过敏性疾病之一，故也常表现出家族易感性。有学者研究认为，过敏体质对过敏原刺激反应敏感，接触过敏原时产生过敏反应概率增大。国外一项研究显示在过敏性鼻炎家系中三级亲属患病率分别为Ⅰ级亲属（12.11%）＞Ⅱ级亲属（5.12%）＞Ⅲ级亲属（2.75%）＞一般人群（1.20%）。研究还显示，孕期母亲的健康情况与出生后儿童的体质密切相关，母亲孕期发生过敏症状，儿童出生后发生过敏性鼻炎的概率增大。上述研究均证实了过敏性鼻炎具有的遗传倾向，因此家族性遗传因素是过敏性鼻炎发生的危险因素之一。过敏性鼻炎作为复杂的多基因遗传性疾病，目前还未有明确的致病基因报道。但是近年来，通过分子遗传学的研究，尤其利用一些遗传学研究手段发现多个基因及相关的转录因子参与发病过程，其中包括IgE相关候选基因，细胞因子、重要的转录因子以及T细胞表面抗原等候选致病基因。现有遗传学研究结果并不能解释过敏性鼻炎流行率持续增加这一事实，表明该病是基于多个基因表达水平的差异，多基因的遗传特性不呈现经典的孟德尔遗传模式，而是以更复杂的情形出现，这与环境因素有极大的相关性。近年许多研究试图从表观遗传学的角度来进一步揭示环境因素对过敏性鼻炎发病机制的影响。已有的研究不管是流行病学还是实验研究均提示，近30年来生态环境的改变可通过表观遗传学多种机制（DNA甲基化、组蛋白修饰以及非编码微小RNA等）对呼吸道黏膜系统的先天免疫和获得性免疫进行调控，使得患者对过敏原易感性增加。此外，过敏性鼻炎的发病还可能与饮食结构的改变以及"过度清洁"的生活方式有关。

三、发病机制

目前，过敏性鼻炎公认的机制为：过敏原进入致敏个体后，引起相关炎症介质释放和多种炎症细胞聚集，大多数过敏原为吸入性抗原，其中以花粉和螨（粉尘螨、屋尘螨）最常见。当抗原进入黏膜后，与聚集在鼻黏膜肥大细胞表面的高亲和力IgE受体（FcεRⅠ）相结合，引起肥大细胞释放炎性介质（如组胺）和合成的炎性介质（如白三烯等）刺激鼻黏膜的感觉神经末梢和血管，兴奋副交感神经，这一过程称为速发相反应，最终引发患者鼻痒、打喷嚏、清水样涕等症状。组胺等炎性介质募集和活化嗜酸粒细胞及 Th2 淋巴细胞等免疫细胞,导致炎性介质的进一步释放,炎性反应持续和加重,鼻黏膜出现明显组织水肿导致鼻塞,这一过程称为迟发相反应,见图 5.1。

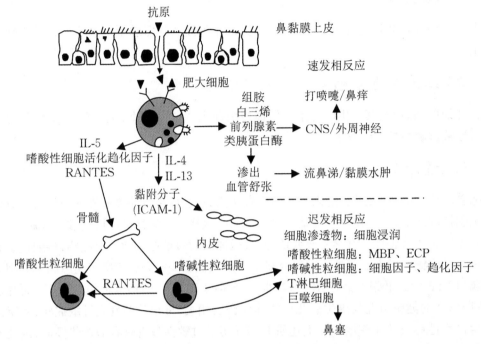

图 5.1　过敏性鼻炎的发病机制示意图(张建基,2019)

MBP 为甘露糖结合蛋白;ICAM-1 为细胞间黏附分子 1;ECP 为嗜酸性粒细胞阳离子蛋白;

CNS 为中枢神经系统;RANTES 为调节活化正常 T 细胞表达与分泌的趋化因子;IL 为白介素

鼻过敏反应是以 Th2 免疫反应为主的过敏反应炎症。当进入鼻黏膜的抗原物质为病毒、细菌时,则在体内引起以 Th1 细胞为主的反应,Th1 细胞分泌 IL-2、IFN-γ 等炎症因子,介导抗感染的细胞免疫;如抗原物质为过敏原,则启动以 Th2 细胞为主的反应,Th2 细胞分泌 IL-4、IL-5、IL-13 等介导体液免疫。Th2 细胞因子作用于 B 细胞,后者转化为浆细胞产生和分泌特异性 IgE。IgE 借其在肥大细胞或嗜碱性粒细胞表面上的受体 FcεR Ⅰ 和 FcεR Ⅱ 而结合在这两种细胞上,这个阶段即为致敏阶段。

鼻黏膜上皮细胞作为接触外界环境各种刺激因子的第一道防线,既是物理屏障,也是重要的免疫屏障。上皮细胞也有抗原提呈细胞的功能,其表面表达 IgE 的两种受体 FcεR Ⅰ 和 FcεR Ⅱ。上皮细胞可合成和释放多种细胞因子和炎性介质,其中有嗜酸性粒细胞趋化因子、细胞间黏附因子 1、血管细胞黏附因子、嗜酸性粒细胞趋化素、肥大细胞生长因子、干细胞因子、促炎细胞因子、IL-1β、TNF-α、IL-6、IL-8、粒细胞单核克隆刺激因子、血管内皮生长因子等。上皮细胞层的完整性依赖多种细胞间紧密连接的蛋白,但上皮细胞又同时存在蛋白酶激活受体。多种吸入性过敏原依靠其具有的蛋白酶使得上皮细胞屏障的完整性受到破坏,鼻黏膜上皮细胞的完整性遭到破坏后过敏原更易进入鼻黏膜;同时,在过敏原刺激下由上皮细胞产生的胸腺基质淋巴细胞生成素又可经树突状细胞诱导 Th2 反应。此外,近年发现的 2 型天然淋巴样细胞或称 nuocytes 等在上皮细胞释放的 TSLP、IL-25,IL-33 等因子的刺激下也可诱导 Th2 反应的发生。

当过敏原再次进入鼻腔时，便可激发出过敏性鼻炎的临床症状和鼻黏膜的炎症反应。这一阶段分为速发相和迟发相。

（一）速发相

发生于与过敏原接触的数分钟内。主要由肥大细胞/嗜碱性粒细胞脱颗粒释放的炎性介质引起。过敏原与肥大细胞/嗜碱性粒细胞表面的两个相邻IgE桥联，产生信号传导，导致钙离子进入细胞内，激活蛋白激酶C，使细胞内颗粒膜蛋白磷酸化，将预先合成并储藏在细胞内的炎性介质如组胺等通过脱颗粒形式释放出来，又诱导细胞膜磷脂介质合成，如花生四烯酸代谢产物（前列腺素，白三烯），这些炎症介质作用于鼻黏膜的感觉神经末梢、血管壁和腺体，便产生了速发相的鼻部症状：多发性喷嚏、鼻溢和鼻塞。

（二）迟发相

发生于速发相后的4～6小时，主要是由各种细胞因子引起炎性细胞浸润的黏膜炎症，也是局部炎症得以迁延的主要原因。Th2细胞、上皮细胞、成纤维细胞释放的细胞因子趋化至鼻黏膜，并在局部集聚。同样肥大细胞、嗜酸性粒细胞和上皮细胞也分泌多种促炎细胞因子和趋化因子，进一步促进嗜酸性粒细胞在局部的浸润、集聚，并使其生存期延长。嗜酸性粒细胞释放的毒性蛋白又造成鼻黏膜损伤，再次加重局部炎症反应。

一些新识别的T细胞亚群如调节性T细胞、Th17、Th3、Th9以及Th10等对Th2细胞的分化均有调节作用，但其复杂的信号传导途径和机制仍在研究和探索中，这类研究成果也可能成为过敏性鼻炎新的治疗靶点。

（三）病理

过敏性鼻炎主要是以淋巴细胞、嗜酸性粒细胞浸润为主的变态反应性炎症。病理显示鼻黏膜水肿，血管扩张，腺细胞增生。甲苯胺蓝染色可见肥大细胞在血管周围、黏膜表层乃至上皮细胞间增多。鼻黏膜浅层活化的树突状细胞（CD1$^+$）、巨噬细胞（CD68$^+$）等HLA-DR阳性的抗原提呈细胞增多。上皮细胞有促进肥大细胞成熟的干细胞因子及多种细胞因子的表达。肥大细胞、嗜酸性粒细胞、巨噬细胞和上皮细胞均有IgE受体（FcεRⅠ）。此外，上皮细胞存在有诱生型一氧化氮合成酶，在抗原的刺激下一氧化氮生成增加。轻度持续性炎症反应是过敏性鼻炎鼻黏膜病理的另一特征。其主要特点是临床症状消失后黏膜内仍有少许嗜酸性粒细胞浸润和炎细胞黏附分子的存在，使鼻黏膜处于高敏状态。

四、临床表现

（一）临床症状

过敏性鼻炎的典型症状是鼻痒、阵发性喷嚏、大量水样鼻溢和鼻塞。多数患者有鼻痒，有时伴有软腭、眼和咽部发痒。每天常有数次阵发性喷嚏发作，每次少则3～5个，多则十几个，甚至更多，多在晨起或夜晚或接触过敏原后立刻发作。患者可有大量清水样鼻涕，有时可不自觉从鼻孔滴下。鼻塞呈间歇性或持续性，单侧或双侧，轻重程度不一。部分患者伴有嗅觉减退,多为暂时性,也可为持久性。患者还可出现头痛、头昏、耳闷、流眼泪、声嘶、哮喘发作等。

若患者对花粉过敏,患者在花粉播散期间,每天清涕涟涟,眼结膜充血,重者由于反复揉眼而致眼睑部红肿。鼻黏膜水肿明显,鼻塞较重,部分患者嗅觉减退,与鼻黏膜广泛水肿有关。有患者伴有下呼吸道症状,喉痒、胸闷、咳嗽、哮喘发作,持续数周,季节一过,症状缓解,不治而愈,次年相同季节再次发作。而对常年性过敏原过敏者,呈间歇性或持续性发作,发作季节和时间不定,常在打扫房间、整理被褥或衣物、嗅到霉味、接触宠物时发作。临床上以中-重度持续性者居多,这类患者症状重,求医欲望强。

(二) 体征与实验室检查

过敏性鼻炎患者鼻黏膜苍白、双下鼻甲水肿,总鼻道及鼻底可见清涕或黏涕。一般检查:由花粉引起者常可见眼睑肿胀、结膜充血,鼻黏膜水肿、苍白,鼻腔有水样或黏液样分泌物,鼻甲肿大,1%麻黄碱可使其缩小,有时可发现中鼻道小息肉。对常年性过敏原敏感者鼻黏膜呈暗红色、浅蓝或苍白。病程长者中鼻甲前端水肿或息肉样变,下鼻甲肥厚;若伴有胸闷、哮喘者听诊可闻及肺部喘鸣音。发作期的鼻分泌物涂片检查可见较多嗜酸性粒细胞(嗜伊红染色),鼻黏膜刮片检查可见有肥大细胞或嗜碱性粒细胞(甲苯胺蓝染色)。

1. 血清特异性IgE检测

抽患者静脉血,做免疫学检测,不受药物及皮肤状态的影响。确诊过敏性鼻炎的过敏原,需要结合临床表现、病史、皮肤点刺试验、血清特异性IgE检测结果综合考虑。

2. 皮肤点刺试验

使用标准化过敏原试剂,在前臂掌侧皮肤点刺,20分钟后观察结果。每次试验均应进行阳性和阴性对照,阳性对照采用组胺,阴性对照采用过敏原溶媒。按相应的标准化过敏原试剂说明书判定结果。皮肤点刺试验应在停用抗组胺药物至少7天后进行。

3. 鼻激发试验

是过敏性鼻炎诊断金标准,但具有风险,临床上不作为常规检查方法。

五、诊断与鉴别诊断

(一) 诊断

早期诊断对过敏性鼻炎的治疗具有重要意义。根据《变应性鼻炎诊断和治疗指南》的相关规定,过敏性鼻炎的诊断应结合患者病史、临床症状及体征、相关实验室检查指标综合诊断。临床症状包括鼻塞、鼻痒、喷嚏、清水样涕等,可能伴有眼痒、结膜充血等症状。体征表现为鼻腔水样分泌物、鼻黏膜水肿等。同时进行皮肤点刺试验、血清特异性IgE检测等诊断性试验。其中,皮肤点刺试验具有一定的潜在风险,并不适用于不能终止药物治疗的患者以及皮肤大面积损害的患者。血清特异性IgE检测适于任何年龄的患者,其特异性较高,但相对灵敏度较低。此外,鼻内镜检查对过敏性鼻炎的诊断也是必要的,能够了解鼻部及鼻塞的病理改变。常规鼻窥器、鼻咽部检查极易发生漏诊,应使用鼻内镜对鼻部进行彻底的检查。除此之外,还需询问患者其家族过敏史、既往史、工作环境和生活环境等情况。最后确诊需

要病史与特异性IgE检测结果相符。结合我国患者的具体情况,2009年我国颁布的过敏性鼻炎诊断标准如下:

(1) 鼻痒、喷嚏、鼻分泌物和鼻塞4大症状中至少2项,症状持续0.5~1小时以上,每周4天以上。

(2) 过敏原皮肤试验呈阳性反应,至少1种为(++)或(++)以上/或过敏原特异性IgE阳性。

(3) 鼻黏膜形态炎性改变。

主要根据前两项即可作出诊断,其中病史和特异性检查结果应相符。

(二) 鉴别诊断

过敏性鼻炎应与下列高反应性鼻病鉴别:

1. 急性鼻炎

为病毒感染性疾病。发病早期有喷嚏、清涕,但病程短,一般为7~10天。常伴有四肢酸痛,全身不适、发热等症状,早期鼻分泌物可见淋巴细胞,后期变为黏脓性,有大量中性粒细胞。

2. 血管运动性鼻炎

临床表现与过敏性鼻炎相似,发病原因不明确,过敏原皮肤试验和特异性IgE测定为阴性,鼻分泌物涂片无典型改变。

3. 非变应性鼻炎伴嗜酸性粒细胞增多综合征

症状与过敏性鼻炎相似,鼻分泌物中有大量嗜酸性粒细胞,但皮肤试验和IgE测定均为阴性,也无明显的诱因。非变应性鼻炎伴嗜酸性粒细胞增多综合征的病因及发病机制不明,有人认为可能是阿司匹林耐受不良三联征早期的鼻部表现。

4. 冷空气诱导性鼻炎

患者每于冷空气接触即刻喷嚏发作,继之清涕,并有鼻塞。可能与冷空气诱导肥大细胞组胺释放有关。

5. 反射亢进性鼻炎

本病以突发性喷嚏发作为主,发作突然,消失亦快。鼻黏膜高度敏感,稍有不适或感受某种气味,即可诱发喷嚏发作,继之清涕流出。临床检查均无典型发现。该病可能与鼻黏膜感觉神经C类纤维释放过多神经肽类P物质(SP)有关。

6. 内分泌性鼻炎

多见于女性经前期综合征,也可见于蜜月期女性,即所谓蜜月性鼻炎,与雌激素诱发肥大细胞释放组胺有关。临床表现以鼻溢、鼻塞为主,伴有喷嚏发作。

7. 顽固性发作性喷嚏

多由焦虑、压抑等精神障碍引起,此类喷嚏多不明显或无吸气相,因此与"正常"喷嚏相比,多表现为"无力"。多见于年轻患者,且以女性居多。

六、治疗

过敏性鼻炎的治疗原则包括尽量避免接触过敏原,正确使用抗组胺药和糖皮质激素,如有条件可行特异性免疫疗法。对过敏性鼻炎积极有效的治疗可预防和减轻哮喘的发作。

（一）预防

预防过敏性鼻炎的首要方法是远离过敏原。在治疗过程中,医生应根据患者自身情况来选择适合患者的治疗药物和方法。此外,过敏性鼻炎患者应加强锻炼,提高自身免疫力,注意饮食,避免食用引起自身过敏反应的食物。最后,患者应在医生的建议下合理用药,切忌盲目治疗,避免因盲目治疗而导致病情加重。因粉螨在过敏性鼻炎的病因中占有较大的比例,下面介绍几种粉螨的预防措施:

1. 屋内通风

粉螨喜湿、高温和有灰土的环境,温度20～25 ℃、相对湿度65%～80%,极适宜粉螨的生长发育及繁殖。所以,保持干燥、勤通风是消灭它们的最佳途径。为避免粉螨引起的过敏性疾病,要经常保持屋内通风、透光,特别是在使用空调时更要注意室内的通风、换气,要经常对空调滤网进行清洁除尘。

2. 晒洗衣物

螨虫分布广泛,无处不在,特别容易聚集在棉麻等织物上。因此,要常给衣物清洁除尘,可用热水经常清洗床上用品。尽量简化房间布置以方便除尘,室内最好不要铺地毯,并且避免在家中摆放挂毯及其他容易堆积灰尘的东西。

3. "湿式作业"打扫卫生

粉螨及其排泄物会在人们整理房间时飞扬在空中,然后被人们吸入支气管中,引发明显的过敏症状。因此打扫卫生时,一定注意要用湿抹布或特制的除螨抹布,保持"湿式作业"打扫卫生,避免灰尘扬起,减少螨虫借助空气分散的机会。

4. 不储存过多的食物

饼干、奶粉等食品是粉螨孳生的地方,白糖、片糖、麦芽糖、糖浆等含糖量高的食物是甜食螨的最爱,如果粉螨随食物进入体内,将成为人们患病的隐患。所以,家中贮存的食品不宜过多、时间不宜过长,凡含糖的食物、药物用后要注意完好储存。

5. 远离宠物和花肥

肥料中有许多螨类和真菌,因此在给花草施肥时可以在花草的根部施肥,会减少螨虫的生长速度。另外,宠物也会成为螨虫的生存环境,如果家里有宠物,要经常给宠物洗澡、消毒。

（二）药物治疗

药物由于服用简便且效果明确,是治疗本病的首选措施。

1. 抗组胺药

H_1受体拮抗剂类抗组胺药是轻度间歇性过敏性鼻炎和持续性过敏性鼻炎的首选药。此药对治疗鼻痒、喷嚏和鼻分泌物增多有效,但对缓解鼻塞作用较弱。有明显嗜睡作用的第一代抗组胺药现已少用,而改用第二代抗组胺药。二代抗组胺药最大特点是在推荐剂量下安全性好、无嗜睡作用、长效。口服制剂一般在服药后30分钟起效。临床上有西替利嗪、左西替利嗪、氯雷他定、地氯雷他定等。鼻喷剂起效快,一般在用药后10～15分钟起效。左卡巴斯丁鼻喷剂每侧鼻孔2喷,每日2次,严重病例可增至3～4次/天;氮卓斯汀鼻喷剂每侧鼻孔

2喷,每日2次。

2. 糖皮质激素

临床上多用鼻内糖皮质激素制剂。这类糖皮质激素包括丙酸氯地米松、布地奈德、醋酸曲安奈德、丙酸或糠酸氟替卡松、糠酸莫米松喷鼻剂等,其特点是对鼻黏膜局部作用强,按推荐剂量使用可将全身副作用降至最低。一般每鼻2喷,每日1次。中-重度间歇性或持续性过敏性鼻炎应首选鼻内糖皮质激素,并可酌情加用二代H_1受体拮抗剂类抗组胺药,用药一般为8~12周。由于花粉过敏者发作时间明确,故应在每年患者发病前两周开始鼻内应用糖皮质激素,至发病期加用抗组胺药,一般可使患者症状明显减轻。地塞米松配制的滴鼻药,因易吸收,不提倡使用。此外,也不提倡鼻内注射其他皮质激素。全身应用糖皮质激素仅用于少数季节性加重的重症患者,如局部用药疗效不佳、鼻塞、流涕严重,伴有下呼吸道症状,疗程一般不超过2周,应注意用药禁忌证。多采用口服醋酸泼尼松,连服7天后改为鼻内局部应用。

3. 减充血剂

多采用鼻内局部应用。造成鼻黏膜肿胀的容量血管有两种肾上腺能受体α-1和α-2,前者对儿茶酚胺类敏感,常用1%麻黄碱;后者对异吡唑林类的衍生物敏感,如羟甲唑林。口服减充血药如苯丙醇胺,药效时间长是其优点,但对高血压和心血管疾病者应慎用。减充血剂的使用为7~10天,长时间使用可发生药物诱导性鼻炎,致使鼻塞加重。

4. 抗胆碱药

用于治疗鼻溢严重者。0.03%异丙托溴铵喷鼻剂可明显减少鼻水样分泌物。

5. 肥大细胞稳定剂

色甘酸钠能够稳定肥大细胞膜,防止脱颗粒释放介质。临床上应用4%溶液滴鼻或喷鼻。口服的尼多可罗,效用明显强于色甘酸钠。

6. 生物制剂

奥马珠单抗是一种人源化重组抗IgE单克隆抗体,其主要适应证是经过其他药物治疗仍不能控制的重度过敏性鼻炎或哮喘。但因治疗周期长,经济成本大使其不能广泛应用于临床。

(三) 特异性免疫疗法

特异性免疫疗法是通过逐渐增加过敏原提取物的剂量,对过敏者进行反复接触,提高患者对此类过敏原的耐受性,从而控制或减轻过敏症状的一种治疗方法,是迄今为止唯一能改变过敏性鼻炎自然病程的方法。此法能使机体产生"封闭抗体"以阻抑过敏原与IgE的结合。最近研究发现其机制是增强调节性T细胞能力、抑制T细胞向Th2细胞转化从而减少Th2型细胞因子的产生。我国在2012年发布了"中国特异性免疫治疗的临床实践专家共识(2012)"。该共识对特异性免疫治疗的过敏原疫苗的标准化、实行免疫治疗的医师资质、设备条件、适应证和禁忌证、剂量调整和安全保证进行了介绍。目前在临床上常用的方法分为皮下注射和舌下含服两种。免疫治疗的最大问题是治疗周期长和安全性,因此人们正探索更适合的疫苗和给药途径,如变应原DNA疫苗、基因修饰的类变应原,区域免疫或淋巴结内免疫等。

(四)中西医结合

近年来临床上常采用中西医结合治疗过敏性鼻炎,是本病治疗的一个趋势。遵循"急则治其标,缓则治其本"的治疗原则,在本病的急性发作期常常会选用糖皮质激素、抗组胺类药物、抗白三烯等药物来缓解临床症状,症状缓解后加用中药或中成药一同治疗。有学者研究得出中西医联合治疗过敏性鼻炎临床效果更优越。

(五)其他疗法

对鼻甲黏膜进行激光照射、射频以及化学烧灼等可降低鼻黏膜的敏感性,但疗效较短;对增生肥大的下鼻甲做部分黏膜下切除可改善通气,但应严格掌握适应证。

第四节 过敏性咳嗽

过敏性咳嗽(allergic cough,AC)又称变应性咳嗽,主要是指临床上某些慢性咳嗽患者具有一些特应性因素,临床无感染表现,抗生素治疗无效,抗组胺药物、糖皮质激素治疗有效,但不能诊断为哮喘、过敏性鼻炎或嗜酸性粒细胞性支气管炎。患者往往有个人或家族过敏症。

一、病因

接触环境中的过敏原,如花粉、室内尘土、粉尘螨、霉菌、病毒、动物皮毛、蟑螂、羽毛、食物等常诱发过敏性咳嗽。室内空气污染和有害气体,如化学气体,包括油漆、苯、甲醛等装饰材料的气味、含有DDV等各种化学杀虫剂、香烟雾、油烟、煤烟和蚊香烟雾也是常见的诱因。冷空气、气候变化等也可引起这些患者出现咳嗽。随着生活水平的提高,新的过敏原频频进入人们的生活领域,人们出差、旅行、度假等机会增多,活动地域不断扩大,过敏原的接触范围也增大,因此过敏性咳嗽的防治往往较为困难,防不胜防。遗传因素在过敏性咳嗽的发病中也起着重要作用,患者往往有个人或家族过敏史,是由遗传因素和环境因素共同作用的结果。从单合子双胞胎在过敏性咳嗽发病中的不一致性来看,环境因素在过敏性咳嗽的发病中可能具有同等重要的作用。

二、发病机制

过敏性咳嗽的发病机制尚不完全明确。现代医学认为其发病机制可能与哮喘有相似的气道炎症形式。

(一)遗传因素

研究发现HLA-DR等位基因和过敏反应发生呈负相关,同时有研究表明具有DR基因型的T细胞容易对各种螨虫抗原有变态反应,呈现一个更高的IFN-γ/IL-4比例,超过DQ

或DP型T细胞反应比例。推测DR相关肽复合物在T细胞受体间亲和力最强,导致机体向Th1型免疫反应发展。

(二)免疫因素

研究发现过敏性咳嗽患者体内淋巴细胞免疫失衡,Th1/Th2淋巴细胞失衡,患者体内IL-4、IL-5、IL-13表达最强,表明Th2型淋巴细胞功能亢进;而IL-4、IFN-γ等细胞因子表达减弱,表明Th1淋巴细胞免疫被抑制。

(三)嗜酸性粒细胞作用

过敏性咳嗽患者呼出的气体中一氧化氮水平明显低于其他呼吸道过敏性疾病,一氧化氮水平高低是气道嗜酸性粒细胞炎症程度的直接反应。过敏性咳嗽患者支气管黏膜下嗜酸性粒细胞浸润明显,而痰液中嗜酸性粒细胞数量较少。

以上多种机制加上患者咳嗽机制的紊乱共同导致过敏性咳嗽的发生。

三、临床表现

(一)临床症状

过敏性咳嗽的症状主要为长期顽固性咳嗽,多持续3周以上。常常在吸入刺激性气体、室内污染空气、有害气体、冷空气、接触过敏原(如花粉、室内尘土、粉螨、霉菌、病毒、动物皮毛、蟑螂、羽毛、食物等)、运动或上呼吸道感染后诱发。部分患者没有任何诱因,多在夜间或凌晨加剧。有的患者发作有一定的季节性,以春秋季节为多。易发人群为儿童及其他过敏体质的人。典型症状包括慢性阵发性刺激性干咳,或有少量白色泡沫样痰,在吸入烟雾或油漆、敌敌畏等化学气味可加重,应用多种抗生素治疗无效,胸片或CT检查无明显异常。另外有40%的患者可合并打喷嚏、流鼻涕等过敏性鼻炎症状。

(二)实验室检查

1. X线检查

胸部X线片显示正常或者肺纹理增加但无其他器质性改变。

2. 检查气道可逆性阻塞

主要是支气管舒张试验和呼气峰流速变异率检测。当患者第1秒时间肺活量降低至正常预计值的70%以下时,需要支气管舒张试验。呼气峰流速变异率检测主要在缺乏设备无法进行支气管激发或舒张试验检查的情况下使用,一般要求连续监测至少2周,当每周至少3天峰流速变异率>20%才能判定为阳性。

3. 气道高反应性检测

是采用不同的激发物去引发支气管不正常的收缩后,再次测定肺功能来判断肺功能指标变化的情况,判断气道高反应性的程度。常选用胆碱类药物如乙酰甲胆碱进行试验。当FEV1下降达20%或更多时表明支气管激发试验阳性。支气管哮喘或患有气道高反应性疾病的患者,此项试验结果常为阳性。过敏性咳嗽患者激发试验往往为阴性。

4. 过敏原检测

对于过敏性咳嗽的患者需要进行过敏原检测以尽早明确过敏原,从而对过敏性咳嗽患者采取相应的预防或治疗措施。目前公认的过敏原检测方法有两大类:

(1)体内试验:即皮肤试验(包括皮内注射试验、皮肤划痕试验、皮肤点刺试验等)。

(2)体外试验:采集患者外周血液进行的体外过敏原检测试验,主要检测血清中的特异IgE。

四、诊断与鉴别诊断

(一)诊断

根据中华医学会呼吸病学分会2005年提出的过敏性咳嗽参考标准:

(1)慢性咳嗽。

(2)肺通气功能正常,气道高反应性检测阴性。

(3)具有下列指征之一:过敏物质接触史;过敏原皮试点刺试验阳性;血清总IgE或特异性IgE增高;咳嗽敏感性增高;排除咳嗽变异型哮喘(CVA)、非哮喘性嗜酸粒细胞性支气管炎(NAEB)、鼻后滴流综合征等其他原因引起的慢性咳嗽;抗组胺药物和(或)糖皮质激素治疗有效。

(二)鉴别诊断

1. 咳嗽变异型哮喘(CVA)

CVA是哮喘的一种特殊类型,咳嗽是其唯一或主要临床表现,患者常无明显喘息、气促等症状或体征,但存在气道高反应性。主要表现为刺激性干咳,通常咳嗽比较剧烈,夜间及凌晨咳嗽为其重要特征。

2. 嗜酸细胞性支气管炎(EB)

EB临床特点为慢性咳嗽,大多为干咳,有时有少许白色黏液痰,不伴有喘息。其诊断标准是痰液或诱导痰液中嗜酸性粒细胞增高(>3%),肺功能显示无支气管高反应性,乙酰胆碱激发试验阴性,无可逆性气道阻塞的证据,因此,支气管舒张剂治疗无效,口服或吸入糖皮质激素治疗有效。

3. 上感后慢性咳嗽

多见于<5岁的学龄前儿童,通常在一次上感后咳嗽持续4~6周。冬春季节难愈,反复上感者咳嗽可持续数月。其临床特点有:

(1)咳嗽发生于冬春季节,夏天不咳。

(2)开始时先有上感症状如流涕、发热,后出现咳嗽,可为干咳,可伴咽部痰鸣。

(3)两次上感之间可见咳嗽症状减轻。

(4)体征方面可见流涕、咽红,肺和胸X线片(一)。

近年有文献报告约18%的慢性干咳找不出病因,被称为特发性持续性咳嗽,多种治疗无效,可能是患者存在上呼吸道病毒感染引起的咳嗽。

4. 鼻后滴流综合征

通常是指鼻、鼻窦分泌物后滴，反复吸入刺激咽喉局部反射引起慢性咳嗽，包括各种病因如慢性鼻炎、过敏性鼻炎、血管舒缩性鼻炎、鼻窦炎、鼻息肉等。鼻黏膜可具有同下呼吸道相似的炎症反应，慢性炎症损害黏膜上皮细胞，受体暴露，通过三叉神经和舌咽神经传导至咳嗽中枢，再由迷走神经传出支引起咳嗽。临床特点有：

（1）慢性咳嗽伴或不伴咳痰，咳嗽以夜间和清晨为重。

（2）经常鼻塞、流涕，先为清水鼻涕，单纯鼻炎也有流黄鼻涕，并不代表有细菌感染，由脱落细胞和炎细胞构成。

（3）咽干、有异物感、咽后壁黏液附着感。

（4）少数病儿单以头痛、头晕为主诉。

（5）更少的患儿以长期低热为主诉，检查上颌窦区有压疼，鼻开口处有黄白色分泌物流出。

5. 胃食管反流（GER）

患者的消化道症状多不明显而容易被忽略。以咽、喉、支气管症状为主要表现，特别是婴幼儿，慢性咳嗽是GER的唯一症状。机制主要有两种可能，其一是反流的食物被吸入气管，诱发了支气管痉挛；其二是食管下段的pH较低和张力下降引起了食管下段扩张，反流的胃肠道物质刺激了迷走神经在食管黏膜中的受体，继而迷走神经反射性地引起了支气管收缩。胃pH监测仍然是最简单、敏感和特异的诊断GER的方法。

6. 支气管异物

好发于儿童，多数患儿有吸入异物史，可直接经气管镜取出异物，少数病儿由于呛入细微异物，极难被家长发现，缺乏主诉异物吸入史和急性症状，以慢性咳嗽为主要症状，而以气管炎、哮喘、肺炎治疗长期反复不愈。因经常使用抗生素，胸部X线片、血象变化不明显。经气管镜取出异物后，患儿的咳嗽得以缓解和治愈。

7. 精神性咳嗽

又称心因性咳嗽或习惯性咳嗽，多发生在学龄期儿童。通常发生于上感症状消失后，表现为刺激性干咳，咳嗽持续，咳声响亮、刺耳，当注意力集中到咳嗽时症状加重，睡眠时症状消失。诊断本病时一定要慎重，必须首先排除其他器质性病变。

五、治疗

虽然过敏性咳嗽通常没有生命危险，但由于过敏性咳嗽可以发展为典型哮喘，且本病可以严重影响睡眠、工作和学习，因此应及早诊断并积极治疗。一旦确诊为过敏性咳嗽，应停止应用抗生素或抗病毒药物，同时应注意避免过敏原的接触。

（一）预防

1. 注意休息，保持室内通风、干燥和清洁

患者应减少活动，增加休息时间，卧床时头胸部稍提高，使呼吸通畅。保持室内空气新鲜，保持适宜的温湿度，避免对流风。要避免情绪过度激动。勤换枕套衣被，经常清除螨虫及其代谢产物，并置于太阳下长时间晾晒。

2. 注意饮食禁忌

饮食忌寒凉,忌辛辣刺激及鱼腥食品。慎服肥腻甜甘之味,如肥肉、甜饮料、甜食等;避免食用会引起过敏症状的食物,慎服虾蟹等海鲜。

3. 粉螨的防治

粉螨喜湿厌干,因此,降低贮粮、食品中的水分和仓库内的湿度,保持良好通风、干燥环境,是防治粉螨最有效的方法。粉螨能抗低温,不耐高温,温度低于0℃左右停止活动,温度达42℃时则迅速死亡,因而将粮食、日常用品置于日光下暴晒是简便易行的灭螨方法。谷物、食品不能用剧毒杀虫剂,倍硫磷、杀螟松等对粉螨具有良好的杀灭效果。实验表明:4×10^{-6}浓度的杀螟松(Fenitrothion)处理谷物时对腐食酪螨有显著的杀灭作用。仓库中常用的熏蒸剂有氯苦、磷化氢(PH_3)、二硫化碳(CS_2)、溴甲烷($CH_3—Br$)等。近年已发展利用微波、电离辐射、微生物、激素等手段,达到阻碍或制止粉螨生长发育而使其死亡。另外,也应注意食品卫生,不食生冷的食品,并避免粉螨污染熟食和糕点等。

(二)药物治疗

1. 吸入糖皮质激素

吸入糖皮质激素制剂的时间应至少持续3个月,以免复发。临床常用的为激素和β_2受体兴奋剂的混合剂如信必可都保、舒利迭等。

2. 气管扩张剂

如吸入或口服β_2受体兴奋剂或(和)口服茶碱类药物,可以暂时缓解咳嗽症状,但不建议长期单独使用。

3. 抗过敏药物

如左西替利嗪、西替利嗪、氯雷他定、地氯雷他定、酮替芬等,肥大细胞稳定剂如Nedocromil、色甘酸钠等也可以收到良好的效果,但往往需要持续应用2周以上。对于停药后又反复发作的患者应及时查清过敏原,采取有效的预防手段,必要时给予过敏原疫苗治疗。

4. 白三烯受体拮抗剂

孟鲁司特,它与糖皮质激素一起被称为咳嗽、哮喘治疗的"双通道"药物。

5. 其他

有研究显示大环内酯类药物治疗小儿过敏性咳嗽效果确切。

(三)中医中药治疗

中医认为过敏性咳嗽主要与"风""痰"有关,急性期采用祛风化痰的中药来疏风、清肺、化痰止咳,缓解期则用补肺健脾方法去除"宿根",常能取得不错疗效。

第五节　过敏性咽炎

过敏性咽炎(allergic pharyngitis)又称"变态反应性咽炎"。是指在临床上具有某些特应性因素患者具有发作时咽干、咽痒、刺激性咳嗽、无痰或伴有少量稀薄黏痰,发作时间以夜间或晨起出门时频繁,抗组胺药物及糖皮质激素治疗有效,但又不能诊断为哮喘、过敏性鼻炎或嗜酸粒细胞性支气管炎的一种炎症性咽部疾病。病程时间长,往往达1~2月。部分在内科就诊时对支气管舒张剂效果不佳的干咳患者也是过敏性咽炎,检查时发现咽部黏膜水肿伴后壁淋巴滤泡增生,咽后壁咽液涂片可见嗜酸性粒细胞。

一、流行病学

我国尚无全国范围的过敏性咽炎流行病学调查资料及诊断标准。但有人做了慢性咽炎的流行病学调查,发现过敏因素在慢性咽炎(CP)发病中发挥了很大的作用。多数慢性咽炎患者具有咽部痒感,阵发性干咳等过敏反应性炎症的症状,并且非特异性抗过敏药物及激素治疗有效。慢性咽炎患者过敏原检测阳性率高达50%~60%,均提示过敏因素在慢性咽炎发病中具有重要作用。钟南山、赖克方等对伴有咽喉炎样表现的慢性咳嗽患者的病因进行分析,发现过敏性咳嗽占14.72%,说明过敏因素也是慢性咽炎的一个重要病因。陶泽璋等人对伴有过敏反应的慢性咽炎患者给予抗过敏治疗,疗效较好,从而提出了"变应性咽炎"的概念,并且变应性咽炎和日本学者Fujimura在1992年首次提出的变应性咳嗽的概念有所重叠,表现为过敏性非哮喘性可伴有咽喉部症状的慢性干咳,支气管扩张剂无效,肺功能正常,无气道高反应性证据,抗组胺药或糖皮质激素治疗效果良好。

二、病因

过敏性咽炎与呼吸道其他部位过敏反应性炎症相同。过敏原主要有花粉、粉尘螨、屋尘螨、霉菌抱子、动物皮屑等吸入性过敏原,来自工作场所的化学物和刺激物、生物制剂(胰岛素、过敏原浸液、血液制品等)、药物、昆虫蜇伤、动物抗血清、食物过敏原等也是重要原因。

中医医学认为咽喉发病内因多为肺、脾、胃等,外因多为风湿热邪,不同内因外因产生不同的病理变化。由机体肺脾气虚、风热之邪侵袭引起咽干、咽痒、刺激性咳嗽等症。现代医学仍然认为过敏性咽炎是由于过敏原通过鼻腔、口腔等部位到达咽部后刺激咽部黏膜导致的。在过敏原长期刺激下,咽部逐步出现水肿、疼痛、干咳以及瘙痒等症状,严重影响患者的生活质量。

螨是引起我国过敏性疾病最常见的吸入性过敏原,主要有屋尘螨及粉尘螨。美国进行的第二次和第三次国家健康和营养检查调查中进行的过敏皮肤测试(SPT)显示,螨的致敏率为27.5%,在拉丁美洲国家的致敏率也较高。有人对阿拉哈巴德的60名联合气道疾病患者进行了60种不同过敏原的SPT测试,最后SPT 60%尘螨提取物呈阳性。研究发现粉螨、尘螨密度最高的地方通常是在室内的床和地板上,脱落的皮肤鳞片是螨最容易获得的食物来源。作为主要的室内过敏原,粉尘螨、屋尘螨可能对适应城市化的人群产生显著影响。通过皮肤点刺试验发现对于粉尘螨、屋尘螨及贮存螨的敏化在增加,这可以解释在另一项研究中人群对粉尘螨、屋尘螨的高敏感性,且大多数患者存在多敏化而非单敏化,多敏化在许多特应症人群中很常见。

三、发病机制

过敏性咽炎的发病机理目前尚未完全明确。主要认为是以 Ig E 介导的经典的 I 型变态反应为主，迟发变态反应、化学性致敏、Ig G 介导的超敏反应也都参与发病。I 型变态反应机理是过敏原被黏膜表面的抗原提呈细胞捕获，经过加工处理提呈给 Th0 淋巴细胞，Th0 细胞转化成 Th2 细胞，分泌 IL-4，刺激合成 Ig M 的浆细胞转化成合成 IgE 的浆细胞，Ig E 结合到肥大细胞和嗜碱细胞表面，当过敏原再次接触机体后，与肥大细胞和嗜碱细胞表面的 Ig E 结合导致肥大细胞和嗜碱细胞脱颗粒释放组胺、前列腺素等炎症介质，最终引起过敏反应。同时由于肥大细胞释放的细胞因子刺激黏膜上皮细胞活化，释放相关细胞因子，趋化嗜酸粒性细胞和嗜碱性粒细胞到局部黏膜引起迟发性反应，导致黏膜肿胀。食物过敏原主要经过补体 C3 和 C4 途径引起变态反应，而由感觉神经末梢释放的 P 物质等神经肽也能刺激炎症细胞活化和腺体细胞分泌。外界刺激也可直接刺激副交感神经反射引起咳嗽。另外，有临床观察及研究均证实某些感染性咽炎患者和有明确接触有害物质刺激所患咽炎患者也表现出过敏性咽炎症状、体征和实验室检查所见，如嗜酸性粒细胞增多，血清总 Ig E 增高等。其机理目前认为有以下两方面：其一为感染菌或有害物质作用咽部，使咽黏膜充血、渗出、水肿，处于高敏状态，在过敏原作用下较容易合并发生过敏性炎症；其二，多数学者认为细菌感染除引发经典的病理变化过程，即组织血管扩张，血流速度加快，炎性细胞趋化浸润，脓细胞形成外，菌体蛋白或某些毒素可作为过敏原而引发上述过敏性炎症，并且此机制在感染性咽炎的发病中占主要地位。

过敏性咽炎患者的组织病理学示咽部黏膜慢性充血，部分患者咽部黏膜充血肥厚，黏膜下有广泛的结缔组织及淋巴滤泡增生。

四、临床表现

过敏性咽炎主要表现为咽部紧缩感、咽痒、舌肿胀，有时伴有鼻痒、喷嚏、鼻塞等。口咽及鼻咽黏膜呈弥漫性充血、肿胀，腭弓及悬雍垂水肿，咽后壁淋巴滤泡和咽侧索红肿，表面有黄白色点状渗出物，可伴有下颌淋巴结肿大并有压痛。由于过敏原在患者咽喉部位积聚，从而产生刺激，损伤其局部黏膜，降低了黏膜的保护作用，因此，在平时容易出现咽喉痒痛、干咳等症状，有少量白色痰液，多发于清晨或夜间。通常初发者检查心肺功能显示正常，后期由于咽部黏膜反复受到刺激，多数可检查出溶血性链球菌感染，心肺功能出现不同程度损害。严重时出现连续性咽痒、咳嗽、咽喉红肿疼痛、声音嘶哑，呼吸时咽喉有灼热感，常伴有胸部胀闷，午后或劳累后加重。患者常有头晕、头痛、失眠多梦，影响工作和生活。

过敏性咽炎的症状初发时检查心肺功能显示都是正常的，时间较长的患者后期心肺功能都有不同程度损害，严重的出现咽痒咳嗽难止、咽喉红肿疼痛、伴有声音嘶哑，呼吸时咽喉有灼热感、胸部胀闷、头晕、头痛、失眠多梦等症状。伴有链球菌感染的过敏性咽炎治疗不彻底或反复感染，细菌的抗原物质即可入血，刺激机体产生抗体，抗原抗体形成免疫复合物沉积于肾小球基底膜，引起补体活化，最终导致肾小球肾炎。

五、诊断及鉴别诊断

诊断主要依靠：

(1) 病史、症状，季节性变化情况，持续时间和严重程度，加重因素，对药物的反应，并发症。

(2) 排除过敏性鼻炎、哮喘。

(3) 寻找生活环境和工作环境中的过敏因素。

(4) 实验室检查。皮肤过敏原试验、血清总 IgE 和特异性 Ig E 检测、吸入物、食物过敏原检查。

(5) 必要时进行颅底 X 线片及颅脑 CT 或磁共振检查以排除咽部肿瘤。

需与下列几种疾病相鉴别：

1. 慢性单纯性咽炎

表现为咽喉痒痛、咳嗽，主要为干咳等症状。检查见咽部慢性充血。

2. 过敏性鼻炎

典型症状是鼻痒、阵发性喷嚏、大量水样鼻溢和鼻塞。多数患者有鼻痒，有时伴有软腭、眼和咽部发痒。每天常有数次阵发性喷嚏发作，每次少则3~5个，多则十几个，甚至更多，多在晨起或者夜晚或接触过敏原后立刻发作。

3. 嗜酸粒细胞性支气管炎

患者反复咳嗽、咳痰，常伴有不同程度的呼吸困难。血常规示外周血嗜酸性粒细胞增多。

六、治疗

(一) 预防

对于吸入性过敏原如粉尘螨及屋尘螨的预防比较难。经常打扫室内卫生，保持整洁少尘的居住生活环境，对空调等电器经常清洗，窗户安装一层纱窗等，这些措施可明显减少螨的生存；另外，降低室内相对湿度（<50%）也是控制螨的有效方法；常用热水（>55℃）洗涤床单、毯子和枕头等生活用品并在太阳底下晒干或用烘干器烘干，再用特殊材料包装套给予包装，能有效地减少暴露或接触螨类过敏原；用塑料、皮革或木质类家具替代毛料、纤维类填充的家具，经常使用各种杀虫剂杀灭有害昆虫等，这些方法都能有效减少螨虫的孳生。除此以外还需注意以下事项：

(1) 注意劳逸结合，防止受凉。

(2) 适当锻炼，增强机体抵抗力。

(3) 加强防护，经常接触粉尘或化学气体者应戴口罩、面罩。

(4) 常开门窗，保持室内空气流通、干燥，经常除尘，减少螨虫孳生。

(5) 戒烟、酒，避免辛辣刺激性食物。

(6) 注意口腔卫生，避免用嗓过度。

（二）药物治疗

常规药物治疗螨过敏性咽炎能得到短期的症状缓解，但长期疗效不佳，病情容易反复。如果药物治疗配合有效的吸入性过敏原预防，能够起到更好疗效。

1. 抗组胺药

各种抗组胺药物对过敏性咽炎有一定疗效，可以有效缓解患者咽痒及干咳症状。常用的药物有地氯雷他定、氯雷他定、西替利嗪、左西替利嗪、马来酸氯苯那敏、富马酸酮替芬、咪唑斯汀等。

2. 吸入糖皮质激素

吸入糖皮质激素的时间应至少持续3个月以上并逐渐减量，以免病情复发。

3. 气管扩张剂

如吸入或口服 β_2 受体兴奋剂或/和口服茶碱类药物，可以暂时缓解咳嗽症状。

4. 白三烯受体拮抗剂

孟鲁司特为白三烯受体拮抗剂，国内外多项研究证明孟鲁司特对过敏性咽炎有较好疗效，可以和抗组胺药物联合使用。

5. 免疫疗法

包括皮下免疫治疗（subcutancous immunotherapy，SCIT）和舌下免疫治疗（sublingual immunotherathy，SLIT）。SLIT 法是将过敏原疫苗（滴剂）含服在舌下 1～2 分钟，然后吞入消化道进行免疫治疗的方式，具有使用方便，严重全身不良反应发生率低的优点。SLIT 在治疗其他螨过敏性疾病（过敏性鼻炎和过敏性哮喘）的有效性和安全性已得到国际和国内的广泛认可。

6. 中医中药

中医认为过敏性咽炎同属"喉痹"范畴。此种喉痹的每次发病都是由风邪而诱发，风邪是该病的主要病因，虚处容邪是病机。该病初期应称为外风喉痹，后期可称为外风气虚喉痹。以荆芥、防风、蝉蜕、僵蚕、紫菀、枇杷叶为主的祛风利咽、消肿止咳方，根据此方研究显示：试验组126例患者单纯使用祛风利咽、消肿止咳治疗，临床治愈72例（为57.14%），明显好转42例（为33.33%），总有效率为90.48%，与对照组差异具有显著统计学意义。

第六节　过敏性紫癜

过敏性紫癜（Henoch-Schönlein purpura，HSP）是儿童时期常见的皮肤疾病之一，由 IgA 介导的累及双下肢细小血管和毛细血管的血管炎，可累及皮肤、关节、肾脏和消化道等。本病好发于学龄期儿童，男孩多于女孩，一年四季均可发病，以冬春季发病居多。该疾病具有突发性，大多数情况下为良性自限性疾病，平均病程持续数周，但较长的可能长达2年。近年来国内外研究报道 HSP 的发病率有逐年上升的趋势。

一、流行病学

过敏性紫癜第一次被人们所记录是在1801年,Heberden记录了这一病例,但是当时他并没有对患儿的皮疹表现与其他临床表现进行分析总结。1837年由亨变压诺氏首先发现了该病的皮疹与关节疼痛的联系;而在1874年许兰氏首先描述了该病与消化道损害的关系,接着他在1899年又描述了本病与肾脏的联系,故人们用许兰氏和亨变亚诺氏命名了该病。

HSP是系统性IgA免疫复合物介导的白细胞破碎性血管炎,临床特征主要为皮肤非血小板减少性紫癜、关节炎或关节痛、腹痛、胃肠道出血及肾炎等。此病好发于儿童,易反复发作,是否有肾脏损伤是影响预后的重要因素。本病的病因及发病机制尚未完全阐明,目前认为各种病原菌感染、空气中吸入物(花粉、粉螨等)、食物、药物等都可作为致敏因素,使机体产生变态反应,病变处皮肤血管及其周围组织有淋巴细胞和浆细胞浸润,真皮层内毛细血管有炎性改变、渗出、水肿、出血,从而引起皮肤紫癜,反应发生于其他器官者则引起相应部位的病变。根据病变主要累及的部位将HSP分为5型:单纯型、腹型、关节型、肾型、混合型。

该病多发生于儿童,儿童过敏性紫癜的发病率可占整个人群的73.32%,是儿童最常见的血管炎,可占儿童血管炎的49%,发病率居第二位的儿童血管炎是川崎病。过敏性紫癜的发病呈全球性,14岁以下儿童的发病率可高达135/1000000,男性患者多于女性。国内有研究报道过敏性紫癜患儿的男女比例高达1.9:1,在学龄前及学龄期儿童最常见,88.3%为10岁以下儿童,平均年龄在6.6岁;不同性别过敏性紫癜在发病过程中的临床表现并不存在差异。郑敏等的研究表明过敏性紫癜(年龄≤14岁)的年平均发病率为14.06/10万。同期李克莉等调查一些住院患者,其中<15岁儿童的年平均发病率高达33.86/10万,结果提示过敏性紫癜的发病可能存在地域差异。过敏性紫癜一年四季均可发病,以春、冬、秋三个季节多见,夏季少见。过敏性紫癜为儿科及皮肤科常见疾病。近年来,过敏性紫癜在儿童及青少年中的发病率有逐渐增高的趋势,而肾脏损害对于过敏性紫癜而言是其转归与死亡率高低的关键因素。

二、病因

从1801年Herberden第一次提出与本病类似的皮肤病,至1837年Schonlein第一次描述本病,过敏性紫癜至今已经历逾200多年的探索期,但其确切的病因及发病机制尚未完全明确,李克莉等发现28.87%的HSP患者在发病前1个月存在感染等明确的危险因素。总结过敏性紫癜可能的病因主要包括以下几个方面:

(一)感染

Pan等研究发现高达80.03%的患者在诊断过敏性紫癜前1~3周存在上呼吸道感染。推测某些病原微生物如流感病毒、副流感病毒、腺病毒、EB病毒、微小病毒、支原体以及寄生虫如蛔虫、钩虫等感染可能作为诱发因素。1995年由Han等报道了1例播散性肺结核的41岁男性患者并发皮肤紫癜、胫前水肿、蛋白尿、血尿等表现,肾脏活检证实存在干酪样坏死以及广泛的肾小球系膜IgA、颗粒状IgG、补体C3沉积的慢性间质性肉芽肿性炎症存在,为白细胞碎裂性血管炎,通过抗结核药物治疗后患者所有临床症状和体征均得到缓解,认为播散性肺结核可能是过敏性紫癜发病的一个诱因。另有文献报道了1例12岁男孩在感染链球菌后并发风湿热过程中出现过敏性紫癜,提示链球菌感染与HSP相关。有人报道了1例复发性感染性心内膜炎的成人患者,间隔6年的两次血标本培养出的病原菌同为MSSA,患者出现皮肤紫癜并伴有肾脏受累,肾脏病理组织学检查证实为过敏性紫癜性肾炎,提示金黄色葡萄球菌感染可能与HSP的发病相关。Yan等研究了慢性扁桃体炎与HSP之间的关系,指出HSP伴有慢性扁桃体炎患者行扁桃体切除术后腹痛时间以及血尿、蛋白尿持续时间较非手术组缩短,且能有效改善24小时尿蛋白及尿红细胞的数量,并有效降低了复发率,提示慢性扁桃体炎的存在可能是HSP发病及复发的一个潜在风险。有研究对HSP患者的外周血进行了检测,结果显示白细胞数、中性粒细胞计数、CRP、ESR等炎性指标升高,进一步提示感染可作为一种触发机制参与HSP的发生及进展。黄文晖等研究指出幽门螺杆菌感染在HSP组的阳性率高达65.6%,明显高于对照组,且肾脏受累的风险明显增加,抗幽门螺杆菌治疗后可明显改善症状及降低复发率,提示幽门螺杆菌的感染也是HSP的一个发病因素。

(二)吸入物

常见的吸入物过敏原包括花粉、粉尘螨、屋尘螨、动物的皮毛、真菌孢子等。有研究通过对常州一院就诊的1491例变态反应性疾病患者的过敏原检测结果显示,常州地区最主要的过敏原是粉尘螨、屋尘螨、油菜花、葎草花粉、蟑螂、猫毛、海虾、狗上皮、狗毛。粉尘螨、屋尘螨在不同年龄和性别中阳性率都是最高的过敏原,说明粉尘螨、屋尘螨是吸入物过敏原中主要的致敏原。调查发现:粉尘螨、屋尘螨、猫毛、牛奶、鸡蛋黄引起未成年人过敏的概率高于成年人。而葎草花粉、油菜花粉、蟑螂等引起成人过敏的概率高于未成年人。多地区报道粉尘螨、屋尘螨在儿童HSP的阳性率最高,过敏程度重,明显高于其他过敏原,并且随着年龄的增加而下降。调查发现,很多人同时对多种过敏原出现过敏,粉尘螨和屋尘螨是小儿HSP重要的过敏原之一。

(三)药物

药物可能是HSP的一个触发因素。华法林、呋塞米、抗结核药物、非甾体类抗炎药(阿司匹林等)、某些抗生素(阿莫西林等)等可导致HSP的发生;某些抗癫痫药物(丙戊酸钠)、抗-TNF药物(英夫利昔单抗、阿达木单抗等)亦可能触发HSP的发生。Koumaki等报道了一例服用丙戊酸钠引起的12岁HSP患者。Gonen等报道了一例57岁患者在服用瑞舒伐他汀降血脂治疗后出现关节肿痛、腹痛、紫癜样皮疹等HSP症状,同时伴有结肠及小肠受累。

(四)肿瘤性疾病

肝细胞癌、胃癌、十二指肠癌可能与成人HSP的发病有关;Mifune等在相关案例报道中提及肺腺癌也可能与HSP的发病相关。肿瘤可能作为成人(特别是40岁以上)HSP发病的一个相关因素。

(五)遗传因素

有研究表明,HSP的发病存在一定的遗传倾向,家族中有同时发病者,同胞中可同时或先后发病。国外报道家族性地中海热(familial mediterranean fever,FMF)患者发生过敏性紫癜以及其他血管炎性疾病的发病率较普通人群高,可能是由于家族性地中海热基因(MEFV基因)发生突变所致,MEFV基因的突变可加重HSP患者体内的炎症反应从而触发HSP的发生及进展。目前已发现MEFV基因有90多个突变位点,最常见的突变有以下5种:M694V、V726A、M680I、M694I和E148Q。Altug及Salah等对这些常见的突变基因(E148Q,P369S,F479L,M680I[G/C],M680I[G/A],I692del,M694V,M694I,K695R,V726A,A744S,R761H)进行了分析,均表明MEFV突变与HSP的发病相关。Altug等指出基因E148Q和M694V突变率较高,且可影响HSP的临床症状及实验室ESR、CRP检查结果。而何敏等人通过相关文献的Meta分析指出,MEFV基因突变组在临床表现方面与非突变组无明显差异。此外,部分HSP患者存在C2补体成分的缺乏以及HLA-DRB1*07、HLA-DW35等基因表达增高,均提示HSP存在一定的遗传易感性。

(六) 疫苗

国内外均有文献报道HSP可作为某些疫苗接种后的异常反应。流感病毒疫苗、麻风腮疫苗、麻疹疫苗、乙肝疫苗等可能与HSP有关。Lambert等报道了一例接种了ACYW135群脑膜炎球菌多糖疫苗的17岁患者发生了HSP,并且累及到肾脏最终发展成紫癜性肾炎。2007～2008年我国四川省对8月～14岁儿童普及麻疹疫苗接种,发生了30例严重的疫苗异常反应,发生率为2.14/100万,其中28例为HSP,年龄分布为18月～13岁。科学家们对近年来国内疑似预防接种异常反应信息管理系统监测数据进行分析,报告的疫苗接种异常反应中包括HSP。2012年的数据显示口服脊髓灰质炎减毒活疫苗、脊灰灭活疫苗、无细胞百白破联合疫苗、白喉破伤风联合疫苗、乙型肝炎疫苗、麻疹风疹联合减毒活疫苗、麻疹腮腺炎联合减毒活疫苗、麻腮风联合减毒活疫苗、麻疹减毒活疫苗、甲型肝炎减毒活疫苗等23种疫苗均可诱发HSP,报告与疫苗相关的HSP病例达96例/10万剂。而2013年的数据显示增加了卡介苗、伤寒Vi多糖疫苗以及A群脑膜炎球菌多糖疫苗的病例报告,报告的病例数共98例/10万剂;2014年增加至108例/10万剂。疫苗与HSP的相关性,可能是由于疫苗抗原介导了机体免疫机制的紊乱,发生了免疫复合物沉积于机体小血管及毛细血管,最终导致HSP的发生。

(七) 食物

食物过敏原较常见的有鸡蛋、西红柿、牛奶、虾、海产品等。国内有人对HSP患者进行特异性IgE检测,发现过敏原特异性IgE升高者阳性率高。同时发现实验组病人中过敏原特异性IgE升高在吸入性过敏原以屋螨、粉螨、屋尘、飞蛾、蟑螂和蚊为主。食物以鸡蛋白、牛奶、大豆和牛肉为主。其中吸入性过敏原IgE阳性率高于食物性过敏原IgE阳性率。

三、发病机制

过敏性紫癜的确切发病机制仍不明确。目前多数学者认为HSP是一种Ⅲ型变态反应性疾病,抗原与抗体(主要由IgA型)结合形成的免疫复合物沉积在小血管和毛细血管的血管壁,激活补体,激活的补体通过一系列的Ⅲ型变态反应导致相应部位的血管、血管壁及其周围产生炎症反应,致使受损的血管壁通透性增加,最终导致HSP的发生。这是一个复杂的过程,机体的体液免疫、细胞免疫及多种炎症介质、细胞因子均参与其发病过程,患者凝血功能也出现异常,其中主要与体液免疫异常有关。

(一)体液免疫

各种诱因导致HSP患者Th1与Th2的平衡出现失调,患者血清中检测出的$CD3^+$、$CD4^+$细胞以及IL-2细胞因子水平下降,$CD4^+/CD8^+$比例下降,细胞因子INF-γ等释放减少,提示Th1细胞免疫抑制,细胞因子IL-4等的释放增加,提示Th2细胞过度活化,从而进一步激活B细胞的增殖及分布,释放免疫球蛋白IgG、IgM、IgA、IgE等,与进入机体的抗原结合形成免疫复合物,激活补体致毛细血管通透性的增加,进一步增加了IgA等免疫物质的沉积,从而损伤靶器官。由于补体的不断被消耗,体内补体出现下降。研究发现10.8%的患者出现血浆补体C3水平的下降(小于900 mg/L)。血浆中补体C3a、C5a水平与儿童HSP的发病过程密切相关,尤其是C5a,可通过上调与中性粒细胞趋化相关的因子如IL-8、MCP-1、E-selectin以及ICAM-1在血浆中的水平而促进疾病的发生及进展。而对于肾脏系膜IgA的沉积,Oka等的研究表明IgA1沉积优先于IgA2,并伴有IgM、C3的沉积,而未发现IgG的沉积,而IgA沉积在肾脏并导致临床症状的出现可能需要其他因素的参与,具体因素尚未明确。

(二)细胞免疫

研究显示,HSP患者体内代表Th1淋巴细胞的IL-2、INF-γ水平明显下降,表明HSP患者体内Th1淋巴细胞功能被抑制,Th1与Th2的平衡出现失调,Th2淋巴细胞被过度激活,体液免疫亢进,机体产生多种免疫球蛋白,其中以IgA在HSP的发生中作用最直接。Th1介导的免疫反应在过敏性紫癜发病中也扮演重要角色,相关细胞因子OPN可能成为过敏性紫癜患者在出现肾脏损害症状前的一个预测指标。

(三)凝血与纤溶机制紊乱

研究还表明,HSP患者还存在凝血、抗凝血及纤溶机制间的紊乱。IgA与抗原形成的免疫复合物激活补体后导致机体小血管及毛细血管壁的损伤,血管通透性的增加,激活血小板,释放多种活性物质,使血液黏度升高,进而导致血管内微血栓的形成,小血管坏死形成白细胞破碎性血管炎改变。患者体内纤溶机制也出现紊乱,纤溶酶原激活物可使基质积聚、纤维蛋白沉积,严重者会进一步导致肾脏纤维化和硬化,最终导致紫癜性肾炎的发生。

四、临床表现

临床上HSP分为单纯型、腹型、关节型、肾型以及混合型。HSP所致的血管炎性破坏呈全身性,61.37%患者可同时出现三种及以上临床表现。

(一)皮肤HSP

患者皮肤累及最为常见。几乎100%的患者可出现明显的可触性红色或暗红丘疹,可为首发,亦可在其他症状之后出现。皮疹呈多形性,可见暗红色或紫红色丘疹、斑疹、风团、丘疱疹、水疱,部分严重患者局部可出现坏死。皮疹多见于双下肢远端及踝关节处,其次为臀部及上肢,部分可累及躯干、颜面以及男性阴囊处皮肤,皮疹常呈对称性分布。皮疹开始时颜色为暗红色或紫红色丘疹,压之不褪色,即为紫癜,数日后可转为暗紫色,最终呈棕褐色逐渐消退,短期可留有色素沉着,稍长时间后色素沉着即可消退,不留痕迹。皮疹多持续1~2周,但可反复出现,迁延数周或数月。部分患者皮疹可呈荨麻疹样并在24小时内消退,少部分患者皮损部位出现出血性水疱,甚至坏死形成溃疡。皮疹轻度痒感或无明显不适。Wang等报道38%的患者在初发时皮疹可累及超过3个部位,双小腿最常受累及,其余部位可见于足部、大腿、上肢、腹部、腰臀部、阴囊、颜面,皮疹复发时31%的患者累及超过3个部位,复发时间可由1月内至14月不等。

(二) 消化系统

累及消化系统时患者可出现腹痛、呕吐、消化道出血,可并发肠炎、肠梗阻、肠缺血、肠狭窄,甚至坏死性阑尾炎、肠穿孔、肠瘘、胆囊穿孔、肠系膜上静脉血栓形成等。症状轻者经对症及支持治疗可缓解,重症患者多见于年长儿及成人。其中腹痛为消化道最常见症状,部分患者以腹痛为首发症状,在紫癜等其他典型症状未出现前需注意与其他外科急腹症如急性阑尾炎、急性胰腺炎等进行鉴别,血、尿淀粉酶测定,腹部彩超,腹部X线等检查有助于鉴别诊断。必要时消化道内镜检查有助于诊断,内镜下表现为胃、十二指肠黏膜的充血水肿、糜烂、点片状黏膜下出血,少数患者出现黏膜的缺失及增生,部分可表现为多发性不规则表浅溃疡。

(三) 泌尿系统

包括肾脏、输尿管、膀胱、前列腺、阴囊、睾丸、阴茎,常见的泌尿系并发症为紫癜性肾炎,多见于年长儿童(大于7岁)。病理改变轻者为轻度系膜增生、微小病变、局灶性肾炎;重者为弥漫增殖性肾炎伴新月体形成。临床表现为血尿、蛋白尿等,男性患者可出现阴囊、睾丸肿胀或疼痛。少数患者可出现睾丸出血、睾丸炎、输尿管梗阻、输尿管炎等。紫癜性肾炎在年长儿中更加多见,且更易发生肾功能受损,出现肌酐、尿素氮指标上升,肾小球滤过率下降,最终进展至终末性肾衰竭。合并消化道症状的患者出现肾脏受累的风险更大。

(四) 骨骼肌系统

HSP可出现关节痛、关节红肿。约1/3的病例可累及膝关节、踝关节、肘关节、腕关节等大关节;也有部分累及掌指关节等小关节,累及腰椎较罕见。受累的关节一般无游走性,半数以上为单侧(65%),部分患者可出现关节活动受限,关节炎患者B超或X线检查可见关节腔局部有渗出,但预后良好,不留畸形。关节症状绝大多数在皮疹出现后发生,多数在皮疹出现后1周内发生,关节症状复发时多伴有皮疹或在皮疹复发后相继出现。

(五) 心血管系统

有研究表明HSP可导致心脏受累,男孩多见,表现为心肌酶谱的升高(包括磷酸肌酸激酶及其同工酶、乳酸脱氢酶、天门冬氨酸氨基转移酶的升高),心电图的异常改变(包括Q-T

间期延长,ST-T改变,窦性心动过速或过缓,PR间期延长,左、右心室高电压,不完全性或完全性右束支传导阻滞,左前分支阻滞,房性或室性期前收缩以及SSS综合征),可并发心肌炎、心包炎甚至心脏压塞。

(六)呼吸系统

呼吸系统受累时可出现发绀、胸闷、气促等症状,严重者可导致肺血管炎,可因肺小血管破裂及高血压等导致肺出血。

(七)中枢神经系统

轻者可出现头痛、共济失调、行为异常等,部分患者伴有脑电图异常;严重者可出现顽固性惊厥、昏迷、瘫痪、痴呆、颅内出血、神经炎等;<1%的患者可出现脑病综合征,主要由中枢神经系统血管炎以及短暂且致命的高血压引起,临床表现为颅高压、颅内出血等,头颅CT以及MRI检查有助于诊断。

(八)造血系统

造血系统受累时外周血血小板计数不低,出血时间、凝血时间正常,血块退缩试验正常,部分患者可有毛细血管脆性试验阳性;少部分患者血小板计数升高,纤维蛋白原增多,D-二聚体升高,血液呈现高凝状态,可导致血栓的形成;多数患者可伴有白细胞数、中性粒细胞计数或百分比、嗜酸性粒细胞数的升高,出血严重者可继发贫血。

五、诊断与鉴别诊断

(一)儿童HSP的诊断标准

参照欧洲风湿病联盟和儿童风湿病国际研究组织以及风湿病联盟共同制定的标准(EULAR/PRINTO/PRES,2010),具体为:

(1)皮肤紫癜:分批出现的可触性紫癜,或皮下明显的淤点,无血小板减少。

(2)腹痛:急性弥漫性腹痛,可出现肠套叠或胃肠道出血。

(3)组织学检查:以IgA免疫复合物沉积为主的白细胞碎裂性血管炎,或IgA沉积为主的增殖性肾小球肾炎。

(4)关节炎或关节痛:① 关节炎:急性关节肿胀或疼痛伴有活动受限。② 关节痛:急性关节疼痛不伴有关节肿胀或活动受限。

(5)肾脏受累:① 蛋白尿:>0.3 g/24小时或晨尿标本白蛋白肌酐比>30 mmol/mg。② 血尿,红细胞管型:每高倍视野红细胞>5个,或尿潜血≥2+,或尿沉渣见红细胞管型。第1条为必要条件,加上2~5中的至少1条即可诊断为HSP。

(二)美国风湿协会关于HSP的诊断标准

(1)皮肤紫癜:非血小板减少性紫癜,稍高出皮面,累及1个或多个皮肤区域。

(2)腹痛:餐后加重的弥漫性腹痛,或肠缺血(包括腹泻带血)。

（3）消化道出血：包括黑便、血便或大便潜血试验阳性。

（4）血尿：肉眼血尿或镜下血尿。

（5）发病年龄：首发症状时年龄≤20岁。

（6）发病时未服用任何可能诱发本病的药物。

符合6项标准中的3项或以上可诊断为HSP。

（三）不典型表现HSP

不典型表现包括发热，男孩可有阴囊肿痛并发睾丸炎等，少数可累及心脏、肺部以及中枢神经系统等出现心肌标志物的改变、心电图的异常、肺出血、惊厥及颅内出血等。起病多急骤，病程不一，根据不同临床症状可分为单纯型、腹型、关节型、肾型以及混合型，各种症状可以先后不一，在皮疹出现前或仅表现为腹痛、关节肿痛、消化道出血等，易出现误诊，需注意与消化性溃疡、急性胃肠炎、急性阑尾炎、急性胰腺炎及急性胆囊炎、肠梗阻等外科急腹症，以及系统性红斑狼疮、IgA肾病、败血症、特发性血小板减少性紫癜、幼年特发性关节炎、风湿性关节炎等疾病的鉴别诊断。

（四）影响HSP复发因素

HSP是一种自限性疾病，但复发率高。Calvo-Rio等对417例HSP患者进行了平均12年（四分位间距：2~38年）的随访期，1/3患者（共133例）至少经历了一次复发，且男性患者多见（男：女≈1.77：1），与国内文献报道相似。从首次确诊到初次复发的平均间隔时间为1个月，平均复发次数为1次。病因方面，复发组具有前期感染史的患者所占比例更低（30.8%vs41.9%；$P=0.03$），其中上呼吸道感染最常见，提示感染可能作为一个保护因素，可减少复发率，尤其是对于儿童患者，但国内文献指出感染可增加复发率。临床表现方面，国内外文献均指出大于7岁儿童发病率高，且复发风险较其他年龄组高。初发患者皮肤紫癜持续时间大于7天者更可能出现复发；儿童患者（<20岁）首次起病伴发关节症状者的复发率更高；成人患者（≥20岁）消化道受累者的复发率更高，未发生复发的患者在疾病诊断早期更可能伴有低热（体温>37.7℃）；而对于肾炎、肾病或肾功能不全的患者与是否经历复发并无密切关联，而国内文献多支持复发可增加肾脏受累的风险。实验室方面：复发组初次确诊时有更低的白细胞数及更高的血色素，并且抗核抗体阳性、类风湿因子阳性者在复发组的检出率更高，血清IgA水平的升高、补体水平的下降在两组患者之间无明显差异。关于糖皮质激素的早期应用是否增加复发及肾脏受累概率国内外均存在争议。Calvo-Rio等提出在初诊时的药物治疗尤其是糖皮质激素的早期应用有可能增加复发风险，尤其是对儿童患者。此外，体内慢性或隐匿感染如幽门螺杆菌感染、慢性扁桃体炎、慢性鼻窦炎等，以及反复接触致敏原（花粉、粉螨、尘螨等），食物致敏原（儿童多见于鸡蛋、牛奶等异种蛋白质过敏），可导致紫癜反复出现。

（五）肾型HSP

HSP患者在疾病发展过程中出现的肾功能损伤称为紫癜性肾炎，是该病常见的并发症之一。有文献指出，15%~65%的HSP患儿存在肾功能损伤，并且对预后造成了较大的影响。紫癜性肾炎患者除了典型的皮肤紫癜症状，还可出现水肿、血尿、蛋白尿等症状，部分患者可伴有高血压、肾功能不全。有报道,85％的HSP患者发病1个月内出现肾功能损伤,95％的患者则在发病半年内出现肾功能损伤。因此,对于HSP至少需要随访半年。随访发现,20％的患者出现肾功能不全甚至肾衰竭,甚至导致死亡。

1. 诊断标准及临床分型

紫癜性肾炎是继发于HSP的肾脏并发症,多出现在过敏性紫癜出现6个月之内,主要表现为血尿、蛋白尿,部分合并高血压、肾功能不全。紫癜性肾炎的诊断标准为:

(1) 典型的紫癜症状。

(2) 伴或不伴关节、胃肠道症状。

(3) 尿检发现有血尿或蛋白尿,部分可能合并水肿、高血压、肾功能不全。

(4) 肾脏出现系统增生病变,且系膜区观察到IgA沉积。

(5) 需要与其他肾脏的疾病鉴别,例如系统性红斑狼疮、原发性IgA肾病、特发性血小板减少性紫癜等。

临床上将紫癜性肾炎分为以下几个类型:孤立性血尿、孤立性蛋白尿、血尿和蛋白尿、急性肾炎、肾病综合征、急性进展性肾炎以及慢性肾炎。紫癜性肾炎患者临床表现与病理改变不一定一致,肾脏病理改变能够较为准确地观察到病变程度,因此需要尽早对紫癜性肾炎患者进行肾脏病理组织活检,从而提高诊断的准确性。

2. 病理分级

肾活检病理检查是判断肾脏损伤程度的金标准。目前常用的病理分级指标为1974年ISKDC和2000年中华医学会儿科学分会肾脏学组制定的标准。对紫癜性肾炎的临床及病理研究发现,肾小管间质损伤与紫癜性肾炎的疗效及转归密切相关。肾小球病理分级:Ⅰ级:肾小球轻微异常。Ⅱ级:单纯系膜增生,分为:a. 局灶节段;b. 弥漫性。Ⅲ级:系膜增生,伴有<50％肾小球新月体形成和(或)节段性病变(硬化、粘连、血栓、坏死),其系膜增生可为:a. 局灶节段;b. 弥漫性。Ⅳ级:病变同Ⅲ级,50％～75％的肾小球伴有上述病变,分为:a. 局灶节段;b. 弥漫性。Ⅴ级:病变同Ⅲ级,>75％的肾小球伴有上述病变,分为:a. 局灶节段;b. 弥漫性。Ⅵ级:膜增生性肾小球肾炎。肾小管间质病理分级:(一)级:间质基本正常;(＋)级:轻度小管变形扩张;(＋＋)级:间质纤维化、小管萎缩<20％,散在炎性细胞浸润;(＋＋＋)级:间质纤维化、小管萎缩占20％～50％,散在和(或)弥漫性炎性细胞浸润;(＋＋＋＋)级:间质纤维化、小管萎缩>50％,散在和(或)弥漫性炎性细胞浸润。

(六) 鉴别诊断

1. 血小板减少性紫癜

皮疹好发于全身,为大小不等的瘀点、瘀斑,皮疹不高出皮面,紫癜不可触及,有出血倾向,女性患者可伴有月经增多。血常规检查示血小板明显减少。

2. 丘疹性荨麻疹

由昆虫叮咬引起的皮肤疾病。皮疹表现为群集性米粒至黄豆大小的红色丘疹,表面可见针尖大小的水疱,痒感剧烈。

3. 湿疹

急性期皮疹呈多形性,可见大小不等的红色斑疹、丘疹、丘疱疹、水疱,部分相互融合,皮疹对称发作,按压褪色,痒感剧烈,搔抓后有渗出倾向。

4. 药疹

发病前有明确服药史。皮疹好发于全身，可见红色斑疹、斑丘疹，按压褪色，严重时出现水疱，部分患者伴有口腔、生殖器黏膜损害。

5. 变应性皮肤血管炎

好发于双下肢，可见红斑、丘疹、水疱、风团、结节，对称发生，部分皮疹中央出现坏死、溃疡，伴有痒或疼痛感。

此外，关节型HSP须与类风湿性关节炎、痛风等疾病相鉴别；腹型HSP须与急性阑尾炎、肠梗阻、腹膜炎等疾病相鉴别；肾型HSP须与肾小球肾炎、肾病综合征等相鉴别。

六、治疗

（一）预防

HSP病因不完全明了，临床上很多患者难以寻找病因，故较难以预防。但对于曾经确诊为HSP并已经治愈的患者，注意休息、避免各种感染（特别是呼吸道感染）、避免使用可疑药物、避免吸入及食入可疑过敏原对预防或较少HSP复发的概率有一定帮助。

（二）治疗

HSP是一种常见的血管炎性疾病，儿童多见，有自限性。年长儿出现复发及肾脏受累的概率更高。目前HSP尚无特效疗法。提倡早期诊断，积极寻找病因及去除致病因素，对症支持治疗等，及时预防及治疗并发症。除抗过敏、护胃、止痛等常规治疗外，目前尚有以下治疗手段有利于更快的缓解临床症状、降低肾脏受累风险及改善长期预后。

1. 抗感染

对于幽门螺杆菌阳性患者根除幽门螺杆菌可有效减少复发及降低肾脏受累的概率。慢性扁桃体炎患者行扁桃体切除术可改善症状并减少复发。

2. 改善血液循环

低分子肝素钠对缓解症状及预防肾脏损害有一定疗效。

3. 血管活性药物

对于持续性蛋白尿患者，应用血管紧张素转换酶抑制剂（ACEI）、血管紧张素Ⅱ受体拮抗剂（ARBs）有利于改善肾脏的长期预后。

4. 激素、丙球以及免疫抑制剂

对于激素的治疗仍存在较大争议。但激素对缓解早期症状是肯定的，尤其是对消化道症状、关节痛以及血尿、蛋白尿等。早期的激素干预能降低后期肾脏受累的风险。采用激素治疗的患者，预后并不受激素剂量的影响，且激素治疗后复发的概率与安慰剂组对照并没有显著的统计学差异。不支持常规采用糖皮质激素治疗。肾脏受累患者激素治疗无效时可联合静脉输注丙种球蛋白或加用其他免疫抑制剂治疗，如硫唑嘌呤、环磷酰胺、霉酚酸酯、雷公藤多苷、环孢素等。Fotis等报道了应用硫唑嘌呤治疗6例HSP有效，且对单纯糖皮质激素（强的松）治疗无效或复发的患者亦有效，并可减少激素的用量及用药时间，并减少复发的概率，治疗缓解后的随访未发现肾脏受累，提示硫唑嘌呤的应用可降低肾脏受累的风险，推荐硫唑嘌呤疗程以6~15个月为宜。沙利度胺治疗也有效,Choi等报道了1例20岁女性患者采用强的松治疗后关节疼痛症状缓解迅速,但皮疹消退缓慢,激素减量过程中出现腹痛、便血及血色素迅速下降,改甲强龙治疗后腹痛及便血症状无缓解,经过血浆置换以及环磷酰胺、强的松联合治疗后,紫癜、关节痛、便血症状得到缓解,强的松减量过程出现乏力、第4、5指麻木以及腕下垂等尺神经受损的症状,上调强的松剂量并加用硫唑嘌呤治疗后症状得到缓解,但紫癜蔓延,最后应用沙利度胺治疗2个月后症状完全消退。沙利度胺作用机制有待进一步研究,可能是沙利度胺参与免疫反应的调节,并通过调节内皮细胞上由 TNF-α 介导表达的黏附分子以减少白细胞渗出及炎性反应,从而控制 HSP 相关的血管炎性病变有关。小剂量激素联合静脉输注丙球治疗 HSP 消化道症状难以缓解时,静脉点滴大剂量甲强龙冲击治疗有效。

5. 血液净化

血液净化可用于重症 HSP 的治疗,尤其是对多次复发且药物治疗效果不理想的 HSP 及重症 HSPN 患者。血液净化的方法有血浆置换、血液灌流、透析或免疫吸附等。

6. 肠套叠的治疗

腹部超声检查有利于肠套叠早期确诊,治疗可采用空气灌肠,无效者进行腹腔镜手术。对于上消化道出血者采用胃镜下凝血酶喷洒治疗或许有效,可明显缩短住院时间并减少激素总用量,且对于顽固性下消化道出血亦有效。合并严重肠缺血、肠坏死以及肠穿孔者需要外科手术干预。

7. 紫癜性肾炎的治疗

患者的临床表现与肾病理损伤程度并不完全一致,后者能更准确地反映病变程度及远期预后。没有条件进行病理诊断时,可根据其临床分型选择相应的治疗方案。

(1) 激素及其他免疫抑制剂:① 孤立性血尿或病理Ⅰ级。仅对过敏性紫癜进行相应治疗。密切监测患者病情变化,延长随访时间。② 孤立性微量蛋白尿或合并镜下血尿或病理Ⅱa级。使用血管紧张素转换酶抑制剂(ACEI)或血管紧张素受体拮抗剂(ARB)。ACEI 和 ARB 类药物有降蛋白尿的作用。不建议儿童使用雷公藤多甙治疗。③ 非肾病水平蛋白尿或病理Ⅱb、Ⅲ级。给予糖皮质激素治疗6个月。④ 肾病水平蛋白尿、肾病综合征、急性肾炎综合征或病理Ⅱb、Ⅳ级。肾病综合征和(或)肾功能持续恶化的新月体性紫癜性肾炎的患儿应使用激素联合环磷酰胺治疗。此外,激素联合其他免疫抑制剂如环孢素A、霉酚酸酯、硫唑嘌呤等亦有明显疗效。

(2) 辅助治疗:在以上分级治疗的同时,对于有蛋白尿的患儿,无论是否合并高血压,均加用 ACEI 和(或)ARB 类药物。此外,抗凝剂和(或)抗血小板聚集药双嘧达莫能改善血液高凝状态。尚有报道重症紫癜性肾炎患者用尿激酶治疗。目前抗凝剂和(或)抗血小板聚集药物、丙种球蛋白等辅助治疗是否有效仍存有争议。血浆置换能够有效清除免疫复合物、细胞因子等炎症递质,迅速缓解症状,减少蛋白尿。有报道称,重症紫癜性肾炎患者进行血浆置换可显著改善预后,进一步疗效需循证医学证据支持。

紫癜性肾炎虽有一定的自限性,但仍有部分患儿病程迁延,甚至进展为慢性肾功能不全。肾病性蛋白尿 HSP 患者中,约20%最终发展为慢性肾功能不全,因此紫癜性肾炎患者应延长随访时间,尤其是对于起病年龄晚、临床表现为肾病蛋白尿或肾组织病理损伤严重的患者应随访至成年期。

第七节　荨　麻　疹

荨麻疹(Urticaria)俗称"风疹块",是皮肤反复出现红斑、风团和(或)血管性水肿的皮肤病,常伴有明显的瘙痒。风团的特点是在24小时内单个皮损快速的出现和消退。荨麻疹是一种常见的皮肤病,人群中8.8%～20%的人一生中至少有一次荨麻疹发作。

一、流行病学

根据年龄范围、抽样方法和地理位置的不同,一般人群一生中荨麻疹的发生概率估计从不足1%至高达24%。急性荨麻疹和慢性荨麻疹在女性中更常见,研究发现荨麻疹发病率男女比例为1:2,但这种差异在老年人、儿童和胆碱能性荨麻疹及迟发性压力性荨麻疹患者中不明显。急性荨麻疹患者中,20%～45%的人发展为慢性荨麻疹。美国一项研究发现慢性荨麻疹的年发病率为0.08%,而欧洲的研究数据显示慢性荨麻疹年发病率为0.38%～0.8%。其他类型荨麻疹的患病率和发病率较低(例如,中欧获得性寒冷荨麻疹的年发病率约为0.05%)。物理荨麻疹患者中,最常见的类型是症状性皮肤划痕症(40%～73%),而日光性荨麻疹、热性荨麻疹和振动性血管性水肿较为少见。慢性荨麻疹在25～55岁最常见,半数患者的症状持续不到2年,不到20%患者的症状持续10年。然而,荨麻疹患者的发病过程似乎更长,只有16%的患者在1年后症状消失。荨麻疹在成人中发病比儿童中更常见,儿童荨麻疹患病率为3.4%～5.4%,英国儿童慢性荨麻疹患病率为0.1%～0.3%。

二、病因

荨麻疹病因复杂,多数患者不能找到确切病因。常见病因包括:

(一)药物

任何药物都有可能引起荨麻疹。然而,最常见的是青霉素、阿司匹林、非甾体抗炎药、磺胺类药物、噻嗪类利尿剂、口服避孕药、血管紧张素转换酶抑制剂、可待因、吗啡、箭毒及其衍生物、合成促肾上腺皮质激素等。荨麻疹可能在口服药物后1～2小时至15天出现,与静脉给药有关的荨麻疹会立即发生。药物引起的一般为急性荨麻疹,但也可引起慢性自发性荨麻疹的发生或加重。

(二)食物

与食物有关的荨麻疹在儿童中更常见。引起荨麻疹的食物包括坚果、鸡蛋、鱼、海鲜、巧克力、肉类、牛奶、水果(柑橘类水果、葡萄、李子、菠萝、香蕉、苹果和草莓)、蔬菜(西红柿、大蒜、洋葱、豌豆、豆类和胡萝卜)、蘑菇、发酵食品、香料和烈酒。防腐剂如偶氮染料、苯甲酸衍生物、水杨酸盐和食用染料也是重要的致病因素。荨麻疹通常在食物摄入后1～2小时出现。食物在急性荨麻疹的病因中占有一席之地,但其在慢性荨麻疹病因中的作用尚未得到证实。

来自台湾的 Da-Chin Wen 在 2005 年报道了一例 8 岁男孩食用了弗氏无爪螨污染的面粉做的薄煎饼不久后发生全身过敏反应,这是世界上首次报道由这种螨引起的全身性过敏反应。

(三)吸入物

花粉、粉尘螨、屋尘螨、霉菌孢子、动物皮屑和毛发等经呼吸道时可引起荨麻疹。研究表明,粉尘螨、屋尘螨在荨麻疹特别是慢性荨麻疹的病因中所占比例越来越高。周海林等对1062 例慢性荨麻疹过敏原检测时发现吸入物引起的慢性荨麻疹比例高于食物,其中粉螨、尘螨阳性比例为 34.56%;江连枝对 186 例慢性荨麻疹过敏原检测中发现尘螨、粉螨在吸入性过敏原中比例最高。李朝品等对 17 例尘螨过敏性荨麻疹进行跟踪调查发现:患者临床表现为皮肤瘙痒及全身泛发风团,部分患者伴有发热、恶心、呕吐、腹痛、腹泻、胸闷、气喘、呼吸不畅、心悸、心动过速、频发性室性早搏和窦性心律不齐等,发疹时患者的心电图会有相应的改变。吸烟也是一个重要的因素,因为它含有许多化学物质,会加重荨麻疹,应该建议荨麻疹患者停止吸烟。由呼吸道过敏原引起的荨麻疹通常在接触后立即发生。

(四)感染

呼吸道感染如鼻窦炎、扁桃体炎、牙脓肿、尿路感染、肝炎、传染性单核细胞增多症和寄生虫等均可引起荨麻疹。寄生虫病是儿童荨麻疹发病的重要原因之一。

(五)各种化学接触物

乳胶、化妆品和化学药品接触也可引起荨麻疹。

(六)心理因素

压力、悲伤、抑郁等情绪原因可加重原有的荨麻疹,也可诱发荨麻疹,易导致慢性荨麻疹。

(七)肿瘤、甲状腺疾病和风湿病

如系统性红斑狼疮、淋巴瘤、白血病和恶性肿瘤、内分泌紊乱、溃疡性结肠炎等亦可伴发本病。

(八)物理因素

荨麻疹可由外界因素如压力、热、冷、皮肤划痕等引起。继发于压力的荨麻疹一般表现为接触压力后平均 3~4 小时出现。因此,他们被称为延迟性压力荨麻疹。

(九)遗传因素

如血管性水肿和家族性冷性荨麻疹。无任何已知原因的特发性荨麻疹也可能和遗传有关。

三、发病机制

虽然荨麻疹是一种常见的疾病,但其发病机制尚不完全清楚。目前荨麻疹发病机制研究主要集中在三个方面:① 荨麻疹相关的细胞和介质。② 肥大细胞激活的机制。③ 慢性自发性荨麻疹相关的自动免疫过程。

(一)荨麻疹发病相关的细胞和炎症介质

各种原因所导致的肥大细胞等多种炎症细胞活化和脱颗粒,释放具有炎症活性的化学介质,包括组胺、5-羟色胺、细胞因子、趋化因子、花生四烯酸的代谢产物(如前列腺素和白三烯),引起毛细血管扩张、血管通透性增加、平滑肌收缩及腺体分泌增加是荨麻疹发病的核心环节。肥大细胞含有大量具有预形成和预激活介质的电致密颗粒,包括效应介质如组胺、各种细胞因子和趋化因子,它们的释放先于花生四烯酸代谢物如前列腺素D2(PGD2)、白三烯E4(LTE4)以及血小板活化因子(PAF)的产生。在慢性自发性荨麻疹患者的皮肤及外周血中发现的肥大细胞释放的化学介质包括肿瘤坏死因子(TNF)-α、IL-1、IL-4、IL-5、IL-6、IL-8、IL-16、CCL-2、CCL-3、趋化因子、谷氨酰胺转移酶(TG)2,这些介质可作为嗜酸性粒细胞、中性粒细胞和T细胞趋化剂。荨麻疹患者皮肤血管周围含有单核细胞、嗜酸性粒细胞、嗜碱性粒细胞和$CD4^+$ T细胞浸润。受累皮肤存在细胞因子启动Th2免疫应答机制,如IL-33、IL-25、TSLP、IL-4、IL-5,联合先前关于INF-γ和TNF-α表达的研究表明荨麻疹为混合Th1/Th2免疫反应。嗜碱性粒细胞在荨麻疹发病中也有一定作用,慢性自发性荨麻疹患者疾病严重程度的改善与嗜碱性粒细胞数量增加和IgE介导的组胺释放有关。与健康人相比,慢性自发性荨麻疹患者嗜碱性粒细胞和嗜酸性细胞上的Th2细胞趋化受体同源分子(CRTH2)的表达减少,这被认为是PGD2持续刺激的结果。在慢性自发性荨麻疹患者的血清中,检测到IL-31水平升高。IL-31由嗜碱性粒细胞释放,刺激嗜碱性粒细胞趋化和活化,导致IL-4和IL-13释放。荨麻疹患者嗜碱性粒细胞的改变是致病性的还是继发性的,仍需进一步研究。

(二)肥大细胞活化

肥大细胞是荨麻疹发病中的主要效应细胞。肥大细胞广泛分布于全身,但其表型和对刺激的反应各不相同,这就可以解释为何在荨麻疹过敏性休克中出现系统性的症状而不伴发皮肤肥大细胞的活化。脱颗粒是指肥大细胞膜上邻近的两个或多个IgE受体的交联可导致一系列钙依赖和能量依赖反应,从而导致已储存颗粒与细胞膜融合并且释放内容物。体外实验发现40%慢性自发性荨麻疹患者血清中检测出功能性IgG_1、IgG_3自身抗体,大多数抗体结合于IgE受体的细胞外α亚单位上,自身抗体与肥大细胞结合导致补体活化,随后形成C5a过敏毒素,与肥大细胞上的C5a受体结合,导致其活化和脱颗粒。

(三)与自身免疫和感染的关系

目前认为循环免疫复合物参与了荨麻疹性血管炎的发病过程(Ⅲ型超敏反应),支持该病为免疫复合物性疾病的依据,30%～75%荨麻疹性血管炎患者血液中检测到循环免疫复合物,血管壁有补体和免疫复合物沉积,最后导致补体的活化和过敏毒素的产生。在低补体血症荨麻疹性血管炎中有标志性和选择性的血清C1q下降。自身抗体结合于Cq1D胶原样区域,活化补体途径。这些自身抗体在系统性红斑狼疮中也已被提及。

幽门螺杆菌(Hp)在慢性自发性荨麻疹中的作用一直备受争议。慢性自发性荨麻疹患者中Hp感染的患病率似乎没有增加,慢性自发性荨麻疹治疗的效果不依赖于Hp状态,根除Hp对慢性自发性荨麻疹没有任何额外益处。一项研究表明,慢性自发性荨麻疹与HHV-6病毒感染,持续性病毒基因表达和复制有关。

四、临床表现

根据病因、病程等特征,可将荨麻疹分为自发性荨麻疹和诱发性荨麻疹。自发性荨麻疹即风团自发产生而无外部因素的刺激,可分为急性及慢性自发性荨麻疹。疾病于短期内痊愈者称为急性荨麻疹。若每周至少发作2次、连续反复发作6周以上者称为慢性自发性荨麻疹。慢性诱导性荨麻疹包括:症状性皮肤划痕症,冷和热引起的荨麻疹,延迟性压迫性荨麻疹,日光性荨麻疹和振动性血管性水肿(物理性荨麻疹);非物理性慢性诱导性荨麻疹包括:胆碱能性荨麻疹、接触性荨麻疹和水源性荨麻疹。研究显示,三分之二的成人荨麻疹患者经常出现全身症状,如关节疼痛或肿胀(55.3%)、头痛/疲劳(47.6%)、脸红(42.7%)、气喘或呼吸困难(30.1%)、肠胃不适(26.2%)和心悸(9.7%)。

(一)急性自发性荨麻疹

为临床上最常见荨麻疹类型。本型起病急,剧痒,随后出现大小不等、形态各异的红斑、鲜红色风团。风团可为圆形、椭圆形,孤立、散在或融合成片,风团大时,可呈苍白色伴表面橘皮样外观,风团此起彼伏,消退后不留痕迹。严重者可有心慌、烦躁、恶心、呕吐甚至血压降低等过敏性休克症状。部分急性自发性荨麻疹在发作时伴有阵发性腹痛、腹泻,少部分患者同时伴有恶心、呕吐症状;由感染引起的急性自发性荨麻疹红斑、风团颜色鲜艳,消退时间较长,患者可同时伴有畏寒、发热等症状;大多数患者仅有红斑、风团,伴有不同程度瘙痒,无其他症状。病程一般1~2周。发病多和进食某种食物、药物或感染有关。

(二)慢性自发性荨麻疹

皮损反复发作达每周至少2次并连续6周以上者称为慢性自发性荨麻疹。患者全身症状一般较轻,风团时多时少,反复发生,长达数月或数年之久。慢性自发性荨麻疹患者常与感染病灶及系统性疾病有关,此外阿司匹林、非甾体类抗炎药、青霉素、血管紧张素转换酶抑制剂等会加重荨麻疹。

(三)心脏荨麻疹

心脏荨麻疹是发生于心脏的Ⅰ型变态反应。Ⅰ型变态反应可以是全身性的或局部性的,全身性反应的临床表现为一组危急的症候群,累及多种器官系统,累及心血管系统时可导致过敏性休克。局部反应视抗原入侵的途径和累及的器官系统不同而表现出不同的临床症状,如呼吸道表现为支气管痉挛性哮喘、气道阻塞和喉头水肿,消化道受累表现为恶心、呕吐、痉挛性腹痛和腹泻,累及心血管系统出现心率加速、低血压和休克,皮肤出现散在红斑、风团或融合成片。李朝品等研究表明刺蛾过敏原引起的急性过敏性皮肤荨麻疹发疹时,可累及心脏而导致过敏性心脏荨麻疹。心脏荨麻疹的治疗,主要是避免接触过敏原和早期应用肾上腺皮质激素,适量应用抗组胺药物及钙剂。用地塞米松静脉滴注效果为佳,一般在数小时内缓解。对呼吸系统的症状应对症处理。本病治疗适当1周内可恢复健康,预后良好。

(四)慢性诱发性荨麻疹

1. 症状性皮肤划痕症

是物理性荨麻疹最常见类型,约占总人口的5%。它表现为搔抓处和其他受摩擦部位出现线状风团,如衣服的衣袖和领口,皮肤受轻度敲打后出现的风团是对压力的一种反应。本病可与其他类型荨麻疹同时存在。研究认为本症与皮肤肥大细胞存在某种功能异常有关,而肥大细胞数量并不增加。

2. 获得性冷性荨麻疹(ACU)

获得性冷性荨麻疹也是一种较常见的物理性荨麻疹类型,其特征是暴露于冷空气、凉的液体或固体后发病,可发生于任何年龄,女性比男性更常见。广泛的冷接触,例如在冷水中潜水,数分钟内发生局部有瘙痒的水肿和风团,可能引起全身症状如呼吸困难、低血压、意识丧失,以及类似过敏反应的症状,可导致死亡。部分患者经数月或数年后,对冷过敏可自行消失。一项回顾性研究显示获得性冷荨麻疹平均温度阈值为(13.7±6.0)℃。Siebenhaar等将原发性ACU和继发性ACU分为无或有潜在病因,ACU与病毒、细菌和寄生虫感染以及与单克隆IgG或IgG/IgM和IgG/IgA混合类型的冷球蛋白血症有关。研究显示ACU与膜翅目昆虫叮咬、食物和药物不耐受、低C1抑制剂和C4以及改变趋化因子水平相关。

3. 热荨麻疹

热荨麻疹是一种非常罕见的物理性荨麻疹。当局部皮肤暴露在高温(43℃)下后可在数分钟内出现发红、肿胀发硬,有烧灼刺痛感,反复发作,少数患者可泛发全身,并伴有无力、潮红、多涎和虚脱,热脱敏有效。

4. 延迟性压力性荨麻疹(DPU)

皮疹发生于局部皮肤受压后4～6小时,通常可伴寒战、发热、头痛、关节痛、全身不适和轻度白细胞升高。局部大范围肿胀似血管性水肿,易发生于掌、跖或臀部,通常发生在行走后的足部和久坐后的臀部。皮损发生前可有24小时的潜伏期。压力性荨麻疹也可单独或并发于慢性自发性荨麻疹及血管性水肿。DPU应与有症状的皮肤划痕症区别开来,后者是指摩擦导致无延迟和短时间的风团。

5. 日光性荨麻疹(SU)

皮肤暴露于日光数分钟后,局部迅速出现瘙痒、红斑和风团,部分患者甚至可以在日光透过玻璃照射皮肤后发病。诱导发病的光线主要为UVA(波长329～400 nm),而可见光(波长400～700 nm)或UVB光(波长290～320 nm)的刺激则较少。日光性荨麻疹不多见,约占荨麻疹患者的0.08%。发病可能与光、血清或皮肤因子的作用下肥大细胞发生脱颗粒有关,但这些因素具体发病机制尚未被进一步阐明。

6. 胆碱能性荨麻疹

因运动、摄入热的食物或饮料、出汗及情绪激动等使胆碱能性神经发生冲动而释放乙酰胆碱,使嗜碱性粒细胞和肥大细胞内环磷酸鸟苷(cGMP)的水平增高至释放组胺。研究表明,外分泌腺上皮细胞中缺乏乙酰胆碱酯酶,胆碱能受体的表达降低 M3 (CHRM3),可能是由于自身免疫对汗腺和(或)乙酰胆碱受体的反应,导致组织中乙酰胆碱水平升高,最终刺激肥大细胞脱颗粒。除此之外汗液中的致敏成分、血清因子、汗腺孔阻塞和无汗症都可诱发胆碱能性荨麻疹。轻型胆碱能性荨麻疹可发生于15%以上正常人的青春期,冬季多发,有学者认为该病与特异反应性和支气管高反应性有关。本病特点为除掌、跖外全身皮肤发生泛发性1~3 mm 的小风团,周围有明显红晕,其中有时可见卫星状风团,也可只见红晕或无红晕的微小稀疏风团,有时唯一的症状是剧痒而无风团,损害可持续30~90分钟,严重者达数小时之久。

7. 震动性血管水肿

是荨麻疹中比较罕见的一种类型。皮肤在受震动刺激后几分钟内出现局部水肿和红斑,持续30分钟左右。震动刺激包括慢跑、毛巾来回摩擦,甚至是使用震动性的机器如剪草机和摩托车。已发现打鼾和牙科手术可诱发该病。避免振动刺激,患者可以正常生活。该病可为原发性也可以是获得性的,原发性为显性遗传,强大的震动刺激可以引起患者全身泛发性红斑以及头痛;获得性患者常同时伴发其他物理性荨麻疹如迟发型压力性荨麻疹和症状性皮肤划痕症。

8. 接触性荨麻疹

皮肤或黏膜接触某些过敏原后,局部出现风团、瘙痒,称为接触性荨麻疹,如果没有风团只有瘙痒和刺痛感也属于该病。根据发病是否由 IgE 介导将该病分为免疫型和非免疫型。如果引起荨麻疹的物质经过皮肤或者黏膜渗透还会产生全身症状。无论是免疫型还是非免疫型荨麻疹,反复接触过敏物质可导致皮炎或湿疹的发生。常见的诱发因素包括食物、植物成分(特别是树液、树叶等)、乳胶、药物、化妆品、工业化学品、动物产品或纺织品。症状持续的时间、病程和对介质拮抗剂的反应由参与发病机制中的介质决定。肥大细胞脱颗粒引起的接触性荨麻疹往往在接触几分钟后发生,且可被组胺拮抗剂所抑制,皮疹在2小时内消退,非免疫型荨麻疹往往在接触后45分钟才发生且可被非甾体类抗炎药所抑制。

9. 水源性荨麻疹

是一种罕见的胆碱能性荨麻疹。具有物理性荨麻疹和接触性荨麻疹的共同特征。在皮肤接触水的部位,立即或几分钟内发生风团、瘙痒,30~60分钟内消退,与水源温度无关。汗液、唾液甚至泪液可激发反应。水源性荨麻疹对生活质量影响较大,在诊断水源性荨麻疹之前必须排除其他类型的物理性荨麻疹。

10. 运动性荨麻疹

通常在运动开始后5~30分钟出现风团。风团色淡,比胆碱能性荨麻疹的风团大。胆碱能性荨麻疹与运动性荨麻疹均可由于运动而引起,而后者是由于被动性体温升高所引起。食物依赖运动性休克是指进食特殊食物(如小麦、榛子)或某些难消化的食物(如贝壳类)后4小时内进行激烈运动,发生荨麻疹及休克症状。

五、诊断与鉴别诊断

根据患者典型的红斑、风团、肿胀等临床表现,皮疹发生和消退较快,消退后不留痕迹,伴有不同程度瘙痒,该病不难诊断。但确定病因较为困难,必须详细询问病史和体检,仔细观察风团的大小、形态及累及部位,询问患者风团出现及消退的时间,完善实验室检查如血沉、抗核抗体与血清补体等。诱发性或特殊类型的荨麻疹的诊断还需依赖各种诊断实验(如运动试验、自身血清皮肤试验等)。

荨麻疹应与所有具有荨麻疹样皮肤表现的皮肤病相鉴别,后者荨麻疹样皮肤表现只是慢性炎症过程的一部分,不是真正的荨麻疹。包括多形红斑、荨麻疹型药疹、过敏性紫癜、丘疹性荨麻疹、荨麻疹型血管炎、成人still病、急性发热性嗜中性皮病(Sweet综合征),伴有胃肠道症状的荨麻疹还需与某些急腹症进行鉴别。

1. 多形红斑

皮疹呈多形性,可见红斑、丘疹、风团、水疱等,典型皮疹呈"靶样",好发于四肢末端,皮疹消退常超过24小时,伴有不同程度瘙痒。

2. 荨麻疹型药疹

发病前有明确的服药史,有一定潜伏期。皮疹表现为红斑、风团,伴有一定程度痒感,但风团颜色较红,消退时间超过24小时。

3. 过敏性紫癜

好发于儿童双下肢,皮疹表现为暗红色丘疹、红斑,也可见风团样皮疹,皮疹对称分布,按压不褪色,无或伴有轻度痒感。

4. 丘疹性荨麻疹

好发于夏秋蚊虫较多的季节。常为集簇性水肿性红斑、丘疹、丘疱疹,痒感明显,皮疹消退时间较长,部分皮疹消退后短期局部皮肤留有色素沉着。

5. 荨麻疹型血管炎

皮疹可为红斑、风团,但颜色常较鲜艳,消退时间较长,可伴有发热及关节痛。

6. 成人still病

常有长时间发热,皮疹呈多形性,可见红斑、风团、丘疹等,好发于四肢,痒感不明显,皮疹常与发热呈一致性。血清铁蛋白明显增高。

7. 急性发热性嗜中性皮病(Sweet综合征)

常伴有发热。皮疹好发于皮肤暴露部位,为水肿性红斑、斑块,表明光滑,典型皮疹呈假性水疱样。血常规示白细胞、中性粒细胞升高。

8. 与胃肠炎及某些急腹症鉴别

荨麻疹伴有呕吐、腹痛、腹泻等症状时应与胃肠炎、胆囊炎、阑尾炎等急腹症进行鉴别。

六、治疗

（一）预防

荨麻疹病因复杂。临床上仅少部分荨麻疹能够寻找出病因，对于能够明确病因的荨麻疹，去除或尽量避免病因是首要选择，如寒冷性荨麻疹尽量保暖，压力性荨麻疹尽量避免受压，胆碱能荨麻疹患者尽量减少活动、避免情绪激动。很多慢性自发性荨麻疹可能和空气中吸入物过敏有关。研究表明，在众多吸入物过敏原中，粉螨、尘螨所占比例较高，因此除螨减少螨虫及其排泄物的吸入也是减少荨麻疹反复发作的关键措施。

（二）治疗

本病的根本治疗是去除病因，若诱发因素明确，应避免接触诱发因素。如果有明显感染存在，应积极予以抗感染治疗。许多患者不能发现病因，药物治疗也常能使疾病得到控制或治愈。第二代抗组胺药为荨麻疹的一线用药。

1. 急性荨麻疹

病情严重、伴有休克、喉头水肿及呼吸困难者，应立即抢救。方法如下：

（1）0.1% 肾上腺素 0.5～1 mL 皮下注射或肌肉注射，必要时可重复使用，心脏病或高血压患者慎用。

（2）糖皮质激素肌肉注射或静脉注射，可选用地塞米松、氢化可的松或甲基泼尼松龙等，但应避免长期使用。

（3）支气管痉挛严重时可静脉注射氨茶碱。

（4）喉头水肿呼吸受阻时可行气管切开，心跳呼吸骤停时应进行心肺复苏术。

2. 抗组胺药

常用的第一代抗组胺药有赛庚啶、多塞平、酮替芬等，因本组药物易透过血脑屏障，导致嗜睡、乏力、困倦、头晕、注意力不集中等，因其显著的镇静作用以及作用时间较短而较少作为首选治疗药物。一般首选第二代抗组胺药，常用的有氯雷他定、西替利嗪、地氯雷他定、依匹斯汀、咪唑斯汀等。第二代抗组胺药物不易透过血脑屏障，不产生嗜睡或仅有轻度困倦作用。为防止长期服用抗组胺药发生耐药性，在应用某种抗组胺药物无效时，可更换不同种类的药物。对已控制的慢性荨麻疹患者采取逐步减量以至停药的服法，以维持缓解。抗 H1 受体和抗 H2 受体药物联合治疗慢性荨麻疹可能比单独使用抗 H1 受体药物更有效。然而，近年来抗 H2 受体药物使用已经从一些指南中删除。抗 H2 受体药物包括雷尼替丁、尼扎替丁、法莫替丁和西咪替丁等。

3. 维生素 C、钙剂

这类药物可降低毛细血管的通透性，与抗组胺药物共同使用能够起协同作用。可口服使用，也可静脉滴注。

4. 糖皮质激素

糖皮质激素不抑制肥大细胞脱颗粒，但能通过抑制多种炎症机制发挥作用。临床症状较轻的荨麻疹可以不使用糖皮质激素，但对于皮疹范围广，瘙痒剧烈，或伴有胸闷、心慌的急性自发性荨麻疹,糖皮质激素的使用可以较快缓解症状,可选用地塞米松、氢化可的松或甲基泼尼松龙等糖皮质激素静脉使用,也可选用地塞米松、醋酸泼尼松、甲基泼尼松龙口服。出现明显的血管性水肿或症状持续数天以上,且不能用抗组胺药物控制,也可考虑全身使用糖皮质激素。

5. 抗生素

一般荨麻疹不需要使用抗生素治疗,但对于由细菌感染引起的荨麻疹则需在一般治疗荨麻疹的基础上给予抗生素治疗。这类患者皮疹颜色鲜红,皮疹持续时间较长,常伴有发热,实验室检查示白细胞、中性粒细胞、C反应蛋白常高于正常。

6. 免疫调节剂

在众多的免疫调节剂中,卡介菌多糖核酸能够有效杀伤细胞功能,激活单核巨噬细胞,减少脱颗粒细胞释放活性物质,稳定肥大细胞,同时具有调节IgE的功能,若此类药物与抗组胺类药物联合应用,治疗效果往往高于单独使用抗组胺类药物。有人使用氯雷他定片联合匹多莫德片治疗慢性荨麻疹,疗效显著,能够明显改善患者临床症状,提高其细胞免疫功能,降低复发率,其机制可能与提高血清IL-2水平及降低IL-4水平有关。

7. 免疫抑制剂

对于慢性荨麻疹,环孢素被报道可引起荨麻疹更迅速和长期的缓解。临床有效率介于64%~95%范围。当治疗结束时,50%的患者可能缓解达9个月,但有些患者在停止治疗后可能复发,在这种情况下,维持治疗时间最长可达2年,但使用时间越长,药物产生副作用的风险越高。虽然环孢素是治疗慢性荨麻疹的高效药物,但考虑到长期使用可能会出现较大副作用,应在抗组胺药和奥马珠单抗治疗无效的慢性荨麻疹患者再考虑应用环孢素。

8. 生物制剂

抗IgE抗体奥玛利珠单抗已被证明是一种有效和耐受性良好的抗组胺药物难以治疗的慢性自发性荨麻疹患者的治疗药物。但其价格昂贵,目前没有研究证明其具有长期的疾病改善效果。其可能作用机制:减少肥大细胞激活、抑制嗜碱性粒细胞减少,改善嗜碱性粒细胞IgE受体功能,减少与疾病活动相关的凝血功能异常,降低免疫球蛋白抗IgE受体和IgE的活性,降低针对抗原或自身抗原的自身抗体的活性。用法为每28天皮下注射300 mg,持续6个月,超过80%患者有效。奥玛利珠单抗也被报道对其他形式的荨麻疹有效,如冷荨麻疹、日光性荨麻疹、胆碱能荨麻疹、荨麻疹血管炎等。

9. 中医中药

中医中药对荨麻疹有一定疗效,特别是慢性荨麻疹。中医中药联合抗组胺药物使用,往往能受到较理想的疗效。刘爱民运用柴胡龙骨牡蛎汤(按张仲景原方:柴胡、黄芩、生姜、人参、桂枝、白芍、茯苓、半夏、大黄、龙骨、牡蛎,铅丹,可临症加减)治疗营卫不和、肝气亢旺型慢性荨麻疹,效果显著。任彩红认为慢性荨麻疹反复发作,与患者气血不足、机体禀赋不足、卫表不顾、风寒侵袭相关,且易导致患者生理及心理严重的不良影响。采用桂枝汤台耳穴疗法治疗慢性荨麻疹,疗效明显。

10. 其他内用药物

对于部分慢性荨麻疹,一般抗组胺药物、维生素C、钙剂治疗效果不佳,可考虑加用雷公藤、羟氯喹口服,也可加白三烯拮抗剂孟鲁司特口服。

11. 外用药物治疗

夏季可选择炉甘石洗剂等,冬季选择有止痒作用的乳剂,日光性荨麻疹可局部使用遮光剂。因荨麻疹往往为全身发疹性疾病,外用药物治疗常不作为主要治疗手段,仅作为辅助治疗药物。

第八节　其他过敏性疾病

临床上和粉螨有密切联系的过敏性疾病除上述介绍的几种疾病外,还可见于湿疹、过敏性肠炎、过敏性结膜炎、过敏性中耳炎等。因此在这些疾病的病因寻找、治疗及预防上,粉螨也是考虑的重要因素之一。

湿疹(eczema)是皮肤科常见疾病之一。病因复杂,是在遗传背景下多种内因与外因共同作用而引起的炎症性皮肤、黏膜疾病。内部因素包括各种慢性感染(细菌、真菌、病毒、寄生虫等)、内分泌及代谢因素、神经精神因素、肿瘤等。外部因素包括各种食物(鱼、虾、蛋、奶、海产品、草莓等)、吸入物(粉螨、尘螨、花粉、真菌孢子)、物理因素(冷、热)、各种化学物质(洗涤剂、化妆品、染料)等。临床上将湿疹分为三期:急性期、亚急性期、慢性期。急性期湿疹可发生于身体任何部位。皮疹呈多形性,主要为红色斑疹、丘疹、丘疱疹、水疱,皮疹颜色红、对称发作,抓后出现糜烂、渗液,痒感明显。亚急性期湿疹一般由急性期皮疹反复发作或对急性期皮疹处理不当,病情迁延发展而来,和急性期湿疹相比,亚急性期湿疹皮疹颜色变暗,红斑、渗液减轻,鳞屑增多,部分出现浸润,痒感明显。慢性期湿疹一般由于病因长期存在,病情反复发作导致,皮疹颜色暗、干燥,浸润、肥厚明显,常呈苔藓样变,痒感剧烈。好发于手足、小腿、肛周、外阴等部位。湿疹主要依据临床表现进行诊断。治疗药物包括抗组胺药物、钙剂内用,严重泛发者也可短期小剂量口服糖皮质激素。外用药物在本病的治疗中占有重要地位,一般根据病因、发病部位、皮疹病期选择外用药物种类和剂型。

过敏性肠炎(allergic enteritis)主要由食物过敏原导致。但也有部分患者是因食用了含有粉螨寄生的饼干、奶粉、大米、大麦、面粉、玉米粉及其他食物后,粉螨寄生在肠腔或肠壁上所引起的一系列以胃肠道症状为特征的消化系统疾病。患者主要临床表现为腹痛、腹泻、腹部不适、乏力、精神不振等。可对患者进行食物不耐受过敏原检测以寻找可能的食物过敏原。治疗方面:患者尽量少食或不食不耐受食物,同时给予对症治疗。另外,日常生活中注意食物的储存及保管,尽量减少食物中粉螨的寄生,以防由食物导致粉螨在胃肠道的寄生。

过敏性眼结膜炎(allergic conjunctivitis)是特异性IgE抗体介导的局部或全身的过敏反应累及眼部时出现的炎症反应,包括在眼睑、结膜及角膜上的炎症损伤。诱发过敏性眼结膜炎的病因很多,很多时候无法明确。常见的为悬浮在空气中的物质,如粉螨及其排泄物、花粉、真菌孢子、灰尘等。患者常感觉眼痒、流泪、畏光、眼部烧灼感、眼部黏液性分泌物,严重影响患者的学习、工作及日常生活。由花粉引起的常伴有过敏性鼻炎症状,并随季节变化。治疗方面除给予必要的药物治疗以缓解临床症状外,避免接触悬浮在空气中的过敏原(如粉螨、尘螨、花粉、灰尘)也是必不可少的。

过敏性中耳炎(allergic otitis media)部分患者在患过敏性鼻炎时,由于解剖上中耳腔与鼻部相通,患者也出现过敏性中耳炎的症状。临床表现为听力减退,听力下降,耳内闭塞或闷胀感以及耳鸣。急性期患者还会出现不同程度耳痛,可为持续性;慢性期耳痛往往不明显。耳鸣多为低调间歇性,如嗡嗡声或流水声。治疗方面可给予辅舒良鼻雾喷剂、辅舒酮丙酸氟替卡松吸入气雾剂等。如果由过敏性鼻炎导致的过敏性中耳炎患者应同时注意寻找可能的过敏原,由于粉螨、尘螨在过敏性鼻炎的发病中起着重要作用,因此除螨,减少螨的孳生也是过敏性中耳炎防治的关键措施之一。

(懿超 陈敬涛)

参 考 文 献

孔维佳,周梁,2015.耳鼻咽喉头颈外科学[M].北京:人民卫生出版社:317-325.

马萍萍,宋文涛,马卫东,等,2019.不同特异性免疫疗法对尘螨过敏性哮喘患儿疗效及安全性的影响[J].临床肺科杂志,24(5):853-856.

邓玉秀,2016.低分子肝素钙治疗小儿过敏性紫癜的临床效果观察[J].中国当代医药,23(4):145-146.

牛蔚露,崔伟锋,2019.郑州地区609例皮炎、湿疹类疾病患者斑贴试验结果回顾性分析[J].检验医学与临床,16(19):2839-2842.

王卫平,毛萌,李廷玉,等,2013.儿科学[M].8版.北京:人民卫生出版社:190-192.

王文辉,陈哲,胡驰,等,2019.粉尘螨变应原疫苗舌下含服联合布地奈德治疗儿童过敏性哮喘临床评价[J].中国药业,20(2):34-36.

王荣,赵三龙,丁桂霞,等,2015.儿童过敏性紫癜并心脏损害的临床特点及危险因素[J].中华实用儿科临床杂志,30(21):1619-1621.

王春燕,温晓慧,刘锦峰,2014.白三烯受体拮抗剂联合抗组胺治疗变应性咽炎的临床观察[J].中华临床医师杂志(电子版),8(23):4298-4301.

王倩,张际,梅其霞,等,2011.哮喘儿童心理行为问题特征及应对方式研究[J].中国全科医学,14(10):1134-1137.

王倩涵,封其华,宋晓翔,等,2013.肠镜下凝血酶喷洒治疗过敏性紫癜合并顽固性下消化道出血疗效观察[J].临床儿科杂志,31(4):314-316.

王清泰,肖燕萍,2015.小儿过敏性咳嗽患者高气道反应性分析[J].医学理论与实践,28(12):1648-1649.

王俊轶,肖小军,何翔,等,2019.重组粉尘螨抗原纳米疫苗PLGA-Der f 2免疫治疗小鼠过敏性哮喘的实验研究[J].南昌大学学报(医学版),59(5):1-5.

中华医学会儿科学分会呼吸学组,中华医学会《中华儿科杂志》编辑委员会,2004.儿童支气管哮喘防治常规(试行)[J].中华儿科杂志,42(2):100-106.

中华医学会儿科学分会免疫学组,2013.儿童过敏性紫癜循证诊治建议[J].中华儿科杂志,51(7):502-507.

中华医学会变态反应分会呼吸过敏学组(筹),中华医学会呼吸病学分会哮喘学组,2019.中国过敏性哮喘诊治指南(2019年第1版)[J].中华内科杂志,58(9):636-655.

冯婷,黄世铮,鲁航,2015.变应性鼻炎相关危险因素的Logistic回归分析[J].中国医学前沿杂志(电子版),7(3):108-110.

叶家楷,李克莉,许涤沙,等,2015.中国2013年疑似预防接种异常反应信息管理系统数据分析[J].中国疫苗和免疫,21(2):121-131.

卢湘云,孙伟忠,赖余胜,等,2015.浙江嘉善儿童过敏性鼻炎患病状况、对生活学习的影响及发病因素调查分析[J].实用预防医学,22(8):949-942.

史梅,史伟峰,谭保真,2010.91例过敏性紫癜患儿血清特异性IgE和总IgE检测[J].国际检验医学杂志,31(11):1304-1305.

李朝品,武前文,1996.房舍和储藏物粉螨[M].合肥:中国科技大学出版社:267-271.

李朝品,马长玲,秦志辉,等,1998.储藏中药材孳生粉螨的研究[J].新乡医学院学报,15(1):22-26.

李朝品,2001.刺娥致变应性心脏荨麻疹(附89例报告)[J].中国寄生虫病防治杂志,14(2):147-149.

李克莉,刘大卫,武文娣,等,2011.中国六个市2007～2009年过敏性紫癜住院病例发病情况分析[J].中国疫苗和免疫,17(2):128-132.

李改芹,张修礼,杨云生,2014.以消化道出血为主要症状过敏性紫癜的内镜表现[J].中华消化内镜杂志,31(4):223-224.

李峰,2015.过敏性鼻炎的临床诊治探析[J].中国卫生标准管理,6(19):34-35.

李娟,李群,刘洪,等,2016.基因芯片在筛查儿童过敏性紫癜差异基因中的研究[J].江西医药,51(10):991-995.

李志伟,缪琴,杜伟强,等,2017.白三烯受体拮抗剂联合抗组胺治疗变应性咽炎的临床观察[J].中国生化药物杂志,42(7):61-62.

李婷,唐筱潇,阳海平,等,2018.Tfh通过CD40/CD40L轴在介导儿童过敏性紫癜发病中的作用与机制初探[J].中华微生物学和免疫学杂志,38(1):47-54.

李俊,吴美萍,2019.丙酸倍氯米松气雾剂治疗过敏性鼻炎的临床价值研究[J].数理医药学杂志,32(4):574-575.

李菲菲,缪晚虹,2019.中西医对过敏性结膜炎的认识及治疗概况[J].现代中西医结合杂志,28(21):2379-2383.

江连枝,2013.186例慢性荨麻疹患者过敏原检测结果[J].中国保健营养,23(3):1163.

江载芳,申昆玲,沈颖,2015.诸福棠实用儿科学[M].8版.北京:人民卫生出版社:773-775.

刘春丽,陈如冲,罗炜,2013.变应性咳嗽的临床特征与气道炎症特点[J].广东医学,34(6):853-856.

刘锦峰,闫占峰,张名霞,等,2015.变应性咽炎的临床诊治探讨[J].临床耳鼻咽喉头颈外科杂志,29(15):1401-1405.

刘春涛,2019.过敏性哮喘防治的重要性与特殊性[J].中华内科杂志,58(9):628-629.

刘维,江洪,蒲红,等,2019.评估粉尘螨舌下特异性免疫治疗对成人变应性哮喘伴鼻炎控制水平及肺功能的影响[J].临床耳鼻咽喉头颈外科杂志,9:850-854.

孙静,崔蓉,李乐平,2013.西替利嗪治疗慢性荨麻疹的临床疗效观察[J].重庆医学,42(16):

1822.

任小东,蒋晓平,陈天宾,2015.蓝芩口服液联合枸地氯雷他定治疗过敏性咽喉炎的疗效分析[J].中国基层医药,22(9):1407.

闫晶晶,2019.舌下含服粉尘螨滴剂联合氯雷他定治疗儿童过敏性哮喘伴变应性鼻炎的疗效及机制[J].临床与病理杂志,39(7):1441-1447.

朱万春,诸葛洪祥,2007.粉螨性哮喘发病机制研究进展[J].环境与健康杂志,24(3):184-186.

朱美君,宋磊,赵金华,等,2018.异常糖基化IgA1,与儿童过敏性紫癜相关性研究[J].浙江临床医学,20(2):310-311.

陈如冲,赖克方,钟南山,等,2010.伴有咽喉炎样表现的慢性咳嗽的病因分布[J].中国呼吸与危重监护杂志,9(5):462-464.

陈兴保,温廷恒,2011.粉螨与疾病关系的研究进展[J].中华全科医学,9(3):437-440.

陈锦文,2016.影响儿童过敏性紫癜(HSP)复发的临床相关危险因素及预防措施[J].世界最新医学信息文摘(电子版),37:56-59.

陈少藩,刘茹,陈霞,2016.过敏性咳嗽患儿食物不耐受抗体及血清细胞因子水平分析[J].甘肃医药,35(12):884-886.

陈超,2017.白三烯受体拮抗剂联合抗组胺治疗变应性咽炎的临床观察[J].临床医药文献电子杂志,4(A3):20291.

陈其冰,王燕,李芬,等,2019.慢性咽炎病因和发病机制研究进展[J].听力学及言语疾病杂志,27(2):224-228.

陈雪梅,沈强,易述军,等,2019.螨过敏变应性咽炎舌下特异性免疫治疗临床疗效观察[J].中国医学文摘耳鼻咽喉科学,34(5):338-341.

陈宏,张伟,苏玉明,等,2020.补益肺肾法治疗对变应性哮喘患儿IFN-γ、IL-4和IL-13的影响[J].天津中医药,2:193-195.

何敏,廉国利,吴红艳,等,2017.MEFV基因突变与儿童过敏性紫癜遗传易感性的Meta分析[J].中国妇幼健康研究,28(1):38-41.

宋迪,陈宪海,2016.变应性咳嗽病因病机及治法探讨[J].亚太传统医药,12(17):79-80.

苏玉洁,张建华,2018.儿童上气道咳嗽综合征病因构成[J].河北医药,40(11):1617-1620.

吴建平,梅志丹,陶泽璋,等,2016.变态反应性咽炎的诊断和治疗[J].临床耳鼻咽喉科杂志,20(22):1047.

武文娣,刘大卫,李克莉,等,2014.中国2012年疑似预防接种异常反应监测数据分析[J].中国疫苗和免疫,20(1):1-12.

肖春才,张晨阳,王娟,2019.孟鲁司特联合卤米松软膏对成人特应性皮炎患者血清IL-4、IgE及IFN-γ水平的影响[J].实用药物与临床,22(7):711-714.

杨祁,吴昆昊,李泽卿,等,2020.变应性鼻炎病儿900例吸入性变应原临床分布特征[J].安徽医药,24(3):504-507.

杨金露,封其华,武庆斌,等,2014.胃镜下凝血酶喷洒治疗儿童过敏性紫癜合并上消化道出血的临床效果[J].中华实用儿科临床杂志,29(24):1912-1914.

余燕娟,张迎辉,2014.食物特异性IgG的检测与儿童过敏性紫癜的相关性研究[J].中国儿童保健杂志,22(2):201-204.

金汶,吴成,2015.OPN 和 NF-κB 在过敏性紫癜患者血清中表达水平的变化及意义[J].华中科技大学学报(医学版),44(2):229-231.

张玲,王茜,解松刚,2010.扬州地区变态反应性疾病患者血清中体外过敏原检测与分析[J].检验医学与临床,7(3):197-200.

张宏雨,黄娟,赵立焕,等,2018.变应性咳嗽患者214例血清变应原特异性IgE检测结果分析[J].山西医药杂志,47(8):942-943.

张建基,时蕾,2019.《儿童过敏性鼻炎诊疗:临床实践指南》发病机制部分解读[J].中国实用儿科杂志,34(3):182-187.

张雪,肖春才,2014.变态反应性疾病573例过敏原结果分析[J].中国现代药物应用,8(24):51-52.

黄燕华,张秀明,王伟佳,2015.过敏性疾病患者过敏原特异性IgE检测分析[J].国际检验医学杂志,36(19):2779-2781.

张学军,郑捷,2018.皮肤性病学[M].北京:人民卫生出版社:108-111.

张美玲,孙卉,孙文凯,等,2020.鼻腔滴入γ干扰素对变应性鼻炎大鼠外周血 Th17/Treg 细胞及相关细胞因子的影响[J].山东大学学报(医学版),58(1):13-19.

罗甜,薛英,2020.雷公藤联合氯雷他定治疗轻度变应性鼻炎的临床疗效以及对血清 Th1/Th2、Treg/Th17 的影响[J].武汉大学学报(医学版),41(2):280-284.

孟建华,2019.过敏性鼻炎的诊断与治疗新进展[J].中国处方药,17(3):37-38.

郑显东,2016.白三烯受体拮抗剂联合抗组胺治疗变应性咽炎效果观察[J].深圳中西医结合杂志,26(6):135-136.

郑敏,涂秋凤,徐匡根,等,2015.2008-2012年江西省预防接种异常反应病例的补偿现状调查[J].现代预防医学,42(10):1803 1805.

竺培青,何威逊,朱光华,等,2016.特异性IgE儿童过敏性紫癜病因诊断中意义[J].临床儿科杂志,23(3):164-166.

周海林,胡白,蒋法兴,等,2012.安徽省1062例慢性荨麻疹过敏原检测结果分析[J].安徽医药,16(11):1615-1617.

周晓鹰,唐颖娟,魏涛,2019.环境因素和过敏性疾病[J].常州大学学报:自然科学版,31(4):76-85.

段文冰,鞠瑛,沈亚娟,等,2017.儿童过敏性紫癜血中标志物的检测及临床意义[J].中国医药,12:285-289.

洪元庚,2018.过敏性鼻炎的病因、治疗现状与影响因素[J].中国医学创新,15(11):144-148.

钟燕兰,党西强,何小解,等,2013.血液灌流治疗重症过敏性紫癜的疗效及可能机制[J].中华实用儿科临床杂志,28(21):1625-1628.

姚家会,唐蓉,2016.粉尘螨滴剂治疗粉尘螨阳性过敏性咳嗽的疗效观察[J].中国社区医师,32(23):56-57.

骆冬兰,2019.吡美莫司乳膏结合氯雷他定糖浆治疗特应性皮炎效果分析[J].皮肤病与性病,41(4):533-534.

郭永井,宋悦,张晓锐,2019.舌下特异性免疫对儿童过敏性哮喘的治疗效果临床研究[J].临床研究,27(11):117-118.

郭妍南,王峥,2012.过敏性紫癜的血液净化治疗[J].实用儿科临床杂志,27(17):1308-1310.

郭娇娇,孟祥松,李朝品,2017.芜湖市面粉厂粉螨种类调查[J].中国病原生物学杂志,12(10):987-989.

高萃,李亚梅,李莉,2018.硫酸沙丁胺醇、丙酸氟替卡松联合穴位敷贴对过敏性咳嗽患者血清CRP、IL-6、TNF-a和免疫球蛋白的影响[J].现代中西医结合杂志,27(29):3216-3227.

徐文颉,2018.过敏性鼻炎的治疗进展[J].临床医药文献电子杂志,5(13):193-194.

徐美容,2018.酮替芬联合沙美特罗替卡松治疗变应性咳嗽临床观察[J].中国社区医师,34(5):37-39.

黄可,刘日阳,2016.儿童过敏性紫癜继发肾损伤中血FIB、D-D和FDP的表达意义研究[J].国际医药卫生导报,22(6):747-749.

黄文晖,金微瑛,陈伟,等,2016.幽门螺杆菌感染与儿童过敏性紫癜及肾损害的相关性研究[J].中华医院感染学杂志,26(10):2367-2369.

黄庆媛,2018.酮替芬联合沙美特罗替卡松治疗变应性咳嗽的疗效观察[J].临床合理用药杂志,11(22):65-66.

黄迎,钱秋芳,张志红,等,2019.1140例特应性皮炎患儿血清过敏原检测及分析[J].中国麻风皮肤病杂志,35(11):689-691.

黄秋菊,魏欣,林霞,等,2020.粉尘螨舌下免疫治疗对海南地区变应性鼻炎患者特异性IgG4表达水平的影响[J].临床耳鼻咽喉头颈外科杂志,34(2):135-139.

梁丽娜,李江全,2011.论风邪在小儿过敏性咳嗽发病机制中的重要作用[J].中国中医急症,20(8):1355-1356.

梁美玲,赵钰玲,李满祥,等,2019.酮替芬联合沙美特罗替卡松治疗变应性咳嗽有效性及安全性Meta分析[J].实用心脑肺血管病杂志,27(4):53-58.

章燕琴,2019.耳鼻喉科疾病所致慢性咳嗽的病因及治疗分析[J].现代养生,(20):83-84.

程颖,张珍,刘晓依,等,2017.儿童特应性皮炎治疗前后生活质量的评估[J].中国当代儿科杂志,19(6):682-687.

寒宇阳,白丽霞,李垣君,等,2019.1028例过敏性皮肤病患儿过敏原特异性IgE测定及分析[J].中国医师杂志,21(9):1359-1362.

韩玉敏,石娜,王燕,等,2019.过敏性哮喘患儿一氧化氮、总免疫球蛋白E、调节性T细胞的表达及联合检测的意义[J].中国儿童保健杂志,27(12):1335-1338.

蒋峰,李朝品,2019.合肥市市售食物孳生粉螨情况调查[J].中国病原生物学杂志,14(6):697-699.

喻海琼,肖小军,陈小可,等,2019.屋尘螨提取液皮下注射治疗小鼠过敏性哮喘的机制研究[J].南昌大学学报(医学版),59(1):7-12.

蔡华波,李永柏,赵辉,等,2014.根除幽门螺杆菌疗法治疗过敏性紫癜患儿的预后分析[J].中国当代儿科杂志,16(3):234-237.

蔡慧,墨玉清,薛小敏,等,2019.真实世界奥马珠单抗治疗中重度过敏性哮喘的疗效及安全性[J].中华临床免疫和变态反应杂志,13(3):199-204.

谭华章,2014.粉尘螨舌下脱敏治疗双螨致敏变应性鼻炎的起效时间及机制讨论[J].临床耳鼻咽喉头颈外科杂志,28(5):296-298.

慕彰磊,张建中,2019.皮肤屏障与特应性皮炎[J].临床皮肤科杂志,48(11):707-709.

黎雅婷,张萍萍,彭俊争,等,2014.广州地区儿童过敏性紫癜血清变应原特异性IgE检测分析[J].中国实验诊断学,18(6):942-944.

熊俊伟,李兵,周维康,等,2015.孟鲁司特钠联合养阴合剂治疗过敏性咽炎疗效分析[J].中国临床研究,28(7):941-943.

Woodcock A A, Cunnington A M, 1980. The allergenic importance of house dust and storage mites in asthmatics in Brunei, S.E. Asia[J].Clinical Allergy, 10(5): 609-615.

Altug U, Ensari C, Sayin D B, et al., 2013.MEFV gene mutations in Henoch-Schönlein purpura [J].Int J Rheum Dis, 16(3):347-351.

Amsler E, Soria A, Vial-Dupuy A, 2014. What do we learn from a cohort of 219 French patients with chronic urticaria[J].Eur J Dermatol, 24(6):700-701.

Backman H, Räisänen P, Hedman L, et al., 2017.Increased prevalence of allergic asthma from 1996 to 2006 and further to 2016-results from three population surveys[J].Clin Exp Allergy, 47(11):1426-1435.

Ban G Y, Kim M Y, Yoo H S, et al., 2014. Clinical features of elderly chronic urticaria[J].Korean J Intern Med, 29(6):800-806.

Basaran O, Cakar N, Uncu N, et al., 2015. Plasma exchange therapy for severe gastrointestinal involvement of Henoch-Schönlein purpura in children[J]. Clin Exp Rheumatol, 33(2 Suppl89):176-180.

Benko R, Molnar T F, Szombati V, et al., 2015. Combined inhibition of histamine H1 receptors and leukotrienes reduces compound 48/80-induced contraction of the human bronchus in vitro[J].Pharmacology, 96(5 6):253-255.

Berker M, Frank L J, Geßner A L, et al., 2017.Allergies-A T cells perspective in the era beyond the T1/T2 paradigm[J].Clin immunol (Orlando, fla), 174:73-83.

Berquist J B, Bartels C M, 2011.Rare association of Henoch-Schönlein Purpura with recurrent endocarditis[J].Wmj Official Publication of the State Medical Society of Wisconsin, 110(1): 38-40.

Bluman J, Goldman R D, 2014.Henoch-Schönlein purpura in children: limited benefit of cortico steroids[J].Can Fam Physician, 60(11):1007-1010.

Brunner P M, Silverberg J I, Guttman-Yassky E, et al., 2017.Increasing comorbidities suggest that atopic dermatitis is a systemic disorder[J]. J Invest Dermatol, 137(1):18-25.

Bülbül Başkan E, 2015.Etiology and Pathogenesis of Chronic Urticaria[J]. Turkiye Klinikleri J Dermatol-Special Topics, 8:13-19.

Canonica G W, Cox L, Pawankar R, et al., 2014.Sublingual immunotherapy: World Allergy Organization position paper 2013 update[J].World Allergy Organ J, 7(1):6.

Cassano N, Colombo D, Bellia G, et al., 2016.Genderrelated differences in chronic urticaria[J]. G Ital Dermatol Venereol, 151(5):544-552.

Chen O, Zhu X B, Ren P, et al., 2013. Henoch-Schönlein Purpura in children: clinical analysis of 120 cases[J].Afr Health Sci, 13(1):94-99.

Chin J，Bearison C，Silverberg N，et al.，2019. Concomitant atopic dermatitis and narcolepsy type 1: psychiatric implications and challenges in management.[J]. General psychiatry，32(5)：279-282.

Choi S J，Park S K，Uhm W S，et al.，2002. A case of refractory Henoch-Schonlein purpura treated with thalidomide[J].Korean J Intern Med，17(4):270-273.

Cingi C，Muluk N B，Ipci K，et al.，2015.Antileukotrienes in upper airway inflammatory diseases [J].Curr Allergy Asthma Rep，15(11):61-64.

Wen D C，Shyur S D，Ho C M，et al.，2005. Systemic anaphylaxis after the ingestion of pancake contaminated with the storage mite Blomia freemani[J]. Ann Allergy Asthma Immunol，95(6):612-614.

Dalpiaz A，Schwamb R，Miao Y，et al.，2015.Urological Manifestations of Henoch-Schönlein in Purpura:A Review[J].Curr Urol，8(2):66-73.

Darlenski R，Kazandjieva J，Zuberbier T，et al.，2014. Chronic urticaria as a systemic disease [J].Clin Dermatol，32(3):420-423.

Davin J C，Coppo R，2014.Henoch-Schönlein purpura nephritis in children[J].Nat Rev Nephrol，10(10):563-573.

Debarati D，Gouta S，Sanjoy P，2019.A review of house dust mite allergy in India[J].Experimental & applied acarology，78(1):1-14.

Deng F，Lu L，Zhang Q，et al.，2012.Improved outcome of Henoch-Schönlein purpura nephritis by early intensive treatment[J].Indian J Pediatr，79(2):207-212.

Paiva A C Z D，Marson F A D L，José Dirceu Ribeiro，et al.，2014.Asthma: Gln27Glu and Arg16Gly polymorphisms of the beta2-adrenergic receptor gene as risk factors[J].Allergy Asthma Clin Immunol，10:8.

Dicpinigaitis P V，2004. Cough in asthma and eosinophilic bronchitis [J].Thorax，59(1): 71-72.

Dilek F，Ozceker D，Ozkaya E，et al.，2016.Plasma levels of matrix metalloproteinase-9 in children with chronic spontaneous urticaria[J]. Allergy Asthma Immunol Res，8(6):522-526.

Lorenzini D，Pires M，Aoki V，et al.，2015.Atopy patch test with *Aleuroglyphus ovatus* antigen in patients with atopic dermatitis[J].JEADV，29(1):38-41.

Duman M A，Duru N S，Caliskan B，et al.，2016. Lumbar Swelling as the Unusual Presentation of Henoch-Schönlein in Purpura in a Child[J].Balkan Med J，33(3):360-362.

Du Y，Hou L，Zhao C，et al.，2012.Treatment of children with Henoch-Schönlein purpura nephritis with mycophenolate mofetil[J].Pediatr Nephrol，27(5):765-771.

Ferrando M，Bagnasco D，Varricchi G，et al.，2017.Personalized medicine in allergy[J].Allergy Asthma Immunol Res，9(1):15-24.

Ferrante G，Scavone V，Muscia M C，et al.，2015.The care pathway for children with urticaria, angioedema, mastocytosis[J].World Allergy Organ J，8(1):5.

Fine L M，Bernstein J A，2016. Guideline of chronic urticaria beyond[J]. Allergy Asthma Immunol Res，8(5):396-403.

Flohr C, Nagel G, Weinmayr G, et al., 2011. Lack of evidence or a protective effect of prolonged breast-feeding on childhood eczema: lessons from the international study of asthma and allergies in childhood (ISAAC) phase two[J]. Br J Dermatol, 165(6):1280-1289.

Fujimura M, Kanozawa, 2003. Anthors' reply [J]. Thorax, 58: 736-757.

Fujimura M, Ogawa H, Nishizawa Y, et al., 2003. Comparison of atopic cough with cough variant asthma: is atopic cough a precursor of asthma [J]. Thorax, 58(1): 14-18.

Ghosh A, Dutta S, Podder P, et al., 2018. Sensitivity to house dust mites allergens with atopic asthma and its relationship with CD14 C(-159T) polymorphism in patients of West Bengal, India[J]. J Med Entomol, 55:14-19.

Gittler J K, Krueger J G, Guttman-Yassky E, 2013. Atopic dermatitis results in intrinsic barrier and immune abnormalities: implications for contact dermatitis[J]. J Allergy Clin Immunol, 131(2):300-313.

Gonen K A, Erfan G, Oznur M, et al., 2014. The first case of Henoch-Schönlein purpura associated with rosuvastatin: colonic involvement coexisting with small intestine[J]. BMJ Case Rep, 2014(mar19 1).

Gu Z W, Wang Y X, Gao Z W, 2017. Neutralizatong of interleu-kin-17 suppresses allergic rhinitissymptoms by downreg-ulating Th2 and Th17 responses and upregulating the Treg response[J]. Oncotarget, 8:22361-22369.

Hosoki K, Kainuma K, Toda M, et al., 2014. Montelukat suppresses epithelial to mesenchymal transition of bronchial epithelial cell sinduced by eosinophils[J]. Biochem Biophys Res Commun, 449(3):351-356.

Huang Y J, Yang X Q, Zhai W S, et al., 2015. Clinic athological features and prognosis of membranoprolifemtive-like Henoch-Schönlein purpura nephritis in children[J]. World J Pediatr, 11:338-345.

Jain S, 2015. Pathogenesis of chronic urticarial: an overview[J]. Dermatology Research & Practice, 2014:674-709.

Jauhola O, Ronkainen J, Koskimies O, et al., 2010. Clinical course of extrarenal symptoms in Henoch-Schönlein purpura: a 6-month prospective study[J]. Arch Dis Child, 95(11):871-876.

Kakli H A, Riley T D, 2016. Allergic rhinitis[J]. Prim Care, 43(3):465-475.

KangY, Park J S, HaY J, et al., 2014. Differences in clinical manifestations and outcomes between adult and child patients with Henoch-Schönlein purpura[J]. J Korean Med Sci, 29(2):198-203.

Kappen J H, Durham S R, Veen H I, et al., 2017. Applications and mechanisms of immunotherapy in allergic rhinitis and asthma[J]. Therap Adv Respir Dis, 11(1):73-86.

Kawasaki Y, Suyama K, Hashimoto K, et al., 2011. Methylprednisolone pulse plus mizoribine in children with Henoch-Schönlein purpura nephritis[J]. Clin rheumato, 30(4):529-535.

Kawasaki Y, 2011. The pathogenesis and treatment of pediatric Henoch-Schönlein purpura nephritis[J]. Clin Exp Nephrol, 15(5):648-657.

Kim N, Bae K B, Kim M O, et al., 2012. Overexpression of cathepsin S induces chronic atopic dermatitis in mice[J].J Invest Dermatol,132(4): 1169-1176.

Kim Y H,Park C S,Jang T Y,2012.Immunologic properties and clinical features of local allergic rhinitis[J].J Otolaryngol Head Neck Surg,41(1):51-57.

Kinney W C, 2003. Rhinosinusitic: an overview of the therapentis inferventions [J]. J Respir Dis,24(7): 292-296.

Sade K , Roitman D , Kivity S, 2010. Sensitization to *Dermatophagoides*, *Blomia tropicalis*, and other mites in atopic patients.[J]. Journal of Asthma, 47(8):849-852.

Kong W J,Chen J J,Zheng Z Y, et al.,2009.Prevalence of allergic rhinitis in 3-6-years-old children in wuhan of china[J].Clin Exp allergy,39:869-874.

Kurokawa N,Hirai T,Takayama M.et al.,2016.An E8 promoter HSP terminator cassette promotes the high-level accumulation of recombinant protein predominantly in transgenic tomato fruits:a case study of miraculin[J].Plant Cell Reports,32(4):529-536.

Lalloo U G,2003. The cough reflex and the healthy smoker [J]. Chest,123(3):660-620.

Lapi F, Cassano N, Pegoraro V, et al.,2016. Epidemiology of chronic spontaneous urticaria: results from a nationwide, population-based study in Italy[J].Br J Dermatol,174(5):996-1004.

Lee Y H, Kim Y B, Koo J W, et al.,2016. Henoch-Schönlein Purpura in Children Hospitalized at a Tertiary Hospital during 2004-2015 in Korea: Epidemiology and Clinical Management[J].Pediatr Gastroenterol Hepatol Nutr,19(3):175-185.

Licari A,Castagnoli R,Denicolò C, et al.,2017.Omalizumab in children with severe allergic asthma: the Italian real-life experience[J].Curr Respir Med Rev,13(1):36-42.

Li C P,Chen Q,Jiang Y X,et al.,2015. Single nucleotide polymorphisms of cathepsin S and the risks of asthma attack induced by acaroid mites.[J].Int J Clin Exp Med,8(1):1178-1187.

Li J,Huang Y,Lin X, et al.,2012.Factors associated with allergen sensitizations in patients with asthma and/or rhinitis in China [J].Am J Rhinol Allergy,26(2):85-91.

Li J,Kang J,Wang C, et al., 2016.Omalizumab improves quality of life and asthma control in chinese patients with moderate to severe asthma: a randomized Phase Ⅲ study[J]. Allergy Asthma Immunol Res, 8:319-328.

Li L,Lou C Y,Li M,et al.,2016.Effect of montelukast sodium intervention on airway remodeling and percentage of Th17 cells/$CD4^+CD25^+$ regulatory T cells in asthmatic mice[J]. Zhongguo Dang Dai Er Ke Za Zhi,18(11):1174-1180.

Lin B J,Dai R,Lu L Y,et al.,2019. Breastfeeding and Atopic Dermatitis Risk: A Systematic Review and Meta-Analysis of Prospective Cohort Studies[J]. Dermatology (Basel, Switzerland):373-383.

Lin J,Wang W,Chen P, et al.,2018.Prevalence and risk factors of asthma in mainland China: the CARE study[J].Respir Med,137:48-54.

Puerta L , Lagares A , Mercado D , et al.,2005.Allerrgenic composition of the mite *Suidasia medanensis* and cross-reactivity with *Blomia tropicalis*[J].Allergy,60(1):41-47.

Magerl M, Altrichter S, Borzova E, et al.,2016. The definition, diagnostic testing, and management of chronic inducible urticarias - The EAACI/GA(2) LEN/EDF/UNEV consensus recommendations 2016 update and revision[J]. Allergy,71(6):780-802.

Miajlovic H, Fallon P G, Irvine A D, et al., 2010. Effect of filaggrin breakdown products on growth of and protein expression by Staphylococcus aureus[J]. J Allergy Clin Immunol, 126 (6):1184-1190.

Mishra V D, Mahmood T, Mishra J K, 2016. Identifcation of common allergens for united airway disease by skin prick test[J]. Indian J Allergy, Asthma Immunol,30:76-79.

Modi S, Mohan M, Jennings A, 2016. Acute Scrotal Swelling in Henoch-Schönlein in Purpura: Case Report and Review of the Literature[J]. Urol Case Rep,6:9-11.

Navpreet K G, Amandeep K D, 2017. Seasonai Variation of Allergenic Acarofauna From the Homes of Allergic Rhinitis and Asthmatic Patients[J]. Journal of Medical Entomology,21:1-7.

Nickavar A, 2016. Treatment of Henoch-Schönlein nephritis; new trends[J]. J Nephropathol,5 (4):116-117.

Nikibakhsh A A, Mahmoodzadeh H, Karamyyar M, et al., 2014. Treatment of severe Henoch-Schönlein purpura nephritis with mycophenolate mofetil[J]. Sandi J Kidney Dis Transpl,25: 858-863.

Nutten S, 2015. Atopic dermatitis: global epidemiology and risk factors[J]. Ann Nutr Metab,66 (1):8-16.

O'Brien T P, 2013. Allergic conjunctivitis:an update on diagnosis and management[J]. Curr Opin Allergy Clin immunol,13(5):543-549.

Ogawa H, Fujimura M, Ohkura N, et al., 2014. Atopic cough and fungal allergy[J]. J Thorac Dis, 6(7):689-698.

Ohara S, Kawasaki Y, Matsuura H, et al., 2011. Successful therapy with tonsillectomy for severe ISKDC grade VI Henoch-Schönlein purpura nephritis and persistent nephrotic syndrome [J]. Clin Exp Nephrol,15(5):749-753.

Ohara S, Kawasaki Y, Miyazaki K, et al., 2013. Efficacy of cyclosporine A for steroid.resistant severe Henoch-Schönlein purpura nephritis [J]. Fukushima J Med Sci,59(2):102-107.

Oliver E T, Sterba P M, Devine K, et al., 2016. Altered expression of chemoattractant receptor-homologous molecule expressed on TH2 cells on blood basophils and eosinophils in patients with chronic spontaneous urticaria[J]. J Allergy Clin Immunol,137(1):304-306.

Pan X F, Gu J Q, Shan Z Y, 2015. The prevalence of thyroid autoimmunity in patients with urticaria: a systematic review and meta analysis[J]. Endocrine,48(3):804-810.

Park J M, Won S C, Shin J I, et al., 2011. Cyelosporin A therapy for Henoch-Schönlein nephritis with nephrotic-range proteinuria[J]. Pediatr Nephrol,26:411-417.

Pitsios C, Demoly P, Bilò M B, et al., 2015. Clinical contraindications to allergen immunotherapy: an EAACI position paper[J]. Allergy,70(8):897-909.

Powell R J, Leech S C, Till S, et al., 2015. BSACI guideline for the management of chronic urticaria and angioedema[J]. Clin Exp Allergy,45(3):547-565.

Priti M, Debarati D, Tania S, 2019. Evaluation of Sensitivity Toward Storage Mites and House

Dust Mites Among Nasobronchial Allergic Patients of Kolkata, India[J].Journal of medical entomology,56:347-352.

Qin Y , Shi G P, 2011.Cysteinyl cathepsins and mast cell proteases in the pathogenesis and therapeutics of cardiovascular diseases[J].Pharmacol Ther,131(3):338-350.

Sánchez-Borges, M, Capriles-Hulett A , Caballero-Fonseca F, 2015. Demographic and clinical profiles in patients with acute urticaria[J]. Allergol Immunopathol, 43(4):409-415.

Sariachvili M, Droste J, Dom S, et al., 2010.Early exposure to solid foods and the development of eczema in children up to 4 years of age[J].Pediatr Allergy Immunol,21:74-81.

Semeena N, Adlekha S, 2014.Henoch-Schönlein purpura associated with gangrenous appendicitis: a case report[J].Malays J Med Sci,21(2):71-73.

Shaw T E, Currie G P, Koudelka C W, et al.,2011.Eczema prevalence in the United States: Data from the 2003 National Survey of Children's Health[J].J Invest Dermatol,131:67-73.

Shiari R, 2012.Neurologic manifestations of childhood rheumatic diseases[J].Iran J Child Neurol,6:1-7.

Shi Y,Dai M,Wu G,et al.,2015.Levels of interleukin-35 and its relationship with regulatory T-cells in chronic hepati-tis B patients[J].Viral immunol,28(2):93-100.

Shu M,Liu Q,Wang J,et al.,2011. Measles vaccine adverse events reported in the mass vaccination campaign of Sichuan province, China from 2007 to 2008[J].Vaccine,29:3507-3510.

Silverberg J I, Hanifin J, Simpson E L,2013.Climatic factors are associated with childhood eczema prevalence in the United States[J].J Investig Dermatol,133(7):1752-1759.

Silverberg J I,Simpson E L, 2013.Association between severe eczema in children and multiple comor bid conditions and increased healthcare utilization[J]. Pediatr Allergy Immunol,24:476-486.

Singleton R,Halverstam C P, 2016.Diagnosis and management of cold urticaria[J].Cutis,97(1):59-62.

Spergel J M, 2010.From atopic dermatitis to asthma:the atopic march[J].Ann Allergy Asthma Immunol,105(2):99-106.

Tao L,Shi B,Shi G,et al.,2014.Efficacy of sublingual immunotherapy for allergic asthma: retrospective meta-analysis of randomized, double-blind and placebo-controlled trials[J].Clin Respir J,8(2):192-205.

Teach S J,Gill M A,Togias A, et al.,2015.Preseasonal treatment with either omalizumab or an inhaled corticosteroid boost to prevent fall asthma exacerbations[J].J Allergy Clin Immunol,136:1476-1485.

Thyssen J P, McFadden J P, Kimber I,2014.The multiple factors affecting the association between atopic dermatitis and contact sensitization[J]. Allergy,69(1):28-36.

Todokoro M,Mochizuki H,Tokuyama K, et al.,2003. Childoon cough variant asthma and its relationship to calssic asthma [J]. Ann Allergy Clin Immunol,90(6) : 652-659.

Tokura Y, 2016.New etiology of cholinergic urticaria[J].Curr Probl Dermatol,51:94-100.

Tudorache E, Azema C, Hogan J, et al., 2015.Even mild cases of paediatric Henoch-Schönlein purpura nephritis show significant long.term proteinuria[J].Acta Paediatr,104(8):843-848.

Vawda S,Mansour R,Takeda A,et al.,2014.Associations between inflammatory and immune response genes and adverse respiratory outcomes following exposure to outdoor air pollution: a huge systematic review[J].Am J Epidemiol,179(4):432-442.

Virchow J C,Backer V,Kuna P, et al., 2016.Efficacy of a house dust mite sublingual allergen immunotherapy tablet in adults with allergic asthma: a randomized clinical trial[J].JAMA, 315:1715-1725.

Wang M,Gu Z,Yang J,et al.,2019.Changes among TGF-β1 Breg cells and helper T cell subsets in a murine model of allergic rhinitis with prolonged OVA challenge[J].Int Immunopharmacol,69:347-357.

Wang X,ZhuY,Gao L,et al.,2016.Henoch-Schönlein purpura with joint involvement:Analysis of 71 cases[J].Pediatr Rheumatol Online J,14:20.

Wheatley L M,Togias A,2015.Clinical practice. Allergic rhinitis[J].N Engl J Med,372(5):456-463.

Wu M A,Perego F,Zanichelli A, et al.,2016.Angioedema phenotypes: disease expression and classification[J].Clinic Rev Allerg Immunol, 51(2):162.

Yang Y H,Tsai I J,Chang C J, et al.,2015. The interaction between circulating complement proteins and cutaneous microvascular endothelial cells in the development of childhood Henoch-Schönlein Purpura[J].PLoS One,10(3):e120411.

Yan M, Wang Z, Niu N, et al.,2015. Relationship between chronic tonsillitis and Henoch-Schönlein purpura[J].Int J Clin Exp Med,8:14060-14064.

Yuan Y L and Zhu N Y, 2016. Investigation on the contamination of endomycetes in ordinary residents outside Dongzhimen,Beijing [J].Disease Surveillance,18:433-435.

Zazzali J L, Broder M S, Chang E, et al.,2012. Cost, utilization, and patterns of medication use associated with chronic idiopathic urticaria[J]. Ann Allergy Asthma Immunol, 108:98-102.

Zhang G Q, Hu H J, Liu C Y, et al., 2016.Probiotics for Prevention of Atopy and Food Hypersensitivity in Early Childhood: A PRISMA-Ce pliant Systematic Review and Meta-Analysis of Randomized Controlled Trials[J]. Medicine(Baltimore), 95(8): e2562-e2572.

Zhang S,Huang D,Weng J,et al.,2016.Neutralization of in-terleukin-17 attenuates cholestatic liver fibrosis in mice[J].Scand J immunol,83(2):102-108.

第六章　粉螨过敏性疾病的实验室诊断

过敏性疾病的诊断包括非特异性诊断和特异性诊断。非特异性诊断即常规临床诊断；过敏性疾病的特异性诊断应基于病史、体内试验结果、体外试验结果及过敏原的临床相关性（特别是暴露史）综合分析作出诊断，不能单纯根据体内和（或）体外试验阳性结果作出诊断。明确过敏原对于过敏性疾病的治疗非常重要。

目前国内许多单位都已开展过敏性疾病的特异性诊断，包括各种体内试验和体外试验方法，但有时因试验人员的操作不规范和患者自身的影响因素，导致医生和患者对结果感到困惑。因此，过敏性疾病的特异性诊断应规范化，包括正确选择适应证、检测方法、规范操作，正确解释检测结果，否则不可能作出正确的诊断。

粉螨引起的过敏性疾病主要包括过敏性鼻炎、过敏性结膜炎、过敏性哮喘、过敏性紫癜以及过敏性皮炎等。此外，粉螨过敏还能够加重某些食物如虾、蜗牛等无脊椎动物引起的食物过敏。粉螨过敏性疾病的诊断除了需要结合患者的临床病史和病症的分析外，还需要对过敏患者进行实验室检查。粉螨过敏性疾病的实验室诊断可以帮助医生确认患者是否由过敏引起，以及寻找引起患者过敏的过敏原。只有作出准确的过敏实验室诊断，医生才可以采取如避免接触过敏原、药物治疗或者免疫治疗等治疗方案对患者进行合理治疗。

粉螨过敏性疾病的实验室诊断主要包括：体内检测法，体外检测法以及其他一些检测新技术。

第一节　体内检测技术

体内检测技术主要是指皮肤试验(skin test)，即皮试。皮肤试验是用来确定患者是否过敏的首选方法，可以证实或者排除过敏因素，如气传过敏原、食物过敏原、某些药物和动物毒素等。它通过给皮肤小量过敏原刺激来检测机体是否发生特异性-IgE(specific IgE, sIgE)过敏反应，阳性反应会通过皮肤的风团和红晕反映出来。

一、皮肤试验

皮肤试验(skin test)将某些生物性或化学性抗原皮内注入或涂敷于受试者皮肤，以观察局部皮肤对其反应程度的检查方法。广泛用于测定对药物是否过敏，寻找过敏原，以及检测机体免疫反应性，如结核菌素试验，青霉素皮试等。皮肤试验早在19世纪就被用来检测一些过敏性疾病的过敏原。1865年，为了检测花粉是否为过敏性鼻炎的致病原因，Blackley在自己身上进行了皮肤试验。皮肤试验于20世纪初开始广泛应用，Rufus对一位荞麦过敏患者进行皮肤划破(scaification)试验，Oscar Schlosss对一名鸡蛋过敏的儿童进行的皮肤划痕(scratch)试验。在随后的短短几年时间内，皮肤试验在全球范围内广泛应用于临床过敏性疾病的检测。根据受试抗原的给定方法不同,皮肤试验可分为划痕试验、点刺试验、皮内试验和斑贴试验。

(一) 划痕试验

1. 划痕试验的原理

划痕试验(scratch test)是所有皮肤试验中最古老和最简单的方法,也是皮肤科常用的比较安全的检查方法。常用于荨麻疹特异性皮炎、药物性皮炎和食物过敏的辅助诊断。其原理是过敏原进入真皮内,可与已结合在肥大细胞表面的IgE抗体特异性结合产生的免疫效应反应,肥大细胞脱颗粒释放组胺等炎性介质,使局部血管扩张,渗出增加,最后出现风团和红晕反应,临床根据风团和红晕反应的变化确定患者是否对某种过敏原过敏。

2. 划痕试验的操作步骤

在上臂外侧或背部皮肤酒精消毒后,用针尖在皮肤上划1条或2条0.5～1 cm长的划痕,划痕深度以不出血为限,将粉螨过敏原提取物滴于其上,轻轻擦去,并设一组阴性对照(即不加任何过敏原提取物)。若在试验部位出现较大反应,应将粉螨过敏原提取物立刻拭去,以防过敏原提取物继续被吸收而引起机体更多的不良反应。受试前2天应停用抗组胺类药物,妊娠期尽量避免检查,有过敏性休克史者,禁止实施皮肤划痕试验。

试验20分钟后观察结果,将观察到的最终结果与风团大小进行比较,阴性为无红斑或风团,与阴性对照组相同;可疑为水肿性红斑或风团直径小于0.5 cm;弱阳性为风团有红晕,直径等于0.5 cm;中阳性为风团红晕明显,直径为0.5～1.0 cm,无伪足;强阳性为风团有显著红晕及伪足,直径大于1.0 cm。划痕试验为阴性时,不能证明其不存在过敏性,应继续观察3～4天,必要时,3～4周后重复试验,或者改用皮内试验及其他方法明确诊断。

(二) 点刺试验

1. 点刺试验的原理

皮肤点刺试验(skin prick test,SPT)是一种既简便又具有较高特异性的试验方法,已被国际变态反应学界广泛采用,尤其适用于儿童过敏原的检测。其原理是让微量可疑过敏原进入皮肤,如果皮肤肥大细胞上有相应的IgE,则过敏原与之结合,经过一系列的变化,肥大细胞脱颗粒释放组胺等炎性介质,这些介质使局部血管扩张,渗出增加,最后出现风团和红晕反应,临床根据风团和红晕反应的变化确定患者的过敏原及机体的敏感状态和脱敏的疗效。点刺试验前应当询问患者过敏史,对高敏患者应准备好休克抢救措施。点刺试验可能产生局部过敏反应,但全身性不良反应发生率极低,处理时一般不需用药,可在1小时内自行缓解。点刺试验的禁忌证有:严重影响全身状态的疾病、试验部位发生病理变化、怀孕期、接受β受体阻滞剂或ACE抑制剂治疗者、肾上腺素禁忌证等。

2. 点刺试验的操作步骤

最先是Pepys(1975年)发明的,方法是在患者前臂曲侧面消毒的皮肤上,自上而下依次将粉螨过敏原[1:100(w/v)蛋白含量1 mg/mL]点刺液、阴性对照(生理盐水)、阳性对照(组胺)各一小滴(比针头大即可),滴在消毒后的皮肤上,液滴之间距离不小于3 cm,防止点刺后的红晕互相融合干扰结果观察。每一液滴正中用一次性消毒过敏原点刺针一支,不同的液滴需更换新的点刺针,垂直轻压点刺针尾部,绷紧皮肤,避开血管,点刺针透过液滴垂直刺破皮肤(刺破皮肤但不出血,使针尖下面有少量点刺液进入皮肤),立即将针提起弃去。点刺2~3分钟后拭去皮肤上的残留点刺液,注意不要交叉污染。点刺10~15分钟后观察结果,测量粉螨抗原点刺液、阴性对照、阳性对照的点刺部位产生风团的面积并记录。临床上,目测比较风团面积是判定点刺试验结果的最简便方法,以阴性对照风团或红晕面积做校正,比较粉螨抗原与阳性对照风团或红晕的面积,若粉螨抗原风团和红晕面积为阳性对照面积的25%以上,即可判断该患者对粉螨抗原过敏。现在用组胺为阳性对照的较普遍,皮肤点刺试验结果是根据组胺当量点刺(histamine equivalent prick,HEP)产生的风团反应强度来评定不同的反应级别,详见表6.1。

表6.1　皮肤点刺试验的反应级别

红晕/风团	阳性级别	HEP风团反应强度
无反应或与阴性对照相同	—	反应与阴性对照相同(0%)
红晕大于对照,直径<21 mm	1+	反应>阴性对照,为组胺对照1/4(25%)
红晕直径>21 mm,无风团	2+	反应为组胺对照1/2(50%)
有红晕和风团,但无伪足	3+	反应与组胺对照相同(100%)
有红晕、风团、伪足	4+	反应>组胺对照2倍(200%)

引自:李明华等.1998.哮喘病学.

3. 点刺试验引起假阳性反应的常见原因

尽管点刺试验的操作简单,安全性好,特异性高,可同时测定多种过敏原,并且痛苦小,容易被患者包括婴幼儿的接受,已成为粉螨过敏性疾病的常用诊断方法,但在试验中也会出现假阳性(即阴性对照出现阳性结果),可能原因有:① 点刺时用力过度,导致皮肤出血。② 阴性对照与阳性对照液或粉螨抗原混合造成的干扰。③ 皮肤划痕症及荨麻疹的影响。试验前先对患者做简单的皮肤划痕症试验,并询问患者有无荨麻疹病史。皮肤划痕症试验是指用钝圆针用力划皮肤,观察皮肤是否出现三联反应。三联反应是指:3~15秒出现红线条;15~45秒红线条两侧出现红晕;1~3分钟隆起成苍白或淡红色风团性线条。如果皮肤具此三联反应并且观察3~5分钟依然不消退,称为皮肤划痕症阳性。

4. 点刺试验引起假阴性反应的常见原因

点刺试验中出现假阴性(即阳性对照出现阴性结果)的可能原因有:① 抗组胺药物的干扰,受试者在试验前至少3天停用所有抗组胺药物,如果服用了息斯敏,则点刺试验前需停药至少1周。② 皮质激素类药物的影响,试验前1天不应使用全身性皮质激素,并避免在点刺试验部位使用皮质激素油膏。③ 点刺针未刺破表皮,阳性对照液未进入皮肤。

(三) 皮内试验

1. 皮内试验的原理

当高度怀疑患者对某种药物可能过敏但点刺检测结果呈阴性时,需要再用皮内试验(intracutaneous test,ICT)进行过敏诊断,是传统的皮试方法。皮内试验原理是将稀释的抗原注射至皮内,一般用于药物过敏的诊断。其优点是皮内试验具有更高的灵敏度,可以用来寻找被其他方法遗漏掉的过敏原。因此皮内试验适用于皮肤灵敏度较低的患者。但是皮内试验的特异性较差,具有更高的风险性,因此并不是过敏性疾病的首选检测方法。

2. 皮内试验的操作步骤

由于皮内试验的灵敏度很高,因此通常需要使用稀释的粉螨过敏原进行试验,螨过敏原1:20000(w/v)蛋白浓度0.02 mg/mL。用一次性1 mL无菌塑料注射器和皮内针头,在前臂曲侧消毒皮肤上操作,注入粉螨过敏原浸液的皮肤试验量0.02 mL,形成一个直径3 mm的皮丘,不应有出血。皮肤试验前应将注射器内的气泡完全排出,以防止空气注入皮内出现假阳性反应。同时常规要在过敏原皮丘的上方(近心端)相距5 cm处做一不含受试抗原的稀释液为阴性对照,并在螨过敏原皮丘下方相距5 cm处做一组胺为阳性对照液。15~20分钟后观察反应风团和红晕大小,确定阳性强度。传统的方法是测其平均直径。平均直径D是风团或红晕的最大长径a,及与其垂直的最大横径b的平均值($D = \dfrac{a+b}{2}$)。试验结果根据测量产生风团的大小判断,常以mm为单位。ICT反应平均直径>5 mm为阳性,小于此值为阴性。仅有红晕反应,红晕>20~30 mm,仍可视为阳性反应。皮内试验结果的判定标准见表6.2。如果点刺试验呈阳性,就不需要进行皮内试验。

表6.2 皮内试验结果的判定标准

红晕平均直径(mm)	风团平均直径(mm)	阳性级别	HEP反应强度
<5	<5	—	反应与阴性对照相同(0%)
11~20	5~10	1+	反应>阴性对照,<组胺对照1/4(25%)
21~30	10~15	2+	反应为组胺对照1/2(50%)
31~40	15~20	3+	反应与组胺对照相同(100%)
>40	>20	4+	反应大于组胺对照2倍(200%)

引自:陈育智.2018.儿童支气管哮喘的诊断及治疗.

3. 引起假阳性反应的常见原因

皮内试验中出现假阳性结果的可能原因有:① 皮试液本身的原因:如皮试液有非特异刺激物。② 患者的原因:有皮肤划痕症。③ 操作者的原因:手法较重,注射量较大,或注入了小气泡。

4. 引起假阴性反应的常见原因

皮内试验中出现假阴性结果的可能原因有:① 皮试液的抗原性低或失效。② 患者的皮肤反应性差:如老年人、过敏性休克或哮喘大发作之后的一段时间皮肤反应性差。③ 试验前用过抗组胺药:由于不同药物的药效学和药代动力学不一致,药物对皮试抑制作用的强度和持续时间也不同,如短效的抗组胺药(一般要每天3次给药),停药时间应在24~48小时;中效抗组胺药(如氯雷他定)需停药48小时;长效抗组胺药(如阿司咪唑)需停药3周以上。皮质激素对皮肤试验的迟发相反应有抑制作用,膜保护剂、黄嘌呤衍生物(如茶碱)、β-肾上腺素能受体激动剂理论上都对皮试有影响,但实际工作中影响不大,除了观察皮试15~20分钟后的速发反应外,如有条件还应观察皮试几小时后发生的迟发反应,如过敏性支气管肺曲霉病患者,先出现速发反应,消退后出现迟发反应,这在诊断上是颇有帮助的。

5. 皮内试验和点刺试验的比较

皮内试验与点刺试验各有其优缺点,两者均为临床常用的变态反应特异性诊断的重要体内试验方法,在临床应用中应结合患者情况扬长避短,选择适当的适应证,在儿科过敏性疾病的诊断中,点刺试验多为首选的体内变态反应特异性诊断方法。皮内试验与点刺试验的比较见表6.3。

表6.3 皮内试验与点刺试验的比较

区别点	皮内试验	点刺试验
灵敏度	高	低
特异度	较高	高
安全性	较高	高
操作技术的影响	大	小
过敏原提取液的浓度	低	高(＋50％甘油)
所用皮试针	普通注射器针头	专用点刺针
患者耐受性	较差	较好
无菌操作的要求	高	较低
风团面积随过敏原提取液浓度的变化	灵敏	不灵敏

引自:陈育智.2018.儿童支气管哮喘的诊断及治疗.

(四)斑贴试验

1. 斑贴试验的原理

与点刺试验和皮内试验来检测IgE介导的Ⅰ型过敏反应不同,斑贴试验(patch test)原理是检测T细胞介导的Ⅳ型(迟发型)过敏反应。斑贴试验用来检测与皮肤接触的物质是否能导致接触性皮炎(contact dermatitis),接触性皮炎分为两种:刺激性接触性皮炎(irritant contact dermatitis)和过敏性接触性皮炎(allergic contact dermatitis)。刺激性接触性皮炎是由于皮肤长时间过量的接触刺激物引起的,不涉及免疫系统的参与。过敏性接触性皮炎是因为接触过敏原引起的,发生过程涉及免疫系统的参与,所有接触过敏原的区域都会出现皮疹,在避免接触过敏原后皮疹消失。过敏性接触性皮炎属于T细胞介导的Ⅳ型超敏反应,即迟发型超敏反应。

2. 斑贴试验的操作步骤

斑贴试验是将受试抗原直接贴敷于皮肤表面检测皮肤的反应性。受试抗原如为软膏,可直接涂抹在皮肤上;如为固体,可与蒸馏水混合或浸湿后涂抹在皮肤上;如为水溶液,可浸湿纱布后敷贴在皮肤上。尽管有些严重的过敏患者在贴敷后24小时即出现反应,一般至少固定48小时后观察局部皮肤的炎症情况。在病历上记录斑贴试验的过敏原和位置。告诉受试者保持斑贴试验局部皮肤的干燥,避免剧烈运动,48小时后判读结果。有时需要再贴上斑贴,进行第二次和第三次的判读结果,以检测更迟发的反应。斑贴试验结果判定标准见表6.4。阳性反应说明患者对受试抗原过敏,但是应排除其他因素所导致的假阳性。阴性结果表明患者对受试抗原不过敏。

表6.4　斑贴试验结果的判定标准

反应性	符号	试验结果
阴性	—	贴敷部位无反应
可疑	±	轻度瘙痒、潮红
阳性	+	皮肤出现红斑,微弱瘙痒
中阳性	++	皮肤出现水肿、红斑、皮疹,瘙痒明显
强阳性	+++	皮肤出现显著红斑、丘疹、水泡
极强阳性	++++	脱皮、渗出、糜烂

引自:刘志刚.2014.尘螨与过敏性疾病.

(五) 影响皮肤试验的因素

皮肤试验结果会因不适当的操作和对结果不恰当的解释产生假阳性或者假阴性。即使皮肤试验结果呈阳性,也不一定说明症状由IgE介导的过敏引起,没有症状的患者也可能出现阳性结果。因为任何检测方法都会有假阳性和假阴性的现象。因此对皮肤试验结果的正确解释需要临床医生结合患者病史及临床体征进行综合分析。

过敏原浸液的质量对于皮肤试验非常重要,应该尽可能使用通过生物学方法进行标准化且已标明生物学单位或者浓度的粉螨过敏原。也可以采用纯度高、组分明确的重组过敏原。

皮肤试验结果阳性并不表示受试者对粉螨抗原过敏,但有一定的预测价值。Settipane和Hagy报道了他们对903位大学新生为期7年的跟踪研究。与预期一样,皮肤试验结果既有阳性也有阴性。研究发现并不是所有阳性结果的学生都有过敏性疾病(过敏性鼻炎或者哮喘),但是皮肤试验阳性的学生在随后4年发展为过敏性疾病的概率明显高些。随着时间的推移,在阳性组和阴性组之间的预测价值减小,可能由于之前未被检测到而之后发展成为过敏性疾病的属于遗传性过敏。

阳性检测结果对于确定过敏性疾病是有帮助的。然而皮肤试验结果呈阴性,尤其在两种方法(如点刺试验和皮内试验,或者与某种检测sIgE的体外试验)都呈阴性的情况下,可以确定该患者不是由某种抗原引起的。当然不同种的抗原也会有不同的判定结果。有些抗原的结果稳定且容易判定,如花粉、粉螨和动物皮屑;而另外一些抗原(如食物)的结果却不容易判定。食物过敏检测显得较为复杂,因为机体可能与食物消化的中间产物反应或者通过其他一些机制反应而不能被皮肤试验所检测到。

皮肤试验的响应因人而异。对于孕妇,需要进行包括实验结果的真实性及治疗意义的考虑。虽然皮肤试验本身是无害的,但过强的反应会影响胎儿。医生需要注意受试抗原的稳定性和浓度,并且能够处理过强的反应,包括过敏反应。试验时以组胺作为阳性对照,以生理盐水或者不含抗原稀释液作为阴性对照。皮肤试验要在正常的皮肤上做,抗组胺药物、抗抑郁剂及一些镇痛药物可抑制风团和红晕反应,因此在皮肤试验之前应当停药3～7天甚至10天以上。皮肤试验结果的记录应在加入抗原后15～20分钟进行。

皮肤试验反应可能因受试者年龄不同而有差异,老人和婴儿的反应性差。在色素沉积较多的皮肤上,实验结果较难判定。皮肤试验不要在有损伤的皮肤上进行,以避免与试验反应混淆。肾衰竭、癌症、糖尿病以及脊髓损伤等慢性疾病患者的皮肤敏感性较正常人差。尽管短期使用皮质类固醇药物不影响皮肤的灵敏性,但是长期使用的患者皮肤灵敏性会变差。

二、激发试验

有时皮肤试验和血清IgE检测的结果可能与临床病史以及其他一些发现不一致。如果临床病史提示患者可能对某种抗原过敏,而IgE检测结果与之相矛盾时,体内激发试验可能是证明患者敏感性的合适方法。皮肤试验结果呈阳性而血清IgE检测呈阴性的情况可能是因为大量IgE结合在细胞表面受体上,导致游离IgE在血清中含量降低。而相反的情况(皮肤试验结果呈阴性而血清IgE检测呈阳性),这些患者的激发试验却呈阳性。

由于激发试验可能存在较大的诱发全身性过敏反应情况,因此激发试验应该在能够保障急诊抢救的条件下完成。常用的激发试验有眼结膜、鼻黏膜及支气管激发试验。眼结膜激发试验是指将粉螨抗原稀释后滴在眼结膜上,观察有无眼痒、流泪和充血等阳性表现。鼻黏膜激发试验是将浸有粉螨抗原的标准大小滤纸放于一侧鼻黏膜上,也可采用定量喷雾器喷入一侧鼻腔内,另一侧鼻腔作为空白对照,观察是否出现鼻痒、鼻塞、喷嚏、流清涕、鼻黏膜苍白、水肿等表现。

支气管激发试验(bronchial challenge test)在临床上较为常用,用来进行哮喘的诊断。让患者直接吸入雾状药物(如组胺等)观察患者的反应,通过刺激物的量化测量及与相应的反应程度,判断气道反应性的高低程度。支气管受到药物刺激后,平滑肌痉挛,支气管口径变窄。因直接测定支气管的口径比较困难,通常是以某些肺功能指标在药物刺激前后的变化来间接反映支气管口径的变化。最常用的肺功能指标为:最大呼气流量、肺总阻力以及比气道传导率等。支气管激发试验是判断支气管哮喘较为敏感的试验,其结果与患者过敏史、临床症状和放射性过敏原吸附试验的结果之间有较好的相关性,在哮喘的病因诊断、疗效评估等方面具有重要作用,受到国内外的重视。但需要一定的检测条件及技术,并且容易引起患者的严重发作,导致临床应用受到限制。

第二节　体外检测技术

IgE是伴随Ⅰ型过敏反应(速发型过敏反应)产生的抗体,因此通过体外方法检测血清中IgE的含量成为检测过敏性疾病的重要方法。相比而言,特异性IgE体外检测较血清中总IgE更有意义,已为临床熟知。特异性IgE的测定除了体内(皮肤试验)测定,也可体外试验检测。体外试验具有敏感性和特异性高、精确、不受服药因素的影响等优点。当患者具有以下情况时,需做血清特异性IgE测定:① 皮肤病变广泛,无法进行皮肤试验。② 有抗原诱发严重过敏反应史,皮试有一定风险。③ 服抗组胺药后皮试结果不准确。④ 该抗原不能用作皮肤试验等。

一、血清总IgE(T-IgE)测定

血清总IgE水平可明确过敏性疾病存在,其检测对某些临床病例是非常有用的,包括诊

断过敏性支气管肺曲霉病或过敏性支气管肺真菌病。血清总IgE由非特异性IgE和特异性IgE(sIgE)两部分组成,其中仅sIgE与Ⅰ型变态反应有关。血清总IgE测定的临床影响因素有:① 年龄:新生儿总IgE水平非常低,随着年龄的增长而增高,学龄前儿童的总IgE水平即接近成人,青春期达到高峰,30岁左右开始下降,老年人处于较低水平。② 性别:男性高于女性。③ 种族:混血人种比白人高3~4倍,黑人更高,黄种人水平也较高。④ 寄生虫感染:总IgE水平明显升高。因此,总IgE不能作为是否过敏的判断标准,总IgE升高不能确诊、总IgE正常不能排除变应性疾病。但是在解释特异性IgE水平时,需要考虑总IgE水平。尽管总IgE水平升高可能与多种临床上并不相关的IgE有关。但如果总IgE很低而种特异性IgE水平高就具有一定的临床意义。

引起总IgE升高的疾病包括:① 变应性疾病。② 感染:如寄生虫、肺曲霉菌病等感染。③ 免疫性疾病:如选择性IgA缺乏症。④ 肿瘤:包括骨髓瘤、霍奇金病、支气管肿瘤。⑤ 其他:如输血、川崎病、肾病综合征、肝脏疾病等。

二、血清特异性IgE(sIgE)测定

Ⅰ型变应性疾病患者的血清中含有针对其致敏过敏原的特异性IgE抗体,即特异性IgE抗体(sIgE)。血清sIgE检测是变应性疾病的特异性诊断中最重要的检测方法之一。目前临床上sIgE的检测方法很多,但国际公认的最佳检测方法为放射性过敏原吸附试验(radioallergosorbent test,RAST),根据标记物的不同可分为三类:放射免疫法(RIA)、酶联免疫吸附试验(ELISA)、荧光酶联免疫法(FEIA),其中FEIA灵敏度高、无放射性污染,是目前临床上最常用的sIgE检测方法。根据固相载体亦可分为三类:纸片法、试管法和CAP法。过敏原结合的量越高,检测的灵敏度越高。由于CAP法的过敏原结合量是纸片法的3倍、试管法的150倍。因此目前国际变态反应学界公认的Pharmacia CAP系统(现名PhadiaCAP系统)是sIgE检测的金标准。

(一) 放射免疫法(RIA)

1. 放射免疫法的原理

放射免疫法是检测特异性IgE的第一种方法。检测的基本原理是抗原-抗体的特异性结合反应,将受试抗原结合在固相载体上,与血清反应结合其中的特异性IgE,洗去未结合的血清成分后,用放射性标记的抗IgE抗体(二抗)识别结合的IgE,系统中的放射性反映了结合二抗的多少,通过γ计数仪定量检测结合的IgE。

2. 放射免疫法的操作步骤

放射免疫法操作步骤:将抗原结合在溴化氢(CNBr)活化的纸盘固相介质上,与血清孵育4小时后,用缓冲液洗3遍后加入标记的抗IgE抗体(二抗)孵育16~18小时,用缓冲液洗3遍后用γ计数仪定量检测结合的sIgE。将白桦花粉特异性IgE稀释不同倍数作标准曲线,计算出sIgE的相对含量。这样通过WHO给出的标准进行内校,实现了血清特异性IgE的定量检测,称为第二代IgE检测方法。现在实现的自动化操作定量检测称为第三代IgE检测方法。

由于放射免疫法检测方法费用昂贵,花费时间长,放射性同位素易过期且污染环境,不

同来源试剂盒的参比血清不同而不能比对,待检血清含有相同特异性IgG时可干扰正常结果,故目前已逐渐被测定帽(CAP)过敏原检测法所替代。

(二) 酶联免疫吸附试验(ELISA)

1. 酶联免疫吸附试验的原理

酶联免疫吸附试验的基本原理同放射免疫法,主要不同在于将放射性标记换成了催化反应的酶标记,从而可以避免放射性可能对操作人员和环境的伤害及污染。当酶(如过氧化物酶)催化适当的底物(如ABTS或TMB)反应产生颜色变化时,就可以作为检测信号。当然,这个信号必须在抗原或者抗体存在的条件下才能产生,因此需要将该酶连接在合适的抗体上。

2. 酶联免疫吸附试验的操作步骤

酶联免疫吸附试验的操作步骤:① 将过敏原吸附在固相载体表面,一般是聚苯乙烯或者聚氟乙烯96孔板的小孔内壁。可溶性的蛋白质、糖蛋白等过敏原均可以吸附在聚苯乙烯或者聚氟乙烯凹孔板上,使用纯化的过敏原可以提高实验的准确性和敏感性。② 加入BSA蛋白封闭,以避免血清中的蛋白直接吸附在固相载体表面。③ 将血清样品加入孵育,使其中的IgE与抗原结合。④ 洗去未结合的血清组分,加入酶标记的二抗(抗IgE抗体)。⑤ 洗去非特异性结合的二抗。⑥ 加入底物使其在酶的催化下发生化学发光反应等,用酶标仪检测信号并计算IgE的浓度。

(三) CAP系统

近年来,随着特异性IgE的体外检测方法不断改进,利用免疫荧光酶和高度灵敏的现代化检测技术所建立的检测sIgE方法具有良好的特异性和敏感性。其中,瑞典Pharmacia公司生产的测定帽(CAP)过敏原检测系统是目前国际上广泛应用并公认较为可靠的过敏原定量体外检测系统。ImmunoCAP系统使用化学发光技术,具有可定量分析、重复性好、完全自动化、特异度和灵敏度高的优点。已被美国食品和药品管理局(FDA)用于过敏原特异性IgE的检测。目前,ImmunoCAP系统是变态反应学家和实验室检测过敏原特异性IgE的首选方法。

1. UniCAP系统的原理

UniCAP系统利用免疫荧光酶技术(fluorescence-enzymeimmunoassay, FEIA)检测血清中过敏原特异性IgE。正常人血清中IgE浓度很低(<1 mg/mL),特异性IgE浓度更低,一般的酶联免疫吸附试验(ELISA)难以取得满意结果。为了提高检测敏感性,UniCAP系统利用一种独特的CAP装置来增加包被抗原的量。如果患者血清中含有针对相应过敏原的特异性IgE,当血清与CAP接触后,IgE分子即与交联在CAP上的过敏原发生抗原-抗体反应而结合。再依次加入酶标记的第二抗体和含有荧光素的底物溶液后,便可用荧光分光光度计读取所结合荧光素的吸光度值,计算出血清中所含的特异性IgE的浓度。

2. 实验仪器

目前我国大多应用UniCAP100,适合于小型实验室,可同时进行40多项检测,全部操作自动化进行,3小时完成检测,可自动计算并打印结果。UniCAP250为更强大的自动化检测仪,适合于日检测量80~400个的中型实验室。此外,还有UniCAP1000,适合于大型实验室,目前协和医院变态反应科在使用。UniCAP全自动实验室检测系统,包括体外检测试剂和高度自动化的仪器,具有以下主要特征。

(1) 高灵敏度及高特异性:CAP系统建立于新型固相载体——ImmunoCAP上,是装在小胶囊中的亲水性载体聚合物,由一种经CNBr活化的纤维素衍生物合成,有极高的与过敏原结合的能力。其优良的反应条件和较短的扩散距离,提高了检出灵敏性和特异性。

(2) 高效率:具有全自动的分析系统,从样品和试剂的分配、孵育、冲洗、检测、计算到最后的结果打印,整个过程都是自动化,提高了工作效率。

(3) WHO标准:CAP系统提供了国际认可的定量单位,符合WHO的IgE 75/502标准,结果可与全世界其他CAP系统的数据进行比较,可以建立统一的诊断标准。

3. 结果表达

血清特异性IgE水平的临界值是0.35 kU/L,超过该值即为阳性。根据血清中sIgE的水平,可定量分为7级。0级视为未检出(<0.35 kU/L),1级为可疑过敏(0.35~0.7 kU/L),2级为轻度过敏(0.7~3.5 kU/L),3级为中度过敏(3.5~17.5 kU/L),4级为中重度过敏(17.5~50 kU/L),5级为重度过敏(50~100 kU/L),6级为特别严重过敏(>100 kU/L)。结果为6级者应将血清稀释后再次检验以求得该项特异性IgE浓度的准确数值。

4. CAP系统检测sIgE的注意事项

使用检测sIgE诊断过敏性疾病过程中可能出现下列错误需要引起注意。

(1) 不确定抗原是否可以特异性吸附在固相介质上:抗原应该能够有效地结合在固相介质上,并且过量,这样才能保证检测的准确性。

(2) 用来检测非IgE介导的过敏反应:如阿司匹林过敏。荨麻疹、血管性水肿、支气管痉挛和过敏症都反映出肥大细胞的激活,通常表明这是由药物特异性IgE抗体所介导的免疫机制。但某些药物(如放射对比造影剂、阿司匹林或万古霉素)可直接激活肥大细胞,或通过非免疫机制的作用,而无需先前的暴露。

(3) 用来检测食物特异性IgG抗体:食物过敏由未被完全消化的食物大分子进入血管被免疫系统识别引起,参与食物过敏的有些是特异性IgG抗体。由IgG介导的食物过敏反应多表现为亚急性和慢性疾病,并有其自身特点。在进行过敏原检测时应当注意,不能用特异性IgE检测的方法来检测由特异性IgG介导的食物过敏疾病,否则将可能出现错误的检测结果。

5. 如何合理选择体外过敏原试验

(1) 当临床病史典型、症状严重时,不宜皮试,可直接进行体外sIgE检测。如有人吃腰果可引起喉水肿,闻到牛奶气味可引起哮喘或休克,则应直接做相应的体外sIgE检查,以确保安全。

(2) 当临床上不宜皮试时,如体质异常虚弱、皮试部位有严重的皮损、皮肤划痕症、应用抗组胺药或激素者以及婴幼儿,可先做过筛试验,或直接根据病史的线索检测sIgE。

(3) 脱敏治疗的患者,如以前未做过sIgE检查,可根据sIgE的浓度修正原来的脱敏方案。此外,还应检查sIgG(封闭抗体),监测脱敏疗效。

(4) 绝大多数患者在采集病史之后,应做常规的吸入物或食物过敏原皮肤试验,必要时加做分类皮肤试验,如获阳性结果,即可选几种可疑的过敏原做sIgE测定,如病史、皮试、sIgE均符合,则可确定过敏原。

（5）如常规的吸入物或食物过敏原皮肤试验均为阴性或不明显,可根据病情做总sIgE,吸入物过敏原过筛试验、多价食物过敏原筛查或婴幼儿过敏原过筛试验。如这些试验仍为阴性,则可初步排除是IgE介导的速发型变应性疾病。

6. 临床应用

用CAP系统进行体外试验检测血清中特异性IgE浓度的方法来查找过敏原,对患者来说既安全又可不受检测项目的约束。如果在第一次检测的几种过敏原特异性IgE中未发现阳性,还可增加新的检测项目以发现引起患者发病的过敏原。如果第一次检测的几种过敏原特异性IgE中有多种阳性,也应再检查其他项目,因为此类患者可能对很多种过敏原都过敏。

特异性IgE的检测可以了解患者是只对一种过敏原过敏还是同时对多种过敏原过敏,以及对各种过敏原过敏的等级(体内sIgE的浓度),从而了解特应性体质的严重程度,并可作为脱敏治疗时过敏原种类选择的依据和治疗效果的观察指标。对不同患者各种过敏原IgE水平的观察和分析,有助于Ⅰ型变应性疾病的免疫遗传学研究,逐步认识和解决许多临床上经常出现而又难以解释的问题。过敏原体内检测的皮肤试验和体外检测的sIgE的浓度互为补充,不能相互替代,两者均为变应性疾病特异性诊断的重要手段,皮肤试验和sIgE检测的比较见表6.5。

表6.5　皮肤试验和sIgE检测的比较

区别点	皮肤试验	sIgE
灵敏度	高	高
特异度	高	较皮肤试验高
安全性	低	高
技术因素的影响	大	小
结果的判定	有主观因素	客观指标
药物影响	假阴性	无
皮肤划痕症	部分有影响	无
设备要求	简单易普及	需要一定设备
价格	低	高
原理和意义	根据皮肤风团反应推测	对过敏原sIgE直接测定
操作者	专科护士	具有一定专业的技术员

引自:陈育智.2018.儿童支气管哮喘的诊断及治疗.

三、细胞因子检测

正常的免疫应答过程中,各种相关的细胞因子发挥重要作用。而在某些情况下,某种或某些细胞因子或其受体表达异常,均会出现病理性改变。因此随着细胞因子研究的进展。对测定细胞因子及其受体系统的变化越来越成为对生理和病理过程解析的重要手段,旨在为临床的诊断和治疗提供依据。

研究表明,Th2类细胞因子(IL-4、IL-6、IL-10、IL-13)与过敏性疾病有关。由尘螨引发的支气管哮喘患者在急性期体内 Th2 类细胞因子表达增加,恢复期细胞因子表达降低。应用重组 IL-12 在腹腔内注射或雾化吸入,均可降低过敏原诱发的呼吸道高反应性和呼吸道炎性,因此对哮喘的治疗具有潜在的应用价值。IL-4、IL-5 增加反应的 Th2 细胞高表达及 IL-2、IFN-γ 减少反应的 Th1 细胞低表达,与变应性鼻炎发生发展密切相关。粉尘螨是慢性自发性荨麻疹患者最常见的过敏原之一,慢性自发性荨麻疹存在与 Th1/Th2 细胞失衡有关,患者体内存在 Th1 和 Th2 细胞因子网络的调节紊乱,检测发现慢性自发性荨麻疹患者 T 淋巴细胞总数明显降低,CD4$^+$T 细胞明显下降,IL-2、IFN-γ 水平降低,而 IL-4 高于正常对照组。

Th2 型细胞因子的检测方法可分为四大类:生物活性检测法、免疫学检测法、分子生物学检测法和细胞内细胞因子测定法。① 生物活性检测法:基于对细胞因子的生物效应的检测,反映了细胞因子在生物体内的活性状态。② 免疫学检测法:是利用抗体对抗原表位的识别检测细胞因子蛋白质的抗原特性,如酶联免疫检测法(ELISA)、放射免疫检测法等,它们具有微量、简单和快速等优点。③ 分子生物学检测法:该方法可以检测细胞因子 mRNA 表达,它包括测定细胞因子 mRNA 克隆并表达细胞因子基因。检测细胞因子 mRNA 的方法主要有聚合酶链反应(PCR)、原位杂交、Northern 印迹试验和斑点杂交试验。由于细胞因子 mRNA 半衰期短且拷贝数少,可采用逆转录聚合酶链反应(RT-PCR)来对细胞因子进行检测,该方法灵敏性高且操作简单,比 Northern 印迹法和原位杂交法更有临床应用前景。④ 细胞内细胞因子测定法:该方法测定的是细胞因子的前体分子,是单一细胞行为。除直接取样品细胞,对那些经常表达和在病理情况下亢进表达的细胞因子进行检测外,一般要先将其活化,使之合成预测细胞因子。

对外周血和体液中细胞因子(包括 IL-4、IL-5、IL-6 等)的检测已有很多报道,但细胞因子特异度较差且半衰期短,是否可作为过敏性疾病严重程度和疗效评价的方法有待进一步研究。

四、组胺检测

过敏原与嗜碱性粒细胞表面的 IgE 结合诱发炎性介质的释放,包括组胺和 LTC4(白三烯的一种)。检测时,将浓度递增的抗 IgE 抗体或者过敏原加入到肝素化的全血中孵育。一般加入 IL-3 增加灵敏度。孵育结束后,离心取上清液,用免疫化学的方法检测其中组胺或者 LTC4 的浓度。试验过程中,以不经处理的全血作为对照。该方法目前处于实验室研究阶段,很少在临床上用于过敏性疾病的检测。

组胺检测仪创新性地将组胺释放过程发生在包被有玻璃纤维的微量滴定板上,当用不同稀释度的过敏原刺激嗜碱性粒细胞时,玻璃纤维可以选择性地吸附释放的组胺,该仪器通过荧光测定法可以读出嗜碱性粒细胞释放组胺的含量。组胺检测仪可以用于各类吸入性、食入性以及药物等过敏性疾病的临床诊断,在细胞层面对其他体外过敏诊断方式起到了补充作用。

五、流式细胞仪对嗜碱性粒细胞激活的检测

20世纪90年代末,人们发现在过敏原刺激后,嗜碱性粒细胞表面的蛋白质(如CD45、CD63和CD203c)表达上调。通过流式细胞术分析被过敏原激活的嗜碱性粒细胞,能精确分析出嗜碱性粒细胞活化数量以及功能状态,从而为过敏性疾病的诊断提供客观依据。尽管流式细胞术在过敏性疾病诊断方面有一定的研究,但仍有亟须解决的问题,从而限制了该方法在临床上的应用。首先嗜碱性粒细胞仅参与由IgE介导的过敏反应,并不涉及非IgE介导途径引发的过敏反应;其次是标本的保存环境和时间,目前尚没有标准化,不同的存放环境和时间是否对实验结果有影响有待进一步探讨。在检材处理方面,如果采用全血,血清成分会对检测结果产生干扰;若采用嗜碱性粒细胞分离法,就会存在细胞成分损失以及体外激活的隐患。

第三节　其他检测技术

一、生物传感器

生物传感器(biosensor)是一种结合生物识别机制和适当物理化学传感器的装置,当特定生物分子(分析物)在检测器表面的浓度发生变化时,可以产生一个可测量的信号。它包括以下三部分:① 可以通过生物工程生产的敏感生物元件,如微生物、生物组织、细胞受体、核酸等。② 探测器或者传感器,通过物理、化学、光学、压电效应的方式,将待分析物与敏感生物元件的相互作用装换成另外一种容易测量或者定量的信号。③ 附带的电子器件或信号处理器,主要负责将信号以用户可读的方式呈现出来。

(一)光纤传感器

1. 基本原理

光纤传感器(optical fiber transducer)是通过光导纤维将输入变量转换成调制的光信号的传感器。光导纤维(简称光纤),一般是由玻璃或者合成树脂(如聚苯乙烯)制成的纤维,光线可以沿着纤维通过全反射的方式传播。无论纤维如何弯曲,当光线从它的一端射入,绝大部分的光线可以传送到另一端。

光纤传感器的原理有两种:一种是被测参数引起光导纤维本身传输特性的变化,即改变光导纤维环境如应变、压力、温度等,从而改变光导纤维中光传播的相位和强度;另一种是以激光或者发光二极管为光源,用光导纤维作为光传输通道,把光信号载送入或者载送出敏感元件,再与其他相应的敏感元件配合构成传感器。前者属于生物型传感器,后者属于结构型传感器。

结构型光纤传感器可以用来进行过敏性疾病诊断,基本原理与酶联免疫吸附试验相似。具体说来,首先将受试抗原吸附在光导纤维的一端,然后与患者血清孵育,洗去未结合的血

清成分后,将光导纤维参与反应的一端与催化化学发光反应的二抗孵育,加入底物后产生化学发光反应,发出的光经过光导纤维传递到另一端,并在这一端利用CCD拍照等方法检测光的强弱,根据光的强弱定量分析血清中是否含有针对抗原的特异性IgE。

2. 优点

光纤传感器检测血清特异性IgE耗时短,并且可以实现不同受试抗原之间的组合,与生物芯片相比,省去了一些不必要的测试,达到更好的资源配置。通过光纤传感器进行过敏性疾病诊断目前正处于研发阶段。

(二)表面等离激元共振生物传感器

表面等离激元共振生物传感器(surface plasmon resonance,SPR)目前已经在免疫学领域应用越来越多。商品化的、用以检测生物大分子相互作用的生物传感器有表面等离激元共振生物传感器和共振镜生物传感器(resonant mirror,SM)。

1. 基本原理

表面等离激元共振是一种物理光学现象,在了解该现象之前,我们首先要介绍三个概念:表面等离子体激元、全内反射和隐失波(evanescent wave)。

表面等离子体激元(或称表面等离激元)是一种存在于金属表面的电磁波,其振动方向平行于金属-绝缘体界面,能量分布随着远离金属表面距离呈指数衰减并在金属表面达到能量最大值。它可以被电子或者光波激发。全内反射(全反射)是指当光波从光密介质(如玻璃)进入到光疏介质(如水溶液)时,如果入射角大于临界角,折射光消失,只有反射光的现象。从几何光学的角度看,当发生全反射时,所有的光都会沿反射方向传播。实际上,有一部分光的能量会穿过界面渗透到光疏介质,平行于界面传播,这部分光叫作隐失波。隐失波在垂直界面方向呈指数衰减,深度约为100 nm。

一束偏振光以大于临界角的方向入射到玻片和金膜的界面,所产生的隐失波激发金膜中的自由电子产生表面等离子体。改变入射角的方向,使隐失波的频率与金属表面等离子体的振动频率相等,二者发生共振,光能被吸收,此时反射光的强度降至最低。这种现象叫作表面等离激元共振(SPR),这时的入射角称为共振角(SPR角)。金膜的厚度一般在几十纳米,其表面等离子体的振动频率对结合在表面的生物大分子的质量非常敏感,这可以通过SPR角的变化反映出来。

实际运用中,将抗原(或者抗体)结合在金膜上,结合的方法有共价连接、物理吸附、单分子膜吸附等方法,使得抗体(或者抗原)溶液流过金膜表面。分别测量结合之前和结合之后SPR角的变化,可以定量分析二者的结合反应。

2. 优点

SPR生物传感器的检测信号来自生物反应引起传感器表面性质变化,进而通过光学信号反映出来,因此与放射性过敏原吸附试验(RAST)和酶联免疫吸附试验(ELISA)等检测技术相比较,SPR生物传感器不需要进行放射性或者酶的标记,并且具有灵敏度高、检测速度快、可实时观测等优点。但运用SPR传感器进行过敏性疾病的诊断目前尚在研究中。

二、生物芯片

(一)生物芯片的基本原理

生物芯片(microarrays or biochip)是为了分析基因组中基因表达而发展起来的一种工具。20世纪90年代初,DNA芯片被用来鉴定核酸,进而被用来分析RNA的表达。由于需要在细胞水平上检测蛋白的表达,因此科学家们就开发了检测蛋白质的芯片。各种各样的蛋白质(天然抗原或者纯化的重组蛋白)被固定在固相载体上,用微量的血清与芯片在标准条件下孵育,血清中的抗体特异性地与某种或某些抗原反应,而未结合的血清成分被洗掉,接着加入酶标记或荧光标记的二抗,从而通过激光在芯片上扫描或者化学发光反应来检测血清中特异性IgE。

同DNA芯片一样,该技术在固相介质(如玻璃片)的表面进行。为了固定蛋白质,玻璃表面经过了硝化纤维或者胶状结构的修饰。各种抗原或蛋白质通过机器人技术点在修饰过的玻璃表面,目前可以点30000个,理论上可以固定的蛋白质数量是不受限制的。将芯片与患者的血清样品反应,然后通过荧光或化学发光反应来检测血清中特异性IgE。相应的软件通过试验结果和已知IgE浓度标准曲线进行比较,计算并分析出半定量的结果。

(二)生物芯片的优点

生物芯片的最大优点是可以使用很少的样品,在一次试验中同时检测成千上万的受试抗原。这将会使已经识别的所有抗原分子或者抗原表位一次性结合血清中的IgE成为可能,并且生物芯片还可以方便地将新的抗原分子和抗原表位加入,扩大检测范围。

生物芯片的另一个优点是可以确定成分(分子水平)的检测。以往的方法是对过敏原的提取物进行测试,由于抗原提取物是许多物质的混合物,我们并不能确定患者对其中的哪一种成分敏感,而传统方法是不可能分别对每种成分进行检测的。生物芯片技术可以实现对确定成分的检测,这可能解释交叉反应以及为什么有些患者对多种花粉过敏,而其中很多他们并没有接触过。交叉反应是某种抗原诱发产生的抗体与另外一种抗原发生反应,这两种抗原具有某种相似性。一般来说,抗原-抗体反应具有特异性(specificity),即某种抗体只能同特异的抗原发生反应。但是许多抗原物质是一个大分子的复合物,并且每种大分子可能含有多个抗原表位(epitope)。因此,接触某种抗原物质可能引起针对某种大分子或者某种抗原表位的多种免疫反应。发生交叉反应的可能原因是不同的过敏原具有相同的或者结构相似的抗原表位。

除此之外,基因芯片具有操作简单、自动化操作、能够平行化检测等优点。如果检测用的二抗不是抗IgE的抗体,而是其他类型的免疫球蛋白抗体,则可以分析血清中存在的其他类型的抗原特异性抗体。因此它不仅可以检测抗原特异性IgE,还可以对抗原特异性IgG和IgM进行检测。这些抗体在IgE的检测中竞争性地与抗原结合,起到一定的屏蔽作用。

将新的分子或者抗原决定簇加入到生物芯片检测的范围,以使所有人群可能敏感的过敏原都能通过生物芯片来检测,是生物芯片诊断过敏性疾病的未来发展方向。虽然目前生物芯片并不是实验室检测过敏原的常规技术,但是相信在不久后生物芯片将成为体外过敏原检测的标准方法。

　　通过生物芯片检测患者对过敏原中的哪一种成分敏感,可以指导临床改进治疗的方案。因此,生物芯片不仅在过敏性疾病的诊断方面具有很好的发展前景,而且还可能对过敏性疾病的治疗很有帮助。同时,生物芯片的发展也会使得我们进一步理解过敏反应的机制。国内外出现的百敏芯微流控芯片过敏原检测系统就是基于芯片实验室理念的先进快速诊断技术,将微流控技术、化学发光检测及高质量过敏原蛋白三者高效整合,使传统酶联反应过程微缩在反应区的微相通道中完成,仅需 100 μL 血清样本和总体积不超过 1 mL 的反应液,在 35 分钟内即可完成检测,出具 19 项半定量和定性结果。由于百敏芯采用高灵敏度的化学发光法和高质量的过敏原蛋白,因此具有高灵敏度和特异性,能够保证与临床的金标准方法一致。

(李小宁、朱小丽)

参 考 文 献

于春燕,班文芬,谢丽,等,2018.贵州省黔南州农村布依族 0~24 月龄婴幼儿过敏性疾病患病率及危险因素调查[J].现代预防医学,45(23):4289-4293.

马慧,刘志刚,吉坤美,2008.德国小蠊过敏原化学发光免疫法的建立及应用[J].中华检验医学杂志,31(2):203-204.

王克霞,李朝品,王慧勇,等,2006.慢性腹泻与粉螨感染的关系[J].第四军医大学学报,27(12):1103.

王勤,刘志刚,2007.德国小蠊过敏原皮内试验与血清 slgE 检测的相关性[J].热带医学杂志,7(8):726-728.

王佶图,刘娜,张曼,2019.不同疾病总 IgE 升高情况比较[J].标记免疫分析与临床,26(9):1452-1460.

王学艳,孔瑞,张曼,2015.过敏性疾病常见变应原及特异性诊断方法[J].医学与哲学(B),36(7):11-14,18.

王永锋,王佳瑜,杨超,等,2017.嗜酸性粒细胞 VCS 参数在过敏性鼻炎诊断中的应用[J].国际检验医学杂志,38(17):2495-2496.

尹佳,2017.过敏性疾病过敏原特异性诊断思路.第十一届协和过敏性疾病国际高峰论坛暨首届北京医师协会变态反应专科医师分会学术年会大会发言[J].中华临床免疫和变态反应杂志,11(3):195-198.

丘创华,钟丽红,李卓成,等,2019.血浆 IgE 和细胞结合 IgE 水平检测在过敏性疾病中的应用价值[J].检验医学与临床,16(16):2313-2315.

申炎杰,2016.小儿哮喘与过敏性鼻炎的临床诊断[J].临床医学研究与实践,1(8):53,58.

卢兵,万君,姜文锋,等,2018.基于变应原的过敏性疾病分子诊断研究进展[J].实用医学杂志,34(21):3525-3527.

卢玲玲,郑国军,董璐璐,等,2016.食物过敏性疾病中血清特异性 IgG 与 IgE 抗体检测结果分析[J].中国卫生检验杂志,26(4):519-522.

冯丹,2016.小儿过敏性耳鼻咽喉疾病的诊疗[J].中国现代药物应用,10(5):88-89.

刘志刚,2006.肺脏免疫学及免疫相关性疾病:过敏性疾病的诊断[M].北京:人民卫生出版社:415-428.

刘志刚,李佳娜,顾耀亮,等,2010.时间分辨免疫荧光法测定食物中花生过敏原成分[J].食品科技,35(2):241-245.

刘志刚,胡赓熙,2014.尘螨与过敏性疾病[M].北京:科学出版社:301-313.

刘丽娜,2019.息风止痉法治疗小儿过敏性咳嗽(风热犯肺证)的临床观察[D].兰州:甘肃中医药大学.

纪和雨,沈力,王淼,等,2020.基于上海市某儿童医院过敏性疾病患儿照顾者对多学科诊疗的认知和需求的调查与分析[J].中国医院,24(1):32-34.

张晓梅,张慧敏,赖宇,等,2017.血清特异性IgE和总IgE测定在过敏性疾病中的诊断价值[J].实验与检验医学,35(2):231-233.

李振兴,林洪,曹立民,等,2006.虾类食品过敏性疾病诊断方法的建立[J].中国生物制品学杂志,19(2):200.

李丰,曾华松,2015.儿童过敏性疾病临床诊治及长期随访管理模式探索[J].中国实用儿科杂志,30(1):25-28.

李朝品,赵蓓蓓,湛孝东,2016.屋尘螨1类过敏原T细胞表位融合肽对过敏性哮喘小鼠的免疫治疗效果[J].中国寄生虫学与寄生虫病杂志,34(3):214-219.

李朝品,杨庆贵,陶莉,2005.HLA-DRB1基因与螨性哮喘的相关性研究[J].安徽医科大学学报,40(3):244-246.

李宏思,2019.血清特异性IgG和IgE联合检测在小儿过敏性疾病诊断中的应用[J].山西医药杂志,48(20):2524-2526.

李丰,陈慧珊,2019.华南地区14002例儿童过敏原特异性IgE分布及定量分级特点分析[J].岭南急诊医学杂志,24(5):482-484.

李雯雯,陈慧,2019.中医药治疗过敏性疾病研究进展[J].中国中医药现代远程教育,17(14):126-129.

沈翎,杨中婕,林宗通,等,2019.《儿童过敏性鼻炎诊疗:临床实践指南》诊断部分解读[J].中国实用儿科杂志,34(3):188-191.

周燕青,曹兰芳,郭茹茹,等,2017.合并过敏性鼻炎对儿童系统性红斑狼疮病情及治疗的影响[J].中国当代儿科杂志,19(5):510-513.

陈倩,2016.围产期因素对儿童过敏性疾病的影响[D].上海:上海交通大学.

陈凤娇,2018.过敏性疾病患儿食物不耐受特异性IgG抗体检测[J].中国卫生标准管理,9(14):106-108.

陈育智,2018.儿童支气管哮喘的诊断及治疗[M].北京:人民卫生出版社:130-146.

罗星星,陈展泽,许扬扬,等,2017.血清IgG4和IgE在儿童过敏性哮喘和过敏性鼻炎中的应用[J].国际检验医学杂志,38(4):442-443,446.

苗青,向莉,2018.过敏原实验室诊断技术在儿童过敏性疾病中的应用现状及进展[J].中华全科医学,16(10):1710-1713,1761.

邱晨,薛仁杰,田曼,2019.宠物过敏原与儿童气道过敏性疾病的关系[J].医学综述,25(13):

2520-2524.

杨烨,滕尧树,尚海琼,等,2019.益生菌与免疫调节及过敏性疾病的相关性研究进展[J].浙江医学,41(23):2561-2565.

杨洁梅,杨巧红,2019.维生素 D 对婴幼儿过敏性疾病影响的研究进展[J].实用临床护理学电子杂志,4(47):181-183.

杨林,祝戎飞,2019.过敏性疾病研究新进展[J].中华临床免疫和变态反应杂志,13(5):424-432.

钟丽红,丘创华,李卓成,等,2019.过敏性疾病患者血清 IgE 和细胞结合 IgE 水平变化及临床意义[J].深圳中西医结合杂志,29(7):12-15.

赵云霞,2019.儿童过敏性咳嗽中医体质与证型的相关性研究[D].南京:南京中医药大学.

赵维维,2018.565 例过敏性疾病变应原结果分析[J].山西职工医学院学报,28(4):22-24.

祝润芝,冯清祥,李建建,2018.脐血特异性 IgE 及炎性因子对婴幼儿过敏性疾病的诊断价值研究[J].解放军预防医学杂志,36(8):1053-1056.

柴强,李朝品,2019.重组蛋白 Blo t 21 T 特异性免疫治疗哮喘小鼠效果研究[J].中国寄生虫学与寄生虫病杂志,37(3):286-290.

柴强,宋红玉,李朝品,2018.白细胞介素-33 在过敏性哮喘小鼠体内的变化及作用[J].中国寄生虫学与寄生虫病杂志,36(2):124-128,134.

黄翔明,田理,2019.miRNA-21 及其相关靶基因在过敏性疾病中的研究进展[J].重庆医学,48(19):3367-3370.

黄晓婉,张珏,2018.血清特异性 IgG 和 IgE 联合检测在小儿过敏性疾病诊断中的应用[J].检验医学与临床,15(1):129-131.

黄庆华,吕迎霞,周明锦,等,2015.儿童急、慢性荨麻疹 IgE 及嗜酸性粒细胞变化的临床价值[J].数理医药学杂志,28(11):1630-1631.

崔玉宝,2018.尘螨与过敏性疾病[M].北京:科学出版社:216-227.

曾新宇,王富森,曲亚明,2017.血清 IgE 和 IgG4 在儿童过敏性鼻炎和过敏性哮喘中的表达及其临床意义[J].中国妇幼保健,32(14):3193-3195.

湛孝东,段彬彬,洪勇,等,2017.屋尘螨过敏原 Der p2 T 细胞表位疫苗对哮喘小鼠的特异性免疫治疗效果[J].中国血吸虫病防治杂志,29(1):59-63.

詹政科,刘萍,吉坤美,等,2009.双抗体夹心 ELISA 法测定食物中牛奶过敏原蛋白成分[J].中国乳品工业,37(5):44-47.

廖莹,张清友,李红霞,等,2017.儿童血管迷走性晕厥和体位性心动过速综合征共患过敏性疾病的临床特征分析[J].北京大学学报(医学版),49(5):783-788.

魏雪,钱晓君,仇煜,等,2018.呼吸道过敏性疾病吸入性过敏原过筛试验的诊断价值[J].临床肺科杂志,23(5):832-836.

魏雪,2018.呼吸道过敏性疾病吸入性过敏原过筛试验的诊断价值[D].合肥:安徽医科大学.

Kristiina Aalto-Korte, Koskela K, Pesonen M, 2020. 12-year data on dermatologic cases in the Finnish Register of Occupational Diseases I: Distribution of different diagnoses and main causes of allergic contact dermatitis[J]. Contact Dermatitis, 82:1-6.

Hall A G, Morris A E, Marshall G D, 2012. Eleven Year Follow Up of an African-American

Adolescent with Destructive Sinus Disease and Intermittent Asthma Diagnosed with Allergic Fungal Sinusitis (AFS) and Incidentally Found to have Allergic Bronchopulmonary Mycosis (ABPM)[J]. The Journal of Allergy and Clinical Immunology, 129(2):AB45.

Agache I, Cojanu C, Laculiceanu A, et al., 2020. Critical Points on the Use of Biologicals in Allergic Diseases and Asthma.[J]. Allergy, asthma & immunology research, 12(1):24-41.

Anthony J, Michaela S, Fangkun N, et al., 2020. Gelfand. Dichotomous role of TGF-β controls inducible regulatory T-cell fate in allergic airway disease through Smad3 and TGF-β-activated kinase 1[J]. The Journal of Allergy and Clinical Immunology, 145(3):933-946.

Margarete A, Ofélia L, Francisca O, et al., 2020. Sensitisation to aeroallergens in relation to asthma and other allergic diseases in Angolan children: a cross-sectional study[J]. Allergologia et Immunopathologia, 48(3):281-289.

Boo-Young K, Chan-Soon P, Jin H C, et al., 2020. Trends in skin prick test according to seasons: Results of a Korean multi-center study[J]. Auris Nasus Larynx, 47(1):90-97.

Busch Lindsay M, Torabi-Parizi P, 2019. Allergic Diseases: Can They Be Good for You?[J]. Critical care medicine, 47(12):1808-1810.

Caimmi D, Manca E, Carboni E, et al., 2020. How molecular allergology can shape the management of allergic airways diseases[J]. Current opinion in allergy and clinical immunology, 20(2):149-154.

Cantani A, Micera M, 2003. Epidemiology of atopy in 220 children. Diagnosis reliability of skin prick tests and total and specific IgE levels[J]. Minerva Pediatr, 55(2):129-142.

Cavaleiro Rufo João, Ribeiro A I, Paciência Inês, et al., 2020. The influence of species richness in primary school surroundings on children lung function and allergic disease development[J]. Pediatric allergy and immunology : official publication of the European Society of Pediatric Allergy and Immunology, 31(4):1-6.

Chauhan A, Panigrahi I, Singh M, et al., 2020. Prevalence of Filaggrin Gene R501X Mutation in Indian Children with Allergic Diseases[J]. Indian journal of pediatrics, 10:1007.

Chen S, Ghandikota S, Gautam Y, et al., 2020. AllergyGenDB: A literature and functional annotation-based omics database for allergic diseases[J]. Allergy:1-4.

Christopher G M, Crystal P, Fred D, 2020. Finkelman. IL-4Rα expression by airway epithelium and smooth muscle accounts for nearly all airway hyperresponsiveness in murine allergic airway disease[J]. Mucosal Immunology: The official publication of the Society for Mucosal Immunology, 13(2):283-292.

Dahalan N H, Tuan D S A, Mohamad S M B, 2020. Association of ABO blood groups with allergic diseases: a scoping review[J]. BMJ open, 10(2):e029559.

DeKruyff R H, Zhang W, Nadeau KC, et al., 2020. Summary of the Keystone Symposium "Origins of allergic disease: Microbial, epithelial and immune interactions," March 24-27, Tahoe City, California[J]. The Journal of allergy and clinical immunology, 145(4):1-10.

Fallon P G, Schwartz C, 2020. The high and lows of type 2 asthma and mouse models[J]. The Journal of allergy and clinical immunology, 145(2):496-498.

Ferrer M,Sanz M L,Sastre J,et al., 2009. Molecular diagnosis in allergology: application of the microarray technique[J]. J In- vestig Allergol Clin Immunol, 19(1):19-24.

Ferrante G, Asta F, Cilluffo G,et al., 2020. The effect of residential urban greenness on allergic respiratory diseases in youth: A narrative review[J]. The World Allergy Organization journal, 13(1):100096..

González- Buitrago J M, Ferreira L, Isidoro- García M, et al.,2007. Proteomic approaches for identifying new allergens and diagnosing allergic diseases[J]. Clinica chimica acta; international journal of clinical chemistry, 385(1-2):21-27.

Hamilton R G , Franklin Adkinson N, 2004 . In vitro assays for the diagnosis of IgE- mediated disorders[J]. Journal of Allergy & Clinical Immunology, 114(2):213-225.

Hawrylowicz C M, Santos A F, 2020. Vitamin D: can the sun stop the atopic epidemic?[J]. Current opinion in allergy and clinical immunology, 20(2):181-187.

Noh H , An J , Kim M J , et al.,2020. Sleep problems increase school accidents related to allergic diseases[J]. Pediatric Allergy and Immunology,31(1):98-103.

Joan H D,Corinne A K,2019. Allergic diseases among Asian children in the United States[J]. The Journal of Allergy and Clinical Immunology,144(6):1727-1729.e6.

Emeryk- Maksymiuk J, Grzywa- Celińska A, Makuch M,2018. A case report of allergic bronchopulmonary aspergillosis - disease well known but rarely diagnosed[J]. Journal of Education, Health and Sport,8(5):185.

Kargi A,Bisgin A,Yalcin A D,et al., 2013. Mechanisims of asthma and allergic disease- 1088. Increased serum strail level in newly diagnosed stave- iv lung adenocarcinoma but not sqamous cell carcinoma, is correlated with age and smoking[J]. World Allergy Organization Journal,6(S1):4819-4822.

Kennedy K,Allenbrand R,Bowles E. 2019. The Role of Home Environments in Allergic Disease[J]. Clinical reviews in allergy & immunology, 57(3):364-390.

Alex R K,Jonathan L S,Thomas B N,2019. Shining a Light on Concerns about Phototherapy to Prevent Allergic Skin Disease[J]. Neonatology,116(1):27.

Kyung- Duk M, Seon- Ju Y, Hwan- Cheol K, et al.,2020. Association between exposure to traffic- related air pollution and pediatric allergic diseases based on modeled air pollution concentrations and traffic measures in Seoul, Korea: a comparative analysis[J]. Environmental Health,19(1):6.

Macia L , Mackay C R,2019. Dysfunctional microbiota with reduced capacity to produce butyrate as a basis for allergic diseases[J]. The Journal of Allergy and Clinical Immunology,144(6):1513-1515.

Jung- Kyu L,Chin K R,Kyungjoo K,et al., 2019. Prescription Status and Clinical Outcomes of Methylxanthines and Leukotriene Receptor Antagonists in Mild- to- Moderate Chronic Obstructive Pulmonary Disease[J]. International journal of chronic obstructive pulmonary disease,14:2639-2647.

Liccardi G, DAmato G, Caonica G W,et al., 2006. Psdderalacqia. Syntemic reaction rm skin testing：literature review[J]. J Investig Clin Immunol, 16(2): 75~78.

Li H，Tian Y Z，Xie L H, et al., 2020. Mesenchymal stem cells in allergic diseases: Current status[J]. Allergology international : official journal of the Japanese Society of Allergology, 69 (1):35-45.

Li E, Knight J M, Wu Y F, et al., 2019. Airway mycosis in allergic airway disease[J]. Advances in immunology, 142:85-140.

Li Y，Ren J，Nakajima H, et al.，2007. Surface plasmon resonance immunosensor for IgE analysis using two types of anti- IgE antibodies with different active recognition sites[J]. Analytical Sciences, 23(1):31-38.

Loo E X L, Wang D Y, Siah K T H, 2020. Association between Irritable Bowel Syndrome and Allergic Diseases: To Make a Case for Aeroallergen[J]. International archives of allergy and immunology, 181(1) :31-42.

Maggie B, Bridgette L, 2019. The Impact of Environmental Chronic and Toxic Stress on Asthma[J]. Clinical Reviews in Allergy & Immunology, 57(3):427-438.

McGuire W，Soll R，2019. Commentary on "Infant Formulas Containing Hydrolysed Protein for Prevention of Allergic Disease and Food Allergy"[J]. Neonatology, 116(3):286-289..

Moorehead A，Hanna R，Heroux D, et al.，2020. A thymic stromal lymphopoietin polymorphism may provide protection from asthma by altering gene expression[J]. Clinical and experimental allergy : journal of the British Society for Allergy and Clinical Immunology:1-8.

Nathan S, Elke R, Stephan W, et al., 2019. Advances in asthma and allergic disease genetics: Is bigger always better?[J]. The Journal of Allergy and Clinical Immunology, 144(6): 1495-1506.

Okayama Y, Matsumoto H, Odajima H, et al., 2020. Roles of omalizumab in various allergic diseases[J]. Allergology international : official journal of the Japanese Society of Allergology, S1323-8930(20):30010-30011.

O'Konek J J, Baker J R, 2020. Treatment of allergic disease with nanoemulsion adjuvant vaccines[J]. Allergy, 75(1):246-249.

Rudman S A K, Togias A, 2020. Observational human studies in allergic diseases: design concepts and highlights of recent National Institute of Allergy and Infectious Diseases- funded research[J]. Current opinion in allergy and clinical immunology, 20(2):208-214.

Sheah- Min Y, Choon- Kook S, 2001. The relevance of specific serum IgG, IgG4 and IgE in the determination of shrimp and crab allergies in Malaysian allergic rhinitis patients[J]. Asian Pac J Allergy Immunol, 19(1):7-10.

Sikorska- Szaflik H, Sozańska B, 2020. Peak nasal inspiratory flow in children with allergic rhinitis. Is it related to the quality of life?[J]. Allergologia et immunopathologia, 48(2):187-193.

Sung M, Baek H S, Yon D K, et al., 2019. Serum Periostin Level Has Limited Usefulness as a Biomarker for Allergic Disease in 7- Year- Old Children[J]. International archives of allergy and immunology, 180(3):195-201.

Tamasauskiene L, Sitkauskiene B, 2020. Interleukin- 22 in Allergic Airway Diseases: A Systematic Review[J]. Journal of interferon & cytokine research : the official journal of the International Society for Interferon and Cytokine Research, 40(3):125-130.

Vasar M, Julge K, Kivivare M, et al., 2011. Regional differences in diagnosing asthma and other allergic diseases in Estonian schoolchildren[J]. Medicina (Kaunas, Lithuania), 47(12): 661-666.

Verhoef P A, Bhavani S V, Carey K A, et al., 2019. Allergic Immune Diseases and the Risk of Mortality Among Patients Hospitalized for Acute Infection[J]. Critical care medicine, 47(12): 1735-1742.

Wohrl S, Vigl K, Zehetmayor S, et al., 2006. Heperformance of a component-based allergen-microarray in linical practice[J]. Allergy, 61(5):633-639.

Hu X B, Xu Z W, Jiang F, et al., 2020. Relative impact of meteorological factors and air pollutants on childhood allergic diseases in Shanghai, China[J]. Science of the Total Environment, 706:135975.

Zhang L, Zhang S N, He C, et al., 2020. VDR Gene Polymorphisms and Allergic Diseases: Evidence from a Meta-analysis[J]. Immunological investigations, 49(1-2):166-177.

Zhang Y, Lin J L, Zhou R, et al., 2020. Effect of omega-3 fatty acids supplementation during childhood in preventing allergic disease: a systematic review and Meta-Analysis[J]. The Journal of asthma : official journal of the Association for the Care of Asthma:1-14.

第七章 粉螨过敏性疾病的流行病学

通过了解疾病的流行现状和疾病的地区、时间、人群分布特点及其影响因素,可帮助我们对影响疾病的发生发展和转归的流行因素进行控制,从而达到预防和控制疾病的目的。近年来,慢性呼吸系统疾病、过敏反应性疾病的发病率呈上升趋势,与粉螨过敏原暴露、全球气候变化、环境污染的影响、烟草的持续流行、人类生活方式及行为的改变、地区经济水平及饮食结构变化等密切相关。粉螨过敏原种类繁多,在世界各地分布广泛,主要有粉螨科(Acaridae)、脂螨科(Lardoglyphidae)、食甜螨科(Glycyphagidae)、嗜渣螨科(Chortoglyphidae)、果螨科(Carpoglyphidae)、麦食螨科(Pyroglyphidae)和薄口螨科(Histiostomodae)等,其中麦食螨科较为常见,包括屋尘螨(*Dermatophagoides pteronyssinus*)、粉尘螨(*D. farinae*)、小角尘螨(*D. microceras*)、非洲麦食螨(*Pyroglyphus africanus*)、长嗜霉螨(*Euroglyphus longior*)和梅氏嗜霉螨(*E. maynei*)等,可广泛存在于舍内卧具、地毯、毛衣、棉衣和面粉制品等处,引起各种过敏性疾病。粉螨相关的过敏性疾病已发展成为重要的公共卫生问题,了解粉螨过敏性疾病的流行现状和流行因素,对粉螨过敏性疾病的预防控制有重要指导意义。本章节描述了常见的粉螨过敏性疾病,如过敏性哮喘、过敏性鼻炎、过敏性皮炎、过敏性紫癜及其他相关过敏性疾病的流行状况,并就粉螨过敏性疾病流行因素的地区分布、时间分布和人群分布的特点,从区域分布、社会经济因素、环境过敏原暴露、环境污染因素、季节影响及时间变化特点、人群特点(如性别、年龄、职业因素、遗传因素、神经和精神因素、生活方式及健康移民效应)等方面进行阐述。

第一节 粉螨过敏性疾病的流行现状

过敏性疾病的病因和诱发因素复杂,粉螨是目前已发现的较强的过敏原之一,是引起室内过敏性疾病的重要因素,其引起的过敏性疾病主要包括:过敏性哮喘、过敏性鼻炎或咽炎、过敏性皮炎(特应性皮炎、荨麻疹和湿疹等)、过敏性紫癜、过敏性咳嗽、过敏性角膜结膜炎和心脏荨麻疹等。目前与人类过敏性疾病密切相关的粉螨主要是尘螨,其中粉尘螨和屋尘螨是人类研究最多的室内尘螨。相关的流行病学研究发现,全球有1%~2%的人群患有与室内尘螨相关的各种过敏性疾病。世界卫生组织指出,粉螨过敏已经成为全球性的健康问题,是继肿瘤和心血管疾病以外威胁人类健康的第三大疾病;世界变态反应组织(WAO)将每年的7月8日定义为世界性过敏性疾病日。世界过敏反应组织公布的30个国家过敏性疾病流行病学调查结果显示,在12亿被调查人口中,有22%的人群为免疫球蛋白介导的过敏性疾病患者,其中粉螨是最常见的过敏原。欧洲共同体呼吸健康调查委员会(European Community Respiratory Health Survey, ECRHS)和儿童哮喘与变态反应性疾病国际研究指导委员会(International Study of Asthma and Allergies in Childhood, ISAAC)曾对患有过敏反应性疾病的成人和儿童进行了大规模的国际性研究,结果表明,近些年来过敏性疾病的患病率和死亡率仍呈上升趋势,在儿童上升尤其明显,特别是全球气候变化、人类生活城市化之后,过敏性疾病患病率呈现增高趋势。

一、过敏性哮喘

粉螨是过敏性哮喘的重要过敏原之一。早在20世纪20年代初,Kern(1921)和Cooke(1922)就提出灰尘里有特殊抗原物质是引起哮喘的重要原因。1928年,Dekker报道在1例哮喘患者屋内沙发垫内找到大量螨,消除螨后哮喘症状缓解,由此提出螨是引起哮喘的过敏原之一。随后国外学者不断研究,1932年Ancona提出腐食酪螨(*Tyrophagus putrescentiae*)和家食甜螨(*Glycyphagus domesticus*)等均可诱发过敏性哮喘。1958年,荷兰莱顿大学医院Voorhorst等研究屋尘与哮喘的关系,最终证实了屋尘螨是屋尘中的最主要过敏原成分,且认为螨的致敏性不在其活体对人的作用,而是其分泌物、排泄物等代谢产物以及螨在生长发育过程中和死亡后留下的皮壳,这些物质分解成微小颗粒成为过敏原的有效成分,飞扬在居室内,被人接触后引起过敏性疾病。1964年,Voohtorst报道屋尘螨是屋尘中过敏原的主要成分,是一种世界性分布的、普遍存在于人类居住和工作的室内环境中最强烈的过敏原,可导致和诱发哮喘,这一结果得到了许多专家的证实。德国学者Musken等分别用弗氏无爪螨(*Blomia freemani*)、梅氏嗜霉螨、家食甜螨等14种螨浸液对哮喘的人群进行皮肤挑刺试验,总阳性率高达59%;2001年,国内学者吕波等应用上海医科大学医学螨类研究室提供的20种过敏原,对120例哮喘儿童进行皮肤点刺试验,其中对尘螨过敏者有85例,占70.8%,研究还认为螨过敏性哮喘患者的症状与他所接触到的螨类过敏原含量密切相关。

世界各国哮喘患病率存在一定差异,大部分呈上升趋势。世界范围内有超过3亿人群患有哮喘,且患病率还有逐年增长的趋势,目前世界各国报道的哮喘患病率相差较大,从0.3%~17%不等,有的甚至高达20%~30%。哮喘发病率在世界范围内所有疾病排名中约20位。近年来,在美国、英国和新西兰等发达国家,哮喘的发病率及严重程度有上升的趋势。西欧十年来哮喘患者大约增加了1倍,美国自20世纪80年代初以来哮喘患病率增加了60%以上,而亚洲成人的哮喘患病率为0.7%~11.9%。我国的调查显示哮喘患病率有增高趋势。2010年,我国进行了哮喘患病及发病危险因素的流行病学调查,对16万名14岁以上人群的调查结果显示,我国成人哮喘患病率为1.24%,其中北京市为1.19%、上海市为1.14%、广东省为1.13%。2019年,中国肺健康研究组织开展的一项最新研究结果显示,我国人群哮喘总体患病率为4.2%,与10年前相比有大幅度提高。

哮喘在儿童人群中上升尤为明显,尤其是在经济发展水平较高的地区。ISAAC的研究表明,6~7岁的儿童患病率在4%~32%、平均约为14%,13~14岁的儿童患病率在2%~37%、平均约为12%,在调查前的一年中发生了喘息症状。研究显示,世界各地的13~14岁的儿童哮喘患病率差异很大,最高的苏格兰达36.7%,最低的印度为1.6%,澳大利亚、新西兰、英国、爱尔兰、美国、加拿大、秘鲁、哥斯达黎加和巴西等国均有20%以上的13~14岁儿童罹患该病。儿童哮喘与过敏性疾病国际流行病学研究表明,亚洲地区城市化后支气管哮喘明显增加,哮喘发病率为0.8%~29.1%,有明显的区域性,具体原因尚不明。在中国、印度尼西亚、阿尔巴尼亚、格鲁吉亚、罗马尼亚、俄罗斯、希腊和印度等国,患病儿童的比例均在6%以下。

近年来,我国对儿童、青少年哮喘的研究较多,各地区发病率或患病率也存在差异,钟南山院士在该领域做了较为系统的对比研究。1988~1990年,他对全国27个省(市)的90万名0~14岁儿童的哮喘抽样调查显示,各地区的哮喘患病率相差较大,其中福建省最高为2.03%,西藏高原最低为0.11%,平均约为1%。1997年全国调查显示,我国13~14岁的儿童平均患病率为2%,其中北京最高为3.3%,重庆最低为1.3%。钟南山院士和他的团队对广州市中小学的学生进行了较长时间大规模的哮喘流行病学调查,按照哮喘及其他过敏性疾病的国际间对比研究方案,对广州市4个中心城区10所中学的数万名13~14岁青少年进行对比分析发现,1988年哮喘的发病率为2.14%;1994年近12个月有喘息史的为3.14%,医生诊断哮喘病史的为3.9%;1998年广州市总患病率为8.96%,其中学生人群患病率为31.7%;2000年广州市0~14岁儿童中,3岁以前首次发作的患儿占到总患病人数的60%;2001年分别为4.8%;2006年患病率为5.9%,2009年患病率为6.8%,可见10~20年间哮喘的发病率和患病率有了显著提高。

文献报道称,不同国家之间哮喘的病死率存在明显差异,全球每年大约有250000人死于哮喘。1960年以来,美国和加拿大报告的哮喘死亡率低于其他国家,但美国国内各地的报告也有较大的差别。20世纪60年代,新西兰、澳大利亚和英国的哮喘死亡率增加;20世纪70年代后新西兰的哮喘死亡率进一步增高,特别是新西兰低收入的土著毛利人(Maori);而1960年以来,日本的哮喘死亡率却相对比较稳定。20世纪90年代,美国选择性次全人口(主要是城市中心区的黑人)的调查显示哮喘死亡率增加。我国5~34岁年龄段的哮喘患者中,病死率大于10/10万,也有报道病死率高达36.7/10万,位居全球第一。近年来,哮喘患者每年的治疗费用和间接费用明显增加,对社会和家庭造成较重的经济负担,给患者生活质量带来影响。8个亚太地区城市哮喘中心的研究结果显示,多数哮喘患者经治疗能取得较好的疗效,但也有27%的成年人、37%的哮喘患儿在患病期间会影响正常学习和工作,40%的患者曾有入院治疗、急诊就诊的病史。不同国家哮喘患者每年的直接治疗费用不完全一致,马来西亚人均为108美元,我国香港地区人均1010美元。患者的急诊费用占总费用的18%~90%。亚太地区人群经济负担占人均国内生产总值比例为13%,高于美国的2%;而且亚太地区人均医疗保险支出为30%,高于美国的12%。可见,哮喘导致患者经济负担加重,生活质量降低。

二、过敏性鼻炎

过敏性鼻炎的过敏原非常广泛,过敏性鼻炎的流行病学研究是以局部地区花粉症相关研究作为开端的。1956年,顾瑞金首次发现我国秋季花粉症过敏原为蒿属花粉;顾之燕发现自1969年以来宁夏七沟泉地区花粉症患者呈逐年上升趋势。1978年有报道称对新疆地区普查的居民花粉症过敏患者采用花粉浸液脱敏治疗有一定疗效。1989年,全国25个省、市85个单位协作出版了《中国气传致敏花粉调查》。1989年和1990年的学术会议上有关于花粉症口服减敏的报道。1998年,陈育智参与ISAAC第一阶段中国大陆各分中心的工作,汇报了国内13~14岁儿童过敏性鼻炎患病率:其中北京为33.7%、重庆为20.5%、广州为39.5%、上海为21.8%、乌鲁木齐为36.7%、新疆喀什为16.3%。1992年,马鞍山地区报道过敏性鼻炎过敏原主要是室内尘土、粉尘螨、蒿属花粉和多价霉菌,其中粉尘螨占57%,花粉占

55％。2012年,天津市采用标准化皮肤点刺原液阿罗格试剂检测过敏性鼻炎过敏原,排在前两位的过敏原是粉尘螨占58.7％,屋尘螨占56.0％。云南地区调查1893例过敏性鼻炎患者过敏原,排在前三位的是屋尘螨、粉尘螨、室内尘土。2013年,余景建等对东莞地区儿童过敏性鼻炎的过敏原分析显示,5650例患者中阳性反应的有4825例,以粉尘螨、屋尘螨为主,其中3～7岁组分别占55.9％和23.5％;8～13岁组占62.4％和38.4％;大于13岁组占78.6％和52.3％。可见,随着患儿年龄增大过敏原阳性有升高趋势。2014年,黄文坚等采用10种不同过敏原对福建东南沿海地区961例过敏性鼻炎过敏原进行分析,发现阳性623例,阳性率为64.83％(623/961),其中儿童组阳性200例,阳性率为71.17％(200/281);成年组阳性423例,阳性率为62.21％(423/680)。过敏原排在前3位的分别是粉尘螨60.25％(579/961)、屋尘螨60.15％(578/961)、蟑螂26.01％(250/961),其他过敏原阳性率极低,且儿童组粉尘螨及屋尘螨阳性率高于成年组,成年组蟑螂阳性率高于儿童组。2015年,长沙地区报道1000例过敏性鼻炎患儿,单纯尘螨过敏占21.20％,占吸入性过敏原的39.70％,粉尘螨和屋尘螨是最主要的两种吸入性过敏原。2015年,刘晖等对楚雄地区1970例过敏性鼻炎吸入性过敏原谱分析显示,吸入性过敏原SPT总阳性率为83.05％(1636例);SPT阳性率排在前5位的过敏原分别为屋尘螨(68.12％)、粉尘螨(64.11％)、蟑螂(41.22％)、蒿属花粉(40.66％)、法国梧桐(40.10％)。吸入性过敏原阳性级别(＋＋)及以上的患者中,粉尘螨和屋尘螨分别占两者的79.02％和81.52％,为最高,明显高于其他过敏原,且研究发现,随年龄增长总阳性率呈现一定差异。

2017年,马思远等报道2011～2013年在首都医科大学附属北京同仁医院就诊的北京地区的2595例可疑过敏性鼻炎患者,其中2292例(88.2％)患者至少对一种过敏原有临床意义上的阳性。SPT检测阳性率排在前4位的过敏原依次为粉尘螨(43.1％)、屋尘螨(37.6％)、德国小蠊(*Bluttella germanica*)(32.6％)、艾蒿(26.6％);粉尘螨、屋尘螨在不同年龄段过敏原阳性检出率有差异;粉尘螨、屋尘螨阳性分布与年龄呈负相关。武小芳等2018年报道称,她们于2007年1月～2017年1月搜集了95篇文献报道的过敏性鼻炎患者,Meta分析结果(表7.1)显示,过敏性鼻炎的过敏原在中国各地区的分布不同。该Meta分析定量评价了中国各地域粉尘螨、屋尘螨作为过敏性鼻炎过敏原检出的情况,具有重要参考价值。研究显示,粉尘螨、屋尘螨在全国各地区过敏性鼻炎发生中过敏原阳性率最高,其中粉尘螨在华东和华南地区阳性率达92％,屋尘螨阳性率在华东、华南地区高达88％,华中地区达86％,其余常见过敏原依次为花粉、豚草、蟑螂和蒿属。这对过敏性鼻炎过敏原分析有重要参考价值。2018年,陈岚等对上海青浦地区过敏性鼻炎的致敏性调查分析结果显示,粉尘螨检测总阳性率(＋或以上)占82.7％,强阳性率(＋＋或以上)占77％。2019年,秦雅楠等对2008～2017年10年间青岛地区4737例过敏性鼻炎进行皮肤点刺试验,阳性率前5位的过敏原分别为粉尘螨、屋尘螨、蟑螂、大籽蒿花粉和梧桐花粉,过敏人群中以同时对两种和三种过敏原过敏的人群为主,粉尘螨和产黄青霉的阳性率高峰出现在7～17岁年龄段,尘螨的阳性率高峰为7月到11月,5种过敏原过敏者男、女比例无明显差异。上述研究表明粉尘螨、屋尘螨为过敏性鼻炎的重要过敏原,男、女患病率无差异,但不同年龄段存在差异。2020年,秦雅楠等进一步对2018年8月到2019年3月期间青岛地区216例过敏性鼻炎患者进行过敏原检测,阳性率排前6位的吸入性变应原依次为粉尘螨(55.0％)、屋尘螨(46.1％)、热带无爪螨(*Blomia tropicalis*)(21.8％)、狗毛(16.6％)、艾蒿(13.3％)和德国蟑螂(10.3％)。孙宝清等(2006)报道了广州地区2004年10月至2005年10月间门诊199例过敏性哮喘及鼻炎的患者,检测对于螨类过敏的,包括屋尘螨、粉尘螨和热带无爪螨均为儿童组比成年组的阳性率高,同时具有较高的强阳性率;对于热带无爪螨过敏的患者,一般都是在4级以下,极个别具有强阳性且均为儿童。

表7.1　我国不同地区过敏性鼻炎粉尘螨、屋尘螨Meta分析合并阳性率结果

分类	粉尘螨(*D. farinae*)				屋尘螨(*D. pteronyssinus*)			
地区	纳入文献	样本量	阳性率	95%CI	纳入文献	样本量	阳性率	95%CI
华东	李勇等2015、陈君等2013、袁树金等2011、宋红毛等2016、张勇等2008、翟亮等2011、黄文坚等2014、王佳蓉等2015	7560	0.92	0.92~0.93	陈君等2013、贺桢等2013、宋道亮等2014、袁树金等2011、张勇等2008、王洪江等2016、庞权等2013、丁俊杰等2013、翟亮等2011	6345	0.88	0.87~0.89
华南	何晓峥等2011、钟文伟等2008、黎柱杨等2015、陆秋天等2007	3173	0.92	0.91~0.93	吴军等2007、刘军2009、刘扬等2012、黎柱杨等2015、陆秋天等2007	3704	0.88	0.87~0.89
华中	齐景翠等2015、张茏等2014、陈向军等2015、金笛等2007、向银洲等2007	3725	0.86	0.85~0.87	王霞等2015、齐景翠等2015、向银洲等2007	1467	0.86	0.85~0.88
华北	陈艳丽等2012、刘吉祥2013、申娜等2012	1094	0.59	0.58~0.62	田芳洁2015、王丽等2014、刘吉祥2013、申娜等2012	1094	0.59	0.58~0.62
西北	武维等2011、王忠巧等2015、阳玉萍等2016、苏振福2013、王春利等2014	2581	0.23	0.22~0.25	周郁2008、苏振福2013、王春利等2014	581	0.24	0.21~0.27
西南	奚玲2014、刘晖等2015	1948	0.77	0.75~0.79	白云丹等2013、朱德姝2014、刘晖等2015、王建洪等2016	3902	0.82	0.81~0.83
东北	宋薇薇等2009、孟大为等2012、柴若楠等2012	2123	0.61	0.59~0.63	胡愈强等2014、褚彦玲等2011、柴若楠等2012	2614	0.73	0.71~0.76

过敏性鼻炎患病率较高,不同国家的患者患病率不同,呈现一定波动性。过敏性鼻炎影响世界范围内10%~40%的人口。ISAAC采用整群抽样的方法,其研究计划包括三个阶段:第一阶段(1992~1998年)在56个国家对6~7岁与13~14岁两组年龄段儿童进行患病率调查;第二阶段(1998~2004年)在参考第一阶段调查结果的基础上,进行病因学调查;第三阶段(1999~2004年)重复第一阶段的研究,以评价过敏性疾病的流行变化趋势。结果显示,6~7岁组过敏性鼻炎的患病率为0.8%~14.9%;13~14岁年龄组为1.4%~

39.7%,提示过敏性鼻炎与螨过敏原密切相关;ISAAC报道不同国家和地区6~7岁儿童过敏性鼻炎的患病率波动在2.2%~24.2%范围,13~14岁儿童的患病率波动在4.5%~45.1%范围。美国的一项有关过敏性鼻炎的流行病学调查的最新结果显示,美国过敏性鼻炎调查报告患病率为14%,低于欧洲和加拿大的自报患病率,其中加拿大最高达45%。

我国部分城市过敏性鼻炎患病率有增高趋势。我国过敏性鼻炎临床工作始于1939年,张庆松在北京协和医院创建了中国第一个变态反应门诊;1953年发表《变态反应鼻炎及鼻窦炎》一文;1956年张庆松在北京协和医院成立了中国第一个变态反应科,同年在《中华医学杂志》发表《过敏性鼻炎和其他器官系统的关系》一文,报道了过敏性鼻炎与哮喘的关系。1986年我国成立变态反应学组,2001年成立中华医学会变态反应学分会。我国关于成人过敏性鼻炎大规模多中心流行病学患病率调查可追溯至2004~2005年,张罗等通过电话调查,了解了中国2个直辖市(北京、上海)和9个省会城市(西安、沈阳、武汉、长沙、南京、杭州、广州、长春和乌鲁木齐)的过敏性鼻炎的自报患病率平均为11.1%。2011年,Wang等对北京、长春、成都、长沙、福州、广州、海口、杭州、呼和浩特、乌鲁木齐、昆明、南京、上海、沈阳、武汉、银川和郑州等18个城市进行电话调查,发现成人过敏性鼻炎自报患病率已达17.6%。2018年,合肥市报道大学生过敏性鼻炎患病率为11.2%。我们从已报道的中文文献中整理出我国从2005~2019年报道的儿童和成人过敏性鼻炎患病率情况(表7.2),病例涉及北京、上海、广州、重庆、深圳、武汉、银川、佛山、内蒙古和新疆等40多个省、市及自治区。大部分研究主要通过自填问卷式的方法获得,部分研究同时采用了实验室检测确诊,虽然不是全国城市一致性的流行病学调查研究结果,但其报道的患病率对我们有一定的参考价值。其中儿童过敏性鼻炎从2008年至今搜集了13篇,涉及城市20多个,大部分采用自填问卷式和实验室检测相结合的方法,报道的确诊患病率最高的为21.09%,最低的为14.90%;自报患病率最高的为北京(49.68%),最低的为广州和芜湖(均为7.8%)。其中成人过敏性鼻炎从2005年至今搜集了15篇,涉及城市20多个,大部分采用自填问卷式方法,报道的确诊患病率最高的为乌鲁木齐30.04%,最低的为青岛12.08%;自报患病率最高的锡林郭勒及科尔沁草原为32.4%,最低的广州为6.24%。从儿童和成人报道的患病率来看,各地区患病情况不同,随时间变化,患病率有一定波动性。近年来部分同一城市报道过敏性鼻炎患病率呈现上升趋势。

表7.2　2005~2018年国内成人及儿童过敏性鼻炎患病率

调查时间	调查地区	资料收集方法	流行病学研究方法	年龄(岁)	自报患病率(%)	确诊患病率(%)
2005年	乌鲁木齐	自填问卷+鼻腔检查+鼻黏膜刮片	单纯随机抽样	成人	—	30.04
2009年	聊城	自填问卷+鼻腔检查+鼻黏膜刮片+皮肤点刺试验	两阶段整群抽样	成人	—	26.70
2011年	国内18个城市	电话问卷	单纯随机抽样	成人	17.60	—
2012年	青岛	自填问卷+皮肤点刺试验	多阶段整群抽样	成人	—	12.08
2014年	广州	访谈问卷	多阶段分层整群抽样	成人	6.24	—

续表

调查时间	调查地区	资料收集方法	流行病学研究方法	年龄（岁）	自报患病率（%）	确诊患病率（%）
2015年	榆林	访谈问卷＋电话问卷	整群抽样	成人	11.42	—
2016年	宁波	自填问卷	多阶段整群抽样	成人	16.47	—
2017年	天水	访谈问卷	多阶段整群抽样	成人	11.31	—
2017年	银川、固原、石嘴山	自填问卷	多阶段整群抽样	成人	13.06	—
2017年	沈阳、营口、本溪、盘锦、锦州	访谈问卷＋鼻腔检查＋血清IgE	分层整群抽样	成人	14.12	13.77
2017年	阜康	访谈问卷	分层随机抽样	成人	13.70	—
2017年	合肥	自填问卷	随机抽样	成人	11.2	—
2018年	锡林郭勒及科尔沁草原	自填问卷＋皮肤点刺试验	分层随机抽样	成人	32.4	18.8
2018年	内蒙古包头	自填问卷	整群抽样	成人	17.9	—
2018年	新疆喀什	自填问卷	随机抽样	成人	16.3	—
2008年	深圳	自填问卷＋鼻腔检查	二阶段整群抽样	14～15	18.10	—
2009年	武汉	自填问卷＋皮肤点刺试验	随机抽样	3～6	27.10	10.80
2009年	石河子	自填问卷＋皮肤点刺试验	整群抽样	9～10	12.56	—
2010年	重庆	自填问卷	多阶段抽样	0～14	20.40	—
2010年	广州	自填问卷	多阶段抽样	0～14	7.80	—
2011年	上海	自填问卷	随机整群抽样	7～12	23.90	—
2011年	北京	自填问卷	随机整群抽样	0～14	14.50	—
2013年	北京	自填问卷＋皮肤点刺试验	二阶段、集群、分层随机抽样	3～5	48.00	14.90
2015年	上海、广州等8个城市	自填问卷	集群分层抽样	5～13	9.80	—
2015年	银川	自填问卷	随机整群抽样	5～14	14.65	—
2015年	北京	自填问卷＋皮肤点刺试验	分层整群抽样	7～15	49.68	21.09
2015年	长沙	自填问卷＋皮肤点刺试验	分层整群抽样	10～17	42.50	19.40
2016年	佛山	自填问卷	随机整群抽样	6～8	25.68	—
2016年	佛山	自填问卷	随机整群抽样	11～14	27.27	—
2016年	芜湖	自填问卷	随机抽样	3～6	7.80	—
2018年	齐齐哈尔	自填问卷	随机抽样	学龄儿童	13.00	—

三、过敏性皮炎

过敏性皮炎包含特应性皮炎、荨麻疹和湿疹等过敏性皮肤疾病,屋尘螨和粉尘螨是过敏性皮炎的重要过敏原。高文新等(2006)报道840例过敏性皮肤病,其中包括荨麻疹392例、湿疹287例、痒疹65例、过敏性紫癜34例、特应性皮炎32例和面部复发性皮炎30例。840例接受过敏原检测的患者中,有689例(82.02%)呈阳性反应,吸入组以屋尘螨+粉尘螨阳性率最高(48.81%),其他依次为猫毛屑+狗毛屑(40.95%)。其中屋尘螨+粉尘螨阳性患者中,特应性皮炎18例(56.25%),面部复发性皮炎12例(40%),荨麻疹207例(52.81%),湿疹148例(51.57%),痒疹16例(24.61%)。瑞典学者Jan Sundell(曾在新加坡、美国、瑞典和保加利亚地区担任相关课题指导)指导的一项从2010年起由清华大学和重庆大学发起,上海理工大学、复旦大学、东南大学和中南大学等十几所高校共同参与的全国10个大型城市开展的过敏性皮炎项目,旨在了解中国室内环境与儿童健康,其中上海地区开展住宅室内潮湿表征、床铺尘螨情况与儿童湿疹的关联性研究结果发现,6~7岁儿童湿疹患病率逐年上升,而13~14岁青少年湿疹患病率存在下降趋势,与儿童居住环境潮湿、床铺尘螨孳生有密切关联,这与ISAAC的研究以及一项关于世界性过敏性湿疹的发病率和患病率的综述的研究结果是部分一致的。

一些研究显示,采用防螨措施对降低过敏性皮炎发生有效,进一步证明过敏性皮炎与接触螨类过敏原有关。1993~1994年,Tan等在英国萨里郡对48位治疗中的过敏性皮炎患者(24位平均年龄为30岁的成人和24位平均年龄为10岁的儿童)进行了为期6个月的双盲-安慰剂对照研究,其中28位采用积极的治疗并增加了室内尘螨暴露规避措施(使用充气防螨被褥、丹宁酸苄除螨喷雾和高过滤真空吸尘器);另外20位对照组未采用特别的室内尘螨暴露规避措施,结果显示,两组患者治疗后的皮炎症状均有缓解,但采用了室内尘螨暴露规避措施的患者皮炎症状缓解更为明显;研究还显示,皮炎症状缓解与床铺落尘和地毯里屋尘螨的削减有关。2001年,Holm等在瑞典针对40位成人过敏性皮炎患者开展了一项为期12个月室内尘螨暴露规避的双盲-安慰剂对照研究,其中采用特别的室内尘螨暴露规避措施(使用聚氨酯纤维棉被)的积极治疗组成员为22名;未采用特别的室内尘螨暴露规避措施(使用普通棉被)的对照组成员为18名。该研究者收集了研究开始前后3个月、6个月和12个月的床铺落尘,并采用ELISA法分析了床铺落尘中的尘螨过敏原和猫类过敏原,结果显示,两组患者的皮炎表征均显著改善,且积极治疗组成员的湿疹表征改善程度更明显,与Tan等的研究基本一致,提示过敏性皮炎与尘螨接触密切相关。

过敏性皮炎在高发地区呈现波动性,而在低发地区呈现上升趋势。ISAAC研究发现:1995~2002年的7年时间内,1995年湿疹患病率较低的地区的湿疹患病率明显上升,而1995年湿疹患病率较高的国家或地区的湿疹患病率未明显改变或有下降趋势;数据分析显示,6~7岁儿童的湿疹患病率上升趋势比13~14岁儿童明显。一项相关研究的系统综述发现,1990~2010年间东亚、西欧、北欧部分地区和非洲的儿童和成人患病率呈现上升趋势,但其他地区的患病率无明显变化趋势。Williams等发现1995~2006年的13~14岁儿童湿疹患病率在原高发地区呈现下降趋势,低发地区呈现上升趋势;但6~7岁儿童湿疹患病率在大部分地区均呈现上升趋势。Deckers等人发现1990~2010年,非洲、东亚、西欧和部分北欧地区的湿疹患病率是逐年增加的。从2012年北京和重庆3~6岁儿童及2002年香港和2007年台北6~7岁儿童湿疹患病率研究来看,其湿疹患病率范围为25.0%~35.0%,比2006年ISAAC第二次横断面问卷调研研究中全球6~7岁儿童的平均湿疹患病率更高,且与近年来发达国家报告的儿童较高的湿疹患病率相近。

整体过敏性皮炎患者患病率较为稳定,但不同年龄段患者的患病率不同。过敏性皮炎包含特应性皮炎、荨麻疹、湿疹等过敏性皮肤疾病,其中较为常见的是湿疹和特应性皮炎。国际上多项研究总结了儿童和成人湿疹患病率及其近年的变化趋势。ISAAC在全球范围内研究湿疹总患病率为1%~20%,尤其以婴儿多见,成人患病率为1%~3%,而婴儿患病率达到10%~20%,随着人们生活水平提高以及生活方式、饮食习惯、居住环境的变化,婴幼儿湿疹的发病率呈现逐年上升趋势。部分研究发现中国儿童的湿疹患病率也在近20年呈现上升趋势。我国地域辽阔、气候各异,不同地区和不同民族间饮食、文化、生活习惯、环境及调查人群年龄不同,各地调查的结果差别较大。在台湾省台中市开展的三项大样本量横断面群组研究发现:6~15岁儿童的湿疹患病率从1987年的1.1%上升到1994年的1.9%,然后上升到2002年的3.4%。另两项在台湾省全省范围内开展的大样本量横断面群组研究也发现:12~15岁少年的湿疹患病率从1995年的2.4%上升到2001年的4.0%;其中男孩由2.7%上升到4.2%,女孩由2.2%上升到3.9%。林亚芬等对上海市金山区1岁以内儿童进行的调查显示,湿疹发病率为29.6%;而冯梅等对重庆地区0~6月婴儿进行的调查显示,湿疹发病率为64.1%。蒋亚林等对武汉地区328对母婴进行的调查显示,0~6个月婴儿湿疹的发病率为45.5%。郭纯全等的调查显示,0~4个月湿疹发病率为44.8%。申春平等对北京市1657例出生42天的婴儿进行的流行病学调查显示,湿疹发病率为57.3%。基于ISAAC问卷的横断面调研下不同年龄段的儿童成长期湿疹患病率不同。ISAAC共计开展了包括22个城市和地区(17个国内城市和地区及5个国外城市)的研究,研究对象为0~18岁范围的人群,以3~14岁的儿童为主。湿疹患病率为10.0%~30.0%;患病率最小的是1987年台中市7~15岁的儿童,湿疹患病率为1.1%;最大的是2012年北京市3~6岁儿童,湿疹患病率为34.7%。总体而言,儿童湿疹患病率在北京、乌鲁木齐、重庆、上海、广州、台北和台中地区均呈现上升趋势,香港主城区或郊区的儿童湿疹患病率呈现下降趋势。研究显示,3~12岁儿童在1985~2015年的湿疹患病率明显上升,而13~14岁儿童在1995~2009年的湿疹患病率呈现下降趋势,且大部分城市的3~7岁儿童湿疹患病率高于13~14岁儿童的湿疹患病率。对于隶属于同一省市台湾省的台北和台中两大城市,台北市内6~7岁儿童与台中市7~15岁儿童曾经湿疹患病率差异较大,可能与是否经医生确诊报告率和自报率有关。

近年来,过敏性皮炎患者呈现明显低龄化现象,不同年龄段呈现不同过敏性疾病特点,可能与遗传背景及过敏体质有一定的相关性。蔡姣等研究发现,6岁以下儿童湿疹患病率均较同一城市同一年份下年长儿童湿疹患病率高。在当前的研究中还发现,国内婴幼儿年幼儿童的湿疹患病绝对人口数量也明显较年长儿童高,这与之前的部分学者研究结论一致:在更年轻的婴幼儿儿童中存在过敏性湿疹的普遍性和可能性较年长儿童高。Kelbore等人基于埃塞俄比亚麦克雷镇上一所医院的门诊信息对477名3个月~14岁的儿童湿疹患病情况进行调研,发现3个月~1岁之间的儿童湿疹患病率显著高于更年长的儿童,其患病风险比值比高达6.8,在1.1~46.0。Hong等人对韩国31201名儿童展开了基于ISAAC问卷调研的横断面研究发现,0~3岁、4~6岁、7~9岁和10~13岁儿童过去12个月的湿疹患病率分别为

19.3%、19.7%、16.7%和14.5%。Lombardi C等在意大利的一项调查显示,不同种族间婴儿湿疹患病率差异较大。来自美国的研究显示,不同种族间在父母遗传史、母亲文化程度、家庭收入、室内环境暴露和母亲孕期吸烟等因素中婴儿湿疹患病率存在差异。申春平等对北京市1657例出生42天的婴儿进行调查,将其中744例随机分组进行1年的随访发现,新生儿期过后是婴儿湿疹发病的高发时期,一级亲属有过敏史是婴儿湿疹发病的高危因素。杨唯等对乌鲁木齐地区不分年龄皮肤病首次就诊者调查显示,湿疹的发病占门诊量的7.53%,从新疆地区流行病学调查看,湿疹也是皮肤病中常见的过敏疾病。何玉华等对太原市479名婴幼儿湿疹发病率及相关因素调查,结果显示:太原市婴幼儿湿疹发病率35.28%,年龄集中在≤6个月(73.96%),说明年龄越小,发病率越高。宋红潮等对南宁市婴儿湿疹调查发现,发病率为13.3%,其中年龄在3个月以内的患儿占89.25%。胡华东对江西500例0~3岁婴幼儿调查发现,湿疹患病率为49.80%,其中年龄≤12个月湿疹患儿患病率达到72.53%。目前许多学者研究已证实,婴儿过敏性皮炎发病年龄偏小,病程多在6个月以内,呈现明显低年龄化现象。但从治疗效果来看,绝大部分婴儿期可自愈,部分可延续到1岁以上。Jackson等研究还发现过敏性皮炎患儿不同时期表现不同过敏性疾病现象,美国0~4岁儿童从1997~2011年过敏发生率增加了近6%,资料显示过敏性疾病有其自然的发展历程,不同的年龄阶段,先后出现特征性的临床表现,婴儿皮炎往往是儿童过敏性疾病的早期表现,随着年龄的增长,皮炎或湿疹患儿中约30%发生了过敏性哮喘,45%发生了过敏性鼻炎,35%在皮肤症状消退后,发生了相应呼吸道过敏性咳嗽等症状,这种现象被形象地称为"过敏进行曲"(atopic march)。总而言之,过敏性皮炎被认为是好发于早期婴幼儿中的一种疾病,而随着时间的推移及婴幼儿的成长逐渐好转;若因遗传引起,会随年龄段不同,以不同的过敏症状或疾病形式表现,随着年龄的增长,过敏性皮炎有下降趋势,但在低发地区呈现一定的上升趋势。

四、过敏性紫癜

过敏性紫癜主要由接触过敏原或细菌、病毒、支原体、寄生虫的感染等多种因素引起,其中螨类过敏物质为其重要过敏原之一。华丕海等报道对116例过敏性紫癜患儿进行过敏原检测显示,过敏原阳性和总IgE阳性62例,占53.4%,其中吸入性过敏原中屋尘螨和粉尘螨过敏者16例,占25.8%。刘红霞等对南京地区儿童过敏性紫癜患儿进行过敏原检测,共检测到14种过敏原,其中吸入性过敏原和食物性过敏原各7种,结果230例患儿中,阳性患者175例,其中吸入组阳性率为71.4%(125/175),食物组阳性率为14.3%(25/175),混合阳性率为1.43%(25/175)。研究发现,婴幼儿期患儿大多以食物性过敏原为主,而3岁以上儿童以吸入性过敏原为主,检出的阳性过敏原中,吸入组最常见的为粉尘螨和屋尘螨126/175(72.0%)。由此可见,导致较大年龄段儿童和成人过敏性紫癜发生的吸入性过敏原主要是粉尘螨和屋尘螨。

我们从已报道的中文文献中整理出了来自我国20多个城市的近20家医疗机构的过敏性紫癜患者尘螨过敏原检测情况(表7.3),阳性例数主要为在医疗机构就诊、经医学检查确诊的患者。表7.3所列的数据虽不是全国范围内一致性的流行病学调查研究结果,但其报道的过敏反应性疾病尘螨阳性率可为我们提供一些参考,这些数据不能准确代表某些地区的尘螨源过敏性疾病阳性率,仅表明尘螨是过敏原的来源情况。表7.3收录的1999~2019年报道的来源于广东、湖南、江西、河北、吉林、浙江、山东、宁夏、上海、广州、温州、西安、泸州、中山和郑州等省、市的文献,研究对象多是过敏性疾病的成人或儿童,样本量从36例至524例不等,尘螨过敏原检测方法涉及酶联免疫电泳法、皮内试验和过敏原皮肤点刺试验等,报道的阳性率从5.56%至50.00%不等。尘螨阳性率30%以上的有河北、湖南;20%~30%的有江西、广东、宁夏和温州;20%以下的有上海、广州、山东等。从表7.3可以看到,1999年以来,尘螨阳性率与城市地理环境有关,有一定波动性,同一地区随时间变化呈现一定上升趋势,如广州、宁夏等地。

表7.3 我国医院尘螨源过敏性紫癜流行情况

文献作者	医院名称	时间分布	尘螨检测方法	尘螨种类	尘螨阳性率(%)	阳性例数/样本量
竺培青	上海交通大学辅助儿童医院	1999.1~2002.12	免疫荧光-酶技术	屋尘螨/粉尘螨	13.35	23/171
王蓓	广州市儿童医院风湿免疫科	1999~2004	酶联免疫分析法	屋尘螨/粉尘螨	13.43	18/134
金小红	温州医学院附属台州医院	2001.1~2004.1	酶免疫分析法	尘螨	20.00	8/40
刘素琴	山东省东营市人民医院皮肤性病科	2001.1~2004.5	酶免疫分析法	屋尘螨和粉尘螨	12.31	16/130
喻楠	宁夏医学院附属医院皮肤科	2003	酶免疫分析法	尘螨	5.56	2/36
叶沿红	宁夏回族自治区人民医院儿科	2003.3~2006.10	酶联免疫法	屋尘螨和粉尘螨	20.65	32/155
宋红霞	西安交通大学医学院第一医院儿科	2003.7~2005.7	酶联免疫分析法	屋尘螨和粉尘螨	11.67	14/120
许飚	泸州医学院附属医院皮肤科	2003.10~2006.4	ELISA	粉尘螨	18.42	14/76
汤建萍	湖南省儿童医院	2003.11~2007.2	荧光酶联免疫法	屋尘螨/粉尘螨	50.00	94/188
李书考	河北省新乐市医院皮肤性病	2004.10~2008.10	抗原体外生物诊断	屋尘螨/粉尘螨	39.68	50/126
高微	吉林大学中日联谊医院皮肤科	2005	德国敏筛过敏原定量检测系统	屋尘螨/粉尘螨	17.05	30/176
张源	浙江省中医院	2005~2006	ELESA	粉尘螨	14.52	9/62
夏秀娟	山东省烟台敏璜顶医院皮肤科	2005.1~2008.6	酶联免疫吸附试验	屋尘螨和粉尘螨	7.00	7/100
陆燕珍	广东省肇庆市第一人民医院	2008.2~2009.8	德国敏筛过敏原检测系统	屋尘螨/粉尘螨	21.33	32/150

续表

文献作者	医院名称	时间分布	尘螨检测方法	尘螨种类	尘螨阳性率(%)	阳性例数/样本量
黎雅婷	中山大学附属第三医院儿科	2012.4~2013.7	德国敏筛过敏原检测系统	屋尘螨	23.60	38/161
宋晓妍	郑州大学第三附属医院检验科	2013.1~2013.12	德国欧蒙印迹法	屋尘螨/粉尘螨	11.54	9/78
成智	湖南湘潭市中心医院儿科	2014.11~2016.11	免疫印迹法	屋尘螨	14.29	32/224
齐海峰	江西省儿童医院	2015.1~2015.12	免疫印迹法	屋尘螨/粉尘螨	12.02	63/524
乐高钟	江西省萍乡市人民医院	2017.6~2018.12	德国敏筛过敏原检测系统	屋尘螨/粉尘螨	28.18	31/110

国外研究发现,儿童过敏性紫癜发病率在(8~20)/10万,其中有将近一半的患儿<5岁;主要发生于男性,男、女患病之比波动在1.2:1~1.8:1范围;国内过敏性紫癜的发病率为(11.8~13.4)/10万,并且有逐年增加的趋势。过敏性紫癜可以发生在各个年龄段,尤其以3~10岁最常见,<10岁的儿童约占总发病人数的90%。成人发病少见,年发病率为(0.1~1.8)/10万,男、女比例为1.5:1。儿童主要在秋、冬季发病,而成人主要是在夏季和冬季发病。陈丽微等报道本病好发于冬、春两季;王海磊等人研究发现,有77.71%的患儿发病于冬、春两季。全球范围内所有种族都可见到发病,白色人种、黄色人种的发病率相对较高,黑色人种的发病率相对较低。

五、其他相关过敏性疾病

一些专家认为有些疾病也与尘螨过敏相关,如角膜结膜炎、分泌性中耳炎、川崎病、婴儿猝死综合征、胃肠道过敏反应性疾病等,但随着科学的发展,人们对疾病认识的不断深入,这些疾病与尘螨的因果关系尚需进一步确认。

1. 角膜结膜炎

是一种严重的慢性结膜炎症,好发于男童,专家认为儿童过敏性结膜炎与遗传反应性有关,据我国眼科门诊的不完全统计,约有1/5的患者患有过敏性眼病,其中过敏性角膜结膜炎约占50%,一些学者认为儿童过敏性结膜炎可能是一种多基因遗传病,与来自室内的尘土、尘螨、花粉及真菌等有关。

2. 分泌性中耳炎

又称胶耳症或咽鼓管堵塞(glue ear),该病患儿有20%~90%对普通吸入性过敏原敏感,与过敏性鼻炎诱发因素有共同相关性。

3. 川崎病(Kawasaki disease,KD)

又称黏膜皮肤淋巴结综合征(mucocutaneous lymph node syndrome,MCLS),是一种以全身性血管炎为主要病变的急性发热出疹性疾病,多见于5岁以下婴幼儿。20世纪70年代,从首例该病患儿尸检体内发现立克次体样的微生物,又从患儿的血液中分离出一株丙酸菌属细菌（*Propionibacterium acnes*），同时从患儿的房间内分离出尘螨，因此，推断尘螨可能是细菌的载体，导致疾病发生。

4. 婴儿猝死综合征

在澳大利亚的1例婴儿猝死综合征患儿，在其居住的室内和住院的床铺上都检测到高种群密度的尘螨，认为尘螨源过敏性疾病是该病诱发的因素之一。

5. 胃肠道过敏反应性疾病

1995年，Scala等报道了一例5岁女童出现持续性呕吐，尘螨皮肤检测阳性，没有呼吸系统症状，其居住的室内尘螨的暴露程度很高，采取尘螨源规避措施后，症状缓解，用尘螨提取物致敏后再次出现呕吐等胃肠道症状，专家认为胃肠道对尘螨存在敏感性，胃肠道的免疫耐受特性与可吸入颗粒中的过敏原诱导有关。

我们从已报道的中文文献中整理出了我国四十多个城市的过敏反应性疾病整体上尘螨过敏原的检测情况，并进一步归纳出其时空分布规律（表7.4）。这些研究大多是随机抽样调查，不是全国范围内一致性的流行病学调查研究，不能准确代表该地区的尘螨源过敏性疾病阳性率，仅表明尘螨是主要的过敏原，其报道的过敏性疾病尘螨阳性率可为我们提供一些参考。表7.4收录的文献涉及北京市、上海市、广东省、江西省、湖北省、山东省、陕西省、江西省、安徽省、江苏省、海南省、广西壮族自治区、新疆维吾尔自治区、辽宁省、河南省等多个省（区）市，时间跨越1997～2019年，研究对象多是过敏反应性疾病的成人或儿童，样本量从71～14652例不等，尘螨过敏原检测方法涉及酶联免疫电泳法、皮内试验、过敏原皮肤点刺试验等，报道的阳性率从12.50%～100%不等。尘螨阳性率80%以上的省、市、自治区包括海南、河北、陕西、广东等；60%～80%的为江苏、广东、广西等；60%以下的为湖北、江西、山东、四川、内蒙古等；其中，宁夏、辽宁、新疆等均在20%以下。从表7.4可以看到，1997年以来尘螨阳性率各地区不同，与地理环境有关，有一定波动性。过敏性疾病患病率与10年前相比，有一定的上升趋势，但总体而言，1997年至今主要呈现波动性变化，部分过敏性疾病患病率或呈现下降趋势，这可能与人们卫生意识增强、健康素养提高有关。

表7.4　我国尘螨源过敏性疾病流行情况

文献作者	地点	时间分布	疾病人群	尘螨检测方法	尘螨种类	尘螨阳性率(%)	阳性例数/样本量
赵秋勇等	山西太原	1997.1～2001.12	儿童	ELISA	屋尘螨	29.58	21/71
梁桂珍等	深圳	1998～2002	成人	MAST 系统变应原检测分析仪	粉尘螨	45.8	745/1625
					屋尘螨	43.1	701/1625
王毅侠等	北京	1999.12～2001.3	成人	ELISA	尘螨	37.2	45/121
王玉琼等	广东广州	2000.1～2002.1	儿童	MAST 法（酶免疫荧光显色法）	粉尘螨	29.2	35/150
					屋尘螨	34.2	41/150
谭宁宁等	江苏南京	2001.10～2003.12	儿童	SPT	尘螨	63.86	83/130
崔玉宝等	安徽淮南	2003	成人	SPT	尘螨	13.86	327/2360
刘香萍等	深圳	2003.10～2005.10	成人	免疫印迹法	屋尘螨	26.92	35/130
孙宝清等	广东广州	2004.10～2005.10	成人	ELISA	屋尘螨	86.22	169/196
					粉尘螨	85.53	65/76
王瑞等	新疆乌鲁木齐	2004.12～2006.4	成人	ELISA	粉尘螨	12.5	9/72

续表

文献作者	地点	时间分布	疾病人群	尘螨检测方法	尘螨种类	尘螨阳性率(%)	阳性例数/样本量
杨晓惠等	江苏苏州	2005.1~2005.12	成人	SPT	屋尘螨	47.2	151/320
					粉尘螨	45.6	146/320
陈国千等	江苏无锡	2005.1~2006.12	儿童	免疫印迹法	屋尘螨	71.5	263/368
卢家美等	陕西西安	2005.1~2011.6	成人	SPT	粉尘螨	86	737/857
					屋尘螨	81.8	701/857
洪春兰等	江西新余	2005.2~2006.2	成人	皮内试验	尘螨	68.82	181/263
刘昀等	陕西西安	2006.1~2007.12	成人	皮内试验	粉尘螨	49.78	338/679
					屋尘螨	43	292/679
陈德晖等	广东广州	2006.2~2007.3	儿童	SPT	屋尘螨	79.8	146/183
					粉尘螨	72.7	133/183
林惠玲等	深圳福田	2006.12~2007.6	成人	ELISA间接法	尘螨	65	65/100
张海蓉等	湖北襄阳	2007.1~2008.11	成人	ELISA	屋尘螨/粉尘螨	56.3	40/171
葛春龙等	江苏苏州	2007.6~2008.6	儿童	SPT	粉尘螨	75.4	976/1294
					屋尘螨	72.6	939/1294
华伟等	新疆克拉玛依	2007.8~2010.8	成人	免疫印迹法	屋尘螨/粉尘螨	42.12	139/330
周志敏等	河南许昌	2007.9~2013.7	成人	ELISA	屋尘螨	38.5	601/1562
张玲等	江苏扬州	2007.11~2009.7	成人	AllergyScreen体外变应原检测系统	屋尘螨/粉尘螨	20.99	68/324
樊映红等	四川成都	2008.1~2008.12	儿童	SPT	屋尘螨	49	373/762
					粉尘螨	49.2	375/762
林英等	广东广州	2008.11~2009.5	儿童	SPT	粉尘螨	35.93	327/910
					屋尘螨	38.68	352/910
陈实等	海南	2009.1~2009.12	儿童	SPT	屋尘螨	100	121/121
					粉尘螨	100	121/121
孙弢等	江苏苏州	2009.2~2010.9	儿童	SPT	尘螨	70.91	156/220
李素芬等	广西柳州	2009.6~2010.5	儿童	SPT	粉尘螨	74.5	82/110
					屋尘螨	71.8	19/110
方莉等	江苏南京	2009.9~2011.2	成人	免疫印迹法	屋尘螨	47.7	124/260
刘今晓等	山东烟台	2010.1~2012.10	成人	SPT	屋尘螨	42.03	116/276
					粉尘螨	39.13	108/276
杨越楠等	内蒙古包头	2010.2~2011.2	成人	德国百康生物共振系统治疗仪	粉尘螨	39.3	748/1902
楼洁等	山西太原	2010.3~2012.10	成人	德国百康生物共振检测仪	屋尘螨	21	111/533
					粉尘螨	18	94/533

续表

文献作者	地点	时间分布	疾病人群	尘螨检测方法	尘螨种类	尘螨阳性率(%)	阳性例数/样本量
佟路等	辽宁铁岭	2010.9~2012.9	成人	欧蒙印迹法	屋尘螨/粉尘螨	15.69	16/102
张燕等	上海	2011.1~2011.12	成人	免疫印迹法	屋尘螨	37.5	303/808
马桂琴等	河北承德	2011.1~2012.10	成人	ELISA	屋尘螨	94.27	740/785
郭华等	宁夏石嘴山市	2011.6~2013.12	成人	德国百康生物共振系统	屋尘螨	15.2	160/1053
李健康等	河南郑州	2011.11~2013.9	成人	SPT	屋尘螨	35.6	594/1670
					粉尘螨	33.6	561/1670
黄宝山等	江苏徐州	2012	儿童	AllergyScreen体外变应原检测系统	屋尘螨	22.53	128/568
张蕾等	四川成都	2012.3~2013.3	儿童	SPT	粉尘螨	57.5	645/1123
					屋尘螨	56.01	629/1123
张前明等	深圳南山	2012.3~2013.10	儿童	SPT	粉尘螨	51.17	109/213
					屋尘螨	44.13	94/213
韩光香等	山东泰安	2013.1~2014.12	成人	SPT	尘螨	58.72	175/352
李微等	内蒙古呼伦贝尔	2013.3~2015.5	成人	Mast系统变应原检测分析仪	粉尘螨	33.5	274/819
					屋尘螨	32.2	263/819
黄勇等	山东青岛	2014	成人	德国百康生物共振系统治疗仪	屋尘螨	64.85	987/1522
					粉尘螨	53.32	842/1522
潘开宇等	杭州萧山区	2014.6~2015.5	成人	免疫印迹法	尘螨	20.6	44/214
赵星云等	深圳地区	2015.1~2018.1	成人	SPT	粉尘螨	32.66	836/2560
李艳等	江苏常州	2016.1~2018.1	成人	SPT	粉尘螨	89.67	1337/1491
					屋尘螨	86.38	1288/1491
徐惠双等	浙江温州	2017.1~2018.8	成人	Allergy Screen过敏原检测仪	屋尘螨	51.32	97/189
李丰等	华南地区	2018.1~2018.12	儿童	酶联免疫捕获法(CAP系统)	粉尘螨	58.1	8219/14652
					屋尘螨	56.36	8258/14652
胡志凡等	福建厦门	2017.9~2019.9	儿童	SPT	粉尘螨	47.9	847/1767

SPT为过敏原皮肤点刺试验;ELISA为酶联免疫吸附试验

第二节　粉螨过敏性疾病的流行因素

疾病不论是传染性的还是非传染性的均有两方面表现:一方面是疾病的个体表现,如症状、体征、功能变化等临床现象;另一方面是疾病的人群表现,如发病地区、发病时间、发病人群特征等。综合其特点就构成了人群中疾病图谱,这种图谱叫作疾病的人群现象。疾病的人群现象称为疾病的分布。疾病的分布(distribution of disease)是流行病学的一个重要概念,疾病的流行经常受到致病因子、环境、人群特征等自然和社会因素的影响。疾病的分布通常有一定的规律性,它反映了引起疾病的病因、影响因素及其作用。因此,了解疾病分布特征是研究疾病流行规律和病因的重要前提。

粉螨与过敏性疾病的关系复杂。传统观点认为,人体接触过敏原后,会产生特异性的IgE,此后再次接触相同过敏原,可诱发IgE介导的过敏反应。但目前的研究提示引起哮喘、湿疹和鼻炎等过敏反应性疾病的原因也可能是由过敏原以外的其他与过敏性无关的致病原引起的,这体现在产生抗过敏原的IgE抗体的遗传体质与疾病的发生存在不确定性因素,更多的研究认为各种流行因素综合导致疾病的发生发展。

一、地区分布

(一) 国家间和国家内分布

疾病的分布特征与一定地域空间的自然环境、社会环境等多种因素密切相关。如地理、地形、地貌、气温、风力、日照、雨量、植被、物产、微量元素等自然条件,以及社会环境中的政治、经济、文化、人口密度、生活习惯、遗传特征等。疾病在不同地区的分布特征反映出致病因子在这些地区作用的差别,根本的原因是由于疾病的危险因素的分布和致病条件不同所造成的。

从现有的报道来看,粉螨过敏性疾病的分布在全球范围内有一定的地域性差异。哮喘是一种世界性疾病,哮喘患病率的高低与人种、民族、遗传基因、地理位置、气候、自然环境、工业化、城市化、居室环境、生活水平、饮食习惯和医疗卫生管理体系密切相关。哮喘流行病学研究的结果反映着遗传因素、致病因素、诱发因素、环境因素等综合因素对哮喘发病的影响。

ISAAC的研究表明,世界各地13~14岁的儿童哮喘患病率差异很大,苏格兰最高,达36.7%,印度最低,为1.6%,澳大利亚、新西兰、英国、爱尔兰、美国、加拿大、秘鲁、哥斯达黎加和巴西等国达到20%以上,而中国、印度尼西亚、阿尔巴尼亚、格鲁吉亚、罗马尼亚、俄罗斯、希腊和印度等国家患病儿童的比例均在6%以下。但亚洲地区城市化后支气管哮喘患病率比过去有所增加,有明显的地域性。还有一些研究表明,哮喘的严重程度分布也存在明显的地域差异,哮喘导致的劳动力丧失在菲律宾高达46.6%,韩国仅为7.5%。我国和越南报道的大多数哮喘患者存在严重的哮喘发作史。

我国近年来进行了一些较大规模的调查,如我国儿科哮喘协作组对0~14岁儿童哮喘患病率进行了调查,由于我国地域辽阔,海拔高度东西相差数千米,哮喘患病率的调查结果也相差甚大。如1988~1990年我国儿童哮喘的流行病学调查显示,西藏高原平均海拔3658 m,气候干燥,空气稀薄,哮喘患病率只有0.11%,是我国最低的地区;而福建省位居我国东南沿海,海拔低于50 m,属亚热带气候,其哮喘患病率高达2.03%。与西藏相邻的四川盆地,气候温暖潮湿,哮喘患病率为1.95%,两地的患病率相差近20倍。我国南北方过敏性疾病发生有一定的差异,北方地区气候干燥,有利于花粉的散播,霉菌和花粉则是引起过敏性紫癜的首要诱因,中部地区则介于南方和北方之间,螨和花粉均是重要诱因。一些研究显示过敏性紫癜患者中对尘螨过敏的占 5%～25%,南方高于北方。

ISAAC 对湿疹的研究显示,湿疹的总患病率为 1%～20%,且逐年增长。如同哮喘一样,湿疹的流行也呈现地域性变化,在西欧、澳大利亚和新西兰发病率较高,而在东欧、地中海地区和东南亚患病率较低。过敏性鼻炎患病率研究情况显示,对成年人调查发现,锡林郭勒及科尔沁草原、内蒙古、乌鲁木齐、聊城等患病率较高,而广州、合肥、阜康等城市患病率较低。对儿童调查发现,武汉、北京、长沙等城市患病率较高,而石河子、广州、上海等城市患病率较低,表明粉螨过敏性疾病的分布存在地域性差异。

(二) 环境暴露

1. 过敏原的特点

过敏反应性疾病与气候、尘螨过敏原暴露等密切相关。环境中所含粉螨的过敏原特性是过敏性疾病发病的关键。引起过敏反应的粉螨目前已确定的有屋尘螨、粉尘螨、腐食酪螨、家食甜螨和梅氏嗜霉螨等。螨的排泄物、代谢产物及死亡裂解的螨体、碎屑等均为过敏原。世界各地流行病学调查结果均表明尘螨是最主要的过敏原,多数过敏性疾病的发生、发展、症状的急性发作与持续和尘螨过敏原密切接触相关。粉螨是吸入性过敏原中的一种主要过敏原,粉螨亚目中的尘螨是引起过敏性疾病最重要的常年过敏原,在过敏性疾病的发病中发挥着重要作用。国内外相关的室内床铺尘螨与儿童湿疹的研究认为,床铺尘螨对儿童湿疹的发生有重要影响。泰国的一项研究表明,尘螨是最重要的常见吸入过敏原之一,其中最重要的螨为屋尘螨和粉尘螨,可引起全身性过敏反应性疾病,如湿疹、哮喘等,还有其他的一些螨类,如李朝品等(2017)研究报道在空调器隔尘网灰尘中发现棕脊足螨(*Gohieria fuscus*),其在 430 份空调器隔尘网积尘样本中发现阳性标本 98 份,阳性率为 22.79%,样本总重量为510.5 g,共检出棕脊足螨 783 只,平均孳生密度为 1.53 只/克。

卫生假说最早源于 1989 年,其免疫学机制为生命早期呈 Th2 型不成熟的免疫反应,接触过敏原后,发展为过敏反应性疾病的风险较高,感染细菌、病毒等会诱导 Th2 免疫反应向 Th1 型发展,减少罹患过敏性疾病的风险。提倡早期接触农村生活、母亲孕前及婴幼儿早期暴露于微生物环境、母乳喂养、平衡肠道菌群等,皆是以卫生假说为基础,企图形成 Th1 免疫反应倾向的体质。Nishijima 等研究发现日本的三口之家的儿童比五口及以上的儿童患过敏性鼻炎的风险要高。Li 等研究国内生产总值和卫生系统覆盖率高的城市儿童过敏性鼻炎患病率较农村高。剖宫产、婴儿出生 4 个月无母乳喂养均与儿童过敏性鼻炎患病率升高相关。Krzych-Falta 等研究波兰农村地区生命早期暴露于微生物环境以及饮用生的(未经高温消毒的)牛奶是过敏性疾病的保护性因素。帕西发尔研究(Prevention of Allergy-Risk Factors for Sensitization in Children Related to Farming and Anthroposophic Lifestyle, PARSIFAL study)旨在探讨采取农耕与人类生活方式对预防过敏反应性疾病的作用,该研究涉及 5 个欧洲国家的 400 名儿童。研究发现,室内过敏原暴露与过敏性疾病、哮喘的发生之间存在因果关系,但过敏原暴露与疾病之间并非直接关联,研究提出在床垫灰尘中的过敏原浓度与尘螨过敏反应性疾病的发生率之间存在钟罩形的剂量-反应曲线。过敏原浓度与儿童哮喘、过敏反应性疾病发生率之间的非线性曲线(钟罩形),提示了一个主要的剂量-反应关系和一个似乎在高暴露时具有保护作用的次要关系。在高过敏原浓度下的预防效果,应归因于接触了某些免疫调节物质如细菌的内毒素、真菌中的可溶性伊葡聚糖和多糖等。该研究还表明,尘螨过敏原与微生物群落是联系在一起的。清除尘螨过敏原在线性剂量-反应图里被视为是有益的,但似乎也清除了来自于微生物的某些免疫调节物质。

哮喘儿童早期反复注射内毒素后可出现免疫耐受,说明内毒素具有预防过敏反应发生的作用,换句话说,内毒素对过敏反应具有保护作用。但是,我们对细菌、真菌与尘螨之间的相互作用知之甚少,究竟尘螨种群数量要大到何种程度才能与室内灰尘中出现多样、丰富的微生物群落产生关联尚未明了。基本的生态学原理就是生物种群越多样化、越丰富,即生物多样性、功能群和若干个体的出现,使微生物各群落之间更有望发生复杂的相互作用。这个原理是研究群体和食物网络生态的基础。因此,尘螨、真菌和细菌群落的多样性和丰富性或许远远超出我们目前的认知。

欧洲共同体呼吸健康调查的研究表明,对于那些经常开展ISAAC研究的国家,如澳大利亚、新西兰、英国和美国等,成人确诊哮喘的流行比例也很高,为7%~12%;在印度和希腊流行比例较低,为3%以下。成人哮喘由过敏反应导致的平均比例约为30%,其中有18%的过敏反应是由暴露尘螨导致的。另一项来自巴西的研究表明过敏性鼻炎的发生率为32%,哮喘伴随鼻炎的发生率为29.7%,哮喘、鼻炎和特应性皮炎三者伴随的发生率为9.4%,单纯哮喘的发生率为1.9%,其中屋尘螨的阳性率为61.7%、粉尘螨的阳性率为59.9%。一项来自韩国多中心的研究表明,韩国过敏性鼻炎和哮喘的发病率分别为25.5%和7.3%,其中最常见的吸入过敏原是粉尘螨,其过敏原皮肤点刺法和免疫氯霉素(chlom phenicol,CAP)法的阳性率分别为40.95%和36.8%。

1998~1999年,王立波等通过对不同年龄哮喘患儿和正常儿童的尘螨皮试反应,发现婴幼儿的哮喘屋尘螨皮试阳性率为34%,而儿童哮喘屋尘螨皮试阳性率为70%,认为屋尘螨过敏是婴幼儿过敏症状发展成儿童哮喘的重要因素之一。

2010年广州地区青少年过敏原阳性率检测结果发现较10年前明显升高。2010年和2002年特应性分别为62.2%和46.3%,两次调查过敏原分布基本相似,阳性率最高的是粉尘螨,在两次调查中分别是55.9%和44.9%。猫毛和蟑螂是次于尘螨的常见过敏原。

徐惠双等(2018)对温州地区189例过敏性鼻炎患者过敏原分布及相关影响因素调查研究显示,189例患者血清总免疫球蛋白IgE均呈阳性,过敏原分布情况以吸入性过敏原屋尘螨阳性率最高,占51.32%,其次为虾、蟹等食入性过敏原,占14.29%。与台州地区、嘉善地区相关报道内容相近,而有关过敏性鼻炎分析还显示,其他地区如上海,粉尘螨、屋尘螨的阳性率更高,分别达到86.58%和91.24%。

黄英等(2007)对重庆医科大学附属儿童医院变态反应性疾病诊疗中心5969例支气管哮喘(简称哮喘)儿童进行了过敏原皮内试验,其中男3787例,女2182例;年龄2个月~18岁;家居在农村1706例,城市4263例。皮试所用过敏原提取液系北京协和医院变态反应科实验室制备的18种吸入性过敏原,包括粉尘螨、屋尘、夏秋花粉、多价霉菌、大籽篙花粉、早春花粉、豚草花粉、晚春花粉、棉絮、枕垫料、香烟、麻、多价羽毛、多价兽毛、春季花粉、蟑螂等。结果显示粉尘螨、屋尘和蟑螂的皮试阳性例数及阳性率居前3位,分别为90.5%、89.2%和48.6%,显著高于其他过敏原。

钟南山等(2009)对广州市儿童哮喘及特应性疾病采用皮肤过敏原点刺试验及皮肤湿疹

检查,结果显示,近12个月有喘息、流鼻涕伴眼痒、皮肤皱褶处湿疹症状的阳性率分别为3.4%、7.4%、1.8%;各过敏原阳性率为0.5%~20.0%,8种过敏原中以屋尘螨为最高。另一项对广州地区支气管哮喘发病相关的主要过敏原情况进行调查,102例支气管哮喘缓解期患者中儿童48例,成人54例,用尘螨、霉菌、猫毛等12种常见吸入过敏原进行皮肤点刺试验,结果显示,儿童组尘螨皮试阳性率最高达到79.2%,其次是屋尘为72.9%;成年组尘螨皮试阳性率最高,粉尘螨和屋尘螨分别为59.3%、62.9%,屋尘为40.7%。钟南山等(2010)研究广州地区呼吸道过敏反应性疾病儿童常见过敏原,患儿来自广州医学院第一附属医院儿科门诊,符合支气管哮喘和/或过敏鼻炎的广州地区5岁以上患儿183例,其中男性132例,年龄(8.2±0.2)岁;女性51例,年龄(7.8±0.4)岁;哮喘合并鼻炎者105例,哮喘患儿58例,仅鼻炎患儿20例。所有对象均进行皮肤过敏原点刺试验,结果在入选的183例患儿中,SPT阳性(≥1个过敏原阳性)157例(85.8%),过敏原阳性率为5.5%~75.4%,过敏原中以屋尘螨致敏的阳性率最高,达79.8%,其次为粉尘螨与热带无爪螨,分别为72.7%与65.0%,螨过敏阳性患儿有146例,常合并其他一种或多种过敏原阳性(115例,78.8%),而螨过敏阴性患儿(37例,20.2%)中仅有11例(29.7%)合并其他一种或多种过敏原阳性。两组间SPT阳性率有差异,在吸入过敏原种类的比较中,高龄组在螨类过敏阳性率、猫毛与狗毛阳性率、蟑螂阳性率均高于低龄组;两组在霉菌类及花草类的阳性率无差异。哮喘合并鼻炎、哮喘、鼻炎3组患儿均以螨类过敏最为常见。钟南山的一项对广州儿童哮喘人口的研究显示,屋尘螨导致过敏性疾病的风险为11.65倍,粉尘螨导致过敏性疾病的风险为3.37倍。他们课题组还开展了另一项研究显示,应用7种尘螨过敏原点刺液检测过敏原,包括2种室内尘螨:屋尘螨和粉尘螨,5种仓储螨:热带无爪螨、腐酪食螨、害嗜鳞螨(Lepidoglyphus destructor)、粗脚粉螨(Acarus siro)和家食甜螨,广州医学院第一附属医院变态反应科就诊的76例未接受过特异性免疫治疗的哮喘或过敏性鼻炎患者进行皮肤点刺试验,结果显示,皮试阳性患者50例,阳性率为66%;7种尘螨的皮试阳性率排序依次为粉尘螨(94%)、屋尘螨(86%)、腐酪食螨(78%)、热带无爪螨(72%)、害嗜鳞螨(72%)、粗脚粉螨(72%)和家食甜螨(60%),其中仅2例患者单独对仓储螨类过敏,对室内尘螨单独过敏有6例;患者对2种室内尘螨出现相似的阳性反应强度,44%和47%的患者分别对屋尘螨和粉尘螨呈弱阳性反应,呈强阳性反应的患者分别占56%和53%;超过75%的患者对5种仓储螨均呈弱阳性反应,分别为腐酪食螨(82%)、热带无爪螨(75%)、害嗜鳞螨(89%)、粗脚粉螨(92%)和家食甜螨(90%),提示广州地区的哮喘和(或)过敏性鼻炎患者对室内尘螨和仓储螨类的皮肤试验反应具有较高的阳性率,几乎所有的患者同时对2类尘螨致敏,仓储螨类的阳性反应程度较室内尘螨低,部分可能是由于相似抗原之间所致的交叉反应的结果。以上研究表明,室内尘螨是广州地区哮喘和(或)过敏性鼻炎患者的主要吸入性过敏原。

2014年Nankervis等全面检索和总结了数据库CENTRAL(The Cochrane Library, 2014,第8卷)、MEDLINE(1946以后)、Embase(1974以后)、LILACS(1982以后)和GREAT截止到2014年,关于室内尘螨暴露消减和规避对居民湿疹治疗影响的所有临床随机对照研究(RCTs)。最终7项研究被纳入定量的分析。这些研究共涉及324名成人和儿童。总体上,这些研究存在高风险的偏倚。其中4项研究检验了多类尘螨组分的干预结果;3项研究检验了单类尘螨组分的干预结果。室内尘螨暴露消减和规避干预措施包括更换床垫和床上用品、高强度的地毯和床垫真空吸尘及使用除螨喷雾。结果显示,当前关于上述除螨措施的有效性证据的质量较低,无法给出明确的临床建议。此外,这些研究主要针对的是对一种或多种尘螨组分敏感的特异性皮炎患者,对应普通湿疹的患者是否有效还未知。

2. 居室环境

Li等报道广州农村过敏性鼻炎自报患病率(3.43%)低于城市自报患病率(8.32%)。与农村相比,城市居民长时间暴露于屋尘螨浓度高的室内是其患病率高的主要原因。王泽海等研究结果显示,渤海湾沿海地区过敏性鼻炎患者患病率低于河北沧州农村及天津城区的患病率。因为沿海空气流动力强,相较于养殖狗、猫类动物较多且居住地饲料堆积的农村,更有利于降低过敏原浓度。Zheng等报道保定农村确诊的过敏性鼻炎患病率(6.2%)与北京社区的患病率(7.2%)相比,差异不明显,提示室内高浓度的过敏原暴露可能是农村地区过敏性鼻炎患病率的重要影响因素。

2003年,Schäfer等在德国北部港市内的中小学入学考试期间开展了室内环境与湿疹的调查研究,基本信息通过问卷形式获得,患儿湿疹则根据医学上湿疹的临床表现以及皮肤检查来确诊。通过前期收集儿童床铺灰尘,后期经过敏原控制法等,采用半定量式速测法得到尘螨浓度。将尘螨浓度分为119 ng/g、812 ng/g、2710 ng/g和8000 ng/g四个等级,研究发现,随着尘螨浓度增加,儿童湿疹患病率也相应升高(4.9%～13.9%)。近几十年来,因尘螨导致的湿疹患者与日俱增,原因之一可能是现代化住宅室内地毯、装饰材料的滥用,人们长期处于室内,为尘螨的孳生创造了有利条件;室内通风状况不佳,换气次数减少,从而使室内湿度增加,尘螨感染的风险也增大。通常,在保持室内湿度不变的情况下增加室内温度可加速螨的繁殖和孵化。研究表明,粉尘螨和室内温度、湿度并无显著关联,而屋尘螨与室内温度和湿度密切相关。潮湿的环境易使衣物、被单潮湿,加速霉斑和尘螨的生长,而儿童在一天当中有接近一半的时间在尘螨孳生的床上度过,这对儿童的健康造成了严重威胁。

住宅潮湿环境主要是指室内存在多余水分,形成一定的湿度环境,主要由外界的雨水、空气中的水分、表层水、土壤水分等通过屋顶、墙壁、门窗、地面、水管等介质进入或渗透到室内所致。然而,水分进入或滞留于建筑内的方式取决于它的形态(液相或气相)。导致室内潮湿的原因还有很多,诸如室内活动(饲养鱼类动物、沐浴、烧热水)、室内生活习惯(常常门窗紧闭,通风频率低)、雨水渗漏、土壤的排水能力差、住所特性(临近江海,建筑基线高度过低,建筑朝向设计不合理)、因施工不当而包埋建材水分、建筑本身存在问题(连接处,建筑材料低劣)和环境气候(高湿大气环境、年均降雨量大)等。2000年,瑞典住宅潮湿与健康(dampness in Building and health,DBH)研究发现,室外气候特征与建筑室内潮湿表征暴露紧密相关,处于热带气候地域中的建筑室内出现霉斑的概率为23%～79%;处在气候寒冷地区的建筑室内出现潮湿特征的概率为4%～25%。近年来,随着节能意识的普及和倡导,越来越多的建筑或居室为了保持室内空调等设备营造的所谓的舒适环境,提高建筑的密闭性,从而减少通风次数,保持门窗关闭,导致建筑室内霉斑发生率增高。有研究报道,湿疹病例组室内床铺总尘螨浓度(死的和活的)174/0.1 g灰尘、活尘螨浓度45.5/0.1 g灰尘,显著高于对照组床铺总尘螨浓度(死的和活的)52/0.1 g灰尘、活尘螨7.5/0.1 g灰尘;而有潮湿表征的家庭床铺尘螨浓度(总尘螨浓度188/0.1 g灰尘;活尘螨45.5/0.1 g灰尘)与无潮湿表征的家庭床铺尘螨浓度(总尘螨浓度116/0.1 g灰尘;活尘螨26.0/0.1 g灰尘)无显著性统计学差异。表明不论室内是否存在潮湿表征,高浓度的尘螨暴露与特异性皮肤炎存在密切关联。

有学者曾对香港地区44例过敏患儿的过敏原进行了检测,发现屋尘螨是主要的过敏原,这可能与南方潮湿的环境利于虫螨孳生有关。另外,随着我国人民生活水平的提高,许多家庭配备了地毯、空调和湿化装置,这些装置使室内环境有利于尘螨的生长繁殖。我国目前居住条件仍较拥挤,自然通风较差,这可导致室内尘螨的积聚。故过敏性紫癜的患者家里应保持环境通风,经常清洗被褥、枕头,保持干净、整洁,减少过敏性疾病的发生。

3. 环境污染

来自韩国的研究表明,过敏反应性疾病的尘螨阳性率在首尔、仁川、济州岛等地分别为52.29%、24.58%、5.89%,粉尘螨/屋尘螨为31.40%/32.56%,粉尘螨/屋尘螨地域间的阳性率差别显著。该研究进一步证明生活在污染严重的仁川地区的儿童,与生活在污染相对较轻的济州岛的儿童相比,过敏性鼻炎和哮喘的发病率更高。

过敏性紫癜的发生与环境污染、患者生活的地域、自然环境等有关,而且环境污染可导致病情诱发或加重。一些观察性研究发现,山西、内蒙古等有煤烟污染的省份发病率明显高于其他省份;而在一些沿海城市,空气质量较好,本病的发生较少。常克等对过敏性紫癜患儿居住地空气质量参照"中国环境监测总站"所公布近期该地区空气质量报告以及居住地附近工厂情况进行大致评估,将患儿居住地的空气质量分为优或良,他们监测到大部分患儿居住地空气质量为轻度污染、中度污染甚至重度污染,认为环境因素与过敏性紫癜的发生有相关性,随着社会的进步,人们生活和居住环境的日新月异,外界刺激变化多端、层出不穷,然而小儿适应新生事物的能力较差,异气、异物等外界刺激影响机体,产生过敏反应,容易诱发过敏性紫癜。环境因素包括接触过敏原、环境烟草烟雾、空气污染及地域环境。大量的流行病学资料都证明了接触过敏原和过敏性紫癜患病率之间的紧密联系,环境烟草烟雾是指吸烟者呼出的烟气及少量烟草燃烧所产生的烟尘。吸入环境烟草烟雾被称为"被动吸烟"。有证据表明,被动吸烟会导致过敏性紫癜的患病率升高,经常暴露在烟草烟雾中的儿童过敏性紫癜患病率远高于对照组。烟气中含有4500种物质,其中的多环芳烃、一氧化碳、二氧化碳、氮氧化物等都与过敏性紫癜关系密切。大量的研究表明,出生前及出生后的环境烟草烟雾暴露均可以导致肺功能降低、增加呼吸道感染、哮喘等的发病。大气中非抗原物质,主要包含二氧化硫、二氧化氮、臭氧、悬浮颗粒物及金属离子等,这些均可引起免疫系统的变化,增加过敏性紫癜患者对抗原的敏感性,容易引发过敏性紫癜并使症状加重。

空气中的臭氧、一氧化氮、酸雨、悬浮颗粒与哮喘症状和哮喘的急性发作或加重有显著的关系。这些刺激性气体和颗粒绝大部分来自工业生产。因此,在工业发展过程中如果没有注意环境保护,就可能导致空气中刺激物浓度的增高,家电的大量生产和使用更直接影响人们的生活环境。而且在工业发展过程中,往往动用农田、山坡、森林、荒野,污染河流和水源,这就可能破坏自然生态的平衡,破坏自然界的净化系统。在农业发展过程中,化学肥料、农药、除草剂(如百草枯等)的使用,不但会对使用者的气道造成直接的刺激,而且还会污染空气和食物。以百草枯为例说明农业发展与气道炎症损伤的关系。百草枯能够产生一种强烈的氧自由基,在低浓度情况下即可刺激气道,引起气道阻力的增高,甚至导致肺水肿、肺动脉压力的增高,也会诱发过敏性疾病。空气污染物包括NO_x、SO_2、粉尘、可吸入颗粒物和挥发性有机化合物等。Ouyang等指出橡木花粉暴露于SO_2及NO_2中会导致自身结构破坏,花粉粒数量明显增加,从而增加致敏个体对过敏性气道疾病的患病率。Wang等报道SO_2浓度与成人过敏性鼻炎患病率呈正相关。Teng等研究PM2.5和PM10与成人过敏性鼻炎患病率显著相关。儿童过敏性鼻炎患病率的报道显示,女童过敏性鼻炎患病率与NO_2浓度呈正相关,男童未发现此结果。综上所述,空气污染物中总悬浮颗粒、SO_2和NO_2与儿童过敏性鼻炎患病率增加有关,适当地对儿童气道采取防护措施,使其减少与空气污染物的接触是减少儿童过敏性鼻炎患病率的有效途径。但是户外空气污染并不是西方各国哮喘流行的根本原因,因为近几十年来户外空气污染已经得到有效的治理。哮喘在最严重的空气污染过去之后才开始升高。研究还发现,尽管前东德比前西德的空气污染程度严重10倍,但是前东德儿童哮喘发病率低于前西德,不过这种现象还不能完全排除环境污染的影响,因为现代化高科技产业对环境和人类健康的影响目前还不清楚,甚至完全不清楚。

(三) 社会经济因素

社会经济因素(socio-economic status,SES)包括个人收入、受教育程度等。ISAAC研究表明,在经济发展水平较高的地区过敏性疾病发病率相对较高,6～7岁的儿童患病率在4%～32%、平均约为14%;13～14岁的儿童在过去的一年中喘息症状患病率在2%～37%、平均约为12%。此外,ISACC的一个下属机构研究还发现,在年均收入较高的国家,因为过敏反应导致喘息的人口占到41%;而在年平均收入较低的国家,因为过敏反应导致喘息的人口占到20%。ECRHS和ISAAC的研究表明,过敏反应性疾病与地区经济水平相关,如西欧及其他说英语国家,经济水平相对高,该地区过敏反应性疾病发生率相对较高。

社会心理因素、神经和精神因素对过敏性鼻炎的影响逐渐被人们所重视。锡琳等报道过敏性鼻炎患者在强迫、焦虑、敌对以及精神病方面的表现与健康人群存在差异。Postolache等报道过敏症状和抑郁得分呈正相关。同时,过敏甚至可能是引发自杀的一个危险因素。焦虑、紧张的情绪引起机体神经免疫体系失调从而加重过敏性炎症反应。Baroody等研究组胺可通过神经反射产生分泌物,组胺诱导的打喷嚏和分泌反应都被丁卡因局部麻醉消除,这进一步支持神经系统在过敏性疾病发病中的重要作用。

一项研究将社会经济因素根据收入指标、教育模式、就业率、平均房屋价值等进行划分,发现在瑞典低社会经济因素的哮喘伴有过敏性鼻炎以及单纯过敏性鼻炎的患病率较低。而Wang等研究发现中国保定农村人口的小学教育水平会增加过敏性鼻炎的患病风险,城市人口的中等收入增加了过敏性鼻炎的患病风险。Blanc等指出个人层面的社会经济因素可能会对过敏性鼻炎产生不利影响的暴露因素有:低收入且暴露于刺激和过敏原的职业、较差的室内空气质量、环境烟草烟雾以及燃气灶使用等。这些因素可能增加了发病风险。

二、时间分布

疾病频率随时间推移呈现动态变化,这是由于人群所处的自然环境、社会环境、生物学环境改变所致。通过对疾病的时间分布研究可了解疾病的流行规律,为疾病的病因研究提供重要线索,验证可疑的致病因素与疾病发生的关系,通过防制措施实施前后疾病频率的变化来判定措施的效果。疾病的时间变化通常有短期波动、周期性、季节性和长期趋势等多种表现形式。

一项研究显示,1997～2000年,6～7岁组儿童同时患有哮喘、湿疹、过敏性鼻结膜炎三种症状随时间变化的比例从0.8%升至1.0%,以西欧地区显著;13～14岁组从1.1%升至1.2%,以西欧、拉丁美洲、亚太地区显著。

我国近年来进行了一些较大规模的调查,1988～1990我国儿科哮喘协作组对全国90万0～14岁儿童哮喘患病率流行病学调查结果显示:哮喘患病率为0.11％～2.03％,而2000年对43万余名儿童调查结果为0.12％～3.34％。2010年全国哮喘患病及发病危险因素的流行病学调查(CARE)组对16万名14岁以上人群调查结果显示,我国成人哮喘患病率为1.24％。2019年最新的中国肺健康研究(CPH)结果显示,我国人群哮喘总体患病率为4.2％,可见,不管是儿童还是成人哮喘患病率随时间变化呈现一定的上升趋势。同一城市内如广东广州报道过敏反应性疾病尘螨阳性率随时间变化也不同,2002年报道屋尘螨和粉尘螨阳性率分别为29.2％和34.2％,2005年报道分别为86.22％和85.53％,2007年报道分别为79.8％和72.7％,2009年报道分别为38.68％和35.93％,可见过敏反应性疾病尘螨阳性率随时间变化呈现短期波动形式。

一般认为过敏性紫癜四季均可发病,冬季发病率较高,夏季发病率较低。有报道季节因素与过敏性紫癜有相关性,调查研究过敏性紫癜150例,其中主要在冬季发病的有57例,占38％,主要在春季发病的有41例,占27.3％,该研究认为过敏性紫癜多见于冬、春二季,夏季最少。相关研究认为人体处于寒冷的空气环境中,呼吸道黏膜的免疫力会随着温度的下降而逐渐降低。冬、春季节外界气温低,当鼻腔局部温度低至32℃以下时,这种环境适宜病毒的生存繁殖,且在低温低湿的环境中,鼻腔黏膜的毛细血管收缩,血流量减少,分泌物中免疫物质浓度明显降低,这与上呼吸道感染的发病季节相符合。以上研究表明过敏性紫癜发病具有明显的季节特点。

三、人群分布

人群的一些固有特征或社会特征可构成疾病或健康状态的人群特征,这些特征包括:年龄、性别、职业、种族和民族、行为生活方式、健康移民效应等。研究这些相关特征,有助于探讨疾病或健康状态的影响因素或流行特征。

(一) 年龄

年龄是人群最主要的人口学特征之一,几乎所有疾病的发生及发展均与年龄有相当密切的关系。研究疾病的年龄分布,有助于深入认识疾病的分布规律,探索流行因素,为疾病的病因研究和预防与控制策略的制定提供基本线索。

过敏反应性疾病就不同年龄而言,Kim等研究显示首尔地区3岁儿童的屋尘螨平均阳性率约为17％、4岁约为15％、5岁约为22％、6岁约为31％,年龄间阳性率具有明显统计学差异。

湿疹是一种慢性炎性皮肤病,尤其以婴儿多见,全球范围内婴儿患病率为10％～20％,成人患病率仅为1％～3％。再如过敏性鼻炎已影响到10％～30％的人群,而其中主要是儿童过敏性鼻炎的发生率不断增加,且在6～14岁的儿童尤为明显。

年龄因素与过敏性紫癜的相关性研究显示,本病各年龄组均可发病,多发生于3～10岁儿童,占70％～80％,发病高峰年龄为6～7岁,成年人(>20岁)、3岁以下婴幼儿甚至新生儿少见。某研究收集到150例过敏性紫癜患儿,其中7～14岁年龄段共计111例,占74％,属于本病的高发年龄段。本病主要发生在14岁以下儿童,其中7～14岁的患儿的临床表现较典型,故认为过敏性紫癜的发病与免疫因素密切相关。小儿正处于生长发育时期,免疫生理功能与成年人大不相同,并且在小儿的不同年龄阶段其免疫功能也存在着差异。胸腺是 T 淋巴细胞发育的器官,具有诱导其成熟的功能,从出生到 14 岁左右胸腺持续增长,以后胸腺逐渐萎缩。在免疫球蛋白中 IgM 发育最快,在 6～8 岁时达成人水平,IgA 在 11～12 岁时接近成人浓度,过敏性紫癜的发病在患者年龄上的分布情况可能与此相关,这些差异导致了儿童过敏性紫癜在发病年龄上的特点。

也有一些研究报道,过敏性疾病中老年人群尘螨阳性率高于青少年,在洛阳市的一项调查显示,对幼儿园、小学、中学、大专院校学生,工厂、粮店、中药材公司职工等人群进行调查,发现不同年龄人群尘螨阳性率不同,其中 30～40 岁人群,阳性率最高为 26.32%,而 1～10 岁、11～20 岁人群,阳性率分别为 6.88% 和 4.98%,可能与调查的人群样本量和工种有关。

婴儿早期是对过敏原敏感的关键时期,多个出生队列研究揭示了从婴儿早期开始接受过敏原暴露与过敏反应性疾病发生发展之间的关联。在对 900 个 7 岁以下的儿童进行出生排序时,发现室内尘螨过敏原浓度和发展成为尘螨过敏儿童的比例之间存在线性关系,在 3 岁时出现哮喘的儿童对尘螨过敏的比例比没有出现哮喘的儿童的比例高。

但也有一些研究认为过敏性疾病在年龄上无明显差异。一项儿童哮喘的预防研究(the childhood asthma prevention study,CAPS)项目选择了 1997～2004 年在澳大利亚悉尼出生的近 600 名儿童为研究对象,一半的儿童接受了过敏原规避措施,另一半作为对照组,结果显示,在 8 岁时发生哮喘、湿疹或过敏反应性疾病的儿童数量与 5 岁时发生的数量并无差异。与暴露在中等浓度尘螨过敏原的儿童相比,床铺上尘螨过敏原浓度很高或很低的儿童对于哮喘、湿疹或过敏反应性疾病的患病率较低,过敏原暴露、过敏反应和疾病之间的关系呈钟罩形曲线,此结果说明在减少尘螨过敏原浓度较高房间中过敏原暴露的同时,也应同时减少房间中一些灰尘的暴露,这对预防过敏反应性疾病的发生发展具有一定的效果。洛阳市的一项调查研究也显示,对幼儿园、小学、中学、大专院校学生,工厂、粮店、中药材公司职工等人群调查,男性尘螨阳性率为 10.3%,女性为 8.8%,两者间无明显统计学差异。

曼彻斯特哮喘和变态反应性疾病研究(the Manchester asthma and allergy study,MAAS)项目将 251 名具有过敏反应性疾病家族史的儿童随机分为实验组和对照组,对实验组儿童实施严格的过敏原规避措施,对照组不采取此项措施。尽管实验组儿童在 3 岁时对尘螨过敏的患病率较高,但他们的肺功能优于对照组儿童。该试验提示采取过敏原控制减少措施而不是规避对某种成分的暴露,可预防儿童发展成过敏反应性疾病。在西班牙和英国,研究者对 1500 名儿童进行出生队列试验,发现过敏原暴露与过敏反应性疾病之间存在非线性的剂量-反应关系,幼年时期接触最低浓度的过敏原能够诱导机体发生过敏反应,高于这个临界值就没有明显的剂量-反应关系。

(二) 性别

某些疾病的死亡率与发病率存在着明显的性别差异,这种疾病的性别差异与男性、女性的遗传特征、内分泌代谢、生理解剖特点和内在素质的不同以及致病因子暴露的特点有关,这些因素影响了人们对疾病的易感性。

相关过敏性疾病研究资料报道显示男女差异性较少,而多数疾病发生率的性别差异与暴露机会和暴露水平有关。欧洲共同体呼吸健康调查过敏性湿疹时发现,在过去的 12 个月中,平均有7.1%的成人患有湿疹,有2.4%的湿疹是由特异反应性引起的。老年人特应性皮炎是特应性皮炎一种新的亚组,在发达国家老年人群中的发生率为1%~3%,尤以男性多见,且具有独特的起病形式和临床病程。在发展中国家,过敏性湿疹各年龄组均可发病,多发生于3~10岁儿童,男性多见,男女之比约为2:1。其发病机制包括IgE介导和非IgE介导两种形式,其中IgE介导的类型对屋尘螨特异性IgE抗体有极高的阳性率,同时可以产生哮喘样并发症。

在英国和威尔士,研究人员从20世纪70年代初到20世纪80年代末,经过近20年的时间对过敏性哮喘的发病情况进行调查发现,男性发病率高于女性,且男性比女性哮喘发病率提高快,其中男性从11.6%到20.5%,增加了8.9%;女性从8.8%到15.9%,增加了7.1%。Lou等研究了国内28个省、市粉螨过敏原分布,在年龄、性别、地理区域方面阐述主要过敏原。华南地区过敏原以屋尘螨为主,西北地区主要过敏原为艾蒿、豚草和蒲公英花粉。中部地区主要过敏原在这八种之内:粉尘螨、屋尘螨、艾蒿、德国小蠊、榛树、藜属、青霉属、动物皮屑。其中尘螨在所有年龄组中致敏率最高,粉尘螨比屋尘螨更普遍,男性对大多数过敏原敏感性要高于女性(动物皮屑除外)。

(三) 职业

某些疾病的发生与职业密切相关,由于机体所处职业环境中的致病因素,如职业性的精神紧张程度、物理因素、化学因素及生物因素的不同可导致疾病分布的职业差异。

职业环境与哮喘患病率的关系非常复杂,典型代表是职业性哮喘,但更普遍的是职业环境中存在的诱发因素在哮喘发病过程中起作用。在车间或工作场所污染严重期间哮喘患者,住院率常常增加20%~30%。周围工作环境的诸多因素不但导致哮喘的发病,而且可能促进气道重塑的形成。洛阳市的一项调查显示,对幼儿园、小学、中学、大专院校学生,工厂、粮店、中药材公司职工等人群调查发现,尘螨阳性率明显不同,其中粮店工人和中药材公司制剂人员较高,分别为30%和21.43%,而学龄前儿童为7.5%,其他工厂职工为12.74%。相关研究调查了在北京地区职业人群哮喘及其相关病症患病率的情况,结果显示,哮喘等各类过敏性疾病的患病率明显与职业环境有关,如乳牛饲养者接触到仓储螨类、家禽饲养者接触到家禽螨类、粮仓工人接触到仓储螨类、曲霉、室内豚草花粉和牧草花粉等,这些职业人群粉螨过敏性疾病患病率明显高于其他职业人群。

(四) 种族和民族

种族和民族是长期共同生活并具有共同生物学和社会学特征的相对稳定的群体。不同民族由于长期受一定自然环境、社会环境、遗传背景的影响,疾病分布也显示出了差异性,如会受到社会经济状况、风俗和生活习惯、遗传易感性以及医疗卫生水平的影响等。

20世纪90年代美国开展的哮喘死亡率调查研究显示,黑人哮喘死亡率明显增加。20世纪60年代,新西兰、澳大利亚和英国的哮喘死亡率增加。20世纪70年代新西兰的哮喘死亡率进一步增高,研究发现主要是新西兰低收入的土著毛利人死亡率增高明显。国外过敏性紫癜研究显示,全球范围内所有种族都可见到该病发生,但白色人种、黄色人种的发病率相对较高,而黑色人种的发病率相对较低。遗传基因随人种、民族而不同,是哮喘发病的主要宿主因素,是决定某个体是否成为哮喘易感者的基础,是哮喘患病率增高的基本因素,但哮喘是一种多基因病,环境因素的改变可能作用于易感基因,导致哮喘的发病。许多研究表明,哮喘患者的子孙中哮喘患病率和与哮喘相关的表型高于没有哮喘患者的子孙。哮喘表型可以根据主观症状或客观表现(气道高反应性和血清IgE水平),或两者共同确定。许多研究证明,单卵双胎的哮喘、湿疹和花粉症的一致性率明显高于双卵双胎,这类结果进一步表明基因的重要性。在双胎人群的研究中,估计35%～70%受遗传因素的影响。

　　国外关于不同种族间婴儿湿疹高危因素的研究相对较多,Gren等研究表明,如果双亲中一方有过敏性疾病,子女发病风险增加2倍;如果双亲均患病,子女发病风险增加3倍;Kim等从1997～2011年对美国学龄前儿童进行的调查显示,随着年龄增长婴儿湿疹患病率逐渐降低,但呼吸系统过敏患病率逐渐增高,且发现西班牙裔婴儿湿疹患病率低于非西班牙裔婴儿。Shaw在美国对102303名1岁内婴儿做的一项研究表明,黑人婴儿较其他种族婴儿更易发生湿疹,且母亲有过敏史、较高文化水平、高家庭收入及生活在城市是1岁以内婴儿湿疹的危险因素。*Ature Genetics*的一项多中心研究在1万个病例与4万个对照人群中开展,研究人群来自英国、欧洲、澳大利亚与北美洲,结果发现了3个与湿疹相关的基因:*OVOL*1和*ACTL*9基因与皮肤自身功能有关,*IL4-KIF3A*基因与人体免疫系统功能有关。该研究强调了皮肤和免疫两个生物系统在湿疹发展中的重要性。通常认为,儿童湿疹在青春期早期会缓解,但是一半在成人期会复发。南安普敦一项研究评估了497名女性在怀孕期间烟酰胺水平及色氨酸相关代谢产物的量,并在婴儿出生后6个月和12个月时评估了湿疹的发生率,结果显示母亲在怀孕期间烟酰胺水平较高,其后代在12个月时发展为特应性湿疹的风险可降低30%,这与烟酰胺能够改善皮肤整体结构、水分和弹性有关,继而有可能改变与湿疹有关的疾病进程。2012年,南安普敦总医院的另一项研究采用了怀特岛(英格兰西部海域)出生队列研究的数据,对近1500名儿童从出生一直随访至满18岁,在受试者1岁、2岁、4岁、10岁和18岁时对其进行检查,在4岁、10岁和18岁随访时对受试者进行皮肤点刺试验检测14种常见过敏原,在10岁和18岁随访时还进行肺活量测定和支气管激发试验,并且采集血样检测IgE。结果表明,母亲患有湿疹与女儿罹患湿疹有关,但与儿子的湿疹风险无关;父亲则与儿子的湿疹患病情况一致,而与女儿的湿疹风险无关。

　　过敏性鼻炎是受遗传和环境因素共同影响的复杂疾病。过敏性鼻炎与遗传因素、个人饮食和生活习惯、居住区域的气候和植被等自然环境、接触过敏原、神经精神因素等有关,从而导致不同国家和地区之间过敏性鼻炎的患病率有明显差异。Noguchi等研究发现父母双方皆有过敏史时,子女过敏性鼻炎患病率高达75%;父母一方患病,其子女的患病率为50%;且母亲对子女患病的影响大于父亲。国内马莉等发现过敏性鼻炎患者家系三级亲属中过敏性鼻炎患病率依次为:Ⅰ级亲属(12.11%)＞Ⅱ级亲属(5.12%)＞Ⅲ级亲属(2.75%)＞一般人群(1.20%),证实过敏性鼻炎的发生存在家族聚集倾向性。单核苷酸多态性(single nucleotide polymorphism,SNP)是人基因组内最为广泛的遗传变异。Andiappan等研究发现,与过敏性鼻炎及屋尘螨相关致敏疾病在新加坡的亚洲人群基因组中,有3个SNP与AR相关,即SNP rs2155219、rs7617456(跨膜蛋白TMEM108基因上游30 kb)和rs1898671[胸腺基质淋巴细胞生成素基因(TSLP)]。据报道,TSLP在影响过敏反应方面至关重要,然而与白种人群体相比,TSLP在亚洲人群中发生的频率要低得多。

　　过敏性紫癜被认为是一种由免疫复合物介导的系统性小血管炎。研究提示了基因因素直接或和间接的参与了过敏性紫癜的发病,但家族发病倾向不显著;也有研究发现过敏性紫癫的发病具有种族倾向,美国多见于黑人,而白人很少发病。

过敏体质对过敏反应性疾病有一定影响。一项对4个亚洲国家哮喘儿童的调查表明,大多数患儿(73%)在诊断支气管哮喘前,已经有过敏性鼻炎的症状,过敏性鼻炎严重影响患者的生活质量,并且加重了哮喘的症状。一些研究显示幼年的感染反应对哮喘有保护作用。流行病学调查显示12岁之前感染结核分枝杆菌者与没有感染史者相比,IgE的水平相对较低,哮喘、鼻炎和湿疹的发生率也较低。有些哮喘患者接触某些感染原(如结核分枝杆菌)后嗜酸粒细胞计数和IgE水平下降。如患有钩虫病和其他寄生虫病的委内瑞拉人很少患有过敏性疾病。由于疫苗制剂和抗生素的广泛应用,许多传染性疾病的发病率降低了,这是疫苗和抗生素对人类健康的极大贡献,但是人类免疫系统却发生了新的失衡。因此,有些学者认为幼年感染性疾病的有效控制与哮喘患病率的增高有关。

(五) 行为生活方式

人类各种疾病的发生与其行为生活方式密切相关。健康行为有益于促进人群健康水平,吸烟、酗酒、吸毒、性乱等不良行为和喜吃辛辣、咸、腌制、熏制食品、不注重营养等营养健康素养低的生活习惯等可能增加某些疾病发生的风险。

现代人生活方式改变之一是城市化进程加快,如农村城市化、家居都市化,生活电气化,这些改变是社会经济发展和人民生活需求的必然结果,但在提高人民生活质量同时,对于哮喘发病也可能产生一些值得注意的负面影响,人们生活方式改变与哮喘发生率明显增高有关。生活方式改变表现在现代人居住条件的都市化,城市居住环境便利,农村城镇化趋势明显;大部分人乔迁新居,再次搬迁、多年居住的房屋再次进行装修,装修同时购置新家具,铺设地毯、安装空调等,如果不注意防尘防过敏原物质,就可能导致哮喘的发生或发作。因为许多装饰材料如油漆、涂料、建材等可能会产生一些有害的或有刺激性的挥发性气体,吸入这些物质可能引起哮喘发作。空调的启动伴随着门窗紧闭,室内通气不良,地毯可能成为尘螨的孳生温床和屋尘的仓库。1991年,丹佛犹太人医学研究中心的尼尔森博士在津巴布韦调查发现,居住在农村的人口中,呼吸道疾病发病率为千分之一,但是在首都哈拉雷的繁华地区却高达十七分之一。在肯尼亚、南非、布巴亚新几内亚、新西兰和澳大利亚等国家的土著居民调查中也得到了类似的结果。生活方式改变还表现在饲养宠物方面,目前我国饲养较多的宠物是猫、犬和鸟类,此外,也有啮齿类动物,如刺猬等。在临床上,我们发现与人们日常生活密切接触的因素中,引起哮喘发作最多的因素为装修家居和添置新家具,其次为饲养猫、犬等宠物,这些宠物本身也易孳生各种螨类过敏原。

随着手机和信息网络的迅速普及,人们室内活动明显增多,而室外活动明显减少。室内环境空气中氧含量低,环境比较密闭,过敏原浓度或刺激物增加。弗吉尼亚大学哮喘和变态反应中心的托马斯认为,从生理角度看,室外活动减少的现象是不正常的,很可能会带来某些生理性疾病,任何室内活动过多而忽视室外活动和锻炼,哮喘患病率就会增加。因此,生态的破坏、自然环境的改变、生活居住环境的改变等与尘螨过敏性疾病患病率的增高有关。

生活方式改变的另一个方面是不良的生活行为和习惯。国内外研究显示吸烟与多种疾病的发生有密切关系,有研究显示吸烟者家庭哮喘发生率均高于不吸烟者家庭,且存在剂量反应关系。Tey等做的一项队列研究表明,过早添加辅食,尤其是蛋黄等固体食物会加重婴儿过敏性湿疹的发生,中国居民喂养婴幼儿习惯较早添加辅食,与生活节奏加快、女性全母乳喂养率不能完全保障有关。环境因素和特应性体质在过敏性疾病的发生和发展中一直受到社会各界的关注。随着过敏性疾病发病率的逐年升高,不少研究将这种现象归结于全球经济快速发展带来的饮食及居住环境变化,如孕产期频繁进食致敏食物(海鲜、鸡蛋、花生及辛辣食物等),婴儿喂养方式,还有一些诸如剖宫产、房屋装修时间、室内螨虫、孕期吸烟(二手烟)等环境的改变在婴儿湿疹发病中起着重要作用。越来越多的研究表明,婴儿喂养方式可能在婴儿湿疹的发展中起主要作用,国外有学者研究发现,母乳喂养对婴儿湿疹及大部分感染具有保护作用。而Jingying等研究发现母乳喂养并不能降低婴儿湿疹的发病率,可能由于乳母进食致敏食物后致使乳汁内含大量大分子食物蛋白,这些大分子食物蛋白通过乳汁成为过敏原致使婴儿过敏。然而母乳中含有乳清蛋白、不饱和脂肪酸、钙、磷、多种维生素以及大量活性免疫因子以及特殊的抗体,能促进婴儿免疫功能的成熟,阻止致敏物透过肠壁,减少过敏反应发生,从而降低产妇心理疾病。故从孕期开始加强母乳喂养知识的教育,增强孕妇母乳喂养的信心,产后推荐母乳喂养,做好一级预防利大于弊。另一种生活方式改变是多数女性喜爱染发、烫发、大量使用化妆品,这增加了过敏性疾病发生的概率。在临床上我们也见过因使用某种化妆品或染发剂而发生过敏和哮喘的病例,同时会加重过敏性疾病的发展。粉螨对于哮喘及其他过敏性疾病固然很重要,但是饮食和特定的食物、微生物暴露和其他过敏原广泛接触、城市化、社会的变迁和经济状况、生活方式的变化,这些因素似乎都与过敏反应性疾病的发生有关,也应引起足够重视。

(六)健康移民效应

我国自改革开放以来,处于城市化进程中,流动人口规模增加。流动人口具有生活和卫生防病条件差、人群免疫水平低、预防医疗组织不健全、流动性强等特点,对传染病在城乡间的传播起着纽带作用,是疾病暴发的高危人群,如疟疾、霍乱、鼠疫等的暴发多发生在流动人口中。流动人口是传染病特别是性传播疾病的高危人群,是儿童计划免疫工作难于开展的特殊群体,故易形成儿童少年相关疾病高发态势,如麻疹、结核、甲肝等疾病的暴发,需要我们重点关注。

移民是评价环境和遗传因素对过敏反应作用的良好模型。来自意大利多中心的研究选取具有过敏反应性疾病的儿童为研究对象,一组儿童出生在意大利,且父母均为意大利人($n=237$);另一组儿童出生在意大利或国外,但父母均为移民($n=165$),结果提示两组儿童在过敏性鼻炎和哮喘的严重程度上虽然并无差别,但是移民儿童更易对尘螨过敏(73.3% vs. 51%),两者之间有统计学差异。

但另一些对移民人群的研究发现,存在健康移民效应现象。国家统计局调查发现2016年中国流动人口已达2.45亿,超过总人口的1/6。英国国家统计局显示,2016年英国总人数6千多万,国内移民总人数20.6万。2014年德国内部迁徙人数395.3万,不及总人口数的1/20。中国这种大规模人口迁徙模式在国外比较罕见。Li等研究苏州地区移民的子女与本地居民的子女过敏性鼻炎患病率时发现,父母双方皆是移民的儿童过敏性鼻炎患病率低于本地居民儿童。Tham等研究显示,国际之间的移民同样存在这类现象,与较富裕的东道国本土居民相比,来自较不富裕国家的移民过敏性疾病的患病率明显较低,可见移民人群对于过敏性疾病来说是一种保护模式。

(黄月娥)

参 考 文 献

丁勇,吴春云,孙葳,等,2000.广州市支气管哮喘流行病学调查[J].中国现代医学杂志,22(10):31-33,117.

丁艳,刘凡,曾小燕,等,2013.儿童过敏性紫癜病因探讨及意义[J].实用医学杂志,29(18):3043-3045.

于青青,唐隽,王跃建,等,2019.佛山市中小学生变应性疾病的流行病学调查分析[J].临床耳鼻咽喉头颈外科杂志,33(10):970-974.

于斌,郭培京,杨红蓉,2013.血清学检测过敏原对过敏性紫癜的防治意义[J].山西医药杂志,42(12):1434-1435.

马思远,娄鸿飞,王成硕,等,2017.北京地区可疑过敏性鼻炎病人吸入性变应原特征分析[J].首都医科大学学报,38(5):671-676.

王红玉,郑劲平,吴瑞卿,等,2003.广州市9～11岁儿童哮喘及特应性疾病现况调查[J].广东医学,24(7):754-755.

王红玉,钟南山,1997.广州市13～14岁儿童哮喘发病率调查[J].中国实用内科杂志,(11):47-48.

王丽欣,康照鹏,赵怀莉,等,2015.老年人变应性鼻炎变应原检测及相关因素分析[J].中国继续医学教育,7(13):28.

王佳蓉,张鹏飞,洪育明,等,2015.福建省泉州市变应性鼻炎患者吸入性变应原检测与分析[J].福建医科大学学报,49(4):222-226.

王法霞,赖克方,陈如冲,等,2006.广州地区门诊支气管哮喘患者的病情控制现状调查[C]//中华医学会呼吸病学分会.中华医学会第七次全国呼吸病学术会议暨学习班论文汇编.中华医学会呼吸病学分会:中华医学会:417-418.

王学红,朱永梅,高来强,等,2015.过敏性紫癜相关检测指标研究进展[J].中国麻风皮肤病杂志,31(11):666-669.

王洪江,李培华,孙光明,2016.徐州地区变应性鼻炎患者变应原分布特点及结果分析[J].吉林医学,37(4):919-920.

王敏,肖志荣,赵斯君,等,2015.1000例临床诊断变应性鼻炎儿童皮肤点刺试验结果分析[J].临床医学工程,22(11):1536-1537,1540.

王强,邱金红,顾苗,等,2014.南通地区变应性鼻炎749例过敏原检测分析[J].交通医学,28(5):528-529.

王霞,隋克毅,2015.驻马店地区变应性鼻炎患者变应原谱分析[J].临床医学,35(7):95-96.

文昭明,1997.变态反应性疾病的诊治[M].北京:中国医药科技出版社.

孙宝清,韦妮莉,王红玉,等,2006.变态反应性疾病患者螨和蟑螂过敏原体外检测分析[J].热带医学杂志,6(11):1173-1175.

卢湘云,孙伟忠,赖余胜,等,2015.浙江嘉善儿童过敏性鼻炎患病状况、对生活学习的影响及发病因素调查分析[J].实用预防医学,22(8):949-942.

申娜,刘吉祥,陈敏,等,2012.天津市变应性鼻炎变应原分析[J].中国耳鼻咽喉头颈外科,19
　　(8):404-407.

冯婷,黄世铮,鲁航,2015.变应性鼻炎相关危险因素的Logistic回归分析[J].中国医学前沿
　　杂志(电子版),7(3):108-110.

皮静婷,宋林,2018.重庆地区变异性鼻炎患者吸入性变应原谱分析[J].临床耳鼻喉头颈外科
　　杂志,32(1):64-68.

尧荣凤,姜培红,许国祥,等,2015.过敏原检测对湿疹、过敏性鼻炎和哮喘患者的意义[J].检
　　验医学,30(5):457-460.

朱毅,2014.湖南省石门县变应性鼻炎患者皮肤点刺试验分析[J].中国耳鼻咽喉颅底外科杂
　　志,20(6):545-547.

仲玉强,2007.西宁地区儿童过敏性紫癜295例过敏原分析[J].青海医药杂志,37(8):39-40.

庄宇德,2010.过敏原与免疫球蛋白E浓度检测在过敏性紫癜中的意义[J].中国当代医药,17
　　(11):38-39.

刘志刚,2015.尘螨与过敏性疾病[M].北京:科学出版社.

刘晖,李惠华,张美玲,2015.楚雄地区1970例变应性鼻炎吸入性变应原谱分析[J].大理学院
　　学报,14(10):36-38.

刘琬椿,吕梅,冯利娇,等,2016.生物共振治疗仪对儿童过敏性紫癜变应原检测及治疗分析
　　[J].中国继续医学教育,8(33):106-107.

刘静,陆彪,2013.过敏性紫癜患儿过敏原检测分析[J].宁夏医科大学学报,35(2):164-167,112.

刘毅,2015.浅谈过敏原检测在儿童过敏性紫癜中的应用[J].世界最新医学信息文摘,15
　　(20):66,75.

齐景翠,赵玉林,李伟亚,等,2015.郑州地区变应性鼻炎患儿变应原谱分析[J].临床耳鼻咽喉
　　头颈外科杂志,29(5):404-406.

齐静姣,张平,1999.人群尘螨流行病学调查及其与过敏性疾病的关系[J].中国寄生虫病防治
　　杂志,(3):1.

许秀宽,2017.儿童过敏性皮肤病473例血清过敏原检测分析[J].福建医药杂志,39(5):125-
　　127.

孙宝清,赖克方,李靖,等,2001.广州地区支气管哮喘患者常见吸入过敏原调查分析[J].中华
　　微生物学和免疫学杂志,21(4):46-47.

苏文和,2019.儿童过敏性紫癜42例的临床分析[J].世界最新医学信息文摘,19(91):32-33.

李为民,罗汶鑫,2020.我国慢性呼吸系统疾病的防治现状[J].西部医学,32(1):1-4.

李妙利,2012.儿童血清特异性过敏原264例检测的临床意义[J].基层医学论坛,16(8):972-
　　973.

李明华,2005.哮喘病学[M].北京:人民卫生出版社.

李勇,阮桂英,叶华富,等,2015.台州地区1013例变应性鼻炎患者变应原谱分析[J].中国卫
　　生检验杂志,25(16):2713-2715,2719.

李跃凯,黄帅,雷艳菲,2019.影响哮喘控制水平的相关危险因素探究[J].临床肺科杂志,24
　　(10):1799-1803.

李敏,杨苏,谢骏逸.南京地区1047例过敏性疾病儿童血清特异性过敏原检测[J].南京医科

大学学报(自然科学版),2016,36(4):508-509.

李斯斯,余咏梅,阮标,等,2013.云南地区1893例变应性鼻炎患者吸入性变应原谱分析[J].临床耳鼻咽喉头颈外科杂志,27(5):27-31.

杨彩虹,高静,2014.厦门地区变应性鼻炎患者变应原皮肤点刺试验结果分析[J].中国耳鼻咽喉头颈外科,21(2):78-80.

豆莉,姜彦斌,马建丽,2019.兰州市儿童支气管哮喘的特点及相关危险因素的调查研究[J].中国初级卫生保健,33(08):56-58,70.

吴兆茂,2019.168例过敏性紫癜患者回顾性分析[D].沈阳:辽宁中医药大学.

余景建,刘中,黄东辉,等,2013.东莞地区儿科过敏性鼻炎的过敏原分析[J].医学理论与实践,26(14):1950-1951.

宋红毛,怀德,汪守峰,等,2016.淮安地区452例变应性鼻炎患者变应原谱分析[J].中国医学文摘(耳鼻咽喉科学),31(2):72-74.

张大威,丘小汕,何健荣,等,2015.广州地区579例儿童过敏性鼻炎患者吸入过敏原的临床分析[J].分子诊断与治疗杂志,7(3):171-175.

张纯青,2006.广州地区室内尘螨和仓储螨对支气管哮喘的致敏性分析[C]//中华医学会.中华医学会第五次全国哮喘学术会议暨中国哮喘联盟第一次大会论文汇编.中华医学会:中华医学会:189.

张铭,武阳,袁烨,等,2013.家庭环境和生活方式对武汉地区儿童过敏性湿疹患病率的影响[J].科学通报,58(25):2542-2547.

张景龙,张红,2009.过敏性紫癜153例过敏原生物共振技术检测结果分析[J].山西医药杂志,38(9):831-832.

陈宁宁,闫京京,王玫瑰,等,2012.常见吸入、食物性过敏原与儿童过敏性紫癜体液免疫的相关研究[J].黑龙江医药科学,35(5):65-66.

陈岚,孙臻峰,2018.粉尘螨在上海青浦地区变应性鼻炎的致敏性调查和分析[J].中国中西医结合耳鼻咽喉科杂志,26(3):219-222.

陈君,汪静波,林碧,等,2013.温州地区1269例变应性鼻炎患者变应原皮肤点刺试验结果分析[J].温州医学院学报,43(9):610-612.

陈松,钟春燕,滕勇,等,2014.杭州地区680例变应性鼻炎患者常见过敏原检测与分析[J].中国卫生检验杂志,24(3):403-405.

陈迪,吴舜,2014.两广交界地区1124例变应性鼻炎患者变应原皮肤点刺试验结果分析[J].临床耳鼻咽喉头颈外科杂志,28(3):170-174.

陈育智,马煜,王红玉,等,2003.中国三城市儿童个人过敏原与喘息及气道高反应性的相关性研究[J].中华儿科杂志,41(7):62-65.

陈育智,王红玉,王海俊,等,2003.中国儿童呼吸道及特应性疾病患病情况调查[J].中华结核和呼吸杂志,26(3):18-22.

陈茜,2019.血清过敏原检测在小儿过敏性紫癜中的临床意义[J].实用医技杂志,26(3):342-343.

陈荣光,李敬风,孙慧,等,2009.324例儿童血清特异性过敏原检测的临床意义[J].中国儿童保健杂志,17(5):579-581.

陈朔晖,林海珍,汪天林,2008.过敏性紫癜患儿过敏原的调查分析[J].中华护理杂志,43(8):753-755.

陈彩梅,2014.沙漠地区过敏性鼻炎的临床特点及诊治[J].吉林医学,35(2):308-309.

陈博智,谭翩翩,陈锋文,2019.广东省化州地区支气管哮喘流行病学调查分析[J].心电图杂志(电子版),8(3):129-130.

陈德晖,孙宝清,林育能,等,2009.广州地区儿童呼吸道变态反应性疾病常见变应原的流行病学分析[J].中华哮喘杂志(电子版),3(4):271-275.

陈德晖,2010.广州地区儿童呼吸道变态反应性疾病螨性变应原多因素分析的流行病学调查[C]//中华医学会呼吸病学分会哮喘学组、中国哮喘联盟(China Asthma Alliance).中华医学会第七届全国哮喘学术会议暨中国哮喘联盟第三次大会论文汇编.中华医学会呼吸病学分会哮喘学组、中国哮喘联盟(China Asthma Alliance):中华医学会:143-144.

陈燕,李靖,钟南山,2010.广东省城市与乡村儿童哮喘及过敏性疾病流行情况调查[C]//中华医学会呼吸病学分会哮喘学组、中国哮喘联盟(China Asthma Alliance).中华医学会第七届全国哮喘学术会议暨中国哮喘联盟第三次大会论文汇编.中华医学会呼吸病学分会哮喘学组、中国哮喘联盟(China Asthma Alliance):中华医学会:75-76.

陈燕,2010.广州市13~14岁儿童15年间的哮喘及过敏性疾病的流行病学调查和趋势研究[C]//中华医学会(Chinese Medical Association)、中华医学会变态反应学分会、欧洲变态反应学及临床免疫学学会(EAACI).中华医学会2010年全国变态反应学术会议暨中欧变态反应高峰论坛参会指南/论文汇编.中华医学会(Chinese Medical Association)、中华医学会变态反应学分会、欧洲变态反应学及临床免疫学学会(EAACI):中华医学会:92-93.

陈燕,2010.广州市15年间哮喘与过敏性疾病的流行病学调查和趋势研究[C]//中华医学会呼吸病学分会哮喘学组、中国哮喘联盟(China Asthma Alliance).中华医学会第七届全国哮喘学术会议暨中国哮喘联盟第三次大会论文汇编.中华医学会呼吸病学分会哮喘学组、中国哮喘联盟(China Asthma Alliance):中华医学会:74-75.

武小芳,2018.变应性鼻炎变应原Meta分析[D].重庆:重庆医科大学.

茅松,刘光陵,夏正坤,等,2009.粉尘螨滴剂治疗儿童过敏性紫癜疗效观察[J].实用医学杂志,25(18):3130-3131.

林新鋆,郑振宇,任霞,等,2019.环境暴露在过敏性疾病中的重要作用[J].中华临床免疫和变态反应杂志,13(4):276-282.

林耀广,2004.现代哮喘病学[M].北京:中国协和医科大学出版社.

周继敏,罗进,杨淑娟,2018.凉山彝族自治州学龄前儿童过敏性湿疹的环境影响因素研究[J].中国妇幼保健,33(18):4255-4258.

周晶,阎萍,张丹,等,2014.上海南部5843例变应性鼻炎患者变应原皮肤点刺试验变应原的初步分析[J].临床耳鼻咽喉头颈外科杂志,28(2):102-107,112.

周慧,徐明锋,黄雪琴,等,2015.湛江地区变应性鼻炎变应原种类分析[J].中国现代医药杂志,17(7):16-19.

赵莉,杨燕,史丽,2013.山东省变应性鼻炎患者变应原皮肤点刺试验结果分析[J].山东大学耳鼻喉眼学报,27(3):22-24.

胡传翠,李朝品,2009.尘螨与变应性疾病的研究进展[J].医学综述,15(7):1054-1056.

钟文辉,陈陆飞,阮冠宇,等,2017.福州地区过敏性鼻炎儿童705例过敏原检测结果分析[J].福建医药杂志,39(4):102-104,126.

钟顺平,李薇,郭锦均,等,2018.东莞市845例儿童过敏性疾病过敏原构成分析[J].数理医药学杂志,31(5):703-705.

钟洁,刘大波,黄振云,2014.广州地区2136例变应性鼻炎儿童吸入性变应原皮肤点刺试验结果分析[J].中国耳鼻咽喉头颈外科,21(9):481-485.

祝利芬,叶建仙,2013.成人粉尘螨性变应性鼻炎60例的护理[J].中国乡村医药,20(9):80.

贺鸿珍,1992.马鞍山地区100例过敏性鼻炎病人的抗原及脱敏疗效观察[J].冶金医药情报,9(4):229.

秦雅楠,王琳,姜彦,等,2019.2008～2017年青岛地区变应性鼻炎常见吸入性变应原分布[J].山东大学耳鼻喉眼学报,33(1):67-72.

秦雅楠,孙玉霖,王琳,等,2020.青岛地区变应性鼻炎患者变应原分布特点及发病相关危险因素[J].临床耳鼻咽喉头颈外科杂志,34(1):36-40.

徐大明,赵丽萍,2011.儿童过敏性紫癜286例临床分析[J].现代中西医结合杂志,20(8):935-936.

徐红利,张启成,胡松群,等,2017.江苏南通地区变应性鼻炎患者的临床特征分析[J].临床耳鼻咽喉头颈外科杂志,31(1):30-33.

徐惠双,吕伟枝,杨玉燕,2018.温州地区189例过敏性鼻炎患者过敏原分布及相关影响因素调查研究[J].中国医院统计,25(5):338-341.

柴强,湛孝东,郭伟,等,2017.空调器隔尘网灰尘中发现棕脊足螨[J].中国血吸虫病防治杂志,29(5):612-614.

高文新,李毅,齐立坤,等,2006.840例变应性皮肤病患者血清过敏原检测分析[J].中国麻风皮肤病杂志,22(8):705-706.

高映勤,马静,陆涛,等,2013.昆明市青少年变应性鼻炎患者变应原谱分析[J].中国耳鼻咽喉颅底外科杂志,19(5):403-407,411.

郭宏,黄嘉韵,刘森平,等,2019.广州市成人变应性鼻炎环境危险因素分析[J].中国现代医学杂志,29(6):48-52.

唐秀云,李朝品,2009.粉螨过敏性哮喘的研究进展[J].热带病与寄生虫学,7(1):59-60,54.

唐普润,朱美华,钟乐璇,等,2015.儿童过敏性紫癜的危险因素分析[J].血栓与止血学,21(4):237-239,242.

黄文坚,尤雅丽,2014.福建东南沿海地区变应性鼻炎变应原特点分析[J].中国眼耳鼻喉科杂志,14(5):320,322.

黄宝金,谢幼苗,潘海燕,等,2020.东莞市东部产业园片区儿童哮喘的流行病学特点及影响因素分析[J].江西医药,55(1):71-72,75.

崔玉宝,2019.尘螨与变态反应性疾病[M].北京:科学出版社.

彭晓林,孙沛涌,时文杰,等.天津地区变应性鼻炎患者中尘螨过敏特点分析[J].临床耳鼻咽喉头颈外科杂志,2013,27(17):932-934.

景慧玲,冯立霞,冯璟璟,等,2016.过敏性紫癜患者过敏原检测结果的中医学相关性分析[C]//中国中西医结合学会、中国中西医结合学会变态反应专业委员会.第八次全国中西医结合变态反应学术会议暨首届深圳市中西医结合变态反应学术会议暨第十届深圳呼吸论坛论文汇编.中国中西医结合学会、中国中西医结合学会变态反应专业委员会:中国中西医结合学会:191.

程志云,白莉,王皓,等,2015.山西地区过敏性皮肤病患者1000例过敏原检测结果分析[J].中华临床医师杂志(电子版),9(17):3312-3314.

曾子坤,2016.过敏性紫癜患儿血清过敏原检测应用[J].中国现代药物应用,10(12):9-10.

谢明,2009.荆门地区过敏性紫癜的过敏原检测分析[J].临床医药实践,18(30):753.

阙镇如,冉骞,林丹琪,等,2013.泉州地区变应性鼻炎变应原检测分析[J].临床耳鼻咽喉头颈外科杂志,27(20):1148-1150.

颜世军,周炳文,王莎莎,等,2019.南京地区儿童哮喘相关因素分析[J].华南预防医学,45(3):256-258.

Halken S,2004. Prevention of allergic disease in childhood:clinical and epidemiological aspects of primary and secondary allergy prevention[J]. Pediatric Allergy & Immunology,15(s16):9-32.

Lockey R F, Bukantz S C, Ledford D K,2008. Allergens and allergen immunotherapy[M]. New York:Informa Healthcarel.

Moisés A C,Allan L,Jörg Kleine-Tebbe,et al.,2015. Respiratory allergy caused by house dust mites:What do we really know [J]. The Journal of Allergy and Clinical Immunology,136(1):38-48.

Roche N,Chinet T C,Huchon G J,1997. Allergic and nonallergic interactions between house dust mite allergens and airway mucosa[J]. European Respiratory Journal,10(3):719-726.

Selcuk,Yazici,Soner,et al.,2018. Allergen variability and house dust mite sensitivity in preschool children with allergic complaints[J]. The Turkish journal of pediatrics,60(1):41-49.

第八章　粉螨过敏性疾病的防治

过敏性疾病是世界范围内流行的疾病,已成为全球性的公共卫生问题。随着人们生活水平的日益提高和社会经济的不断发展,过敏性疾病的发病率逐渐增加。过敏性疾病严重影响了人们的身体健康和生活质量,而空气污染、气候变化、家庭生活环境变化、食品过剩及精神压力的增加等因素是造成过敏性疾病发生的主要因素。世界变态反应组织(World Allergy Organization,WAO)过敏性疾病的流行病学调查显示约有22%(25000万人)的人口患有IgE介导的过敏性疾病。过敏性疾病可以发生在全身不同的器官或部位,由于其诱发因素的复杂性,治疗策略也具有多样性。根据过敏反应发生在身体部位的不同可分为不同类型的过敏性疾病。过敏反应发生在上呼吸道可引起过敏性鼻炎,发生在支气管可引起过敏性哮喘,发生在咽喉部可诱发喉头水肿,发生在消化道则引起过敏性肠炎,发生在皮肤可引起湿疹、荨麻疹或皮炎,发生在眼睛则引起过敏性结膜炎,发生在血管或血液系统可引起过敏性休克或过敏性紫癜。

过敏性哮喘、过敏性鼻炎及湿疹等过敏性疾病与粉螨有关。据WHO统计,约50%成人哮喘患者及80%儿童哮喘患者由过敏因素诱发导致,且每年有18万人以上死于哮喘。目前我国的过敏性鼻炎患者人数已高达1亿多,人群中平均每10人就有1人患有过敏性鼻炎,并且以每年10%的速度递增。因此,迫切需要建立和制定有效的防治措施来降低过敏性疾病的发病率。

第一节　粉螨过敏性疾病的治疗原则

由粉螨引起的过敏性疾病主要包括过敏性哮喘、过敏性鼻炎、过敏性皮炎、过敏性结膜炎及荨麻疹5种类型。WHO对过敏性疾病的治疗提出了一个综合性的治疗方案,即针对过敏性疾病患者,需要强调包括对患者的健康宣传教育、避免接触过敏原、适当的对症药物治疗和特异性免疫治疗的"四位一体"综合性治疗方案,"四位一体"的治疗理念也是目前最经济节约、效果最佳的治疗方案之一。

粉螨是最常见的室内过敏原,从居住环境入手来预防相关过敏性疾病的发生,是重要的广谱预防方法之一。对症药物治疗的目的在于预防或消除过敏原与抗体相互作用所引起的病理生理学效应,较少针对某一种特异性过敏原,因此能普遍用于过敏性疾病,但难以达到根治目的,一旦停药病情有可能再次发作,且长期用药需考虑药物的副作用。特异性免疫治疗是使患者从小剂量开始接触过敏原,治疗剂量逐渐增加至维持剂量,继续使用足够疗程,使机体的免疫系统产生免疫耐受,当患者再次接触过敏原时,过敏症状明显减轻或不再发生。特异性免疫治疗是一种对因治疗,它通过调节患者的免疫系统,使其临床症状明显缓解或者完全消失,疗效可以持续多年甚至终身,还有很好的预防作用,如预防过敏性鼻炎转化为哮喘和预防新的过敏症状发生等。特异性免疫治疗是唯一可以阻断过敏性疾病自然进程的治疗方法,但该治疗方法有一个起效周期,疾病急性发作时仍需要使用对症药物控制症状。因此,对症治疗只能控制过敏症状,而特异性免疫治疗能够从根本上消除过敏反应。

一、粉螨过敏性疾病的过敏原控制

粉螨过敏性疾病控制中的过敏原控制是治疗粉螨过敏性疾病的最基本方法。粉螨控制目标主要包括3个方面,即减少活螨的数量、降低粉螨过敏原的浓度和减少人群对粉螨过敏原的暴露。粉螨控制的措施包括3个要点(即光照、加热和干燥)和一个原则(即控制粉螨过敏原水平)。粉螨控制的具体措施包括降低居住环境的相对湿度;根据季节和气候开窗通风或室内使用空调和吸湿机;尽量使用防螨纺织品;定期清洗、烘干、干洗床上用品、地毯和窗帘等家庭饰品,使用高性能真空吸尘器对地毯进行真空吸尘;尽量不要在地下室生活;冷冻小玩具和小件物品;使用对环境无害、对人体相对安全的杀螨制剂等。

二、粉螨过敏性疾病的药物治疗

药物治疗属于对症治疗,对粉螨过敏性疾病的临床症状有较快的疗效,但药物的对症治疗不能改变病情的自然进程。药物治疗应综合考虑其疗效、安全性、药物的费用与疗效比、患者的选择、治疗目的、疾病的严重程度和病情控制以及并发症等因素。粉螨过敏性疾病的药物治疗包括西药治疗和中药治疗。多种复方和单味中药及其提取物或成分具有抗过敏作用,具有疗效好、副作用小的特点,其发挥抗过敏作用的机制不是单一的,中药治疗具有调节免疫力、整体调控和多途径、多靶点、多方式调节的特点,可干预过敏反应中的多个环节,包括减少组胺的释放、抑制肥大细胞脱颗粒、抑制细胞因子的释放或降低细胞因子的活性等。

(一)过敏性哮喘的药物治疗

粉螨是诱发支气管哮喘常见的重要过敏原,粉螨过敏性哮喘是临床上最为常见的哮喘。粉螨分布广泛,呈世界性,世界各国都有关于粉螨的报道。对新西兰哮喘儿童进行13年的追踪调查研究证实,粉螨作为一种独立的危险致敏因素严重影响哮喘的发病率,美国的研究也相继证实粉螨与猫毛、蟑螂是诱发支气管哮喘的重要因素。

支气管哮喘(以下简称哮喘)是由气道的炎性细胞和结构细胞(如嗜酸性粒细胞、肥大细胞、平滑肌细胞、气道上皮细胞、T淋巴细胞和中性粒细胞等)等多种细胞和细胞组分共同参与的气道慢性炎症性疾病。这种气道的慢性炎症可导致气道高反应性,出现广泛可逆性的气流受限以及引起反复发作性的喘息、胸闷、气急和咳嗽等症状,常在清晨和(或)夜间发作、加剧,多数患者可自行缓解或经治疗后缓解。哮喘的慢性气道炎症包括:气道的黏膜、黏膜下层和外膜的水肿;气道的炎性细胞浸润,主要是嗜酸性粒细胞、辅助性T淋巴细胞以及肥大细胞等;呼吸道分泌物的增加;气道毛细血管的扩张;气道平滑肌增生以及上皮细胞基底膜下方胶原沉积过多等。哮喘的发病机制尚未完全阐明,目前公认的主要机制有:① 气道的慢性炎症是哮喘发病的共同环节。② 导致慢性气道炎症的机制可能涉及变态反应、免疫应答、气道的损伤与修复和植物神经性功能紊乱等多个环节。③ 气道慢性炎症导致气道反应性增高和气道重构,是造成哮喘和肺功能改变的主要原因。哮喘气道阻塞以及由此引发的咳嗽、呼吸急促、胸闷和气喘等症状都是由支气管气道平滑肌收缩和炎症引起的,支气管气道平滑肌收缩可能产生非常严重的后果,导致气道缩小甚至关闭。

全球哮喘防治倡议(the Global Initiative for Asthma,GINA)提出了阶梯式治疗方案,力争实现使用尽可能少的药物而达到理想控制哮喘效果的治疗目标,即根据患者的不同病情选择适当的药物和剂量,依据治疗过程中的病情变化进行升级(哮喘恶化时增加用药的数量和次数)或降级治疗(哮喘控制稳定后减少用药的数量和次数),同时强调在治疗过程中,应避免和控制患者哮喘发作的诱发因素。在确定哮喘的严重程度后,通常应当从相当于初始病情严重程度所适合的那一级开始治疗,一旦哮喘控制稳定持续3个月,就可以考虑降级治疗。如果患者在用药正确、用药方案合理和环境控制良好的情况下,哮喘控制仍达不到理想效果,就应考虑向上调整至较高一级的治疗级别。

治疗哮喘药物主要分为舒张支气管平滑肌的支气管扩张剂和抑制气道炎症的抗炎药,还有一些具有双重功效的药物(白三烯调节剂)和药物组合(吸入糖皮质激素联合长效 β_2- 受体激动剂)。哮喘治疗药物按其总体功效可分为快速缓解药物和长期控制药物两大类。快速缓解药物是指按照患者对症治疗的需要而使用的药物,这些药物主要通过迅速解除支气管痉挛从而缓解哮喘症状,包括速效 β_2- 受体激动剂、吸入性抗胆碱能药物和激素,短效茶碱类药物及短效口服 β_2- 受体激动剂等。长期控制药物是指需要长期每天使用的药物,这些药物通过抗炎作用使哮喘维持临床控制,其中包括糖皮质激素、白三烯调节剂、长效 β_2- 受体激动剂、缓释茶碱类药物以及其他有助于减少全身激素剂量的药物等。吸入糖皮质激素、长效和短效 β_2- 受体激动剂是目前治疗哮喘最主要的药物。

1. 快速缓解药物

(1)速效 β_2- 受体激动剂: β_2- 受体激动剂舒张支气管的机制主要包括选择性激活气道平滑肌细胞表面 β_2 肾上腺素能受体,激活腺苷酸环化酶,提高细胞内环腺苷酸的浓度,使肌细胞膜电位稳定,降低细胞内钙离子浓度,达到松弛气管平滑肌的作用。吸入性速效 β_2- 受体激动剂是治疗紧急气道阻塞的首选药物。最常用的速效 β_2- 受体激动剂包括左沙丁胺醇、沙丁胺醇和吡布特罗等,给药方式包括吸入给药、口服给药、注射给药和贴剂给药4种。速效 β_2- 受体激动剂通常在5分钟内发挥作用,30~60分钟内疗效最为显著,疗效可持续4~6小时。

吸入给药包括气雾剂、干粉剂和溶液吸入3种方式。吸入给药应按需间歇使用,不宜长期和单一使用。这类药物松弛气道平滑肌作用显著,通常在给药后数分钟内起效,疗效可维持数小时,是缓解轻至中度急性哮喘症状的首选药物。口服给药包括沙丁胺醇、特布他林和丙卡特罗片等。口服给药通常在用药后15~30分钟起效,疗效可维持4~6小时,缓释剂型和控释剂型的平喘药物作用可维持8~12小时。尽管注射给药法的平喘作用较为迅速,但由于该方法引起全身不良反应的发生率较高,国内很少使用。贴剂给药法主要是利用结晶储存系统来控制药物的释放,为透皮吸收剂型,因药物经过皮肤吸收,可减轻全身不良反应的发生。

(2)吸入抗胆碱药物:常用的抗胆碱药主要为季铵类选择性抗胆碱药,代表药物包括噻托溴铵、异丙托溴铵和氧托溴铵等。该类药物可阻断M1及M3毒蕈碱受体,降低迷走神经张力,减少腺体分泌。吸入抗胆碱药物的舒张支气管作用较 β_2- 受体激动剂弱,起效较慢,但长期应用不易产生耐药性,对有吸烟史的老年哮喘患者较为适宜,妊娠早期妇女、青光眼或前列腺肥大患者应慎用。近年来研究发现吸入抗胆碱药物还具有一定的抗炎作用。

2. 长期控制药物

（1）吸入型糖皮质激素：是控制气道炎症最有效的药物。糖皮质激素是由肾上腺皮质束状带分泌的一种甾体激素，具有抗炎、抗休克、抗过敏及调节物质代谢等多种作用，在哮喘的治疗中占有重要地位。临床上常用的吸入型糖皮质激素有4种，包括二丙酸倍氯米松、布地奈德、丙酸氟替卡松和环索奈德。给药途径包括吸入、口服和静脉应用等，吸入应用为首选途径。吸入激素的局部抗炎作用较强，药物直接作用于呼吸道，所需药物剂量较小。由于吸入型糖皮质激素通过消化道和呼吸道进入血液循环的大部分药物可经肝脏灭活，因此，全身性不良反应较少，但可引起声音嘶哑、咽部不适等口咽部局部不良反应，吸入药物后及时用清水含漱、选用干粉吸入剂或加用储雾器可减少不良反应的发生。

（2）吸入型长效 β_2-受体激动剂：主要包括沙美特罗（salmeterol）和福莫特罗（formoterol），它们在很大程度上已取代了传统的长效支气管扩张剂——沙丁胺醇和茶碱。吸入型长效 β_2-受体激动剂主要适用于哮喘（尤其是夜间哮喘和运动诱发哮喘）的预防和治疗。β_2-受体激动剂通过激活气道平滑肌和肥大细胞膜表面的 β_2-受体，舒张气道平滑肌，减少肥大细胞和嗜碱性粒细胞脱颗粒，降低微血管的通透性，增加气道纤毛的摆动，从而缓解哮喘症状。2018版GINA方案强调了吸入型长效 β_2-受体激动剂不适合单独用于哮喘治疗。

3. 白三烯调节剂

白三烯是Ⅰ型变态反应的重要炎性介质，来源于细胞膜和核膜的脂质双层。白三烯通过与位于肥大细胞、嗜碱性粒细胞等细胞表面的白三烯受体结合，引发气管平滑肌收缩及炎性反应。白三烯调节剂有白三烯受体拮抗剂和白三烯合成阻断剂两种类型。白三烯受体拮抗剂是治疗哮喘的非糖皮质激素抗炎药，用于控制哮喘发作，代表药物有扎鲁司特、孟鲁司特和异丁司特。白三烯调节剂是通过拮抗气道平滑肌和其他细胞表面白三烯受体，抑制肥大细胞和嗜碱性粒细胞释放半胱氨酰白三烯，产生轻度支气管舒张，减轻支气管痉挛，并具有一定的抗炎作用。由于抗白三烯药物只是抑制哮喘过程中的一种炎性介质，因此，与糖皮质激素的广泛抗炎作用相比，白三烯调节剂的作用相对较弱，此类药物主要适用于阿司匹林引起的哮喘、运动性哮喘和伴有过敏性鼻炎哮喘患者的治疗，以及控制哮喘治疗的联合用药。

4. 茶碱

茶碱类是治疗急性哮喘的有效药物。目前常用的茶碱类药物包括氨茶碱、二羟丙茶碱、茶碱缓释片和茶碱控释片等，以氨茶碱最为常用。茶碱的用药方式主要包括口服给药和静脉给药。茶碱类能抑制磷酸二酯酶，增加环磷酸腺苷（cAMP）在细胞内的含量，降低支气管平滑肌张力，扩张气道。低浓度茶碱具有抗炎和免疫调节作用。茶碱的治疗剂量和中毒剂量较接近，因此，临床上使用氨茶碱时最好能够进行血药浓度监测。

氨茶碱加入葡萄糖溶液中静脉注射或静脉滴注，适用于哮喘急性发作且近24小时内未用过茶碱类药物的患者，但应注意监测患者的血药浓度。口服给药包括氨茶碱和控（缓）释型茶碱，常用于轻度至中度哮喘发作和维持治疗。联合应用茶碱、激素和抗胆碱药物具有协同作用；但茶碱类与 β_2-受体激动剂联合应用时患者易出现心率增快和心律失常，应慎用并适当减少药物剂量。

(二) 过敏性鼻炎的药物治疗

过敏性鼻炎(allergic rhinitis, AR)是最常见的过敏性疾病之一,是全球性的健康问题。过敏性鼻炎常与哮喘同时存在,是哮喘发病的危险因素之一。由WHO参与修订的诊疗指南《变应性鼻炎及其对哮喘的影响》(Allergic Rhinitis and its Impact on Asthma, ARIA 2008 update)根据鼻部症状的发作时间分为间歇性过敏性鼻炎和持续性过敏性鼻炎,同时依据过敏性鼻炎症状的严重程度和对生存质量的影响分为轻度、中度和重度。避免接触过敏原及环境控制是治疗过敏性鼻炎最基本的手段。局部皮质类固醇的应用及口服抗组胺药物是重要的治疗手段。

1. 抗组胺药物

抗组胺药物能快速缓解由组胺释放引起的流涕、喷嚏、鼻痒和眼部症状等,是过敏性鼻炎患者的首选治疗药物。目前抗组胺药物主要有两代,即第一代抗组胺药物和第二代抗组胺药物。第一代抗组胺药物对H1受体的选择性不高,具有明显的抗胆碱作用和镇静作用,包括柯利西锭、二苯醇胺、盐酸丙吡咯啶等,这类药物在夜间较有效,但在白天使用常会引起患者乏力、嗜睡和头痛等中枢神经系统的不良反应,还可能对学习能力有一定的损害。同时,第一代抗组胺药物还具有类似酒精的作用,对于从事相关工作的人来说具有更高的危险系数。第二代抗组胺药物具有低镇静或无镇静作用,对学习能力及睡眠无明显影响,主要包括西替利嗪、氯雷他定、地氯雷他定和卢帕他定等,此类药物具有见效快、药效久、安全性好和副作用小等优点,特别是最近用于临床的新型第二代抗组胺药地氯雷他定和左西替利嗪等,还具有较强的抗炎作用,对缓解鼻塞具有较好的疗效。第二代口服抗组胺药具有良好的效果与风险比,对于所有过敏性鼻炎患者而言都是重要的治疗药物。

2. 糖皮质激素

过敏性鼻炎早期阶段是炎性介质组胺的释放,晚期阶段是嗜酸性粒细胞和淋巴细胞等免疫炎性细胞的浸润。抗组胺药一般主要用于炎性反应的早期阶段,而糖皮质激素对于炎症反应早期和晚期阶段均有效。糖皮质激素的药理学作用机理包括抑制花生四烯酸的代谢,减少白三烯和前列腺素的合成,抑制嗜酸性粒细胞的趋化和活化,抑制细胞因子的合成和减少微血管的渗漏等。此外,糖皮质激素还可以降低内皮细胞和上皮细胞的通透性,提高交感神经的血管紧张度,降低鼻腔黏膜的高反应性和黏液腺对胆碱刺激的反应性。用于治疗过敏性鼻炎的糖皮质激素可分为鼻喷和口服两种类型。由于鼻喷类糖皮质激素药物具有较低的系统生物活性,被普遍认为用于治疗过敏性鼻炎的患者是有效和安全的。目前临床常用的鼻喷类糖皮质激素药物有二丙酸倍氯米松(BDP)、布地奈德、丙酸氟替卡松和糠酸莫米松等。ARIA推荐,鼻喷类糖皮质激素是中-重度过敏性鼻炎患者的一线药物疗法,尤其对缓解持续性过敏性鼻炎的鼻塞症状有良好的作用。鼻喷糖皮质激素可减少呼吸道上皮细胞促炎因子的表达和释放,有效地减少上皮郎格汉斯细胞、肥大细胞和嗜酸性粒细胞的浸润,因此,该类药物能减少鼻塞并改善睡眠。鼻喷类糖皮质激素具有良好的耐受性,偶可引起鼻黏膜刺激感、咽痛和鼻出血等一些局部不良反应,通过改变喷药方式或更换药物制剂可减少副作用的发生。由于全身使用激素可能发生严重的不良反应,故口服糖皮质激素一般不被推荐用于过敏性鼻炎的治疗,但当患者患有严重鼻塞,或使用一线药物不能控制症状,或伴有鼻息肉,局部用药不能到达整个鼻腔的情况下,可考虑短期用药。

3. 抗胆碱能药

临床用于治疗过敏性鼻炎的抗胆碱药为异丙托溴铵。该药主要用于阻断鼻黏膜分泌腺体上的毒蕈碱样受体,鼻用异丙托溴铵能够使鼻黏膜血管收缩,抑制鼻黏膜黏液分泌,用于缓解鼻溢液。异丙托溴胺是在鼻溢液为主要临床症状时的一线治疗用药,主要副作用为鼻腔干燥和鼻出血。鼻用异丙托溴胺起效迅速,主要适用于以流涕为主要症状,对其他药物治疗效果不理想的过敏性鼻炎患者,该药可与抗组胺药或鼻用糖皮质激素联合应用。

4. 减充血剂

减充血剂具有拟交感活性,通过刺激肾上腺素能受体,引起鼻黏膜血管收缩而缓解鼻充血及鼻塞症状。减充血剂有鼻喷和口服两种类型。鼻喷减充血剂在用药10分钟内起效,疗效维持约12小时。外用鼻喷减充血剂,如羟甲唑啉、赛洛唑啉可显著减轻鼻塞症状,但对鼻痒、喷嚏等症状无效。口服减充血剂于用药30分钟内起效,疗效可持续达6小时,有缓释配方的情况下疗效可持续8~24小时。由于口服减充血剂作用较弱,还可能产生睡眠障碍、青光眼、尿潴留和甲状腺功能亢进等并发症,目前在临床上已很少使用。

5. 白三烯抑制剂

白三烯抑制剂分为白三烯合成抑制剂和白三烯受体拮抗剂两种类型。齐留通为白三烯合成抑制剂,通过抑制脂氧化酶来抑制白三烯的合成,显著改善鼻塞症状。孟鲁斯特、普鲁司特和扎鲁司特属于白三烯受体拮抗剂,能有效减少鼻黏膜肿胀,改善鼻塞、流鼻涕和打喷嚏等症状。孟鲁斯特是目前美国唯一获准用于治疗过敏性鼻炎的白三烯受体拮抗剂,它能显著缓解春、秋季过敏性疾病患者的夜间症状,降低外周血嗜酸性粒细胞的数量,从而降低过敏炎性反应。ARIA将白三烯受体拮抗剂列为治疗过敏性鼻炎伴哮喘的重要药物。

6. 肥大细胞膜稳定剂

肥大细胞膜稳定剂主要通过稳定肥大细胞膜,减少肥大细胞释放炎性介质。常用药物有色甘酸钠、酮替芬和奈多罗米钠等,该类药物常与其他药物合用,用于预防或治疗轻、中度过敏性鼻炎。肥大细胞膜稳定剂安全性好,适用于儿童和妊娠期妇女。该类药物的缺点是起效慢,需要使用几周后才能产生最佳疗效,因此,肥大细胞膜稳定剂常作为治疗过敏性鼻炎的二线药物。

(三) 特应性皮炎的药物治疗

粉螨过敏性哮喘、粉螨过敏性鼻炎和粉螨特应性皮炎三种疾病的致病机理和致病条件基本相同,通常同一个患者可同时患其中两种或三种疾病,如婴儿期湿疹患者长大后易患过敏性鼻炎或过敏性哮喘。特应性皮炎(atopic dermatitis, AD)又称异位性皮炎、异位性湿疹或遗传过敏性湿疹,是一种常见的与遗传因素相关的慢性复发性、炎症性皮肤病,该病的病因与发病机制尚未阐明,普遍认为特应性皮炎是具有遗传素质背景的个体在受到外界特异性致敏原作用后而发生的过敏性疾病,与家庭环境卫生条件、温度、湿度、季节和家族遗传病史相关。多见于婴儿期,表现为面部湿疹。成人多见于四肢屈面、肘窝和腋窝等皮肤细嫩处,表现为湿疹和苔藓样病变,如疾病不愈、病程加剧可累及全身。目前对于特应性皮炎的治疗可分为基本治疗、局部治疗和系统治疗三个阶段。

1. 基本治疗

对于特应性皮炎的基本治疗主要包括避免接触过敏原和注重对患者的心理治疗。治疗特应性皮炎应尽量避免诱发因素和加重因素的影响。特应性皮炎患者对外界刺激的敏感性增高,应尽量穿着宽松的棉织品衣物,避免接触动物毛皮屑等过敏原,尽量避免用力搔抓,避免过度清洗皮肤,避免用热水或在含氯的游泳池中游泳,以减少或避免刺激。此外,还要注意个人卫生,保持皮肤清洁,生活在温度和湿度适宜的环境,不吃易过敏的食物等。注重患者的心理治疗,建立患者治愈特应性皮炎的信心。

2. 局部治疗

糖皮质激素目前仍是治疗特应性皮炎的一线药物。糖皮质激素作用的主要机理是通过诱导磷脂酶A2抑制蛋白抑制免疫反应和花生四烯酸的释放,下调特应性皮炎患者IL-12的表达,减少胶原的合成。短期应用糖皮质激素对控制特应性皮炎的急性发作具有良好效果,长期应用糖皮质激素会产生皮肤萎缩、色素沉着和继发性感染等副作用。由于儿童的体表面积与体重的比例较高,糖皮质激素经皮肤吸收的危险性增加,还可能引起下丘脑垂体肾上腺轴的抑制,造成儿童生长发育迟缓。为有效减少或避免糖皮质激素的副作用,治疗时应优先选用弱效糖皮质激素,或者用强效糖皮质激素迅速缓解症状,然后立即使用弱效糖皮质激素取代,强效糖皮质激素连续使用不宜超过2周。

钙调磷酸酶调节剂是一类用于治疗特应性皮炎的新型药物,它通过抑制钙调磷酸酶选择性抑制T细胞的激活,导致细胞中游离钙离子水平升高,并激活钙调蛋白。目前应用较多的钙调磷酸酶抑制剂是他克莫司和匹美莫司,这两种药物能够抑制钙调蛋白,防止磷酸酶去磷酸化活性,抑制T细胞增殖及炎性细胞因子的释放。他克莫司适用于治疗中、重度特应性皮炎,而匹美莫司则适用于治疗轻、中度特应性皮炎。

局部外用抗生素对于治疗轻度特应性皮炎和局部的继发性感染有很好的疗效。外用夫西地酸已被证明是治疗金黄色葡萄球菌感染的有效药物。洗必泰等局部抗菌剂,具有低敏感性和低抗药性等优点,可用作润肤剂和"湿-包敷料"疗法的补充用药。局部抗菌剂与局部类固醇的联合用药较单一使用局部类固醇疗效有较大提高。

使用润肤剂和止痒剂在治疗特应性皮炎中可以有效缓解患者皮肤干燥和瘙痒两大症状。润肤剂通常每日至少外用2次,如需全身外用润肤剂,儿童每周外用剂量约250 g,成人每周则至少需要外用500 g。有研究表明,润肤剂可增强特应性皮炎患者皮损对糖皮质激素的治疗反应。临床上常用的止痒剂为多塞平等,由于外用多塞平可引起嗜睡和接触性皮炎等不良反应,故建议临床上短期应用。

煤焦油具有缓解痛痒和抗炎作用,目前在临床上煤焦油主要用来治疗特应性皮炎患者慢性皮损,但可引起毛囊炎和对光敏感等不良反应。此外,维生素B_{12}、甘草凝胶等其他外用制剂治疗特应性皮炎的疗效也被一些临床随机试验证实。

3. 系统治疗

在特应性皮炎的急性暴发期,为达到理想疗效,患者可短期使用全身性糖皮质激素,但是由于全身性糖皮质激素的副作用和不良反应较多,原则上尽量不用或少用此类药物,特别是儿童。对病情严重的患者可给予中、小剂量短期用药,待病情好转后应及时逐渐减量或停药,以避免长期使用带来的不良反应或病情反跳。

环孢霉素A是免疫抑制和抗炎药物,在治疗儿童和成人特应性皮炎中均具有良好的疗效。环孢霉素A的主要作用机理是抑制钙调磷酸酶依赖的通路,导致促炎细胞因子如IL-2和IFN-γ水平降低。但由于环孢霉素A可能引起肾毒性等副作用,故环孢霉素A仅限于重症患者使用。

硫唑嘌呤是一种全身免疫抑制剂,它能够抑制嘌呤核苷酸的合成,对于治疗严重的顽固性特应性皮炎有效。皮肤病学上推荐硫唑嘌呤的使用剂量是每天服用1~3 mg/kg,硫唑嘌呤的副作用包括骨髓抑制和肝毒性等。

抗组胺药可用于特应性皮炎和其他痒性疾病的治疗,其治疗价值主要在于镇静作用,用于严重强痒相关的疾病复发中的短期辅助治疗。抗组胺药的作用机理是阻断组胺与H1、H2受体的结合,拮抗红斑、瘙痒、红晕和荨麻疹等。第一代抗组胺药苯海拉明有较强的镇静作用,可促进患者睡眠,其对特应性皮炎的止痒效果主要依赖于此。第二代抗组胺药如氯雷他定、非索非那定等,不良反应更小、活性更强,但由于第二代抗组胺药物无镇静作用,故仅限于荨麻疹、过敏性鼻炎和结膜炎的治疗。

治疗特应性皮炎的干扰素具有抗病毒、抗增殖及免疫调节剂的作用。干扰素是由真核细胞在病毒和非病毒诱导下产生的分泌型糖蛋白家族,治疗特应性皮炎的干扰素有IFN-α_{2a}、IFN-α_{2b}和IFN-γ三种形式。特应性皮炎患者皮下注射重组IFN-γ后,临床症状得到明显改善。IFN-γ的耐受性好,常见的不良反应是流感样症状,由于其价格高、不良反应大,IFN-γ仅用于其他疗法难以控制或不能耐受的中至重度特应性皮炎患者,并不适于作为治疗特应性皮炎的一线用药。

对于治疗特应性皮炎,免疫调节剂还处于临床试验阶段。免疫调节剂含有抑制过敏炎症反应的组成成分,包括细胞因子调节剂、炎性细胞招募阻碍剂和T细胞激活抑制剂等,能够干扰T细胞激活和转运,将Th1转变成Th2,或者抑制细胞因子,从而改变免疫进程。

有研究表明,紫外线UVA和UVB具有调节角蛋白细胞、树突状细胞和T淋巴细胞的功能,对治疗特应性皮炎有效。因光疗有致癌的潜在危险性,应注意与口服或局部免疫调节剂联合使用。光疗法一般不适用于12岁以下的儿童。

(四) 过敏性结膜炎的药物治疗

过敏性结膜炎属于Ⅰ型变态反应,是一类由肥大细胞脱颗粒引起的影响眼表的炎症性疾病。过敏性结膜炎按发病时间及发病症状分为季节性过敏性结膜炎(SAC)、常年性过敏性结膜炎(PAC)、春季角膜结膜炎(VKC)、巨乳头性结膜炎(GPC)和变应性角膜结膜炎(AKC)五类。虽然不同区域过敏性结膜炎的发病率和发病特征各有不同,但发病机制是相同的,都是由于眼表接触到过敏原引起结膜结合的IgE交联,促使肥大细胞脱颗粒,并且释放一系列的过敏介质和炎性介质,组胺在这个过程中起着重要的作用。急性期患者通常会产生发痒、眼睑及结膜水肿、发红和惧光等症状,后期有些患者会产生与嗜酸性粒细胞和中性粒细胞增多有关的症状。过敏性结膜炎是一种慢性疾病,可能发展成伴随眼表皮组织的重塑,重症患者会产生极度的不适,多数情况下会采用局部糖皮质激素进行治疗,但由于糖皮质激素会增加患者白内障和青光眼的发生风险而限制了该类药的使用。

过敏性结膜炎的治疗分为非药物治疗和药物治疗两大类。患者应尽量避免与可能的过敏原接触,如清除房间的破布和清洁毛毯、注意床褥卫生、消灭房间的螨虫、避免长时间接触花粉、使用优质的角膜接触镜及质量合格的护理液等。由于眼部与外界有较大的接触面并且一直暴露在外部,故很难完全避免眼部与空气中的过敏原接触。润滑剂有助于稀释和隔离过敏原,是避开过敏原的有效方式。人工泪液包含盐水和一种由甲基纤维素或聚乙烯醇组成的物质,必要时可每日局部使用2～4次,但人工泪液不能从根本上治疗过敏反应。冷敷可以帮助缓解过敏性结膜炎的眼部瘙痒等症状。

当避免接触过敏原和非药物治疗的策略无法减轻过敏性结膜炎患者的症状时,药物治疗就应用于治疗过敏性结膜炎。治疗过敏性结膜炎的理想药物主要是通过抑制肥大细胞脱颗粒以及抑制组胺的作用等,快速缓解症状。临床上除使用肥大细胞稳定剂、抗组胺药或者其他受体拮抗剂外,对于症状较重的患者还需使用糖皮质激素和免疫抑制剂等。这些药物的作用时间长,依从性好,且使用安全。

1. 抗组胺药

抗组胺药主要用于治疗过敏性结膜炎的早期反应,该药能够竞争性结合结膜、眼睑细胞上的组胺受体,阻断组胺的活化,拮抗组胺导致的扩血管、增加血管通透性和刺激神经的作用,从而缓解组胺引起的眼部过敏症状。局部抗组胺药可单独用于治疗过敏性结膜炎,但如将其与苯福林或萘甲唑林等血管收缩剂合用,则更为有效。新一代抗组胺药能更加特异地拮抗H1受体,具有起效快、作用时间长和依从性好的优点,且不良反应较小,适用于儿童。左卡巴斯汀(levocabastine)是一种高选择性H1受体阻断剂,局部使用起效快,作用时间较长,无明显中枢神经不良反应,最常见的不良反应为眼部中度刺痛和烧灼感。依美斯汀(emedastine)是一种相对选择性H1受体阻断剂,能强效抑制磷脂酰肌醇水解,同时能够抑制上皮细胞分泌IL-6和IL-8,抑制嗜酸性粒细胞的趋化,从而遏止炎症反应的进展,不良反应为轻度的刺痛和烧灼感。氮唑斯汀(azelastine)是第二代H1受体阻断剂,该药的抗过敏药性可能是通过抑制一系列中间介质以及下调ICAM-1起作用的,氮唑斯汀已被FDA批准作为治疗过敏性结膜炎的药物。

2. 减充血剂

局部用减充血剂作为血管收缩药物,如拟交感神经药物苯福林和四氢唑啉,能有效缓解结膜的充血症状,通常与局部抗组胺药物联合使用。临床上常用的抗组胺药和血管收缩剂的复方制剂同时具有抗组胺和收缩血管双重活性,可快速控制眼痒和减轻血管充血,如盐酸萘甲唑啉/马来酸非尼拉敏、安他唑啉/四氢唑啉等。萘甲唑林/安他唑啉是FDA批准的唯一用于治疗过敏性结膜炎的抗组胺药和减充血剂复合制剂。局部用减充血剂的副作用主要有眼灼热、刺痛和瞳孔放大等。

3. 肥大细胞膜稳定剂

肥大细胞膜稳定剂的作用机理是通过抑制细胞膜钙离子内流,稳定肥大细胞膜,从而抑制肥大细胞脱颗粒释放炎性介质,抑制巨噬细胞、单核细胞、中性粒细胞和嗜酸性粒细胞等炎症细胞活化,缓解过敏性结膜炎的症状与体征,降低过敏性结膜炎的复发率。常用的肥大细胞膜稳定剂包括色苷酸钠、洛度沙胺、吡嘧司特和奈多罗米等。这类药物虽然起效较抗组胺药慢,但治疗重症过敏性结膜炎的效果更好。

在粉螨流行较多的环境和花粉季节,色苷酸钠可作为预防药物应用。色苷酸钠的作用机理主要是通过抑制细胞内环磷腺苷的增加,阻止钙离子进入肥大细胞内,稳定肥大细胞膜,阻止肥大细胞脱颗粒,从而抑制组胺和5-羟色胺等炎性介质对组织的作用。色苷酸钠对由粉螨引起的I型变态反应具有良好的治疗效果,长期使用无明显不良反应,在美国等一些国家,色苷酸钠被列为儿童哮喘的首选药物。吡嘧司特为吡啶嘧啶化合物,吡嘧司特能有效抑制过敏性结膜炎的进展,其效果较色苷酸钠强约100倍。吡嘧司特于2000年获美国FDA

批准上市,用于治疗季节性过敏性结膜炎,其主要不良反应为结膜充血和刺激感。洛度沙胺为第一代肥大细胞膜稳定剂,它能抑制过敏性结膜炎的早期反应。洛度沙胺阻止组胺释放的作用远强于色甘酸钠。在过敏原诱发后,洛度沙胺能有效减少泪液中的类胰蛋白酶、组胺和炎症细胞,其主要不良反应为短暂刺痛感和烧灼感。奈多罗米属于第二代肥大细胞膜稳定剂,它能抑制肥大细胞和嗜酸性粒细胞等炎症细胞活化,降低感觉神经的敏感度,作用较色甘酸钠强而快,其主要不良反应为暂时性眼部刺激和烧灼感。

4. 双重(多重)作用药物

双重(多重)作用药物具有稳定肥大细胞膜和拮抗组胺受体的双效作用,效果优于单用肥大细胞膜稳定剂或抗组胺药。作为肥大细胞膜稳定剂,它能有效保护机体免受过敏性疾病晚期反应的损伤;作为抗组胺受体药,它能迅速缓解过敏性疾病早期反应的症状。双重(多重)作用药物能治疗并预防季节性过敏性结膜炎、常年性过敏性结膜炎、春季角膜结膜炎、巨乳头性结膜炎和变应性角膜结膜炎,且在治疗重症过敏性结膜炎时效果更好。临床上常用的双重(多重)作用药物包括奥洛他定、依匹斯汀、酮替芬和氮卓斯汀。奥洛他定具有强效抗组胺受体和稳定肥大细胞膜的双重作用,能选择性拮抗H1受体,还能抑制脂类炎性介质的释放,其对季节性过敏性结膜炎临床症状和体征的控制作用明显优于2%色甘酸钠。依匹斯汀能抑制肥大细胞、中性粒细胞和嗜酸性粒细胞释放炎症介质,抑制炎症细胞产生氧自由基,从而迅速缓解季节性过敏性结膜炎所致的眼部充血、球结膜水肿和眼睑水肿等症状。研究表明,奥洛他定在缓解过敏性结膜炎症状方面疗效较依匹斯汀更为显著。酮替芬具有较强的抗变态反应性,不仅能抑制肥大细胞释放组胺和慢反应物质,而且还能抑制中性粒细胞和嗜酸性粒细胞释放炎症介质,阻断钙通道和白三烯的作用,提高气道对拟β-肾上腺素的反应性,并抑制血小板活化因子和乙酰胆碱所引起的痉挛。酮替芬治疗儿童哮喘的效果较成人哮喘好,不良反应也相对较少。酮替芬的作用机制与色甘酸钠相似,但色甘酸钠口服不易吸收,因此多用酮替芬代替。酮替芬对外源性、内源性和混合性哮喘均有防治作用。氮卓斯汀既能阻断H1受体,还能抑制肥大细胞和嗜酸性粒细胞的钙离子内流,从而抑制细胞活化及释放炎性介质。氮卓斯汀是唯一获美国FDA批准的临床应用的抗组胺类鼻喷剂药物。

5. 糖皮质激素

糖皮质激素通过减少细胞因子和趋化因子的释放,减少炎性介质和抗体的形成,稳定溶酶体膜,抑制补体系统从而产生强烈的抗炎作用,该类药物具有缓解组织充血、水肿和损伤以及神经致敏导致的痛感增强等作用。临床应用糖皮质激素适用于其他药物治疗无效,伴有重度急性症状的过敏性结膜炎患者。由于长期使用糖皮质激素滴眼能增加真菌性和疱疹性角膜炎的发生风险,延迟伤口愈合,甚至可能导致角膜软化穿孔。因此,对于轻度或中度变应性结膜炎,应尽量避免使用糖皮质激素;而在治疗春季角膜结膜炎和变应性角膜结膜炎时,则必须使用糖皮质激素治疗,推荐使用短效糖皮质激素制剂。目前临床使用的眼用糖皮质激素包括0.1%倍氯米松、0.1%地塞米松、0.02%和0.1%氟米龙等,糖皮质激素必须在医生的指导下用药。通常在滴用糖皮质激素1小时后起效,症状缓解后应逐渐减少药量直至停药,同时加用安全性较高的局部抗过敏滴眼药维持治疗。

6. 非甾体抗炎药

非甾体抗炎药属于环氧化酶抑制剂,它通过抑制前列腺素的产生和嗜酸性粒细胞的趋化,从而发挥抗炎和止痛的作用。非甾体抗炎药可缓解过敏性结膜炎早期反应中的眼痒、结膜充血和流泪等症状,对于治疗晚期严重临床症状也有一定效果。临床上用于治疗过敏性结膜炎的非甾体抗炎药包括酮咯酸、双氯芬酸和氟比洛芬等。主要不良反应包括眼表刺激感、眼部烧灼感、刺痛感、角膜炎和视物模糊等。由于非甾体抗炎药对角膜上皮具有毒性,故临床上持续使用的时间一般不应超过2周。

7. 免疫抑制剂

目前临床上用于治疗过敏性结膜炎的免疫抑制剂主要有环孢霉素和他克莫司两种。环孢霉素通过影响 Th 细胞分化、减少 IL-2 的释放从而发挥免疫抑制作用。他克莫司的作用机制与环孢霉素相似,但化学性质不同。免疫抑制剂治疗严重的过敏性结膜炎疗效明显,但尚未获批准在临床上大规模治疗使用。

(五)荨麻疹的药物治疗

荨麻疹是由于皮肤、黏膜小血管扩张及渗透性增加而引起的一种局限性水肿反应,临床上常表现为大小不等的风团块、皮肤瘙痒,还可伴有腹痛、腹泻和气促等临床表现。荨麻疹的发病机制包括免疫介导和非免疫介导两种方式。免疫介导包括 IgE 介导和补体系统介导,非免疫介导可由肥大细胞释放活性介质或花生四烯酸代谢障碍所致。

药物治疗是荨麻疹的主要治疗手段,目前临床上用于控制荨麻疹患者症状的药物主要有抗组胺药物、拟交感神经类药物和皮质类固醇三种。抗组胺药物对于绝大多数荨麻疹患者有效,是改善和控制荨麻疹症状的主要治疗药物。抗组胺药物是组胺的竞争性拮抗剂,即使在组胺持续释放的情况下,也能够拮抗组胺对终末器官的作用。第一代抗组胺药治疗荨麻疹的疗效确切,但由于其具有中枢镇静作用和抗胆碱能作用等不良反应,因此限制了该类药物的临床应用。第二代抗组胺药不具有镇静作用或镇静作用较弱,安全性较好,目前作为临床治疗荨麻疹的一线用药。当一种抗组胺药物治疗荨麻疹无效时,可联合使用两种抗组胺药。尽管口服抗组胺药对过敏性哮喘的治疗作用有限,但对于伴有过敏性鼻炎和荨麻疹等过敏症状的遗传体质者,可有助于哮喘症状的控制,抗组胺药在使用过程中偶可出现口干舌燥、Q-T 间期延长等不良反应,应注意避开危险人群。肾上腺素及麻黄碱等拟交感类药物具有 α 受体激动剂活性,能够引起皮肤浅层及黏膜表面血管收缩,可直接对抗组胺对终末器官的作用。拟交感类药物通常用于重症急性荨麻疹的治疗或与抗组胺药物联合使用。在大剂量联合应用抗组胺药物治疗荨麻疹无效的情况下,应考虑使用口服泼尼松等皮质类固醇药物。

三、粉螨过敏性疾病的免疫治疗

免疫治疗(immunotherapy),又称生物应答调节剂(biological response molifier,BRM)疗法,是指通过诱发、刺激或增强自身免疫系统等手段达到预防和治疗疾病的疗法。对于过敏性鼻炎和过敏性哮喘等过敏性疾病的免疫治疗,也就是俗称的脱敏治疗。过敏性疾病的免疫治疗主要包括非特异性免疫治疗(non-specific immunotherapy)和过敏原特异性免疫治疗(allergen-specific immunotherapy,SIT)。非特异性免疫治疗是指通过采用免疫调节剂对患者的免疫系统进行调节,促使患者失衡的免疫功能得以改善或恢复。例如,通过免疫调节剂的免疫调节作用,增强哮喘患者的免疫功能,减少患者呼吸道感染的概率,降低其气道高反应性,从而达到防治哮喘的目的。由于个体差异等原因,不同患者对于同一种免疫调节剂的反应存在较大差异,因此,非特异性免疫疗法在临床应用上存在较大的局限性。过敏原特异性免疫治疗(SIT)是指在确定过敏性疾病的过敏原后,将其制成过敏原提取液并配制成不同浓度的制剂,剂量从小到大,浓度由低到高,通过皮下注射、口服和舌下含服等给药途径与患者反复接触,从而逐渐提高患者对此种过敏原的耐受性,当患者再次接触该过敏原时,过敏现象得以减轻或不再出现过敏现象。特异性免疫治疗的基本原理是通过调节过敏性疾病的细胞免疫应答和体液免疫应答,干扰I型变态反应的发展进程,预防发生新过敏原的过敏性反应,并防止患者由过敏性鼻炎发展为过敏性哮喘等。通过免疫治疗,可以促使Th1/Th2的平衡向Th1方向倾斜,还可导致细胞间黏附分子-1(inter-cellular adhesion molecule-1,ICAM-1)的表达降低,从而抑制效应细胞的活化等。

　　免疫治疗的给药方式包括以下5种:① 肌内注射,由于肌肉组织中富含血管,因此使用变应原时可能会产生全身性过敏反应等副作用,临床上目前尚未尝试使用肌内注射方式的特异性免疫治疗。② 皮下注射,尽管皮下组织中血管和肥大细胞都较少,但树突状细胞也较少,因此皮下注射进行免疫治疗所产生的免疫学效应较低。③ 口腔或舌下含服,由于黏膜上皮中没有血管且富含树突状细胞,可以通过舌下大剂量使用变应原进行治疗,此方式无全身性过敏反应的风险,因此口服或舌下含服的给药方式有较好的应用前景。④ 皮内给药,由于真皮内富含大量的树突状细胞、肥大细胞和血管,且治疗用变应原不能被IgE识别,因此皮内给药拥有巨大的应用前景。⑤ 表皮或经皮给药,表皮通过角化的角质形成细胞和角质层形成外层屏障,但是大分子物质可以进入,角质形成细胞在适应性免疫应答中发挥重要作用。

(一) 粉螨过敏原

1. 粉螨过敏原

　　粉螨过敏原主要包括螨体、螨蜕下的皮及活螨的排泄物和分泌物等。人体一次性大量接触或长期接触粉螨过敏原,可引起过敏性哮喘、过敏性鼻炎和特应性皮炎等多种过敏性疾病。由于粉螨具有易致敏性和广泛分布性,导致粉螨过敏性疾病的发病率逐渐增加。粉螨疾病的防治主要包括减少对粉螨致敏原的接触和暴露,以及粉螨的特异性免疫治疗。能够引起人体过敏性疾病的粉螨主要包括粉尘螨、户粉螨和埋内欧粉螨等。粉螨提取物中有30多种蛋白质成分可诱导患者产生IgE抗体。通过对粉螨致敏蛋白组分进行分析,构建出更适用于治疗的重组过敏原,为粉螨过敏性疾病的诊断和特异性免疫治疗提供理论依据。

　　用于粉螨制剂的过敏原原料主要有三种:纯种培养后,从培养基中分离获得主要含有螨体组织过敏原的纯螨全体浸液;把粉螨分离去除后获得的粉尘螨代谢培养基,其中含有粉螨代谢产物如粪粒等;前两者的混合物,即为包含上述两种过敏原的粉螨全培养制剂。用于免疫治疗的螨制剂有屋尘螨和粉尘螨两类,在每年5～6月份或9～10月份两个高峰季节在面粉厂或棉纺厂仓库中采集粉尘螨,屋粉螨可采用软垫弹击法和拍击法获得,亦可通过吸尘器吸取。粉螨过敏原的分离纯化主要包括沉淀分离法和层析法等。有机溶剂沉淀和盐析法是利用蛋白质的溶解度进行差别分离,常用作纯化粉螨过敏原浸液的初始步骤。层析法包括离子交换层析、凝胶过滤层析和亲和层析。将沉淀法、离子交换层析和凝胶过滤等方法联合应用,可获取最佳的分离效果。

2. 重组粉螨过敏原

重组粉螨过敏原是通过基因工程技术,将粉螨的致敏蛋白克隆、表达和纯化后得到高纯度的蛋白质作为免疫疫苗,其优点是质量稳定可靠,可以实现疫苗的标准化制备。不同种属的螨可能具有一致的、种特异性的共同过敏原,使临床上难以确定诱发过敏性疾病的成分,无法对患者进行特异性的个体化用药,并且天然的过敏原成分复杂,长期使用易导致IgE介导的过敏反应。重组过敏原采用纯化得到组分均一的致敏蛋白,或通过基因工程技术对过敏原进行改造,减少IgE结合的抗原表位,保留过敏原T细胞的识别结构域,从而有效降低了IgE介导的过敏反应,也就是说,重组抗原既保持了T细胞的活性表位,促进T细胞增殖,又通过基因工程手段降低了IgE的结合力。粉螨重组过敏原最初都是在大肠杆菌系统中表达的,但原核表达系统没有翻译后修饰,不能真正模拟天然过敏原。通过改变表达系统、更换载体、增加或减少序列修饰片段可获得大量特异性较强的致敏蛋白。有关粉螨的DNA疫苗研究国内外陆续开始有报道。DNA疫苗免疫治疗能够为机体抗原提呈细胞提供长期的、内源性表达的过敏原,降低血清IgE水平,减轻气道的炎细胞浸润,缓解哮喘症状。DNA疫苗由于其方便和长效等优点,为过敏性疾病的特异性免疫治疗开辟了新的途径和思路。

(二)粉螨特异性免疫治疗

目前临床上利用粉螨致敏原对过敏性哮喘、过敏性鼻炎、特应性皮炎和过敏性结膜炎等过敏性疾病开展特异性免疫治疗,获得了良好的效果。由于特异性免疫治疗(SIT)是采用皮下注射小剂量纯化的致敏原,通过脱敏和减敏治疗方法来治疗过敏性疾病,终止治疗后,其疗效比药物治疗更加显著且持久,相关治疗成本持续减少。因此,比较规避变应原、药物治疗和特异性免疫治疗三种治疗方法的费用,特异性免疫治疗(SIT)可以大量节省医疗保健成本。

粉螨特异性免疫治疗,就是将粉螨致敏原(提取液、重组致敏蛋白或多肽疫苗等)配制成不同浓度的制剂,剂量从小到大,浓度由低到高,通过皮下注射和舌下含服等途径与患者反复接触,从而提高患者对粉螨致敏原的耐受性,当患者再次接触粉螨时,不再产生过敏现象或过敏症状得以减轻。粉螨特异性免疫治疗的基本原理和具体机制主要包括:通过调节患者Th1/Th2型淋巴细胞之间的平衡来阻断过敏反应的发生,通过调节IgE和IgG抗体的生成及影响免疫效应细胞等,诱导选择性Th2型免疫应答向Th1应答偏移,抑制嗜酸性粒细胞增生、活化和聚集,从而降低机体对粉螨类过敏原的特异性反应;IL-4分泌减少,下调了B细胞合成IgE,同时,通过反复注射粉螨致敏原可使机体产生特异性IgG阻断性抗体,该类抗体可与粉螨致敏原直接结合形成免疫复合物,最后被单核吞噬系统所清除,起着阻断或减少过敏原与IgE抗体结合的作用,避免了肥大细胞的激活和炎症介质释放,改善临床症状;减少局部肥大细胞、嗜酸性粒细胞和嗜碱性粒细胞等的数量,影响黏附因子、趋化因子和促炎因子的生成,降低气道上皮的生物反应性。

1. 过敏性哮喘的粉螨免疫治疗

过敏性哮喘是一种严重危害人体健康的常见病和多发病,该病的发病机制与遗传因素、环境致敏原的存在和病毒感染等因素有关。过敏性哮喘的吸入性致敏原很多,包括常见的屋尘螨、粉尘螨、花粉、真菌和动物皮毛等。有研究表明,80%以上的哮喘患儿对粉螨过敏,粉螨是常见的环境致敏原中值得关注的一种,粉螨过敏原是哮喘最主要的病因之一。由于屋尘和粉螨等吸入性过敏原在日常生活中广泛存在,患者不可能完全避免接触,故脱敏疗法显得更为重要。在众多的致敏原中,屋尘成分复杂、不均一,一般不能用于制备免疫疫苗,而粉螨在诱发过敏性哮喘的致敏原中占主要地位,可作为良好的疫苗用于特异性免疫治疗。研究者们总结了粉螨所致过敏性哮喘的发病受遗传倾向、环境触发和致敏原暴露三个方面的相互关系,在环境触发因子、遗传倾向和暴露于过敏原(粉螨过敏原 Der p 1 含量≥2 μg/g 危险水平)三个因素的共同作用下使患者产生致敏,如果患者再次暴露于过敏原则可发生哮喘症状。大量临床试验研究证明,粉螨特异性免疫治疗不仅可以改善患者过敏性哮喘的症状,还可降低气道高反应性并改善患者肺功能。对粉螨过敏的哮喘患者采用标准化屋尘螨过敏原疫苗进行治疗,临床疗效显示,患者的鼻炎和哮喘的临床症状评分及肺功能的改善情况均良好。特异性免疫治疗停止后,不仅可以防止新的过敏症状的发生,而且其临床疗效仍可持续 5～7 年,甚至更长。有学者选取粉螨过敏原皮试阳性的过敏性哮喘患儿随机分为粉螨疫苗治疗组和对照组进行观察,经过 1 年的免疫治疗后,治疗组 Th1 细胞因子 IFN-γ 和 IL-2 表达水平分别增加了 30.76% 和 33.23%,而 Th2 细胞因子 IL-4 的表达水平及血清 IgE 水平分别降低了 31.07% 和 33.60%,与对照组相比,IFN-γ、IL-2 和 IL-4 等细胞因子的表达水平差异均具有统计学意义,提示免疫治疗可以显著调节表达 Th1/Th2 细胞因子功能的失衡,减轻患者的过敏反应性炎症,证实了粉螨特异性免疫治疗对于过敏性哮喘病患者治疗的有效性。对观察组哮喘患儿联合注射标准化热带无爪螨、屋尘螨过敏原提取液进行特异性免疫治疗,对照组单独注射标准化屋尘螨提取液,观察注射后患儿局部和全身不良反应的发生情况,研究结果显示,患儿对标准化热带无爪螨、屋尘螨提取液联合免疫治疗的安全性良好,观察组和对照组患儿局部和全身不良反应发生例次比较,差异无统计学意义。

一些高纯度的新型过敏原疫苗已在临床上应用于对哮喘患者的特异性免疫治疗,这种疗法的安全性和高效性已得到广泛的肯定,具有代表性的疫苗药物主要包括以下几种:① 重组过敏原疫苗,即将过敏原在外源宿主中进行表达,纯化后获得成分单一、量化精准的过敏原疫苗,重组过敏原疫苗能显著降低特异性免疫治疗的副作用。② 低过敏原性疫苗,即利用各种基因工程突变技术,筛选出既破坏编码 B 细胞表位的基因序列,同时保留编码 T 细胞表位的基因序列的嵌合基因,使得表达出的嵌合蛋白既保留了 T 细胞免疫原性又减低了过敏原性,减少了过敏反应中 IgE 抗体的生成。③ DNA 疫苗,即通过肌肉注射或皮内注射编码过敏原的治疗 DNA,诱导 Th1 免疫应答,DNA 疫苗具有使用方便、剂量精准和安全性高等优点,但由于其长期应用的安全性尚未明确,因此,在特异性免疫治疗中的应用不如重组过敏原疫苗和低过敏原性疫苗广泛。④ 去除 IgE 表位的肽疫苗、主要重组过敏原混合疫苗、过敏原偶联粒子等其他新型过敏原疫苗。

李朝品等在过敏性哮喘的粉螨特异性免疫治疗方面开展了大量工作。研究表明,粉尘螨过敏原浸液免疫治疗螨性哮喘患者可诱导机体产生螨特异性 IgG,其对 IgE 介导的过敏反应具有一定抑制作用,亦可调节患者细胞免疫功能,使机体内 Th1/Th2 趋于平衡状态。利用粉尘螨 I 类变应原 Der f 1 的 T 细胞和 B 细胞表位嵌合蛋白对尘螨过敏性哮喘的小鼠模型进行治疗,可显著降低 IgE 抗体的生成,有效改善螨性过敏小鼠的哮喘症状。利用基因工程突变技术重组尘螨 I 类变应原基因,表达出的嵌合蛋白 R8 在特异性免疫治疗中的效果优于重组的两亲本。屋尘螨 I 类变应原 T 细胞表位融合肽(TAT-IhC-DPTCE)作为疫苗,免疫治疗小鼠哮喘,可有效改善小鼠过敏反应性气道及肺部炎症。改组嵌合蛋白表位疫苗在一定程度上可有效减轻螨性过敏性小鼠的哮喘症状和肺部炎症。重组过敏原 Der p1 T 融合蛋白疫苗对屋尘螨粗提液诱导的哮喘小鼠的特异性免疫治疗具有较好的效果,哮喘小鼠的肺组织炎症细胞浸润、支气管壁损伤及上皮细胞脱落情况得到明显改善,血清中 IgE 含量降低,Th1、Treg 细胞比例升高,Th2、Th17 细胞比例下降。Der f 1 mRNA 疫苗可有效调节过敏性哮喘发病过程中 Th1/Th2 的失衡,并抑制抗原特异性 IgE 抗体的产生,从而为过敏反应性疾病的治疗提供了一种新型候选疫苗。户尘螨的Ⅱ类变应原(Der p 2)T 细胞表位融合肽对 Th1/Th2 平衡有调节作用,并可能通过抑制 STAT6 信号通路的表达,从而达到 Th1/Th2 免疫应答的平衡,这为后续研究表位疫苗提供了理论依据。粉尘螨Ⅲ类重组变应原(rDer f3)具有较强的过敏原性,可成功诱发小鼠产生过敏性哮喘,rDer f 3 在一定程度上可有效减轻小鼠螨性哮喘的肺部炎症和哮喘症状,并能有效调节过敏性炎症中的 Th1/Th2 平衡,抑制 IgE 抗体生成。以改组尘螨Ⅱ类变应原基因 Der f 2 和 Der p 2 后表达的蛋白为过敏原改组疫苗免疫治疗小鼠哮喘,可有效降低尘螨引起的小鼠肺部炎症。热带无爪螨重组蛋白 Blo t 21 T 重组蛋白可抑制 IL-4、IL-13 和 IL-17 等炎症因子,促进保护性 IgG 抗体的产生,从而减轻小鼠的哮喘症状。对尘螨粗提液制作的哮喘小鼠模型采用害嗜鳞螨Ⅱ类变应原 Lep d 2 进行免疫治疗,可抑制哮喘小鼠的免疫反应,逆转 Th1/Th2 比例失调,有效减轻哮喘小鼠的肺部炎症。

2. 过敏性鼻炎的粉螨免疫治疗

过敏性鼻炎和支气管过敏性哮喘均为呼吸道常见的过敏性疾病。临床上约有78%的过敏性哮喘患者患有过敏性鼻炎,而约有38%的过敏性鼻炎患者也同时患有过敏性哮喘。过敏性哮喘和过敏性鼻炎在病变部位和临床表现方面不同,但在多个方面又具有共同特征,例如,鼻部和下呼吸道黏膜是一个结构相似的连续体;哮喘和过敏性鼻炎具有多种相同的过敏原和触发因素;过敏性哮喘和过敏性鼻炎具有相似的病理生理学表现,即都是 IgE 介导的呼吸道慢性炎性疾病,均具有相同的速发和迟发性免疫反应过程,释放的细胞因子和炎性介质也相同;疾病过程中鼻部和下呼吸道具有相似的临床症状特征;下呼吸道激发试验可引起鼻黏膜炎症,同样,鼻激发试验也可引起下呼吸道炎症。随着对过敏性鼻炎和过敏性哮喘发病机制研究的不断深入,特异性免疫治疗已成为治疗过敏性鼻炎和过敏性哮喘的一个重要手段。

过敏性鼻炎是接触过敏原后由 IgE 介导的鼻黏膜炎症而引起的鼻部过敏性症状的疾病。粉螨作为过敏性鼻炎最主要的过敏原之一,粉螨疫苗在治疗过敏性鼻炎方面显示出良好的治疗效果和应用前景。舌下含服和皮下免疫治疗两种治疗方式都可以有效缓解儿童过敏性鼻炎的症状,经治疗后,粉螨特异性 IgE 含量显著下降,且舌下含服实验组无不良反应出现。有学者采用随机、双盲和安慰剂对照的方法对过敏性哮喘和过敏性鼻炎的粉螨免疫治疗开展了一项为期25周的临床观察,比较了治疗组和对照组治疗前后临床各指标、体外免疫学指标、皮试反应和不良反应等情况的差异,该研究对舌下特异性免疫治疗药物粉尘螨疫苗治疗过敏性鼻炎和过敏性哮喘的安全性和有效性进行了初步的验证,研究结果证实了粉螨的舌下特异性免疫治疗是一种治疗过敏性哮喘和过敏性鼻炎安全有效的治疗方法。

粉螨过敏性鼻炎的特异性免疫治疗方法为,不同浓度的粉螨浸液先用1:10剂量按0.3 mL、0.6 mL 和1.0 mL 递增,每周皮下注射一次,如皮试处出现风团和红晕直径≥1.5 cm,

或红晕具有伪足,风团中心出现水泡者,注射剂量需按常规剂量减少1/2~2/3。通常以注射10次为一个疗程,以治疗过程中疗治效果最好时的浓度和剂量作为维持量,并将注射间隔逐渐延长,每三周注射一次。喷嚏是过敏性鼻炎的主要症状之一,按治疗前后每日喷嚏数进行比较,作为疗效判定标准,如果治疗后每日喷嚏数比治疗前减少1/2为有效。少数患者治疗过程中出现肝区不适,但未发现有肝功能改变,也有患者出现胃部不适和嗜睡等,偶全身发疹,诱发哮喘、休克等较重的副作用。尽管较重副作用的出现频率较低,但应引起注意,并备齐抢救设施。

3. 特应性皮炎的粉螨免疫治疗

粉螨是特应性皮炎最重要的过敏原之一,粉螨疫苗也可作为特异性免疫疗法对特应性皮炎进行脱敏治疗。对20例特应性皮炎患者进行粉螨的皮下疫苗注射,有效率可达90%,免疫治疗后随访3年未发现患者复发。对成人特应性皮炎患者进行多中心、多剂量、随机和双盲对照试验,经皮下注射粉螨疫苗免疫治疗1年后发现,与对照组相比,治疗组患者的SCORAD评分显著下降,且高剂量治疗组的疗效显著优于低剂量组的疗效,呈现剂量依赖性。此外,治疗组患者对于外用皮质类固醇激素的依赖性也明显下降,证实粉螨疫苗对于粉螨过敏的特应性皮炎患者具有良好的脱敏效果。利用舌下含服粉螨疫苗疗法对患有特应性皮炎的儿童进行临床试验发现,与对照组相比,治疗组患儿在治疗后9个月开始显示良好的治疗效果,不仅SCORAD评分显著性降低,而且对于外用药物的依赖性也明显减轻。研究也证实了舌下含服粉螨疫苗疗法对于轻-中度的特应性皮炎患儿具有良好的疗效,而对于重度特应性皮炎患儿的疗效则不明显。

4. 过敏性结膜炎的粉螨免疫治疗

目前国内外有关利用粉螨疫苗治疗过敏性结膜炎已有报道,初步证实粉螨免疫治疗在临床上具有一定的疗效。有学者对58例春季过敏性结膜炎患者进行了包括粉螨等20种过敏原的皮内试验,选择粉螨阳性患者应用粉螨疫苗进行特异性脱敏治疗,皮试阴性的过敏性结膜炎患者作为对照组,研究结果显示,应用粉螨疫苗进行治疗的总体临床有效率达87%,且脱敏治疗的效果与治疗的时间相关,与皮试反应的强弱无关。

5. 其他免疫治疗方法

(1) T细胞肽免疫疗法:T细胞肽是天然过敏原在主要组织相溶性复合体Ⅱ(MHCⅡ)参与下经抗原提呈细胞处理后递呈给T细胞的一种短的线性氨基酸序列。T细胞肽免疫疗法的治疗机制是T细胞肽可被T细胞识别,但不能与过敏原特异性IgE结合,不能发生过敏反应,但可导致T细胞丧失免疫性或细胞因子含量的改变,从而诱导T细胞的免疫耐受。与特异性免疫治疗(SIT)相比,T细胞肽片段无IgE结合表位,IgE不能与肥大细胞和嗜碱性粒细胞的高亲和力受体相结合,因而不能诱导组胺和IL-24等介质的释放。

(2) 重组过敏原免疫治疗:是利用DNA重组技术对编码天然过敏原的基因进行操作,改变该基因IgE结合表位的主要氨基酸序列,使该重组过敏原既保持T细胞的表位活性,促进T细胞增殖,又降低IgE的表位结合能力,降低其变应原性,从而达到抗过敏的效果。尽管已有的研究提示重组过敏原免疫治疗具有很好的应用前景,但要将各种尘螨过敏原进行编码重组并应用于临床,尚需做大量的工作。

(3) 抗IgE抗体疗法:IgE介导、T细胞依赖的炎症反应机制在粉螨类过敏性疾病中起着主要作用,直接阻断IgE是一种治疗过敏性疾病的理想方法。目前科学家们已成功研制出供人体使用的重组人单克隆抗IgE抗体,但由于抗IgE抗体疗法费用较高,需频繁治疗以补充机体内IgE的耗竭状态,尚需联合其他方法提高治疗效果。

(4)基因疗法:包括DNA免疫疗法和免疫刺激疗法。DNA免疫疗法是指将编码保护性蛋白表位的cDNA插入含强哺乳动物启动子的载体中构建而成的DNA疫苗接种入宿主体内或细胞内。由2个5'-嘌呤、2个3'-嘧啶和去甲CpG保守基序组成免疫刺激序列,用这种免疫刺激序列进行免疫治疗时可作为佐剂与DNA疫苗合用,也可单独使用或与重组异构过敏原合用进行基因治疗。

(三)粉螨的非特异性脱敏治疗

由于特异性免疫治疗是让患者按照剂量从小到大、浓度由低到高的顺序反复接触某一种特定的过敏原,从而提高患者对该种过敏原的耐受性,使得患者再次接触此种过敏原时,过敏现象得以减轻或不再产生过敏现象。特异性免疫治疗的基本原理是通过调节过敏性疾病的细胞免疫应答和体液免疫应答,干扰Ⅰ型过敏反应的自然发展进程,同时也可预防发生新过敏原的过敏性反应,防止由过敏性鼻炎发展到过敏性哮喘等。从理论上来讲,运用特异性脱敏治疗后,患者应当只对某一种特定过敏原的过敏反应减轻。然而,经过多年的临床试验研究发现,部分患者在经过某一种特定致敏原的脱敏疗法治疗后,对其他过敏原的过敏反应也同时得到了减轻,学者们将这种现象称为特异性免疫治疗的非特异性脱敏,以区别于传统意义上的非特异性免疫疗法。目前,特异性免疫治疗的非特异性脱敏的机制还不是很清楚,相关的报道也较少。研究表明,包括过敏性哮喘和过敏性鼻炎在内的过敏性疾病的发生往往是由于免疫系统Th1型细胞和Th2型细胞的比例失衡引起的。当Th2型细胞增多的时候,Th2型细胞可以分泌较多的细胞因子IL-4,从而促进B细胞增殖和分化,刺激B淋巴细胞分泌更多的IgE,增加肥大细胞和嗜酸性粒细胞的敏感性,促进Th0细胞向Th2细胞分化并抑制Th1细胞活化及细胞因子的分泌,协同细胞因子IL-3刺激肥大细胞增殖。此外,还可以分泌细胞因子IL-5,IL-5不仅可以使嗜酸性粒细胞的数量增加,而且能刺激嗜酸性粒细胞增殖、分化及活化,促进嗜碱性粒细胞释放组胺及白三烯等炎症介质,从而提高嗜碱性粒细胞的活性。特异性免疫治疗的非特异性脱敏治疗是通过调节过敏患者体内Th1型细胞和Th2型细胞的平衡,促使Th1/Th2的平衡向Th1型细胞方向倾斜。当Th1型细胞占优势时,可以分泌较多的干扰素IFN-γ和IL-2。IFN-γ可以抑制IgE的合成以及Th2型细胞的产生,而细胞因子IL-2可以活化T细胞,刺激自然杀伤细胞NK细胞的增殖,并增强NK细胞的杀伤活性,诱导产生淋巴因子激活的杀伤细胞LAK细胞。免疫治疗还可导致细胞间黏附分子ICAM-1的表达降低,从而抑制效应细胞的活化,减弱患者对接触致敏原而产生的过敏反应。特异性脱敏治疗是从根本上影响甚至改变患者的免疫系统,降低患者对外界致敏原的敏感性。也就是说,经过长期的脱敏治疗后,患者体内Th1/Th2之间的平衡被调节为倾向于Th1型细胞,而Th2型细胞分泌细胞因子的减少也会降低患者对各种致敏原引起炎性反应的程度,从而在临床上表现出对其他过敏原的敏感程度也降低的非特异性脱敏现象。

(张晓丽)

第二节　粉螨过敏性疾病的预防

随着人类居住环境和生活习惯的改变,由粉螨所致的过敏性疾病的发病率迅速增高,对人类的健康和生活质量造成了很大影响。世界变态反应组织对全球30个国家进行了过敏性疾病的流行病学调查,结果显示,约有22％的人口患有IgE介导的过敏性疾病,包括过敏性哮喘、过敏性鼻炎、过敏性湿疹、过敏性结膜炎等。过敏性疾病严重影响了儿童和成人的身体健康和生活质量,已成为了全球性的公共卫生问题。2005年6月28日,WAO联合各国的过敏反应机构共同发起了对抗过敏性疾病的倡议,将每年的7月8日定为"世界过敏性疾病日",旨在通过提高全民对过敏性疾病的认识,从而加强对过敏性疾病的预防。从世界首个过敏性疾病日的主题"重视和预防过敏性疾病"到2018年第14个世界过敏性疾病日的主题"远离过敏有方法"的变化,反映了人们对过敏性疾病认识逐步加深的过程。

一、过敏性疾病的三级预防

过敏性疾病主要是指IgE介导的Ⅰ型过敏反应。过敏性疾病的发病原因复杂,主要涉及两个方面:① 自身因素,即具备易发生过敏反应的特应性体质。② 环境因素,即过敏性疾病与患者接触过敏原有直接关系。因此,查出过敏原,采取有效的预防措施非常重要。过敏原是过敏反应发生的必要条件,避免接触过敏原就可以避免过敏反应的发生。不同过敏性疾病的过敏原可能不同,也可能相同,患者要根据自身疾病的特点选择性地避免接触过敏原及采取预防措施。如对于过敏性鼻炎患者,若是单一过敏原致敏则可在发病季节避开该过敏原,则这类过敏可以不用采取任何其他治疗方法。对于宠物所致的过敏性鼻炎,可将宠物置于户外,避免接触即可;若是羽毛过敏,应去除羽绒枕,而改用经塑料膜严密封闭的枕头;对真菌过敏的患者,应避开潮湿发霉的地下室、堆积燃烧的树叶、干草等,并消毒霉烂的物质;对于特应性皮炎患者,应尽量避免对皮肤的刺激,包括不穿羊毛衣物、不使用刺激性肥皂、避免温度的剧烈变化等。

过敏性疾病的预防是一项长期的工作。首先要让患者正确认识到过敏性疾病是一种全身性疾病,同时也是一种可反复发作的慢性病,一名患者可能同时患有几种过敏性疾病,对过敏性疾病的治疗需时较长。过敏性疾病患者本人或家属需了解有关过敏的知识,在日常生活中适当地加以预防。通过了解过敏性疾病的种类、症状,认识到过敏性疾病是全身性疾病的特点;理解和掌握过敏性疾病预防及治疗的基本知识;掌握基本的自救措施,如控制哮喘急性发作的必要手段等。

鉴于过敏性疾病的病因、发病机理及临床症状等的复杂性,过敏性疾病的预防可分为初级预防、二级预防和三级预防。初级预防又称病因(发病前期)预防,是指采取各种措施来控制或消除影响健康的危险因素,使健康人群免受致病因素的侵害,防患于未然,如进行卫生宣传教育,提高广大人民群众的卫生知识水平及主动进行预防免疫接种等。二级预防即临床前期(发病期)预防,指在疾病的临床前期做到"早发现、早诊断、早治疗",从而使疾病不至于加重和发展。对于过敏性疾病,就是指对人群进行筛查,早期发现致敏者,以便早期采取临床干预措施。三级预防又称临床(发病后期)预防,指针对患者发病后期采取治疗措施,防止疾病恶化,预防并发症和降低病残率。对已丧失劳动能力或残疾者,通过康复治疗,使其能够参加社会活动,提高生存质量并延长寿命。通常所说的预防措施是指三级预防,而一级预防和二级预防对正常人群来说是十分必要的。

二、规避、清除粉螨过敏原

过敏性疾病主要由环境中的过敏原引起。过敏原主要包括粉螨、花粉、真菌等吸入性过敏原,以及花生、牛奶等食入性过敏原。粉螨孳生场所广泛,在储藏物、中草药、人类居住场所和工作环境中都可孳生大量的粉螨,尤其是在与人体接触密切的床单、被褥、枕垫、衣服和地毯等处更易孳生。粉螨体型微小,数量众多,繁殖迅速,致敏性强,是重要的过敏原。引起过敏的粉螨主要是屋尘螨、粉尘螨、梅氏嗜鳞螨和腐食酪螨等,其中致病性最强、危害最大的是屋尘螨和粉尘螨。人因接触粉螨而易患过敏性疾病。过敏原致敏的症状包括:打喷嚏、流鼻涕、咳嗽、鼻痒、喉痒、目痒、结膜炎、红眼等。自1964年荷兰学者Voorhorst和Spieksma首次报道粉螨过敏原以来,粉螨受到西欧、美国、日本等各国学者的广泛重视。研究显示,多达83.7%以上的哮喘患者对粉螨过敏。在我国,临床调查表明,所有过敏性疾病患者中粉螨皮试呈阳性者达71.3%以上,哮喘、鼻炎等的发生与粉螨过敏密切相关。

对粉螨过敏性疾病做到防患于未然是粉螨过敏性疾病防治中的关键环节,重视对粉螨的预防和控制,加强对粉螨防治的卫生宣传,使人们充分认识到粉螨危害的严重性,树立"预防为主,防治结合"等正确的理念。过敏原是过敏反应发生的必要条件,避免接触过敏原就可以避免过敏性疾病的发生。在发展成为过敏性疾病之前避免接触过敏原被称为主要规避措施;次要规避措施指的是在发展为过敏性疾病之后避免接触过敏原;第三项干预措施指的是将患者移至一个低过敏原环境中。

近年来,城市居民每天有70%～90%的时间是在各种室内环境中度过。研究表明,当室内空气中粉螨抗原含量达2 μg/mL时可致敏,当抗原含量大于10 μg/mL时即可导致过敏性哮喘的发作。因此,除螨和降低室内空气中粉螨抗原的含量对预防及干预过敏性疾病(如过敏性哮喘等)至关重要。通过降低室内粉螨数量、减少与粉螨的接触时间,可明显缓解过敏患者的症状,降低粉螨导致的过敏性疾病的发病率。对室内进行优化设计、使用屏障物覆盖床垫和卧具、进行过敏原变性、真空除尘、使用除螨空调等方法是清除过敏的有效措施。

(一) 优化室内设计

居室应尽量选择通风条件和采光条件较好的楼房。对室内布局进行设计,尽可能减少粉螨的宜居空间和环境,地面装修用可清洗的瓷砖、木质地板等,不铺地毯。尽量不用或少用壁毯及其他容易积尘的装饰品,避免使用不宜清洗的重织物窗帘等,以减少粉螨的生活和产卵区域,使环境不利于粉螨的生存。其次是家具、卧具及用具的选择也应考虑其防螨能力。可用皮革、乙烯树脂、木家具等。意大利的一项调查显示,室内工作场所中的软垫椅也是适合粉螨生存、繁殖的场所,使用硬座椅,如木质座椅或皮革座椅等,可明显降低室内粉螨过敏原的数量。

（二）使用屏障物覆盖床垫和卧具

主要是针对室内家具或者床上用品表面灰尘中的粉螨过敏原，如：给被褥、弹簧床垫、枕头等覆盖上各种套子，即防螨套，可降低粉螨和过敏原在空气中的密度。使用防螨套是使人与卧具中的粉螨及过敏原隔离的最有效方法，但是对旧的床垫和枕头不必使用此法，因粉螨有可能已大量孳生于这些物品内。一项研究显示，使用防螨套的患者对组胺的支气管高反应性明显降低，而对照组及使用苯甲酸苄酯干预组则没有这种效果。

（三）过敏原变性

单宁酸是一种化学变性剂，可使粉螨过敏原变性，它既可以溶于水溶液使用，也可与杀螨剂苯甲酸苄酯混在一起使用，单宁酸只有在浓度约为0.1%（w/v）时才能抑制粉螨过敏原Der p 1的活性。目前，单宁酸已用于多个临床试验和现场试验，采用经单宁酸处理的地毯尘粗提浸液进行皮肤挑刺试验，结果显示其具有抑制作用。明矾［含水的硫酸铝钾，$KAl(SO_4)_2 \cdot 12H_2O$］溶液可作为单宁酸的替代物，每平方米地毯使用60 mL（含6～9 g明矾）该溶液，可将粉螨过敏原Der p 1的活性浓度降低49%～95%。

此外，物理方法也可使粉螨过敏原变性，如干热可使粉螨过敏第1、2组过敏原变性。在100 ℃加热15分钟，可使样品中97%的Der f 1变性；在120 ℃加热15分钟，可使样品中94%的Der p 1变性；在120 ℃加热15分钟，可使样品中86%的Der f 2变性；在140 ℃加热30分钟，可使92%的Der p 21变性。

（四）使用真空吸尘器

1902年，英国土木工程师Herbert Cecil Booth发明了第一台真空吸尘装置，用于清除地毯等织物中的灰尘。1907年，James Murray Spangler发明了世界上第一台电动真空吸尘器。使用高功率的真空吸尘器，作为一种清除技术，对减少粉螨的数量有明显作用，但这种方法不能杀灭粉螨。用真空吸尘器清除活粉螨的难度较大，因粉螨的四肢可通过吸盘吸附在纤维织物的表面，因此，需要选择大功率的吸尘器。研究表明，使用真空吸尘器可减少哮喘患儿卧室粉螨过敏原的浓度，使患儿的哮喘症状评分得到明显提高。

由于工作原理的特殊性，普通的真空吸尘器虽然可降低地毯等织物上粉螨的数量，但会增加空气中粉螨过敏原的含量。在真空吸尘器内增加滤膜或过滤器，可以防止直径大于1 μm的颗粒渗漏，对这个问题有所改善。经检测，加滤膜或过滤器的真空吸尘器比传统的真空吸尘器排放更少的可吸入性过敏原气溶胶。此外，采用湿法真空除尘技术目的是希望能从地毯中清除更多的Der p 1过敏原，因屋尘螨过敏原Der p 1是一种水溶性过敏原。但也有研究表明，采用湿法真空除尘后，地毯中屋尘螨种群密度增加，这可能与操作过程使得地毯湿度升高有关；也有研究者认为湿法真空除尘和干燥真空除尘对减少尘螨种群的效果没有明显差别。

（五）使用除螨空调

有研究报道，室内空调滤网灰尘中可孳生大量粉螨。研究者调查了安徽芜湖地区居室内空调粉螨的污染情况，共收集202份空调隔尘网积尘样本，检出螨类3265只，其中粉螨

2796只,平均孳生密度为10.39只/克,孳生率为70.79%;且壁挂式空调隔尘网积尘样本中粉螨的孳生率较柜式空调中的孳生率高,可能是因为壁挂式空调大多安装在卧室,卧室中皮屑、灰尘等螨类食物丰富,空调使用频率高,更适合粉螨的孳生。另有学者在芜湖市区居民空调隔尘网中检测到可能引起过敏性疾病的粉尘螨和屋尘螨1、2类过敏原(Der f 1, Der p 1, Der f 2, Der p 2),且研究发现,空调开启送风后,空气中尘螨的2个主要过敏原浓度均显著升高,并且这些过敏原可诱发哮喘。因此,要采用联合手段降低室内空气中粉螨抗原的含量,应定期清洗或更换空调过滤网,以防止或减少尘螨及其过敏原的积聚,预防粉螨过敏性疾病的发生。未来人们寄希望于研制出可除螨的空调来解决这一问题。

三、杀灭粉螨

采用消杀粉螨的方法,清除室内环境中的粉螨过敏原,减少患者与粉螨过敏原的接触时间,是预防过敏性疾病的重要手段。可采用多种方法综合进行,包括物理方法(如定期清扫室内灰尘、高温清洗被褥等)、化学方法(如使用杀螨剂)等,可减少粉螨的有生数量,抑制粉螨的大规模繁殖。物理方法经济、简便,但难以去除隐藏在深部的过敏原;化学方法则存在毒性残留、不良气味等缺点。

(一)物理杀螨方法

粉螨通过薄而柔软的表皮进行呼吸,它对生存环境的温度、湿度较为敏感。研究表明,温度超过40℃,粉螨即脱水死亡;湿度过低也会导致粉螨死亡,如室内空气湿度小于60%时,大部分粉螨都被彻底消除,故多种调节环境温、湿度的方法都可用于粉螨的防治,此外,阳光和紫外线照射、使用空气净化器等对粉螨的防治也有较好效果。

1. 降低室内湿度

室温条件下,相对湿度超过40%时,粉螨的生长繁殖速度明显加快,故可采用机械通风系统降低室内湿度;也可使用抽湿机降低室内湿度,长时间使用抽湿机可显著降低室内过敏原和有生粉螨的数量,但这种方法受抽湿机的功率、地毯等织物的厚度、季节等因素的影响,适用于气候相对干燥的地区;在草席下平铺硅胶,也可降低室内湿度,减少粉螨的数量。发生在美国俄亥俄州的一项跟踪调查显示,在温和的气候条件下,长期维持室内湿度低于50%,可明显降低室内粉螨过敏原的数量,对粉螨过敏性疾病的预防起重要作用。

粉螨喜湿厌干,降低贮粮、食品、中药材中的水分和仓库内的湿度,保持通风良好、环境干燥等是防治粉螨有效的方法。在粮食和储藏物仓库里,通过干燥和通风,保持含水量在12%以下,或大气的相对湿度在60%以下,大部分粉螨就不能存活,同时也应及时清理地面残留的粮食,减少粉螨的孳生。但在大型仓库或大堆粮食中,尤其在湿度较大的季节或地区,很难达到上述的干燥程度,可配合使用某些高效低毒的杀虫剂来防治粉螨。建议有条件的中药库房应定期对中药材进行晾晒,以防止和控制粉螨的孳生,保证中药材质量,使其更好地发挥防病和治病作用。

2. 加热和冷冻

通过加热杀死粉螨的方法有两种:一种是使室内温度小幅上升并足以使粉螨脱水死亡,如带有地热的室内,粉螨的数量相对较低;另一种是将各种织物经较高的温度(如50~55℃

或以上)进行清洗处理,以杀灭粉螨。有报道在使用室内蒸汽洁净器清洗地毯时,此机器能将110 ℃的蒸汽喷入地毯中,将地毯内部的粉螨杀死,大大降低了地毯中粉螨的数量,同时,蒸汽还可导致粉螨过敏原变性从而失去致敏作用,连续使用4个月后,地毯中基本无螨。在潮湿地区,使用烘干机除螨方法简便易行。在温度约59 ℃、相对湿度小于10%的条件下,将羽绒被置于室内烘干机中烘干1小时,可杀死99%的活螨。将粮食置于日光下暴晒,是简便易行的灭螨方法。

冷冻对杀灭粉螨也有较好的效果,如在−9 ℃维持7~14天,−20 ℃维持30分钟,−28 ℃瞬间即可杀死粉螨。因此,家用冰箱可用于杀灭较小的物品(如玩具)及不能用热水清洗的衣物中的粉螨。一项应用液氮联合真空除尘的研究结果显示,实验组活螨数量减少了99%,而对照组仅减少了59%。

3. 阳光和紫外线照射

强阳光具有较好的杀灭粉螨作用,是一种既简便又安全的方法。在人们的家庭居所中,可采用经常日晒衣物、床单、被褥、枕芯等简单易行的方法来防治粉螨。夏季,在澳大利亚悉尼,将地毯在阳光下暴晒6小时,地毯的相对湿度可从76%降低到30%,温度可从上午9点的25 ℃,经过5小时升高到下午2点的55 ℃,所有粉螨都脱水而死。

紫外线照射也有较好的杀螨作用,将粉螨的卵置于波长为253.7 nm的紫外线下照射5~15秒后,该卵不能孵化。目前已有商业化的紫外灯应用于室内,控制粉螨的孳生。也有研究报道,腐食酪螨雌成螨在高剂量的γ射线的辐射下死亡率很高。

4. 气调控制

采取通入CO_2或降低O_2的浓度来杀灭粉螨。在密闭状态下,通入CO_2或降低O_2的浓度,可使腐食酪螨窒息而死。在应用中,单纯利用CO_2来防治不太实际,一般是把CO_2与O_2及一些熏蒸剂配合使用,可达到理想的效果。采用低氧(2%以下)、较高浓度CO_2(32%以上),经较长的时间(48小时)密闭可杀死95.5%以上的害螨。

5. 使用空气净化器

空气净化器是一种装有高效过滤系统的空气净化机,通过产生强电磁场,在一定条件的电压作用下,依靠空气中的物质在强电场中产生的等离子体及受激粒子对粉螨起到较好的杀灭作用。其作用机制有以下几个方面:① 高能活性团作用:在强电场中,空气中的水和氧气等物质通过放电产生大量具有强氧化作用的活性氧离子、高能自由基团等高能物质,它们极易同粉螨外壳和体内细胞的蛋白质、核酸等物质发生氧化作用,使粉螨体内的蛋白质变性,细胞凋亡,进而导致死亡。② 高速粒子作用:在强电场作用下,大量分子被带上电子或释放出电子,带上电子的物质或者释放出的电子在电场的作用下进行加速运动,从而破坏粉螨的表皮结构,使其脱水而死亡。③ 紫外线作用:在等离子体形成过程中,会释放一定量的紫外线,使粉螨蛋白变性,从而杀死粉螨。

(二) 化学杀螨方法

杀螨剂主要是通过模拟或抑制新陈代谢所涉及的内源性关键分子,使其不能完成某些化学反应或代谢通路,从而起到杀螨虫的效果。一些杀螨活性化合物如扑灭司林(合成的拟除虫菊酯)、噻苯达唑、三丁基氧化锡、三氯生、纳米银微粒等,被加入到枕头、床垫、地毯等纺织品中用于杀灭粉螨,其中扑灭司林和三丁基氧化锡杀粉螨效果较好,应用较广。杀螨剂产品有喷雾剂、泡沫剂、粉末剂、熏蒸剂和涂抹剂等多种形式。目前常用的杀螨剂主要有苯甲酸苄酯、拟除虫菊酯等。

1. 苯甲酸苄酯

苯甲酸苄酯是目前研究、应用最广的室内杀螨剂,其确切的杀螨机制并不十分清楚。研究表明,其活性可能与其具有良好的脂溶性有关。苯甲酸苄酯与粉螨接触后,能溶解粉螨体表的脂质,造成其体内水分流失从而脱水死亡;苯甲酸苄酯被粉螨食入后,还可被水解产生苯甲酸,引起粉螨消化系统的毒性效应。其产品如泡沫剂、湿粉剂等较难透过纤维织物,故实际使用时的剂量比说明书给出的剂量更高,用药后可能还需要真空清洁等技术来清理死亡的粉螨和过敏原,在使用上较为繁琐。

将单宁酸等可导致过敏原变性失活的化合物与苯甲酸苄酯联合使用,对粉螨具有较好的杀灭作用,但由于床垫和地毯等纤维织物都较厚,使用喷雾的方法不容易将有效成分渗入到这些物品中,故实际应用效果受到影响。

此外,在杀菌剂中加入苯甲酸苄酯后杀螨效果也较好,如 Paragerm AK 就是一种由植物精油的主要成分水杨酸苯酯、麝香草酚、松油醇、氯酚、液状石蜡等和苯甲酸苄酯组成的杀螨剂。

2. 拟除虫菊酯

拟除虫菊酯的杀螨作用主要是通过干扰节肢动物体内正常的神经传递,使之由兴奋、痉挛到麻痹和死亡。正常生理情况下,节肢动物体内钠离子通道的快速开启和轴突的去极化作用导致的钠离子浓度梯度变化是轴突神经脉冲传递的主要原因。拟除虫菊酯通过与钠离子通道结合,从而影响其正常的开启和关闭,造成节肢动物神经长期处于去极化的状态,进而麻痹和死亡。人工合成的拟除虫菊酯生物丙烯菊酯具有较好的杀螨活性,与增效醚一起使用具有协同效应,可作喷雾剂使用。

3. 植物和精油

中药的灭螨效果也有报道。有研究者发现从紫苏籽油中萃取出的邻茴香胺、紫苏醛等有效成分,与从牡丹根皮部分提取的活性成分芍药醇和安息香醇,及川芎萃取物丁烯基酞内脂均对粉尘螨、屋尘螨及腐食酪螨具有较好的杀灭作用,可用作熏蒸剂。此外,广藿香和肉桂也具有良好的杀螨作用,且无毒副作用。

药草精油,如薄荷精油、依兰精油、茶树精油、薰衣草精油等也有较好的杀螨作用。薄荷精油中主要灭螨成分是蒲勒桐,具有较强的熏蒸毒性;从澳洲茶树精油中萃取的三酮衍生物,其代表性成分纤精酮、六甲基环乙烷-1,3,5-三酮也具有良好的杀灭粉尘螨、屋尘螨及腐食酪螨的作用。

4. 其他

常规的谷物保护剂大都是化学杀虫剂,应选用高效低毒的保护剂用于防治螨类,目前常用的有马拉硫磷、虫螨磷等。林丹与马拉硫磷1:3的混合物能有效地防治粗脚粉螨、腐食酪螨和害嗜鳞螨。此外,倍硫磷、杀螟松等也可用于杀灭谷物中的粉螨。实验表明,用4×10^{-6}浓度的杀螟松处理谷物时,对腐食酪螨有显著的杀灭效果。

熏蒸剂是防治粉螨的一种速效剂,它可迅速地杀死粉螨成螨,但对粉螨卵的作用不是很强,因此,需要采用二次低剂量熏蒸才能达到防治的目的。可用的熏蒸剂有四氯化碳、三氯甲烷、二氯化乙烯、溴甲烷、磷化氢和二氯化碳等。四氯化碳、三氯甲烷和二氯化乙烯可迅速地杀死粗脚粉螨;20 ℃条件下,用溴甲烷和磷化氢进行二次低剂量熏蒸,也可以防治粗脚粉螨、害嗜鳞螨和长食酪螨,二次熏蒸间隔为10～14天,掌握好二次熏蒸间隔时间是防治粉螨的关键。

(三)硅藻土

硅藻土等惰性粉具有很强的吸收酯及蜡的能力,能够破坏粉螨表皮的"水屏障",使粉螨体内水分丧失和重量减轻,最终死亡,被誉为储粮害虫(包括粉螨)的天然杀虫剂。英国科学家认为,硅藻土能有效地防治储粮螨类,在温度15 ℃、相对湿度75%的条件下,每千克粮食用硅藻土粉0.5～5.0 g能完全杀灭粮食中的粗脚粉螨。

(四)生物防治

利用捕食螨来控制和消灭粉螨是一项无公害的防治措施。普通肉食螨是粗脚粉螨的天敌,1只普通肉食螨平均每天可捕食粗脚粉螨12～15只;而1只马六甲肉食螨成螨一昼夜可捕食10只左右的腐食酪螨。因此,了解害螨与天敌之间的相互关系,有利于"以螨治螨"。

四、疫苗的应用

目前对于过敏性疾病的特异性免疫治疗,主要是针对过敏性鼻炎、过敏性哮喘和特异性皮炎等。1997年,在日内瓦召开的过敏原免疫治疗工作组会议上,WHO公布了文件"过敏原免疫治疗:过敏性疾病的治疗性疫苗(Allergen immunotherapy:Therapeutic vaccine for allergic disease)",成为全球过敏性疾病的治疗指南。鉴于关于过敏原的标准化研究进展迅速,会议提出用过敏原疫苗(allergy vaccine)代替过敏原提取物(allergy extract),以说明其作为疫苗的免疫学特征,并纳入药品管理和注册范围。过敏原的选择除了从天然致敏物进行生产提取外,利用基因工程重组技术生产的重组过敏原疫苗(重组蛋白疫苗、多肽合成疫苗等)及DNA疫苗等也得到了进一步的应用。

(一)天然过敏原疫苗

自1911年Noon和Freeman首次用花粉过敏原治疗该花粉所致的过敏性鼻炎取得成功,至今已有一百多年的历史。早期的疫苗主要采用的是过敏原提取液,即提取虫体或者代谢培养基的浸液,进一步纯化得到粗制的过敏原混合物,即过敏原粗提液。尽管该方法制作成本低、混合过敏原的致敏性高,但由于过敏原粗提液是直接从天然原料中取得,不同批次的原材料之间很难保持一致,难以实现疫苗的标准化。此外,该方法在保留过敏原活性的同时并不能将一些不相关的物质去除,导致在生产和治疗方面存在许多局限性。免疫治疗的成功与否在很大程度上取决于过敏原制剂的质量和标准化。过敏原制品的剂量或主要过敏原含量必须标定后才能使特异性免疫治疗达到治疗的安全性和有效性。用低剂量过敏原进行免疫治疗通常达不到临床效果,而过敏原剂量过高则可能会引起过强的不良反应。因此,在1997年,WHO提出用过敏原疫苗代替过敏原提取物,并提出了对过敏原疫苗进行标准化的要求:① 明确过敏原的构成组分。② 对过敏原纯化。③ 保持过敏原中各组分的比例恒定。④ 稳定总效价。⑤ 批次间效价保持稳定。目前,标准化的过敏原疫苗已经逐步取代了传统的过敏原混合物,在临床上得到了越来越广泛的应用,其有效性和安全性也得到了进一步验证。目前,由浙江我武生物科技股份有限公司生产的产品粉尘螨舌下滴剂"畅迪"已成功获得国家药品监督管理局(SFDA)的批准进入市场,成为了我国第一个经过标准化规范生产的舌下脱敏尘螨疫苗。通过随机、双盲、安慰剂对照试验证实舌下含服该疫苗可明显改善过敏性鼻炎患者的症状,并可减轻轻、中度过敏性哮喘患者的症状,此外,该疫苗的安全性也较高。

(二) 重组过敏原疫苗

过敏原疫苗标准化技术的进展促进了特异性免疫疗法在过敏性疾病治疗方面的应用。由于天然提取的过敏原疫苗虽然最大限度地按照疫苗的标准化要求进行制备,但在保留过敏原活性的同时还是不能去除不相关物质,易产生新的过敏反应。如:利用桦树花粉过敏原提取液对患者进行特异性免疫治疗时,发现提取液里含有的其他物质使29%的患者诱发了新的过敏反应,机体产生了新的IgE抗体,因此,学者们一直在试图寻找疗效更好、安全性更高的替代疫苗。

随着分子生物学技术的发展,一些重要的过敏原基因已被克隆和鉴定,从而研制出了重组过敏原疫苗,并已开始进入临床试验。所谓重组过敏原,就是利用基因工程技术从原有的生物(如粉螨、花粉植物)中克隆得到过敏原蛋白的基因片段,然后将其克隆到一定的表达载体,转入宿主细胞(如大肠埃希菌、哺乳动物细胞)中进行蛋白质表达,再分离和纯化蛋白质,最终获得高纯度的重组过敏原蛋白组分。制备重组过敏原有两种方法:一种方法是不改变原过敏原(天然型过敏原)的结构,只是采用分子克隆技术,在各种表达载体中表达提取的过敏原,这种方法获得的过敏原保留了原过敏原的所有特性和功能,且提高了过敏原的纯度和质量;另一种方法是改变原过敏原的结构,仅表达其部分结构,如免疫原性序列、T细胞活性表位序列等,而不保留酶活性结构等其他结构。重组过敏原蛋白是纯化的抗原,抗原成分均一、质量可控制、易实现生产和制备的标准化,且该重组过敏原蛋白具有高度的敏感性、特异性和低免疫原性等优点,在保证临床免疫治疗的有效性同时,也保证了治疗的安全性,使之在临床上能更好地用于过敏性疾病的诊断和治疗。目前国内外已广泛开展这方面的研究,一些应用重组过敏原的免疫治疗已经进入了临床试验阶段。应用重组过敏原疫苗进行体外血清学试验的结果表明,它和相应的天然过敏原提取物一样安全、有效,且由于重组过敏原疫苗制剂性能稳定、纯度高,实验的标准化也得到了提高。但重组的天然型过敏原蛋白仍有可能保留了能诱发IgE应答的某些表位,且有些过敏原的免疫原性较低,在机体内诱导阻断性IgG抗体的能力也较低。

为解决重组天然过敏原的致敏性(IgE应答)和免疫性(IgG应答)问题,学者们利用基因工程重组技术对过敏原的结构进行定向改造。过敏原的一个B细胞免疫优势表位通常由几百个氨基酸组成,而利用基因工程重组技术可在保留T细胞表位活性的同时,将关键的几个氨基酸进行免疫修饰就可以破坏IgE识别表位,抑制机体产生IgE,从而降低临床上治疗过敏性疾病导致过敏反应的风险,同时,通过这种方法改造后的过敏原与天然型过敏原相比,其与IgE的结合力明显降低,同时又可诱导阻断性IgG抗体的产生。有研究报道,通过对乳胶过敏原蛋白Hev b 6.01的半胱氨酸残基进行突变,得到的突变体较从乳胶过敏患者血清中提取的过敏原相比,与IgE的结合能力显著降低。有学者分别用粉尘螨1类变应原Der f 1

T细胞表位疫苗和屋尘螨2类变应原Der p 2 T细胞表位疫苗对哮喘小鼠进行特异性免疫治疗,结果显示,2种疫苗均能够显著降低哮喘小鼠脾细胞培养和BALF中IL-13水平,同时有效的提升IFN-γ水平,与哮喘组相比Der f 1和Der p 2 T细胞表位疫苗均能使Th 1/Th2恢复平衡,有效地治疗了哮喘小鼠的肺部炎症;且可显著降低特异性IgE抗体水平,同时有效提升保护性抗体IgG$_{2a}$水平,从而为过敏性疾病提供一种新型的表位疫苗。另有学者成功构建了可表达经MHC通路的编码Der p 1的3段T细胞表位的重组pET-28a-TAT-IhC-Der p 1-3T载体,纯化的TAT-IhC-Der p 1-3T具有较强的与IgE抗体结合能力,为后续经MHC通路的特异性免疫治疗奠定基础。

此外,利用基因工程重组技术还可设计获得杂交过敏原(hybrid allergen)蛋白,即将不同过敏原的重要抗原表位(如T细胞抗原表位)融合表达在一条多肽链上,使它们在产生免疫原性的同时又不能和IgE抗体结合,在增强免疫治疗效果的同时也增加了治疗的安全性。有学者报道,将三种不同的蜂毒蛋白主要过敏原融合表达在一条多肽链上,其致敏性大大降低;同时根据动物模型实验研究发现,该融合蛋白也可减缓小鼠对蜂毒蛋白的过敏性反应。

除了利用基因工程重组技术制备重组过敏原疫苗之外,利用多肽合成技术制备多肽疫苗开辟了另一个新兴领域。其主要原理是依据过敏原蛋白抗原中的某段抗原表位(氨基酸序列),通过生物技术或化学合成方法制备能引起保护性免疫应答的多肽。近年来,逐渐开展了评价合成肽疫苗的临床试验。Norman等用不同剂量的猫过敏原Fel d 1肽段治疗猫过敏症患者,结果显示,经大剂量Fel d 1肽段注射后,患者的鼻部和肺部的过敏症状得到改善。虽然目前的临床试验证实了含有免疫优势表位的肽段可减轻患者的过敏症状,但仍不能保证其在过敏反应的迟发阶段是否存在副作用,抑制效应会存在多久,并且在其序列选择、临床疗效等方面还有待于进一步研究。研究报道,应用ProDer f 1多肽疫苗对小鼠哮喘模型进行特异性免疫治疗,发现该疫苗在一定程度上可有效减轻粉螨性哮喘小鼠的肺部炎症和哮喘症状,为粉螨性过敏性疾病的治疗提供了新思路。最近有学者用DCP-IhC-ProDer f 1嵌合肽疫苗对哮喘小鼠进行特异性免疫治疗,发现该疫苗可明显改善哮喘小鼠的炎症情况,认为该疫苗发挥免疫治疗作用可能是通过抑制JAK2/STAT3信号通路的活化发挥免疫作用。相信在未来,多肽疫苗以其低致敏性、安全性等优势,在过敏性疾病的临床治疗方面可以得到很好的应用。

(三) DNA 疫苗

半个世纪前,学者们提出了DNA疫苗的概念。DNA疫苗又称核酸疫苗或基因疫苗,是将编码免疫原或与免疫原相关蛋白的基因片段插入到带有真核启动子的表达质粒DNA上,再经一定途径进入动物体内,被宿主细胞摄取后转录和翻译表达出抗原蛋白,刺激机体产生非特异性和特异性免疫应答,从而起到免疫保护作用。DNA疫苗具有许多优点:① DNA接种的载体如质粒,结构简单、理化性质稳定,且提纯质粒DNA的工艺简便,适于批量生产。② DNA疫苗的质粒纯度较高,仅编码目的蛋白而不会翻译出无关的病毒或细菌蛋白。③ DNA疫苗不含蛋白质组分,避免了机体对载体蛋白本身的免疫应答而产生的过敏反应。④ DNA分子稳定,可制成冻干疫苗,便于运输和保存。

Raz等于1996年首次提出利用DNA疫苗对过敏性疾病进行免疫治疗的理念,并通过研究认为DNA疫苗可能在过敏性疾病的免疫治疗中具有潜在的应用前景,以后陆续有学者在各种动物模型上进行DNA疫苗的免疫治疗研究,以证明DNA疫苗的有效性和可行性。有学者将构建的Der p 1质粒经肌肉注射小鼠体内后,成功在小鼠体内检测到抗Der p 1的抗体,提示转入的质粒在小鼠体内进行了有效表达,具有免疫原性,成功地刺激小鼠对Der p 1产生了特异性抗体。此外,还发现小鼠经过DNA疫苗免疫后,对尘螨刺激诱发的气道炎性反应显著下降,嗜碱性粒细胞的数量及Th2细胞分泌的细胞因子的含量都显著下降。也有学者利用尘螨粗提液对小鼠进行刺激建立哮喘模型,然后将编码Der p 1和Der p 2的质粒经肌肉注射入小鼠体内,观察用DNA疫苗对小鼠哮喘进行免疫治疗的疗效,结果显示,尘螨过敏原质粒DNA疫苗可有效抑制尘螨致敏导致的小鼠气道过敏性炎症反应。另有学者用真核表达载体将来源于屋尘螨1类过敏原的嵌合基因R8分子,成功表达于HEK293T细胞中,并且通过小鼠哮喘模型评估了嵌合基因R8分子作为DNA疫苗的疗效,结果显示,R8分子可纠正过敏性炎症导致的Th1/Th2失衡,并刺激了调节性T细胞(Treg)的增殖,R8构建体的免疫作用也降低了小鼠血清IgE抗体的产生,该研究表明,嵌合基因R8分子可作为特异性免疫治疗过敏性哮喘的潜在DNA疫苗。

　　DNA疫苗不仅可以诱导机体产生保护性中和抗体,而且由于其表达过敏原蛋白的时间较长,能够强化B细胞和T细胞的记忆,故可引起持久的体液和细胞免疫应答。DNA疫苗在机体内合成的过敏原蛋白较外来蛋白抗原所引起的过敏反应副作用少且症状轻。此外,可将编码不同过敏原的基因构建在同一质粒中,或将不同抗原基因的多种重组质粒联合应用,从而制备多价疫苗和混合疫苗。尽管DNA疫苗有许多优点,但也存在一些问题。首先是DNA疫苗应用的安全性问题,当外源DNA疫苗导入到体内,被宿主细胞摄取后DNA分子可能会整合到细胞内的染色体中,引起基因突变、细胞转化及癌变,从而诱发肿瘤;其次是在新的环境中,DNA疫苗表达的外源抗原被提呈后,可能不诱导适当的免疫应答,甚至产生免疫耐受。DNA疫苗作为一种新型免疫制剂,尽管目前已在各种动物模型上验证了它的有效性,但尚未见其在临床上用于人体的报道,主要可能是因为DNA疫苗的安全性、特异性及具体的作用机理还不是很清楚,还需要学者们进一步研究。随着分子生物学技术的不断进步,我们相信在不久的将来,DNA疫苗将成为临床上防治过敏性疾病的重要方法。

(张唯哲)

参 考 文 献

马忠校,刘晓宇,王媛媛,等,2013.空气净化器降低室内粉螨过敏原含量及其免疫反应性的实验研究[J].中国人兽共患病学报,29(2):152-156.

王灵,陈实,郑轶武,等,2011.热带无爪螨、屋尘螨联合免疫治疗儿童哮喘的安全性研究[J].中国妇幼保健,26(19):2932-2934.

王克霞,刘志明,姜玉新,等,2014.空调隔尘网尘螨过敏原的检测[J].中国媒介生物学及控制杂志,25(2):135-138.

王克霞,郭伟,湛孝东,等,2013.空调隔尘网尘螨变应原基因检测[J].中国病原生物学杂志,8(5):429-435.

王海宁,陈文魁,李朝品,等,2010.尘螨Ⅰ类变应原所致过敏性哮喘治疗的研究进展[J].中国病原生物学杂志,5(3):231-234.

王慧勇,李朝品,2005.粉螨危害及防制措施[J].中国媒介生物学及控制杂志,16(5):403-405.

宁美珍,2009.支气管哮喘药物治疗进展[J].临床肺科杂志,14(5):652-653.

刘志刚,胡赓熙,2014.尘螨与过敏性疾病[M].北京:科学出版社.

孙庆田,陈日曌,孟昭军,2002.粗脚粉螨的生物学特性及综合防治的研究[J].吉林农业大学学报,24(3):30-32.

李娜,姜玉新,刁吉东,等,2014.粉尘螨Ⅲ类重组变应原对哮喘小鼠免疫治疗的效果[J].中国寄生虫学与寄生虫病杂志,32(4):280-284.

李静,吴海强,刘志刚,2009.丁香花蕾油对粉螨杀灭活性的研究[J].中国寄生虫学与寄生虫病杂志,27(6):158-160.

李明华,殷凯生,朱栓立,1998.哮喘病学[M].北京:人民卫生出版社.

李隆术,2005.储藏产品螨类的危害与控制[J].粮食储藏,34(5):3.

李朝品,赵蓓蓓,湛孝东,2016.屋尘螨1类变应原T细胞表位融合肽对过敏性哮喘小鼠的免疫治疗效果[J].中国寄生虫学与寄生虫病杂志,34(3):214-219.

沈兆鹏,2005.谷物保护剂-现状和前景[J].黑龙江粮食,(1):20-22.

宋红玉,段彬彬,李朝品,2015.ProDer f 1多肽疫苗免疫治疗粉螨性哮喘小鼠的效果[J].中国血吸虫病防治杂志,27(5):490-496.

陆维,李娜,谢家政,等,2014.害嗜鳞螨Ⅱ类变应原Lep d2对过敏性哮喘小鼠的免疫治疗效果分析[J].中国血吸虫病防治杂志,26(6):648-651.

张超,姜玉新,李朝品,2010.螨性哮喘特异性免疫治疗机制研究进展[J].中国病原生物学杂志,5(4):313-316.

邵洁,2012.儿童过敏性疾病的早期预防[J].临床儿科杂志,30(4):398-400.

杨维平,吴中兴,2004.人体寄生虫病化学药物防治[M].南京:东南大学出版社.

孟阳春,李朝品,梁国光,1995.蜱螨与人类疾病[M].合肥:中国科学技术大学出版社.

赵亚男,洪勇,李朝品,2019.Der p1 T细胞表位融合蛋白对哮喘小鼠的特异性免疫治疗效果[J/OL].中国寄生虫学与寄生虫病杂志,37(6):1-6.

赵俊芳,王学谦,2007.IgE抗体与过敏性疾病的关系及其检测[J].医学综述,13(18):1432-1434.

赵蓓蓓,姜玉新,刁吉东,等,2015.经MHCⅡ通路的屋尘螨1类变应原T细胞表位融合肽疫苗载体的构建与表达[J].南方医科大学学报,(2):174-178.

祝海滨,徐海丰,徐朋飞,等,2015.粉尘螨1类变应原Der f1 T细胞表位疫苗对哮喘小鼠特异性免疫治疗的实验研究[J].中国微生态学杂志,27(8):890-894.

姜盛,李朝品,许礼发,2010.粉螨的变态反应性疾病及其免疫治疗研究进展[J].中国病原生物学杂志,5(2):141-145.

姜玉新,马玉成,李朝品,2012.尘螨Ⅱ类改组变应原对哮喘小鼠免疫治疗的效果[J].山东大学学报(医学版),50(10):50-55.

姜玉新,尹康,靳文杰,等,2014.粉尘螨变应原Der f 1 mRNA对小鼠特异性免疫治疗的实验研究[J].中国寄生虫学与寄生虫病杂志,32(4):268-273.

贾家祥,陈逸君,胡梅,等,2007.居室螨虫的危害及有效防治[J].中国洗涤用品工业,(3):58-61.

柴强,李朝品,2019.重组蛋白 Blo t 21 T 特异性免疫治疗哮喘小鼠效果研究[J].中国寄生虫学与寄生虫病杂志,37(3):286-290.

徐海丰,祝海滨,徐朋飞,等,2015.粉尘螨1类变应原重组融合表位免疫治疗小鼠哮喘的效果分析[J].中国血吸虫病防治杂志,27(1):49-52.

徐海丰,2015.粉尘螨Ⅰ类变应原T和B细胞表位嵌合基因的构建、表达及特异性免疫治疗研究[D].淮南:安徽理工大学.

郭伟,姜玉新,2019.变应原特异性免疫治疗的研究进展[J].中国人兽共患病学报,3(4):334-344.

郭娇娇,孟祥松,李朝品,2017.芜湖市面粉厂粉螨种类调查[J].中国病原生物学杂志,12(10):987-98.

唐秀云,李朝品,沈静,等,2008.亳州地区储藏中药材粉螨孳生情况调查[J].热带病与寄生虫学,6(2):82-84.

崔玉宝,李朝品,王健,2003.粉尘螨浸液免疫治疗螨性哮喘患者的免疫功能观察[J].中国寄生虫病防治杂志,16(5):305-307.

崔玉宝,2018.尘螨与变态反应性疾病[M].北京:科学出版社.

陶宁,2017.JAK2/STAT3信号通路在DCP-IhC-ProDer f 1嵌合肽疫苗特异性免疫治疗中作用的探讨[D].芜湖:皖南医学院.

湛孝东,陈琪,郭伟,等,2013.芜湖地区居室空调粉螨污染研究[J].中国媒介生物学及控制杂志,24(4):301-303.

湛孝东,段彬彬,洪勇,等,2017.屋尘螨变应原Der p2 T细胞表位疫苗对哮喘小鼠的特异性免疫治疗效果[J].中国血吸虫病防治杂志,29(1):59-63.

湛孝东,段彬彬,陶宁,等,2017.户尘螨 Der p 2 T 细胞表位融合肽对哮喘小鼠STAT6信号通路的影响[J].中国寄生虫学与寄生虫病杂志,35(1):19-23.

裴莉,武前文,2007.粉螨的危害及其防治[J].医学动物防制,23(1):109-111.

Akdis C A, Akdis M, Bieber T, et al., 2006. Diagnosis and treatment of atopic dermatitis in children and adults: european academy of allergology and clinical immunology/american academy of allergy, asthma and Immunology/ PRACTALL Consensus Report[J]. The Journal of allergy and clinical immunology, 118(1):152-169.

Arshad S H, Bateman B, Sadeghnejad A, et al., 2007. Reducing Infant exposure to food and dust mite allergens reduced the incidence of asthma and allergy at age 8 years[J]. J Allergy Clin Immunol, 119: 307-313.

Asher I, Baena-Cagnani C, Boner A, et al., 2004. World Allergy Organization guidelines for prevention of allergy and allergic asthma[J]. Int Arch Allergy Immunol, 35(1):83-92.

Bielory L, Katelaris C H, Lightman S, et al., 2007. Treating the ocular component of allergic rhinoconjunctivitis and related eye disorders[J]. Med Gen Med, 9(3):35.

Bush R K, 2008. Indoor allergens, environmental avoidance, and allergic respiratory disease [J]. Allergy Asthma Proc, 29(6):575-579.

Casale T B, Dykewicz M S, 2004. Clinical implications of the allergic rhinitis-asthma link[J].

Am J Med Sci, 327(3):127-138.

Crompton G, 2006. A brief history of inhaled asthma therapy over the last fifty years[J]. Prim Care Respir J, 15(6):326-331.

Ebner C, Schenk S, Najafian N, et al., 1995. Nonallergic individuals recognize the same T cell epitopes of Bet v 1. The major birch pollen allergen, as atopic patients[J]. J Immunol, 154(4):1932-1940.

Fanta C H, 2009. Asthma[J]. N Engl J Med, 360(10):1002-1014.

Finegold I, Granet D B, D Arienzo P A, et al., 2006. Efficacy and response with olopatadine versus epinastine in ocular allergic symptoms: a post hoc analysis of data from a conjunctival allergen challenge study[J]. Clin Ther, 28(10):1630-1638.

Gaffin J M, Phipatanakul W, 2009. The role of indoor allergens in the development of asthma [J]. Curr Opin Allergy Clin Immunol, 9(2):128-135.

Glass E V, Needham G R, 2017. Eliminating *Dermatophagoides farina* spp. (Acari: Pyroglyphidae) and their allergens through high temperature treatment of textiles[J]. Journal of Medical Entomology, 41(3):529-532.

Giovanni B P, Lucia C, Daniela V, et al., 2007. Sublingual immunotherapy in mite-sensitized children with atopic dermatitis: A randomized, double-blind, placebo-controlled study[J]. Journal of Allergy and Clinical Immunology, 120(1):164-170.

Gurunathan S, Klinman D M, Seder R A, 2000. DNA vaccines: immunology, application, and optimization[J]. Ann Rev Immunol, 18(1):927-974.

Holgate S T, Polosa R, 2008. Treatment strategies for allergy and asthma[J]. Nature Rev Immunol, 8(3): 218-230.

Hsu C H, Chua K Y, Tao M H, et al., 1996. Immunoprophylaxis of allergen-induced immunoglobulin E synthesis and airway hyperresponsiveness *in vivo* by genetic immunization[J]. Nature Med, 2(5): 540-544.

Jeong E Y, Kim M G, Lee H S, 2009. Acaricidal activity of triketone analogues derived from *Leptospermum scoparium* oil against house-dust and stored-food mites[J]. Pest Manag Sci, 65(3):327-331.

Kim S I, Na Y E, Yi J H, et al., 2007. Contact and fumigant toxicity of oriental medicinal plant extracts against *Dermanysus gallinae*(Acari: Dermanyssidae)[J]. Veterinary Parasitology, 145(3-4): 377-382.

Kwon J H, Ahn Y J, 2002. Acaricidal activity of butylidenephthalide identified in *Cnidium officinale* rhizome against *Dermatophagoides farinae* and *Dermatophagoides pteronyssinus* (Acari: Pyroglyphidae)[J]. J Agric Food Chem, 50(16):4479-4483.

Larché M, Wraith D C, 2005. Peptide-based therapeutic vaccines for allergic and autoimmune diseases[J]. Nature Med, 11(4):S69-S76.

Leung T F, Ko F W, Wong G W, 2012. Roles of pollution in the prevalence and exacerbations of allergic diseases in Asia[J]. J Allergy Clin Immunol, 129(1): 42-47.

Li G P, Liu Z G, Zhang N S, et al., 2006. Therapeutic effects of DNA vaccine on allergen-induced allergic airway inflammation in mouse model[J]. Cell Mol Immunol, 3(5): 379-384

Lipozencic J, Wolf R, 2007. Atopic dermatitis: an update and review of the literature[J]. Dermatologic Clinics, 25(4):605-612.

Möhrenschlager M, Darsow U, Schnopp C, et al., 2006. Atopic eczema: What's new? [J]. JEADV, 20(5): 503-513.

Owen C G, Shah A, Henshaw K, et al., 2004. Topical treatments for seasonal allergic conjunctivitis: systematic review and meta-analysis of efficacy and effectiveness[J]. Br J Gen Pract, 54(503):451-456.

Philip G, Malmstrom K, Hampel F C, et al., 2002. Montelukast for treating seasonal allergic rhinitis: a randomized, doubleblind, placebo-controlled trial performed in the spring[J]. Clin Exp Allergy, 32(7):1020-1028.

Quraishi S A, Davies M J, Craig T J, 2004. Inflammatory responses in allergic rhinitis traditional approaches and novel treatment strategies[J]. J Am Osteopath Assoc, 104(5):S7-15.

Ring J, 2004. Prevention in the Focus of Allergy Management[J]. Allergy & Clinical Immunology International Journal of the World Allergy Organization, 16(5):173-173.

Roos T C, Gever S, Roos S, et al., 2004. Recent advances in treatment strategies for atopic dermatitis[J]. Drugs, 64(23):2639-2666.

Semaic J A, Simpson A, Woodcock A, 2006. Dust mite allergen avoidance as a preventive and therapeutic strategy[J]. Curr Allergy Asthma Rep, 6(6):521-526.

Sun T, Yin K, Wu LY, et al., 2014. A DNA vaccine encoding a chimeric allergen derived from major group 1 allergens of dust mite can be used for specific immunotherapy[J]. Int J Clin Exp Pathol, 7(9):5473-5483.

Verbruggen K, Cauwenberge P V, Bachert C, 2009. Anti-IgE for the treatment of allergic rhinitis-and eventually nasal polyps? [J]. Int Arch Allergy Immunol, 148(2):87-98.

Warner J O, Kaliner M A. Crisci C D, et al., 2006. Allergy practice worldwide: a report by the world allergy organization specialty and training council [J]. Int Arch Allergy Immunol, 139(2):166-174.

Williamson E M, Priestley C M, Burgess I F, 2007. An investigation and comparison of the bioactivity of selected essential oils on human lice and house dust mites[J]. Fitoterapia, 78(7-8):521-525.

Wu H Q, Li J, He Z D, et al., 2010. Acaricidal activities of traditional Chinese medicine against the house dust mite[J]. *Dermatophagoides farinae*, Parasitology, 137(6): 975-983.

Wu H Q, Li J, Zhang F, et al., 2012. Essential oil components from *Asarum sieboldii* Miquel are toxic to the house dust mite *Dermatophagoides farinae*[J]. Parasitology Research, 111(5):1895-1899.

Wu H Q, Li L, Li J, et al., 2012. Acaricidal activity of DHEMH, derived from patchouli oil, against house dust mite. *Dermatophagoides farinae*[J]. Chem Pharm Bull, 60(2): 178-182.

Zhan X, Li C, Xu H, et al., 2015. Air-conditioner filters enriching dust mites allergen. Int J Clin Exp Med,8(3):4539-4544.

彩　　图

彩图 1　粗脚粉螨（雌）腹面

Fig.1 *Acarus siro*（♀）**ventral view**

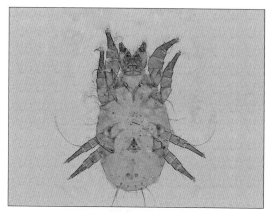

彩图 2　粗脚粉螨（雄）腹面

Fig.2 *Acarus siro*（♂）**ventral view**

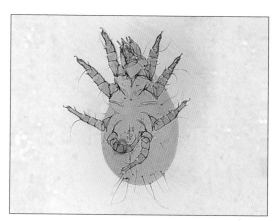

彩图 3　小粗脚粉螨（雌）腹面

Fig.3 *Acarus farris*（♀）**ventral view**

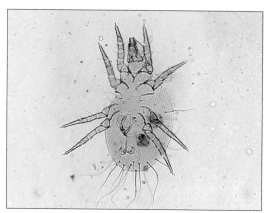

彩图 4　小粗脚粉螨（雄）腹面

Fig.4 *Acarus farris*（♂）**ventral view**

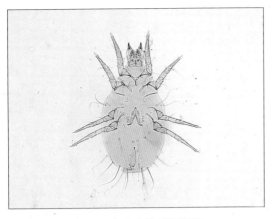

彩图5　腐食酪螨（雌）腹面

Fig.5　*Tyrophagus putrescentiae*（♀）**ventral view**

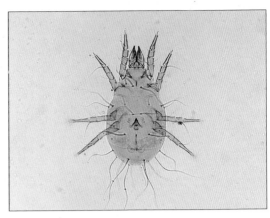

彩图6　腐食酪螨（雄）腹面

Fig.6　*Tyrophagus putrescentiae*（♂）**ventral view**

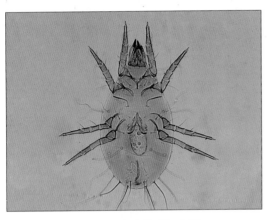

彩图7　长食酪螨（雌）腹面

Fig.7　*Tyrophagus longior*（♀）**ventral view**

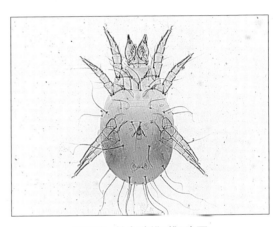

彩图8　长食酪螨（雄）腹面

Fig.8　*Tyrophagus longior*（♂）**ventral view**

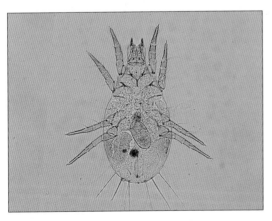

彩图9　菌食嗜菌螨（雌）腹面

Fig.9　*Mycetoglyphus fungivorus*（♀）**ventral view**

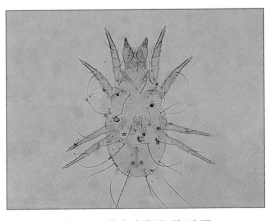

彩图10　菌食嗜菌螨（雄）腹面

Fig.10　*Mycetoglyphus fungivorus*（♂）**ventral view**

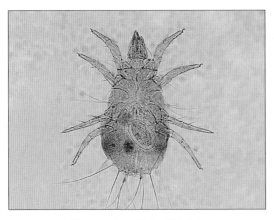
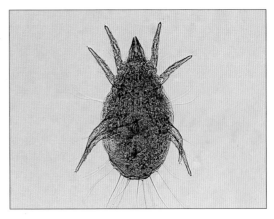

彩图 11　阔食酪螨(雌)腹面
Fig.11　*Tyrophagus palmarum*(♀) ventral view

彩图 12　阔食酪螨(雄)腹面
Fig.12　*Tyrophagus palmarum*(♂) ventral view

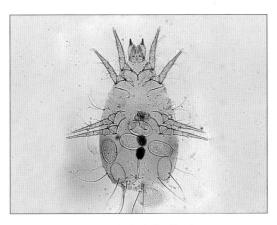
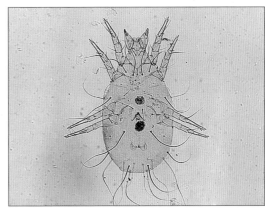

彩图 13　似食酪螨(雌)腹面
Fig.13.　*Tyrophagus similis*(♀) ventral view

彩图 14　似食酪螨(雄)腹面
Fig.14　*Tyrophagus similis*(♂) ventral view

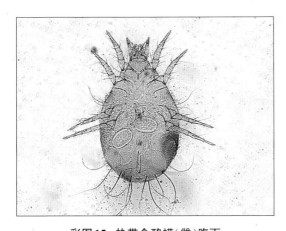
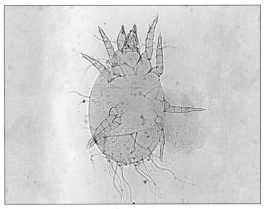

彩图 15　热带食酪螨(雌)腹面
Fig.15　*Tyrophagus tropicus*(♀) ventral view

彩图 16　热带食酪螨(雄)腹面
Fig.16　*Tyrophagus tropicus*(♂) ventral view

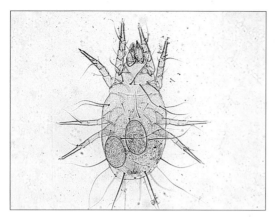

彩图 17 线嗜酪螨（雌）腹面
Fig.17 *Tyroborus lini*（♀）ventral view

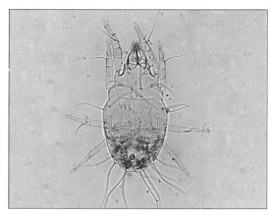

彩图 18 线嗜酪螨（雄）腹面
Fig.18 *Tyroborus lini*（♂）ventral view

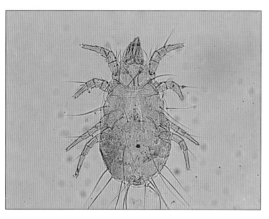

彩图 19 干向酪螨（雌）腹面
Fig.19 *Tyrolichus casei*（♀）ventral view

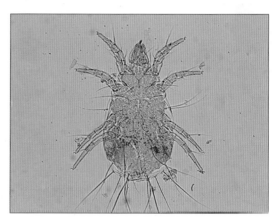

彩图 20 干向酪螨（雄）腹面
Fig.20 *Tyrolichus casei*（♂）ventral view

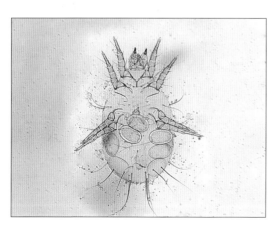

彩图 21 尘食酪螨（雌）腹面
Fig.21 *Tyrophagus perniciosus*（♀）ventral view

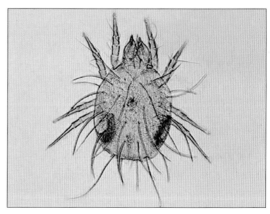

彩图 22 粗壮嗜湿螨（雄）背面
Fig.22 *Aeroglyphus robustus*（♂）dorsal view

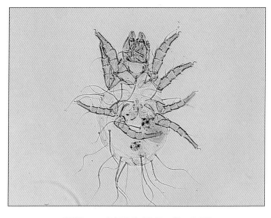

彩图 23　椭圆食粉螨（雌）腹面

Fig.23 *Aleuroglyphus ovatus*（♀）**ventral view**

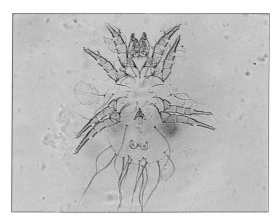

彩图 24　椭圆食粉螨（雄）腹面

Fig.24 *Aleuroglyphus ovatus*（♂）**ventral view**

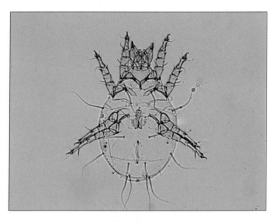

彩图 25　伯氏嗜木螨（雌）腹面

Fig.25 *Caloglyphus berlesei*（♀）**ventral view**

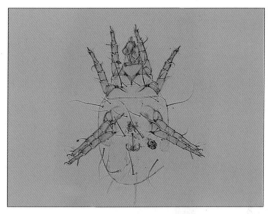

彩图 26　伯氏嗜木螨（雄）腹面

Fig.26 *Caloglyphus berlesei*（♂）**ventral view**

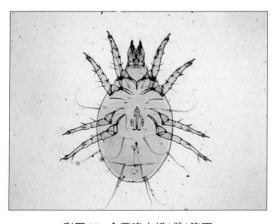

彩图 27　食菌嗜木螨（雌）腹面

Fig.27 *Caloglyphus mycophagus*（♀）**ventral view**

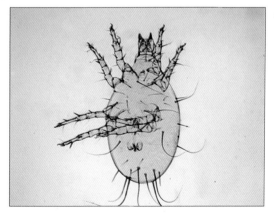

彩图 28　食菌嗜木螨（雄）腹面

Fig.28 *Caloglyphus mycophagus*（♂）**ventral view**

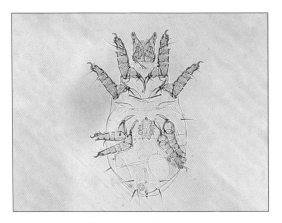

彩图 29　罗宾根螨（雌）腹面
Fig.29　*Rhizoglyphus robini*（♀）ventral view

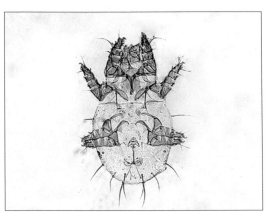

彩图 30　罗宾根螨（雄）腹面
Fig.30　*Rhizoglyphus robini*（♂）ventral view

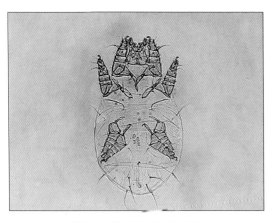

彩图 31　淮南根螨（雌）腹面
Fig.31　*Rhizoglyphus huainanensis*（♀）ventral view

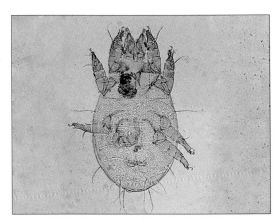

彩图 32　淮南根螨（雄）腹面
Fig.32　*Rhizoglyphus huainanensis*（♂）ventral view

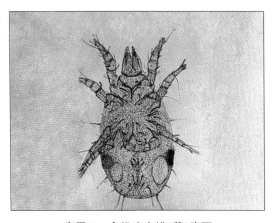

彩图 33　食根嗜木螨（雌）腹面
Fig.33　*Caloglyphus rhizoglyphoides*（♀）ventral view

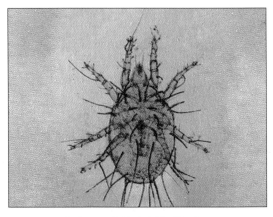

彩图 34　奥氏嗜木螨（雄）背面
Fig.34　*Caloglyphus oudemansi*（♂）dorsal view

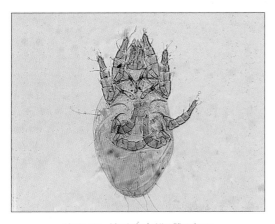

彩图 35　赫氏嗜木螨(雌)腹面

Fig.35 *Caloglyphus hughesi*(♀) ventral view

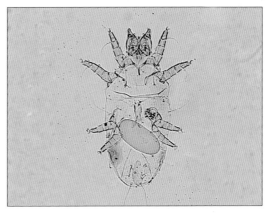

彩图 36　食虫狭螨(雌)腹面

Fig.36 *Thyreophagus entomophagus*(♀) ventral view

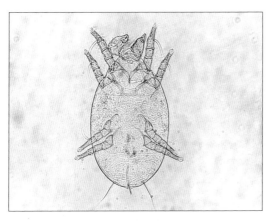

彩图 37　棉兰皱皮螨(雌)腹面

Fig.37 *Suidasia medanensis*(♀) ventral view

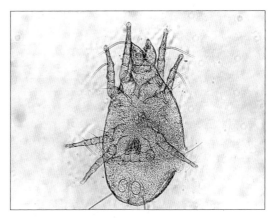

彩图 38　棉兰皱皮螨(雄)腹面

Fig.38 *Suidasia medanensis*(♂) ventral view

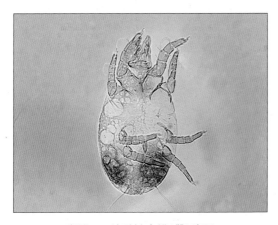

彩图 39　纳氏皱皮螨(雌)腹面

Fig.39 *Suidasia nesbitti*(♀) ventral view

彩图 40　纳氏皱皮螨(雄)腹面

Fig.40 *Suidasia nesbitti*(♂) ventral view

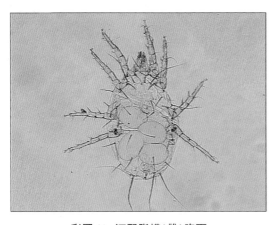

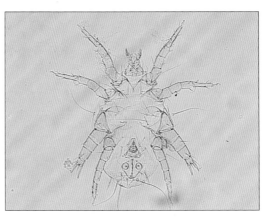

彩图41　河野脂螨(雌)腹面

Fig.41　*Lardoglyphus konoi*(♀) ventral view

彩图42　河野脂螨(雄)腹面

Fig.42　*Lardoglyphus konoi*(♂) ventral view

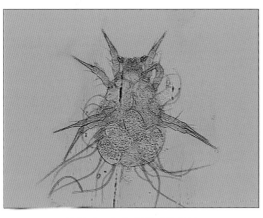

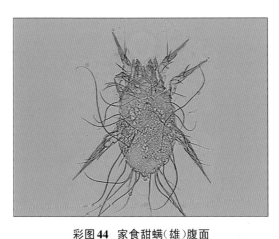

彩图43　家食甜螨(雌)腹面

Fig.43　*Glycyphagus domesticus*(♀) ventral view

彩图44　家食甜螨(雄)腹面

Fig.44　*Glycyphagus domesticus*(♂) ventral view

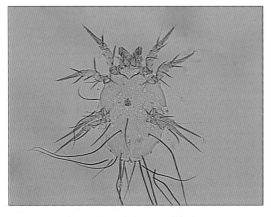

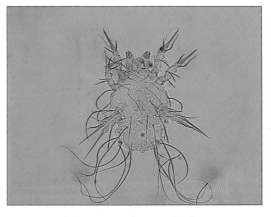

彩图45　隆头食甜螨(雌)腹面

Fig.45　*Glycyphagus ornatus*(♀) ventral view

彩图46　隆头食甜螨(雄)腹面

Fig.46　*Glycyphagus ornatus*(♂) ventral view

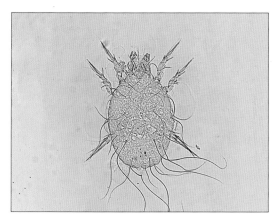

彩图 47　隐秘食甜螨（雌）背面

Fig.47 *Glycyphagus privatus*（♀）**dorsal view**

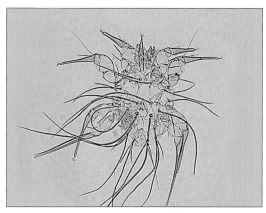

彩图 48　双尾食甜螨（雌）背面

Fig.48 *Glycyphagus bicaudatus*（♀）**dorsal view**

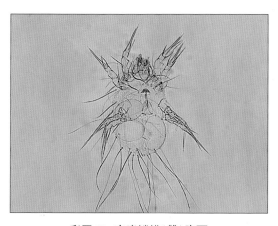

彩图 49　害嗜鳞螨（雌）腹面

Fig.49 *Lepidoglyphus destructor*（♀）**ventral view**

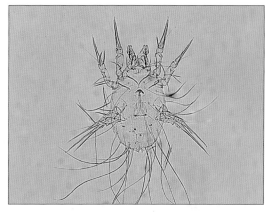

彩图 50　害嗜鳞螨（雄）腹面

Fig.50 *Lepidoglyphus destructor*（♂）**ventral view**

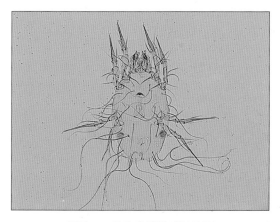

彩图 51　米氏嗜鳞螨（雌）腹面

Fig.51 *Lepidoglyphus michaeli*（♀）**ventral view**

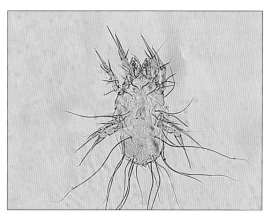

彩图 52　米氏嗜鳞螨（雄）腹面

Fig.52 *Lepidoglyphus michaeli*（♂）**ventral view**

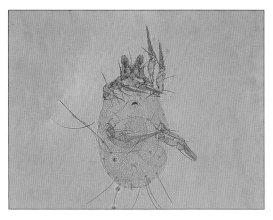

彩图 53　膝澳食甜螨(雌)腹面

Fig.53　*Austroglycyphagus geniculatus*(♀) ventral view

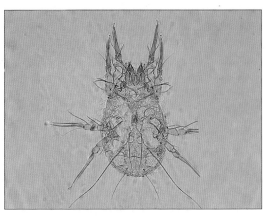

彩图 54　膝澳食甜螨(雄)腹面

Fig.54　*Austroglycyphagus geniculatus*(♂) ventral view

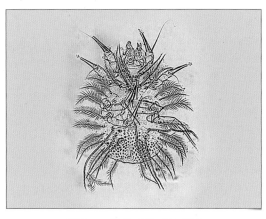

彩图 55　羽栉毛螨(雌)背面

Fig.55　*Ctenoglyphus plumiger*(♀) dorsal view

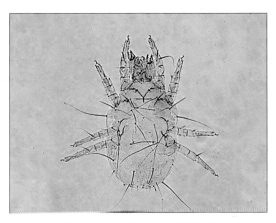

彩图 56　东方华皱皮螨(雌)腹面

Fig.56　*Sinosuidasia orientates*(♀) ventral view

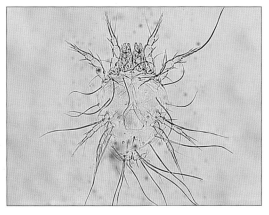

彩图 57　热带无爪螨(雌)腹面

Fig.57　*Blomia tropicalis*(♀) ventral view

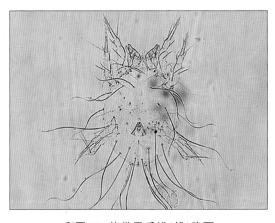

彩图 58　热带无爪螨(雄)腹面

Fig.58　*Blomia tropicalis*(♂) ventral view

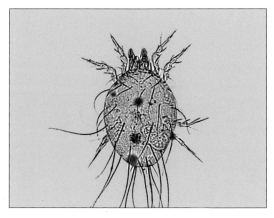

彩图 59　弗氏无爪螨(雌)背面

Fig.59　*Blomia freemani*(♀) dorsal view

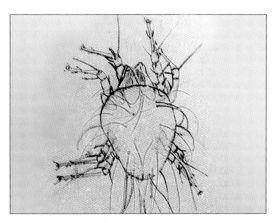

彩图 60　弗氏无爪螨(雄)背面

Fig.60　*Blomia freemani*(♂) dorsal view

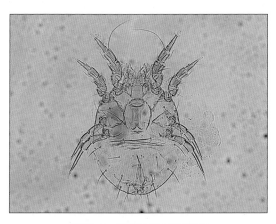

彩图 61　棕脊足螨(雌)腹面

Fig.61　*Gohieria fuscus*(♀) ventral view

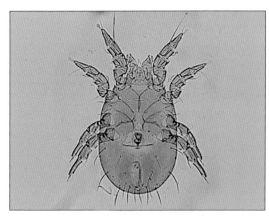

彩图 62　棕脊足螨(雄)腹面

Fig.62　*Gohieria fuscus*(♂) ventral view

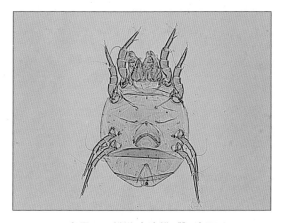

彩图 63　拱殖嗜渣螨(雌)腹面

Fig.63　*Chortoglyphus arcuatus*(♀) ventral view

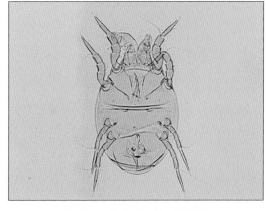

彩图 64　拱殖嗜渣螨(雄)腹面

Fig.64　*Chortoglyphus arcuatus*(♂) ventral view

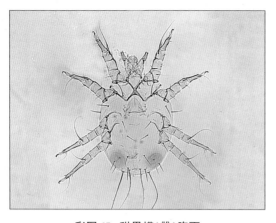

彩图65 甜果螨(雌)腹面

Fig.65 *Carpoglyphus lactis*(♀) ventral view

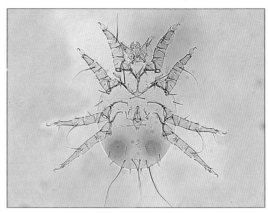

彩图66 甜果螨(雄)腹面

Fig.66 *Carpoglyphus lactis*(♂) ventral view

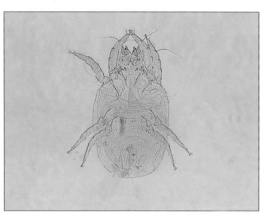

彩图67 梅氏嗜霉螨(雌)腹面

Fig.67 *Euroglyphus maynei*(♀) ventral view

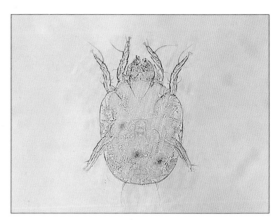

彩图68 梅氏嗜霉螨(雄)腹面

Fig.68 *Euroglyphus maynei*(♂) ventral view

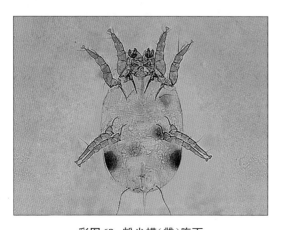

彩图69 粉尘螨(雌)腹面

Fig.69 *Dermatophagoides farinae*(♀) ventral view

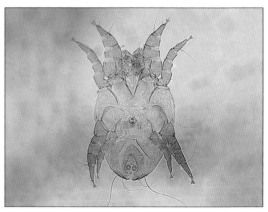

彩图70 粉尘螨(雄)腹面

Fig.70 *Dermatophagoides farinae*(♂) ventral view

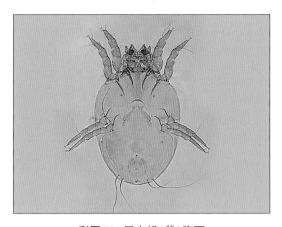

彩图71 屋尘螨(雌)腹面
Fig.71 *Dermatophagoides pteronyssinus*(♀)
ventral view

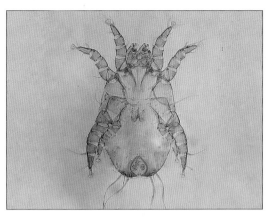

彩图72 屋尘螨(雄)腹面
Fig.72 *Dermatophagoides pteronyssinus*(♂)
ventral view

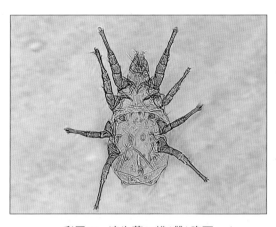

彩图73 速生薄口螨(雌)腹面
Fig.73 *Histiostoma feroniarum*(♀) **ventral view**

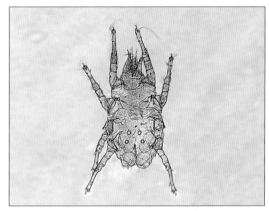

彩图74 速生薄口螨(雄)腹面
Fig.74 *Histiostoma feroniarum*(♂) **ventral view**

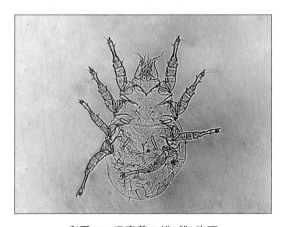

彩图75 吸腐薄口螨(雌)腹面
Fig.75 *Histiostoma sapromyzarum*(♀) **ventral view**

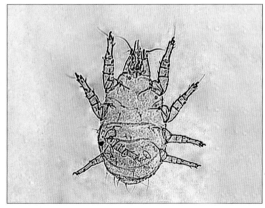

彩图76 吸腐薄口螨(雄)腹面
Fig.76 *Histiostoma sapromyzarum*(♂) **ventral view**

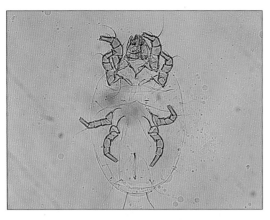

彩图77　纳氏皱皮螨第三若螨腹面（静息期）

Fig.77　*Suidasia nesbitti* Tritonymmph (resting period) ventral view

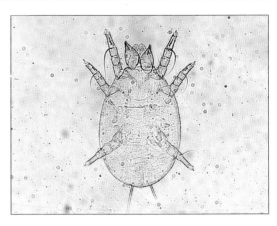

彩图78　棉兰皱皮螨幼螨腹面

Fig.78　Larva of *Suidasia medanensis* ventral view

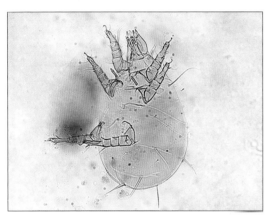

彩图79　伯氏嗜木螨幼螨侧面

Fig.79　Larva of *Caloglyphus berlesei* side view

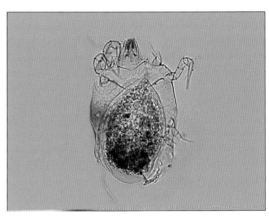

彩图80　粗壮嗜湿螨休眠体腹面

Fig.80　Hypopus of *Aeroglyphus robustus* ventral view

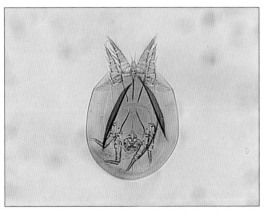

彩图81　粗脚粉螨休眠体腹面

Fig.81　Hypopus of *Acarus siro* ventral view

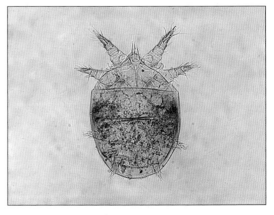

彩图82　粗脚粉螨休眠体背面

Fig.82　Hypopus of *Acarus siro* dorsal view

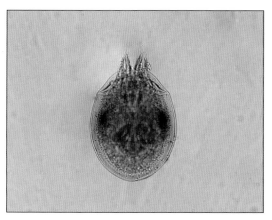

彩图83　小粗脚粉螨休眠体腹面

Fig.83　Hypopus of *Acarus farris* ventral view

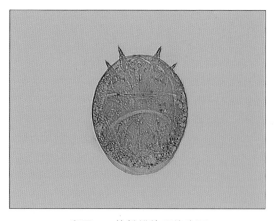

彩图84　静粉螨休眠体腹面

Fig.84　Hypopus of *Acarus immobilis* ventral view

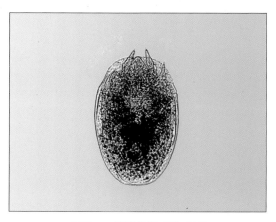

彩图85　薄粉螨休眠体腹面

Fig.85　Hypopus of *Acarus gracilis* ventral view

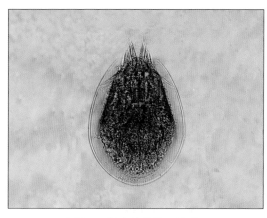

彩图86　阔食酪螨休眠体腹面

**Fig.86　Hypopus of *Tyrophagus palmarum*
ventral view**

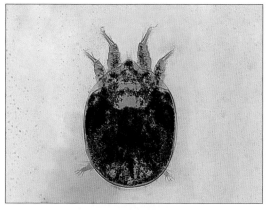

彩图87　伯氏嗜木螨休眠体背面

**Fig.87　Hypopus of *Caloglyphus berlesei*
dorsal view**

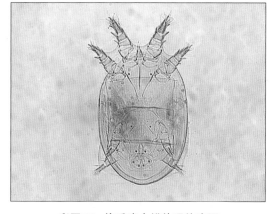

彩图88　伯氏嗜木螨休眠体腹面

**Fig.88　Hypopus of *Caloglyphus berlesei*
ventral view**

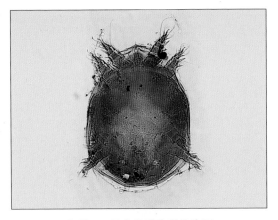

彩图 89 罗宾根螨休眠体腹面

Fig.89 Hypopus of *Rhizoglyphus robini* ventral view

彩图 90 淮南根螨休眠体腹面

Fig.90 Hypopus of *Rhizoglyphus huainanensis* ventral view

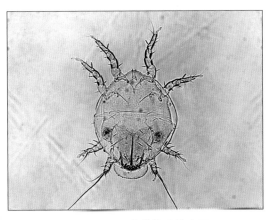

彩图 91 河野脂螨休眠体腹面

Fig.91 Hypopus of *Lardoglyphus konoi* ventral view

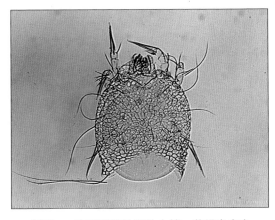

彩图 92 害嗜鳞螨休眠体在第一若螨表皮内

Fig.92 Hypopus of *Lepidoglyphus destructor* in protonymphal cuticel

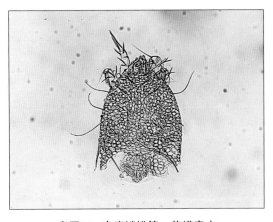

彩图 93 害嗜鳞螨第一若螨表皮

Fig.93 Protonymphal cuticle of *Lepidoglyphus destructor*

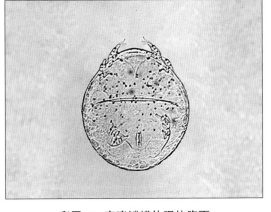

彩图 94 害嗜鳞螨休眠体腹面

Fig.94 Hypopus of *Lepidoglyphus destructor* ventral view

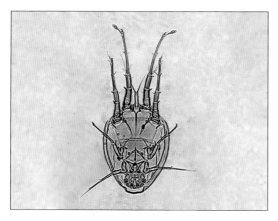

彩图 95　速生薄口螨休眠体腹面

**Fig.95　Hypopus of *Histiostoma feroniarum*
ventral view**

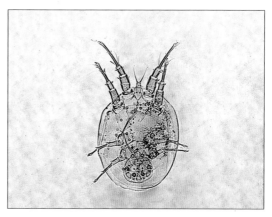

彩图 96　吸腐薄口螨休眠体腹面

**Fig.96　Hypopus of *Histiostoma sapromyzarum*
ventral view**

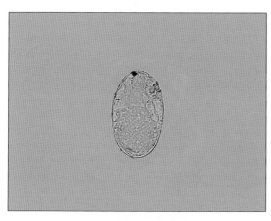

彩图 97　伯氏嗜木螨卵

Fig.97　Egg of *Caloglyphus berlesei*

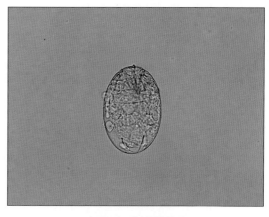

彩图 98　害嗜鳞螨卵

Fig.98　Egg of *Lepidoglyphus destructor*

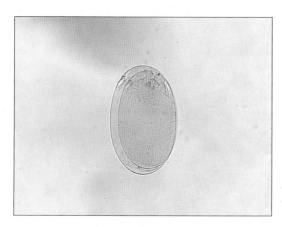

彩图 99　腐食酪螨卵

Fig.99　Egg of *Tyrophagus putrescentiae*

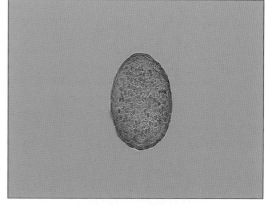

彩图 100　长食酪螨卵

Fig.100　Egg of *Tyrophagus longior*